高等学校系列教材

智能建造基础算法教程

刘界鹏　周绪红　伍　洲
曹　亮　冯　亮　李东声　编著

中国建筑工业出版社

图书在版编目（CIP）数据

智能建造基础算法教程 / 刘界鹏等编著. — 北京 ：中国建筑工业出版社，2021.11

高等学校系列教材

ISBN 978-7-112-26565-7

Ⅰ. ①智⋯ Ⅱ. ①刘⋯ Ⅲ. ①建筑工程-人工智能-算法-高等学校-教材 Ⅳ. ①TU

中国版本图书馆 CIP 数据核字（2021）第 188827 号

智能建造（Intelligent Construction）是以人工智能算法为核心，以数据和现代信息技术为主要支撑，在建设工程的设计、生产、施工和运维中，以智能技术代替需要人类智能才能完成的复杂工作，实现工程建设高度自动化和数字化的技术。本教材包括算法的数学基础、智能优化算法、无监督学习算法、监督学习算法和强化学习算法 5 个方向，书中较为详细地介绍了算法的原理和流程等；尤其是针对学生最难掌握的矩阵分析和深度学习部分进行了通俗易懂的详细剖析。

本书适用于智能建造专业本科生，土木工程、建筑技术、水利工程、海洋工程、工程管理、交通工程等专业的研究生，从事学科交叉研究的工科专业研究生，从事智能建造研发的建筑业技术人员等。为方便教师授课，本教材作者自制免费课件并提供习题答案，索取方式为：1. 邮箱 jckj@cabp.com.cn；2. 电话（010）58337285；3. 建工书院 http://edu.cabplink.com。

责任编辑：李天虹

责任校对：焦 乐 张 颖

高等学校系列教材

智能建造基础算法教程

刘界鹏 周绪红 伍 洲 曹 亮 冯 亮 李东声 编著

*

中国建筑工业出版社出版、发行（北京海淀三里河路 9 号）

各地新华书店、建筑书店经销

北京鸿文瀚海文化传媒有限公司制版

北京圣夫亚美印刷有限公司印刷

*

开本：787 毫米×1092 毫米 1/16 印张：22½ 字数：562 千字

2021 年 11 月第一版 2021 年 11 月第一次印刷

定价：**68.00** 元（赠教师课件）

ISBN 978-7-112-26565-7

（38061）

前　　言

智能建造（Intelligent Construction）是以人工智能算法为核心，以数据和现代信息技术为主要支撑，在建设工程的设计、生产、施工和运维中，以智能技术代替需要人类智能才能完成的复杂工作，实现工程建设高度自动化和数字化的技术。

2016年，谷歌下围棋的人工智能程序AlphaGo战胜了世界顶尖的韩国围棋高手李世石，且2017年AlphaGo又战胜了当时的中国世界围棋冠军柯洁；这两场“人机大战”在全球范围内掀起了人工智能的热潮。2017年7月，我国国务院发布了《新一代人工智能发展规划》，将人工智能提升至国家战略高度，要求大力发展人工智能技术，并将传统行业进行智能化升级。根据国家的倡导和工程建设行业向数字化及智能化转型升级的需求，结合我们课题组在建筑工业化与信息化方面的研究基础，2017年8月我们课题组联合计算机学院和自动化学院的两位青年骨干，也是本书作者的其中两位，组成了建筑智能建造研究团队。我们开展了预制构件的智能深化设计和生产质量智能检测研究，并进一步开展了施工安全智能监控、施工质量智能检测、智能焊接机器人等方面的研究工作。我们以重庆大学钢结构工程研究中心为科研平台，每年从土木、计算机、自动化、数学等本科专业中招收智能建造方向的研究生，组成学科交叉研究生团队，开展土木工程与人工智能的交叉研究和人才培养。

我们在研究生培养阶段发现，土木工程专业的学生虽然可以较快地掌握Python等编程语言，然后比较熟练地调用一些开源程序包进行研究工作，但并不能准确理解算法计算结果好或差的原因，也不能比较独立地进行研究方法方面的改进，只能进行简单的参数调整；其根本原因是土木工程专业的学生在人工智能算法的学习方面存在明显的障碍，不理解算法的数学原理、工作流程、训练过程等。计算机和自动化等信息学科专业的学生，虽然可以很快地理解算法的工作流程和训练过程，然后根据我们土木专业指导教师确定的研究内容和研究目标，开展熟练的研究工作，但在实际研究中也经常并不深入理解算法的详细数学过程，导致研究工作不深入，不能真正从算法和原理层面进行创新，也很难解决真正的基础性问题。以深度学习为例，信息学科专业的学生应用一些开源的程序可能非常熟练，但他们一般并不全面理解前馈神经网络和卷积神经网络等的详细数学过程，如激活与代价函数形式选择的原因、激活函数存在不可导点时的处理方法、反向传播中的链式法则如何实现、梯度下降的具体公式、前馈和卷积网络中的反向传播算法区别、卷积的数学原理与实际操作中的区别等。针对学生对算法原理和细节理解不够深入的问题，我们希望能够找到相关教材并开设一门基础算法课程；但我们发现，目前在算法方面的教材常以介绍算法思想为主，很少涉及算法的详细数学实现细节，而且这类教材主要针对信息学科专业的学生，土木、建筑、水利和交通等传统工程建设专业的学生在采用这类教材进行学习时感到非常困难。有的教材虽然在某些算法的介绍方面很详尽，但只集中介绍一两类算法，全面性不足。另外，研究生在算法学习方面更大的障碍，是对矩阵分析的理解不深入，概率与统计基础知识印象不深刻，数值优化和规划基本方法知识储备严重不足。

根据智能建造专业的研究生及高年级本科生培养需求，结合学科交叉科研人才对算法深入掌握的要求，并基于我们团队近几年培养智能建造方向研究生的经验，我们开设了智能建造基础算法研究生课程，并将我们的课程讲义进一步完善，形成了这部教程。本书包括算法的数学基础、智能优化算法、无监督学习算法、监督学习算法和强化学习算法 5 个方向，书中较为详细地介绍了算法的原理和流程等；尤其是针对学生最难掌握的矩阵分析和深度学习部分进行了通俗易懂的详细剖析，课堂教学反映良好，可有效地激发学生的学习热情。

本书共包括 9 章，其中第 1 章为绪论，由周绪红和刘界鹏完成；第 2 章为矩阵分析基础，由刘界鹏和李东声完成；第 3 章为概率与统计基础，由李东声完成；第 4 章为数值优化与规划方法，由曹亮和李东声完成；第 5 章为智能优化算法，由伍洲完成；第 6 章为聚类算法，由李东声完成；第 7 章为分类算法，由李东声和曹亮完成；第 8 章为深度学习，由刘界鹏和周绪红完成；第 9 章为强化学习，由冯亮完成。本书适用于智能建造方向的研究生和高年级本科生，也完全适用于从事智能建造方向研发的工程师自学。本教程撰写过程中遵循的主要目标，就是让具有工科本科数学基础和编程基础的学生或工程师，能够较为轻松地深入掌握人工智能及智能建造领域的基础算法。

本书的工作得到了中国工程院重庆战略研究院咨询项目（建筑智能建造产业发展战略研究）、重庆市科技创新引导项目（cstc2020yszx-jscxX0001）、重庆市研究生教改重点项目（yjg202002）国家自然科学基金联合基金重点项目（U20A20312）的资助。本书参考或引用了国内外数学和计算机算法领域大量的论文、著作和教材，并参考或引用了互联网上介绍算法或智能建造技术方面的资料，在此向这些作者表示诚挚的谢意。我们的博士后和研究生丁尧、刘鹏坤、许成然、李帅、曾焱、曹宇星、薛逸冰、李盛、傅丽华、焦桐、张洪瑞、崔娜、邬俊俊、胡骁、滕文正、马晓晓等承担了资料查找、公式整理、图形绘制、数值试验等工作；没有他们的辛勤付出，本书不可能完成。在此谨向参与本书工作的博士后和研究生表示诚挚的感谢！

作为一个新的学科方向，智能建造的人才培养模式和教材体系还处于探索性阶段。作者期待本书的出版对智能建造方向的人才培养起到一定的作用，对智能建造方向研发人员的基础理论水平提升起到一定的促进作用。由于人工智能算法的研究成果日益丰富，而作者的知识范围有限，书中难免有不足之处，敬请读者批评指正。

目　录

第 1 章　绪论 …… 1

1.1　全球建筑业现状 …… 1

1.2　建筑业信息化 …… 5

1.3　人工智能技术发展 …… 10

1.4　建筑业的智能建造趋势 …… 17

1.5　本书的主要内容 …… 21

第 2 章　矩阵分析基础 …… 23

2.1　向量和矩阵 …… 23

2.2　二次型 …… 58

2.3　雅可比矩阵 …… 62

2.4　海森矩阵 …… 65

2.5　范数 …… 67

2.6　矩阵分解 …… 70

2.7　广义逆矩阵 …… 80

2.8　典型应用——主成分分析 …… 82

第 3 章　概率与统计基础 …… 91

3.1　随机变量与概率 …… 91

3.2　随机变量间的独立性 …… 96

3.3　随机变量的特征数 …… 97

3.4　贝叶斯规则 …… 101

3.5　最大似然估计 …… 102

3.6　熵和互信息 …… 104

3.7　微分熵 …… 107

3.8　KL 散度与交叉熵 …… 110

3.9　结构化概率模型 …… 111

第 4 章　数值优化与规划方法 …… 116

4.1　拉格朗日乘数法 …… 116

4.2　KKT 条件 …… 120

4.3　最小二乘法 …… 124

4.4　差分法 …… 125

4.5 梯度下降法 …… 127
4.6 牛顿法 …… 129
4.7 蒙特卡洛法 …… 130
4.8 人工势场法 …… 134
4.9 线性规划 …… 145
第 5 章 智能优化算法 …… 157
5.1 遗传算法 …… 157
5.2 粒子群优化算法 …… 173
5.3 模拟退火算法 …… 183
5.4 近邻场算法 …… 190
第 6 章 聚类算法 …… 202
6.1 聚类的基本思想 …… 202
6.2 k 均值聚类算法 …… 202
6.3 密度聚类算法 …… 206
6.4 高斯混合聚类 …… 214
6.5 层次聚类算法 …… 219
6.6 谱聚类算法 …… 222
第 7 章 分类算法 …… 231
7.1 神经元感知器 …… 231
7.2 支持向量机 …… 237
7.3 逻辑回归 …… 250
7.4 k 近邻算法 …… 254
7.5 贝叶斯分类器 …… 260
第 8 章 深度学习 …… 269
8.1 前馈神经网络 …… 269
8.2 卷积神经网络 …… 287
8.3 循环神经网络 …… 317
第 9 章 强化学习 …… 325
9.1 强化学习概览 …… 325
9.2 马尔可夫过程 …… 328
9.3 时序差分学习 …… 332
9.4 三类方法的应用实例 …… 337
9.5 深度强化学习 …… 345
9.6 Q 学习算法在结构设计中的应用 …… 348

第1章　绪论

1.1　全球建筑业现状

1.1.1　建筑业概况

建筑业是指国民经济中从事工程建设行业的勘察、设计、生产、施工、维修等的活动，其具体的建造对象包括房屋、桥梁、隧道、公路、铁路、塔架、市政设施等。建筑业是全球及我国的支柱产业，对国民经济发展和人民生活水平的提高具有重要的推动作用，对城市化和城市群的发展也起到了重要的支撑作用。

2019年全球建筑业的总产值达到11.4万亿美元[1]；而2019年中国的建筑业总产值达到24.8万亿人民币，同比增长5.7%[2]，有力地支撑了我国国民经济的发展。虽然我国的建筑业在拉动经济增长、促进社会就业、提升居住品质等方面发挥了重要作用，但总体上还处于技术上较为落后的状态。目前，我国的建筑业仍属于现场劳动密集型产业，机械化程度低，工程施工以农民工现场手工操作为主（图1.1-1），劳动强度大，人力投入多，工作环境恶劣，施工质量难以保证（图1.1-2）。由于我国的建筑工程中混凝土材料的应用比率过高，导致砂石材料消耗过大，砂石开采也对河流和山体造成了严重的环境破坏和污染；制备混凝土材料所需的大量水泥生产，排放了大量的废气，对空气的污染严重；现场施工中，混凝土浇筑和砖石砌筑耗水严重。我国建筑业的这些较为落后的建造方法，导致了较为严重的噪声、扬尘和废水污染，并排放出大量的建筑垃圾（图1.1-3）。截至2019年，我国建筑垃圾年增加量已达4亿吨左右，约占全社会垃圾总量的40%[3]；且我国建筑垃圾的利用率不足5%，远低于发达国家和地区（图1.1-4）。

图1.1-1　现场浇筑混凝土和绑扎钢筋

图 1.1-2　混凝土现场浇筑质量问题

图 1.1-3　建筑垃圾堆在河边

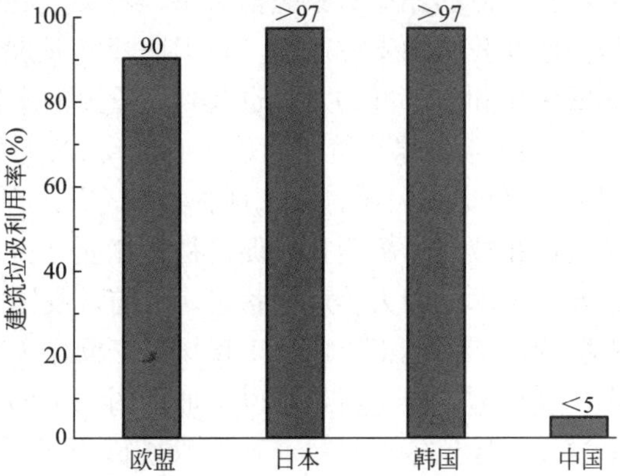

图 1.1-4　各国建筑垃圾利用率

由于设计不合理或施工质量差，我国的房屋与桥梁等基础设施的使用年限普遍较短，建筑的性能品质也显著落后于发达国家（表 1.1-1）。

我国与欧美的建筑性能对比　　表 1.1-1

建筑性能	内容
保温隔热	传热系数:外墙为欧美国家的 3.5～4 倍,外窗为 2～3 倍,屋面为 3～6 倍 空气渗透:为欧美国家的 4～6 倍
隔声降噪	欧美:内墙隔噪 40dB,分户墙 52dB 国内:30dB 左右
空气置换	欧美:墙体可调节室内空气含氧量 国内:墙体效果达不到空气置换效果

综上所述，我国建筑业虽然发展迅速，推动了国民经济的快速发展，但目前跟发达国家和地区相比已经处于发展质量明显落后的状况，亟须向绿色化、工业化、智能化方向发展，并有效提高房屋和基础设施等的功能品质。

1.1.2 建筑工业化发展

建筑工业化的设想是法国建筑大师勒·柯布西耶于 1923 年在他的著作《走向新建筑》中首次提出，其理念是在房屋建造中，像生产汽车底盘一样工业化地成批生产房子。1974 年，联合国在《政府逐渐实现建筑工业化的政策和措施》中对建筑工业化进行了较为全面的定义：建筑工业化就是按照大工业生产方式改造建筑业，使之逐步从手工业生产转向社会化大生产的过程，其基本途径是设计标准化、构配件生产工厂化、施工机械化、管理科学化。

我国 1995 年发布的《建筑工业化发展纲要》对"建筑工业化"作出了较为全面的定义，所谓"建筑工业化"是指建筑业从传统的以手工操作为主的小生产方式逐步向社会化大生产方式的过渡，即以技术为先导，采用先进、适用的技术和装备，在建筑标准化的基础上，发展建筑构配件、制品和设备的生产，培育技术服务体系和市场的中介机构，使建筑业生产、经营活动逐步走向专业化、社会化道路。

目前，不同国家由于生产力状况、经济水平、劳动力素质等条件不同，对建筑工业化概念的理解也有所差异，但基本都是从生产方式角度出发，把建筑工业化局限于建筑的设计标准化、生产工厂化、施工机械化和管理科学化等方面[3]。实际上，当人们的住房需求得到一定程度的满足，人们的环保意识不断提高时，建筑工业化不仅只是建筑企业乃至行业的工业化生产方面需要考虑的问题，更涉及环境、社会效益方面的可持续发展。因此，建筑工业化是指通过现代化的制造、运输、安装和科学管理的工业化生产、装配式施工的生产方式，来代替传统建筑业中分散的、低水平的、低效率的手工业生产和施工方式。它是一种实现建筑产品节能、环保、全生命周期价值最大化的可持续发展的新型建造方式[4]，其主要标志是建筑设计标准化、构配件生产工厂化，施工机械化和组织管理科学化。

建筑工业化开始兴起是在第二次世界大战结束后的时期，即 20 世纪 50～70 年代。二战后，欧洲和日本由于战争的严重破坏，房屋和基础设施严重破坏和短缺，且劳动力短缺，急需发展能够快速建造并节省人力的工程建造技术。二战期间，美国虽然本土没有遭遇战争破坏，但二战后近千万美国士兵退役，且迎来了移民高峰，导致美国人口剧增，房屋和基础设施严重缺乏，需快速建造。欧洲、日本和美国在二战后的迫切需求，结合这些国家良好的工业基础，建筑工业化在这些国家地区得到了快速发展，工业化技术在房屋、桥梁、铁路和隧道等的快速建设中发挥了重大作用。而从 20 世纪 70 年代以来，美日欧的城市化日渐成熟，新建房屋需求量日渐降低，但建筑工业化水平日渐提高，并进一步向建筑的高品质和绿色化方向发展。

我国的建筑工业化也是从 20 世纪 50 年代开始发展，其中 50～60 年代是起步阶段，混凝土预制构件体系逐步建立，70～80 年代是迅速发展阶段，并形成了以全装配大板建筑体系为代表的建筑工业化技术。进入 20 世纪 90 年代以来，我国的装配式建筑行业发展迟缓，建筑业进入了以现场人工砌筑和浇筑混凝土为主要建造手段的时代，除桥梁和铁路建设中采用了较多建筑工业化技术，房屋建筑中极少采用。从 2005 年开始，我国的建筑工业化才又重新开始发展，尤其是在近 10 年来得到了快速发展；截至 2019 年，我国每年采用建筑工业化技术建造的新开工房屋面积已超过 3 亿平方米。

建筑工业化的首要实施方式是装配式建筑。装配式建筑是指在工厂加工制作建筑的构件（梁、板、柱、承重墙等）和部件（隔墙、楼梯、阳台等），然后运输到建筑施工现场进行装配安装，完成建筑的施工。装配式建筑主要包括装配式混凝土结构建筑、装配式钢结构建筑和装配式木结构建筑（图 1.1-5）；由于森林资源匮乏，木材稀缺，因此我国的装配式建筑以混凝土和钢结构建筑为主。采用工业化技术及装配式建造方式可有效解决我国当前建筑业的问题。装配式建筑的构配件以工厂机械化生产为主，现场施工中也以机械化安装为主，现场人工需求少，劳动强度低；将绝大部分现场作业移至工厂内完成，避免了工人工作环境恶劣的问题。装配式建筑的构部件在工厂内生产，生产工艺远比现场手工操作工艺精细，可显著减少材料浪费，节省天然砂石资源和水泥材料，有利于资源和能源节约，同时也可有效降低现场的建筑垃圾排放。与现场手工浇筑或砌筑的构配件相比，工厂生产的构配件产品质量更好，使用寿命更长。装配式建筑现场施工中，由于以机械化安装为主，湿作业很少，现场的砂石和水泥等原材料使用少，因此污水、噪声和扬尘等污染少，解决了建筑施工过程中的环境污染问题。美日欧等国家的实践经验也表明，采用装配式建造工艺，房屋的保温隔热、防水、隔声等方面的功能品质也更容易保证。

(a) 装配式混凝土结构建筑施工

(b) 装配式钢结构建筑施工

(c) 装配式木结构建筑施工

图 1.1-5　装配式建筑施工

目前，随着人工智能、物联网和 5G 等新一代信息技术的发展，全球的建筑业也正在向信息化和智能化方向发展。将建筑工业化与新一代信息技术相结合，形成标准化设计、工厂化生产、机械化施工、信息化管理、智能化应用于一体的新型建筑工业化技术，是建筑工业化发展的必然趋势。

1.2 建筑业信息化

建筑业信息化是指运用计算机、互联网、物联网、云计算、通信、自动化、系统集成和信息安全等现代信息技术，改造和提升建造方式，提高建筑业的技术、设计、生产、管理和服务水平。建筑业信息化贯穿设计、生产、施工管理、运营维护、政府服务和监督等建筑业全产业链，其目标是信息在行业中各环节之间高效流通和共享，提高效率和质量。

1.2.1 设计信息化

建筑业的设计信息化，是指采用现代信息技术进行建筑设计工作中的计算和绘图工作，尤其是利用计算机软件进行计算和绘图。

建筑信息化设计的初期是 20 世纪 80 年代，工程师们利用二维设计软件进行建筑设计，其代表性软件是 AutoCAD（Autodesk Computer Aided Design）；这个软件是 Autodesk 公司首次于 1982 年开发的自动计算机辅助设计软件，其主要功能是进行二维平面绘图，并具备简单的三维绘图功能。AutoCAD 是一个通用的计算机绘图软件（图 1.2-1），广泛用于建筑、机械、水利、汽车和航天等领域的绘图设计。以 AutoCAD 为基础，我国的建筑设计软件公司进行了二次开发，形成了针对建筑业的专用设计软件，包括进行建筑和规划类专业绘图的天正软件（图 1.2-2）、进行建筑结构类专业绘图的探索者软件（图 1.2-3）等。在建筑和桥梁等的工程设计中，不但需要绘制图纸，还需对结构的承载力、抗震、抗风等安全性进行计算，因此需要专门的结构计算软件；结构计算软件 SAP 就是最早且在全球应用最广泛的一项，这个软件是由美国著名的结构力学专家 Edwards Wilson 教授创建，并在 1996 年正式形成了 SAP2000 商业软件（图 1.2-4）；这项软件能够进行建筑结构、桥梁结构、舱筒结构、大坝等的力学分析。我国的中国建筑科学研究院从 20 世纪 90 年代开始，也逐渐形成了具有自主知识产权的建筑结构计算软件 PKPM（图 1.2-5），这项软件在我国的房屋建筑结构设计中得到广泛应用；近年来，我国市场上又出现了 Midas、盈建科、佳构、理正等结构计算软件。

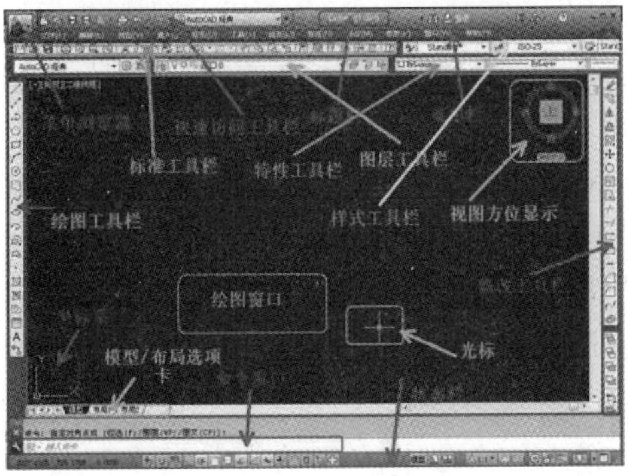

图 1.2-1 AutoCAD 软件界面

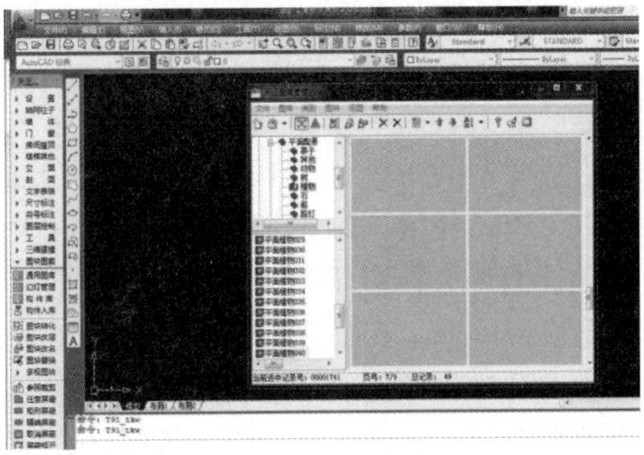

图 1.2-2 天正软件界面

随着建筑设计技术的发展和市场需求的推动，建筑设计软件的功能逐渐向三维设计和效果渲染方向发展，AutoCAD 等以二维绘图为主要功能的软件已不能满足行业需求。因此，AutoCAD 等二维设计为主的软件也逐渐向三维设计功能发展，且市场上进一步出现了 3ds Max 等以三维设计和效果图渲染为主要功能的设计软件（图 1.2-6）。

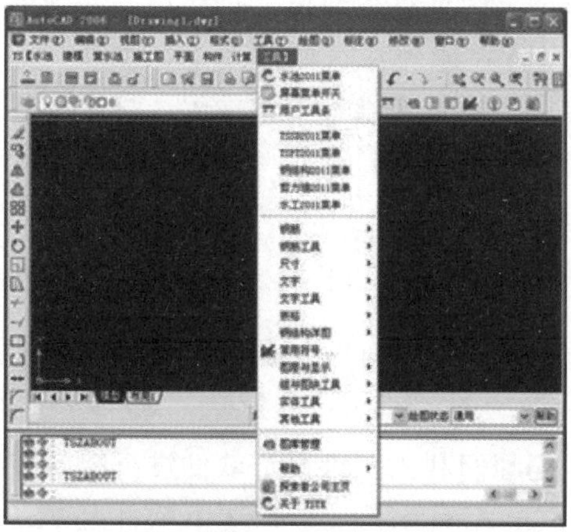

图 1.2-3　探索者软件界面

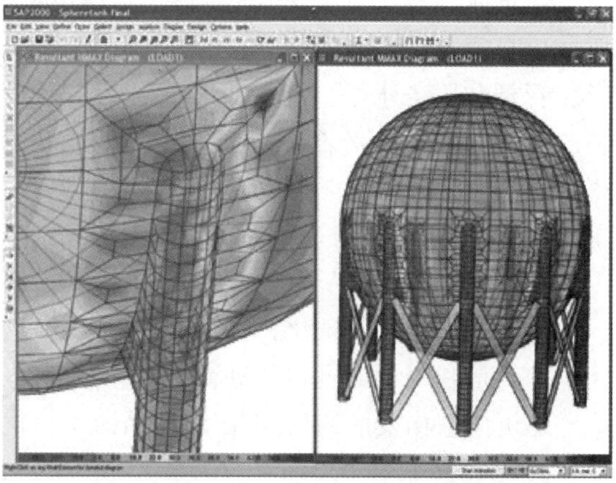

图 1.2-4　SAP2000 软件界面

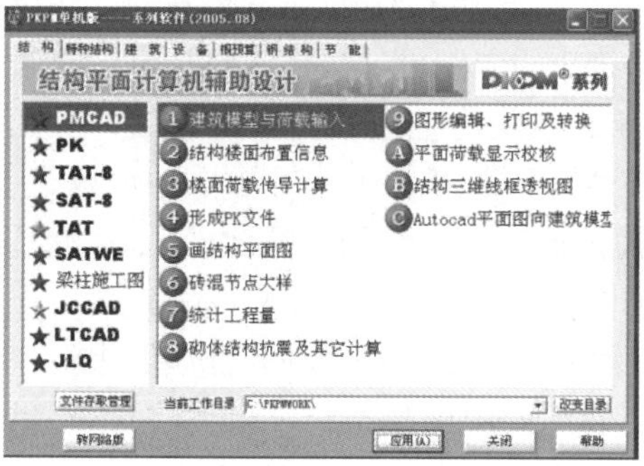

图 1.2-5　PKPM 软件界面

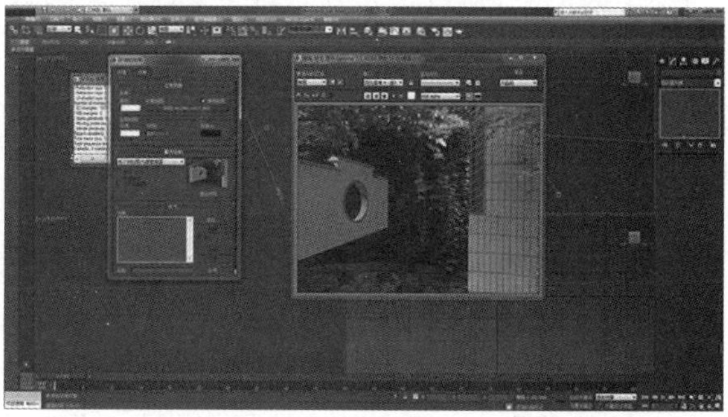

图 1.2-6　3ds Max 软件界面

传统的建筑绘图或计算软件，设计成果中包含的信息并不全面，通常仅包括建筑的几何或物理属性中的某一方面，或仅包括建筑、结构、设备等某一专业的信息，不能较为全面地涵盖建筑信息，对建筑信息的高效准确流通造成了巨大困难，工程的全过程管理实施难度很大，效率很低。针对这种行业现状，美国的 Autodesk 公司在 2002 年提出了建筑信息模型的概念，即 BIM（Building Information Modeling）概念。自 BIM 概念被提出以来，BIM 技术逐渐得到普遍应用，相关设计软件也开始在建筑工程中得到广泛应用。BIM 技术是一种应用于工程设计、建造、管理的数据化工具，通过对建筑的数字化和信息化模型整合，在项目策划、运行和维护的全生命周期过程中进行共享和传递，使工程技术人员对各种建筑信息作出正确理解和高效应对，为设计、生产、施工、管理和运营维护在内的各方提供统一的建筑信息数据。目前，国内外市场上的 BIM 软件较多，其中常用软件包括民用建筑工程领域的 Revit 软件（图 1.2-7）以及工厂桥梁等领域的 Bentley 软件（图 1.2-8）。

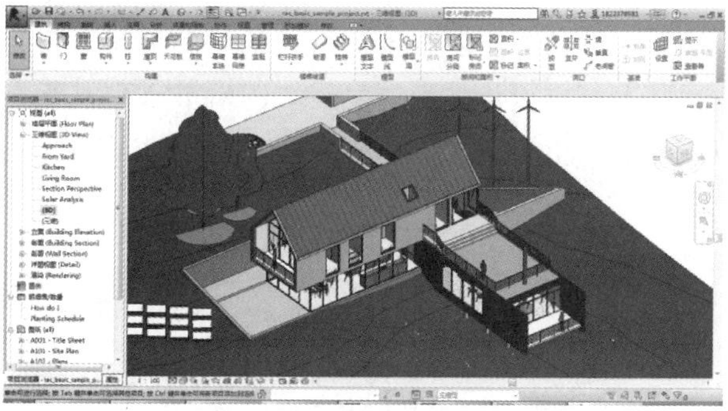

图 1.2-7　Revit 软件界面

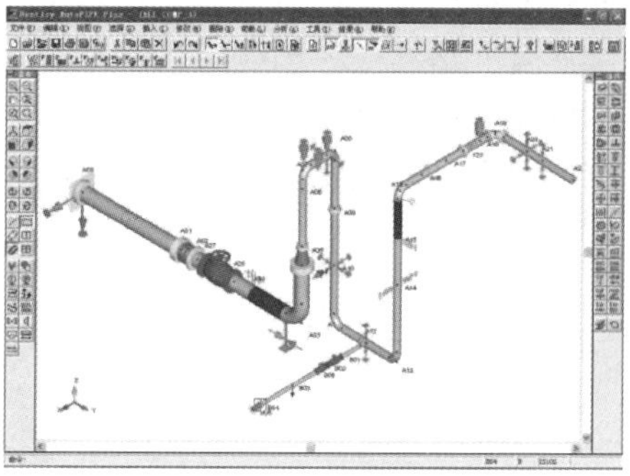

图 1.2-8　Bentley 软件界面

与 AutoCAD 等传统的设计软件相比，BIM 软件在信息全面性、全专业性、三维设计功能、全链条通用性、过程模拟功能等方面具有巨大的优势。在信息的全面性方面，BIM 软件建立的模型，几何、物理/材料、功能信息更加全面，且模型的三维空间尺寸信息更加精准，属于精准的 3D 模型；且模型中可以附加构配件或设备的生产安装时间信息，相当于在 3D 模型中增加了一个时间的维度，形成 4D 模型；而在 4D 模型中再附加构配件或设备的成本信息，则形成集三维尺寸＋时间＋成本的 5D 模型，最大程度地增加建筑模型的信息全面性。在全专业性方面，BIM 软件也显著优于传统软件；采用传统设计软件生成的设计成果，一般仅包括建筑、结构、给水排水、暖通空调、电气等其中一个专业的信息，而采用 BIM 软件生成的设计成果，可同时包括建筑工程中所有专业的信息，专业信息全面，专业之间的协同效率和准确率显著提高。在三维设计功能方面，BIM 软件的功能也更强大；传统的 AutoCAD 等二维设计软件，虽然有一定的三维设计功能，但三维建模效率低，复杂三维模型的几何精准性不足，复杂构配件和设备的表达难度大；而 BIM 软件的起点就是三维设计，软件内置的模型数据库完备，三维精准化建模效率高，从小型零部件到大型构部件及大型设备都可精准表达。在行业全链条通用性方面，由于 BIM 模型可以包含全面的几何、物理/材料、时间、成本等信息，甚至可以包含构配件和设备等的生产厂家等信息，因此 BIM 模型可以在工程项目的设计、生产、施工、管理、监督、运营维护等阶段被采用，解决了建筑产业链中各阶段信息割裂的问题，行业的全链条通用性很强。在过程模拟功能方面，传统的 AutoCAD 等设计软件很难进行模拟工作，而采用 BIM 软件则可以较为准确地进行节能、疏散、日照、施工工艺等方面的模拟；这些模拟工作对于建筑工程的策划、设计、施工、运营管理等具有重要的优化作用。

1.2.2　生产信息化

建筑业的生产信息化，是指建筑构配件或材料工厂采用计算机、互联网、物联网、自动化、机器人等技术进行加工或管理。建筑业的生产信息化，是随着整个社会制造业信息化水平的提升而不断进步，但我国建筑业的生产信息化水平整体落后于制造业的平均水平。

在生产加工的信息化方面，主要包括建筑构配件的加工下料深化设计和生产设备自动化加工。加工下料深化设计的信息化，早期主要体现在采用 AutoCAD 进行钢结构构件的深化设计，然后工人根据 AutoCAD 深化图纸进行手工下料和焊接等工作；随着自动化加工设备的发展，深化设计数据文件逐渐可被导入设备中，由设备进行自动化的下料、组装和焊接等加工工作（图 1.2-9、图 1.2-10）。随着三维设计技术的发展，BIM 软件也被逐渐推广至工厂的深化设计和生产中，且被应用到混凝土预制构配件的生产中（图 1.2-11、图 1.2-12）。

图 1.2-9　钢管结构自动加工

图 1.2-10　钢梁自动焊接

图 1.2-11　钢筋笼自动加工设备

图 1.2-12　混凝土墙板生产设备

在生产管理的信息化方面，主要包括生产任务的承接、分配、原料采购、产品入库和出库等。早期的生产信息化管理，主要是指应用互联网、Office 办公软件等进行信息传递和文件储存等，信息化管理手段不丰富，管理效率较低。近几年来，随着二维码技术和射频识别（RFID，Radio Frequency Identification）等物联网技术的快速发展，建筑工厂生产管理的信息化程度日渐加快。以我国较早开始建筑构配件生产管理信息化的某建筑科技公司为例，在工厂的任务承接阶段，生产深化工程师接收到建筑设计公司的图纸或 BIM 模型后，即开展加工图设计，然后根据加工图设计生成的数据进行原材料准备或采购等工作。针对自己的生产流程，企业建立了信息化生产管理平台（图 1.2-13），包括生产原料、生产进度、生产质量、产品出入库等方面的信息化管理。传统的构配件工厂生产中，以纸质文件和手工笔录为主要管理手段，生产计划执行过程不清晰，生产过程的质量难以控制，原材料需求不精准，原材料存放位置不清晰导致库存周转效率低，工厂内的不同工艺部门之间沟通效率低。采用信息化管理平台后，生产各环节的信息都集成在系统中，可显著提高生产效率。原材料按类型编码和位置编码存放在仓库中，加工部门可在系统中快速查找到所需原材料，提高了原材料查找效率和库存周转效率；构件生产过程中，采用二维码或射频识别技术进行精准识别（图 1.2-14），实时跟踪构件的生产进度状态和位置；构件入库储存和出库运往工地环节，也采用二维码或射频识别技术进行识别和跟踪；生产的全流程中，信息在不同工艺部门之间高效流通，部门之间的沟通效率高。可见，采用信息化管理平台，可有效促进生产的全过程管理，提高效率，降低成本。

图 1.2-13　信息化生产管理平台

图 1.2-14　二维码扫描识别构件

1.2.3　施工管理信息化

在施工管理的信息化方面，主要包括建筑构配件生产与运输进度跟踪、构配件安装或施工进度管理、施工安全管理、施工人员管理等。早期的施工信息化管理，也主要是指应用互联网和办公软件进行简单的信息传递和文件存储等，施工管理效率低，过程信息落后，多数信息还是以人工笔录和纸质文件统计为主，施工工艺各环节严重割裂，进度信息统计严重落后，工程项目施工的管理效率较低。针对工程项目施工，采用信息化管理平台，可有效提高管理效率。在工程项目的施工策划阶段，就可以在信息化平台中较为精确地计算项目施工周期，并准确地安排项目施工进度。构配件在工厂出库后，就通过二维码或射频识别设备将信息输入信息化平台（图 1.2-15），且运输货车的实时定位信息可显示在信息化平台中，供工程管理人员了解物流状态。在构配件安装进度管理方面，采用信息化管理平台后，不再需要施工管理人员手工绘制形象进度图，而是根据实际安装情况在系统中实时激活 BIM 模型中的已完成安装部分即可；当输入构配件的激活日期晚于系统已设置好的日期时，信息化平台还将自动化预警，提醒施工延迟情况；可见，信息化平台的进度统计效率和准确率都很高。在施工安全管理和人员管理方面，可以通过现场安装摄像头、电子打卡等信息化方式以加强管理。对于建筑施工或总承包企业，可以利用施工管理信息化平台，建立针对企业在全国或全球所有项目进展的信息化窗口，以供管理人员进行全面的企业项目管理（图 1.2-16）。通过建筑施工信息化管理平台的应用，可针对所有工程项目进行精准的建设全过程复盘，为后续工程项目的优化实施提供全面准确的数字化信息。

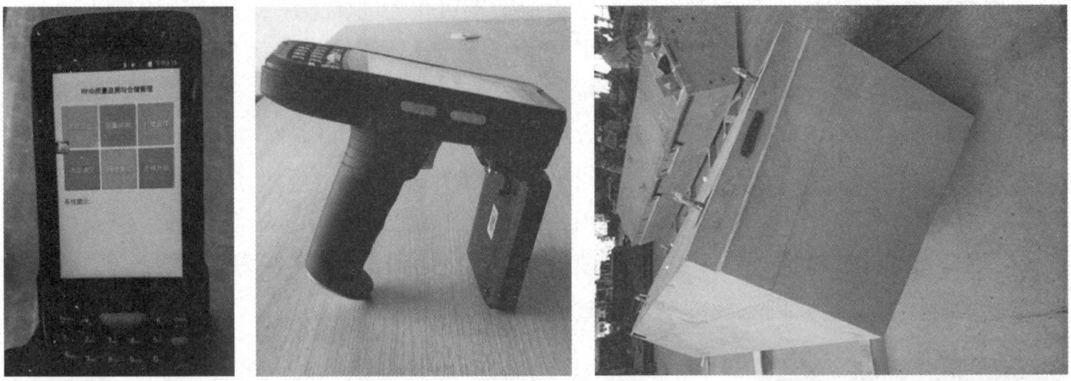

图 1.2-15　射频识别扫描设备及采用的构件

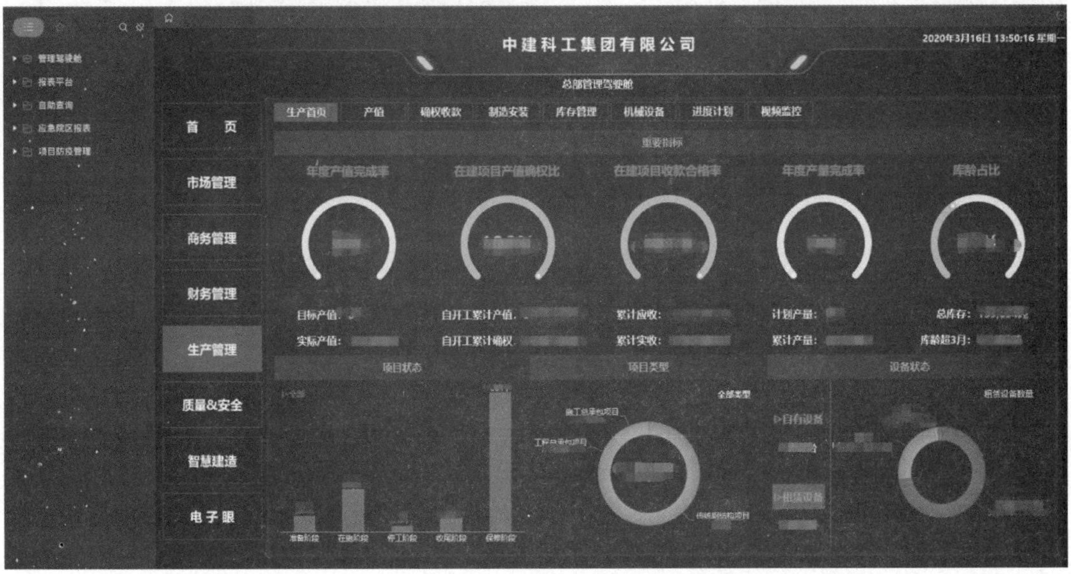

图 1.2-16　建筑企业的项目管理信息化窗口

1.3　人工智能技术发展

1.3.1　人工智能概述

人工智能（Artificial Intelligence）是在 1956 年的美国达特茅斯会议上被正式提出的概念。这个会议是由达特茅斯学院的助理教授约翰·麦卡锡（John McCarthy）等人发起；会议持续了一个暑假，讨论了一个当时看来完全“不食人间烟火”的主题：用机器来模仿人类的智能行为。达特茅斯会议召开后，“人工智能”这个词才开始在科学界广泛流传，而 1956 年也被公认为人工智能的元年。

由于涉及计算机、数学、神经科学、认知科学、生物学等多学科交叉，涉及的内容也过于广泛，因此人工智能目前尚无较为统一的定义。达特茅斯会议发起者约翰·麦卡锡，对人工智能的初始定义是"制造智能机器的科学与工程"，其中包括科学研究及科学知识部分，还包括实现人工智能功能的工程实现部分。对于行业应用，可将人工智能理解为一种技术应用目标：让机器实现人的智能行为，包括主动的学习、思考、决策、行动等。但到底一台计算机或设备达到什么样的水平，才算是拥有了"智能"？计算机科学的开创者之一阿兰·图灵（Alan Mathison Turing）在 1950 年建议了一个判断标准，被称为"图灵测试"。图灵测试认为，如果一台机器能够与人类展开对话（包括文字对话）而不能被辨别出其机器身份，那么可以认定这台机器具有智能。直到今天，图灵测试仍然被认为是人工智能的重要检验标准。2014 年，一个被命名为尤金·古斯特曼的聊天机器人（电脑程序，见图 1.3-1），成功地让人类相信它是一个 13 岁的男孩，从而成为有史以来首次通过图灵测试的程序；这被认为是人工智能发展史上的里程碑事件。

图 1.3-1　聊天机器人尤金·古斯特曼与人的文字对话窗口

人工智能常被区分为强人工智能和弱人工智能两个范围。强人工智能一般指通用人工智能，即拥有人工智能的机器不但能够实现类似人的智能行为，也具有知觉和自我意识，甚至具有跟人完全不一样的知觉和意识，使用跟人完全不一样的推理方式。跟强人工智能相对，弱人工智能不具有自我意识和完备的感知能力，只能完成某种特定的工作。以 2017 年围棋世界冠军柯洁与围棋智能机器人 AlphaGo 的围棋比赛为例，柯洁在输掉比赛后落泪，跟记者说："他的技术太完美，我看不到赢的希望"；而 AlphaGo 机器人在赛后不会有任何高兴或难过，也不会主动思考赢了世界冠军后要干什么，是否可以用下围棋的算法或技术去做别的事情；因此 AlphaGo 机器人呈现的是弱人工智能，它只能从事围棋这种特定的工作。目前，强人工智能还处于设想和研究阶段，距离技术上的实施还很遥远，而弱人工智能目前已经开始较为广泛地应用于传媒、通信、金融、驾驶和日常服务等方面。

在生产和管理等活动中，人工智能与以往的自动化有显著的差别。自动化是指机器设备或信息系统在无人或较少人参与的情况下，按照严格的工艺或管理流程进行操作，实现工作目标。而人工智能不但能在无人或少人参与的条件下进行操作，还能针对流程中没有明确规定的情况进行判断、决策和处理。可见，自动化过程中一切条件和工况都是预设好的，不允许存在不明确的工况，否则工作无法继续进行；而人工智能则允许在任务执行过程中出现未预设好的工况，然后根据智能设备中的已有知识或经验进行工况的处理，并最终完成任务。以钢结构建筑的构件生产为例（图 1.3-2），构件自动化焊接生产线上安装了焊接机器人手臂，可自动化焊接 H 型钢构件，那么一般情况下这条生产线只针对 H 型钢构件进行焊接，而不能针对矩形或其他截面形式的构件进行焊接。这是因为在机器人手臂焊接工艺的预设中，工程师已经将焊接的对象预设为 H 型钢，机器人手臂是按照工程师已经设定好的固定伸缩路径和动作进行作业；如果要焊接矩形钢构件，则需要工程师重新编程或设定详细的参数，因为机器不能智能化地识别出焊接的对象已经由 H 型钢构件变为矩形钢构件。而对于人工智能生产线，焊接机器人能够智能化地识别出焊接对象的类别，不需要人为编程或设定参数，机器人能够自行根据情况判断需要焊接的位置，自主计算出手臂的伸缩路径和焊枪的角度等；可见，与自动化生产线不同之处在于，人工智能生产线能够自行进行识别、判断、决策和行动，高度自主化地完成任务。可以说，跟自动化相比，人工智能是一种更加高度的自动化。

图 1.3-2　钢构件自动化生产线

人工智能在发展的早期，研究人员常希望通过在计算机中存储明确的规则或知识，然后通过这些知识的组合和大量的计算机运算，实现智能目标；这种思路常属于将知识点无限组合，即通过“穷举法”实现判断和决策，但这种思路会遇到“组合爆炸”的计算难题，计算量远超出计算机的计算能力，难以实现目标。以 AlphaGo 与柯洁的围棋对弈为例：如果柯洁每落一子，AlphaGo 都对当前的棋局进行排列组合计算，然后判断哪一种排列组合能够战胜柯洁再决定如何落子，则在当前的计算机能力条件下，AlphaGo 可能永远都落不下第一个棋子；因为围棋棋谱的排列组合个数，比宇宙中所有原子的数量都要多。因此，人工智能早期的“穷举法”等技术思路走不通。况且，在生产和生活中，很多事物并没有围棋那样非常明确的规则，以图像识别为例：你能通过明确的规则识别出图 1.3-3 中猫和狗吗？如果能，能否把规则列出来并通用化？

图 1.3-3　猫和狗图片

我们觉得可能的规则包括：（1）猫的耳朵是尖的？但有的狗耳朵也是尖的；（2）猫的体型比狗小？但有的狗也很小，而有些品种的猫体型也比较大；（3）猫的脸更圆，而狗的脸更偏狭长？但其实有的类型狗的脸也是偏圆的；（4）猫身上有花纹？但其实狗身上有花纹的品种也很多，而猫身上无花纹的品种也不少；（5）猫的嘴和狗的嘴形状不一样？那到底哪个明确的区域范围内算是嘴的范围？……可见，这样的问题根本不可能通过穷举规则来实现判断的目标。实际上，我们人在进行猫和狗的识别时，也不是根据明确的规则来进行判断，而是根据我们以往见过的大量的猫和狗的实物或照片，根据经验作出的判断。AlphaGo 在跟柯洁对弈前，已经自己跟自己下了很多局的棋，通过大量的自我对弈计算，积累了远远多于柯洁的棋局套路；在对弈过程中，AlphaGo 通过自己的对弈训练经验，可实时计算出自己如何落子才能保证赢的概率高于输的概率；也就是说，AlphaGo 在每一步落子时并不保证这样一定能赢，但能够通过计算保证自己赢的概率大于柯洁赢的概率，因此积累到一盘棋结束，AlphaGo 赢棋的概率就远远大于柯洁。可见，人工智能发展到今天，已经进入了大量经验数据＋概率/统计计算＋设备计算能力的时代。但由此也可以看到，人工智能得出的结果，往往给出的是相关性，而不能解释明确的因果性；这也是当代人工智能的一个局限性之一。

由人工智能下围棋和图像识别可见，目前人工智能的主要技术路线是数据＋算法＋算力。其中数据（Data）是一种广义的概念，其具体内容可以是数值、图片、视频、网页浏览记录、采购记录、通话记录、出行路径等；而目前流行的大数据（Big data）则是指无法在较短时间内采用个人计算机或手机等小型设备进行管理和处理的海量信息数据。算法（Algorithm）指在数学和计算机科学之中，为得到某个计算结果而定义的具体计算公式和步骤；而在人工智能领域，算法一般指各种机器学习算法和智能优化算法，包括聚类、优化、神经网络、遗传算法、粒子群算法等基本算法及其组成的集成算法。算力（Computing power）一般是指计算机的计算能力，但在人工智能领域可以是一种广义的概念，即设备或系统实现智能化目标的能力，包括计算能力、信息传输能力、动作执行能力等，这些设备和系统包括计算机、物联网设备、5G 基站、服务器、制造设备、汽车、机器人等。要实现人工智能目标，数据、算法、算力必须有机结合，缺一不可，其中数据是原材料，算法是核心，算力是基础设施。数据、算法、算力三者之间的关系，可以用石油炼制来类比。石油炼制过程中，首先需要原油作为原材料，这是石油生产的基础；但有了原油，还需要一套精密的炼油工艺流程，包括预处理、蒸馏、催化、分离等，才能将原油最终炼制成汽油、柴油、沥青等产品；有了明确的工艺流程，还需要炼制设备、安全设备、厂房等生产基础设施才能完成炼制工作。类比石油生产，人工智能技术中，数据相当于石油生产中的原油，是原材料；算法相当于石油的炼制工艺，是生产的核心环节；而算力相当于生产基础设施，是生产工艺能够得以实施的物质保障（图 1.3-4）。

随着人工智能技术的广泛应用，其对人类是否会产生威胁，是当前人工智能被关注的主要方面之一。以著名物理学家史蒂芬·霍金（Stephen Hawking）和电动汽车巨头特斯拉创始人埃隆·马斯克（Elon Musk）为代表的悲观派认为，人工智能的发展可能进一步加速，甚至会发展出自我改造创新的能力，从而导致其进步速度远超人类，甚至会产生灭绝人类的危险；而以吴恩达、李飞飞等人工智能科学家及 Google 技术专家等为代表的乐观派认为，目前担心人工智能取代人类还为时尚早，因为任何科技都会有瓶颈，人工智能技术也不会无限成长，机器目前也看不到有产生自我意识的趋势。根据目前的科技进展，

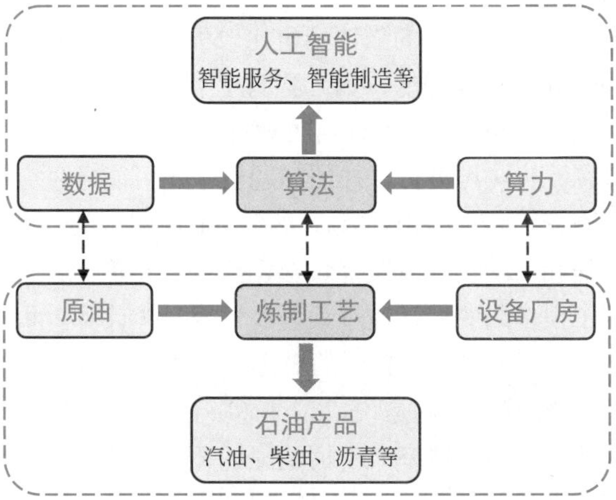

图 1.3-4 人工智能技术与石油炼制的类比

强人工智能在未来几十年内都难以实现，而弱人工智能已经开始在产业界和日常生活中逐渐开始得到应用，尤其是在一些重复性的体力和脑力工作方面开始逐渐代替人的工作。对于大学生和研究生等知识层次较高的群体，面对人工智能时代的到来，可采取以下应对措施：(1) 不要长期从事重复性高的日常行政服务管理和简单技术性工作；(2) 主动学习人工智能的相关知识和发展动态，让人工智能成为自己的助手；(3) 加强学习能力，终身学习，不停提升自己的技能底线，增加自己知识的深度或广度；(4) 掌握 2 个甚至多个行业的工作技能，成为行业交叉能力强的工作者；(5) 提高自己的交流、协调、谈判、共情等能力，成为人与人或者人与技术之间的“链接者”；(6) 形成自己的领导力，能够带领核心团队进行技术开发或市场开拓等。

人工智能在发展中也将面临较为严重的道德伦理问题，因为人工智能虽然能够代替人进行一些智能化的工作，但由于不具备人的主动意识和心灵等，人工智能的行为可能引起巨大争议。以自动驾驶为例，当人工智能自动驾驶汽车在公路上快速前行时，如果前方突然出现了一个人，而由于距离过近导致紧急刹车不能保证不撞到人时，人工智能是选择刹车前行撞上人，还是选择紧急转向而撞上路边的大树或房屋等障碍物？选择紧急刹车其结果将是让车继续前行导致撞伤行人，选择紧急转向其结果是车撞障碍物而导致车内人有很大受伤风险。如果不是自动驾驶，司机来不及完全刹车而导致撞到人，一般不会引起过大的道德争议，毕竟人们现在已经对“紧急避险”而导致的无意伤害或损坏有了相当的共识；而如果是人工智能选择撞人而非自撞，必将导致巨大的道德伦理指责，甚至车内人或汽车生产商都将被严重刑事处罚。如果自动驾驶汽车生产商为避免这项风险而选择转向撞障碍物，那消费者根本不会购买这样的汽车。不解决这一类问题，人工智能驾驶很难真正的广泛推广。随着人工智能的技术进步和广泛应用，其在商业、战争、救灾、日常生活中的应用也面临诸多类似的问题。

1.3.2 人工智能算法

当前，人工智能算法主要包括机器学习算法和各种智能优化算法。计算机或机器人等设备或系统通过人工智能算法对数据进行分析和处理，然后进行判断和决策，最终把指令发送给设备或系统进行执行，从而实现人工智能的目标。人工智能中采用最多的是机器学习算法。机器学习算法是一类从数据中自动获得规律，并可利用规律对未知数据进行预测的算法。机器学习算法不是某一种具体的算法，而是对能够实现自动获得规律并用于预测的所有算法的统称。每一种机器学习算法的提出过程，都可能包含计算机、数学、神经科学、认知科学、信息论、控制论等多学科交叉的过程；而机器学习算法一般都是主要解决分类和回归这两类问题。机器学习领域的专家一般认为，心理学专家唐纳德·赫布（Donald Olding Hebb）开启了机器学习领域，他在 1949 年提出基于神经心理学的学习机制，此后被称为 Hebb 学习规则。而"机器学习"（Machine learning）这个词是由亚瑟·塞缪尔（Arthur Samuel）在 1949 年提出；他当时编制了一个下跳棋的计算机程序，这个程序能够通过当前的棋局分析并结合隐含的数学模型进行下棋决策，而且随着下棋经验的增加，该程序的下棋水平也将自动地提高。通过这个程序，塞缪尔证明了机器可以在某些方面通过自主学习而提高水平，甚至超过人类的水平。

根据机器学习算法的功能属性，在人工智能和机器学习的概念提出以前，很多经典的数学算法也算是机器学习算法，如经典的线性回归方法和贝叶斯方法等。以线性回归方法为例，给定一个含有 n 个平面内数据点的数据集 D：

$$D=(x_1,\ y_1),\ (x_i,\ y_i),\ \cdots,\ (x_n,\ y_n),\ 1\leqslant i\leqslant n \tag{1.3-1}$$

拟求一个线性方程：

$$y=ax+b \tag{1.3-2}$$

其中 a 和 b 都是常数，x 和 y 分别为自变量和因变量，用于估计未来可能出现的 x_j $(j>n)$ 所对应的 $y_j(j>n)$ 的近似值 y'_j，见图 1.3-5。其中常数 a 和 b 可采用最小二乘法（Adrien Marie Legendre 于 1806 年提出）进行求解：

$$a=\frac{\sum xy-\frac{1}{N}\sum x\sum y}{\sum x^2-\frac{1}{N}(\sum x)^2} \tag{1.3-3}$$

$$b=\overline{y}-a\overline{x} \tag{1.3-4}$$

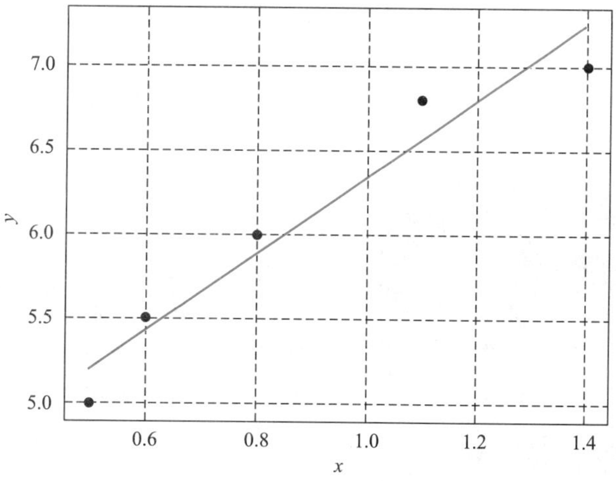

图 1.3-5　线性回归示意图

上式中，$\overline{x}$、$\overline{y}$ 分别为 x_i，y_i 的平均值。由线性回归可见，根据已有的数据，采用最小二乘法可以得到一个线性方程，且采用这个方程可以估计新增自变量对应因变量的近似值；即不需要人根据已有数据估计因变量，而由机器根据已有数据自动获得自变量和因变量的关系规律，并根据规律预测因变量。因此，很多经典的回归方法以及贝叶斯方法等，现在也被机器学习专家们列为机器学习算法；而马尔可夫随机过程和蒙特卡洛等经典的统计学方法，也被广泛应用于机器学习算法的开发和改进。可见，“机器学习”这个名词虽然有具体的提出时间，但机器学习的方法和思想在科学发展中的历史已经比较悠久。

目前，机器学习主要分为无监督学习、监督学习和强化学习等主要类别。无监督学习和监督学习算法的本质区别在于，是否需要对已有的训练样本进行人为的标记；无监督学习算法不需要对训练样本进行标记，如最小二乘法和各种聚类算法等；而监督学习算法需要对训练样本进行标记，典型的代表就是神经网络算法。而强化学习是在无监督学习和监督学习之外的另一类机器学习算法，它是用于描述和解决智能体在与环境的交互过程中通过学习策略以达成回报最大化的算法。

1.3.3 人工智能应用发展

目前，人工智能已经在数据挖掘、图像识别、语音识别、自动控制、机器人等方面取得了显著的技术突破，广泛应用于自动驾驶、传媒、商业、金融、安全、服务、教育、医学、电子游戏、智慧城市等行业。

汽车自动驾驶（Autopilot）是人工智能技术目前最广为人知的应用之一，其典型代表是电动汽车巨头特斯拉（Tesla）和互联网巨头谷歌（Google）开发的技术。目前，包括这两家企业在内的很多汽车生产企业、科技公司和初创企业都在从事自动驾驶汽车的研发，且一些汽车产品已经部分实现了自动驾驶功能。根据国际自动机工程师学会（SAE International）的标准，自动驾驶汽车一共分为 5 个级别：（1）一级，是指车的自动驾驶系统可以给人提供一些辅助性帮助，包括自动刹车、车位停靠等；（2）二级，是指在路况比较简单的情况下汽车可以自己开，但人必须实时盯着驾驶系统，如在路况比较简单的高速公路上驾驶等；（3）三级，是指人可以不实时盯着驾驶系统，但是如果车遇到不能处理的复杂情况时，会向人发出信号，此时人必须接管驾驶工作；（4）四级，是指在某些环境和条件下，实现完全自动驾驶，人不需要盯着驾驶系统，可以在车内睡觉或专心工作等；（5）五级，是指在任何环境和条件下，汽车都能完全自动驾驶，人不需要对驾驶系统进行任何关注或操控。目前，特斯拉等企业的自动驾驶汽车产品已经能够实现一级和二级的功能；且特斯拉和谷歌等正在进行研发和测试的自动驾驶汽车已经能够实现三级甚至四级的功能，并有望在未来几年将产品推向市场。为了积累数据，研发企业长期在公路上进行自动驾驶汽车的实地驾驶测试（图 1.3-6），有的企业总计积累自动驾驶里程已经达几百万公里；谷歌甚至利用废弃的美军空军基地等作为自动驾驶试验和测试基地，不但进行一般的驾驶试验，还进行突发情况试验（图 1.3-7）。

图 1.3-6 谷歌自动驾驶汽车

扫码看彩图

图 1.3-7　谷歌自动驾驶系统进行场景检测

虽然人工智能在某些方面的工作效率已超过人类，但在实际应用中，相比人类，人工智能一旦出错，其造成后果的严重性也将远超人类。以医疗领域为例，目前最知名的人工智能应用是 IBM 公司的 Watson 医生机器人，这款机器人可以针对癌症病人的情况，10 秒钟就给出治疗方案。目前 Watson 医生机器人已经在全球几百家医院中得到采用。但 2018 年，根据 IBM 公司内部的文件，Watson 医生有时会给出不好的建议，比如它建议给患有严重出血的癌症患者服用可能导致出血加剧的药物。虽然人类医生有时候也犯错误，但一般为个案，不同医院的医生不可能针对同一情况犯相同的错误；但人工智能医生，一旦犯错误，就是采用此人工智能医生系统的所有医院都犯相同的错误，因为系统采用的是同一个算法模型，针对相同的病例必然给出相同治疗方案，不管病例是在哪个医院治疗。好在目前类似 Watson 医生这样的智能医疗机器人给出的建议，医生一般不会完全采纳，而是根据自己的专业知识和病人具体情况给出相应的治疗方案。由此可见，在一些专业领域，人工智能在一定时期内并不能完全代替人，人也不愿意把自己生命攸关的重大事项交由冷冰冰的机器处理，但人工智能可以成为人类很有用的辅助工具和工作伙伴。

除了自动驾驶和医疗机器人，人工智能技术目前的应用也很广泛，如机场安检人脸识别采用了图像识别技术，智能音箱和手机语音呼叫等采用了语音识别技术，各种网页新闻和广告的智能推送等采用了多种机器学习算法，电子导航采用了智能路径规划算法等。人工智能技术在我们的生活和工作中已经无处不在。

1.4　建筑业的智能建造趋势

建筑业的智能建造，是指在建筑工业化和信息化的基础上，通过引入机器学习算法、智能优化算法、图像与视频识别技术、语音识别技术、BIM 技术、机器人技术等手段，提高建筑业的效率和质量，并降低人力资源投入，降低人员劳动强度，尤其是重复性较高的体力或脑力劳动[5]。建筑业信息化与智能化的区别在于，信息化只是解决建筑业的数字化和信息流通问题，而不能解决人脑进行的设计、判断、预警、决策等问题，也不能主动执行，更不能根据新的问题进行主动迭代，修正自己已有的经验和认知模式，实现认知升级。以建筑设计中常见的设备管道与梁柱构件的碰撞为例（图 1.4-1），现在的设计软件，只能数字化地显示管道与梁柱是否碰撞，并将碰撞信息反馈给工程师，但是不能主动地进行碰撞避让，并决定如何避让，更不能进行优化以降低碰撞的影响甚至避免碰撞，也就是不具备智能化功能。建筑业由工业化和信息化阶段向智能化阶段发展，是建筑业科技进步和转型升级的必然趋势。根据智能建造的特点和功能，可给出智能建造的一个定义：以人工智能算法为核心，以数据和现代信息技术为支撑，在建设工程的设计、生产、施工和运维中，以智能技术代替需要人类智能才能完成的复杂工作，实现建筑业的高度自动化和数字化。

1.4.1 智能设计

建筑的设计一般包括规划设计、建筑方案设计、建筑施工图设计、室内装修设计、构配件加工深化设计等。在未来的建筑设计中，人工智能技术可能在建筑设计的各个环节发挥作用。在规划设计环节，人工智能可根据建设区域的总用地面积、建筑物类型、容积率（建筑面积与用地面积的比值）、土地形状和交通条件等进行总体规划，高效率地给出规划设计图，并可与规划工程师进行合作，得到优化的规划设计成果；图 1.4-2 为我国的软件利用智能算法进行的小区楼栋规划设计。通过人工智能技术，规划工程师可节省大量的计算和绘图时间，只需对规划成果的合理性进行判断，或提出更优化的想法，然后再由人工智能完成规划设计即可。

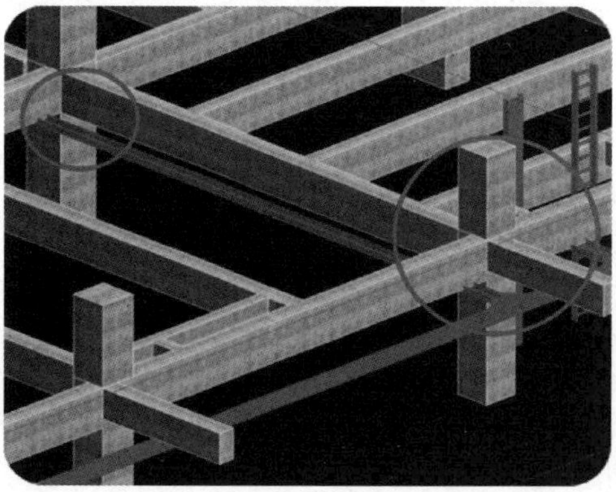

图 1.4-1　三维设计中的梁柱与管道

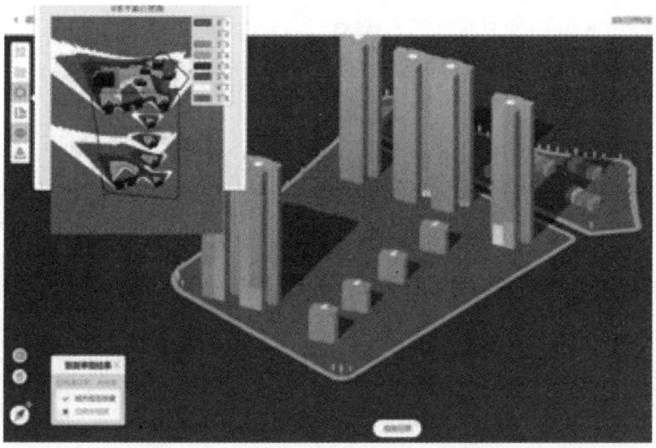

图 1.4-2　人工智能进行小区住宅楼规划

在其他建筑设计环节，人工智能技术也将有效地提高效率，降低工程师的工作量。以构配件深化设计为例，在结构工程师做完设计后，建筑中的梁、板、柱、墙、阳台、楼梯等要在混凝土预制构件厂生产，还需要深化设计工程师进行详细的深化设计。深化设计一般需要采用 BIM 软件进行三维建模，包括钢筋的细部尺寸避让、预埋件、混凝土细部构造等，工作量很大，耗费了工程师的大量时间，且大部分工作都属于重复度比较高的低端脑力劳动，劳动强度也很大。如果采用人工智能技术进行智能深化设计，而工程师只需要对设计成果进行审核和修改反馈，则可显著提高效率，降低工程师的劳动强度，并节省工程设计时间。

在未来的建筑设计中，专家系统、语音识别、智能算法等很可能将与物联网、云计算、虚拟/增强现实等相结合，发展出高效的人机互动建筑智能设计技术，其中设计师提供建筑功能要求和设计思路，而计算机进行计算、建模和绘图，从而形成设计师创意+人工智能工作的建筑设计模式。

1.4.2　智能化生产

建筑业的智能化生产，主要是指混凝土预制构配件、钢结构构件、门窗、卫浴产品、墙体板材及相关原材料等的生产，包括制造过程和产品质量检测过程。目前的构配件制造过程中，虽然很多生产线上也配备了机器人（图 1.4-3），但这些机器人不具备识别和自主判断执行能力，只能按照提前设定好的动作路径进行固定操作，导致生产线的功能单一，生产不同类型构件时工艺调整工作量大，时间和人力成本投入大。在未来的生产中，通过将图像识别、专家系统、物联网等技术集成到机器人中，形成智能化生产机器人，不但能进行简单的标准化操作，还能根据构件情况自动调整作业动作，生产效率可显著提高，生产成本也将有效降低。

建筑构配件生产完成后，还需要进行产品质量检测，一般包括尺寸精度检测和表观质量检测等。目前的大型构部件尺寸精度检测，还是工人持尺测量尺寸（图 1.4-4），且由于工作量过大，常仅进行抽检，导致测量误差偏大，尺寸不合格漏检的情况也时有发生。在表观质量检测方面，也主要是依靠检测人员目测是否合格，检测标准难以统一，检测结果无法量化表达。在未来的建筑生产中，可采用激光三维扫描技术（图 1.4-5、图 1.4-6）进行尺寸和表观质量检测；基于激光三维得到的构部件表面密集的点云数据，采用人工智能算法进行尺寸精度检测；激光扫描仪在扫描过程中还进行全场景的照片拍摄，基于照片，通过图像识别和色差评估算法进行构部件的表观质量检测。这种智能化的检测方法，检测效率和精准度都很高，也不需再进行抽检，可保证构部件在出厂时质量合格率远高于传统检测方法。

图 1.4-3　钢构件生产线焊接机器人

图 1.4-4　工人手工持尺测量预制构件

图 1.4-5　激光三维扫描仪

图 1.4-6　扫描仪可同时扫描多个构件

1.4.3　智能化施工

建筑工程的智能化施工，包括施工现场的构配件安装、施工安全监控、工程进度统计、施工效率统计、施工现场人员管理等方面的智能化。目前在施工现场的构配件安装过程中，是以机械和工人共同完成为主，工人的劳动强度仍然比较高，人力需求大；未来的施工现场可能会大量采用智能化的安装机器人，如日本的研究机构正在研发的墙板安装智能机器人（图 1.4-7），而技术工人主要从事强度很低的劳动并指挥机器人操作。在施工安全监控方面，目前主要是安全技术人员进行安全巡视，监控安全帽佩戴、安全带使用、危险作业、安全设施漏洞等方面的问题；未来的施工现场将安装大量的智能摄像头，采用图像/视频识别技术，对施工现场进行全面的安全监控（图 1.4-8），并针对可能的施工危险实时预警。在工程进度统计方面，即使采用 BIM 模型，也需要人根据现场施工进度情况手工输入工程项目管理系统，因此存在进度统计滞后的问题，且不能反映工程现场真实的施工精度情况；如果将无人机＋激光三维扫描＋智能逆向 BIM 建模＋物联网等技术集成应用，可定时扫描施工进度并实时传输到工程管理系统中，且模型能够真实地反映施工现场的安装精度情况，有利于竣工验收，并为后期的运营维护提供真实的数字化模型。在施工效率统计方面，通过现场安装的摄像头，并将动作识别和场景识别相结合，可对施工现场的工人工作效率进行精准统计，推动施工进程的精细化管理。通过人脸识别技术，可对施工场地内的人员出入实现准确统计，有利于施工现场人员的有序管理。

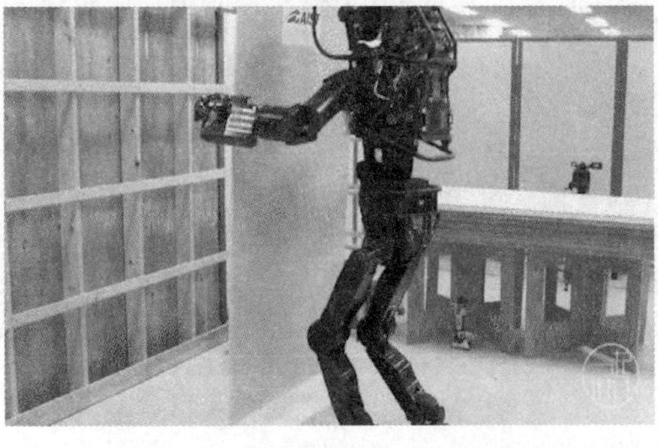

图 1.4-7　墙板安装智能机器人

图 1.4-8　智能摄像头监控安全帽佩戴

1.5　本书的主要内容

人工智能算法是智能建造技术的核心，但目前国内外介绍人工智能算法的教材均针对计算机、软件和自动化等信息学科，而针对土木工程、建筑工程、水利工程、海洋工程、交通工程等传统工程建设学科的专用教材还未出版。本书作者将结合自己在智能建造领域的研究和教学工作，对智能建造技术中可能采用的一些基础算法进行较为深入的介绍，书中的主要内容构成见图 1.5-1。

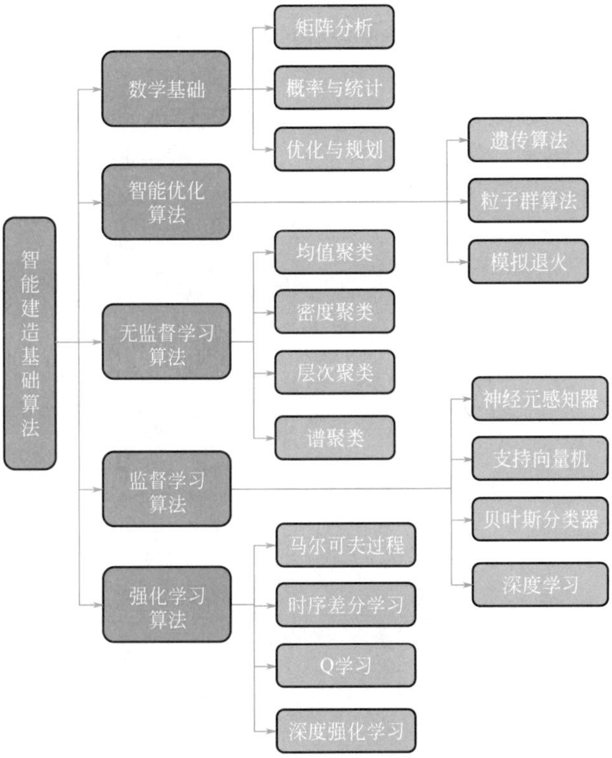

图 1.5-1　本书主要内容框图

本书可划分为五部分，其中第一部分为数学基础方面的内容，包括矩阵分析基础、概率与统计基础、数值优化与规划基本方法；第二部分为智能优化算法，其中详细介绍了遗传算法、粒子群算法、模拟退火算法，并进一步介绍了一种近邻场算法；第三部分为无监督学习算法，主要介绍了各种聚类算法；第四部分为监督学习算法，详细介绍了神经元感知器、支持向量机和贝叶斯分类器等经典分类算法，并深入剖析了前馈神经网络和卷积神经网络这两种深度学习算法的工作流程和训练过程，详细说明和推导了深度学习算法的数学过程；第五部分为强化学习算法，其中介绍了马尔可夫过程、时序差分算法、Q 学习算法，并介绍了强化学习与深度学习相结合而形成的深度强化学习算法。将这些基础算法进行综合应用，并与大数据、云计算、边缘计算、物联网、虚拟/增强现实、机器人、BIM 等信息技术相结合，解决工程建造中的设计、生产、施工、检测等技术问题，就形成了智能建造技术。

参考文献

[1] STATISTA. Construction industry spending worldwide from 2014 to 2019, with forecasts from 2020 to 2035 [EB/OL]. (2020-06). https://www.statista.com/markets/941/construction/.

[2] 国家统计局固定资产投资统计司. 中国建筑业统计年鉴 2019 [M]. 北京：中国统计出版社，2019.

[3] 第一财经. 中国建筑垃圾危与机：年产逼近 30 亿吨，再利用能力仅 1 亿吨 [EB/OL]. (2019-07-22). https://baijiahao.baidu.com/s?id=1639750626331528522&wfr=spider&for=pc

[4] 纪颖波. 建筑工业化发展研究 [M]. 北京：中国建筑工业出版社，2011.

[5] 周绪红，刘界鹏，冯亮，等. 建筑智能建造技术初探及其应用 [M]. 北京：中国建筑工业出版社，2021.

第 2 章　矩阵分析基础

数学是人工智能算法的基础，各种算法常需大量使用微积分、线性代数、矩阵分析、概率与统计、最优化方法等基础数学理论，特别是线性代数和矩阵分析的基础理论。矩阵分析在数学、物理和技术学科中均有重要应用，矩阵分析所体现的几何概念与代数方法之间的联系，从具体概念抽象出的公理化方法以及严谨的逻辑推证、巧妙的归纳综合等，可有效提升科技工作者的基础科研能力。矩阵分析是理解和应用人工智能算法的基础数学理论，但也往往是科技人员理解人工智能算法原理和具体工作流程的最大障碍。本章结合人工智能算法的矩阵分析知识需求，对算法中常用的线性代数和矩阵分析理论进行了介绍，并通俗易懂地对向量、矩阵和线性空间进行了综合讲解。

2.1　向量和矩阵

线性代数和矩阵分析中大量涉及标量、向量、矩阵等数学概念，这是线性代数中的基本元素，就像自然数、整数、实数、复数等是初等代数中的基本元素一样。

2.1.1　标量和向量

• **标量（scalar）**：一个只有大小但没有方向的量。一个标量即一个单独的数，是计算的最小单元，通常用小写的不加粗斜体字母表示，如 a 。标量的运算遵循一般的代数法则，如质量 m 、密度 ρ 、温度 t 、功 w 等物理量。

• **向量（vector）**：常指一个既有长度又有方向的量，通常用加粗的斜体小写字母或小写字母顶部加箭头表示。向量在实际应用中常用一个数组来表示，数组中的每个元素称为它的分量，分量的数量称为向量的维数。例如，一个 n 元向量 $\boldsymbol{\alpha}$ 可表示为：

$$\boldsymbol{\alpha}=(\alpha_1,\ \alpha_2,\ \cdots,\ \alpha_n)$$

一般可以将向量理解为空间里带方向、长度、出发端点和结束端点的量；建立一个坐标系，以出发端点为原点，则向量数组中的每个元素就是该向量在各坐标轴上的坐标，从原点出发到结束端点的方向就是此向量的方向，而从原点到结束端点的距离就是向量的长度。注意，即使换了坐标系进行表达，向量的实际长度和方向不会发生变化，只是度量方式可能有所变化。在固定坐标系下，向量也可以表示一个点，通过该向量在各坐标轴上的坐标确定该点的位置。

向量满足如下运算：

1. 向量与向量的加法（平行四边形法则）

设 $\boldsymbol{\alpha}$，$\boldsymbol{\beta}$ 为两个向量，在空间任取一点 O ，作 $\overrightarrow{OA}=\boldsymbol{\alpha}$，$\overrightarrow{AB}=\boldsymbol{\beta}$。称以 O 为起点，B 为终点的向量 $\overrightarrow{OB}$ 为 $\boldsymbol{\alpha}$ 与 $\boldsymbol{\beta}$ 的和，记为 $\boldsymbol{\alpha}+\boldsymbol{\beta}$，即 $\overrightarrow{OB}=\boldsymbol{\alpha}+\boldsymbol{\beta}$ 。称此运算为向量的加法，如图 2.1-1 所示。

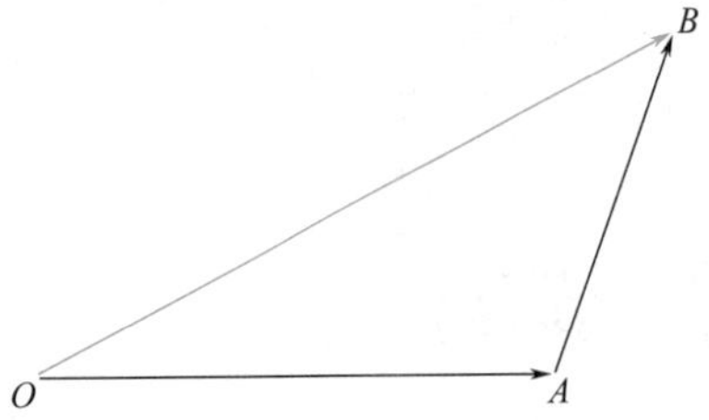

图 2.1-1 向量的加法

易证明，$\boldsymbol{\alpha}+\boldsymbol{\beta}$ 与O的选取无关。图 2.1-1 中的加法运算，是一个运算的示意图，即可以通过向量移动的方式来进行向量加法运算说明，因此图中O点可任意选取，相当于原点可任意选取，这种方式在物理计算中经常采用；但在数学的向量和矩阵运算中，原点是固定不变的，所有的向量都是从原点出发，后面会根据线性变换的原理进行说明。

2. 向量的数乘

设$\boldsymbol{\alpha}$为向量，$k \in \boldsymbol{R}$（$\boldsymbol{R}$为实数域），则k与$\boldsymbol{\alpha}$的积是满足下面两个条件的向量：

（1）$|k\boldsymbol{\alpha}|=|k|\cdot|\boldsymbol{\alpha}|$，$|\boldsymbol{\alpha}|$为向量$\boldsymbol{\alpha}$的模，即向量的长度；

（2）若$k>0$，则$k\boldsymbol{\alpha}$与$\boldsymbol{\alpha}$同向；若$k<0$，则$k\boldsymbol{\alpha}$与$\boldsymbol{\alpha}$反向；若$k=0$，则$k\boldsymbol{\alpha}$与$\boldsymbol{\alpha}$重合。

3. 向量的点乘

定义 2.1.1 设有两个n元向量，$\boldsymbol{a}=(a_1, a_2, \cdots, a_n)$与$\boldsymbol{b}=(b_1, b_2, \cdots, b_n)$，则$\boldsymbol{a}$与$\boldsymbol{b}$的点乘为：

$$\boldsymbol{a}\cdot\boldsymbol{b}=a_1b_1+a_2b_2+\cdots+a_nb_n \tag{2.1-1}$$

向量的点乘，也称为点积、内积或标量积。对两个向量进行点乘运算，所得结果是一个标量。

在解析几何中，可以利用向量的点乘确定向量的长度和向量间的夹角。

定义 2.1.2 两个向量$\boldsymbol{a}$与$\boldsymbol{b}$的点乘$\boldsymbol{a}\cdot\boldsymbol{b}$可以表示为：

$$\boldsymbol{a}\cdot\boldsymbol{b}=|\boldsymbol{a}||\boldsymbol{b}|\cos<\boldsymbol{a}, \boldsymbol{b}> \tag{2.1-2}$$

其中$|\boldsymbol{a}|$，$|\boldsymbol{b}|$分别表示向量$\boldsymbol{a}$与向量$\boldsymbol{b}$的长度，$\cos<\boldsymbol{a}, \boldsymbol{b}>$表示向量$\boldsymbol{a}$与向量$\boldsymbol{b}$之间的夹角。

例 2.1.1[1] 力学中的力与位移都是既有大小又有方向的量，所以均可用向量表示。如果一个物体在力$\boldsymbol{f}$的作用下产生了一个位移$\boldsymbol{s}$（图 2.1-2），则力$\boldsymbol{f}$对物体所做功等于这个力在位移方向上的分力$\boldsymbol{f}_1$的大小与位移大小数量的乘积，用公式表示就是：

$$w=|\boldsymbol{f}||\boldsymbol{s}|\cos\theta$$

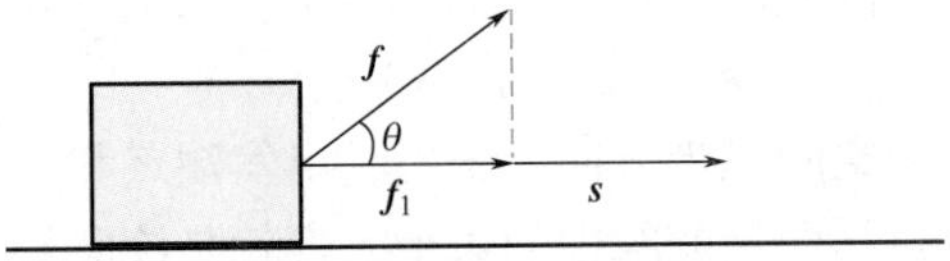

图 2.1-2 物体受力做功示意图

根据向量点乘的定义可得：

（1）向量的长度：$|\boldsymbol{a}|=\sqrt{\boldsymbol{a}\cdot\boldsymbol{a}}$；

（2）向量间夹角的余弦：$\cos<\boldsymbol{a}, \boldsymbol{b}>=\dfrac{\boldsymbol{a}\cdot\boldsymbol{b}}{|\boldsymbol{a}||\boldsymbol{b}|}$，$(\boldsymbol{a}\neq 0, \boldsymbol{b}\neq 0)$。

命题 2.1.1 向量$\boldsymbol{a}$与向量$\boldsymbol{b}$垂直的充分必要条件是$\boldsymbol{a}\cdot\boldsymbol{b}=0$。

一般默认零向量垂直于任何向量。

4. 向量的叉乘

定义 2.1.3 两个向量$\boldsymbol{a}$与$\boldsymbol{b}$的叉乘$\boldsymbol{a}\times\boldsymbol{b}$仍是一个向量，它的长度定义规定为：

$$|\boldsymbol{a}\times\boldsymbol{b}|=|\boldsymbol{a}||\boldsymbol{b}|\sin\langle\boldsymbol{a},\boldsymbol{b}\rangle \tag{2.1-3}$$

它的方向规定为与 $\boldsymbol{a}$，$\boldsymbol{b}$ 均垂直且使（$\boldsymbol{a}$，$\boldsymbol{b}$，$\boldsymbol{a}\times\boldsymbol{b}$）构成一个右手坐标系（即当右手四根手指从 $\boldsymbol{a}$ 弯向 $\boldsymbol{b}$（转角小于 π）时，拇指的指向就是 $\boldsymbol{a}\times\boldsymbol{b}$ 的方向），如图 2.1-3 所示。向量的叉乘也称为叉积、外积或向量积。

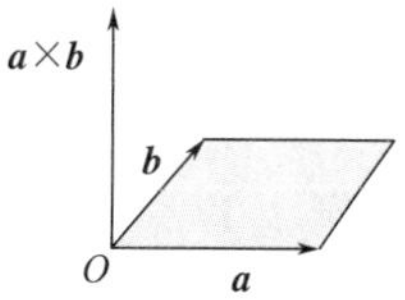

图 2.1-3　向量的叉乘

从叉乘的定义可以看出，在二维空间中，当 $\boldsymbol{a}$ 与 $\boldsymbol{b}$ 不共线时，长度 $|\boldsymbol{a}\times\boldsymbol{b}|$ 表示以 $\boldsymbol{a}$，$\boldsymbol{b}$ 为邻边的平行四边形的面积；在三维空间中，当 $\boldsymbol{a}$ 与 $\boldsymbol{b}$ 不共线时，$\boldsymbol{a}\times\boldsymbol{b}$ 是 $\boldsymbol{a}$，$\boldsymbol{b}$ 所在平面的法向量。

命题 2.1.2　向量 $\boldsymbol{a}$ 与向量 $\boldsymbol{b}$ 共线的充分必要条件是 $\boldsymbol{a}\times\boldsymbol{b}=0$，特别的，$\boldsymbol{a}\times\boldsymbol{a}=0$。

需要注意的是，人工智能算法中用到的向量，有时候并不严格遵循线性代数和矩阵分析中对向量的所有要求。以分类算法中用到的一个向量 $\boldsymbol{a}=(1,0,3)$ 为例，分类后需要将此向量进行增广，得到 $\tilde{\boldsymbol{a}}=(1,0,3,-1)$，其中 $\tilde{\boldsymbol{a}}$ 中的最后一个分量 -1 为分类标签（二分类标签的数值一般取 -1 或 $+1$）；不能对这个分类标签进行加减运算，因为分类标签的加减运算没有意义。

2.1.2　线性空间

定义 2.1.4　设 $\boldsymbol{K}$ 是一个数域（实数域或复数域），$\boldsymbol{V}$ 是一个非空向量集合；对 $\boldsymbol{V}$ 中任何两个元素 $\boldsymbol{\alpha}$，$\boldsymbol{\beta}$ 有唯一的 $\boldsymbol{V}$ 中元素与它们对应，称为 $\boldsymbol{\alpha}$，$\boldsymbol{\beta}$ 的和，记为 $\boldsymbol{\alpha}+\boldsymbol{\beta}$，即在 $\boldsymbol{V}$ 中定义了加法；又对 $\boldsymbol{K}$ 中任意数 k 与 $\boldsymbol{V}$ 中 $\boldsymbol{\alpha}$ 有唯一的 $\boldsymbol{V}$ 中元素与它们对应，叫做 k 与 $\boldsymbol{\alpha}$ 的积，记为 $k\boldsymbol{\alpha}$，即定义 $\boldsymbol{V}$ 的元素与数的标量乘法；当这两种运算满足下面八个条件：

（1）加法交换律 $\boldsymbol{\alpha}+\boldsymbol{\beta}=\boldsymbol{\beta}+\boldsymbol{\alpha}$，$\forall\boldsymbol{\alpha},\boldsymbol{\beta}\in\boldsymbol{V}$；

（2）加法结合律 $(\boldsymbol{\alpha}+\boldsymbol{\beta})+\boldsymbol{\gamma}=\boldsymbol{\alpha}+(\boldsymbol{\beta}+\boldsymbol{\gamma})$，$\forall\boldsymbol{\alpha},\boldsymbol{\beta},\boldsymbol{\gamma}\in\boldsymbol{V}$；

（3）存在元素 $\boldsymbol{0}\in\boldsymbol{V}$，使得 $\boldsymbol{0}+\boldsymbol{\alpha}=\boldsymbol{\alpha}$，$\forall\boldsymbol{\alpha}\in\boldsymbol{V}$；

（4）对任一 $\boldsymbol{\alpha}\in\boldsymbol{V}$，存在 $-\boldsymbol{\alpha}\in\boldsymbol{V}$，使得 $\boldsymbol{\alpha}+(-\boldsymbol{\alpha})=\boldsymbol{0}$；

（5）$\boldsymbol{1}\cdot\boldsymbol{\alpha}=\boldsymbol{\alpha}$，$\forall\boldsymbol{\alpha}\in\boldsymbol{V}$；

（6）$k(l\boldsymbol{\alpha})=(kl)\boldsymbol{\alpha}$，$\forall k,l\in\boldsymbol{K},\boldsymbol{\alpha}\in\boldsymbol{V}$；

（7）$(k+l)\boldsymbol{\alpha}=k\boldsymbol{\alpha}+l\boldsymbol{\alpha}$，$\forall k,l\in\boldsymbol{K},\boldsymbol{\alpha}\in\boldsymbol{V}$；

（8）$k(\boldsymbol{\alpha}+\boldsymbol{\beta})=k\boldsymbol{\alpha}+k\boldsymbol{\beta}$，$\forall k\in\boldsymbol{K},\boldsymbol{\alpha},\boldsymbol{\beta}\in\boldsymbol{V}$。

则称 $\boldsymbol{V}$ 是数域 $\boldsymbol{K}$ 上的线性空间或向量空间，$\boldsymbol{V}$ 中元素称为向量。

线性空间中，任意向量经过加减和数乘运算后所得向量仍属于此空间，这个特性称为空间的封闭性。线性空间里的元素也可以是矩阵，由矩阵组成的线性空间，其性质与向量组成的线性空间一致。

1. 线性子空间

线性空间中的一个子集如果关于向量的加法与标量乘法也能构成一个线性空间，就称其为线性子空间。

定义 2.1.5　设 $\boldsymbol{W}$ 是数域 $\boldsymbol{K}$ 上向量空间 $\boldsymbol{V}$ 的一个非空子集，如果它具有下述性质：

（1）由 $\boldsymbol{\alpha}$，$\boldsymbol{\beta}\in\boldsymbol{W}$，一定有 $\boldsymbol{\alpha}+\boldsymbol{\beta}\in\boldsymbol{W}$；

（2）对 $k\in\boldsymbol{K}$，$\boldsymbol{\alpha}\in\boldsymbol{W}$，一定有 $k\boldsymbol{\alpha}\in\boldsymbol{W}$。

则称 $\boldsymbol{W}$ 是 $\boldsymbol{V}$ 的一个线性子空间，简称子空间。

例 2.1.2 $\{0\}$ 是线性空间 $\boldsymbol{V}$ 的一个线性子空间。这是因为 $0+0=0\in\{0\}$，$k0=0\in\{0\}$。$\{0\}$ 称为 $\boldsymbol{V}$ 的零子空间，也记为 0。

例 2.1.3 $\boldsymbol{V}$ 本身也是 $\boldsymbol{V}$ 的一个线性子空间。

$\{0\}$ 和 $\boldsymbol{V}$ 都是 $\boldsymbol{V}$ 的子空间，它们叫做 $\boldsymbol{V}$ 的平凡子空间；所谓平凡子空间，就是不需要其他任何信息就可以判定的子空间。

定义 2.1.6 对于向量空间 $\boldsymbol{V}$ 中的 m 个向量 $\boldsymbol{\alpha}_1$，$\boldsymbol{\alpha}_2$，…，$\boldsymbol{\alpha}_m$，定义线性子空间

$$\boldsymbol{W}=\{k_1\boldsymbol{\alpha}_1+k_2\boldsymbol{\alpha}_2+\cdots+k_m\boldsymbol{\alpha}_m \mid k_i\in\boldsymbol{K},\ i=1,\ 2,\ \cdots,\ m\}$$

为向量 $\boldsymbol{\alpha}_1$，$\boldsymbol{\alpha}_2$，…，$\boldsymbol{\alpha}_m$ 张成或生成的线性子空间，记为 $L(\boldsymbol{\alpha}_1,\ \boldsymbol{\alpha}_2,\ \cdots,\ \boldsymbol{\alpha}_m)$，即该线性子空间里的任一向量都可以用 $\boldsymbol{\alpha}_1$，$\boldsymbol{\alpha}_2$，…，$\boldsymbol{\alpha}_m$ 线性表示。

2. 线性相关与线性无关

若 $\boldsymbol{\alpha}$，$\boldsymbol{\beta}$ 为两个共线向量（方向相同或相反的向量），则必有不全为零的实数 k_1，k_2 使得 $k_1\boldsymbol{\alpha}+k_2\boldsymbol{\beta}=0$；若 $\boldsymbol{\alpha}$，$\boldsymbol{\beta}$，$\boldsymbol{\gamma}$ 为三个共面向量，则必有不全为零的实数 k_1，k_2，k_3 使得 $k_1\boldsymbol{\alpha}+k_2\boldsymbol{\beta}+k_3\boldsymbol{\gamma}=0$。

反之，当 $\boldsymbol{\alpha}$，$\boldsymbol{\beta}$ 不共线时，若有 k_1，$k_2\in\boldsymbol{R}$，使得 $k_1\boldsymbol{\alpha}+k_2\boldsymbol{\beta}=0$，则必有 $k_1=k_2=0$；当 $\boldsymbol{\alpha}$，$\boldsymbol{\beta}$，$\boldsymbol{\gamma}$ 不共面，若有 k_1，k_2，$k_3\in\boldsymbol{R}$ 使得 $k_1\boldsymbol{\alpha}+k_2\boldsymbol{\beta}+k_3\boldsymbol{\gamma}=0$，则必有 $k_1=k_2=k_3=0$。

这里的共线、共面在线性代数和矩阵分析中叫线性相关；不共线、不共面则叫线性无关。线性相关和线性无关的确切定义如下：

定义 2.1.7 设 $\boldsymbol{V}$ 是数域 $\boldsymbol{K}$ 上的线性空间，若有不全为零的数 k_1，k_2，…，$k_s\in\boldsymbol{K}$ 使得 $\boldsymbol{V}$ 中向量组 $\boldsymbol{\alpha}_1$，$\boldsymbol{\alpha}_2$，…，$\boldsymbol{\alpha}_s$ 满足

$$k_1\boldsymbol{\alpha}_1+k_2\boldsymbol{\alpha}_2+\cdots+k_s\boldsymbol{\alpha}_s=0$$

则称 $\boldsymbol{\alpha}_1$，$\boldsymbol{\alpha}_2$，…，$\boldsymbol{\alpha}_s$ 线性相关；

当

$$k_1\boldsymbol{\alpha}_1+k_2\boldsymbol{\alpha}_2+\cdots+k_s\boldsymbol{\alpha}_s=0$$

成立时，必有

$$k_1=k_2=\cdots=k_s=0$$

则称 $\boldsymbol{\alpha}_1$，$\boldsymbol{\alpha}_2$，…，$\boldsymbol{\alpha}_s$ 线性无关。

下面介绍线性相关与线性无关的简单性质，总假定讨论中的元素是 $\boldsymbol{K}$ 上线性空间 $\boldsymbol{V}$ 的元素：

（1）仅含一个元素 $\boldsymbol{\alpha}$ 的向量组，当且仅当 $\boldsymbol{\alpha}\neq0$ 时为线性无关，当且仅当 $\boldsymbol{\alpha}=0$ 时线性相关。

（2）当且仅当 $\boldsymbol{\alpha}_1$，$\boldsymbol{\alpha}_2$，…，$\boldsymbol{\alpha}_s$ 中至少有一个 $\boldsymbol{\alpha}_i$ 可被其他向量线性表示（通过线性组合进行表示，即：$\boldsymbol{\alpha}_i=k_1\boldsymbol{\alpha}_1+k_2\boldsymbol{\alpha}_2+\cdots+k_s\boldsymbol{\alpha}_s$，等式右边项中不包含 $\boldsymbol{\alpha}_i$ 且系数 k_j 不全为 0），则称 $\boldsymbol{\alpha}_1$，$\boldsymbol{\alpha}_2$，…，$\boldsymbol{\alpha}_s(s\geqslant2)$ 线性相关。

（3）向量组 $\boldsymbol{\alpha}_1$，$\boldsymbol{\alpha}_2$，…，$\boldsymbol{\alpha}_s$ 线性无关，当且仅当此组的任何部分组 $\boldsymbol{\alpha}_{i_1}$，$\boldsymbol{\alpha}_{i_2}$，…，$\boldsymbol{\alpha}_{i_t}$，$(t\leqslant s)$ 也是线性无关的。

（4）设 $\boldsymbol{\alpha}_1$，$\boldsymbol{\alpha}_2$，…，$\boldsymbol{\alpha}_s$ 线性无关，而 $\boldsymbol{\alpha}_1$，$\boldsymbol{\alpha}_2$，…，$\boldsymbol{\alpha}_s$，$\boldsymbol{\alpha}$ 线性相关，则 $\boldsymbol{\alpha}$ 可被 $\boldsymbol{\alpha}_1$，$\boldsymbol{\alpha}_2$，…，$\boldsymbol{\alpha}_s$ 线性表示，且表示方式唯一（不计 $\boldsymbol{\alpha}_1$，$\boldsymbol{\alpha}_2$，…，$\boldsymbol{\alpha}_s$ 的次序）。

（5）若向量 $\boldsymbol{\alpha}$ 可被 $\boldsymbol{\alpha}_1$，$\boldsymbol{\alpha}_2$，…，$\boldsymbol{\alpha}_s$ 线性表示，且表示方式唯一，则 $\boldsymbol{\alpha}_1$，$\boldsymbol{\alpha}_2$，…，$\boldsymbol{\alpha}_s$ 线性无关。

3. 线性空间的基与维数

定义 2.1.8　设 $\boldsymbol{W}$ 是 $\boldsymbol{V}$ 的一个线性子空间，如果 $\boldsymbol{W}$ 中存在一个向量组 $\boldsymbol{\alpha}_1$，$\boldsymbol{\alpha}_2$，…，$\boldsymbol{\alpha}_r$，使得 $\boldsymbol{W}$ 中的每一个向量都可以由这个向量组唯一线性表示，则称向量组 $\boldsymbol{\alpha}_1$，$\boldsymbol{\alpha}_2$，…，$\boldsymbol{\alpha}_r$ 为 $\boldsymbol{W}$ 的一个基。

即对于任意的 $\boldsymbol{\beta}\in\boldsymbol{W}$，存在唯一确定的一组数 k_1，k_2，…，$k_r\in\boldsymbol{K}$，使得

$$\boldsymbol{\beta}=k_1\boldsymbol{\alpha}_1+k_2\boldsymbol{\alpha}_2+\cdots+k_r\boldsymbol{\alpha}_r$$

则 $\boldsymbol{\alpha}_1$，$\boldsymbol{\alpha}_2$，…，$\boldsymbol{\alpha}_r$ 为 $\boldsymbol{W}$ 的一个基。

上式中，r 元有序数组（k_1，k_2，…，k_r）称为 $\boldsymbol{\beta}$ 在基 $\boldsymbol{\alpha}_1$，$\boldsymbol{\alpha}_2$，…，$\boldsymbol{\alpha}_r$ 下的坐标。

由定义可见，如果找到线性子空间 $\boldsymbol{W}$ 的一个基，就可以知道 $\boldsymbol{W}$ 的结构，所以基的概念非常重要，一个基就是一个坐标系，利用这个坐标系就可以表示出线性子空间中的任何向量（或任何点），且表示方式唯一。以下命题对于判断向量组是不是一个基非常有用。

命题 2.1.3　设 $\boldsymbol{W}$ 是 $\boldsymbol{V}$ 的一个线性子空间，$\boldsymbol{W}$ 中的一个向量组 $\boldsymbol{\alpha}_1$，$\boldsymbol{\alpha}_2$，…，$\boldsymbol{\alpha}_r$ 是 $\boldsymbol{W}$ 的一个基，当且仅当 $\boldsymbol{\alpha}_1$，$\boldsymbol{\alpha}_2$，…，$\boldsymbol{\alpha}_r$ 线性无关，并且 $\boldsymbol{W}$ 中每一个向量都可以由 $\boldsymbol{\alpha}_1$，$\boldsymbol{\alpha}_2$，…，$\boldsymbol{\alpha}_r$ 唯一地线性表示。

例 2.1.4　$\boldsymbol{K}^n$ 中的向量组

$$\boldsymbol{\varepsilon}_1=(1,\ 0,\ 0,\ \cdots,\ 0)$$
$$\boldsymbol{\varepsilon}_2=(0,\ 1,\ 0,\ \cdots,\ 0)$$
$$\cdots$$
$$\boldsymbol{\varepsilon}_n=(0,\ 0,\ 0,\ \cdots,\ 1)$$

是线性无关组，并且 $\boldsymbol{K}^n$ 中任意的向量组 $\boldsymbol{\alpha}=(a_1,\ a_2,\ \cdots,\ a_n)$ 能表示成

$$\boldsymbol{\alpha}=a_1\boldsymbol{\varepsilon}_1+a_2\boldsymbol{\varepsilon}_2+\cdots+a_n\boldsymbol{\varepsilon}_n$$

因此 $\boldsymbol{\varepsilon}_1$，$\boldsymbol{\varepsilon}_2$，…，$\boldsymbol{\varepsilon}_n$ 是 $\boldsymbol{K}^n$ 的一个基，称为 $\boldsymbol{K}^n$ 的**自然基**。$\boldsymbol{\alpha}$ 在自然基下的坐标正是（a_1，a_2，…，a_n）。

注意，切勿混淆标准基与自然基的概念。标准基是模为 1 的基，而自然基是基向量里面只有一个分量为 1，其他为 0 的基。标准基包括自然基，自然基是标准基的一种特殊形式。

引理 2.1.1　在向量空间 $\boldsymbol{V}$ 中，设向量组 $\boldsymbol{\beta}_1$，$\boldsymbol{\beta}_2$，…，$\boldsymbol{\beta}_s$ 中每个向量可以由向量组 $\boldsymbol{\alpha}_1$，$\boldsymbol{\alpha}_2$，…，$\boldsymbol{\alpha}_r$ 线性表示，如果 $s>r$，那么向量组 $\boldsymbol{\beta}_1$，$\boldsymbol{\beta}_2$，…，$\boldsymbol{\beta}_s$ 线性相关。

定理 2.1.1　数域 $\boldsymbol{K}$ 上 n 维向量空间 $\boldsymbol{V}$ 的每一个非零线性子空间 $\boldsymbol{W}$ 都有基。

推论 2.1.1　设 $\boldsymbol{W}$ 是向量空间 $\boldsymbol{V}$ 的一个非零线性子空间，则 $\boldsymbol{W}$ 的所有基含有向量的数目都相同。

这条推论可在我们生活的三维空间中得到验证，这个空间中要找到一个基，则基所含的向量必须是 3 个线性无关的向量，任意少于 3 个线性无关向量组成的向量组都不可能表示出空间内的所有向量，如包括 2 个线性无关向量的向量组只能表示出这 2 个向量所生成的平面内任意向量，不能表示出任何这个平面外的向量；而三维空间中不可能找到 4 个线性无关向量，因为只要找到 3 个线性无关向量，任意空间内向量都可被这 3 个线性无关向量线性表示出来。

定义 2.1.9　设 $\boldsymbol{W}$ 是向量空间 $\boldsymbol{V}$ 的一个非零线性子空间，$\boldsymbol{W}$ 的一个基所含的向量数目称为 $\boldsymbol{W}$ 的**维数**，记作 $\dim_{\boldsymbol{K}}\boldsymbol{W}$ 或简记为 $\dim\boldsymbol{W}$。零线性子空间的维数规定为 0。

推论 2.1.2 n 维线性向量空间 $\boldsymbol{K}^n$ 中线性无关的向量组所含向量的个数不超过 n。

命题 2.1.4 设 $\boldsymbol{W}$ 是向量空间 $\boldsymbol{V}$ 的一个非零线性子空间，如果 $\dim\boldsymbol{W}=r$，则 $\boldsymbol{W}$ 中的任意 r 个线性无关向量是 $\boldsymbol{W}$ 的一个基。

证 设 $\boldsymbol{\alpha}_1$，$\boldsymbol{\alpha}_2$，…，$\boldsymbol{\alpha}_r$ 是 $\boldsymbol{W}$ 中线性无关的向量组，并设 $\boldsymbol{\gamma}_1$，…，$\boldsymbol{\gamma}_r$ 是 $\boldsymbol{W}$ 的一个基。任取 $\boldsymbol{\beta}\in\boldsymbol{W}$，由于 $\boldsymbol{\alpha}_1$，$\boldsymbol{\alpha}_2$，…，$\boldsymbol{\alpha}_r$，$\boldsymbol{\beta}$ 中的每个向量都可以由 $\boldsymbol{\gamma}_1$，…，$\boldsymbol{\gamma}_r$ 线性表示，所以根据引理 2.1.1，向量组 $\boldsymbol{\alpha}_1$，$\boldsymbol{\alpha}_2$，…，$\boldsymbol{\alpha}_r$，$\boldsymbol{\beta}$ 中的向量数量多于向量组 $\boldsymbol{\gamma}_1$，…，$\boldsymbol{\gamma}_r$ 中的向量数量，则向量组 $\boldsymbol{\alpha}_1$，$\boldsymbol{\alpha}_2$，…，$\boldsymbol{\alpha}_r$，$\boldsymbol{\beta}$ 线性相关。根据线性相关与线性无关的简单性质（4），由于 $\boldsymbol{\alpha}_1$，$\boldsymbol{\alpha}_2$，…，$\boldsymbol{\alpha}_r$ 线性无关，而 $\boldsymbol{\alpha}_1$，$\boldsymbol{\alpha}_2$，…，$\boldsymbol{\alpha}_r$，$\boldsymbol{\beta}$ 线性相关，则 $\boldsymbol{\beta}$ 可以由 $\boldsymbol{\alpha}_1$，$\boldsymbol{\alpha}_2$，…，$\boldsymbol{\alpha}_r$ 唯一的线性表示。由于 $\boldsymbol{\beta}$ 是从 $\boldsymbol{W}$ 中任取的向量，则可得到 $\boldsymbol{W}$ 中的任意向量都可由 $\boldsymbol{\alpha}_1$，$\boldsymbol{\alpha}_2$，…，$\boldsymbol{\alpha}_r$ 唯一的线性表示，则由定义 2.1.8 可判断出，线性无关向量组 $\boldsymbol{\alpha}_1$，$\boldsymbol{\alpha}_2$，…，$\boldsymbol{\alpha}_r$ 是 $\boldsymbol{W}$ 的一个基。

将一个向量组 $\boldsymbol{M}$ 中的一部分向量单独组成一个部分组 $\boldsymbol{N}$，如果这个部分组 $\boldsymbol{N}$ 线性无关，但从这个向量组 $\boldsymbol{M}$ 的其余向量（如果部分组 $\boldsymbol{N}$ 外还有向量）中任取一个加入到部分组 $\boldsymbol{N}$ 中，得到的新的部分向量组都线性相关，则这个线性无关的部分组 $\boldsymbol{N}$ 称为向量组 $\boldsymbol{M}$ 的最大线性无关组，也叫极大线性无关组。如果向量组 $\boldsymbol{M}$ 是一个线性子空间，则其中的任意一个极大线性无关组都是这个线性子空间的基。一个线性子空间的基一般并不唯一。

如果一个向量组 $\boldsymbol{M}$ 中的每一个向量都可以由另外一个向量组 $\boldsymbol{N}$ 线性表示，则称向量组 $\boldsymbol{M}$ 可由向量组 $\boldsymbol{N}$ 线性表示；如果向量组 $\boldsymbol{M}$ 与向量组 $\boldsymbol{N}$ 可互相线性表示，则称向量组 $\boldsymbol{M}$ 与向量组 $\boldsymbol{N}$ 等价。如果向量组 $\boldsymbol{M}$ 是一个线性子空间，则空间内的任何基之间都存在等价关系。

定义 2.1.10 设 $\boldsymbol{\alpha}_1$，$\boldsymbol{\alpha}_2$，…，$\boldsymbol{\alpha}_s$ 是向量空间 $\boldsymbol{V}$ 的一个向量组，则定义由这个向量组张成的线性子空间维数 $\dim L(\boldsymbol{\alpha}_1, \boldsymbol{\alpha}_2, \cdots, \boldsymbol{\alpha}_s)$，为此向量组的秩，记为 $\mathrm{rank}\{\boldsymbol{\alpha}_1, \boldsymbol{\alpha}_2, \cdots, \boldsymbol{\alpha}_s\}$。

这个定义实际上是指出，任意一个非零向量组 $\boldsymbol{W}$ 中，都能找出至少一个最大线性无关组 $\boldsymbol{U}_\mathrm{i}$，$\boldsymbol{U}_\mathrm{i}$ 中所含向量的数量，是 $\boldsymbol{W}$ 中能够找出的线性无关组中向量数量最大的值，$\boldsymbol{U}_\mathrm{i}$ 所含向量的数量就是 $\boldsymbol{W}$ 的秩，也就是 $\boldsymbol{W}$ 的维数，代表了一个空间 $\boldsymbol{W}$ 的大小。

特别需要注意的是，向量组的维数与向量的维数并非一个概念。一个向量组的维数等于此向量组中的极大无关组所包含的向量数量，而向量的维数等于向量中所含分量的个数。以向量组 {(1，1，0)，(0，1，0)，(2，2，0)} 为例，这个向量组的一个极大线性无关组为 (1，1，0)，(0，1，0)，中包含的向量个数是 2，则这个向量组的维数为 2；但这个向量组中的每个向量包含 3 个分量，即向量的维数为 3。

2.1.3 矩阵

定义 2.1.11 在数域 $\boldsymbol{K}$ 中取 $m\times n$ 个数，将它们排成 m 行（row）、n 列（column）的长方阵（将第 i 行第 j 列的元素（entry），记为 $A_{i,j}$），再加上括号即有：

$$\begin{pmatrix} A_{1,1} & A_{1,2} & \cdots & A_{1,n} \\ A_{2,1} & A_{2,2} & \cdots & A_{2,n} \\ \vdots & \vdots & & \vdots \\ A_{m,1} & A_{m,2} & \cdots & A_{m,n} \end{pmatrix}$$

称上式为 $\boldsymbol{K}$ 上的一个 $m\times n$ 矩阵（matrix），矩阵通常用一个加粗的斜体大写英文字母表示，如 $\boldsymbol{A}$。数域 $\boldsymbol{K}$ 既可以是实数域，也可以是复数域。

一个矩阵是由多个向量组成。一个 $m\times n$ 矩阵，可视为由 m 个行向量组成，每个行向量为 n 维，也可视为由 n 个列向量组成，每个列向量为 m 维。向量也是一种特殊的矩阵，一个 n 维行向量就是一个 $1\times n$ 矩阵，一个 m 维列向量就是一个 $m\times 1$ 矩阵。当一个向量为 1 维，即一个向量中只含有一个分量时，就是一个标量，也可视为一个 1×1 矩阵。

由标量、向量、矩阵的定义可进行类比，见图 2.1-4：一个标量可理解为一个数，一个向量可理解为一根线上的一维数组，一个矩阵可理解为一个平面上的二维平面数组。后面提到的深度学习中的一个张量，可理解为一个空间体上的多个平面数组的组合，可见深度学习中的张量概念与力学中张量的概念不同；深度学习中的一个张量，就是指一个空间数组。

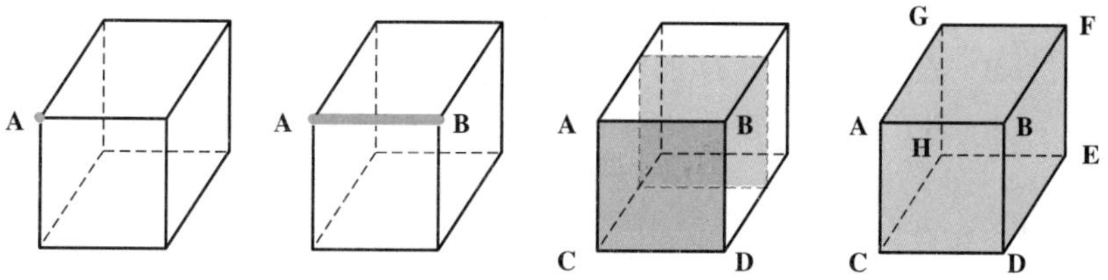

图 2.1-4　标量、向量、矩阵、张量的图形类比

只有一行（列）的矩阵称为行矩阵（列矩阵）。

一个 $n\times n$ 的矩阵叫做 n 阶方阵，其中

$$\boldsymbol{I}_n=\begin{pmatrix}1 & 0 & \cdots & 0\\ 0 & 1 & \cdots & 0\\ \vdots & \vdots & & \vdots\\ 0 & 0 & \cdots & 1\end{pmatrix}$$

称为 n 阶单位矩阵。

转置是矩阵的重要操作之一。矩阵的转置是以对角线为轴的镜像，这条从左上角到右下角的对角线称为主对角线。

设 A 是一个 $m\times n$ 的矩阵

$$\boldsymbol{A}=\begin{pmatrix}A_{1,1} & A_{1,2} & \cdots & A_{1,n}\\ A_{2,1} & A_{2,2} & \cdots & A_{2,n}\\ \vdots & \vdots & & \vdots\\ A_{m,1} & A_{m,2} & \cdots & A_{m,n}\end{pmatrix}$$

将 $\boldsymbol{A}$ 的第 1 行，第 2 行，…第 m 行顺次竖排成第 1 列，第 2 列，…，第 m 列，得到另一个 $n\times m$ 的矩阵：

$$\begin{pmatrix}A_{1,1} & A_{2,1} & \cdots & A_{m,1}\\ A_{1,2} & A_{2,2} & \cdots & A_{m,2}\\ \vdots & \vdots & & \vdots\\ A_{1,n} & A_{2,n} & \cdots & A_{m,n}\end{pmatrix}$$

称为 $\boldsymbol{A}$ 的转置，记为$\boldsymbol{A}^{\mathrm{T}}$ 或 $\boldsymbol{A}'$。

接下来继续介绍基本的矩阵运算，用$\boldsymbol{K}^{m\times n}$ 表示矩阵元素在数域$\boldsymbol{K}$ 的 $m\times n$ 矩阵的集合；$\boldsymbol{K}_r^{m\times n}$ 表示矩阵元素在数域$\boldsymbol{K}$，且秩为 r 的$m\times n$ 矩阵集合。

定义 2.1.12　矩阵的加法

设 $\boldsymbol{A}=(A_{i,j})$，$\boldsymbol{B}=(B_{i,j})\in\boldsymbol{K}^{m\times n}$，则 $\boldsymbol{A}$ 与 $\boldsymbol{B}$ 的和 $\boldsymbol{A}+\boldsymbol{B}$ 定义为：

$$\boldsymbol{A}+\boldsymbol{B}=(A_{i,j}+B_{i,j})$$

定义 2.1.13　矩阵与数的乘法

设 $\boldsymbol{A}=(A_{i,j})\in\boldsymbol{K}^{m\times n}$，$k\in\boldsymbol{K}$，定义 k 与 $\boldsymbol{A}$ 的积为

$$k\boldsymbol{A}=(kA_{i,j})$$

性质 2.1.1　矩阵加法，矩阵与数的乘法除满足定义 2.1.4 所提到的八个条件之外，还满足下述性质：

（1）若 $\boldsymbol{A}+\boldsymbol{B}=\boldsymbol{A}+\boldsymbol{C}$，则 $\boldsymbol{B}=\boldsymbol{C}$，$\forall\boldsymbol{A}$，$\boldsymbol{B}\in\boldsymbol{K}^{m\times n}$

（2）以$\boldsymbol{A}^{\mathrm{T}}$，$\boldsymbol{B}^{\mathrm{T}}$ 表示矩阵 A，B 的转置，则

$$(\boldsymbol{A}+\boldsymbol{B})^{\mathrm{T}}=\boldsymbol{A}^{\mathrm{T}}+\boldsymbol{B}^{\mathrm{T}},\ (k\boldsymbol{A})^{\mathrm{T}}=k\boldsymbol{A}^{\mathrm{T}},\ \forall k\in\boldsymbol{K},\ \boldsymbol{A},\ \boldsymbol{B}\in\boldsymbol{K}^{m\times n}$$

定义 2.1.14　矩阵乘法

先定义向量与矩阵的乘法。

设有 p 元列向量 $\boldsymbol{x}=(x_1,\ x_2,\ \cdots,\ x_p)^{\mathrm{T}}$ 与矩阵

$$\boldsymbol{A}=\begin{pmatrix} A_{1,1} & A_{1,2} & \cdots & A_{1,p} \\ A_{2,1} & A_{2,2} & \cdots & A_{2,p} \\ \vdots & \vdots & & \vdots \\ A_{m,1} & A_{m,2} & \cdots & A_{m,p} \end{pmatrix}$$

则

$$\begin{aligned}\boldsymbol{Ax}&=\begin{pmatrix} A_{1,1} & A_{1,2} & \cdots & A_{1,p} \\ A_{2,1} & A_{2,2} & \cdots & A_{2,p} \\ \vdots & \vdots & & \vdots \\ A_{m,1} & A_{m,2} & \cdots & A_{m,p} \end{pmatrix}\begin{pmatrix} x_1 \\ x_2 \\ \vdots \\ x_p \end{pmatrix}\\ &=x_1\begin{pmatrix} A_{1,1} \\ A_{2,1} \\ \vdots \\ A_{m,1} \end{pmatrix}+x_2\begin{pmatrix} A_{1,2} \\ A_{2,2} \\ \vdots \\ A_{m,2} \end{pmatrix}+\cdots+x_p\begin{pmatrix} A_{1,p} \\ A_{2,p} \\ \vdots \\ A_{m,p} \end{pmatrix}\end{aligned}\tag{2.1-4}$$

扫码看彩图

一个 $m\times p$ 矩阵$\boldsymbol{A}$ 可以视为由 p 个 m 元列向量组成，则上式的矩阵 $\boldsymbol{A}$ 可写为 $\boldsymbol{A}=(\boldsymbol{\alpha}_1,\ \boldsymbol{\alpha}_2,\ \cdots,\ \boldsymbol{\alpha}_p)$，其中$\boldsymbol{\alpha}_i$ 为m 维列向量。由上式中的矩阵与向量元素颜色匹配可看出，矩阵与向量相乘运算，可从两个角度理解：

（1）将矩阵中的所有列向量$\boldsymbol{\alpha}_i$ 进行线性组合，得到一个新的结果向量，而被矩阵左乘的列向量 $\boldsymbol{x}$ 中各分量就是线性组合的各系数，即

$$\boldsymbol{Ax}=x_1\boldsymbol{\alpha}_1+x_2\boldsymbol{\alpha}_2+\cdots+x_p\boldsymbol{\alpha}_p$$

（2）将向量 $\boldsymbol{x}$ 乘矩阵$\boldsymbol{A}$，相当于对向量 $\boldsymbol{x}$ 进行了一次变换，得到一个新的结果向量，而这个新的结果向量是用矩阵 $\boldsymbol{A}$ 的所有列向量来线性表示，而这个线性表示的组合系数就

是向量 $\boldsymbol{x}$ 的各分量。

再定义矩阵与矩阵的乘法。

设有两个矩阵 $\boldsymbol{A}$ 和 $\boldsymbol{B}$，

$$\boldsymbol{A}=\begin{pmatrix} A_{1,1} & A_{1,2} & \cdots & A_{1,p} \\ A_{2,1} & A_{2,2} & \cdots & A_{2,p} \\ \vdots & \vdots & & \vdots \\ A_{m,1} & A_{m,2} & \cdots & A_{m,p} \end{pmatrix} \quad \boldsymbol{B}=\begin{pmatrix} B_{1,1} & B_{1,2} & \cdots & B_{1,n} \\ B_{2,1} & B_{2,2} & \cdots & B_{2,n} \\ \vdots & \vdots & & \vdots \\ B_{p,1} & B_{p,2} & \cdots & B_{p,n} \end{pmatrix}$$

定义 $\boldsymbol{A}$ 与 $\boldsymbol{B}$ 的积 $\boldsymbol{AB}$ 为一个 $m\times n$ 矩阵，且第 i 行、第 j 列处的元素为

$$\sum_{k=1}^{p} A_{i,k}B_{k,j}=A_{i,1}B_{1,j}+A_{i,2}B_{2,j}+\cdots+A_{i,p}B_{p,j}$$

即

$$\boldsymbol{AB}=\begin{pmatrix} C_{1,1} & C_{1,2} & \cdots & C_{1,n} \\ C_{2,1} & C_{2,2} & \cdots & C_{2,n} \\ \vdots & \vdots & & \vdots \\ C_{m,1} & C_{m,2} & \cdots & C_{m,n} \end{pmatrix}$$

其中 $C_{i,j}=\sum_{k=1}^{p} A_{i,k}B_{k,j}$，$1\leqslant i\leqslant m$，$1\leqslant j\leqslant n$。

注意，不是任何矩阵都可以相乘，$\boldsymbol{A}$ 与 $\boldsymbol{B}$ 进行乘法运算，必须满足 $\boldsymbol{A}$ 的列数与 $\boldsymbol{B}$ 的行数相等。因此，$\boldsymbol{AB}$ 有意义，$\boldsymbol{BA}$ 不一定有意义；即使 $\boldsymbol{AB}$ 与 $\boldsymbol{BA}$ 均有意义，二者也未必是行与列数量均相同的矩阵。不难验证，矩阵乘法不满足交换律。

上面提到，$m\times p$ 矩阵 $\boldsymbol{A}$ 可以视为由 p 个 m 元列向量组成，则

扫码看彩图

$$\begin{aligned} \boldsymbol{AB} &= (\boldsymbol{\alpha}_1, \boldsymbol{\alpha}_2, \cdots, \boldsymbol{\alpha}_p)\begin{pmatrix} B_{1,1} & B_{1,2} & \cdots & B_{1,n} \\ B_{2,1} & B_{2,2} & \cdots & B_{2,n} \\ \vdots & \vdots & & \vdots \\ B_{p,1} & B_{p,2} & \cdots & B_{p,n} \end{pmatrix} \\ &= (B_{1,1}\boldsymbol{\alpha}_1+B_{2,1}\boldsymbol{\alpha}_2+\cdots+B_{p,1}\boldsymbol{\alpha}_p, \cdots, B_{1,n}\boldsymbol{\alpha}_1+B_{2,n}\boldsymbol{\alpha}_2+\cdots+B_{p,n}\boldsymbol{\alpha}_p) \\ &= (\boldsymbol{C}_1, \cdots, \boldsymbol{C}_n)=\begin{pmatrix} C_{1,1} & C_{1,2} & \cdots & C_{1,n} \\ C_{2,1} & C_{2,2} & \cdots & C_{2,n} \\ \vdots & \vdots & & \vdots \\ C_{m,1} & C_{m,2} & \cdots & C_{m,n} \end{pmatrix} \end{aligned} \tag{2.1-5}$$

即 $\boldsymbol{A}$ 乘 $\boldsymbol{B}$ 时，可以把 $\boldsymbol{A}$ 视为一个行向量（$\boldsymbol{\alpha}_1$，$\boldsymbol{\alpha}_2$，…，$\boldsymbol{\alpha}_p$），其中每个分量都是一个列向量，则 $\boldsymbol{A}$ 乘 $\boldsymbol{B}$ 是得到一个新的行向量（$\boldsymbol{C}_1$，…，$\boldsymbol{C}_n$），而（$\boldsymbol{C}_1$，…，$\boldsymbol{C}_n$）的每个分量都是由行向量（$\boldsymbol{\alpha}_1$，$\boldsymbol{\alpha}_2$，…，$\boldsymbol{\alpha}_p$）中的各分量线性组合而成，线性组合的系数则是 $\boldsymbol{B}$ 中各列的分量，其一一对应关系见上式的分量颜色对应；这可以视为矩阵乘法的第二种论述方式。

同时，$p\times n$ 矩阵 $\boldsymbol{B}$ 可以视为由 p 个 n 元行向量组成，则

$$\boldsymbol{AB}=\begin{pmatrix} A_{1,1} & A_{1,2} & \cdots & A_{1,p} \\ A_{2,1} & A_{2,2} & \cdots & A_{2,p} \\ \vdots & \vdots & & \vdots \\ A_{m,1} & A_{m,2} & \cdots & A_{m,p} \end{pmatrix}\begin{pmatrix} \boldsymbol{\beta}_1 \\ \boldsymbol{\beta}_2 \\ \vdots \\ \boldsymbol{\beta}_p \end{pmatrix}$$

$$
=\begin{pmatrix} A_{1,1}\beta_1+A_{1,2}\beta_2+\cdots+A_{1,p}\beta_p \\ A_{2,1}\beta_1+A_{2,2}\beta_2+\cdots+A_{2,p}\beta_p \\ \vdots \quad \vdots \quad \vdots \\ A_{m,1}\beta_1+A_{m,2}\beta_2+\cdots+A_{m,p}\beta_p \end{pmatrix}
=\begin{pmatrix} \boldsymbol{C}_1 \\ \boldsymbol{C}_2 \\ \vdots \\ \boldsymbol{C}_m \end{pmatrix}=\begin{pmatrix} C_{1,1} & C_{1,2} & \cdots & C_{1,n} \\ C_{2,1} & C_{2,2} & \cdots & C_{2,n} \\ \vdots & \vdots & & \vdots \\ C_{m,1} & C_{m,2} & \cdots & C_{m,n} \end{pmatrix} \tag{2.1-6}
$$

扫码看彩图

即 $\boldsymbol{A}$ 乘 $\boldsymbol{B}$ 时，可以把 $\boldsymbol{B}$ 视为一个列向量（$\boldsymbol{\beta}_1$，$\boldsymbol{\beta}_2$，…，$\boldsymbol{\beta}_p$）^{T}，其中每个分量都是一个行向量，则 $\boldsymbol{A}$ 乘 $\boldsymbol{B}$ 是得到一个新的列向量（$\boldsymbol{C}_1$，…，$\boldsymbol{C}_m$）^{T}，而（$\boldsymbol{C}_1$，…，$\boldsymbol{C}_m$）^{T} 的每个分量都是由列向量（$\boldsymbol{\beta}_1$，$\boldsymbol{\beta}_2$，…，$\boldsymbol{\beta}_p$）^{T} 中的各分量线性组合而成，线性组合的系数则是 $\boldsymbol{A}$ 中各行的分量，其一一对应关系见上式的分量颜色对应；这可以视为矩阵乘法的第三种论述方式。

性质 2.1.2 矩阵乘法满足以下性质：

(1) $\boldsymbol{A}\in\boldsymbol{K}^{m\times n}$，则 $\boldsymbol{I}_m A=\boldsymbol{A}\boldsymbol{I}_n=\boldsymbol{A}$

(2) 若 $\boldsymbol{A}\in\boldsymbol{K}^{m\times p}$，$\boldsymbol{B}\in\boldsymbol{K}^{p\times q}$，$\boldsymbol{C}\in\boldsymbol{K}^{q\times n}$，则

$$(\boldsymbol{AB})\boldsymbol{C}=\boldsymbol{A}(\boldsymbol{BC})$$

(3) 设 $\boldsymbol{A}$，$\boldsymbol{B}\in\boldsymbol{K}^{m\times p}$，$\boldsymbol{C}$，$\boldsymbol{D}\in\boldsymbol{K}^{p\times n}$，则

$$(\boldsymbol{A}+\boldsymbol{B})\boldsymbol{C}=\boldsymbol{AC}+\boldsymbol{AB}$$

$$\boldsymbol{A}(\boldsymbol{C}+\boldsymbol{D})=\boldsymbol{AC}+\boldsymbol{AD}$$

(4) $\boldsymbol{A}\in\boldsymbol{K}^{m\times p}$，$\boldsymbol{B}\in\boldsymbol{K}^{p\times n}$，则

$$(\boldsymbol{AB})^{\mathrm{T}}=\boldsymbol{B}^{\mathrm{T}}\boldsymbol{A}^{\mathrm{T}}$$

(5) 设 $\boldsymbol{A}$，$\boldsymbol{B}\in\boldsymbol{K}^{n\times n}$，则

$$\det\boldsymbol{AB}=\det\boldsymbol{A}\cdot\det\boldsymbol{B}$$

上式中，$\det\boldsymbol{A}$ 表示 $\boldsymbol{A}$ 的行列式，将在下面给出定义。

2.1.4 行列式

若 $\boldsymbol{A}$ 为 1 阶方阵，$\boldsymbol{A}=(a)$，则将 a 称为 A 的行列式，即 $\det\boldsymbol{A}=|\boldsymbol{A}|=a$。

2 阶行列式为：

$$\det\begin{pmatrix} a & b \\ c & d \end{pmatrix}=\begin{vmatrix} a & b \\ c & d \end{vmatrix}=ad-bc$$

3 阶行列式为：

$$
\begin{aligned}
\det\begin{pmatrix} a_1 & b_1 & c_1 \\ a_2 & b_2 & c_2 \\ a_3 & b_3 & c_3 \end{pmatrix}&=\begin{vmatrix} a_1 & b_1 & c_1 \\ a_2 & b_2 & c_2 \\ a_3 & b_3 & c_3 \end{vmatrix} \\
&=a_1b_2c_3+b_1c_2a_3+c_1a_2b_3-a_1c_2b_3-b_1a_2c_3-c_1b_2a_3 \\
&=a_1\begin{vmatrix} b_2 & c_2 \\ b_3 & c_3 \end{vmatrix}-b_1\begin{vmatrix} a_2 & c_2 \\ a_3 & c_3 \end{vmatrix}+c_1\begin{vmatrix} a_2 & b_2 \\ a_3 & b_3 \end{vmatrix}
\end{aligned}
$$

依次可以定义 4 阶，5 阶，…方阵的行列式，下面将给出 n 阶行列式的定义。

定义 2.1.15　对于一个 $m\times n$ 矩阵

$$\boldsymbol{A}=\begin{pmatrix} a_{11} & a_{12} & \cdots & a_{1n} \\ a_{21} & a_{22} & \cdots & a_{2n} \\ \vdots & \vdots & & \vdots \\ a_{m1} & a_{m2} & \cdots & a_{mn} \end{pmatrix}$$

从 $\boldsymbol{A}$ 中选取位于第 i_1，i_2，…，i_k 行（$i_1<i_2<\cdots<i_k$）与第 j_1，j_2，…，j_l 列（$j_1<j_2<\cdots<j_l$）交点处的元，构成一个 $k\times l$ 矩阵，记为 $\boldsymbol{A}(i_1, i_2, \cdots, i_k; j_1, j_2, \cdots, j_l)$，称为矩阵 $\boldsymbol{A}$ 的子矩阵：

$$\boldsymbol{A}(i_1, i_2, \cdots, i_k; j_1, j_2, \cdots, j_l)=\begin{pmatrix} a_{i_1j_1} & \cdots & a_{i_1j_l} \\ \vdots & & \vdots \\ a_{i_kj_1} & \cdots & a_{i_kj_l} \end{pmatrix}$$

当 $k=l$ 时，k 阶子矩阵 $\boldsymbol{A}(i_1, i_2, \cdots, i_k; j_1, j_2, \cdots, j_k)$ 的行列式

$$|\boldsymbol{A}(i_1, i_2, \cdots, i_k; j_1, j_2, \cdots, j_k)|=\begin{vmatrix} a_{i1j_1} & \cdots & a_{i_1j_l} \\ \vdots & & \vdots \\ a_{i_kj_1} & \cdots & a_{i_kj_l} \end{vmatrix}$$

称为 $\boldsymbol{A}$ 的一个 k 阶子式。当 $k=l$，$i_1=j_1$，$i_2=j_2$，…，$i_k=j_k$，即选取相同的行和列时，子矩阵 $\boldsymbol{A}(i_1, i_2, \cdots, i_k; j_1, j_2, \cdots, j_k)$ 称为主子矩阵，相应的行列式 $|\boldsymbol{A}(i_1, i_2, \cdots, i_k; j_1, j_2, \cdots, j_k)|$ 称为主子式。

定义 2.1.16　对于一个 n 阶方阵

$$\boldsymbol{A}=\begin{pmatrix} a_{11} & \cdots & a_{1j} & \cdots & a_{1n} \\ \vdots & & \vdots & & \vdots \\ a_{i1} & \cdots & a_{ij} & \cdots & a_{in} \\ \vdots & & \vdots & & \vdots \\ a_{n1} & \cdots & a_{nj} & \cdots & a_{nn} \end{pmatrix}$$

划去 $\boldsymbol{A}$ 的（i，j）元所在的行（第 i 行）与所在列（第 j 列）后得到一个 $n-1$ 阶方阵：

$$\begin{pmatrix} a_{11} & \cdots & a_{1, j-1} & a_{1, j+1} & \cdots & a_{1n} \\ \vdots & & \vdots & \vdots & & \vdots \\ a_{i-1, 1} & \cdots & a_{i-1, j-1} & a_{i-1, j+1} & \cdots & a_{i-1, n} \\ a_{i+1, 1} & \cdots & a_{i+1, j-1} & a_{i+1, j+1} & \cdots & a_{i+1, n} \\ \vdots & & \vdots & \vdots & & \vdots \\ a_{n1} & \cdots & a_{n, j-1} & a_{n, j+1} & \cdots & a_{nn} \end{pmatrix}$$

它的行列式 $\boldsymbol{M}_{ij}$ 叫做 $\boldsymbol{A}$ 的（i，j）元的余子式。余子式 $\boldsymbol{M}_{ij}$ 乘上 $(-1)^{i+j}$ 称为 $\boldsymbol{A}$ 的（i，j）元的代数余子式，记为 $\boldsymbol{A}_{ij}$，即

$$\boldsymbol{A}_{ij}\overset{\text{def}}{=}(-1)^{i+j}\boldsymbol{M}_{ij}$$

上式中，$\overset{\text{def}}{=}$ 表示定义（define）。

用余子式的语言，前面的 2，3 阶行列式可以写成：

$$\begin{vmatrix} a & b \\ c & d \end{vmatrix} = a\boldsymbol{M}_{11} - b\boldsymbol{M}_{12} = a\boldsymbol{A}_{11} + b\boldsymbol{A}_{12}$$

$$\begin{vmatrix} a_1 & b_1 & c_1 \\ a_2 & b_2 & c_2 \\ a_3 & b_3 & c_3 \end{vmatrix} = a_1\boldsymbol{M}_{11} - b_1\boldsymbol{M}_{12} + c_1\boldsymbol{M}_{13} = a_1\boldsymbol{A}_{11} + b_1\boldsymbol{A}_{12} + c_1\boldsymbol{A}_{13}$$

由此可用归纳方法定义 n 阶方阵的行列式。

定义 2.1.17　如果 $n-1$ 阶方阵的行列式已经定义，则 n 阶方阵 $\boldsymbol{A}$ 的行列式定义为：

$$\det\boldsymbol{A} = |\boldsymbol{A}| = -\sum_{j=1}^{n}(-1)^{i+j}a_{ij}\boldsymbol{M}_{ij} = \sum_{j=1}^{n}a_{ij}\boldsymbol{A}_{ij} \tag{2.1-7}$$

例 2.1.5　设 $\boldsymbol{A}$ 是 n 阶下三角矩阵

$$\boldsymbol{A} = \begin{pmatrix} a_{11} & 0 & \cdots & 0 \\ a_{21} & a_{22} & \cdots & 0 \\ \vdots & \vdots & & \vdots \\ a_{n1} & a_{n2} & \cdots & a_{nn} \end{pmatrix}$$

即 $i<j$ 时，$a_{ij}=0$，则 $\det\boldsymbol{A}=a_{11}a_{22}\cdots a_{nn}$。

证 $n=1$ 时，结论成立。设 $n-1$ 时结论成立，于是

$$\boldsymbol{M}_{11} = \begin{vmatrix} a_{22} & 0 & \cdots & 0 \\ a_{32} & a_{33} & \cdots & 0 \\ \vdots & \vdots & & \vdots \\ a_{n2} & a_{n3} & \cdots & a_{nn} \end{vmatrix} = a_{22}a_{33}\cdots a_{nn}$$

由行列式的定义知

$$\begin{aligned} \det\boldsymbol{A} = |\boldsymbol{A}| &= \sum_{j=1}^{n}(-1)^{i+j}a_{ij}\boldsymbol{M}_{ij} \\ &= a_{11}\boldsymbol{M}_{11} = a_{11}\boldsymbol{A}_{11} = a_{11}a_{22}\cdots a_{nn} \end{aligned}$$

因此结论成立。

例 2.1.6　设 $\boldsymbol{A}$ 是一个 n 阶上三角矩阵，当 $i>j$ 时，$a_{ij}=0$，则 $\det\boldsymbol{A}=\prod_{i=1}^{n}a_{ii}$。

上式中，$\prod$ 表示求积运算（连乘积）。

n 阶方阵

$$\boldsymbol{A} = \begin{pmatrix} a_{11} & a_{12} & \cdots & a_{1n} \\ a_{21} & a_{22} & \cdots & a_{2n} \\ \vdots & \vdots & & \vdots \\ a_{n1} & a_{n2} & \cdots & a_{nn} \end{pmatrix}$$

从左上角到右下角叫主对角线或简称对角线，其上元素 a_{11}，a_{22}，…，a_{nn} 称为对角线上元素或对角元素。

如果方阵 $\boldsymbol{A}$ 满足 $i\neq j$ 时 $a_{ij}=0$，即

$$\boldsymbol{A} = \begin{pmatrix} a_{11} & 0 & \cdots & 0 \\ 0 & a_{22} & \cdots & 0 \\ \vdots & \vdots & & \vdots \\ 0 & 0 & \cdots & a_{nn} \end{pmatrix}$$

则称 $\boldsymbol{A}$ 为对角矩阵，且记为

$$\boldsymbol{A}=\operatorname{diag}(a_{11}, a_{22}, \cdots, a_{nn})$$

此时，$\det\boldsymbol{A}=a_{11}a_{22}\cdots a_{nn}$。

注意，矩阵 $\boldsymbol{A}$ 的主对角线元素之和，称为矩阵的迹，记作 $\operatorname{tr}(\boldsymbol{A})=\sum_{i=1}^{n}a_{ii}$。

按行列式的定义来计算行列式往往很复杂，一般可以利用下面行列式的性质来简化计算。

性质 2.1.3　行列式的性质

（1）若$\boldsymbol{A}^{\mathrm{T}}$ 为方阵 $\boldsymbol{A}$ 的转置，则 $\det\boldsymbol{A}=\det\boldsymbol{A}^{\mathrm{T}}$。

（2）行列式中两行（列）互换，行列式变号，即 $\det\boldsymbol{A}_{r_ir_j}=-\det\boldsymbol{A}$，$\det\boldsymbol{A}_{c_ic_j}=-\det A$。

（3）行列式某行乘 k，则行列式乘 k（k 为任意数），即 $\det\boldsymbol{A}_{kr_i}=k\det\boldsymbol{A}$，$\det\boldsymbol{A}_{kc_i}=k\det A$。

（4）行列式关于它的一个行或一个列是可加的（注意，一次只能拆分一个行或列）。

设有 n 阶方阵$\boldsymbol{A}$ 为

$$\boldsymbol{A}=\begin{pmatrix} a_{11} & \cdots & a_{1j} & \cdots & a_{1n} \\ \vdots & & \vdots & & \vdots \\ a_{i1}+b_{i1} & \cdots & a_{ij}+b_{ij} & \cdots & a_{in}+b_{in} \\ \vdots & & \vdots & & \vdots \\ a_{n1} & \cdots & a_{nj} & \cdots & a_{nn} \end{pmatrix}$$

令

$$\boldsymbol{A}_1=\begin{pmatrix} a_{11} & \cdots & a_{1j} & \cdots & a_{1n} \\ \vdots & & \vdots & & \vdots \\ a_{i1} & \cdots & a_{ij} & \cdots & a_{in} \\ \vdots & & \vdots & & \vdots \\ a_{n1} & \cdots & a_{nj} & \cdots & a_{nn} \end{pmatrix}$$

$$\boldsymbol{A}_2=\begin{pmatrix} a_{11} & \cdots & a_{1j} & \cdots & a_{1n} \\ \vdots & & \vdots & & \vdots \\ b_{i1} & \cdots & b_{ij} & \cdots & b_{in} \\ \vdots & & \vdots & & \vdots \\ a_{n1} & \cdots & a_{nj} & \cdots & a_{nn} \end{pmatrix}$$

则

$$\det\boldsymbol{A}=\begin{vmatrix} a_{11} & \cdots & a_{1j} & \cdots & a_{1n} \\ \vdots & & \vdots & & \vdots \\ a_{i1}+b_{i1} & \cdots & a_{ij}+b_{ij} & \cdots & a_{in}+b_{in} \\ \vdots & & \vdots & & \vdots \\ a_{n1} & \cdots & a_{nj} & \cdots & a_{nn} \end{vmatrix}$$

$$=\begin{vmatrix} a_{11} & \cdots & a_{1j} & \cdots & a_{1n} \\ \vdots & & \vdots & & \vdots \\ a_{i1} & \cdots & a_{ij} & \cdots & a_{in} \\ \vdots & & \vdots & & \vdots \\ a_{n1} & \cdots & a_{nj} & \cdots & a_{nn} \end{vmatrix}+\begin{vmatrix} a_{11} & \cdots & a_{1j} & \cdots & a_{1n} \\ \vdots & & \vdots & & \vdots \\ b_{i1} & \cdots & b_{ij} & \cdots & b_{in} \\ \vdots & & \vdots & & \vdots \\ a_{n1} & \cdots & a_{nj} & \cdots & a_{nn} \end{vmatrix}$$

即

$$\det\boldsymbol{A}=\det\boldsymbol{A}_1+\det\boldsymbol{A}_2$$

（5）方阵 $\boldsymbol{A}$ 的第 i 行加第 j 行的 k 倍，行列式的值不变，即 $\det\boldsymbol{A}_{r_i+kr_j}=\det\boldsymbol{A}$。

（6）设 $\boldsymbol{A}$，$\boldsymbol{B}\in\boldsymbol{K}^{n\times n}$，则 $\det(\boldsymbol{AB})=\det\boldsymbol{A}\cdot\det\boldsymbol{B}$。

如果一个方阵的行列式等于 0，就称为奇异的，也称为退化的，即该矩阵不是满秩矩阵，此时矩阵列（行）向量组线性相关；否则称为非奇异的或非退化的，此时矩阵列（行）向量组线性无关。

2.1.5 矩阵的初等变换

定义 2.1.18 对于一个矩阵 $\boldsymbol{A}\in\boldsymbol{K}^{m\times n}$，下列运算称为矩阵 $\boldsymbol{A}$ 的初等行（列）运算或初等行（列）变换：

（1）交换矩阵的任意两行（列），称为第一类初等行（列）变换，形式如下：

$$\boldsymbol{A}=\begin{pmatrix}a_{11} & a_{12} & \cdots & a_{1n}\\ \vdots & \vdots & & \vdots\\ a_{i1} & a_{i2} & \cdots & a_{in}\\ \vdots & \vdots & & \vdots\\ a_{j1} & a_{j2} & \cdots & a_{jn}\\ \vdots & \vdots & & \vdots\\ a_{m1} & a_{m2} & \cdots & a_{mn}\end{pmatrix}\xrightarrow{\text{交换第 } i \text{ 行与第 } j \text{ 行}}\begin{pmatrix}a_{11} & a_{12} & \cdots & a_{1n}\\ \vdots & \vdots & & \vdots\\ a_{j1} & a_{j2} & \cdots & a_{jn}\\ \vdots & \vdots & & \vdots\\ a_{i1} & a_{i2} & \cdots & a_{in}\\ \vdots & \vdots & & \vdots\\ a_{m1} & a_{m2} & \cdots & a_{mn}\end{pmatrix}$$

（2）用一个非零数乘以矩阵的某一行（列），称为第二类初等行（列）变换，形式如下：

$$\boldsymbol{A}=\begin{pmatrix}a_{11} & a_{12} & \cdots & a_{1n}\\ \vdots & \vdots & & \vdots\\ a_{i1} & a_{i2} & \cdots & a_{in}\\ \vdots & \vdots & & \vdots\\ a_{j1} & a_{j2} & \cdots & a_{jn}\\ \vdots & \vdots & & \vdots\\ a_{m1} & a_{m2} & \cdots & a_{mn}\end{pmatrix}\xrightarrow{\text{第 } i \text{ 行同时乘以 } k\text{，且 } k\neq 0}\begin{pmatrix}a_{11} & a_{12} & \cdots & a_{1n}\\ \vdots & \vdots & & \vdots\\ ka_{i1} & ka_{i2} & \cdots & ka_{in}\\ \vdots & \vdots & & \vdots\\ a_{j1} & a_{j2} & \cdots & a_{jn}\\ \vdots & \vdots & & \vdots\\ a_{m1} & a_{m2} & \cdots & a_{mn}\end{pmatrix}$$

（3）将矩阵的某一行（列）元素同时乘以一个数后加到另一行（列）上，称为第三类初等行（列）变换，形式如下：

$$\boldsymbol{A}=\begin{pmatrix}a_{11} & a_{12} & \cdots & a_{1n}\\ \vdots & \vdots & & \vdots\\ a_{i1} & a_{i2} & \cdots & a_{in}\\ \vdots & \vdots & & \vdots\\ a_{j1} & a_{j2} & \cdots & a_{jn}\\ \vdots & \vdots & & \vdots\\ a_{m1} & a_{m2} & \cdots & a_{mn}\end{pmatrix}\xrightarrow{\text{第 } i \text{ 行同时乘以 } k \text{ 后加到第 } j \text{ 列}}\begin{pmatrix}a_{11} & a_{12} & \cdots & a_{1n}\\ \vdots & \vdots & & \vdots\\ a_{i1} & a_{i2} & \cdots & a_{in}\\ \vdots & \vdots & & \vdots\\ a_{j1}+ka_{i1} & a_{j2}+ka_{i2} & \cdots & a_{jn}+ka_{in}\\ \vdots & \vdots & & \vdots\\ a_{m1} & a_{m2} & \cdots & a_{mn}\end{pmatrix}$$

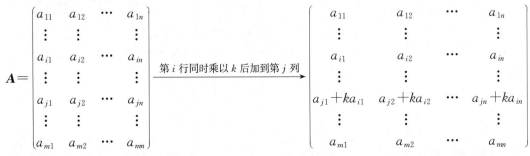

矩阵的初等行变换与初等列变换统称为矩阵的初等变换。

若矩阵$\boldsymbol{A}_{m\times n}$经过一系列初等变换变成矩阵$\boldsymbol{B}_{m\times n}$，则称矩阵 $\boldsymbol{A}$ 和 $\boldsymbol{B}$ 为等价矩阵，也就是矩阵 $\boldsymbol{A}$ 和 $\boldsymbol{B}$ 中包含的行（列）向量组等价，即 $\boldsymbol{A}$ 和 $\boldsymbol{B}$ 中包含的行（列）向量组可互相线性表示。

接下来介绍初等行变换在矩阵方程求解中的应用。

定义 2.1.19　一个 $m\times n$ 矩阵 $\boldsymbol{A}$ 称为行阶梯矩阵，如果：

（1）$\boldsymbol{A}$ 的零行（即元素全为 0 的行）均位于矩阵的底部；

（2）矩阵 $\boldsymbol{A}$ 每一个非零行的首项非零元素总是出现在上一个非零行的首项非零元素的右边；

（3）每一个非零行的首个非零元素下面的同列元素均为零。

矩阵 $\boldsymbol{A}$ 的每个非零行的第一个不为零的元素称为 $\boldsymbol{A}$ 的主元。若矩阵 $\boldsymbol{A}$ 的主元都是 1，并且每个主元都是所在列的唯一非零元素，则称矩阵 $\boldsymbol{A}$ 是一个简化行阶梯形矩阵。

例 2.1.7　几个行阶梯矩阵的例子：

$$\boldsymbol{A}=\begin{pmatrix}1 & * \\ 0 & 2\end{pmatrix},\ \boldsymbol{B}=\begin{pmatrix}0 & 1 & 0 \\ 0 & 0 & 1 \\ 0 & 0 & 0\end{pmatrix},\ \boldsymbol{C}=\begin{pmatrix}2 & * & * & * \\ 0 & 3 & * & * \\ 0 & 0 & 0 & *\end{pmatrix},\ \boldsymbol{D}=\begin{pmatrix}3 & * & * & * \\ 0 & 2 & * & * \\ 0 & 0 & 1 & * \\ 0 & 0 & 0 & 4 \\ 0 & 0 & 0 & 0\end{pmatrix}$$

上述矩阵中，$*$ 表示该元素可以为任意值。注意，矩阵 $\boldsymbol{B}$ 是一个简化行阶梯形矩阵。

定理 2.1.2　任何一个矩阵$\boldsymbol{A}_{m\times n}$都仅与一个简化行阶梯形矩阵等价。

算法 2.1.1　给定一个 $m\times n$ 矩阵 $\boldsymbol{A}$，可通过初等行变换将 $\boldsymbol{A}$ 化成一个简化行阶梯形矩阵：

（1）将含有一个非零元素的列设定为最左边的第一列；

（2）必要时，可将第 1 行与其他行互换，使得第 1 个非零列在第 1 行有一个非零元素；

（3）若第 1 行的主元为 a，则将该行的所有元素乘以 $1/a$，以使该行的主元等于 1；

（4）利用初等变换，将其他行位于第 1 行主元下面的元素都变为 0；

（5）对第 $i=2$，3，…，m 行依次重复上述步骤，确使每一行的主元出现在上一行主元的右边，并使与第 i 行主元同列的其他各行元素都变为 0。

下面给出矩阵初等行变换在方程求解中的应用。

n 元线性方程组的一般形式是

$$\begin{cases}a_{11}x_1+a_{12}x_2+\cdots+a_{1n}x_n=b_1 \\ a_{21}x_1+a_{22}x_2+\cdots+a_{2n}x_n=b_2 \\ \quad\cdots \\ a_{m1}x_1+a_{m2}x_2+\cdots+a_{mn}x_n=b_m\end{cases}$$

其中 x_1，x_2，$\cdots x_n$ 是 n 个未知量，a_{ij} 是 m 个一次方程的系数，b_i 称为方程组的常数项。

由线性方程组的系数构成的矩阵：

$$\boldsymbol{A}=\begin{pmatrix} a_{11} & a_{12} & \cdots & a_{1n} \\ a_{21} & a_{22} & \cdots & a_{2n} \\ \vdots & \vdots & & \vdots \\ a_{m1} & a_{m2} & \cdots & a_{mn} \end{pmatrix}$$

称为此线性方程组的系数矩阵。如果再把常数项也添加进去，成为矩阵 A 的最后一列：

$$\widetilde{\boldsymbol{A}}=\begin{pmatrix} a_{11} & a_{12} & \cdots & a_{1n} & b_1 \\ a_{21} & a_{22} & \cdots & a_{2n} & b_2 \\ \vdots & \vdots & & \vdots & \vdots \\ a_{m1} & a_{m2} & \cdots & a_{mn} & b_m \end{pmatrix}$$

则称该矩阵为线性方程组的增广矩阵，矩阵 $\boldsymbol{A}$ 的增广矩阵一般用$\widetilde{\boldsymbol{A}}$ 表示。

将

$$\boldsymbol{x}=\begin{pmatrix} x_1 \\ x_2 \\ \vdots \\ x_n \end{pmatrix},\ \boldsymbol{b}=\begin{pmatrix} b_1 \\ b_2 \\ \vdots \\ b_m \end{pmatrix}$$

分别称为未知数向量和常数向量。

则可将上述线性方程组写为矩阵方程形式 $\boldsymbol{Ax}=\boldsymbol{b}$。

当 $m=n$ 时，对于 $n\times n$ 矩阵方程 $\boldsymbol{Ax}=\boldsymbol{b}$ 的求解，若矩阵 $\boldsymbol{A}$ 存在逆矩阵$\boldsymbol{A}^{-1}$，则可以通过系数矩阵 $\boldsymbol{A}$ 求逆，直接得到方程的解 $\boldsymbol{x}=\boldsymbol{A}^{-1}\boldsymbol{b}$。

由于矩阵方程的解 $\boldsymbol{x}=\boldsymbol{A}^{-1}\boldsymbol{b}$ 可以写成矩阵方程的形式 $\boldsymbol{Ix}=\boldsymbol{A}^{-1}\boldsymbol{b}$，其对应的增广矩阵为 $(\boldsymbol{I},\ \boldsymbol{A}^{-1}\boldsymbol{b})$。于是，我们可以将矩阵方程的这一求解过程与它们对应的增广矩阵形式分别书写为

$$\text{方程求解}\quad \boldsymbol{Ax}=\boldsymbol{b}\xrightarrow{\text{初等行变换}}\boldsymbol{x}=\boldsymbol{A}^{-1}\boldsymbol{b}$$

$$\text{增广矩阵}\quad (\boldsymbol{A},\ \boldsymbol{b})\xrightarrow{\text{初等行变换}}(\boldsymbol{I},\ \boldsymbol{A}^{-1}\boldsymbol{b})$$

这表明，若对增广矩阵 $(\boldsymbol{A},\ \boldsymbol{b})$ 使用初等行变换，使得左边变成一个 $n\times n$ 维单位矩阵，则变换后的增广矩阵的第 $n+1$ 列给出原矩阵方程的解 $\boldsymbol{x}=\boldsymbol{A}^{-1}\boldsymbol{b}$。这样一种求解矩阵方程的初等行变换方法称为高斯消去法或 Gauss-Jordan 消去法。

初等行变换方法也适用于系数矩阵为非方阵方程 $\boldsymbol{Ax}=\boldsymbol{b}$ 的求解。

算法 2.1.2 求解 $m\times n$ 矩阵方程 $\boldsymbol{Ax}=\boldsymbol{b}$：

(1) 将系数矩阵 $\boldsymbol{A}$ 和常数向量 $\boldsymbol{b}$ 组合成一个 $m\times(n+1)$ 的新矩阵 $\boldsymbol{B}=(\boldsymbol{A},\ \boldsymbol{b})$，称 $\boldsymbol{B}$ 为 $\boldsymbol{A}$ 的增广矩阵；

(2) 使用算法 2.1.1 将增广矩阵 $\boldsymbol{B}$ 化为简化行阶梯形矩阵 $\boldsymbol{C}$，$\boldsymbol{C}$ 与 $\boldsymbol{B}$ 等价；

(3) 从简化行阶梯形矩阵得到对应的线性方程组，该方程组与原线性方程组等价；

(4) 解出新线性方程组的解，即为原线性方程组的解。

上面提及的增广矩阵除了能够辅助方程求解外，还能通过系数矩阵和增广矩阵的秩对方程组的解情况进行判断。

(1) 当 $R(\boldsymbol{A})<R(\boldsymbol{A},\ \boldsymbol{b})$ 时，方程组无解。

（2）当 $R(\boldsymbol{A})=R(\boldsymbol{A}, \boldsymbol{b})=n$ 时，方程组有唯一解。

（3）当 $R(\boldsymbol{A})=R(\boldsymbol{A}, \boldsymbol{b})<n$ 时，方程组有无穷个解。

注意，由于系数矩阵的秩不会超过增广矩阵的秩，所以 $R(\boldsymbol{A})>R(\boldsymbol{A}, \boldsymbol{b})$ 的情况不存在。

例 2.1.8[4]　用高斯消去法求解线性方程组

$$\begin{cases} x_1+x_2+2x_3=6 \\ 3x_1+4x_2-x_3=5 \\ -x_1+x_2+x_3=2 \end{cases}$$

将线性方程组化为矩阵方程形式

$$\boldsymbol{Ax}=\begin{pmatrix} 1 & 1 & 2 \\ 3 & 4 & -1 \\ -2 & 2 & 1 \end{pmatrix}\begin{pmatrix} x_1 \\ x_2 \\ x_3 \end{pmatrix}=\begin{pmatrix} 6 \\ 5 \\ 2 \end{pmatrix}=\boldsymbol{b}$$

对其增广矩阵进行初等行变换

$$(\boldsymbol{A}, \boldsymbol{b})=\begin{pmatrix} 1 & 1 & 2 & 6 \\ 3 & 4 & -1 & 5 \\ -2 & 2 & 1 & 2 \end{pmatrix}\xrightarrow{\text{第 2 行减去第 1 行的 3 倍}}\begin{pmatrix} 1 & 1 & 2 & 6 \\ 0 & 1 & -7 & -13 \\ -1 & 1 & 1 & 2 \end{pmatrix}$$

$$\xrightarrow{\text{第 1 行加到第 3 行}}\begin{pmatrix} 1 & 1 & 2 & 6 \\ 0 & 1 & -7 & -13 \\ 0 & 2 & 3 & 8 \end{pmatrix}\xrightarrow{\text{第 1 行减去第 2 行}}\begin{pmatrix} 1 & 0 & 9 & 19 \\ 0 & 1 & -7 & -13 \\ 0 & 2 & 3 & 8 \end{pmatrix}$$

$$\xrightarrow{\text{第 3 行减去第 2 行的 2 倍}}\begin{pmatrix} 1 & 0 & 9 & 19 \\ 0 & 1 & -7 & -13 \\ 0 & 0 & 17 & 34 \end{pmatrix}\xrightarrow{\text{第 3 行乘以 1/17}}\begin{pmatrix} 1 & 0 & 9 & 19 \\ 0 & 1 & -7 & -13 \\ 0 & 0 & 1 & 2 \end{pmatrix}$$

$$\xrightarrow{\text{第 1 行减去第 3 行的 9 倍}}\begin{pmatrix} 1 & 0 & 0 & 1 \\ 0 & 1 & -7 & -13 \\ 0 & 0 & 1 & 2 \end{pmatrix}\xrightarrow{\text{第 3 行乘以 7，加到第 2 行}}\begin{pmatrix} 1 & 0 & 0 & 1 \\ 0 & 1 & 0 & 1 \\ 0 & 0 & 1 & 2 \end{pmatrix}$$

即通过高斯消去法得到方程组的解为 $x_1=1$，$x_2=1$ 和 $x_3=2$。

2.1.6　特殊矩阵

定义 2.1.20　可逆矩阵

一个 n 阶方阵 $\boldsymbol{A}$，如果存在 n 阶方阵 $\boldsymbol{B}$ 使得

$$\boldsymbol{AB}=\boldsymbol{I}_n$$

则称 $\boldsymbol{A}$ 是可逆矩阵，称 $\boldsymbol{B}$ 为 $\boldsymbol{A}$ 的逆矩阵，记作 $\boldsymbol{A}^{-1}$。

只有方阵才有求逆矩阵的概念。讨论一个方阵是否可逆，需要利用到伴随矩阵的概念。

定义 2.1.21　伴随矩阵

设 $\boldsymbol{A}=(a_{ij})\in\boldsymbol{K}^{n\times n}$，$\boldsymbol{A}_{ij}$ 为 a_{ij} 的代数余子式，则称矩阵

$$\boldsymbol{A}^*=\begin{pmatrix} A_{11} & A_{21} & \cdots & A_{n1} \\ A_{12} & A_{22} & \cdots & A_{n2} \\ \vdots & \vdots & & \vdots \\ A_{1n} & A_{2n} & \cdots & A_{nn} \end{pmatrix}$$

为 $\boldsymbol{A}$ 的伴随矩阵。

引理 2.1.2　若 $\boldsymbol{A}^*$ 为 $\boldsymbol{A}=(a_{ij})\in\boldsymbol{K}^{n\times n}$ 的伴随矩阵，则有

$$\boldsymbol{A}^*\boldsymbol{A}=\boldsymbol{A}\boldsymbol{A}^*=\det\boldsymbol{A}\cdot\boldsymbol{I}_n$$

定理 2.1.3　设 $\boldsymbol{A}=(a_{ij})\in\boldsymbol{K}^{n\times n}$，则 $\boldsymbol{A}$ 可逆当且仅当

$$\det\boldsymbol{A}\neq 0$$

证　设 $\boldsymbol{A}$ 可逆，$\boldsymbol{B}$ 为 $\boldsymbol{A}$ 的逆矩阵，于是

$$\det\boldsymbol{A}\cdot\det\boldsymbol{B}=\det(\boldsymbol{A}\boldsymbol{B})=\det\boldsymbol{I}_n=1$$

因而 $\det\boldsymbol{A}\neq 0$。

反之，设 $\det\boldsymbol{A}\neq 0$，于是

$$\boldsymbol{A}\left(\frac{1}{\det\boldsymbol{A}}\boldsymbol{A}^*\right)=\frac{1}{\det\boldsymbol{A}}\boldsymbol{A}\boldsymbol{A}^*=\frac{1}{\det\boldsymbol{A}}\det\boldsymbol{A}\cdot\boldsymbol{I}_n=\boldsymbol{I}_n$$

因而 $\boldsymbol{A}$ 可逆，且 $\frac{1}{\det\boldsymbol{A}}\boldsymbol{A}\boldsymbol{A}^*$ 为其逆矩阵。

性质 2.1.4　从引理 2.1.2 与定理 2.1.3 可以得到可逆矩阵的若干常用性质：

（1）可逆矩阵 $\boldsymbol{A}$ 的逆矩阵是唯一的，且有

$$\boldsymbol{A}^{-1}=\frac{1}{\det\boldsymbol{A}}\boldsymbol{A}^*$$

（2）$\boldsymbol{A}$ 可逆，则 $\boldsymbol{A}^{-1}$ 也可逆，且

$$(\boldsymbol{A}^{-1})^{-1}=\boldsymbol{A}$$

$$(\boldsymbol{A}^{\mathrm{T}})^{-1}=(\boldsymbol{A}^{-1})^{\mathrm{T}}$$

（3）设 $\boldsymbol{A}$，$\boldsymbol{B}$ 是 n 阶可逆方阵，则 $\boldsymbol{A}\boldsymbol{B}$ 也是可逆的，且

$$(\boldsymbol{A}\boldsymbol{B})^{-1}=\boldsymbol{B}^{-1}\boldsymbol{A}^{-1}$$

定义 2.1.22　正交矩阵

满足 $\boldsymbol{A}^{\mathrm{T}}\boldsymbol{A}=\boldsymbol{I}\in\boldsymbol{R}^{n\times n}$ 的方阵 $\boldsymbol{A}$，称为正交矩阵。

推论 2.1.3　如果 $\boldsymbol{A}$ 是正交矩阵，那么 $\boldsymbol{A}^{-1}=\boldsymbol{A}^{\mathrm{T}}$，且 $\boldsymbol{A}^{\mathrm{T}}$ 也是正交矩阵。

证　由 $(\boldsymbol{A}^{\mathrm{T}})^{\mathrm{T}}\boldsymbol{A}^{\mathrm{T}}=\boldsymbol{A}\boldsymbol{A}^{\mathrm{T}}=\boldsymbol{A}\boldsymbol{A}^{-1}=\boldsymbol{I}$ 即可得出。

推论 2.1.4　正交矩阵的行列式等于±1。

证　从 $1=|\boldsymbol{I}|=|\boldsymbol{A}^{\mathrm{T}}\boldsymbol{A}|=|\boldsymbol{A}^{\mathrm{T}}||\boldsymbol{A}|=|\boldsymbol{A}|^2$ 即可得到。

定义 2.1.23　酉矩阵

定义在复数域上的方阵 $\boldsymbol{U}\in\boldsymbol{C}^{n\times n}$，满足 $\boldsymbol{U}^{\mathrm{H}}\boldsymbol{U}=\boldsymbol{U}\boldsymbol{U}^{\mathrm{H}}=\boldsymbol{I}$ 时，称为酉矩阵。

上面的 $\boldsymbol{U}^{\mathrm{H}}$ 为 $\boldsymbol{U}$ 的共轭转置矩阵。

定理 2.1.4　若 $\boldsymbol{U}\in\boldsymbol{C}^{n\times n}$，则下列叙述等价：

（1）$\boldsymbol{U}$ 是酉矩阵；

（2）$\boldsymbol{U}$ 是非奇异的，并且 $\boldsymbol{U}^{\mathrm{H}}=\boldsymbol{U}^{-1}$；

（3）$\boldsymbol{U}^{\mathrm{H}}\boldsymbol{U}=\boldsymbol{U}^{\mathrm{H}}\boldsymbol{U}=\boldsymbol{I}$；

（4）$\boldsymbol{U}$ 的共轭转置 $\boldsymbol{U}^{\mathrm{H}}$ 是酉矩阵。

性质 2.1.5　酉矩阵的性质：

（1）$\boldsymbol{A}_{m\times m}$ 为酉矩阵⇔$\boldsymbol{A}$ 的列向量标准正交⇔$\boldsymbol{A}$ 的行向量标准正交。

（2）酉矩阵 $\boldsymbol{A}_{m\times m}$ 是实矩阵⇔$\boldsymbol{A}$ 是正交矩阵。

（3）$A_{m\times m}$ 为酉矩阵$\Leftrightarrow AA^{H}=A^{H}A=I_m$

$\Leftrightarrow A^{T}$ 是酉矩阵

$\Leftrightarrow A^{H}$ 是酉矩阵

$\Leftrightarrow A^{*}$ 是酉矩阵

$\Leftrightarrow A^{-1}$ 是酉矩阵

$\Leftrightarrow A^{n}$ 是酉矩阵，$n=1，2，\cdots$

（4）$A_{m\times m}$，$B_{m\times m}$ 为酉矩阵$\Leftrightarrow AB$ 为酉矩阵。

（5）若$A_{m\times m}$ 为酉矩阵，则

① $|\det A|=1$。

② $\operatorname{rank}(A)=m$。

③ λ 是A 的特征值，则 $|\lambda|=1$。

定义 2.1.24　Hermitian 矩阵

若一复值方阵 $A=(a_{ij})\in C^{n\times n}$，满足 $A=A^{H}$，即 $a_{ij}=\overline{a_{ji}}$，则称 A 为 Hermitian 矩阵。Hermitian 矩阵是一种复共轭对称矩阵。

实对称矩阵是一种特殊的 Hermitian 矩阵。

性质 2.1.6　Hermitian 矩阵的性质：

（1）A 是 Hermitian 矩阵，当且仅当$x^{H}Ax$ 对所有复值向量 x 均是实数。

（2）对所有 $A\in C^{n\times n}$，矩阵 $A+A^{H}$，AA^{H} 和$A^{H}A$ 均是 Hermitian 矩阵。

（3）若 A 是 Hermitian 矩阵，则A^{k}，$k=1，2，\cdots$都是 Hermitian 矩阵。若 A 还是非奇异的，则A^{-1} 也是 Hermitian 矩阵。

（4）若 A 和 B 是 Hermitian 矩阵，则 $kA+lB$，$\forall k，l\in R$，都是 Hermitian 矩阵。

2.1.7　矩阵的秩

矩阵的秩这一概念在矩阵分析中非常重要。

设有实数域 R 上的 $m\times n$ 矩阵：

$$A=\begin{pmatrix} a_{11} & a_{12} & \cdots & a_{1n} \\ a_{21} & a_{22} & \cdots & a_{2n} \\ \vdots & \vdots & & \vdots \\ a_{m1} & a_{m2} & \cdots & a_{mn} \end{pmatrix}$$

将 A 的行向量记为

$$\alpha_i=(a_{i1}, a_{i2}, \cdots, a_{in})\in K^{n}，i=1，2，\cdots，m$$

把 A 的列向量记为

$$\beta_j=\begin{pmatrix} a_{1j} \\ a_{2j} \\ \vdots \\ a_{mj} \end{pmatrix}\in K^{m}，j=1，2，\cdots，n$$

定义 2.1.25　数域 K 上矩阵 A 的行向量组的秩称为 A 的行秩，A 的列向量组的秩称为 A 的列秩。

例 2.1.9[2]　$\boldsymbol{A}=\boldsymbol{I}_{11}+\boldsymbol{I}_{22}+\cdots+\boldsymbol{I}_{rr}=\begin{pmatrix}\boldsymbol{I}_r & 0\\ 0 & 0\end{pmatrix}$的行秩和列秩都是 r。

例 2.1.10[2]　$\boldsymbol{A}\in\boldsymbol{K}^{n\times m}$，$\boldsymbol{A}^{\mathrm{T}}\in\boldsymbol{K}^{m\times n}$，$\boldsymbol{A}$ 的行秩等于$\boldsymbol{A}^{\mathrm{T}}$ 的列秩，$\boldsymbol{A}$ 的列秩等于$\boldsymbol{A}^{\mathrm{T}}$ 的行秩。

例 2.1.11[2]　$\boldsymbol{A}\in\boldsymbol{K}^{n\times n}$，则 $\det\boldsymbol{A}\neq0$ 当且仅当 $\boldsymbol{A}$ 的列秩为 n，当且仅当 $\boldsymbol{A}$ 的行秩为 n。

例 2.1.12[2]　$\boldsymbol{A}=(a_{ij})\in\boldsymbol{K}^{m\times n}$ 满足下面条件：存在 r 个数 $1\leqslant j_1<j_2<\cdots<j_r\leqslant n$ 使得

（1）$a_{1j_1}a_{2j_2}\cdots a_{rj_r}\neq0$；

（2）$i>r$ 时，$a_{ij}=0$，即 $row_iA=0$；

（3）$j<j_k$ 时，$a_{kj}=0$，$1\leqslant k\leqslant r$，

即

$$\boldsymbol{A}=\begin{pmatrix}0 & \cdots & a_{1j_1} & \cdots & \cdots & \cdots & \cdots\\ 0 & \cdots & \cdots & \cdots & a_{2j_2} & \cdots & \cdots\\ \vdots & & \vdots & & \vdots & & \vdots\\ 0 & \cdots & \cdots & \cdots & \cdots & a_{rj_r} & \cdots\\ 0 & \cdots & \cdots & \cdots & \cdots & \cdots & 0\\ \vdots & & \vdots & & \vdots & & \vdots\\ 0 & \cdots & \cdots & \cdots & \cdots & \cdots & 0\end{pmatrix}$$

此时称 $\boldsymbol{A}$ 为阶梯矩阵，则 $\boldsymbol{A}$ 的行秩为 r。

事实上，由 $i>r$ 时，$\alpha_i=0$ 知 $\boldsymbol{A}$ 的行秩小于等于 r。另一方面，由 $\sum_{i=1}^{r}k_i\alpha_i=0$，依次可得 $k_1=0$，$k_2=0$，…，$k_r=0$。于是 α_1，α_2，…，α_r 是线性无关的，故 $\boldsymbol{A}$ 的行秩为 r。

定理 2.1.5　阶梯形矩阵 $\boldsymbol{J}$ 的行秩与列秩相等，它们都等于 $\boldsymbol{J}$ 的非零行的个数；并且 $\boldsymbol{J}$ 的主元所在的列构成列向量组的一个极大线性无关组。

定理 2.1.6　矩阵的初等行变换不改变矩阵的行秩。

定理 2.1.7　矩阵的初等行变换不改变矩阵的列向量组的线性无关性，从而不改变矩阵的列秩，即：

（1）设矩阵 $\boldsymbol{A}$ 经过初等行变换变成矩阵 $\boldsymbol{B}$，则 $\boldsymbol{A}$ 的列向量组线性相关当且仅当 $\boldsymbol{B}$ 的列向量组线性相关；

（2）设矩阵 $\boldsymbol{A}$ 经过初等行变换变成矩阵 $\boldsymbol{B}$，并且设 $\boldsymbol{B}$ 的第 j_1，j_2，…，j_r 列构成 $\boldsymbol{B}$ 的列向量组的一个极大线性无关组，则 $\boldsymbol{A}$ 的第 j_1，j_2，…，j_r 列构成 $\boldsymbol{A}$ 的列向量组的一个极大线性无关组；从而 $\boldsymbol{A}$ 的列秩等于 $\boldsymbol{B}$ 的列秩。

定理 2.1.8　任一矩阵 $\boldsymbol{A}$ 的行秩等于它的列秩。

定义 2.1.26　矩阵 $\boldsymbol{A}$ 的行秩与列秩统称为 $\boldsymbol{A}$ 的秩，记为 $\mathrm{rank}(\boldsymbol{A})$ 或 $R(\boldsymbol{A})$。

定理 2.1.9　设 $\boldsymbol{A}\in\boldsymbol{K}^{m\times n}$，则 $R(\boldsymbol{A})=r$ 的充分必要条件是 $\boldsymbol{A}$ 中有一 r 阶子式不为零，而所有的 $r+1$ 阶子式全为零。

定理 2.1.10　设 $\boldsymbol{A}\in\boldsymbol{K}^{m\times p}$，$\boldsymbol{B}\in\boldsymbol{K}^{p\times n}$ 则

$$R(\boldsymbol{AB})\leqslant\min\{R(\boldsymbol{A}),\ R(\boldsymbol{B})\}\tag{2.1-8}$$

2.1.8 特征值与特征向量

定义 2.1.27　设 $\boldsymbol{A}\in\boldsymbol{K}^{n\times n}$，若有非零列向量 $\boldsymbol{\alpha}\in\boldsymbol{K}^{n}$，使得

$$\boldsymbol{A\alpha}=\lambda_0\boldsymbol{\alpha},\ 且\ \lambda\in\boldsymbol{K}$$

则称 λ_0 是矩阵 $\boldsymbol{A}$ 的一个特征值，$\boldsymbol{\alpha}$ 是矩阵 $\boldsymbol{A}$ 属于 λ_0 的一个特征向量。只有方阵才有特征值和特征向量的概念。

如果 $\boldsymbol{\alpha}$ 是矩阵 $\boldsymbol{A}$ 属于 λ_0 的一个特征向量，那么对于任意 $k\in\boldsymbol{K}$，有

$$\boldsymbol{A}(k\boldsymbol{\alpha})=k(\boldsymbol{A\alpha})=k(\lambda_0\boldsymbol{\alpha})=\lambda_0(k\boldsymbol{\alpha})$$

因此，当 $k\neq0$ 时，$k\boldsymbol{\alpha}$ 也是属于 λ_0 的特征向量。

注意：零向量不是 $\boldsymbol{A}$ 的特征向量。

可以利用以下等价条件来判断矩阵 $\boldsymbol{A}$ 是否存在特征值和特征向量；然后可求出矩阵 $\boldsymbol{A}$ 的全部特征值和特征向量。

λ_0 是 $\boldsymbol{A}$ 的一个特征值，$\boldsymbol{\alpha}$ 是 $\boldsymbol{A}$ 的属于 λ_0 的一个特征向量

$\Leftrightarrow\boldsymbol{A\alpha}=\lambda_0\boldsymbol{\alpha}$，$\boldsymbol{\alpha}\neq0$，$\lambda_0\in\boldsymbol{K}$

$\Leftrightarrow(\boldsymbol{\lambda}_0\boldsymbol{I}-\boldsymbol{A})\boldsymbol{\alpha}=0$，$\boldsymbol{\alpha}\in\boldsymbol{K}^n$ 且 $\boldsymbol{\alpha}\neq0$，$\lambda_0\in\boldsymbol{K}$

$\Leftrightarrow\boldsymbol{\alpha}$ 是齐次线性方程组 $(\lambda_0\boldsymbol{I}-\boldsymbol{A})\boldsymbol{x}=0$ 的一个非零解，$\lambda_0\in\boldsymbol{K}$

$\Leftrightarrow\lambda_0$ 是 $|\lambda_0\boldsymbol{I}-\boldsymbol{A}|=0$ 在 $\boldsymbol{K}$ 中的一个根，$\boldsymbol{\alpha}$ 是 $(\lambda_0\boldsymbol{I}-\boldsymbol{A})\boldsymbol{x}=0$ 的一个非零解。

将 $|\lambda\boldsymbol{I}-\boldsymbol{A}|$ 称为 A 的特征多项式：

$$|\lambda\boldsymbol{I}-\boldsymbol{A}|=\begin{vmatrix}\lambda-a_{11} & -a_{12} & \cdots & -a_{1n}\\ -a_{21} & \lambda-a_{22} & \cdots & -a_{2n}\\ \vdots & \vdots & & \vdots\\ -a_{n1} & -a_{n2} & \cdots & \lambda-a_{nn}\end{vmatrix}\tag{2.1-9}$$

定理 2.1.11　设 $\boldsymbol{A}\in\boldsymbol{K}^{n\times n}$，则：

(1) λ_0 是 $\boldsymbol{A}$ 的一个特征值，当且仅当 λ_0 是 $|\lambda_0\boldsymbol{I}-\boldsymbol{A}|=0$ 在 $\boldsymbol{K}$ 中的一个根；

(2) $\boldsymbol{\alpha}$ 是 $\boldsymbol{A}$ 的属于 λ_0 的一个特征向量当且仅当 $\boldsymbol{\alpha}$ 是齐次线性方程组 $(\lambda_0\boldsymbol{I}-\boldsymbol{A})\boldsymbol{x}=0$ 的一个非零解。

于是可先判断 $\boldsymbol{A}\in\boldsymbol{K}^{n\times n}$ 是否有特征值和特征向量，若有则求解方法如下：

(1) 求解 $|\lambda\boldsymbol{I}-\boldsymbol{A}|=0$ 中 λ 的根。

(2) 如果 $|\lambda\boldsymbol{I}-\boldsymbol{A}|=0$ 在 $\boldsymbol{K}$ 中有 λ 的根，则 λ 在 $\boldsymbol{K}$ 中的全部根就是 $\boldsymbol{A}$ 的全部特征值。

(3) 对于 $\boldsymbol{A}$ 的每一个特征值 λ_i，求齐次线性方程组 $(\lambda_i\boldsymbol{I}-\boldsymbol{A})\boldsymbol{x}=0$ 的一个基础解系 η_1，η_2，…，η_t，其中 η_j 为一个特征向量；这个基础解系是一个线性无关向量组。于是 $\boldsymbol{A}$ 的属于 λ_i 的全部特征向量组成的集合是

$$\{k_1\eta_1+k_2\eta_2+\cdots+k_t\eta_t\mid k_1,\ k_2,\ \cdots,\ k_t\in\boldsymbol{K},\ 且它们不全为\ 0\}$$

设 λ_i 是 $\boldsymbol{A}$ 的一个特征值，把齐次线性方程组 $(\lambda_i\boldsymbol{I}-\boldsymbol{A})\boldsymbol{x}=0$ 的解空间称为 $\boldsymbol{A}$ 的属于 λ_i 的特征子空间，其中的全部非零向量就是 $\boldsymbol{A}$ 的属于 λ_i 的全部特征向量。将该特征子空间的维数叫做特征值 λ_i 的几何重数，而把 λ_i 作为 $\boldsymbol{A}$ 的特征多项式的根的重数叫做 λ_i 的代数重数；λ_i 的几何重数不超过它的代数重数。

例 2.1.13[2]　设矩阵 $\boldsymbol{A}=\begin{pmatrix}3 & 1 & 0\\ -4 & -1 & 0\\ 4 & -8 & -2\end{pmatrix}$，求 $\boldsymbol{A}$ 的特征值与特征向量。

解　$|\lambda \boldsymbol{I}-\boldsymbol{A}|=\begin{vmatrix}\lambda-3 & -1 & 0\\ 4 & \lambda+1 & 0\\ -4 & 8 & \lambda+2\end{vmatrix}=(\lambda+2)(\lambda-1)^2=0$

所以 $\boldsymbol{A}$ 的特征值为 $\lambda_1=1$，$\lambda_2=1$，$\lambda_3=-2$。

求 $\lambda=1$ 的特征向量

$$(\boldsymbol{I}-\boldsymbol{A})\boldsymbol{X}=0$$

即

$$\begin{cases}-2x_1-x_2=0\\ 4x_1+2x_2=0\\ -4x_1+8x_2+3x_3=0\end{cases}$$

解得基础解系

$$\eta_1=\begin{pmatrix}3\\ -6\\ 20\end{pmatrix}$$

矩阵 $\boldsymbol{A}$ 对应于特征值 1 的特征向量为 $k\eta_1=k\begin{pmatrix}3\\ -6\\ 20\end{pmatrix}$，其中 k 为任意非零数。

求 $\lambda=-2$ 的特征向量

$$(-2\boldsymbol{I}-\boldsymbol{A})\boldsymbol{X}=0$$

即

$$\begin{cases}-5x_1-x_2=0\\ 4x_1-x_2=0\\ -4x_1+8x_2=0\end{cases}$$

解得基础解系

$$\eta_2=\begin{pmatrix}0\\ 0\\ 1\end{pmatrix}$$

矩阵 $\boldsymbol{A}$ 对应于特征值 2 的特征向量为 $k\eta_2=k\begin{pmatrix}0\\ 0\\ 1\end{pmatrix}$，其中 k 为任意非零数。

2.1.9　相似矩阵

定义 2.1.28　设矩阵 $\boldsymbol{A}$，$\boldsymbol{B}\in \boldsymbol{K}^{m\times n}$，若存在一非奇异矩阵 $\boldsymbol{T}\in \boldsymbol{K}^{m\times n}$ 使得 $\boldsymbol{B}=\boldsymbol{T}^{-1}\boldsymbol{A}\boldsymbol{T}$，则称矩阵 $\boldsymbol{A}$ 与 $\boldsymbol{B}$ 相似。矩阵 $\boldsymbol{B}$ 相似于矩阵 $\boldsymbol{A}$ 常简写作 $\boldsymbol{B}\sim\boldsymbol{A}$。

性质 2.1.7　相似矩阵的基本性质：

(1) 自反性：$\boldsymbol{A}\sim\boldsymbol{A}$，即任意矩阵与本身相似。

（2）对称性：若 $\boldsymbol{A} \sim \boldsymbol{B}$，则 $\boldsymbol{B} \sim \boldsymbol{A}$。

（3）传递性：若 $\boldsymbol{A} \sim \boldsymbol{B}$ 且 $\boldsymbol{B} \sim \boldsymbol{C}$，则 $\boldsymbol{A} \sim \boldsymbol{C}$。

性质 2.1.8　相似矩阵的重要性质：

（1）相似矩阵 $\boldsymbol{B} \sim \boldsymbol{A}$ 具有相同的行列式，即 $|\boldsymbol{B}|=|\boldsymbol{A}|$。

（2）若矩阵 $\boldsymbol{S}^{-1}\boldsymbol{A}\boldsymbol{S}=\boldsymbol{T}$（上三角矩阵），则 $\boldsymbol{T}$ 的对角元素给出矩阵 $\boldsymbol{A}$ 的特征值 λ_i。

（3）两个相似矩阵具有完全相同的特征值。

（4）若 $\boldsymbol{A}$ 的特征值各不相同，则一定可以找到一个相似的对角矩阵 $\boldsymbol{D}$，即 $\boldsymbol{S}^{-1}\boldsymbol{A}\boldsymbol{S}=\boldsymbol{D}$，其对角元素即是矩阵 $\boldsymbol{A}$ 的特征值。

（5）$n \times n$ 矩阵 $\boldsymbol{A}$ 与对角矩阵相似的充分必要条件是：矩阵 $\boldsymbol{A}$ 的 n 个特征向量线性无关。

（6）相似矩阵的幂性质：相似矩阵 $\boldsymbol{B}=\boldsymbol{S}^{-1}\boldsymbol{A}\boldsymbol{S}$ 意味着 $\boldsymbol{B}^2=\boldsymbol{S}^{-1}ASS^{-1}AS=\boldsymbol{S}^{-1}\boldsymbol{A}^2\boldsymbol{S}$，从而有 $\boldsymbol{B}^k=\boldsymbol{S}^{-1}\boldsymbol{A}^k\boldsymbol{S}$，即：若 $\boldsymbol{B} \sim \boldsymbol{A}$，则 $\boldsymbol{B}^k \sim \boldsymbol{A}^k$。

（7）若矩阵 $\boldsymbol{B}=\boldsymbol{S}^{-1}\boldsymbol{A}\boldsymbol{S}$ 和 $\boldsymbol{A}$ 均可逆，则 $\boldsymbol{B}^{-1}=\boldsymbol{S}^{-1}\boldsymbol{A}\boldsymbol{S}$，即当两个矩阵相似时，它们的逆矩阵也相似。

定理 2.1.12　令 $\boldsymbol{A}$，$\boldsymbol{B} \in \boldsymbol{K}^{m \times n}$，若 $\boldsymbol{B}$ 与 $\boldsymbol{A}$ 相似，则 $\boldsymbol{A}$ 与 $\boldsymbol{B}$ 的行列式相等，且有相同的迹，即 $\det\boldsymbol{B}=\det\boldsymbol{A}$，$\mathrm{tr}(\boldsymbol{B})=\mathrm{tr}(\boldsymbol{A})$。

2.1.10　向量与矩阵的综合理解

本节前面已经介绍了向量和矩阵及其运算规则，但涉及的概念很多，需要通过大量的学习和应用才能较好地整体理解。为加强读者的理解，此处进行一些通俗化的解释，并将解释跟解析几何联系起来，以争取为读者建立一个初步的整体概念。

向量之间的运算、向量与矩阵之间的运算、矩阵之间的运算，都是在某个特定的空间内进行，或者是在不同的特定空间内变换。其实在一个运算中，很多时候不用指出来是在哪个空间内进行，因为一旦问题能够进行运算，那基本上这个运算是在哪些空间内进行的就确定了，进行运算的人也会清楚是在哪个空间内进行运算；即使不清楚，有时候也能进行正确运算，因为运算的人实际上就是按照某个具体空间的默认规则执行计算。在优化方法和机器学习领域，矩阵分析工具处理线性空间的问题最多，此处就以线性空间为例进行解释。

1. 向量、线性空间、基的关系

线性空间就是一个对象集合，里面的对象都可表达为向量，每个向量也可称为一个空间内的元素；每个向量其实就是一个数组，如 $(1,3,5,0)^{\mathrm{T}}$，数组里面的每个元素就是一个数，可以是实数或者复数，数组中的元素数量就是向量的维数。一个线性空间中一般包括很多个极大线性无关向量组，每个极大线性无关向量组中包含的向量个数相同，每个极大线性无关向量组都是线性空间的一个基，基中包含的向量个数就是这个线性空间的维数。以我们日常生活中的三维空间为例，里面的向量数组都包含 3 个实数元素，如 $(1,2,5)^{\mathrm{T}}$ 就能唯一地确定一个向量。一个线性空间，一定可以找出来至少一个基，也就是一组向量，这组向量是一个空间的子集合，然后其他任何空间内的向量都可以被任意一个基所含的向量线性表示出来，也就是基所含的向量可线性组合出空间内的任意向量。可见，基的功能非常强大，经常可以代表整个空间进行很多运算。既然基这么强大，一定

是这组向量有什么特殊功能或能力。

可以把一支军队类比为一个线性空间，军队里面的每个士兵就是一个向量；军队里面的班、排、连、营等建制团队就是一些不同类型的子集合。但军队里面有一种特殊的子集合，这些子集合内可能人数很少，但是功能性无可替代，如特种兵小组或侦查班等。特种兵小组的特点与其他一般的班或排等团队有明显的不同。一般的班或排中，很多士兵在战斗中的作用相同，如有几个人或很多人都作为步枪手，步枪手之间可以没有明显的特长区别。而特种兵小组里面的成员，就没有重复功能，而且都要有明显的特长区别，如在战斗功能上可分为指挥官、机枪手、步枪手、爆破手、通讯员、卫生员等，同时又要求小组成员有不同的特长，如枪械和设备修理、良好的协调沟通能力、写作能力、全面思考能力、冒险精神等；这就使得每个小组成员在功能、特长甚至性格上差异很大，每个成员都无可替代；我们在影视片中看到的特种部队小组一般都是这种特点。这种小组，按功能进行人员扩充，基本都可以扩编为一个排或连等人员更多的建制单位。

可以把线性空间的一个基类比为军队里面的一个特种兵小组，基中的每一个向量互相之间都完全不同，都不可替代，也就是对于基内的任一向量，其他基内向量怎样组合都不能表示这一向量，也就是线性无关；这是基的第一个重要特点。另外，将基内的向量进行线性组合，可以表示出空间内的任意向量，也就是相当于将特种兵的成员复制很多并重新组合后可以组成一支完整军队，这就是基的另外一个特点，所以基经常可以代表整个空间进行运算。一个 n 维线性空间中，空间的某个基所含向量的个数为 n 个；这就相当于一个部队中士兵有很多，但士兵的类型只有 n 种，那么挑出来 n 个优秀士兵就能够组成一个成员类型全面的特种兵小组。一个线性空间中可能包括不止一个基，相当于一个军队里面可以组织出不止一个特种兵小组。

对于一个线性空间，里面的向量可以采用不同的坐标系来表示，而每个基实际上就是一个坐标系，基里面的每个向量代表一个坐标系的一根坐标轴，其中向量的方向就是坐标轴的方向，而向量的长度（模）就是坐标轴的度量刻度。以我们生活的三维空间为例，采用（1，0，0）、（0，1，0）、（0，0，1）这三个向量组成的基，可以组成一个三维坐标系（x，y，z），三个向量分别代表 x、y、z 三个坐标轴，坐标轴的刻度为 1，简称这个基为 $\boldsymbol{e}$；用 $\boldsymbol{e}$ 可表示出任意一个向量，如（1，3，8），见图 2.1-5，其表示公式为：

$$(1,\ 3,\ 8)=1\times(1,\ 0,\ 0)+3\times(0,\ 1,\ 0)+8\times(0,\ 0,\ 1) \tag{a}$$

上式中的等号右侧三个括号左乘系数，构成一个三元有序数组（1，3，8），这个数组就是向量（1，3，8）在这个基下的坐标。三维空间中还存在别的基，如（1，0，0）、（0，3，0）、（0，0，4），这个基所代表坐标系的坐标轴方向跟上面的基相同，但 y 轴的刻度由 1 变成了 3，且 z 轴的刻度由 1 变成了 4，简称这个基为 $\boldsymbol{l}$。用 $\boldsymbol{l}$ 也可表示向量（1，3，8），见图 2.1-6，其表示公式为：

$$(1,\ 3,\ 8)=1\times(1,\ 0,\ 0)+1\times(0,\ 3,\ 0)+2\times(0,\ 0,\ 4) \tag{b}$$

则上式中的三元有序数组（1，1，2），就是向量（1，3，8）在新的坐标系下的坐标；只不过 $\boldsymbol{e}$ 是一个自然基，每个坐标轴的刻度都是 1，则 3 个坐标值就恰好等于被表示向量的 3 个元素数值，这是一个特例。这里举例的两个基，其所代表坐标系中的三个坐标轴互相垂直，这也是一种特例；实际空间中，每个基中的向量不一定互相垂直，也不一定向量中只有一个元素数值为非零；由三维空间拓展到 n 维空间中也如此。

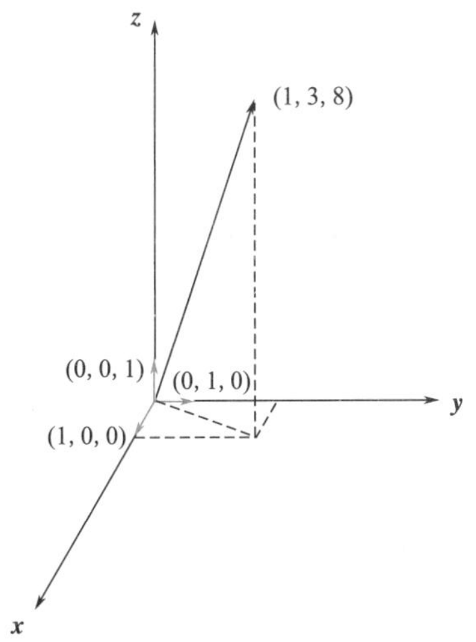

图 2.1-5　三维向量在不同基底下的表示（1）

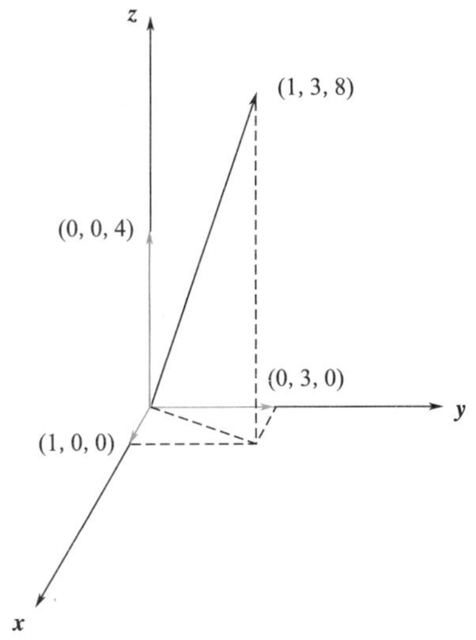

图 2.1-6　三维向量在不同基底下的表示（2）

向量的维度，是向量中元素的数量；空间的维度，是空间的基中向量的数量，也就是基所代表坐标系的坐标轴根数。向量的维度与空间的维度不一定相等；但我们面临的问题中，很多都是向量的维度与空间的维度相同，如我们日常生活的三维空间。

2. 矩阵与向量的乘法

矩阵与向量相乘，可表达如下：

$$\boldsymbol{A}\boldsymbol{x}=\boldsymbol{y} \tag{c}$$

上式实际上反映了一种线性变换，是将向量 $\boldsymbol{x}$ 左乘矩阵 $\boldsymbol{A}$ 后，向量 $\boldsymbol{x}$ 瞬时就变成了向量 $\boldsymbol{y}$，也就是一个向量在经过与矩阵的相乘后，无任何时间间隔，就立即变成了另外一个向量；当然如果相乘的是单位阵，向量变成的是它自己。线性变换的定义很简洁：设有一种变换 T，使得对于线性空间 $\boldsymbol{V}$ 中任何两个对象 $\boldsymbol{x}$ 和 $\boldsymbol{y}$，以及任意实数 $\boldsymbol{a}$ 和 $\boldsymbol{b}$，都有 $T(a\boldsymbol{x}+b\boldsymbol{y})=aT(\boldsymbol{x})+bT(\boldsymbol{y})$，那么就称 T 为线性变换。

在将一个向量进行线性变换的运算中，最常用的变换方式是左乘一个方阵，则先以左乘方阵工况进行解释。

某线性变换的计算过程如下：

$$\begin{pmatrix}0.5 & 0 & 0.1\\ 0 & 3 & 0\\ 0 & 0 & -1\end{pmatrix}\begin{pmatrix}2\\ 6\\ 3\end{pmatrix}=\begin{pmatrix}1.3\\ 18\\ -3\end{pmatrix} \tag{d}$$

上式中，相当于把向量（2，6，3）^{T} 变换为向量（1.3，18，−3）^{T}，里面每个元素都进行了缩放，即有可能把向量里面的每个元素变大、变小或变正负号，则整个向量的模可能会变大或变小，向量的方向也可能发生变化；也就是经过线性变换后，向量的大小可能会发生变化，向量也可能会发生旋转。

矩阵与向量相乘，也可以用于求解 $\boldsymbol{A}\boldsymbol{x}=\boldsymbol{b}$ 的线性方程组，其中 $\boldsymbol{A}$ 就是方程组的未知数系数矩阵，$\boldsymbol{x}$ 就是需要求解的未知数向量，$\boldsymbol{b}$ 就是方程组的右侧常数向量。一般情况下，求解线性方程组最想得到的就是唯一解，这样就对矩阵 $\boldsymbol{A}$ 提出了三个要求：

（1）方程的数量（$\boldsymbol{A}$ 的行数）不能少于未知数个数（$\boldsymbol{x}$ 的维度），否则就是条件不足，即使得到解，也不是唯一解，而是通解，也就是有无数多种解；这种情况就是已知条件数量不够，条件对解的约束不够强，导致有很多种解。

（2）方程的数量不能多于未知数的个数，否则就很可能得不到任何解；这种情况就是已知条件太多，条件对解的约束太强，导致没有能够同时符合所有条件的解。当然这种情况也有例外，就是未知数系数矩阵的秩恰好等于未知数的数量，且未知数系数矩阵的秩等于其增广矩阵（将等式右边的常数向量增广到系数矩阵中）的秩，则方程有唯一解。

（3）即使方程的数量恰好等于未知数的个数，即矩阵 $\boldsymbol{A}$ 为方阵，其行数和列数均与未知数向量的维度（未知数个数）相同，也必须要求 $\boldsymbol{A}$ 在逆矩阵$\boldsymbol{A}^{-1}$。即相当于要求下面的等价条件：①$\boldsymbol{A}$ 的行列式非 0；②$\boldsymbol{A}$ 为非奇异矩阵；③$\boldsymbol{A}$ 的列（行）向量线性无关；④$\boldsymbol{A}$ 的所有列（行）向量组成一个线性空间的基（空间维度等于未知数的数量）。如果 $\boldsymbol{A}$ 不可逆，则由初等行变换之后，矩阵的最后一行元素可都变为 0，从而得到无穷多解，举例如下[4]：

考查线性方程组及其增广矩阵

$$\begin{cases}2x_1+2x_2-x_3=1\\-2x_1-2x_2+4x_3=1\\2x_1+2x_2+5x_3=5\\-2x_1-2x_2-2x_3=-3\end{cases}$$

和

$$B=\begin{pmatrix}2&2&-1&1\\-2&-2&4&1\\2&2&5&5\\-2&-2&-2&-3\end{pmatrix}$$

第 1 行元素乘以 1/2，使第 1 个元素为 1

$$\begin{pmatrix}2&2&-1&1\\-2&-2&4&1\\2&2&5&5\\-2&-2&-2&-3\end{pmatrix}\rightarrow\begin{pmatrix}1&1&-1/2&1/2\\-2&-2&4&1\\2&2&5&5\\-2&-2&-2&-3\end{pmatrix}$$

利用初等行变换，使第 2～4 行的第 1 个元素都变为 0

$$\begin{pmatrix}1&1&-1/2&1/2\\-2&-2&4&1\\2&2&5&5\\-2&-2&-2&-3\end{pmatrix}\rightarrow\begin{pmatrix}1&1&-1/2&1/2\\0&0&1&2/3\\0&0&6&4\\0&0&-3&-2\end{pmatrix}$$

利用初等行变换，使第 2 行首项元素 1 的上边和下边的元素都变为 0，得到

$$\begin{pmatrix}1&1&-1/2&1/2\\0&0&1&2/3\\0&0&6&4\\0&0&-3&-2\end{pmatrix}\rightarrow\begin{pmatrix}1&1&-1/2&1/2\\0&0&1&2/3\\0&0&0&0\\0&0&0&0\end{pmatrix}$$

对应的线性方程组为 $x_1+x_2=\frac{5}{6}$ 和 $x_3=\frac{2}{3}$。该方程组有无穷多组解，其通解为 $x_1=\frac{5}{6}-x_2$，$x_3=\frac{2}{3}$。若 $x_2=1$，则得一特解为 $x_1=-\frac{1}{6}$，$x_2=1$ 和 $x_3=\frac{2}{3}$。

此例说明，在不能得到唯一解的情况下，可以得到通解，也就是无穷多解。

在实际生活中，求解方程组的唯一解，可类比一个公司招聘人员。公司仅招聘一个人员时，如果设置的条件太少，就会有很多应聘者符合条件，很难筛选出唯一的人员；如果设置的条件太多，即使很多人应聘，也可能连一个符合条件的人员都筛选不出来；只有设置的条件数量比较恰当时，才能够挑选出相对较适合的员工，这样的员工数量不会多，但也不会一个都找不到。

由上面的论述可见，将向量左乘一个矩阵 $\boldsymbol{A}$，实际上是将一个向量 $\boldsymbol{x}$ 进行了一次线性变换 T 得到了向量 $\boldsymbol{b}$，这个矩阵 $\boldsymbol{A}$ 实际上是代表了线性变换 T 的一条路径。在数学上，一个线性变换的路径并不一定唯一，有可能有别的路径，即：

$$\boldsymbol{Bx}=\boldsymbol{y} \tag{e}$$

上式中的 $\boldsymbol{x}$、$\boldsymbol{y}$ 与本节式（c）中相同，也就是这个线性变换得到的结果相同，但式（c）的变换路径为 $\boldsymbol{A}$，而式（e）的变换路径为 $\boldsymbol{B}$。可见，同一个线性变换 T，可能有不同的路径，而代表不同路径的左乘矩阵之间从直觉上可能有某种联系，这种联系就是矩阵相似，即 $\boldsymbol{B}=\boldsymbol{Q}^{-1}\boldsymbol{AQ}$，其中 $\boldsymbol{Q}$ 为可逆矩阵。可见，所谓矩阵相似，其实就是同一个线性变换的不同路径实现，也可以表达为通过不同的矩阵对同一个线性变换的不同描述。这也是为什么很多运算中要求采用相似矩阵进行变换，因为只有采用相似矩阵进行变换，才能保证变换后的结果一致性。而采用某一个矩阵进行线性变换时，可能常存在计算量大或者计算不方便等问题，如果采用这个矩阵的某个相似矩阵进行线性变换，则可能计算量更小或计算更方便，而变换的结果不变，此时就可考虑采用相似矩阵进行变换。

将一个向量左乘一个非方阵矩阵，相当于对一个向量进行了降维或者升维变换，如变换

$$\begin{pmatrix}1 & 2 & 1\\ 3 & 1 & 2\end{pmatrix}\begin{pmatrix}3\\ 1\\ 4\end{pmatrix}=\begin{pmatrix}9\\ 18\end{pmatrix} \tag{f}$$

就是把一个三维向量变换成了二维向量；而变换

$$\begin{pmatrix}1 & 1\\ 2 & 3\\ 1 & 2\end{pmatrix}\begin{pmatrix}2\\ 3\end{pmatrix}=\begin{pmatrix}5\\ 13\\ 5\end{pmatrix} \tag{g}$$

就是把一个二维向量变换成了三维向量。可见，通过左乘矩阵的线性变换，不但可以在向量所在空间内进行变换，而且可以在不同的空间内进行变换。当左乘矩阵的行数小于向量的维数时，向量被降维；当左乘矩阵的行数大于向量的维数时，向量被升维；而当左乘矩阵为方阵时，变换后向量维度不变。当然，所有的变换都要满足矩阵与向量相乘的可运算要求，即左乘矩阵的列数要等于向量的维度。改变数据的维度，是数据处理中常用的方法。

3. 矩阵、基、坐标系的关系

一个矩阵是由一个或多个行（列）向量组成的，如一个 m 行 n 列的矩阵，可以视为

由 m 个行向量或 n 个列向量组成的矩阵。此处先讨论非奇异方阵情况，因为实际应用中采用非奇异方阵进行计算的情况经常是最有效的计算，而且采用非奇异方阵进行讨论也有利于加强理解。

一个 n 阶非奇异方阵，可以看作是由 n 个线性无关的 n 维向量组成的向量组，那么这个向量组其实就是 n 维空间里面的一个基，当基内的向量互相垂直时为正交基，当正交基的模均为 1 时为标准正交基，而当标准正交基内向量所含元素只有一个为 1 而其他为 0 时为自然基。一个基就代表一个坐标系，采用这个坐标系就可线性表示出基所在线性空间的所有向量；而基内的每个向量都代表一根坐标轴，坐标轴的方向就是这个向量的方向，而坐标轴的刻度大小就是这个向量的模（长度）。一个 n 维线性空间里面可以含有很多个基，也就是可以用很多种不同的坐标系来表示线性空间里面的任意向量。可见，一个 n 阶非奇异方阵，其实可看成是一个 n 维线性空间中的坐标系。

对一个向量通过左乘一个 n 阶非奇异方阵进行线性变换后，不会改变向量的维度，也就是在同一个线性空间里面的线性变换。这种线性变换，可以从两个视角进行理解：

（1）通过移动进行线性变换，即把一个向量进行了无时间间隔的瞬间移动（缩放和旋转，缩放包括拉伸和压缩，而向量反向缩放实际上是旋转至反向后再缩放），且被移动后向量的方向和模都可能发生变化，也就是向量被瞬间同时进行了缩放和旋转；

（2）通过改变坐标系进行线性变换，向量是客观存在的，不会被改变，但是用来表示向量的坐标系发生改变了，则向量的表现形式发生了改变。

可见，通过移动进行线性变换实际上等同于通过坐标系改变进行线性变换，只是理解的角度不同。

需要特别注意的是，线性变换过程中，坐标原点永远不变，这是由线性变换的基本数学规则所决定；因为坐标原点是一个为 $\mathbf{0}$ 的向量，而 $\boldsymbol{A}\mathbf{0}=\mathbf{0}$，也就是采用任何矩阵对坐标原点进行线性变换，坐标原点都不发生变化。可见在矩阵分析中，向量不能平移，也就是向量的出发点都是原点，出发点不可改变。

矩阵与向量的相乘，实际上可理解为向量是在哪个坐标系下表示的问题，如式（c）

$$\boldsymbol{A}\boldsymbol{x}=\boldsymbol{y}$$

因为单位阵 $\boldsymbol{I}$ 乘任何矩阵或向量后都不会造成矩阵或向量的改变，所以上式也等同于

$$\boldsymbol{A}\boldsymbol{x}=\boldsymbol{I}\boldsymbol{y} \tag{h}$$

从改变坐标系的角度理解，上式就相当于这样一种描述：有一个客观存在的向量，在方阵 $\boldsymbol{A}$ 所代表的坐标系中表现形式为 $\boldsymbol{x}$，而在单位方阵 $\boldsymbol{I}$ 所代表的自然基坐标系中表现为形式 $\boldsymbol{y}$。也可以认为，向量用矩阵 $\boldsymbol{A}$ 去度量，表现形式就是 $\boldsymbol{x}$，而用矩阵 $\boldsymbol{I}$ 去度量，表现形式就是 $\boldsymbol{y}$。因为 $\boldsymbol{A}$ 非奇异，则式（h）也可变化为

$$\boldsymbol{I}\boldsymbol{x}=\boldsymbol{A}^{-1}\boldsymbol{y} \tag{i}$$

上式的运算，相当于对度量的坐标系进行了变换，在等号两端同时左乘 $\boldsymbol{A}$ 的逆阵，就把左侧的度量矩阵由 $\boldsymbol{A}$ 变换成了 $\boldsymbol{I}$，而右侧的度量矩阵由 $\boldsymbol{I}$ 变成了 $\boldsymbol{A}^{-1}$。

由式（h）和式（i）可见，如果矩阵 $\boldsymbol{A}$ 非奇异，则这种变换可进行一一对应的逆运算，即通过变换后的结果 $\boldsymbol{y}$ 还能反向计算出 $\boldsymbol{x}$。如果 $\boldsymbol{A}$ 为奇异矩阵，则这种变换不可能进行一一对应的逆运算，也就是在式（h）中，可以通过将向量 $\boldsymbol{x}$ 左乘矩阵 $\boldsymbol{A}$ 求得唯一的向量 $\boldsymbol{y}$，但不能由向量 $\boldsymbol{y}$ 反向求得一个唯一的向量 $\boldsymbol{x}$。这个原因可以理解为：如果矩阵 $\boldsymbol{A}$ 奇

异，则这个描述变换的矩阵的所有列向量不能组成一个基，也就是这个矩阵不满秩，相当于这个矩阵所包含的信息不完备，矩阵所代表的坐标系在某些维度上的信息缺失；用这个信息缺失的矩阵对一个向量进行线性变换，相当于把这个向量在某些维度上的信息丢失了；则根据变换后的结果向量，不可能通过逆向得到原向量的唯一解，而只能得到包含原向量的通解，而这个通解的数量是无穷多个。

上述矩阵与向量相乘的这种理解角度，也可以进一步推广到矩阵与矩阵的相乘，如矩阵相乘运算

$$\boldsymbol{M}\times\boldsymbol{N}=\boldsymbol{I}\times\boldsymbol{P} \tag{j}$$

也可从两个角度进行理解：

(1) 从把向量瞬间移动的角度看，矩阵 $\boldsymbol{N}$ 经过左乘 $\boldsymbol{M}$ 的变换后，变成了矩阵 $\boldsymbol{P}$，其中矩阵 $\boldsymbol{N}$ 中的每一个列向量都被施加了 $\boldsymbol{M}$ 变换，从而被进行了缩放和旋转变换；

(2) 从坐标系变化的角度看，就是矩阵 $\boldsymbol{N}$ 包含的这组向量，用 $\boldsymbol{M}$ 矩阵坐标系去度量，表现形式为 $\boldsymbol{N}$，而用 $\boldsymbol{I}$ 矩阵坐标系去度量，表现形式则为 $\boldsymbol{P}$。

可见，矩阵的乘法运算，就是一种线性变换，这种变换可以在某一个线性空间内进行，也可以在不同的线性空间内进行。当变换在同一个线性空间内进行时，这种线性变换既可从对被变换向量或矩阵的瞬时移动这一角度进行理解，也可从被变换向量或矩阵在不同坐标系下的不同表现形式这一角度进行理解。

4. 特征值与特征向量的几何解释

由定义 2.1.27，特征值与特征向量在下式中表达：

$$\boldsymbol{Ax}=\lambda\boldsymbol{x} \tag{k}$$

我们在前面提到，矩阵与向量相乘，是对向量的一种线性变换，在几何上就是对向量进行缩放和旋转。但由运算（k）可见，有一类变换比较特殊，经过这类变换后，向量由 $\boldsymbol{x}$ 变成了 $\lambda\boldsymbol{x}$，也就是向量仅被缩放，没有被旋转。例如变换

$$\begin{pmatrix}3 & 1\\0 & 2\end{pmatrix}\begin{pmatrix}-1\\1\end{pmatrix}=-1\times\begin{pmatrix}3\\0\end{pmatrix}+1\times\begin{pmatrix}1\\2\end{pmatrix}=2\times\begin{pmatrix}-1\\1\end{pmatrix} \tag{l}$$

就是一个没有发生旋转的变换，向量被拉伸至原来的 2 倍，但方向没有发生变化（图 2.1-7），则这个矩阵的一个特征值就是 2，而这个向量就是矩阵的一个特征向量。一个矩阵的特征值和特征向量不一定唯一，也不一定在某个数域内存在，如有的矩阵就没有实数特征值，也就是在实数域内没有特征值。

而变换

$$\begin{pmatrix}3 & 1\\0 & 2\end{pmatrix}\begin{pmatrix}1\\2\end{pmatrix}=1\times\begin{pmatrix}3\\0\end{pmatrix}+2\times\begin{pmatrix}1\\2\end{pmatrix}=\begin{pmatrix}5\\4\end{pmatrix} \tag{m}$$

就是既发生了缩放，也发生了旋转，向量不但被拉长了，而且还被旋转了角度，见图 2.1-7。

当特征值为负时，向量相当于被完全反向缩放（图 2.1-8），如

$$\begin{pmatrix}0.5 & -1\\-1 & 0.5\end{pmatrix}\begin{pmatrix}1\\1\end{pmatrix}=1\times\begin{pmatrix}0.5\\-1\end{pmatrix}+1\times\begin{pmatrix}-1\\0.5\end{pmatrix}=-0.5\times\begin{pmatrix}1\\1\end{pmatrix} \tag{n}$$

就是把向量完全反向缩放，但是变换后得到的向量，仍然与原向量共线，也就是变换后得到的向量，仍然在原向量张成的一维线性空间内。

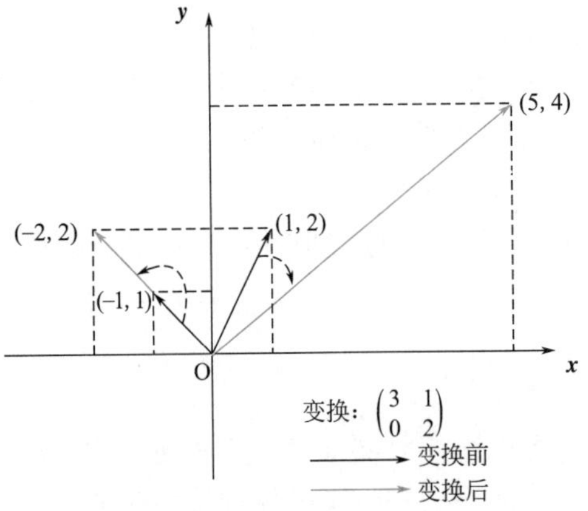

图 2.1-7　矩阵特征值为正时对特征向量与非特征向量的变换

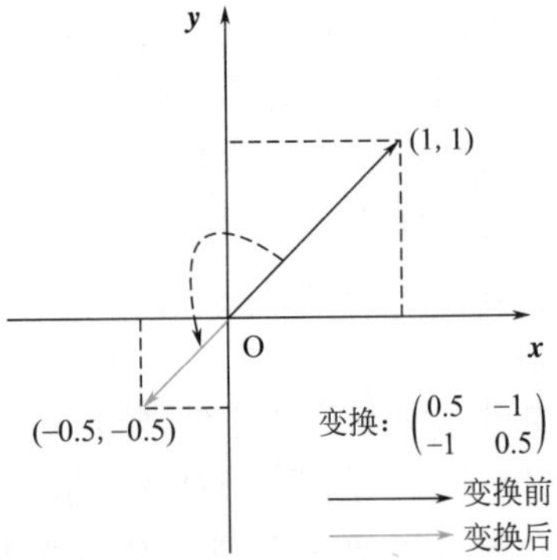

图 2.1-8　矩阵特征值为负时对特征向量的变换

上面的运算（l）、（m）、（n），都是在二维平面内，这种理解也可以进一步推广到三维空间乃至 n 维空间中；特征向量的方向，就相当于一个对称轴，线性变换针对特征向量这个方向的向量进行变换时不发生任何旋转，而针对其他方向的向量进行变换时就发生旋转。

由特征值的定义 $\boldsymbol{Ax}=\lambda\boldsymbol{x}$ 可得

$$(\boldsymbol{A}-\lambda\boldsymbol{I})\boldsymbol{x}=\boldsymbol{0} \tag{o}$$

上式的等号右端为 $\boldsymbol{0}$ 向量，则向量 $\boldsymbol{x}=\boldsymbol{0}$ 是其中最显而易见的解，但是求特征向量实际上是要得到非 $\boldsymbol{0}$ 向量作为解，就是要求上式除了有 $\boldsymbol{x}=\boldsymbol{0}$ 这个解还有别的解，即要求上式不能有唯一解，所以要求行列式为 $\boldsymbol{0}$（即 $|\boldsymbol{A}-\lambda\boldsymbol{I}|=\boldsymbol{0}$）；这就是特征多项式的由来。

特征值和特征向量在工程计算中经常有很好的作用。在工程计算中，经常要计算一个 n 阶方阵 $\boldsymbol{A}$ 的 m 次方，也就是方幂 $\boldsymbol{A}^m$，但直接根据矩阵相乘的定义进行计算则计算量或计算难度过大。对角矩阵的方幂计算非常方便，如对角矩阵 $\boldsymbol{\Lambda}=\mathrm{diag}(d_1, d_2, \cdots, d_n)$ 的 m 次幂为 $\boldsymbol{\Lambda}^m=\mathrm{diag}(d_1^m, d_2^m, \cdots, d_n^m)$，其实就是将对角矩阵对角线元素取 m 次幂即可。可见，计算中如果能够将一般矩阵的方幂转化成对角矩阵的运算，则运算量和运算难度会显著降低。如果能够找到一个可逆矩阵 $\boldsymbol{P}$，使得 $\boldsymbol{A}=\boldsymbol{P\Lambda P}^{-1}$，则 $\boldsymbol{A}$ 的 m 次方幂计算为

$$\boldsymbol{A}^m=(\boldsymbol{P\Lambda P}^{-1})(\boldsymbol{P\Lambda P}^{-1})\cdots(\boldsymbol{P\Lambda P}^{-1})=\boldsymbol{P\Lambda\Lambda}\cdots\boldsymbol{\Lambda P}^{-1}=\boldsymbol{P\Lambda}^m\boldsymbol{P}^{-1} \tag{p}$$

则计算非常方便。式（p）的运算，实际上要求矩阵 $\boldsymbol{A}$ 相似于对角矩阵 $\boldsymbol{\Lambda}$，也就是矩阵 $\boldsymbol{A}$ 能够对角化。而 n 阶矩阵 $\boldsymbol{A}$ 能够对角化的充分必要条件是 $\boldsymbol{A}$ 有 n 个线性无关的特征向量 $\boldsymbol{x}_i$（$i=1, 2, \cdots, n$），这些向量作为列向量就可组成运算（p）中的可逆矩阵 $\boldsymbol{P}$，即 $\boldsymbol{P}=(x_1, x_2, \cdots, x_n)$ 且 $\boldsymbol{A}=\boldsymbol{P\Lambda P}^{-1}$ 中对角阵 $\boldsymbol{\Lambda}=\mathrm{diag}(\lambda_1, \lambda_2, \cdots, \lambda_n)$ 的 n 个元素 λ_i 分别是 $\boldsymbol{x}_i$ 对应的特征值；当然有的特征值是相同的，这是因为特征多项式求出来的特征值有可能为重根。

需要注意的是，一个 n 阶矩阵的同一个特征值对应的不同特征向量线性无关；所有特

征值对应的所有特征向量也线性无关。这些 n 阶矩阵的特征向量之所以被冠以“特征”的名称，就是因为它们之间线性无关，可以形成一个基并在很多方面能够代表这个 n 阶矩阵进行运算。

5. 相似矩阵的作用

前面曾介绍，如果一个矩阵 $\boldsymbol{A}$ 有相似矩阵 $\boldsymbol{B}$，那么在描述一个线性变换时，既可以采用矩阵 $\boldsymbol{A}$ 也可以采用矩阵 $\boldsymbol{B}$，哪个计算方便就采用哪个。之所以相似矩阵之间经常可以相互替代，因为它们之间的相同点，也就是相似不变量太多了，包括：

（1）相似的矩阵其行列式的值相同；

（2）相似的矩阵是否可逆这一特点相同，当它们可逆时其逆矩阵也相似；

（3）相似的矩阵的秩相同；

（4）相似的矩阵的迹相同；

（5）相似矩阵的特征多项式相同；

（6）相似矩阵的特征值相同，求解特征多项式时的特征根重数也相同。

既然相似矩阵之间有如此多的相同点，那么在进行线性变换、矩阵求逆、矩阵求秩和迹、矩阵求特征值和特征向量等方面可以互相替代，可见相似这个概念在矩阵运算中的功能非常强大。如果运算（p）中的可逆矩阵 $\boldsymbol{P}$ 同时还是一个正交矩阵，则称 $\boldsymbol{A}$ 正交相似于 $\boldsymbol{\Lambda}$；这种情况在 $\boldsymbol{A}$ 为实对称矩阵中可能会出现，则运算就更加方便。

下面将矩阵相似、特征值与特征向量、线性变换的几何意义等综合起来举一个运算例子，以加强理解。

根据本节前面的论述，如果矩阵 $\boldsymbol{A}$ 可对角化，则 $\boldsymbol{A}=\boldsymbol{P\Lambda P}^{-1}$；其中 $\boldsymbol{P}$ 为特征列向量组成的矩阵，则可以将 $\boldsymbol{P}$ 中所有的列向量单位化，使其模为 1，则对角矩阵 $\boldsymbol{\Lambda}$ 可相应变化，但 $\boldsymbol{P\Lambda P}^{-1}$ 的运算结果不变；以下式为例：

$$\boldsymbol{A}=\begin{pmatrix}2 & -1\\1 & 2\end{pmatrix}=\begin{pmatrix}-\frac{\sqrt{2}}{2} & \frac{\sqrt{2}}{2}\\ \frac{\sqrt{2}}{2} & \frac{\sqrt{2}}{2}\end{pmatrix}\begin{pmatrix}3 & 0\\0 & 1\end{pmatrix}\begin{pmatrix}-\frac{\sqrt{2}}{2} & \frac{\sqrt{2}}{2}\\ \frac{\sqrt{2}}{2} & \frac{\sqrt{2}}{2}\end{pmatrix} \tag{q}$$

上式中，$\boldsymbol{P}=\begin{pmatrix}-\frac{\sqrt{2}}{2} & \frac{\sqrt{2}}{2}\\ \frac{\sqrt{2}}{2} & \frac{\sqrt{2}}{2}\end{pmatrix}$ 为列向量单位化的正交矩阵，对角矩阵 $\boldsymbol{\Lambda}=\begin{pmatrix}3 & 0\\0 & 1\end{pmatrix}$ 的两个元素分别为 $\boldsymbol{A}$ 的两个特征值。如前所述，将一个矩阵与任何向量或矩阵相乘，都是对向量或矩阵的线性变换；那么根据式（q），将 $\boldsymbol{A}$ 对角化后，相当于将 $\boldsymbol{A}$ 所描述的一次线性变换拆分成了三次变换，$\boldsymbol{P}$、$\boldsymbol{\Lambda}$、$\boldsymbol{P}^{-1}$ 分别代表一次线性变换。可以分别对这些变换运算一下，了解其性质。由于 $\boldsymbol{A}$ 为方阵，其所描述的线性变换只有缩放和旋转两种功能，没有对向量或矩阵的维度升降功能。

首先看一下 $\boldsymbol{P}$ 的变换功能，以矩阵 $\begin{pmatrix}1 & 0\\0 & 1\end{pmatrix}$ 为例，这个矩阵实际是二维空间的一个自然基，代表了一个坐标系，其运算如下：

$$\boldsymbol{Px}=\begin{pmatrix}\frac{\sqrt{2}}{2} & -\frac{\sqrt{2}}{2}\\ \frac{\sqrt{2}}{2} & \frac{\sqrt{2}}{2}\end{pmatrix}\begin{pmatrix}1 & 0\\ 0 & 1\end{pmatrix}=\begin{pmatrix}\frac{\sqrt{2}}{2} & -\frac{\sqrt{2}}{2}\\ \frac{\sqrt{2}}{2} & \frac{\sqrt{2}}{2}\end{pmatrix} \tag{r}$$

可见，在运算（r）中，一个基$\begin{pmatrix}1 & 0\\ 0 & 1\end{pmatrix}$被变换成了另外一个基$\begin{pmatrix}\frac{\sqrt{2}}{2} & -\frac{\sqrt{2}}{2}\\ \frac{\sqrt{2}}{2} & \frac{\sqrt{2}}{2}\end{pmatrix}$，基中每个向量的长度没有变化，只是发生了旋转，见图 2.1-9。

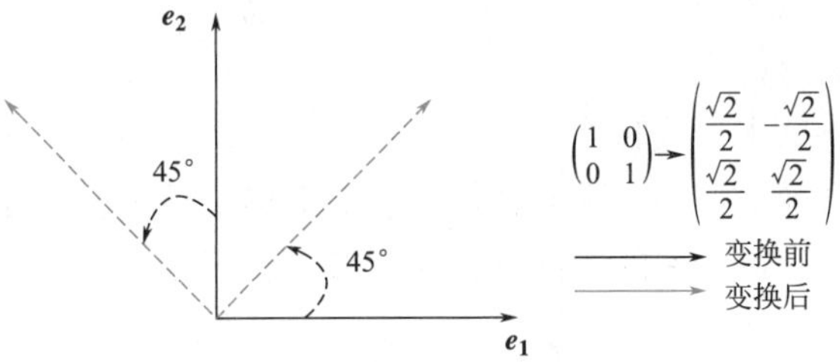

图 2.1-9　矩阵变换（1）

再看一下 $\boldsymbol{\Lambda}$ 的变换功能：

$$\boldsymbol{\Lambda x}=\begin{pmatrix}3 & 0\\ 0 & 1\end{pmatrix}\begin{pmatrix}1 & 0\\ 0 & 1\end{pmatrix}=\begin{pmatrix}3 & 0\\ 0 & 1\end{pmatrix} \tag{s}$$

可见，在运算（s）中，一个基$\begin{pmatrix}1 & 0\\ 0 & 1\end{pmatrix}$被变换成了另外一个基$\begin{pmatrix}3 & 0\\ 0 & 1\end{pmatrix}$，基中的刻度大小被缩放了，第一个基向量（坐标轴）的刻度大小由 1 缩放成 3，而第二个基向量的刻度大小由 1 缩放成 1；但两个基向量（坐标轴）的方向没有发生变化，也就是基向量没有发生旋转（图 2.1-10）。

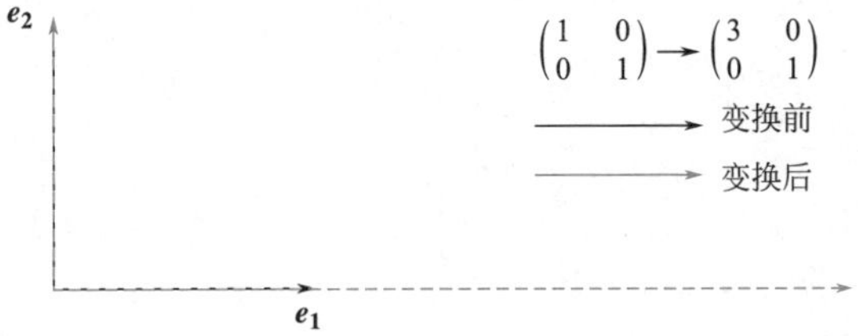

图 2.1-10　矩阵变换（2）

可以观察到，在（r）～（s）的运算例子中，$\boldsymbol{P}$ 代表旋转变换，而 $\boldsymbol{\Lambda}$ 代表拉伸变换。因为 $\boldsymbol{P}$ 是由单位化的特征向量组成，而 $\boldsymbol{\Lambda}$ 是特征值组成的对角阵，则在这个例子中，特征向量仅代表变换中的旋转，而特征值仅代表变换中的缩放。当然这是一个特例，要求 $\boldsymbol{P}$ 为正交矩阵，但在实对称矩阵中，经常存在这种情况。一个矩阵的特征值大小，经常代表用这个矩阵进行对目标矩阵或向量进行变换后，目标矩阵或向量的缩放程度；这也跟矩阵的行列式紧密相关，因为矩阵的所有特征值乘积就是矩阵行列式的值，而一个矩阵行列式的值就代表采用这个矩阵进行变换后，被变换矩阵或向量的缩放程度，详见本小节内容 6 中的描述。

6. 行列式的几何解释

行列式的值，可代表一个线性变换的缩放程度，行列式值的绝对值越大，则表示线性变换对被变换向量或矩阵的缩放程度越大。以旋转矩阵

$$\boldsymbol{T}_{\text{rot}}=\begin{pmatrix}\cos(\theta) & -\sin(\theta)\\ \sin(\theta) & \cos(\theta)\end{pmatrix} \tag{t}$$

为例，其行列式值为 1，则用这个矩阵变换一个向量的计算结果为

$$\begin{pmatrix}\cos(\theta) & -\sin(\theta)\\ \sin(\theta) & \cos(\theta)\end{pmatrix}\begin{pmatrix}1\\1\end{pmatrix}=\begin{pmatrix}\cos(\theta)-\sin(\theta)\\ \sin(\theta)+\cos(\theta)\end{pmatrix} \tag{u}$$

上面的（u）运算中，被变换向量（1，1）^{T} 的长度为 1，变换后得到的结果向量（$\cos(\theta)-\sin(\theta),\sin(\theta)+\cos(\theta)$）的长度也为 1，其中 θ 还是一个变量；可见，在行列式值为 1 的情况下，一个线性变换相当于只改变被变换向量的方向，而不改变其长度。如果被变换的是矩阵，那么这个线性变换相当于将被变换矩阵的每个列向量进行了旋转但不缩放。

当矩阵的行列式值为负时，则是行列式值的绝对值代表了这个变换的缩放程度；这种情况下，如果被变换的是矩阵，则代表被变换矩阵的某些基向量发生了方向改变，即被变换矩阵代表的坐标系的坐标轴发生了方向改变，举例如下：

$$\begin{pmatrix}-1 & 0\\ 0 & 1\end{pmatrix}\begin{pmatrix}1 & 0\\ 0 & 1\end{pmatrix}=\begin{pmatrix}-1 & 0\\ 0 & 1\end{pmatrix} \tag{v}$$

上面的变换运算（v）中，左乘矩阵的行列式值为−1，被变换矩阵的两个基向量由（1，0）^{T}、（0，1）^{T} 变换成了（−1，0）^{T}、（0，1）^{T}，见图 2.1-11，也就是水平坐标的正方向由向右变成了向左，而竖向坐标轴不变，相当于平面坐标系的表达方式由“右手法则”变成了“左手法则”。

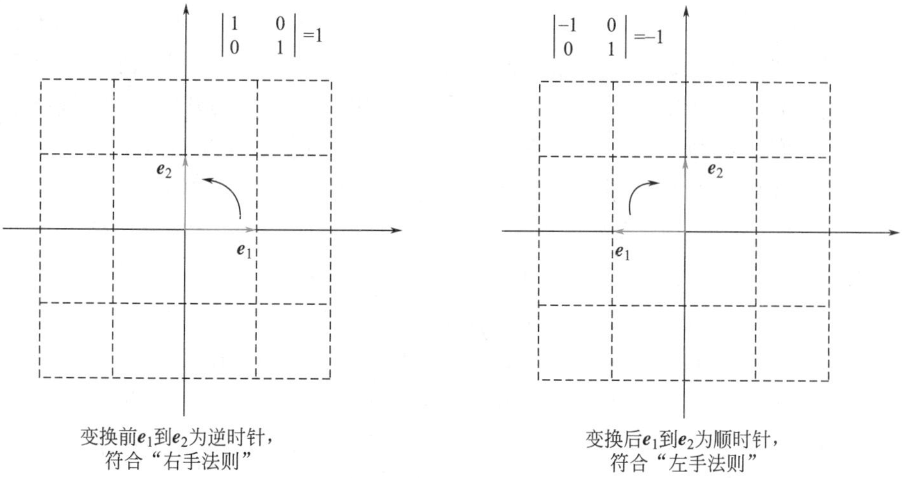

图 2.1-11　矩阵变换（3）

上面的例子都是行列式值的绝对值为 1 的情况，当行列式值的绝对值不为 1（也不为 0）时，相当于将被变换向量既旋转又缩放，或者相当于将被变换矩阵的基向量既旋转又

缩放，例如：

$$\begin{pmatrix}2 & 1\\1 & 3\end{pmatrix}\begin{pmatrix}1 & 0\\0 & 1\end{pmatrix}=\begin{pmatrix}2 & 1\\1 & 3\end{pmatrix} \tag{w}$$

上面的变换运算（w）中，左乘矩阵的行列式值为 5，被变换矩阵的两个基向量由 $(1,0)^T$、$(0,1)^T$ 变换成了 $(2,1)^T$、$(1,3)^T$，而被变换矩阵两个基向量所形成的平行四边形面积也由 1 变成了 5，被放大到原来的 5 倍，见图 2.1-12。同理，当左乘矩阵的行列式值小于 1 时，相当于被变换矩阵两个基向量所形成的平行四边形面积将被缩小。

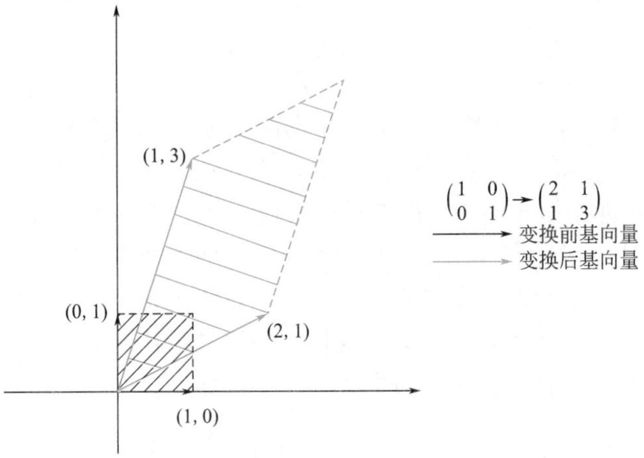

图 2.1-12　矩阵变换（4）

还有一种情况就是左乘矩阵的行列式值为 0，也就是左乘矩阵为奇异矩阵，例如

$$\begin{pmatrix}2 & 1\\1 & 0.5\end{pmatrix}\begin{pmatrix}1 & 0\\0 & 1\end{pmatrix}=\begin{pmatrix}2 & 1\\1 & 0.5\end{pmatrix} \tag{x}$$

上面的变换运算（x）中，被变换矩阵的两个基向量由 $(1,0)^T$、$(0,1)^T$ 变换成了两个线性相关的向量 $(2,1)^T$、$(1,0.5)^T$，见图 2.1-13；而两个基向量被变换后变成了两个共线向量，则其形成的平行四边形面积也变为 0。可见，用奇异矩阵对一个二阶满秩矩阵进行变换，相当于将此二阶满秩矩阵的两个非共线基向量变成了两个共线向量，就相当于把此二阶满秩矩阵所代表的坐标系由 2 根坐标轴变成了 1 根坐标轴，坐标系由 2 维平面坐标系变成了 1 维直线坐标系，即坐标系被降维，也就是矩阵被降维和降秩。同时，变换运算（x）是不可逆的，因为得到变换后的结果后，想要把这个结果矩阵变换回原来的矩阵，则需要原左乘矩阵的逆矩阵，但原左乘矩阵不可逆。从几何的角度看，二阶满秩矩阵被奇异矩阵变换后，其坐标系的坐标轴由非共线的 2 根变成了 1 根；如果要把变换结果逆向回原矩阵，首先就要确定原来的二维平面坐标系在哪个平面内，但目前根据 1 根坐标轴是无法确定原来的二维平面坐标系在哪个平面内的，因为 1 根坐标轴不能唯一的确定一个平面，从而就根本不可能确定变换到底是在哪个二维平面内进行；而被非奇异变换的二阶满秩矩阵，被变换后仍有两根非共线的坐标轴，能够唯一地确定坐标系是在哪个平面内进行变换。可见，采用奇异矩阵对一个矩阵进行变换，相当于对被变换矩阵进行了降维，导致某些维度的信息丢失，所以变换无法逆向进行；将这个结论推广到三维和 n 维空间中仍然适用。

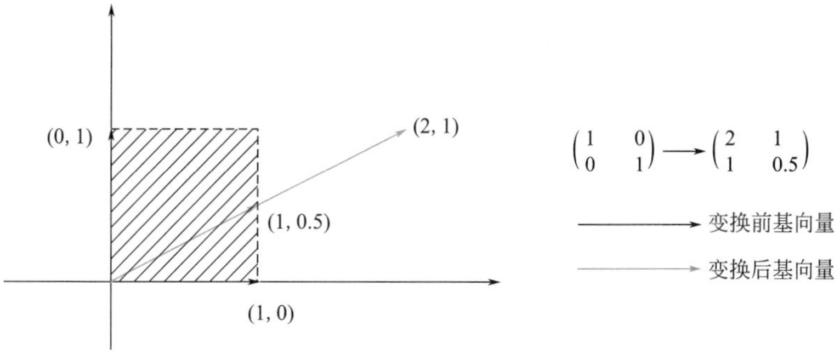

图 2.1-13　矩阵变换（5）

对于二阶矩阵，其行列式值的绝对值为矩阵中 2 个列向量所形成的平行四边形面积（图 2.1-14），当 2 个列向量线性相关（共线）时，则面积为 0；三阶矩阵行列式值的绝对值，为矩阵中 3 个列向量所形成的平行六面体的体积，当 3 个列向量线性相关（共面）时，则体积为 0；推广到更高阶的矩阵是也如此。结合图 2.1-14，可证明二阶矩阵的行列式值绝对值等于矩阵两个列向量所形成平行四边形的面积，证明过程如下：

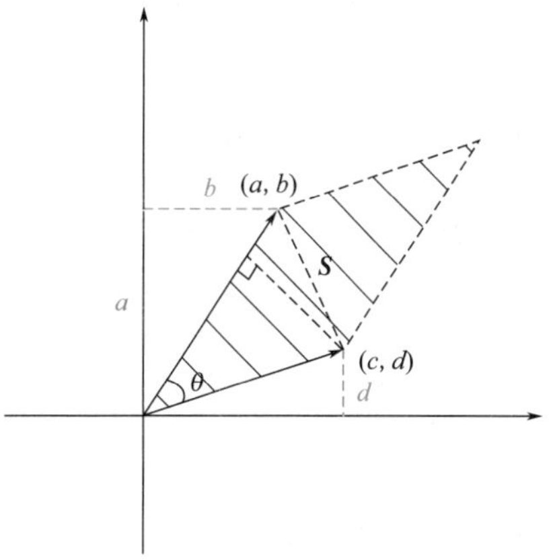

图 2.1-14　二阶矩阵行列式的绝对值的含义

对于矩阵$\begin{pmatrix}a & c\\b & d\end{pmatrix}$，有行列式：

$$\begin{vmatrix}a & c\\b & d\end{vmatrix}=ad-bc$$

观察图 2.1-14，容易得到以向量（a，b）^{T}，（c，d）^{T} 为边张成的平行四边形的面积的一半为：

$$\frac{1}{2}S=\frac{\sqrt{a^2+b^2}\times\sqrt{c^2+d^2}\times\sin\theta}{2}$$

则此平行四边形的面积为：

$$S=\sqrt{a^2+b^2}\times\sqrt{c^2+d^2}\times\sin\theta$$

再利用两向量内积与两向量夹角余弦的关系（注意，$0\leqslant\theta\leqslant\pi$），可以求得向量（$a$，$b$）^{T}，（$c$，$d$）^{T} 间夹角 θ 的余弦：

$$(a,\ b)\cdot\begin{pmatrix}c\\d\end{pmatrix}=ac+bd$$

$$\cos\theta=\frac{ac+bd}{\sqrt{a^2+b^2}\times\sqrt{c^2+d^2}}$$

从而得到夹角 θ 的正弦：

$$\sin\theta=\sqrt{1-\frac{(ac+bd)^2}{(a^2+b^2)\times(c^2+d^2)^2}}$$

则有

$$S=\sqrt{a^2+b^2}\times\sqrt{c^2+d^2}\times\sqrt{1-\frac{(ac+bd)^2}{(a^2+b^2)\times(c^2+d^2)^2}}$$
$$=\sqrt{(a^2+b^2)(c^2+d^2)-(ac+bd)^2}$$
$$=\sqrt{a^2c^2+a^2d^2+b^2c^2+b^2d^2-(a^2c^2+2abcd+b^2d^2)}$$
$$=\sqrt{a^2d^2+b^2c^2-2abcd}$$
$$=\sqrt{(ad-bc)^2}$$
$$=|ad-bc|$$

证得，二阶矩阵的行列式值绝对值等于矩阵两个列向量所形成平行四边形的面积。

2.2 二次型

2.2.1 基本二次型

定义 2.2.1 系数在数域 K 中的 n 个变量 x_1，…，x_n 的二次齐次多项式

$$\begin{aligned}f(x_1,\ \cdots,\ x_n)=a_{11}x_1^2+2a_{12}x_1x_2+2a_{13}x_1x_3+\cdots+2a_{1n}x_1x_n\\+a_{22}x_2^2+2a_{23}x_2x_3+\cdots+2a_{2n}x_2x_n\\+\cdots\quad\cdots\quad\cdots\\+a_{nn}x_n^2\end{aligned}\tag{2.2-1}$$

称为数域 K 上的一个 n 元二次型，简称二次型。

式（2.2-1）也可以写成

$$f(x_1,\ x_2,\ \cdots,\ x_n)=\sum_{i=1}^{n}\sum_{j=1}^{n}a_{ij}x_ix_j\tag{2.2-2}$$

其中 $a_{ij}=a_{ji}$，$1\leqslant i$，$j\leqslant n$。

式（2.2-2）二次型 f 的系数按顺序排列，可以确定一个 n 阶对称矩阵 $\mathbf{A}$。

$$\mathbf{A}=\begin{pmatrix}a_{11} & a_{12} & \cdots & a_{1n}\\ a_{21} & a_{22} & \cdots & a_{2n}\\ \vdots & \vdots & & \vdots\\ a_{n1} & a_{n2} & \cdots & a_{nn}\end{pmatrix},\ a_{ij}=a_{ji},\ 1\leqslant i,\ j\leqslant n\tag{2.2-3}$$

则称矩阵 $\mathbf{A}$ 为二次型 $f(x_1,\ x_2,\ \cdots,\ x_n)$ 的矩阵。注意，由于矩阵 $\mathbf{A}$ 的主对角元依次是 x_1^2，x_2^2，…，x_n^2 的系数，它的（i，j）元是 x_ix_j（$i\neq j$）的系数的一半，所以二次型 f（x_1，x_2，…，x_n）的矩阵是唯一的。

令

$$\boldsymbol{x}=\begin{pmatrix}x_1\\ x_2\\ \vdots\\ x_n\end{pmatrix}\tag{2.2-4}$$

则二次型（2.2-1）可以写成

$$f(x_1, x_2, \cdots, x_n)=\boldsymbol{x}^{\mathrm{T}}\boldsymbol{A}\boldsymbol{x} \tag{2.2-5}$$

其中 $\boldsymbol{A}$ 是二次型 $f(x_1, x_2, \cdots, x_n)$ 的矩阵。

令 $\boldsymbol{y}=(y_1, y_2, \cdots, y_n)^{\mathrm{T}}$，设 $\boldsymbol{C}$ 是数域 $\boldsymbol{K}$ 上的 n 阶可逆矩阵，有关系式

$$\boldsymbol{x}=\boldsymbol{C}\boldsymbol{y} \tag{2.2-6}$$

称为变量 $x_1, x_2, \cdots, x_n$ 到变量 $y_1, y_2, \cdots, y_n$ 的一个非退化线性变换。

n 元二次型 $\boldsymbol{x}^{\mathrm{T}}\boldsymbol{A}\boldsymbol{x}$ 经过非退化线性变换 $\boldsymbol{x}=\boldsymbol{C}\boldsymbol{y}$ 变成

$$(\boldsymbol{C}\boldsymbol{y})^{\mathrm{T}}\boldsymbol{A}(\boldsymbol{C}\boldsymbol{y})=\boldsymbol{y}^{\mathrm{T}}(\boldsymbol{C}^{\mathrm{T}}\boldsymbol{A}\boldsymbol{C})\boldsymbol{y} \tag{2.2-7}$$

记 $\boldsymbol{B}=\boldsymbol{C}^{\mathrm{T}}\boldsymbol{A}\boldsymbol{C}$，则式（2.2-7）可以写成 $\boldsymbol{y}^{\mathrm{T}}\boldsymbol{B}\boldsymbol{y}$，即变量 $y_1, y_2, \cdots, y_n$ 的一个二次型。又因为

$$\boldsymbol{B}^{\mathrm{T}}=(\boldsymbol{C}^{\mathrm{T}}\boldsymbol{A}\boldsymbol{C})^{\mathrm{T}}=\boldsymbol{C}^{\mathrm{T}}\boldsymbol{A}^{\mathrm{T}}(\boldsymbol{C}^{\mathrm{T}})^{\mathrm{T}}=\boldsymbol{C}^{\mathrm{T}}\boldsymbol{A}\boldsymbol{C} \tag{2.2-8}$$

所以 $\boldsymbol{B}$ 是对称矩阵，从而 $\boldsymbol{B}$ 就是二次型 $\boldsymbol{y}^{\mathrm{T}}\boldsymbol{B}\boldsymbol{y}$ 的矩阵。

定义 2.2.2　数域 $\boldsymbol{K}$ 上两个 n 元二次型 $\boldsymbol{x}^{\mathrm{T}}\boldsymbol{A}\boldsymbol{x}$ 和 $\boldsymbol{y}^{\mathrm{T}}\boldsymbol{B}\boldsymbol{y}$，如果存在一个非退化线性变换 $\boldsymbol{x}=\boldsymbol{C}\boldsymbol{y}$，把 $\boldsymbol{x}^{\mathrm{T}}\boldsymbol{A}\boldsymbol{x}$ 变成 $\boldsymbol{y}^{\mathrm{T}}\boldsymbol{B}\boldsymbol{y}$，则称二次型 $\boldsymbol{x}^{\mathrm{T}}\boldsymbol{A}\boldsymbol{x}$ 和 $\boldsymbol{y}^{\mathrm{T}}\boldsymbol{B}\boldsymbol{y}$ 等价，记作 $\boldsymbol{x}^{\mathrm{T}}\boldsymbol{A}\boldsymbol{x}\cong\boldsymbol{y}^{\mathrm{T}}\boldsymbol{B}\boldsymbol{y}$。

定义 2.2.3　数域 $\boldsymbol{K}$ 上两个 n 阶矩阵 $\boldsymbol{A}$ 和 $\boldsymbol{B}$，如果存在 $\boldsymbol{K}$ 上一个 n 阶可逆矩阵 $\boldsymbol{C}$，使得

$$\boldsymbol{C}^{\mathrm{T}}\boldsymbol{A}\boldsymbol{C}=\boldsymbol{B} \tag{2.2-9}$$

则称矩阵 $\boldsymbol{A}$ 和 $\boldsymbol{B}$ 相合，记作 $\boldsymbol{A}\simeq\boldsymbol{B}$。

矩阵相合也称为矩阵合同，具有以下特性：

（1）自反性：$\boldsymbol{A}$ 相合于 $\boldsymbol{A}$，即任意矩阵与本身相合。

（2）对称性：若 $\boldsymbol{A}$ 相合于 $\boldsymbol{B}$，则 $\boldsymbol{B}$ 也相合于 $\boldsymbol{A}$。

（3）传递性：若 $\boldsymbol{A}$ 相合于 $\boldsymbol{B}$，而 $\boldsymbol{B}$ 相合于 $\boldsymbol{C}$，则 $\boldsymbol{A}$ 相合于 $\boldsymbol{C}$。

命题 2.2.1　数域 $\boldsymbol{K}$ 上两个 n 元二次型 $\boldsymbol{x}^{\mathrm{T}}\boldsymbol{A}\boldsymbol{x}$ 和 $\boldsymbol{y}^{\mathrm{T}}\boldsymbol{B}\boldsymbol{y}$ 等价当且仅当 n 阶对称矩阵 $\boldsymbol{A}$ 与 $\boldsymbol{B}$ 相合。

如果二次型 $\boldsymbol{x}^{\mathrm{T}}\boldsymbol{A}\boldsymbol{x}$ 等价于一个只含平方项的二次型，则此只含平方项的二次型称为 $\boldsymbol{x}^{\mathrm{T}}\boldsymbol{A}\boldsymbol{x}$ 的一个标准形，这个只含平方项的二次型的矩阵为一个对角矩阵，矩阵 $\boldsymbol{A}$ 与此对角矩阵相合。对称矩阵 $\boldsymbol{A}$ 相合于一个对角矩阵时，则该对角矩阵称为 $\boldsymbol{A}$ 的一个相合标准形。

命题 2.2.2　实数域上的 n 元二次型 $\boldsymbol{x}^{\mathrm{T}}\boldsymbol{A}\boldsymbol{x}$ 有一个标准形为

$$\lambda_1 y_1^2+\lambda_2 y_2^2+\cdots+\lambda_n y_n^2 \tag{2.2-10}$$

其中 $\lambda_1, \lambda_2, \cdots, \lambda_n$ 是 $\boldsymbol{A}$ 的全部特征值。

定理 2.2.1　数域 $\boldsymbol{K}$ 上任一对称矩阵都相合于一个对角矩阵。

定理 2.2.2　数域 $\boldsymbol{K}$ 上任一 n 元二次型都等价于一个只含平方项的二次型。

命题 2.2.3　数域 $\boldsymbol{K}$ 上 n 元二次型 $\boldsymbol{x}^{\mathrm{T}}\boldsymbol{A}\boldsymbol{x}$ 的任一标准形中，系数不为 0 的平方项个数等于它的矩阵 $\boldsymbol{A}$ 的秩。二次型 $\boldsymbol{x}^{\mathrm{T}}\boldsymbol{A}\boldsymbol{x}$ 的矩阵的秩就是二次型 $\boldsymbol{x}^{\mathrm{T}}\boldsymbol{A}\boldsymbol{x}$ 的秩。

实数域上的二次型简称为实二次型。

n 元实二次型 $\boldsymbol{x}^{\mathrm{T}}\boldsymbol{A}\boldsymbol{x}$ 经过一个适当的非退化线性变换 $\boldsymbol{x}=\boldsymbol{C}\boldsymbol{y}$ 可以化成如下形式的标准形：

$$d_1 y_1^2+\cdots+d_p y_p^2-d_{p+1}y_{p+1}^2-\cdots-d_r y_r^2 \tag{2.2-11}$$

其中 $d_i>0$，$i=1, 2, \cdots, r$。根据命题 2.2.3 可知，r 是此二次型的秩。在对此二次型

做一次非退化线性变换：

$$y_i=\frac{1}{\sqrt{d_i}}z_i,\ i=1,\ 2,\ \cdots r$$

$$y_j=z_j,\ j=r+1,\ \cdots,\ n$$

则二次型（2.2-11）变成

$$z_1^2+\cdots+z_p^2-z_{p+1}^2-\cdots-z_r^2 \tag{2.2-12}$$

称形如（2.2-12）的标准形为二次型$\boldsymbol{x}^{\mathrm{T}}\boldsymbol{A}\boldsymbol{x}$ 的规范形，其特点是：只含有平方项，且平方项的系数为 1，−1 或 0；系数为 1 的平方项在都在前面。实二次型$\boldsymbol{x}^{\mathrm{T}}\boldsymbol{A}\boldsymbol{x}$ 的规范形（2.2-12）被两个自然数 p 和 r 决定。

定理 2.2.3（惯性定理） n 元实二次变成

$$z_1^2+\cdots+z_p^2-z_{p+1}^2-\cdots-z_r^2 \tag{2.2-12a}$$

称形如（2.2-12a）的标准形为二次型$\boldsymbol{x}^{\mathrm{T}}\boldsymbol{A}\boldsymbol{x}$ 的规范形，其特点是：只含有平方项，且平方项的系数为 1，−1 或 0；系数为 1 的平方项在都在前面。实二次型$\boldsymbol{x}^{\mathrm{T}}\boldsymbol{A}\boldsymbol{x}$ 的规范形被两个自然数 p 和 r 决定。

二次型$\boldsymbol{x}^{\mathrm{T}}\boldsymbol{A}\boldsymbol{x}$ 的规范形是唯一的。

定义 2.2.4 在实二次型$\boldsymbol{x}^{\mathrm{T}}\boldsymbol{A}\boldsymbol{x}$ 的规范形中，系数为 1 的平方项个数 p 称为$\boldsymbol{x}^{\mathrm{T}}\boldsymbol{A}\boldsymbol{x}$ 的正惯性指数，系数为−1 的平方项个数 $r-p$ 称为$\boldsymbol{x}^{\mathrm{T}}\boldsymbol{A}\boldsymbol{x}$ 的负惯性指数；正惯性指数减去负惯性指数所得的差 $2p-r$ 称为$\boldsymbol{x}^{\mathrm{T}}\boldsymbol{A}\boldsymbol{x}$ 的符号差。

由惯性定理及二次型等价可得出以下结论：两个 n 元实二次型等价⇔它们的规范形相同⇔它们的秩相同，并且正负惯性指数也相等。

推论 2.2.1 任一 n 元实对称矩阵 $\boldsymbol{A}$ 相合于对角矩阵：

$$\mathrm{diag}\ (\underbrace{1,\ \cdots,\ 1}_{p},\ \underbrace{-1,\ \cdots,\ -1}_{r-p},\ 0,\ \cdots,\ 0)$$

并将此对角矩阵称为 $\boldsymbol{A}$ 的相合规范形。

推论 2.2.2 两个 n 元实对称矩阵相合的充分必要条件为它们的秩相等，并且正负惯性指数也相等。

复数域上的二次型简称为复二次型。

一个 n 元复二次型$\boldsymbol{x}^{\mathrm{T}}\boldsymbol{A}\boldsymbol{x}$ 的规范形为：

$$z_1^2+z_2^2+\cdots+z_r^2 \tag{2.2-13}$$

其特点为：只含平方项，且平方项的系数为 1 或 0。显然，复二次型$\boldsymbol{x}^{\mathrm{T}}\boldsymbol{A}\boldsymbol{x}$ 的规范形完全由它的秩决定，且规范形是唯一的。

与实二次型相同，复二次型也有以下推论。

推论 2.2.3 两个 n 元复二次型等价

⇔它们的规范形相同

⇔它们的秩相同。

推论 2.2.4 n 元复对称矩阵相合⇔它们的秩相等。

2.2.2 正定二次型和正定矩阵

定义 2.2.5 设 n 元实二次型$\boldsymbol{x}^{\mathrm{T}}\boldsymbol{A}\boldsymbol{x}$，对于$\boldsymbol{R}^n$ 中任意非零列向量$\boldsymbol{\alpha}$，都有$\boldsymbol{\alpha}^{\mathrm{T}}\boldsymbol{A}\boldsymbol{\alpha}>\boldsymbol{0}$，则

称该实二次型$\boldsymbol{x}^{\mathrm{T}}\boldsymbol{A}\boldsymbol{x}$是正定的。

定理 2.2.4　n元实二次型$\boldsymbol{x}^{\mathrm{T}}\boldsymbol{A}\boldsymbol{x}$是正定的，当且仅当它的正惯性指数等于$n$。

由定理2.2.4马上可以得到：

推论 2.2.5　n元实二次型$\boldsymbol{x}^{\mathrm{T}}\boldsymbol{A}\boldsymbol{x}$是正定的

⇔它的规范形为$y_1^2+y_2^2+\cdots+y_n^2$

⇔它的标准形中n个系数均大于0。

定义 2.2.6　若实二次型$\boldsymbol{x}^{\mathrm{T}}\boldsymbol{A}\boldsymbol{x}$是正定的，即对$\boldsymbol{R}^n$中任意非零列向量$\boldsymbol{\alpha}$，都有$\boldsymbol{\alpha}^{\mathrm{T}}\boldsymbol{A}\boldsymbol{\alpha}>\boldsymbol{0}$，则称实对称矩阵$\boldsymbol{A}$是正定的。

正定的实对称矩阵称为正定矩阵。

定理 2.2.5　n元实对称矩阵$\boldsymbol{A}$是正定的

⇔$\boldsymbol{A}$的正惯性指数等于n

⇔$\boldsymbol{A}$相合于单位矩阵$\boldsymbol{I}$，即$\boldsymbol{A}\simeq\boldsymbol{I}$

⇔$\boldsymbol{A}$的相合标准形中主对角元均为正数

⇔$\boldsymbol{A}$的特征值均大于0。

推论 2.2.6　相合于正定矩阵的实对称矩阵也是正定矩阵。

推论 2.2.7　与正定二次型等价的实二次型也是正定的，即非退化线性变换不改变实二次型的正定性。

推论 2.2.8　正定矩阵的行列式大于0。

定理 2.2.6　实对称矩阵$\boldsymbol{A}$正定的充分必要条件是$\boldsymbol{A}$的顺序主子式全大于0。

推论 2.2.9　实二次型$\boldsymbol{x}^{\mathrm{T}}\boldsymbol{A}\boldsymbol{x}$正定的充分必要条件为$\boldsymbol{A}$的顺序主子式全大于0。

定义 2.2.7　设n元实二次型$\boldsymbol{x}^{\mathrm{T}}\boldsymbol{A}\boldsymbol{x}$，对于$\boldsymbol{R}^n$中任意非零列向量$\boldsymbol{\alpha}$，都有$\boldsymbol{\alpha}^{\mathrm{T}}\boldsymbol{A}\boldsymbol{\alpha}\geqslant\boldsymbol{0}$（$\boldsymbol{\alpha}^{\mathrm{T}}\boldsymbol{A}\boldsymbol{\alpha}<\boldsymbol{0}$，$\boldsymbol{\alpha}^{\mathrm{T}}\boldsymbol{A}\boldsymbol{\alpha}\leqslant\boldsymbol{0}$），则称该实二次型$\boldsymbol{x}^{\mathrm{T}}\boldsymbol{A}\boldsymbol{x}$是半正定（负定，半负定）的。

若$\boldsymbol{x}^{\mathrm{T}}\boldsymbol{A}\boldsymbol{x}$既不是半正定的，又不是半负定的，则称它为不定的。

定义 2.2.8　若实二次型$\boldsymbol{x}^{\mathrm{T}}\boldsymbol{A}\boldsymbol{x}$是半正定（负定，半负定，不定）的，则实对称矩阵$\boldsymbol{A}$是半正定（负定、半负定、不定）的。

定理 2.2.7　n元实二次型$\boldsymbol{x}^{\mathrm{T}}\boldsymbol{A}\boldsymbol{x}$是半正定的

⇔它的正惯性指数等于它的秩

⇔它的规范性为$y_1^2+\cdots+y_r^2$（$0\leqslant r\leqslant n$）

⇔它的标准形中n个系数全非负。

推论 2.2.10　n阶实对称矩阵$\boldsymbol{A}$是半正定的

⇔$\boldsymbol{A}$的正惯性指数等于它的秩

⇔$\boldsymbol{A}\simeq\begin{pmatrix}\boldsymbol{I}_r & \boldsymbol{0}\\ \boldsymbol{0} & \boldsymbol{0}\end{pmatrix}$，其中$r=\mathrm{rank}(\boldsymbol{A})$

⇔$\boldsymbol{A}$的相合规范形中n个主对角元全非负

⇔$\boldsymbol{A}$的特征值全非负。

定理 2.2.8　实对称矩阵$\boldsymbol{A}$是半正定的当且仅当$\boldsymbol{A}$的所有主子式全非负。

定理 2.2.9　实对称矩阵$\boldsymbol{A}$是负定的充分必要条件是：它的奇数阶顺序主子式全小于0，偶数阶顺序主子式全大于0。

2.3 雅可比矩阵

先了解向量值函数的概念，考察下面的例子：

例 2.3.1[3] 平面上的极坐标变换 T

$$T: \begin{cases} x = r\cos\theta \\ y = r\sin\theta \end{cases}$$

它把平面$\boldsymbol{R}^2$ 上的点（r，θ）变成平面$\boldsymbol{R}^2$ 上的点（x，y），例如它把 $r=1$，$\theta=\frac{\pi}{6}$的点变为 $x=\frac{\sqrt{3}}{2}$，$y=\frac{1}{2}$的点，这一变换，即

$$T: \boldsymbol{R}^2 \to \boldsymbol{R}^2$$

$$(r, \theta) \mapsto (x, y)$$

其中，

$$x = r\cos\theta, \quad y = r\sin\theta$$

例 2.3.2[3] 螺旋线的方程

$$l: \begin{cases} x = a\cos t \\ y = a\sin t \\ z = ct \end{cases}$$

它把直线 $\boldsymbol{R}$ 上的任意一个实数 t 变为空间$\boldsymbol{R}^3$ 中的一点，（x，y，z），即

$$l: \boldsymbol{R} \to \boldsymbol{R}^3$$

$$t \mapsto (x, y, z)$$

其中，

$$x = a\cos t, \quad y = a\sin t, \quad z = ct$$

从上面这两个例子看到，若：

$$f: \boldsymbol{R}^n \text{（或}\boldsymbol{R}^n\text{ 的子集}D^n\text{）} \to \boldsymbol{R}^m$$

$$\boldsymbol{x} = (x_1, x_2, \cdots, x_n) \mapsto \boldsymbol{y} = (y_1, y_2, \cdots, y_m) \tag{2.3-1}$$

其中 f 是代表函数的映射，$\to$为映射符号，$\mapsto$为变换符号，$\boldsymbol{R}^n$，$\boldsymbol{R}^m$ 分别为 n 维欧氏空间与 m 维欧氏空间。我们称 f 在 $\boldsymbol{x}$ 的值是 $\boldsymbol{y}$。因为 $\boldsymbol{y}$ 是向量，所以我们称 f 为向量值函数，它的定义域是$\boldsymbol{R}^n$（或 D^n）。向量值函数 f：$\boldsymbol{R}^n \to \boldsymbol{R}^m$ 也称为从 n 维欧氏空间到 m 维欧氏空间的映射。

设函数 f 的定义域$\boldsymbol{D}^n$，它在 $\boldsymbol{x}$ 的值是 $\boldsymbol{y}=(y_1, y_2, \cdots, y_m)^{\mathrm{T}}$，即输入一个向量 $\boldsymbol{x}$ 将得到一个新向量 $\boldsymbol{y}$，且 $\boldsymbol{y}$ 的每一个坐标 y_i 都依赖于 $\boldsymbol{x}=(x_1, x_2, \cdots, x_n)^{\mathrm{T}}$，都是 $(x_1, x_2, \cdots, x_n)'$的函数：

$$y_i = f_i(x_1, x_2, \cdots, x_n), \; i=1, 2, \cdots, m, \; (x_1, x_2, \cdots, x_n) \in \boldsymbol{D}^n \tag{2.3-2}$$

或者写为

$$\boldsymbol{y} = f(\boldsymbol{x}) = (f_1(\boldsymbol{x}), f_2(\boldsymbol{x}), \cdots, f_m(\boldsymbol{x}))', \; \boldsymbol{x} \in \boldsymbol{R}^n \tag{2.3-3}$$

我们称 $f_i(\boldsymbol{x})$ 是 f 的坐标函数，其中 $f_i(\boldsymbol{x})$，$1 \leqslant i \leqslant m$ 就是 $f_i(x_1, x_2, \cdots, x_n)$，为 $\boldsymbol{y}$ 的第 i 个坐标。由此可见，向量值函数 f：$\boldsymbol{D}^n \to \boldsymbol{R}^m$ 实际上就是一组（m 个）n 元函数。

在向量值函数中，有一类特殊且重要的函数一线性向量值函数（也称为线性映射）：设 f 为 $\mathbf{R}^n$ 到 $\mathbf{R}^m$ 的向量值函数，并且对任意实数 k_1，k_2 以及 $\mathbf{R}^n$ 中任意两个向量 $\boldsymbol{x}_1$，$\boldsymbol{x}_2$ 有

$$f(k_1\boldsymbol{x}_1+k_2\boldsymbol{x}_2)=k_1f(\boldsymbol{x}_1)+k_2f(\boldsymbol{x}_2) \tag{2.3-4}$$

观察线性变换 $\boldsymbol{Ax}$，对任意实数 k_1，k_2 以及 $\mathbf{R}^n$ 中任意两个向量 $\boldsymbol{x}_1$，$\boldsymbol{x}_2$ 也有：

$$\boldsymbol{A}(k_1\boldsymbol{x}_1+k_2\boldsymbol{x}_2)=\boldsymbol{A}(k_1\boldsymbol{x}_1)+\boldsymbol{A}(k_2\boldsymbol{x}_2)=k_1\boldsymbol{Ax}_1+k_2\boldsymbol{Ax}_2 \tag{2.3-5}$$

在代数中，线性函数 f 就是 $\mathbf{R}^n$ 到 $\mathbf{R}^m$ 的线性变换，于是可以找到一个合适的 $m\times n$ 矩阵 $\boldsymbol{A}$，使得

$$f(\boldsymbol{x})=\boldsymbol{Ax} \tag{2.3-6}$$

即

$$f(\boldsymbol{x})=\begin{pmatrix} f_1(x_1, x_2, \cdots, x_n) \\ f_2(x_1, x_2, \cdots, x_n) \\ \vdots \\ f_n(x_1, x_2, \cdots, x_n) \end{pmatrix}=\begin{pmatrix} a_{11} & a_{12} & \cdots & a_{1n} \\ a_{21} & a_{22} & \cdots & a_{2n} \\ \vdots & \vdots & & \vdots \\ a_{m1} & a_{m2} & \cdots & a_{mn} \end{pmatrix}\begin{pmatrix} x_1 \\ x_2 \\ \vdots \\ x_n \end{pmatrix}=\boldsymbol{Ax}$$

用坐标写出来就是

$$f_i(x_1, x_2, \cdots, x_n)=a_{i1}x_1+a_{i2}x_2+\cdots+a_{in}x_n,\ i=1, 2, \cdots, m \tag{2.3-7}$$

例 2.3.3[3]　$g(x, y)=(-x+2y, y)$ 就是一个 $\mathbf{R}^2\to\mathbf{R}^2$ 的线性向量值函数，其坐标函数为：$g_1(x, y)=-x+2y$，$g_2(x, y)=y$，它所对应的矩阵为

$$\boldsymbol{A}=\begin{pmatrix} -1 & 2 \\ 0 & 1 \end{pmatrix}$$

此时有

$$\begin{pmatrix} -1 & 2 \\ 0 & 1 \end{pmatrix}\begin{pmatrix} x \\ y \end{pmatrix}=\begin{pmatrix} -x+2y \\ y \end{pmatrix}$$

考虑多元函数的偏导数：

设 $\boldsymbol{D}^n$ 是 $\mathbf{R}^n$ 中的一个区域，f：$\boldsymbol{D}^n\to\mathbf{R}^n$ 是一个 n 元函数。设 $\boldsymbol{x}=(x_1, x_2, \cdots, x_n)$ 是 f 定义域 $\boldsymbol{D}^n$ 中的一点，则 f 关于 x_i 的偏导数定义如下（如果极限存在）：

$$\frac{\partial f(\boldsymbol{x})}{\partial x_i}=\lim_{h\to 0}\frac{f(x_1, \cdots, x_i+h, \cdots, x_n)-f(x_1, \cdots, x_i, \cdots, x_n)}{h}$$

向量值函数的偏导数和多元函数偏导数的定义类似，只是求极限的对象为向量，而向量的极限是对每一个坐标函数取极限。

设 f：$\boldsymbol{D}^n\to\mathbf{R}^m$ 是一个向量值函数，若

$$f(\boldsymbol{x})=(f_1(x), f_2(x), \cdots, f_m(x))^{\mathrm{T}}$$

则

$$\frac{\partial f(\boldsymbol{x})}{\partial x_i}=\left(\frac{\partial f_1(x)}{\partial x_i}, \cdots, \frac{\partial f_m(x)}{\partial x_i}\right)^{\mathrm{T}},\ \boldsymbol{x}\in D^n \tag{2.3-8}$$

类似的，向量值函数的微分与多元函数微分的形式上非常相似，需求微分的对象为向量。

定义 2.3.1　若向量值函数 f：$\boldsymbol{D}^n\to\mathbf{R}^m$ 满足以下两个条件

（1）$\boldsymbol{x}_0$ 是 f 的定义域的内点，

（2）存在一个线性向量函数 L：$\boldsymbol{R}^n \to \boldsymbol{R}^m$，使

$$\lim_{x \to x_0} \frac{f(\boldsymbol{x})-f(\boldsymbol{x}_0)-L(\boldsymbol{x}-\boldsymbol{x}_0)}{|\boldsymbol{x}-\boldsymbol{x}_0|}=0$$

其中 $|\boldsymbol{x}-\boldsymbol{x}_0|$ 为向量 $\boldsymbol{x}-\boldsymbol{x}_0$ 的模，则称向量值函数 f 在$\boldsymbol{x}_0$ 处可微，线性向量值函数 L 称为函数 f 在$\boldsymbol{x}_0$ 的微分，记为$\mathrm{d}_{x_0} f$。

为了理解向量值函数的微分，以一元实值函数的微分为例进行对照说明。

对函数 $y=f(\boldsymbol{x})$ 定义域中的一点$\boldsymbol{x}_0$，若存在一个只与$\boldsymbol{x}_0$ 有关，而与 $\Delta \boldsymbol{x}$ 无关的数 $g(\boldsymbol{x}_0)$，使得当 $\Delta \boldsymbol{x} \to 0$ 时恒成立关系式

$$\begin{aligned} \Delta y &= f(\boldsymbol{x}_0+\Delta \boldsymbol{x})-f(\boldsymbol{x}_0) \\ &= g(\boldsymbol{x}_0)\Delta \boldsymbol{x}+o(\Delta \boldsymbol{x}) \end{aligned}$$

则 $f(\boldsymbol{x})$ 在$\boldsymbol{x}_0$ 处的微分存在，即 $f(\boldsymbol{x})$ 在$\boldsymbol{x}_0$ 处可微。将 Δy 的线性主要部分$g(\boldsymbol{x}_0)\ \Delta \boldsymbol{x}$ 称为 $f(\boldsymbol{x})$ 在$\boldsymbol{x}_0$ 处的微分，记作 $\mathrm{d}y$ 或 $\mathrm{d}f(\boldsymbol{x})$。

而我们所讨论的向量值函数 $f(\boldsymbol{x}_0)$ 的微分同样可以如此进行理解，只是对象变成了向量。记 $\Delta \boldsymbol{x} = |\boldsymbol{x}-\boldsymbol{x}_0|$，线性向量值函数 $L(\boldsymbol{x}-\boldsymbol{x}_0)$，当 $\Delta \boldsymbol{x} \to 0$ 时恒成立关系式

$$\Delta y(\boldsymbol{x})=f(\boldsymbol{x})-f(\boldsymbol{x}_0)=L(\boldsymbol{x}-\boldsymbol{x}_0)+o(\Delta \boldsymbol{x})$$

故有

$$\lim_{x \to x_0} \frac{f(\boldsymbol{x})-f(\boldsymbol{x}_0)-L(\boldsymbol{x}-\boldsymbol{x}_0)}{|\boldsymbol{x}-\boldsymbol{x}_0|}=0$$

从而向量值函数 f 在$\boldsymbol{x}_0$ 处可微，线性向量值函数 L 称为函数 f 在$\boldsymbol{x}_0$ 的微分，记为 $\mathrm{d}_{x_0} f$。

由于$\mathrm{d}_{x_0} f$ 是一个$\boldsymbol{R}^n \to \boldsymbol{R}^m$ 的线性向量值函数，于是它可以用一个 $m \times n$ 矩阵表示出来。

设$\boldsymbol{x}_0$ 是 f 定义域的一个内点，$\boldsymbol{R}^n$ 空间的基记为（$\boldsymbol{e}_1$，$\boldsymbol{e}_2$，…，$\boldsymbol{e}_n$），则对充分小的 t 有

$$\boldsymbol{x}_j=\boldsymbol{x}_0+t\boldsymbol{e}_j,\ j=1,\ 2,\ \cdots,\ n$$

都必在 f 的定义域内，由 f 可微的条件，此时对于一切 $j=1,\ 2,\ \cdots,\ n$ 以下结论成立：

$$\lim_{t \to 0} \frac{f(\boldsymbol{x}_j)-f(\boldsymbol{x}_0)-\mathrm{d}_{x_0} f(t\boldsymbol{e}_j)}{t}=0$$

因为$\mathrm{d}_{x_0} f$ 是线性的，所以$\mathrm{d}_{x_0} f(t\boldsymbol{e}_j)=t\ \mathrm{d}_{x_0} f(\boldsymbol{e}_j)$，于是上式变为：

$$\lim_{t \to 0} \frac{f(\boldsymbol{x}_j)-f(\boldsymbol{x}_0)}{t}=\mathrm{d}_{x_0} f(t\boldsymbol{e}_j)$$

等式右边的$\mathrm{d}_{x_0} f(t\boldsymbol{e}_j)$ 是矩阵$\mathrm{d}_{x_0} f$ 的第j 列，而等式左边的极限正是向量值函数 f 的偏导数 $\dfrac{\partial f(\boldsymbol{x})}{\partial \boldsymbol{x}_j}=\left(\dfrac{\partial f_1(\boldsymbol{x})}{\partial \boldsymbol{x}_j},\ \cdots,\ \dfrac{\partial f_m(\boldsymbol{x})}{\partial \boldsymbol{x}_j}\right)'$，由此得到$\mathrm{d}_{x_0} f$ 矩阵为：

$$\mathrm{d}_{x_0}f=\begin{bmatrix}\dfrac{\partial f_1(x_0)}{\partial x_1} & \dfrac{\partial f_1(x_0)}{\partial x_2} & \cdots & \dfrac{\partial f_1(x_0)}{\partial x_n}\\ \dfrac{\partial f_2(x_0)}{\partial x_1} & \dfrac{\partial f_2(x_0)}{\partial x_2} & \cdots & \dfrac{\partial f_2(x_0)}{\partial x_n}\\ \vdots & \vdots & \ddots & \vdots\\ \dfrac{\partial f_m(x_0)}{\partial x_1} & \dfrac{\partial f_m(x_0)}{\partial x_2} & \cdots & \dfrac{\partial f_m(x_0)}{\partial x_n}\end{bmatrix} \tag{2.3-9}$$

称这个矩阵为 f 在$\boldsymbol{x}_0$ 的导数，记为 $f'(\boldsymbol{x}_0)$，或者称为雅可比（Jacobi）矩阵。

定理 2.3.1 若函数 f：$\boldsymbol{D}^n\to\boldsymbol{R}^m$ 在$\boldsymbol{x}_0$ 可微，则其微分$\mathrm{d}_{x_0}f$ 是唯一确定的，且它的矩阵是 f 的雅可比矩阵，即对于$\boldsymbol{D}^n$ 中任意向量$\boldsymbol{x}$，有

$$\mathrm{d}_{x_0}f(\boldsymbol{x})=f'(\boldsymbol{x}_0)\boldsymbol{x} \tag{2.3-10}$$

例 2.3.4[3] 若函数 f：$\boldsymbol{R}^3\to\boldsymbol{R}^2$ 为

$$f(x,y,z)=\left(\frac{3x+\mathrm{e}^y}{x^3+y^2}\frac{z}{\sin z}\right)$$

在任一点（x，y，z）的雅可比矩阵，即导数为

$$f'(x)=\left(\frac{3\quad z\mathrm{e}^y}{3x^2\quad 2y\sin z}\frac{\mathrm{e}^y}{y^2\cos z}\right)$$

在点（1，0，π）的雅可比矩阵就是线性函数

$$f'(1,0,\pi)=\begin{pmatrix}3 & \pi & 1\\ 3 & 0 & 0\end{pmatrix}$$

2.4 海森矩阵

学习海森（Hessian）矩阵前，需先了解以下凸函数的概念。

定义 2.4.1 一个集合 $D\in\boldsymbol{K}^n$ 称为凸集（合），若对任意两个点 x，$y\in D$，连接两点的线段也在集合 D 内，即

$$\theta x+(1-\theta)y\in D,\ x,\ y\in D,\ \theta\in[0,1] \tag{2.4-1}$$

图 2.4-1 画出了凸集和非凸集的示意图。

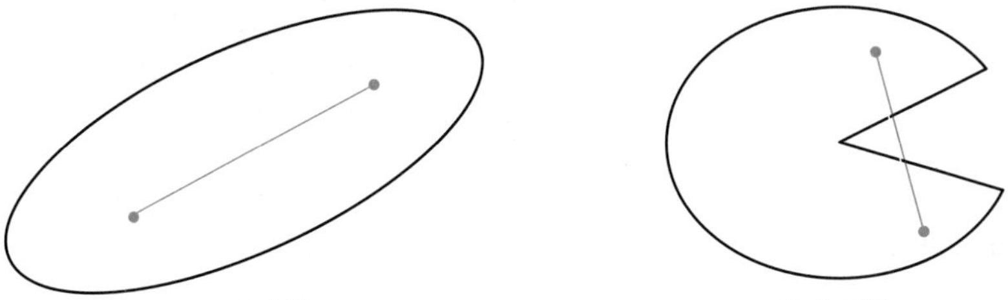

(a) 凸集　　(b) 非凸集

图 2.4-1 凸集与非凸集示意图

定义 2.4.2 $D\subset\boldsymbol{R}^n$ 是非空凸集，$\alpha\in(0,1)$，若

$$f(\alpha x_1+(1-\alpha)x_2)\leqslant\alpha f(x_1)+(1-\alpha)f(x_2),\ \forall x_1,x_2\in D \tag{2.4-2}$$

则称 $f(x)$ 为 D 上的凸函数；若

$$f(\alpha x_1+(1-\alpha)x_2)<\alpha f(x_1)+(1-\alpha)f(x_2),\ \forall x_1, x_2\in D \tag{2.4-3}$$

则称 $f(x)$ 为 D 上的严格凸函数；若 $-f(x)$ 是 D 上的凸（严格凸）函数，则称 $f(x)$ 为 D 上的凹（严格凹）函数，如图 2.4-2 所示。

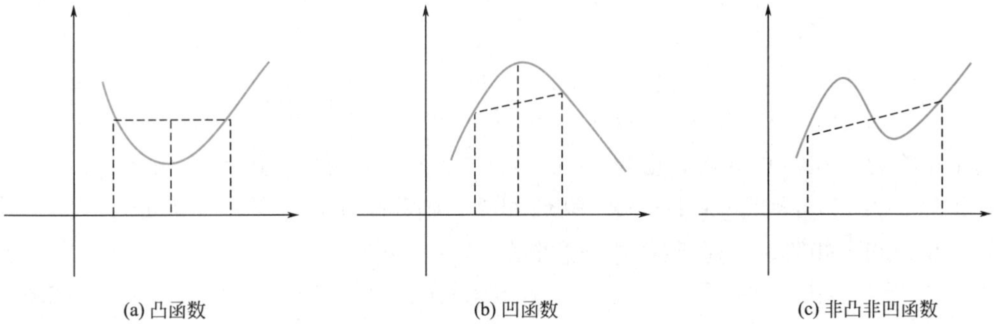

图 2.4-2　凸函数、非凸函数、非凸非凹函数示意图

定理 2.4.1　(1) 设 $f(x)$ 是定义在凸集 D 上的凸函数，实数 $\alpha\geqslant 0$，则 $\alpha f(x)$ 也是定义在 D 上的凸函数；

(2) 设 $f_1(x)$，$f_2(x)$ 是定义在凸集 D 上的凸函数，则 $f_1(x)+f_2(x)$ 也是定义在 D 上的凸函数；

(3) 设 $f_1(x)$，$f_2(x)$，…，$f_m(x)$ 是定义在 D 上的凸函数，实数 α_1，α_2，…，$\alpha_m\geqslant 0$，则 $\sum_{i=1}^{m}\alpha_i f_i(x)$ 也是定义在 D 上的凸函数。

定义 2.4.3　设函数 $f(x)$ 存在一阶偏导数，称向量

$$\nabla f(x)=\left(\frac{\partial f(x)}{\partial x_1}, \frac{\partial f(x)}{\partial x_2}, \cdots, \frac{\partial f(x)}{\partial x_n}\right)^{\mathrm{T}},\ x\in\boldsymbol{R}^n \tag{2.4-4}$$

为 $f(x)$ 在点 x 处的梯度。若 $f(x)$ 存在二阶偏导数，则称矩阵

$$\nabla^2 f(x)=\begin{pmatrix} \frac{\partial^2 f(x)}{\partial x_1^2} & \frac{\partial^2 f(x)}{\partial x_1\partial x_2} & \cdots & \frac{\partial^2 f(x)}{\partial x_1\partial x_n} \\ \frac{\partial^2 f(x)}{\partial x_2\partial x_1} & \frac{\partial^2 f(x)}{\partial x_2^2} & \cdots & \frac{\partial^2 f(x)}{\partial x_2\partial x_n} \\ \vdots & \vdots & & \vdots \\ \frac{\partial^2 f(x)}{\partial x_n\partial x_1} & \frac{\partial^2 f(x)}{\partial x_n\partial x_2} & \cdots & \frac{\partial^2 f(x)}{\partial x_n^2} \end{pmatrix} \tag{2.4-5}$$

为 $f(x)$ 在点 x 处的海森矩阵。当 $f(x)$ 在点 x 处具有连续的二阶偏导数时，此时二阶偏导数与求导次序无关，即

$$\frac{\partial^2 f(x)}{\partial x_i\partial x_j}=\frac{\partial^2 f(x)}{\partial x_j\partial x_i} \tag{2.4-6}$$

可见海森矩阵是一个 n 阶对称矩阵。

特别地，对二次函数 $f(x)=\frac{1}{2}x^{\mathrm{T}}Ax+b^{\mathrm{T}}x+c$，$\nabla f(x)=Ax+b$，$\nabla^2 f(x)=A$。

海森矩阵可以看作二阶导数对多元函数的推广，被应用于牛顿法解决的大规模优化

问题。

根据多元函数极值判别法，假设多元函数在点 $\boldsymbol{M}$ 的梯度为 0，即 $\boldsymbol{M}$ 是函数的驻点，则有如下结论：

（1）若海森矩阵正定，函数在该点有极小值；

（2）若海森矩阵负定，函数在该点有极大值；

（3）若海森矩阵不定，则该点不是极值点；

（4）若海森矩阵半正定或半负定，该点是“可疑”极值点，尚需要利用其他方法来判定。

2.5　范数

范数在研究数值方法的收敛性和稳定性时非常重要，且在误差分析等问题中应用也非常广泛。本节将介绍 n 维向量空间 $\boldsymbol{K}^n$ 中的向量范数与矩阵空间 $\boldsymbol{K}^{m\times n}$ 中的矩阵范数。

2.5.1　向量范数

把一个向量（或线性空间的元素）与一个非负实数联系起来，且在多数情形中，把这个实数作为向量大小的一种度量，这样的实数就是范数。

定义 2.5.1[7]　设 $\boldsymbol{V}$ 是数域 $\boldsymbol{K}$ 上的线性空间，对任意的 $\boldsymbol{x}\in\boldsymbol{V}$，定义一个实值函数 $\|\boldsymbol{x}\|$，它满足以下三个条件：

（1）非负性：当 $\boldsymbol{x}\neq 0$ 时，$\|\boldsymbol{x}\|>0$；当 $\boldsymbol{x}=0$ 时，$\|\boldsymbol{x}\|=0$；

（2）齐次性：$\|a\boldsymbol{x}\|=|a|\cdot\|\boldsymbol{x}\|$，$(a\in\boldsymbol{K},\ \boldsymbol{x}\in\boldsymbol{V})$；

（3）三角不等式：$\|\boldsymbol{x}+\boldsymbol{y}\|\leqslant\|\boldsymbol{x}\|+\|\boldsymbol{y}\|$，$(\boldsymbol{x},\ \boldsymbol{y}\in\boldsymbol{V})$。

则称 $\|\boldsymbol{x}\|$ 为 $\boldsymbol{V}$ 上向量 $\boldsymbol{x}$ 的范数，简称向量范数。

例 2.5.1[8]　在 n 维实空间 $\boldsymbol{R}^n$ 上，向量 $\boldsymbol{x}=(x_1,\ x_2,\ \cdots,\ x_n)$ 的长度

$$\|\boldsymbol{x}\|=\sqrt{|x_1|^2+|x_2|^2+\cdots+|x_n|^2} \tag{2.5-1}$$

就是一种范数。

证明：为了证明 $\|\boldsymbol{x}\|$ 是范数，只需验证它满足范数的三个条件即可。

（1）根据式（2.5-1），当 $\boldsymbol{x}\neq 0$ 时，显然 $\|\boldsymbol{x}\|>0$；当 $\boldsymbol{x}=0$ 时，有 $\|\boldsymbol{x}\|=0$。

（2）对任意实数 k，有

$$k\boldsymbol{x}=(kx_1,\ kx_2,\ \cdots,\ kx_n)$$

所以

$$\begin{aligned}\|k\boldsymbol{x}\|&=\sqrt{|kx_1|^2+|kx_2|^2+\cdots+|kx_n|^2}\\&=|k|\cdot\sqrt{|x_1|^2+|x_2|^2+\cdots+|x_n|^2}\\&=|k|\cdot\|\boldsymbol{x}\|\end{aligned}$$

（3）对于任意两个向量 $\boldsymbol{x}=(x_1,\ x_2,\ \cdots,\ x_n)$，$\boldsymbol{y}=(y_1,\ y_2,\ \cdots,\ y_n)$ 有

$$\boldsymbol{x}+\boldsymbol{y}=(x_1+y_1,\ x_2+y_2,\ \cdots,\ x_n+y_n)$$

得到

$$\|\boldsymbol{x}+\boldsymbol{y}\|=\sqrt{|x_1+y_1|^2+|x_2+y_2|^2+\cdots+|x_n+y_n|^2}$$

$$\| \boldsymbol{x} \| = \sqrt{|x_1|^2 + |x_2|^2 + \cdots + |x_n|^2}$$

$$\| \boldsymbol{y} \| = \sqrt{|y_1|^2 + |y_2|^2 + \cdots + |y_n|^2}$$

即有

$$\| \boldsymbol{x} + \boldsymbol{y} \| \leqslant \| \boldsymbol{x} \| + \| \boldsymbol{y} \|$$

因此，(2.5-1) 式是$\boldsymbol{R}^n$ 上的一种范数，通常称这种范数为向量的 2-范数，记作$\| \boldsymbol{x} \|_2$。

例 2.5.2[6]　在 n 维实空间$\boldsymbol{R}^n$ 上，有向量 $\boldsymbol{x}=(x_1, x_2, \cdots, x_n)$，则$\| \boldsymbol{x} \| = \max |x_i|$是$\boldsymbol{R}^n$ 上的范数，称为∞-范数，记为$\| \boldsymbol{x} \|_\infty$，即

$$\| \boldsymbol{x} \|_\infty = \max |x_i| \tag{2.5-2}$$

∞-范数，又称最大范数，是机器学习中经常出现的范数，用于表示向量中具有最大幅值的元素的绝对值。

例 2.5.3[8]　在 n 维实空间$\boldsymbol{R}^n$ 上，有向量 $\boldsymbol{x}=(x_1, x_2, \cdots, x_n)$，则$\| \boldsymbol{x} \| = \sum\limits_{i=1}^{n} |x_i|$也是$\boldsymbol{R}^n$ 上的范数，称为 1-范数，记作$\| \boldsymbol{x} \|_1$，即

$$\| \boldsymbol{x} \|_1 = \sum_{i=1}^{n} |x_i| \tag{2.5-3}$$

由例 2.5.1～例 2.5.3 可以看出，在一个线性空间中，可以定义多种向量范数，实际上可以定义无限多种范数。例如，对于不小于 1 的任意实数 p 及 $\boldsymbol{x}=(x_1, x_2, \cdots, x_n) \in \boldsymbol{R}^n$，可以证明实值函数

$$\left(\sum_{i=1}^{n} |x_i|^p\right)^{1/p} (1 \leqslant p < +\infty)$$

满足定义 2.5.1 的三个条件。

事实上，该函数具有非负性与齐次性，为了证明它满足三角不等式，只需证明

$$\left(\sum_{i=1}^{n} |x_i + y_i|^p\right)^{1/p} \leqslant \left(\sum_{i=1}^{n} |x_i|^p\right)^{1/p} + \left(\sum_{i=1}^{n} |y_i|^p\right)^{1/p}$$

成立即可，其中 $\boldsymbol{y}=(y_1, y_2, \cdots, y_n) \in \boldsymbol{R}^n$。

当 $\boldsymbol{x}+\boldsymbol{y}=0$ 时，上述不等式成立；当 $\boldsymbol{x}+\boldsymbol{y} \neq 0$ 时，因为

$$\sum_{i=1}^{n} |x_i + y_i|^p \leqslant \sum_{i=1}^{n} |x_i + y_i|^{p-1} |x_i| + \sum_{i=1}^{n} |x_i + y_i|^{p-1} |y_i|$$

再对它使用下面的 *Hölder* 不等式

$$\sum_{i=1}^{n} |x_i y_i| \leqslant \left(\sum_{i=1}^{n} |x_i|^p\right)^{1/p} + \left(\sum_{i=1}^{n} |y_i|^q\right)^{1/q}$$

其中$\frac{1}{p}+\frac{1}{q}=1$，$p>1$，$q>1$。于是便有

$$\begin{aligned}
\sum_{i=1}^{n} |x_i + y_i|^p &\leqslant \left(\sum_{i=1}^{n} |x_i|^p\right)^{1/p} \left(\sum_{i=1}^{n} |x_i + y_i|^{(p-1)\cdot\frac{p}{p-1}}\right)^{1-\frac{1}{p}} \\
&\quad + \left(\sum_{i=1}^{n} |y_i|^p\right)^{1/p} \left(\sum_{i=1}^{n} |x_i + y_i|^{(p-1)\cdot\frac{p}{p-1}}\right) \\
&= \left[\left(\sum_{i=1}^{n} |x_i|^p\right)^{1/p} + \left(\sum_{i=1}^{n} |y_i|^p\right)^{1/p}\right] \times \left(\sum_{i=1}^{n} |x_i + y_i|^p\right)^{1-\frac{1}{p}}
\end{aligned}$$

两端同时除以 $\left(\sum_{i=1}^{n}|x_i+y_i|\right)^{1-\frac{1}{p}}$，便得到所要的不等式。

称 $\left(\sum_{i=1}^{n}|x_i|^p\right)^{1/p}$ 为向量 x 的 p-范数或 L_p 范数，记为 $\|x\|_p$，即

$$\|x\|_p=\left(\sum_{i=1}^{n}|x_i|^p\right)^{1/p} \tag{2.5-4}$$

在式（2.5-4）中，令 $p=1$，便得到 $\|\boldsymbol{x}\|_1$；令 $p=2$，便是 $\|\boldsymbol{x}\|_2$；并且，还有

$$\|\boldsymbol{x}\|_{\infty}=\lim_{p\to\infty}\|\boldsymbol{x}\|_p$$

在聚类分析，判别分析等算法中，通常会采用距离的概念来辅助求解，而向量范数常用于衡量两点之间的距离。

最常见的两点或多点之间的距离表示方法——欧氏距离，便采用了 L^2 范数。设 n 维空间中两点 $\boldsymbol{x}=(x_1, x_2, \cdots, x_n)$ 与 $\boldsymbol{y}=(y_1, y_2, \cdots, y_n)$ 之间的欧氏距离，表示为：$d=\sqrt{\sum_{i=1}^{n}(x_i-y_i)^2}$，也可以记为向量运算的形式：$d=\sqrt{(x-y)(x-y)^{\mathrm{T}}}$。

曼哈顿距离则采用了 L_1 范数，即在欧氏空间的固定直接坐标系上两点所形成线段对轴产生的投影的距离和。例如，在平面上，坐标为（x_1，y_1）的 P 与坐标为（x_2，y_2）的点 Q 的曼哈顿距离为：$d=|x_1-x_2|+|y_1-y_2|$。

而 L^{∞} 范数应用于切比雪夫距离中。设 n 维空间中两点 $\boldsymbol{x}=(x_1, x_2, \cdots, x_n)$ 与 $\boldsymbol{y}=(y_1, y_2, \cdots, y_n)$ 之间的切比雪夫距离为：$d=\max(|x_i-y_i|)$，$i=1, 2, \cdots, n$。

另外 L_p 范数也应用于闵氏距离。设 n 维空间中两点 $\boldsymbol{x}=(x_1, x_2, \cdots, x_n)$ 与 $\boldsymbol{y}=(y_1, y_2, \cdots, y_n)$ 之间的闵氏距离为：$d=\sqrt[p]{\sum_{i=1}^{n}(x_i-y_i)^p}$，$i=1, 2, \cdots, n$，其中 p 是一个参数。当 $p=1$ 时，就是曼哈顿距离；当 $p=2$ 时，就是欧氏距离；当 $p\to\infty$ 时，则为切比雪夫距离。

2.5.2 矩阵范数

矩阵空间 $\boldsymbol{k}^{m\times n}$ 是一个 $m\times n$ 维的线性空间，将 $m\times n$ 矩阵 $\boldsymbol{A}$ 看作线性空间 $\boldsymbol{k}^{m\times n}$ 中的“向量”，可按照之前的方法定义 $\boldsymbol{A}$ 的范数，但是矩阵之间还有乘法运算，在定义矩阵范数时也应有相应的体现。

定义 2.5.2 设 $\boldsymbol{A}\in\boldsymbol{K}^{m\times n}$，定义一个实值函数 $\|\boldsymbol{A}\|$，它满足以下三个条件：

（1）非负性：当 $\boldsymbol{A}\neq 0$ 时，$\|\boldsymbol{A}\|>0$；当 $\boldsymbol{A}=0$ 时，$\|\boldsymbol{A}\|=0$；

（2）齐次性：$\|\alpha\boldsymbol{A}\|=|\alpha|\cdot\|\boldsymbol{A}\|$，$(\alpha\in\boldsymbol{K})$；

（3）三角不等式：$\|\boldsymbol{A}+\boldsymbol{B}\|\leqslant\|\boldsymbol{A}\|+\|\boldsymbol{B}\|$ $(\boldsymbol{B}\in\boldsymbol{K}^{m\times n})$。

则称 $\|\boldsymbol{A}\|$ 为 $\boldsymbol{A}$ 的广义矩阵范数。若对 $\boldsymbol{K}^{m\times n}$，$\boldsymbol{K}^{n\times l}$，$\boldsymbol{K}^{m\times l}$ 上的同类广义矩阵范数 $\|\cdot\|$，还满足下面一个条件：

（4）相容性：

$$\|\boldsymbol{AB}\|\leqslant\|\boldsymbol{A}\|\cdot\|\boldsymbol{B}\| \quad (\boldsymbol{B}\in\boldsymbol{K}^{n\times l}) \tag{2.5-5}$$

则称 $\|\boldsymbol{A}\|$ 为 $\boldsymbol{A}$ 的矩阵范数。

定理 2.5.1 设 $\boldsymbol{A}=(a_{ij})_{m\times n}\in\boldsymbol{K}^{m\times n}$，$\boldsymbol{x}=(x_1, x_2, \cdots, x_n)\in\boldsymbol{K}^n$，则从属于向量 $\boldsymbol{x}$

的三种范数 $\|x\|_1$，$\|x\|_2$，$\|x\|_\infty$ 的矩阵范数计算公式依次为：

(1) $\|A\|_1=\max_j \sum_{i=1}^{m} |a_{ij}|$

(2) $\|A\|_2=\sqrt{\lambda_1}$，λ_1 是 A^HA（A^H 表示对矩阵 A 进行共轭转置）的最大特征值

(3) $\|A\|_\infty=\max \sum_{j=1}^{n} |a_{ij}|$

通常称 $\|A\|_1$，$\|A\|_2$，及 $\|A\|_\infty$ 依次为最大列和范数、谱范数及行和范数。

在深度学习中，最常使用的是 Frobenius 范数（Frobenius norm）：

$$\|A\|_F=\sqrt{\sum_i \sum_j a_{ij}^2}$$

类似于向量的 L_2 范数，由矩阵每个元素的平方和开根号得到。

2.6 矩阵分解

矩阵分解是将矩阵拆解为数个矩阵的乘积，最常用的是三角分解、QR 分解、满秩分解、奇异值分解等。

2.6.1 Gauss 消去法与矩阵的三角分解

定义 2.6.1 如果方阵 A 可分解成一个下三角矩阵 L 和一个上三角矩阵 U 的乘积，则称 A 可做三角分解或 LU 分解。

LU 分解的英文简写名称中，L 和 U 分别指的是下（low）三角和上（up）三角矩阵。

若一个矩阵可以进行三角分解，可采用 Gauss 主元素消去法进行分解。

设 $A^{(0)}=A$，其元素 $a_{ij}^{(0)}=a_{ij}(i, j=1, 2, \cdots, n)$。记 A 的 k 阶顺序主子式为 $\Delta_k(k=1, 2, \cdots, n)$。如果 $\Delta_1=a_{11}^{(0)}\neq 0$，令 $c_{i1}=\dfrac{a_{i1}^{(0)}}{a_{11}^{(0)}}(i=2, 3, \cdots, n)$，并构造 Frobenius 矩阵（空白处均为 0 元素）：

$$L_1=\begin{bmatrix} 1 & & & \\ c_{21} & 1 & & \\ \vdots & & \ddots & \\ c_{n1} & & & 1 \end{bmatrix} \quad L_1^{-1}=\begin{bmatrix} 1 & & & \\ -c_{21} & 1 & & \\ \vdots & & \ddots & \\ -c_{n1} & & & 1 \end{bmatrix}$$

计算

$$L_1^{-1}A^{(0)}=\begin{bmatrix} a_{11}^{(0)} & a_{12}^{(0)} & \cdots & a_{1n}^{(0)} \\ & a_{22}^{(1)} & \cdots & a_{2n}^{(1)} \\ & \vdots & \ddots & \vdots \\ & a_{n2}^{(1)} & \cdots & a_{nn}^{(1)} \end{bmatrix}=A^{(1)} \tag{2.6-1}$$

由此可见，$A^{(0)}=A$ 的第一列除主元 $a_{11}^{(0)}$ 外，其余元素全被化为零。式（2.6-1）还可以写为

$$A^{(0)}=L_1A^{(1)} \tag{2.6-2}$$

因为初等变换不改变矩阵的行列式的值，所以由 $A^{(1)}$ 得 A 的二阶顺序主子式为

$$\Delta_2=a_{11}^{(0)}a_{22}^{(1)} \tag{2.6-3}$$

如果 $\Delta_2\neq0$，则 $a_{22}^{(1)}\neq0$. 令 $c_{i2}=\dfrac{a_{i2}^{(1)}}{a_{22}^{(1)}}$ $(i=3,4,\cdots,n)$，并构造矩阵

$$\boldsymbol{L}_2=\begin{bmatrix}1&&&&\\&1&&&\\&c_{32}&1&&\\&\vdots&&\ddots&\\&c_{n2}&&&1\end{bmatrix},\boldsymbol{L}_2^{-1}=\begin{bmatrix}1&&&&\\&1&&&\\&-c_{32}&1&&\\&\vdots&&\ddots&\\&-c_{n2}&&&1\end{bmatrix}$$

计算

$$\boldsymbol{L}_2^{-1}\boldsymbol{A}^{(1)}=\begin{bmatrix}a_{11}^{(0)}&a_{12}^{(0)}&a_{13}^{(0)}&\cdots&a_{1n}^{(0)}\\&a_{22}^{(1)}&a_{23}^{(1)}&\cdots&a_{2n}^{(1)}\\&&a_{33}^{(2)}&\cdots&a_{3n}^{(2)}\\&&\vdots&\ddots&\vdots\\&&a_{3n}^{(2)}&\cdots&a_{nn}^{(2)}\end{bmatrix}=\boldsymbol{A}^{(2)} \tag{2.6-4}$$

由此可见，$\boldsymbol{A}^{(2)}$ 的前两列中主元以下的元素全为零。式（2.6-4）还可以写为

$$\boldsymbol{A}^{(1)}=\boldsymbol{L}_2\boldsymbol{A}^{(2)} \tag{2.6-5}$$

因为初等变换不改变矩阵的行列式的值，所以由 $\boldsymbol{A}^{(2)}$ 得 $\boldsymbol{A}$ 的三阶顺序主子式为

$$\Delta_3=a_{11}^{(0)}a_{22}^{(1)}a_{33}^{(2)} \tag{2.6-6}$$

如此继续下去，直到第 $r-1$ 步，得到

$$\boldsymbol{L}_r=\begin{bmatrix}1&&&&&\\&\ddots&&&&\\&&1&&&\\&&c_{r+1}&1&&\\&&\vdots&&\ddots&\\&&c_{nr}&&&1\end{bmatrix},\boldsymbol{L}_r^{-1}=\begin{bmatrix}1&&&&&\\&\ddots&&&&\\&&1&&&\\&&-c_{r+1,r}&1&&\\&&\vdots&&\ddots&\\&&-c_{nr}&&&1\end{bmatrix}$$

计算

$$\boldsymbol{L}_r^{-1}\boldsymbol{A}^{(r-1)}=\begin{bmatrix}a_{11}^{(0)}&\cdots&a_{1r}^{(0)}&a_{1,r+1}^{(0)}&\cdots&a_{1n}^{(0)}\\&\ddots&\vdots&\vdots&&\vdots\\&&a_{rr}^{(r-1)}&a_{r,r+1}^{(r-1)}&\cdots&a_{rn}^{(r-1)}\\&&&a_{r+1,r+1}^{r-1}&\cdots&a_{r+1,n}^{(r)}\\&&&\vdots&&\vdots\\&&&a_{n,r+1}^{(r)}&\cdots&a_{nn}^{(r)}\end{bmatrix}=A^{(r)} \tag{2.6-7}$$

易见，$\boldsymbol{A}^{(r)}$ 的前 r 列中主元以下的元素全为零。式（2.6-7）还可写为

$$\boldsymbol{A}^{(r-1)}=\boldsymbol{L}_r\boldsymbol{A}^{(r)} \tag{2.6-8}$$

且由 $\boldsymbol{A}^{(r)}$ 可得 $\boldsymbol{A}$ 的 $r+1$ 阶顺序主子式为

$$\Delta_{r+1}=a_{11}^{(0)}a_{22}^{(1)}\cdots a_{rr}^{(r-1)}a_{r+1,r+1}^{(r)} \tag{2.6-9}$$

如果可以一直进行下去，则在第 $n-1$ 步之后便有

$$\boldsymbol{A}^{(n-1)}=\begin{bmatrix} a_{11}^{(0)} & a_{12}^{(0)} & \cdots & a_{(1,n-1)}^{(0)} & a_{1n}^{(0)} \\ & a_{22}^{(1)} & \cdots & a_{2,n-1}^{(1)} & a_{2n}^{(1)} \\ & & \ddots & \vdots & \vdots \\ & & & a_{n-1,n-1}^{(n-2)} & a_{n-1,n}^{(n-2)} \\ & & & & a_{nn}^{(n-1)} \end{bmatrix} \tag{2.6-10}$$

当 $\Delta_r \neq 0$（$r=1$，2，…，$n-1$）时，由（2.6-8）式有

$$\boldsymbol{A}=\boldsymbol{A}^{(0)}=\boldsymbol{L}_1\boldsymbol{A}^{(1)}=\boldsymbol{L}_1\boldsymbol{L}_2\boldsymbol{A}^{(2)}=\cdots=\boldsymbol{L}_1\boldsymbol{L}_2\cdots\boldsymbol{L}_{n-1}\boldsymbol{A}^{(n-1)}$$

容易求出

$$\boldsymbol{L}=\boldsymbol{L}_1\boldsymbol{L}_2\cdots\boldsymbol{L}_{n-1}=\begin{bmatrix} 1 & & & & \\ c_{21} & 1 & & & \\ \vdots & \vdots & \ddots & & \\ c_{n-1,1} & c_{n-1,2} & \cdots & 1 & \\ c_{n1} & c_{n2} & \cdots & c_{n,n-1} & 1 \end{bmatrix} \tag{2.6-11}$$

这是一个对角元素都是 1 的下三角形，称为单位下三角矩阵。若令 $\boldsymbol{A}^{(n-1)}=\boldsymbol{U}$，则得

$$\boldsymbol{A}=\boldsymbol{L}\boldsymbol{U} \tag{2.6-12}$$

这样 $\boldsymbol{A}$ 就分解成一个单位下三角矩阵与一个上三角矩阵的乘积。

1. 方阵三角分解的存在性与唯一性问题

首先，一个方阵的三角分解不是唯一的。

假设 $\boldsymbol{A}=\boldsymbol{L}\boldsymbol{U}$ 为方阵 $\boldsymbol{A}$ 的一个三角分解。令 $\boldsymbol{D}$ 是对角元素均不为 0 的对角矩阵，则 $\boldsymbol{A}=\boldsymbol{L}\boldsymbol{U}=\boldsymbol{L}\boldsymbol{D}\boldsymbol{D}^{-1}\boldsymbol{U}=\hat{\boldsymbol{L}}\hat{\boldsymbol{U}}$。由于上（下）三角矩阵的乘积仍是上（下）三角矩阵，因此 $\hat{\boldsymbol{L}}=\boldsymbol{L}\boldsymbol{D}$，$\hat{\boldsymbol{U}}=\boldsymbol{D}^{-1}\boldsymbol{U}$ 也分别是下、上三角矩阵。从而 $\boldsymbol{A}=\hat{\boldsymbol{L}}\hat{\boldsymbol{U}}$ 也是 $\boldsymbol{A}$ 的一个三角分解，因此，一般方阵的三角分解不是唯一的。

定理 2.6.1 设 $\boldsymbol{A}=(a_{ij})$ 是 n 阶方阵，则当且仅当 $\boldsymbol{A}$ 的顺序主子式 $\Delta_k \neq 0$ 时，$\boldsymbol{A}$ 可唯一地分解为

$$\boldsymbol{A}=\boldsymbol{L}\boldsymbol{D}\boldsymbol{U}$$

其中 $\boldsymbol{L}$ 是单位下三角矩阵，$\boldsymbol{U}$ 是单位上三角矩阵，$\boldsymbol{D}$ 是对角矩阵

$$\boldsymbol{D}=\mathrm{diag}(d_1, d_2, \cdots, d_n)$$

其中 $d_k=\dfrac{\Delta_k}{\Delta_{k-1}}$（$k=1$，2，…，$n$；$\Delta_0=1$）。该分解称为矩阵 $\boldsymbol{A}$ 的 $\boldsymbol{LDU}$ 分解。

例 2.6.1 求矩阵 $\boldsymbol{A}=\begin{pmatrix} 2 & -1 & 3 \\ 1 & 2 & 1 \\ 2 & 4 & 2 \end{pmatrix}$ 的 $\boldsymbol{LDU}$ 分解。

解：因为 $\Delta_1=2$，$\Delta_2=5$，$\Delta_3=0$，所以 $\boldsymbol{A}$ 有唯一的 $\boldsymbol{LDU}$ 分解。

$$\boldsymbol{L}_1^{-1}=\begin{pmatrix} 1 & 0 & 0 \\ -\dfrac{1}{2} & 1 & 0 \\ -1 & 0 & 1 \end{pmatrix}$$

则

$$\boldsymbol{A}^{(1)}=\boldsymbol{L}_1^{-1}\boldsymbol{A}=\begin{pmatrix}1 & 0 & 0\\ -\dfrac{1}{2} & 1 & 0\\ -1 & 0 & 1\end{pmatrix}\begin{pmatrix}2 & -1 & 3\\ 1 & 2 & 1\\ 2 & 4 & 2\end{pmatrix}=\begin{pmatrix}2 & -1 & 3\\ 0 & \dfrac{5}{2} & -\dfrac{1}{2}\\ 0 & 5 & -1\end{pmatrix}$$

即

$$\boldsymbol{A}=\boldsymbol{L}_1\boldsymbol{A}^{(1)}$$

由 $\boldsymbol{A}^{(1)}$ 构造

$$\boldsymbol{L}_2^{-1}=\begin{pmatrix}1 & 0 & 0\\ 0 & 1 & 0\\ 0 & -2 & 1\end{pmatrix}$$

则

$$\boldsymbol{A}^{(2)}=\boldsymbol{L}_2^{-1}\boldsymbol{A}^{(1)}=\begin{pmatrix}1 & 0 & 0\\ 0 & 1 & 0\\ 0 & -2 & 1\end{pmatrix}\begin{pmatrix}2 & -1 & 3\\ 0 & \dfrac{5}{2} & -\dfrac{1}{2}\\ 0 & 5 & -1\end{pmatrix}=\begin{pmatrix}2 & -1 & 3\\ 0 & \dfrac{5}{2} & -\dfrac{1}{2}\\ 0 & 0 & 0\end{pmatrix}$$

$$=\begin{pmatrix}2 & 0 & 0\\ 0 & \dfrac{5}{2} & 0\\ 0 & 0 & 0\end{pmatrix}\begin{bmatrix}1 & -\dfrac{1}{2} & \dfrac{3}{2}\\ 0 & 1 & -\dfrac{1}{5}\\ 0 & 0 & 1\end{bmatrix}$$

于是得到 $\boldsymbol{A}$ 的 $\boldsymbol{LDU}$ 分解为

$$\boldsymbol{A}=\boldsymbol{L}_1\boldsymbol{L}_2\boldsymbol{A}^{(2)}=\begin{pmatrix}1 & 0 & 0\\ \dfrac{1}{2} & 1 & 0\\ 1 & 0 & 1\end{pmatrix}\begin{pmatrix}1 & 0 & 0\\ 0 & 1 & 0\\ 0 & 2 & 1\end{pmatrix}\begin{pmatrix}2 & 0 & 0\\ 0 & \dfrac{5}{2} & 0\\ 0 & 0 & 0\end{pmatrix}\begin{bmatrix}1 & -\dfrac{1}{2} & \dfrac{3}{2}\\ 0 & 1 & -\dfrac{1}{5}\\ 0 & 0 & 1\end{bmatrix}$$

$$=\begin{pmatrix}1 & 0 & 0\\ \dfrac{1}{2} & 1 & 0\\ 1 & 2 & 1\end{pmatrix}\begin{pmatrix}2 & 0 & 0\\ 0 & \dfrac{5}{2} & 0\\ 0 & 0 & 0\end{pmatrix}\begin{bmatrix}1 & -\dfrac{1}{2} & \dfrac{3}{2}\\ 0 & 1 & -\dfrac{1}{5}\\ 0 & 0 & 1\end{bmatrix}$$

2. 方阵三角分解的其他方法

设矩阵 $\boldsymbol{A}$ 有唯一的 $\boldsymbol{LDU}$ 分解。若把 $\boldsymbol{A}=\boldsymbol{LDU}$ 中的 $\boldsymbol{D}$ 与 $\boldsymbol{U}$ 结合起来，并且用 $\hat{\boldsymbol{U}}$ 来表示，就得到唯一的分解为

$$\boldsymbol{A}=\boldsymbol{L}(\boldsymbol{DU})=\boldsymbol{L}\hat{\boldsymbol{U}} \tag{2.6-13}$$

称为 $\boldsymbol{A}$ 的 Doolittle 分解；若把 $\boldsymbol{A}=\boldsymbol{LDU}$ 中的 $\boldsymbol{L}$ 和 $\boldsymbol{D}$ 结合起来，并用 $\hat{\boldsymbol{L}}$ 来表示，就得到唯一的分解为

$$\boldsymbol{A}=(\boldsymbol{LD})\boldsymbol{U}=\hat{\boldsymbol{L}}\boldsymbol{U} \tag{2.6-14}$$

称为 $\boldsymbol{A}$ 的 Crout 分解。

若 $\boldsymbol{A}$ 为实对称正定矩阵时，$\Delta_k>0(k=1, 2, \cdots, n)$。于是 $\boldsymbol{A}$ 有唯一的 $\boldsymbol{LDU}$ 分解，即 $\boldsymbol{A}=\boldsymbol{LDU}$，其中 $\boldsymbol{D}=\mathrm{diag}(d_1, d_2, \cdots, d_n)$，且 $d_i>0(i=1, 2, \cdots, n)$。令

$$\widetilde{\boldsymbol{D}}=\mathrm{diag}(\sqrt{d_1}, \sqrt{d_2}, \cdots, \sqrt{d_n})$$

则有 $\boldsymbol{A}=\boldsymbol{L}\widetilde{\boldsymbol{D}}^2\boldsymbol{U}$。由 $\boldsymbol{A}^{\mathrm{T}}=\boldsymbol{A}$ 得到 $\boldsymbol{L}\widetilde{\boldsymbol{D}}^2\boldsymbol{U}=\boldsymbol{U}^{\mathrm{T}}\widetilde{\boldsymbol{D}}^2\boldsymbol{L}^{\mathrm{T}}$，由分解的唯一性可知 $\boldsymbol{L}=\boldsymbol{U}^{\mathrm{T}}$，因而有

$$\boldsymbol{A}=\boldsymbol{L}\widetilde{\boldsymbol{D}}^2\boldsymbol{U}=(\boldsymbol{L}\widetilde{\boldsymbol{D}})(\boldsymbol{L}\widetilde{\boldsymbol{D}})^{\mathrm{T}}=\boldsymbol{G}\boldsymbol{G}^{\mathrm{T}} \tag{2.6-15}$$

这里 $\boldsymbol{G}=\boldsymbol{L}\widetilde{\boldsymbol{D}}$ 是下三角矩阵，称为对称正定矩阵的 Cholesky 分解。

2.6.2 矩阵的满秩分解

定义 2.6.2 设 $\boldsymbol{A}\in\boldsymbol{K}^{m\times n}$，且 $\boldsymbol{A}$ 的秩为 $r(r>0)$，如果存在矩阵 $\boldsymbol{F}\in\boldsymbol{K}^{m\times r}$ 和 $\boldsymbol{G}\in\boldsymbol{K}^{r\times n}$，$\mathrm{rank}(\boldsymbol{F})=\mathrm{rank}(\boldsymbol{G})=r(r>0)$，使得

$$\boldsymbol{A}=\boldsymbol{F}\boldsymbol{G} \tag{2.6-16}$$

则称式（2.6-16）为矩阵 $\boldsymbol{A}$ 的满秩分解。

上面的定义中，隐含的条件是 $r\leqslant m$ 且 $r\leqslant n$，因为一个矩阵秩一定不大于矩阵的行数或列数。

当 $\boldsymbol{A}$ 是满秩（列满秩或行满秩）矩阵时，$\boldsymbol{A}$ 可分解为一个因子是单位矩阵，另一个因子是 $\boldsymbol{A}$ 本身，称此满秩分解为平凡分解。

定理 2.6.2 设 $\boldsymbol{A}\in\boldsymbol{K}^{m\times n}$，$\mathrm{rank}(\boldsymbol{A})=r(r>0)$，则 $\boldsymbol{A}$ 有满秩分解式（2.6-16）。

证明： $\mathrm{rank}(\boldsymbol{A})=r$ 时，对 $\boldsymbol{A}$ 进行初等变换，化为阶梯形矩阵 $\boldsymbol{B}$，即

$$\boldsymbol{A}\xrightarrow{\text{行变换}}\boldsymbol{B}=\begin{pmatrix}\boldsymbol{G}\\\boldsymbol{0}\end{pmatrix}, \boldsymbol{G}\in\boldsymbol{K}_r^{m\times n} \tag{2.6-17}$$

于是存在有限个 m 阶初等矩阵的乘积，记作 $\boldsymbol{P}$，使得 $\boldsymbol{PA}=\boldsymbol{B}$，或者 $\boldsymbol{A}=\boldsymbol{P}^{-1}\boldsymbol{B}$，将 $\boldsymbol{P}^{-1}$ 分块为

$$\boldsymbol{P}^{-1}=(\boldsymbol{F}\vdots\boldsymbol{S})(\boldsymbol{F}\in k_r^{m\times r}, \boldsymbol{S}\in k_{m-r}^{m\times(m-r)})$$

则有

$$\boldsymbol{A}=\boldsymbol{P}^{-1}\boldsymbol{B}=(\boldsymbol{F}\vdots\boldsymbol{S})\begin{pmatrix}\boldsymbol{G}\\\boldsymbol{0}\end{pmatrix}=\boldsymbol{F}\boldsymbol{G} \tag{2.6-18}$$

其中 $\boldsymbol{F}$ 是列满秩矩阵，$\boldsymbol{G}$ 是行满秩矩阵。

注意，矩阵 $\boldsymbol{A}$ 的满秩分解不是唯一的。因为任取 $\boldsymbol{D}$ 是任一个 r 阶可逆矩阵，式（2.6-18）可改写为

$$\boldsymbol{A}=(\boldsymbol{F}\boldsymbol{D})(\boldsymbol{D}^{-1}\boldsymbol{G})=\widetilde{\boldsymbol{F}}\widetilde{\boldsymbol{G}} \tag{2.6-19}$$

就变成 $\boldsymbol{A}$ 的另一个满秩分解了。

例 2.6.2[8] 求矩阵 $\boldsymbol{A}$ 的满秩分解，其中

$$\boldsymbol{A}=\begin{pmatrix}-1 & 0 & 1 & 2\\ 1 & 2 & -1 & 1\\ 2 & 2 & -2 & -1\end{pmatrix}$$

解： 首先通过行变换把 $\boldsymbol{A}$ 化为阶梯形

$$(\boldsymbol{A}\vdots\boldsymbol{I})=\begin{pmatrix}-1 & 0 & 1 & 2 & \vdots & 1 & 0 & 0\\ 1 & 2 & -1 & 1 & \vdots & 0 & 1 & 0\\ 2 & 2 & -2 & -1 & \vdots & 0 & 0 & 1\end{pmatrix}\to\begin{pmatrix}-1 & 0 & 1 & 2 & \vdots & 1 & 0 & 0\\ 0 & 2 & 0 & 3 & \vdots & 1 & 1 & 0\\ 0 & 0 & 0 & 0 & \vdots & 1 & -1 & 1\end{pmatrix}$$

则有

$$\boldsymbol{B}=\begin{pmatrix}-1 & 0 & 1 & 2\\ 0 & 2 & 0 & 3\\ 0 & 0 & 0 & 0\end{pmatrix}\boldsymbol{P}=\begin{pmatrix}1 & 0 & 0\\ 1 & 1 & 0\\ 1 & -1 & 1\end{pmatrix}$$

可求得

$$\boldsymbol{P}^{-1}=\begin{pmatrix}1 & 0 & 0\\ -1 & 1 & 0\\ -2 & 1 & 1\end{pmatrix}$$

于是有

$$\boldsymbol{A}=\begin{pmatrix}1 & 0\\ -1 & 1\\ -2 & 1\end{pmatrix}\begin{pmatrix}-1 & 0 & 1 & 2\\ 0 & 2 & 0 & 3\end{pmatrix}$$

注意，例题中通过行变换将 $\boldsymbol{A}$ 化为阶梯形时，技巧性地采用（$\boldsymbol{A} \vdots \boldsymbol{I}$）进行变换，其中的 $\boldsymbol{I}$ 充当一个记录器，记录器的作用是对 $\boldsymbol{A}$ 每一次初等变换进行记录，最终得到变换 $\boldsymbol{P}$，即（$\boldsymbol{A} \vdots \boldsymbol{I}$）→（$\boldsymbol{PA} \vdots \boldsymbol{P}$）。

2.6.3　矩阵的 QR 分解

利用正交（酉）矩阵，可以导出矩阵的 QR 分解。矩阵的 QR 分解常用于求解线性最小二乘法问题，亦是特定特征值算法的基础。

定义 2.6.3　设 $\boldsymbol{A}\in \boldsymbol{K}^{m\times n}$，rank($\boldsymbol{A}$) $=r$，则 $\boldsymbol{A}$ 可分解为

$$\boldsymbol{A}=\boldsymbol{QR} \tag{2.6-20}$$

其中 $\boldsymbol{Q}\in \boldsymbol{K}^{m\times r}$，且 $\boldsymbol{Q}^{\mathrm{H}}\boldsymbol{Q}=\boldsymbol{I}_r$，rank($\boldsymbol{R}$) $=r$。则称式（2.6-20）为矩阵 $\boldsymbol{A}$ 的 QR 分解。

证明　设 $\boldsymbol{A}=\boldsymbol{CD}$ 是 $\boldsymbol{A}$ 的满秩分解，

$$\boldsymbol{C}=(\boldsymbol{v}_1,\ \boldsymbol{v}_2,\ \cdots,\ \boldsymbol{v}_r)$$

对 $\boldsymbol{C}$ 的 r 个线性无关列向量用 Gram-Schmidt 标准正交化方法[9]：

$$(\boldsymbol{v}_1,\ \boldsymbol{v}_2,\ \cdots,\ \boldsymbol{v}_r)=(\boldsymbol{\alpha}_1^0,\ \boldsymbol{\alpha}_2^0,\ \cdots,\ \boldsymbol{\alpha}_r^0)\begin{pmatrix}k_{11} & k_{12} & \cdots & k_{1r}\\ 0 & k_{22} & \cdots & k_{2r}\\ \vdots & \vdots & & \vdots\\ 0 & 0 & \cdots & k_{rr}\end{pmatrix}$$

其中 $\boldsymbol{\alpha}_1^0$，$\boldsymbol{\alpha}_2^0$，…，$\boldsymbol{\alpha}_r^0$ 是两两正交的单位向量，k_{11}，…，k_{rr} 均大于 0。

$$\boldsymbol{C}=\boldsymbol{QK}$$

$$\boldsymbol{K}=\begin{pmatrix}k_{11} & k_{12} & \cdots & k_{1r}\\ 0 & k_{22} & \cdots & k_{2r}\\ \vdots & \vdots & & \vdots\\ 0 & 0 & \cdots & k_{rr}\end{pmatrix}$$

$$\boldsymbol{Q}=(\boldsymbol{\alpha}_1^0,\ \boldsymbol{\alpha}_2^0,\ \cdots,\ \boldsymbol{\alpha}_r^0),\ \boldsymbol{Q}^{\mathrm{H}}\boldsymbol{Q}=\boldsymbol{I}_r$$

令 $\boldsymbol{KD}=\boldsymbol{R}$，有

$$\boldsymbol{A}=\boldsymbol{QR}$$

由上述证明可知，$\boldsymbol{A}$ 的 QR 分解是一种特殊的满秩分解。

推论 2.6.1 若 $\boldsymbol{A}\in\boldsymbol{K}^{m\times r}$，$\mathrm{rank}(\boldsymbol{A})=r$，则 $\boldsymbol{A}$ 可以唯一地分解为

$$\boldsymbol{A}=\boldsymbol{Q}\boldsymbol{R}$$

其中 $\boldsymbol{Q}\in\boldsymbol{K}^{m\times r}$，且 $\boldsymbol{Q}^{\mathrm{H}}\boldsymbol{Q}=\boldsymbol{I}_r$，$\boldsymbol{R}\in\boldsymbol{K}^{r\times r}$ 为对角元素全为正数的上三角形矩阵。

推论 2.6.2 若 $\boldsymbol{A}\in\boldsymbol{K}^{r\times n}$，$\mathrm{rank}(\boldsymbol{A})=r$，则 $\boldsymbol{A}$ 可以唯一地分解为

$$\boldsymbol{A}=\boldsymbol{L}\boldsymbol{Q}$$

其中 $\boldsymbol{Q}\in\boldsymbol{K}^{r\times n}$，且 $\boldsymbol{Q}^{\mathrm{H}}\boldsymbol{Q}=\boldsymbol{I}_r$，$\boldsymbol{L}\in\boldsymbol{K}^{r\times r}$ 为对角元素全为正数的下三角形矩阵。

例 2.6.3[8] 用 QR 方法解线性方程组

$$\boldsymbol{A}\boldsymbol{x}=\boldsymbol{\beta}$$

其中

$$\boldsymbol{x}=\begin{pmatrix}x_1\\x_2\\x_3\end{pmatrix},\ \boldsymbol{A}=\begin{pmatrix}1&1&2\\1&2&1\\1&1&3\\2&3&3\end{pmatrix},\ \boldsymbol{\beta}=\begin{pmatrix}1\\0\\2\\1\end{pmatrix}$$

解 设 $\boldsymbol{A}=(\boldsymbol{\alpha}_1,\ \boldsymbol{\alpha}_2,\ \boldsymbol{\alpha}_3)$

$$\boldsymbol{\alpha}_1=(1,\ 1,\ 1,\ 2)^{\mathrm{T}}\quad \boldsymbol{\alpha}_2=(1,\ 2,\ 1,\ 3)^{\mathrm{T}}\quad \boldsymbol{\alpha}_3=(2,\ 1,\ 3,\ 3)^{\mathrm{T}}$$

将 $\boldsymbol{\alpha}_1$，$\boldsymbol{\alpha}_2$，$\boldsymbol{\alpha}_3$ 标准正交化

$$\boldsymbol{\beta}_1=\left(\frac{1}{\sqrt{7}},\ \frac{1}{\sqrt{7}},\ \frac{1}{\sqrt{7}},\ \frac{2}{\sqrt{7}}\right)^{\mathrm{T}}$$

$$\boldsymbol{\beta}_2=\left(-\frac{3}{\sqrt{35}},\ \frac{4}{\sqrt{35}},\ -\frac{3}{\sqrt{35}},\ \frac{1}{\sqrt{35}}\right)^{\mathrm{T}}$$

$$\boldsymbol{\beta}_3=\left(-\frac{2}{\sqrt{15}},\ \frac{1}{\sqrt{15}},\ \frac{3}{\sqrt{15}},\ -\frac{1}{\sqrt{15}}\right)^{\mathrm{T}}$$

于是令

$$\boldsymbol{Q}=\begin{pmatrix}\frac{1}{\sqrt{7}}&-\frac{3}{\sqrt{35}}&-\frac{2}{\sqrt{15}}\\\frac{1}{\sqrt{7}}&\frac{4}{\sqrt{35}}&\frac{1}{\sqrt{15}}\\\frac{1}{\sqrt{7}}&-\frac{3}{\sqrt{35}}&\frac{3}{\sqrt{15}}\\\frac{2}{\sqrt{7}}&\frac{1}{\sqrt{35}}&-\frac{1}{\sqrt{15}}\end{pmatrix}$$

得

$$\boldsymbol{R}=\boldsymbol{Q}^{\mathrm{H}}\boldsymbol{A}=\begin{pmatrix}\sqrt{7}&\frac{10}{\sqrt{7}}&\frac{12}{\sqrt{7}}\\0&\frac{5}{\sqrt{35}}&-\frac{8}{\sqrt{35}}\\0&0&\frac{3}{\sqrt{15}}\end{pmatrix}$$

$$\boldsymbol{R}^{-1}=\begin{bmatrix}\sqrt{7} & \frac{-10}{\sqrt{7}} & -\frac{140}{7\sqrt{15}} \\ 0 & \frac{7}{\sqrt{35}} & \frac{8}{\sqrt{15}} \\ 0 & 0 & \frac{5}{\sqrt{15}}\end{bmatrix}$$

所以 $\boldsymbol{Ax}=\boldsymbol{\beta}$ 即 $\boldsymbol{QRx}=\boldsymbol{\beta}$，那么

$$\boldsymbol{x}=\boldsymbol{R}^{-1}\boldsymbol{Q}^{\mathrm{H}}\boldsymbol{\beta}=(-1,\ 4,\ 1)^{\mathrm{T}}$$

2.6.4　矩阵的奇异值分解

奇异值分解，简称 SVD（singular value decomposition），是在机器学习领域广泛应用的算法，它不仅可用于降维算法中的特征分解，还可以用于推荐系统，以及自然语言处理等领域，是许多机器学习算法的基础。

在学习奇异值分解之前，先学习矩阵的正交对角分解，对矩阵分解中特征值与特征向量的作用有更深入的了解。

定理 2.6.3　若 $\boldsymbol{A}$ 是 n 阶实对称矩阵，则存在正交矩阵 $\boldsymbol{Q}$ 使得

$$\boldsymbol{Q}^{\mathrm{T}}\boldsymbol{AQ}=\mathrm{diag}(\lambda_1,\ \lambda_2,\ \cdots,\ \lambda_n) \tag{2.6-21}$$

其中 $\lambda_i(i=1,\ 2,\ \cdots,\ n)$ 为矩阵 $\boldsymbol{A}$ 的特征值，而 $\boldsymbol{Q}$ 的 n 个列向量组成 $\boldsymbol{A}$ 的一个完备的标准正交特征向量系。

而对于实的非对称矩阵 $\boldsymbol{A}$，不再有式（2.6-21）这样的分解。但存在两个正交矩阵 $\boldsymbol{P}$ 和 $\boldsymbol{Q}$，使 $\boldsymbol{P}^{\mathrm{T}}\boldsymbol{AQ}$ 为对角矩阵，即有下面的正交对角分解定理。

定理 2.6.4　设 $\boldsymbol{A}\in\boldsymbol{R}^{n\times n}$ 可逆，则存在正交矩阵 $\boldsymbol{P}$ 和 $\boldsymbol{Q}$，使得

$$\boldsymbol{P}^{\mathrm{T}}\boldsymbol{AQ}=\mathrm{diag}(\sigma_1,\ \sigma_2,\ \cdots,\ \sigma_n) \tag{2.6-22}$$

其中 $\sigma_i>0$（$i=1,\ 2,\ \cdots,\ n$）。

改写式（2.6-22）为

$$\boldsymbol{A}=\boldsymbol{P}\cdot\mathrm{diag}(\sigma_1,\ \sigma_2,\ \cdots,\ \sigma_n)\cdot\boldsymbol{Q}^{\mathrm{T}} \tag{2.6-23}$$

称式（2.6-23）为矩阵 $\boldsymbol{A}$ 的正交对角分解。

为理解矩阵的奇异值与奇异值分解，首先需要下面的结论[4]：

（1）设 $\boldsymbol{A}\in\boldsymbol{K}_r^{m\times n}(r>0)$，则 $\boldsymbol{A}^{\mathrm{H}}\boldsymbol{A}$ 是 Hermitte 矩阵，且其特征值均是非负实数；

（2）$\mathrm{rank}(\boldsymbol{A}^{\mathrm{H}}\boldsymbol{A})=\mathrm{rank}(\boldsymbol{A})$；

（3）设 $\boldsymbol{A}\in\boldsymbol{K}_r^{m\times n}$，则 $\boldsymbol{A}=0$ 的充分必要条件是 $\boldsymbol{A}^{\mathrm{H}}\boldsymbol{A}=0$。

定义 2.6.4　设 $\boldsymbol{A}\in\boldsymbol{K}_r^{m\times n}(r>0)$，$\boldsymbol{A}^{\mathrm{H}}\boldsymbol{A}$ 的特征值为

$$\lambda_1\geqslant\lambda_2\geqslant\cdots\geqslant\lambda_r>\lambda_{r+1}=\cdots=\lambda_n=0$$

则称 $\sigma_i=\sqrt{\lambda_i}$（$i=1,\ 2,\ \cdots,\ n$）为 $\boldsymbol{A}$ 的**奇异值**；当 $\boldsymbol{A}$ 为零矩阵时，它的奇异值都是 0。

易知，矩阵 $\boldsymbol{A}$ 的奇异值的个数等于 $\boldsymbol{A}$ 的列数，$\boldsymbol{A}$ 的非零奇异值的个数等于矩阵 $\boldsymbol{A}$ 的秩。

定理 2.6.5　设 $\boldsymbol{A}\in\boldsymbol{K}_r^{m\times n}(r>0)$，则存在 m 阶酉矩阵 $\boldsymbol{U}$ 和 n 阶酉矩阵 $\boldsymbol{V}$，使得

$$\boldsymbol{U}^{\mathrm{H}}\boldsymbol{AV}=\begin{bmatrix}\boldsymbol{\Sigma} & 0 \\ 0 & 0\end{bmatrix} \tag{2.6-24}$$

其中 $\boldsymbol{\Sigma}=\mathrm{diag}(\sigma_1, \sigma_2, \cdots, \sigma_r)$，而 $\sigma_i(i=1, 2, \cdots, r)$ 为矩阵 $\boldsymbol{A}$ 的全部非零奇异值。

证明：记 Hermitte 矩阵 $\boldsymbol{A}^{\mathrm{H}}\boldsymbol{A}$ 的特征值为

$$\lambda_1 \geqslant \lambda_2 \geqslant \cdots \geqslant \lambda_r > \lambda_{r+1} = \cdots = \lambda_n = 0$$

则存在 n 阶酉矩阵 $\boldsymbol{V}$，使得

$$\boldsymbol{V}^{\mathrm{H}}(\boldsymbol{A}^{\mathrm{H}}\boldsymbol{A})\boldsymbol{V} = \begin{bmatrix} \lambda_1 & & \\ & \ddots & \\ & & \lambda_n \end{bmatrix} = \begin{bmatrix} \boldsymbol{\Sigma}^2 & 0 \\ 0 & 0 \end{bmatrix} \tag{2.6-25}$$

将 $\boldsymbol{V}$ 分块成

$$\boldsymbol{V} = [\boldsymbol{V}_1 \vdots \boldsymbol{V}_2], \ \boldsymbol{V}_1 \in \boldsymbol{K}_r^{n\times r}, \ \boldsymbol{V}_2 \in \boldsymbol{K}_{n-r}^{n\times(n-r)}$$

并改写成

$$\boldsymbol{A}^{\mathrm{H}}\boldsymbol{A}\boldsymbol{V} = \boldsymbol{V}\begin{bmatrix} \boldsymbol{\Sigma}^2 & 0 \\ 0 & 0 \end{bmatrix}$$

则有

$$\boldsymbol{A}^{\mathrm{H}}\boldsymbol{A}\boldsymbol{V}_1 = \boldsymbol{V}_1\boldsymbol{\Sigma}^2, \ \boldsymbol{A}^{\mathrm{H}}\boldsymbol{A}\boldsymbol{V}_2 = 0 \tag{2.6-26}$$

由式（2.6-26）的第一式可得 $\boldsymbol{V}_1^{\mathrm{H}}\boldsymbol{A}^{\mathrm{H}}\boldsymbol{A}\boldsymbol{V}_1 = \boldsymbol{\Sigma}^2$ 或

$$(\boldsymbol{A}\boldsymbol{V}_1\boldsymbol{\Sigma}^{-1})^{\mathrm{H}}(\boldsymbol{A}\boldsymbol{V}_1\boldsymbol{\Sigma}^{-1}) = \boldsymbol{I}_r$$

由式（2.6-26）的第二式可得 $(\boldsymbol{A}\boldsymbol{V}_2)^{\mathrm{H}}(\boldsymbol{A}\boldsymbol{V}_2)=0$，或者 $\boldsymbol{A}\boldsymbol{V}_2=0$

令 $\boldsymbol{U}_1=\boldsymbol{A}\boldsymbol{V}_1\boldsymbol{\Sigma}^{-1}$，则 $\boldsymbol{U}_1^{\mathrm{H}}\boldsymbol{U}_1=\boldsymbol{I}_r$，即 $\boldsymbol{U}_1$ 的 r 个列是两两正交的单位向量，记作 $\boldsymbol{U}_1=(u_1, u_2, \cdots, u_r)$．可将 $u_1, u_2, \cdots, u_r$ 扩充成 $\boldsymbol{K}^m$ 的标准正交基，记增添的向量为 $u_{r+1}, \cdots, u_m$，并构造矩阵 $\boldsymbol{U}_2=(u_{r+1}, \cdots, u_m)$，则

$$\boldsymbol{U} = [\boldsymbol{U}_1 \vdots \boldsymbol{U}_2] = (u_1, u_2, \cdots, u_r, u_{r+1}, \cdots, u_m)$$

是 m 阶酉矩阵，且有

$$\boldsymbol{U}_1^{\mathrm{H}}\boldsymbol{U}_1 = \boldsymbol{I}_r, \ \boldsymbol{U}_2^{\mathrm{H}}\boldsymbol{U}_2 = 0$$

于是可得

$$\boldsymbol{U}^{\mathrm{H}}\boldsymbol{A}\boldsymbol{V} = \boldsymbol{U}^{\mathrm{H}}[\boldsymbol{A}\boldsymbol{V}_1 \vdots \boldsymbol{A}\boldsymbol{V}_2] = \begin{bmatrix} \boldsymbol{U}_1^{\mathrm{H}} \\ \boldsymbol{U}_2^{\mathrm{H}} \end{bmatrix}[\boldsymbol{U}_1\boldsymbol{\Sigma} \vdots 0] = \begin{bmatrix} \boldsymbol{U}_1^{\mathrm{H}}\boldsymbol{U}_1\boldsymbol{\Sigma} & \boldsymbol{0} \\ \boldsymbol{U}_2^{\mathrm{H}}\boldsymbol{U}_1\boldsymbol{\Sigma} & \boldsymbol{0} \end{bmatrix} = \begin{bmatrix} \boldsymbol{\Sigma} & \boldsymbol{0} \\ \boldsymbol{0} & \boldsymbol{0} \end{bmatrix}$$

证毕。

改写式（2.6-24）为

$$\boldsymbol{A} = \boldsymbol{U}\begin{bmatrix} \boldsymbol{\Sigma} & \boldsymbol{0} \\ \boldsymbol{0} & \boldsymbol{0} \end{bmatrix}\boldsymbol{V}^{\mathrm{H}} \tag{2.6-27}$$

称式（2.6-27）为矩阵 $\boldsymbol{A}$ 的奇异值分解。由上式可见，奇异值分解的结果是将一个矩阵代表的线性变换分解成为三个线性变换的乘积，其中第一个和第三个线性变换都是正交矩阵，这意味着第一个和第三个线性变换只是代表一种旋转而不进行任何缩放（正交矩阵的行列式值为 1）；第二个线性变换是一个对角矩阵，这意味着此线性变换只是代表一种缩放而不进行任何旋转。一个矩阵代表的线性变换一般既包括旋转作用，也包括缩放作用；而奇异值分析的作用，实际上就是将一个矩阵代表的线性变换分解成旋转、拉伸、旋转这三个比较简单的步骤，这样在很多应用中将非常方便。

例 2.6.4[7]　求矩阵 $\boldsymbol{A}=\begin{bmatrix}1 & 0 & 1\\0 & 1 & 1\\1 & 0 & 0\end{bmatrix}$ 的奇异值分解。

解：计算

$$\boldsymbol{B}=\boldsymbol{A}^{\mathrm{T}}\boldsymbol{A}=\begin{bmatrix}1 & 0 & 1\\0 & 1 & 1\\1 & 1 & 2\end{bmatrix}$$

求得 $\boldsymbol{B}$ 的特征值为 $\lambda_1=3$，$\lambda_2=1$，$\lambda_3=0$，对应的单位特征向量依次为

$$\boldsymbol{\xi}_1=\begin{bmatrix}\frac{1}{\sqrt{6}}\\\frac{1}{\sqrt{6}}\\\frac{2}{\sqrt{6}}\end{bmatrix},\ \boldsymbol{\xi}_2=\begin{bmatrix}\frac{1}{\sqrt{2}}\\-\frac{1}{\sqrt{2}}\\0\end{bmatrix},\ \boldsymbol{\xi}_3=\begin{bmatrix}\frac{1}{\sqrt{3}}\\\frac{1}{\sqrt{3}}\\-\frac{1}{\sqrt{3}}\end{bmatrix}$$

于是可得

$$\mathrm{rank}(\boldsymbol{A})=2,\ \boldsymbol{\Sigma}=\begin{bmatrix}\sqrt{3} & 0\\0 & 1\end{bmatrix}$$

且使得式（2.6-27）成立的正交矩阵为

$$\boldsymbol{V}=\begin{bmatrix}\frac{1}{\sqrt{6}} & \frac{1}{\sqrt{2}} & \frac{1}{\sqrt{3}}\\\frac{1}{\sqrt{6}} & -\frac{1}{\sqrt{2}} & \frac{1}{\sqrt{3}}\\\frac{2}{\sqrt{6}} & 0 & -\frac{1}{\sqrt{3}}\end{bmatrix}$$

计算

$$\boldsymbol{U}_1=\boldsymbol{A}\boldsymbol{V}_1\boldsymbol{\Sigma}^{-1}=\begin{bmatrix}\frac{1}{\sqrt{2}} & \frac{1}{\sqrt{2}}\\\frac{1}{\sqrt{2}} & -\frac{1}{\sqrt{2}}\\0 & 0\end{bmatrix}$$

$$\boldsymbol{U}_2=\begin{bmatrix}0\\0\\1\end{bmatrix},\ \boldsymbol{U}=[\boldsymbol{U}_1 \vdots \boldsymbol{U}_2]=\begin{bmatrix}\frac{1}{\sqrt{2}} & \frac{1}{\sqrt{2}} & 0\\\frac{1}{\sqrt{2}} & -\frac{1}{\sqrt{2}} & 0\\0 & 0 & 1\end{bmatrix}$$

则 $\boldsymbol{A}$ 的奇异值分解为

$$\boldsymbol{A}=\boldsymbol{U}\begin{bmatrix}\sqrt{3} & 0 & 0\\0 & 1 & 0\\0 & 0 & 0\end{bmatrix}\boldsymbol{V}^{\mathrm{T}}$$

2.7 广义逆矩阵

当 n 阶方阵 $\boldsymbol{A}$ 可逆时，线性方程组

$$\boldsymbol{Ax}=\boldsymbol{\beta} \tag{2.7-1}$$

的解存在，且唯一，即 $\boldsymbol{x}=\boldsymbol{A}^{-1}\boldsymbol{\beta}$。这一事实是否可以推广到一般的线性方程组

$$\boldsymbol{A}_{m\times n}\boldsymbol{x}=\boldsymbol{\beta} \tag{2.7-2}$$

中，使得其解有类似于 $\boldsymbol{x}=\boldsymbol{G}_{n\times m}\boldsymbol{\beta}$ 的简洁公式表达？这里首先需要分析 $\boldsymbol{A}^{-1}$ 的性质。

如果 $\boldsymbol{A}$ 可逆，则有 $\boldsymbol{AA}^{-1}=\boldsymbol{I}$。左右两边同时右乘 $\boldsymbol{A}$，有

$$\boldsymbol{AA}^{-1}\boldsymbol{A}=\boldsymbol{A} \tag{2.7-3}$$

从式（2.7-3）中可知，若 $\boldsymbol{A}$ 是可逆矩阵，则 $\boldsymbol{A}^{-1}$ 是矩阵方程 $\boldsymbol{AXA}=\boldsymbol{A}$ 的一个解。类比于此，当 $\boldsymbol{A}$ 不可逆时，想要得到 $\boldsymbol{A}$ 的逆矩阵，可以试着去求矩阵方程 $\boldsymbol{AXA}=\boldsymbol{A}$ 的解。

2.7.1 基本广义逆矩阵

定理 2.7.1 设 $\boldsymbol{A}\in\boldsymbol{K}^{s\times n}$，则矩阵方程

$$\boldsymbol{AXA}=\boldsymbol{A} \tag{2.7-4}$$

一定有解。若 $\mathrm{rank}(\boldsymbol{A})=r$，并且

$$\boldsymbol{A}=\boldsymbol{P}\begin{pmatrix}\boldsymbol{I}_r & \boldsymbol{0}\\ \boldsymbol{0} & \boldsymbol{0}\end{pmatrix}\boldsymbol{Q}$$

其中 $\boldsymbol{P}$，$\boldsymbol{Q}$ 分别是数域 $\boldsymbol{K}$ 上 s 阶、n 阶可逆矩阵，则方程（2.7-2）的通解为

$$\boldsymbol{X}=\boldsymbol{Q}^{-1}\begin{pmatrix}\boldsymbol{I}_r & \boldsymbol{B}\\ \boldsymbol{C} & \boldsymbol{D}\end{pmatrix}\boldsymbol{P}^{-1}$$

其中 $\boldsymbol{B}$，$\boldsymbol{C}$，$\boldsymbol{D}$ 分别是数域 $\boldsymbol{K}$ 上任意的 $r\times(s-r)$，$(n-r)\times r$，$(n-r)\times(s-r)$ 矩阵。

定义 2.7.1 设 $\boldsymbol{A}\in\boldsymbol{K}^{s\times n}$，矩阵方程 $\boldsymbol{AXA}=\boldsymbol{A}$ 的每一个解都称为 $\boldsymbol{A}$ 的一个广义逆矩阵，简称为 $\boldsymbol{A}$ 的广义逆，记做 $\boldsymbol{A}^{-}$。

由定理 2.7.1 知，对任意的 $m\times n$ 阶矩阵 $\boldsymbol{A}$，它的广义逆 $\boldsymbol{A}^{-}$ 总是存在的，并可以表示为

$$\boldsymbol{A}^{-}=\boldsymbol{Q}^{-1}\begin{pmatrix}\boldsymbol{I}_r & \boldsymbol{B}\\ \boldsymbol{C} & \boldsymbol{D}\end{pmatrix}\boldsymbol{P}^{-1} \tag{2.7-5}$$

由定义 2.7.1 可知，任意一个 $n\times s$ 矩阵都是 $\boldsymbol{0}_{s\times n}$ 的广义逆。

性质 2.7.1 $\boldsymbol{A}$ 的广义逆矩阵 $\boldsymbol{A}^{-}$ 有以下性质：

（1）对任意的 $m\times n$ 阶矩阵 $\boldsymbol{A}$，$\mathrm{rank}(\boldsymbol{A}^{-})\geqslant\mathrm{rank}(\boldsymbol{A})$；

（2）$(\boldsymbol{A}^{-})^{\mathrm{H}}=(\boldsymbol{A}^{\mathrm{H}})^{-}$，$(\boldsymbol{A}^{-})^{\mathrm{T}}=(\boldsymbol{A}^{\mathrm{T}})^{-}$；

（3）若 $m=n=r$，则 $\boldsymbol{A}^{-}=\boldsymbol{A}^{-1}$；

（4）$\boldsymbol{AA}^{-}$，$\boldsymbol{A}^{-}\boldsymbol{A}$ 均为幂等矩阵，并且

$$\mathrm{rank}(\boldsymbol{A})=\mathrm{rank}(\boldsymbol{AA}^{-})=\mathrm{rank}(\boldsymbol{A}^{-}\boldsymbol{A})$$

（5）若 $\boldsymbol{A}$ 为列满秩矩阵，即 $\mathrm{rank}(\boldsymbol{A})=n$ 的充分必要条件是 $\boldsymbol{A}^{-}\boldsymbol{A}=\boldsymbol{I}_n$，此时 $\boldsymbol{A}^{-}=(\boldsymbol{A}^{\mathrm{H}}\boldsymbol{A})^{-1}\boldsymbol{A}^{\mathrm{H}}$ 称 $\boldsymbol{A}$ 的一个左逆，记为 $\boldsymbol{A}_{\mathrm{L}}^{-1}$；

（6）若 $\boldsymbol{A}$ 为行满秩矩阵，即 rank($\boldsymbol{A}$)$=m$ 的充分必要条件是 $\boldsymbol{A}^{-}\boldsymbol{A}=\boldsymbol{I}_m$，此时 $\boldsymbol{A}^{-}=\boldsymbol{A}^{\mathrm{H}}(\boldsymbol{A}\boldsymbol{A}^{\mathrm{H}})^{-1}$ 称 $\boldsymbol{A}$ 的一个右逆，记为 $\boldsymbol{A}_{\mathrm{R}}^{-1}$；

（7）对任意非零复数 λ，$\boldsymbol{B}=\lambda\boldsymbol{A}$，则 $\boldsymbol{B}^{-}=\frac{1}{\lambda}\boldsymbol{A}^{-}$。

2.7.2 Moore-Penrose 广义逆

一个矩阵方程 $\boldsymbol{AXA}=\boldsymbol{A}$ 的解通常不唯一，因此 $\boldsymbol{A}$ 的广义逆通常不唯一。但我们实际应用中希望在一特定情况下 $\boldsymbol{A}$ 的广义逆唯一，这就引出了下面的定义和定理。

定义 2.7.2　设 $\boldsymbol{A}$ 是复数域上 $m\times n$ 阶矩阵，$\boldsymbol{A}$ 的 Penrose 方程组为：

$$\begin{cases}\boldsymbol{AXA}=\boldsymbol{A}\\ \boldsymbol{XAX}=\boldsymbol{X}\\ (\boldsymbol{AX})^{\mathrm{H}}=\boldsymbol{AX}\\ (\boldsymbol{XA})^{\mathrm{H}}=\boldsymbol{XA}\end{cases}\tag{2.7-6}$$

方程组（2.7-6）的通解称为 $\boldsymbol{A}$ 的 Moore-Penrose 广义逆，记作 $\boldsymbol{A}^{+}$。

定理 2.7.2　若 $\boldsymbol{A}$ 是复数域上 $m\times n$ 非零矩阵，$\boldsymbol{A}$ 的 Penrose 方程组总是有解，且解是唯一的。设 $\boldsymbol{A}=\boldsymbol{BC}$，其中 $\boldsymbol{B}$，$\boldsymbol{C}$ 分别是列满秩与行满秩矩阵，则 Penrose 方程组的唯一解是

$$\boldsymbol{X}=\boldsymbol{C}^{\mathrm{H}}(\boldsymbol{CC}^{H})^{-1}(\boldsymbol{B}^{\mathrm{H}}\boldsymbol{B})^{-1}\boldsymbol{B}^{\mathrm{H}}\tag{2.7-7}$$

设 $\boldsymbol{X}_0$ 是零矩阵的 Moore-Penrose 广义逆，则

$$\boldsymbol{X}_0=\boldsymbol{X}_0\boldsymbol{0}\boldsymbol{X}_0=\boldsymbol{0}$$

所以 $\boldsymbol{0}$ 是零矩阵的 Penrose 方程组的解。因此零矩阵的 Moore-Penrose 广义逆是零矩阵自身。

由上面的定义可见，Moore-Penrose 广义逆的思想实际上是在一般广义逆的基础上增加了很多特定约束条件；对于一个求解目标，约束条件越多，能够得到的解越少，将约束条件数量逐渐增加就能够得到比较少的解甚至唯一解。

性质 2.7.2　对任意的 $m\times n$ 阶矩阵 $\boldsymbol{A}$，

（1）$\boldsymbol{A}^{+}$存在且唯一；

（2）$(\boldsymbol{A}^{+})^{+}=\boldsymbol{A}$；

（3）$(\boldsymbol{A}^{\mathrm{H}})^{+}=(\boldsymbol{A}^{+})^{\mathrm{H}}$；

（4）$(\boldsymbol{A}^{\mathrm{T}})^{+}=(\boldsymbol{A}^{+})^{\mathrm{T}}$；

（5）$\boldsymbol{A}^{+}=(\boldsymbol{A}^{\mathrm{H}}\boldsymbol{A})^{+}\boldsymbol{A}^{\mathrm{H}}=\boldsymbol{A}^{\mathrm{H}}(\boldsymbol{AA}^{\mathrm{H}})^{+}$；

（6）$(\boldsymbol{A}^{\mathrm{H}}\boldsymbol{A})^{+}=\boldsymbol{A}^{+}(\boldsymbol{A}^{\mathrm{H}})^{+}$，$(\boldsymbol{AA}^{\mathrm{H}})^{+}=(\boldsymbol{A}^{\mathrm{H}})^{+}\boldsymbol{A}^{+}$；

（7）$(\boldsymbol{A}^{\mathrm{H}}\boldsymbol{A})^{+}=\boldsymbol{A}^{+}(\boldsymbol{AA}^{\mathrm{H}})^{+}\boldsymbol{A}=\boldsymbol{A}^{\mathrm{H}}(\boldsymbol{AA}^{\mathrm{H}})^{+}(\boldsymbol{A}^{\mathrm{H}})^{+}$；

（8）若 $\boldsymbol{A}^{\mathrm{H}}=\boldsymbol{A}$，则有

$$(\boldsymbol{A}^{2})^{+}=(\boldsymbol{A}^{+})^{2}$$

$$\boldsymbol{A}^{2}(\boldsymbol{A}^{2})^{+}=(\boldsymbol{A}^{2})^{+}\boldsymbol{A}^{2}=\boldsymbol{AA}^{+}$$

$$\boldsymbol{A}^{+}\boldsymbol{A}^{2}=\boldsymbol{A}^{2}\boldsymbol{A}^{+}$$

$$\boldsymbol{AA}^{+}=\boldsymbol{A}^{+}\boldsymbol{A}$$

（9）$\boldsymbol{AA}^{+}=(\boldsymbol{AA}^{\mathrm{H}})(\boldsymbol{AA}^{\mathrm{H}})^{+}=(\boldsymbol{AA}^{\mathrm{H}})^{+}(\boldsymbol{AA}^{\mathrm{H}})$

（10）$\boldsymbol{A}^{+}\boldsymbol{A}=(\boldsymbol{A}^{\mathrm{H}}\boldsymbol{A})(\boldsymbol{A}^{\mathrm{H}}\boldsymbol{A})^{+}=(\boldsymbol{A}^{\mathrm{H}}\boldsymbol{A})^{+}(\boldsymbol{A}^{\mathrm{H}}\boldsymbol{A})$

2.7.3 广义逆矩阵的应用

定理 2.7.3（非齐次线性方程组的相容定理） 非齐次线性方程组 $\boldsymbol{Ax}=\boldsymbol{\beta}$ 有解的充分必要条件是

$$\boldsymbol{\beta}=\boldsymbol{AA}^{-}\boldsymbol{\beta} \tag{2.7-8}$$

定理 2.7.4（非齐次线性方程组的解的结构定理） 非齐次线性方程组 $\boldsymbol{Ax}=\boldsymbol{\beta}$ 有解时，它的通解为

$$\boldsymbol{x}=\boldsymbol{A}^{-}\boldsymbol{\beta} \tag{2.7-9}$$

定理 2.7.5（齐次线性方程组的解的结构定理） 数域 $\boldsymbol{K}$ 上 n 元齐次线性方程组 $\boldsymbol{Ax}=0$ 的通解为

$$\boldsymbol{x}=(\boldsymbol{I}_n-\boldsymbol{A}^{-}\boldsymbol{A})\boldsymbol{Z} \tag{2.7-10}$$

其中 $\boldsymbol{A}^{-}$是 $\boldsymbol{A}$ 的任意给定的一个广义逆，$\boldsymbol{Z}$ 取遍 $\boldsymbol{K}^n$ 中任意列向量。

定理 2.7.6 设数域 $\boldsymbol{K}$ 上 n 元非齐次线性方程组 $\boldsymbol{Ax}=\boldsymbol{\beta}$ 有解，则它的通解为

$$\boldsymbol{x}=\boldsymbol{A}^{-}\boldsymbol{\beta}+(\boldsymbol{I}_n-\boldsymbol{A}^{-}\boldsymbol{A})\boldsymbol{Z} \tag{2.7-11}$$

此外，广义逆矩阵应用于求相容方程组的最小范数解以及不相容线性方程组的最小二乘解、极小二乘解的通解中。

2.8 典型应用——主成分分析

矩阵分析在机器学习算法中的应用非常广泛，其中典型的一种利用矩阵分析来进行数据处理的算法就是主成分分析（Principal Component Analysis，PCA），这是一种充分利用矩阵分析来进行数据降维的经典线性降维算法。很多数据处理的实际问题中都会出现向量维数过高的问题，处理高维向量时，若直接将向量输入到机器学习算法中处理，会影响算法的精度或效率。多维数据提供的整体信息会发生重叠，各个变量的分量之间存在相关性，机器学习不易从数据中得到简明的规律，而且计算量也过大。针对这一复杂问题，降低向量的维数并且去掉各个分量之间的相关性，同时能保留数据的大部分信息，是一种在数据分析中提高效率的有效手段。

2.8.1 算法的基本思想

主成分分析中，首先对给定数据进行规范化，使得数据每一变量的平均值为 0（找到数据形心），方差为 1。再对数据进行正交变换，原本由线性相关变量表示的数据，通过正交变换降维成由若干个线性无关的新变量表示的数据。由于方差表示数据在变量上信息的大小，所以选择在可能的正交变换中方差和（信息保存）最大的变量作为新变量。将新变量依次称为第一主成分、第二主成分等。

数据集合中的样本由实数空间（正交坐标系）中的点表示，空间的一个坐标轴表示一个变量，规范化处理后得到的数据分布在原点附近。对原坐标系中的数据进行主成分分析相当于对坐标系进行旋转变换，再将数据投影到新坐标系的坐标轴上；新坐标系的第一坐标轴、第二坐标轴等分别称为第一主成分、第二主成分等，数据在每一轴上的坐标值的平方表示相应变量的方差；并且，这个坐标系是在所有可能的新的坐标系中，坐标轴上的方

差的和最大的。

例如，在二维实数空间 $\boldsymbol{R}^2$ 中，数据由 x_1 和 x_2 两个线性无关的变量表示，坐标系中的每个点表示一个样本。如图 2.8-1 所示，这些数据分布在以原点为中心的左下至右上的椭圆之内。主成分分析对数据进行正交变换，即对原坐标系进行旋转变换，并将数据在新坐标系中表示，如图 2.8-2 所示，此时数据在坐标系中由变量 y_1 和 y_2 表示。主成分分析选择方差最大的方向（第一主成分）作为新坐标系的第一坐标轴，即 y_1 轴；之后选择与第一坐标轴正交，且方差次之的方向（第二主成分）作为新坐标系的第二坐标轴，即 y_2 轴。在图 2.8-2 中，意味着选择椭圆的长轴作为新坐标系的第一坐标轴；之后选择与第一坐标轴正交，且方差次之的方向，即椭圆的短轴作为新坐标系的第二坐标轴。在新坐标系中 y_1 和 y_2 是线性无关的。如果主成分分析只取第一主成分，即新坐标系的 y_1 轴，就等价于将数据投影在椭圆长轴上，用这个主轴表示数据，将二维空间的数据压缩到一维空间中。

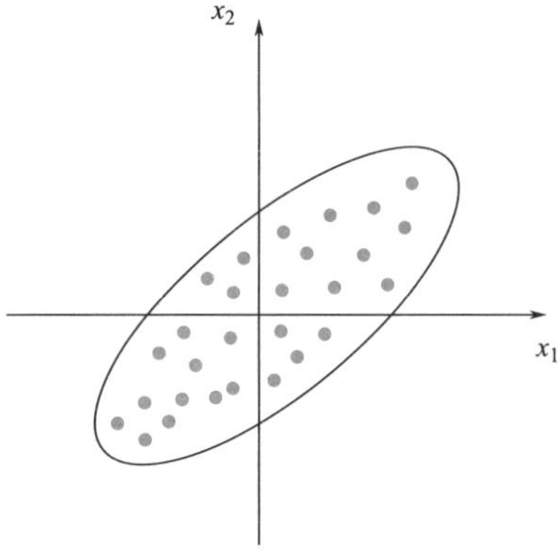

(a) 坐标系旋转前图

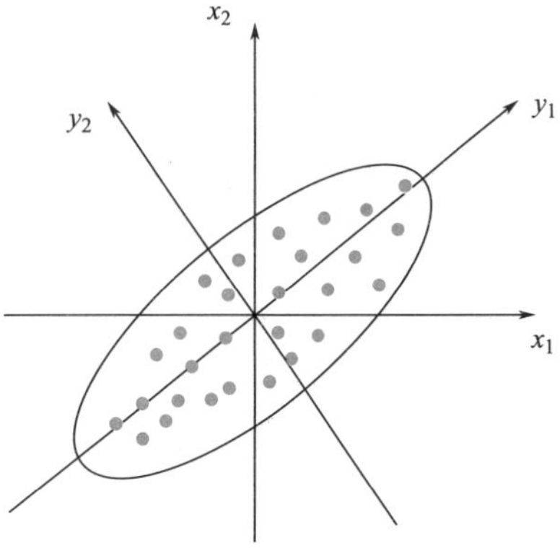

(b) 坐标系旋转后图

图 2.8-1 坐标系旋转变换示意图

算法实施过程中按照最大方差选取主成分。设有两个变量 x_1 和 x_2，三个样本点 A、B、C，样本分布在由 x_1 和 x_2 轴组成的坐标系中，如图 2.8-2 所示。对坐标系进行旋转变换，得到新的坐标轴 y_1，表示新的变量 y_1。样本点 A、B、C 在 y_1 轴上投影，得到 y_1 轴的坐标值 A'、B'、C'。坐标值的平方和 $OA'^2+OB'^2+OC'^2$ 表示样本在变量 y_1 上的方差和。主成分分析旨在选取正交变换中方差最大的变量，作为第一主成分，也就是旋转变换中坐标值的平方和最大的轴。注意到旋转变换中样本点到原点的距离的平方和 $OA^2+OB^2+OC^2$ 保持不变，根据勾股定理，坐标值的平方和 $OA'^2+OB'^2+OC'^2$ 最大等价于样本点到 y_1 轴的距离的平方和 $AA'^2+BB'^2+CC'^2$ 最小。所以，等价的，主成分分析在旋转变换中选取离散样本点的距离平方和最小的轴，作为第一主成分。第二主成分等的选取，在保证与已选坐标轴正交的条件下，可类似地进行。

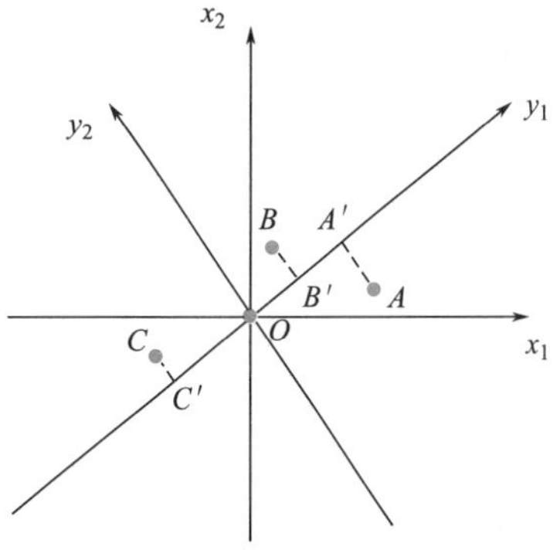

图 2.8-2 主成分分析图

2.8.2 数据降维问题

主成分分析过程中，需要确定一个线性变换，将向量投影到低维空间。给定 d 维空间中的样本 $\boldsymbol{X}=(\boldsymbol{x}_1, \boldsymbol{x}_2, \cdots, \boldsymbol{x}_m) \in \boldsymbol{R}^{d\times m}$，变化之后得到 $d'(d'\leqslant d)$ 维空间中的样本[12]

$$\boldsymbol{Y}=\boldsymbol{W}\boldsymbol{X} \tag{2.8-1}$$

其中 $\boldsymbol{W}\in\boldsymbol{R}^{d'\times d}$ 是变换矩阵，$\boldsymbol{Y}\in\boldsymbol{R}^{d'\times m}$ 就是样本在新空间中的表达。结果向量的维数小于原始向量的维数。

对数据进行降维时，对于正交属性空间中的样本点，若能够找到一个超平面对所有样本进行恰当的表达，那么这个平面会有这样的性质[12]：

（1）最近重构性，即样本点到这个超平面的距离都足够近。对最近重构性的解释如下：投影之后，利用投影得到的坐标 y_i 来重构 x_i，得到 $\hat{x}_i=\sum_{j=1}^{d'} y_{ij}w_j^{\mathrm{T}}=\boldsymbol{W}^{\mathrm{T}}y_i$。由于 $d'<d$，因此投影后会有一定的信息损失，信息损失为 $\sum_{i=1}^{m}\|\hat{x}_i-x_i\|_2^2$。要使信息损失度最小，则需要让所有样本到超平面的距离最小化。

（2）最大可分性，即样本点到这个超平面上的投影都尽可能可区分。对最大可分性的解释如下：除了让信息损失度最小，从样本特征描述的角度上讲，还需要让投影之后的点在超平面上尽可能地分散开，如果重叠就会使得样本消失。即需要使得投影之后的样本点方差 $\|\boldsymbol{W}\boldsymbol{X}\|_2^2$ 最大化。

基于最近重构性和最大可分性可以得到主成分分析计算投影矩阵的两种推导。

2.8.3 投影矩阵计算

主成分分析的关键研究问题是计算投影矩阵。需要通过根据两种性质确定的目标来找到目标函数。

1. 基于最近重构性求解

基于最近重构性，可以找到主成分分析的最优目标。要计算投影矩阵，需根据投影空间的维数来计算。首先考虑最简单的将向量投影到一维空间中，然后再推广到一般情况下的多维空间中。

假设有 n 个 d 维向量 $\boldsymbol{x}_i$，如果需要一个向量 $\boldsymbol{x}_0$ 来近似代替向量组 $\boldsymbol{x}=(\boldsymbol{x}_1, \boldsymbol{x}_2, \cdots, \boldsymbol{x}_n)$，可以通过使得均方误差最小化来得到向量 $\boldsymbol{x}_0$ 均方误差函数如下[13]：

$$L(\boldsymbol{x}_0)=\sum_{i=1}^{n}\|\boldsymbol{x}_i-\boldsymbol{x}_0\|^2 \tag{2.8-2}$$

对均方误差函数求导有：

$$\frac{\partial L(\boldsymbol{x}_0)}{\partial \boldsymbol{x}_0}=2\sum_{i=1}^{n}(\boldsymbol{x}_0-\boldsymbol{x}_i) \tag{2.8-3}$$

即得 $\boldsymbol{x}_0$ 的最优解是向量组 $\boldsymbol{x}=(\boldsymbol{x}_1, \boldsymbol{x}_2, \cdots, \boldsymbol{x}_n)$ 的均值：

$$\boldsymbol{x}_0^*=\overline{\boldsymbol{x}}=\frac{1}{n}\sum_{i=1}^{n}\boldsymbol{x}_i \tag{2.8-4}$$

只用均值代替整个样本过于简单且误差较大，为了改进，可以把每个样本投影到一维空间的一条直线上，即可以将向量表示成如下形式[13]：

$$\boldsymbol{x}_i = \overline{\boldsymbol{x}} + a_i \boldsymbol{e} \tag{2.8-5}$$

其中 $\boldsymbol{e}$ 是单位向量，a_i 是标量。式（2.8-5）的表达形式实际上是将样本向量投影到一维空间中时的中心化表达形式。依据此，向量投影到一维空间中的中心化表达形式可以进行如下解释：设有 n 个 d 维向量 $\boldsymbol{x}_i$，假定样本数据已经进行了中心化，即有中心化后的数据为 $\boldsymbol{x}'_i=\boldsymbol{x}_i-\overline{\boldsymbol{x}}$，其中 $\overline{\boldsymbol{x}}=\frac{1}{n}\sum_{i=1}^{n}\boldsymbol{x}_i$。由 $\boldsymbol{x}_i=\overline{\boldsymbol{x}}+a_i\boldsymbol{e}$，即有 $\boldsymbol{x}'_i=a_i\boldsymbol{e}$，其中 a_i 是标量，$\boldsymbol{e}$ 是单位向量，$\boldsymbol{x}'_i$ 在这个一维空间下的坐标就是 a_i。

为了使得样本点到一维空间超平面的距离都足够近，即近似误差最小，我们可以构造如下的误差函数[13]：

$$L(a,\ \boldsymbol{e}) = \sum_{i=1}^{n} \| a_i\boldsymbol{e} + \overline{\boldsymbol{x}} - \boldsymbol{x}_i \|^2 \tag{2.8-6}$$

求解这个函数的最小值，对 a 进行求导并令求导后的式为 0。得到 $2\boldsymbol{e}^{\mathrm{T}}(a_i\boldsymbol{e}+\overline{\boldsymbol{x}}-\boldsymbol{x}_i)=0$，变形后得到：

$$a_i\boldsymbol{e}^{\mathrm{T}}\boldsymbol{e} = a_i = \boldsymbol{e}^{\mathrm{T}}(\boldsymbol{x}_i - \overline{\boldsymbol{x}}) \tag{2.8-7}$$

将式（2.8-7）代入式（2.8-6）消去变量 a 得到关于 $\boldsymbol{e}$ 的目标函数：

$$\begin{aligned} L(\boldsymbol{e}) &= \sum_{i=1}^{n} \| \boldsymbol{e}^{\mathrm{T}}(\boldsymbol{x}_i - \overline{\boldsymbol{x}})\boldsymbol{e} + \overline{\boldsymbol{x}} - \boldsymbol{x}_i \|^2 \\ &= \sum_{i=1}^{n} [(\boldsymbol{e}^{\mathrm{T}}(\boldsymbol{x}_i - \overline{\boldsymbol{x}})\boldsymbol{e})^2 - 2\boldsymbol{e}^{\mathrm{T}}(\boldsymbol{x}_i - \overline{\boldsymbol{x}})^2 + (\overline{\boldsymbol{x}} - \boldsymbol{x}_i)^2] \\ &= -\sum_{i=1}^{n} [(\boldsymbol{e}^{\mathrm{T}}(\boldsymbol{x}_i - \overline{\boldsymbol{x}})\boldsymbol{e})^2 + (\overline{\boldsymbol{x}} - \boldsymbol{x}_i)^2] \\ &= -n\boldsymbol{e}^{\mathrm{T}}\boldsymbol{S}\boldsymbol{e} + \sum_{i=1}^{n} (\overline{\boldsymbol{x}} - \boldsymbol{x}_i)^2 \end{aligned} \tag{2.8-8}$$

其中协方差矩阵 $\boldsymbol{S}=\frac{1}{n}\sum_{i=1}^{n}(\boldsymbol{x}_i-\overline{\boldsymbol{x}})(\boldsymbol{x}_i-\overline{\boldsymbol{x}})^{\mathrm{T}}$。对式（2.8-8）的目标函数求最小值，函数只与 $\boldsymbol{e}$ 有关，并且有约束条件 $\boldsymbol{e}^{\mathrm{T}}\boldsymbol{e}=1$，那么可以构造拉格朗日函数如下：

$$L(\boldsymbol{e},\ \lambda) = -n\boldsymbol{e}^{\mathrm{T}}\boldsymbol{S}\boldsymbol{e} + \lambda(\boldsymbol{e}^{\mathrm{T}}\boldsymbol{e} - 1) \tag{2.8-9}$$

对 $\boldsymbol{e}$ 进行求导即有 $-2\boldsymbol{S}\boldsymbol{e}+2\lambda\boldsymbol{e}=0$，得到 $\boldsymbol{S}\boldsymbol{e}=\lambda\boldsymbol{e}$。$\lambda$ 是协方差矩阵的特征值，$\boldsymbol{e}$ 是它的特征向量。对于任意向量 $\boldsymbol{n}$ 有

$$\boldsymbol{n}^{\mathrm{T}}\boldsymbol{S}\boldsymbol{n} = \sum_{i=1}^{n}\boldsymbol{n}^{\mathrm{T}}(\boldsymbol{n}_i - \overline{\boldsymbol{n}})(\boldsymbol{n}_i - \overline{\boldsymbol{n}})^{\mathrm{T}}\boldsymbol{n} = \sum_{i=1}^{n}\boldsymbol{n}^{\mathrm{T}}(\boldsymbol{n}_i - \overline{\boldsymbol{n}})(\boldsymbol{n}^{\mathrm{T}}(\boldsymbol{n}_i - \overline{\boldsymbol{n}}))^{\mathrm{T}} \geqslant 0 \tag{2.8-10}$$

协方差矩阵 $\boldsymbol{S}=\frac{1}{n}\sum_{i=1}^{n}(\boldsymbol{x}_i-\overline{\boldsymbol{x}})(\boldsymbol{x}_i-\overline{\boldsymbol{x}})^{\mathrm{T}}$ 是实对称半正定的矩阵，它可以对角化且所有特征向量非负。需要求式（2.8-9）的最小值，则需最大化 $\boldsymbol{e}^{\mathrm{T}}\boldsymbol{S}\boldsymbol{e}$，有：

$$\boldsymbol{e}^{\mathrm{T}}\boldsymbol{S}\boldsymbol{e} = \boldsymbol{e}^{\mathrm{T}}\lambda\boldsymbol{e} = \lambda\boldsymbol{e}^{\mathrm{T}}\boldsymbol{e} = \lambda \tag{2.8-11}$$

因此，求协方差矩阵 $\boldsymbol{S}$ 的最大特征值 λ 就可以得到目标函数的最小值。

下面将一维空间推广到多维空间，假设投影变换后向量的维数降低到了 $d'(d'\leqslant d)$，

在新的坐标系 $\{\boldsymbol{e}_1, \boldsymbol{e}_2, \cdots, \boldsymbol{e}_{d'}\}$ 下有向量 $\boldsymbol{x}$ 的表达式为：

$$\boldsymbol{x}_i = \overline{\boldsymbol{x}} + \sum_{j=1}^{d'} a_{ij}\boldsymbol{e}_j \tag{2.8-12}$$

这里 $\boldsymbol{e}$ 是正交化单位向量，考虑整个训练集，对原样本点与投影点之间计算距离得到的误差函数为：

$$\begin{aligned} L(\boldsymbol{e}) &= \sum_{i=1}^{n}\left\| \sum_{i=1}^{d'} a_{ij}\boldsymbol{e}_j + \overline{\boldsymbol{x}} - \boldsymbol{x}_i \right\|^2 \\ &= \sum_{i=1}^{n} a_i^{\mathrm{T}} a_i - 2\sum_{i=1}^{n} a_i^{\mathrm{T}} W^{\mathrm{T}}(\boldsymbol{x}_i - \overline{\boldsymbol{x}}) + \sum_{i=1}^{n}(\boldsymbol{x}_i - \overline{\boldsymbol{x}})(\boldsymbol{x}_i - \overline{\boldsymbol{x}})^{\mathrm{T}} \end{aligned} \tag{2.8-13}$$

其中 W 为变换矩阵，式子（2.8-13）对 a 进行求导有

$$2\sum_{i=1}^{n} a_i - 2\sum_{i=1}^{n} W^{\mathrm{T}}(\boldsymbol{x}_i - \overline{\boldsymbol{x}}) = 0 \tag{2.8-14}$$

即有 $\sum_{i=1}^{n} a_i = \sum_{i=1}^{n} W^{\mathrm{T}}(\boldsymbol{x}_i - \overline{\boldsymbol{x}})$，代入式（2.8-13）有：

$$\begin{aligned} L(\boldsymbol{e}) &= W^{\mathrm{T}}\left(\sum_{i=1}^{n}(\boldsymbol{x}_i - \overline{\boldsymbol{x}})(\boldsymbol{x}_i - \overline{\boldsymbol{x}})^{\mathrm{T}}\right)W - 2W^{\mathrm{T}}\left(\sum_{i=1}^{n}(\boldsymbol{x}_i - \overline{\boldsymbol{x}})(\boldsymbol{x}_i - \overline{\boldsymbol{x}})^{\mathrm{T}}\right)W + const \\ &= -W^{\mathrm{T}}XX^{\mathrm{T}}W + const \end{aligned} \tag{2.8-15}$$

其中 $const$ 是常数。

将 $L(\boldsymbol{e})$ 最小化，即可得到主成分分析的优化目标：

$$\min_{W} -W^{\mathrm{T}}XX^{\mathrm{T}}W \tag{2.8-16}$$

$$\text{s. t. } W^{\mathrm{T}}W = I \tag{2.8-17}$$

对（2.8-16）求解时可以构造拉格朗日函数：

$$L(W, \lambda) = -W^{\mathrm{T}}\boldsymbol{S}W + \lambda(W^{\mathrm{T}}W - I) \tag{2.8-18}$$

对 W 求导有 $-2XX^{\mathrm{T}}W + 2\lambda W = 0$，可得：

$$XX^{\mathrm{T}}W = \lambda W \tag{2.8-19}$$

求解时对协方差矩阵 $\boldsymbol{S} = \frac{1}{n}XX^{\mathrm{T}}$ 进行特征值分解，对求得的特征值进行排序：$\lambda_1 \geqslant \lambda_2 \geqslant \cdots \geqslant \lambda_d$，取前 d' 个特征值对应的特征向量构成投影矩阵 $W=(\boldsymbol{w}_1, \boldsymbol{w}_2, \cdots, \boldsymbol{w}_{d'})$，即为主成分投影矩阵的解。

2. 基于最大可分性求解

从最大可分性出发，可以得到另一种求解主成分分析优化目标的方法。样本点在新空间中超平面上的投影为 $W^{\mathrm{T}}(\boldsymbol{x}_i - \overline{\boldsymbol{x}})$，若让样本点在这个超平面上的投影都尽可能地分开，则需要使得投影后样本点的方差最大化[11]。

投影后的样本点方差是 $\sum_{i=1}^{n} W^{\mathrm{T}}(\boldsymbol{x}_i - \overline{\boldsymbol{x}})(\boldsymbol{x}_i^{\mathrm{T}} - \overline{\boldsymbol{x}})W$，于是主成分分析的优化目标可以写为[11]：

$$\max_{W} W^{\mathrm{T}}XX^{\mathrm{T}}W \tag{2.8-20}$$

$$\text{s. t. } W^{\mathrm{T}}W = I \tag{2.8-21}$$

式（2.8-20）与式（2.8-16）是等价的，同样可以构造拉格朗日函数进行求解得到式（2.8-9）的结果，PCA 算法描述如算法 2.8-1 所示。

PCA 算法流程　　**算法 2.8-1**

输入：	向量集合 $\boldsymbol{\Omega}=\{\boldsymbol{x}_1,\boldsymbol{x}_2,\cdots,\boldsymbol{x}_m\}$ 降维维数 d'
输出：	投影矩阵 $\boldsymbol{W}=(\boldsymbol{w}_1,\boldsymbol{w}_2,\cdots,\boldsymbol{w}_{d'})$ 降维后的向量矩阵 $\boldsymbol{Y}$
1：	将原始数据按列组成 d 行 m 列矩阵 $\boldsymbol{X}$
2：	对向量矩阵每一行进行零均值化有 $\boldsymbol{x}_i \leftarrow \boldsymbol{x}_i-\frac{1}{m}\sum_{i=1}^{m}\boldsymbol{x}_i,(i=1,2,\cdots,m)$
3：	计算向量矩阵的协方差矩阵 $\boldsymbol{S}=\frac{1}{m}\boldsymbol{X}\boldsymbol{X}^{\mathrm{T}}$
4：	对协方差矩阵进行特征值分解，得到特征值 $\lambda_1\geqslant\lambda_2\geqslant\cdots\geqslant\lambda_d$
5：	取前 d' 个特征值对应的特征向量构成投影矩阵 $\boldsymbol{W}=(\boldsymbol{w}_1,\boldsymbol{w}_2,\cdots,\boldsymbol{w}_{d'})$
6：	计算降维后的向量矩阵 $\boldsymbol{Y}=\boldsymbol{W}\boldsymbol{X}$

2.8.4　向量重构

原始样本数据在获得降维后的向量矩阵 $\boldsymbol{Y}$ 后，可以根据其进行原始向量矩阵的重构。向量重构的过程就是获得样本点投影以后在原始空间中的估计位置的过程[12]。向量重构的过程如下：

（1）投影后的向量 $\boldsymbol{Y}$ 左乘投影矩阵的转置矩阵：$\boldsymbol{X}=\boldsymbol{W}^{\mathrm{T}}\boldsymbol{Y}$；

（2）将（1）中得到的向量矩阵加上每一行的均值向量，得到重构后的向量：$\boldsymbol{x}_i=\boldsymbol{x}'_i+\frac{1}{m}\sum_{i=1}^{m}\boldsymbol{x}_i$。

需要注意的是，重构的向量特征与原始的向量特征存在差异。

2.8.5　算法的土木工程点云数据应用

基于 H 型钢点云数据（图 2.8-3），采用 PCA 算法对其进行降维，将三维点云数据向量降维到二维空间中。

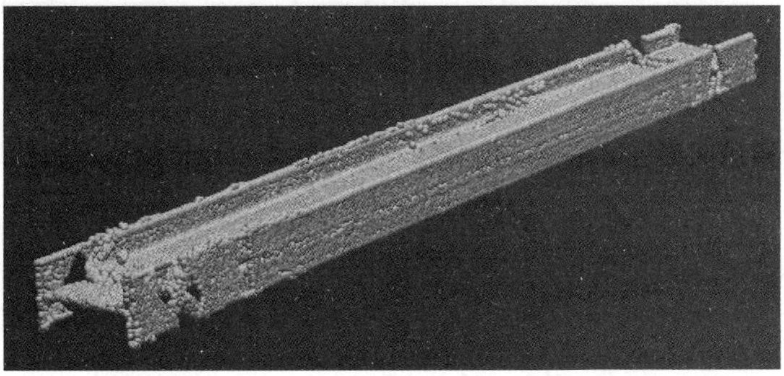

扫码看彩图

图 2.8-3　H 型钢钢构件的三维点云图像

对点云三维向量进行中心化，得到 $3 \times N$ 的中心化点云向量矩阵 $\boldsymbol{X}$。计算样本协方差矩阵 $\boldsymbol{X}\boldsymbol{X}^{\mathrm{T}}$，进行主成分分析的无监督学习，得到特征值 λ_1，λ_2，…，λ_d。基于特征值求得特征向量构成投影矩阵 $\boldsymbol{W}=(\boldsymbol{w}_1, \boldsymbol{w}_2, \cdots, \boldsymbol{w}_{d'})$。最终得到点云数据在二维空间中的向量坐标为 $\boldsymbol{Y}=\boldsymbol{W}\boldsymbol{X}$。按照不同的主方向进行降维，可以得到 H 型钢正视截面图的二维向量数据。图 2.8-4 展示了降维后 H 型钢在二维空间中的图像。根据 PCA 算法降维后得到的 H 型钢二维向量数据，可以计算出 H 型钢的高度、宽度、腹板厚度、翼板厚度等，用于钢构件的尺寸规范智能化检测中。此外，经过 PCA 算法降维得到的钢构件的二维图像也可应用在卷积神经网络对钢构件的识别分类中。

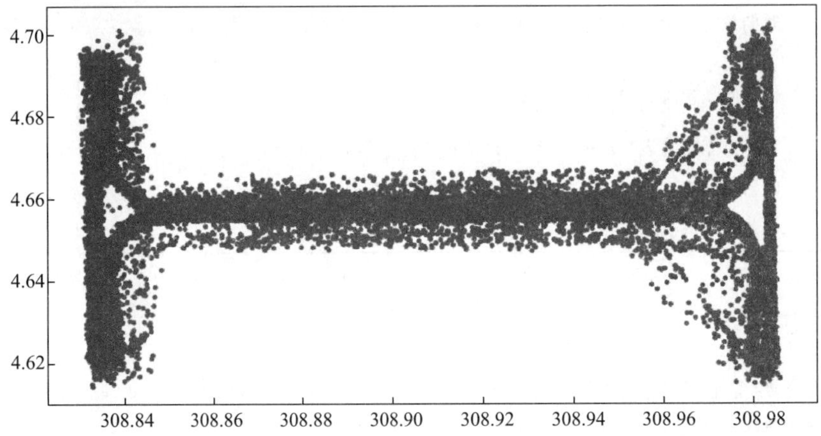

扫码看彩图

图 2.8-4　向量降维后 H 型钢钢构件的二维图像（正视截面图）

向量重构的过程具体描述如下，对二维空间中的点云左乘向量投影矩阵的转置矩阵，加上均值向量后得到重构后的三维点云向量：$\boldsymbol{X}'=\boldsymbol{W}^{\mathrm{T}}\boldsymbol{Y}+\overline{\boldsymbol{X}}$。图 2.8-5 为二维向量重构后

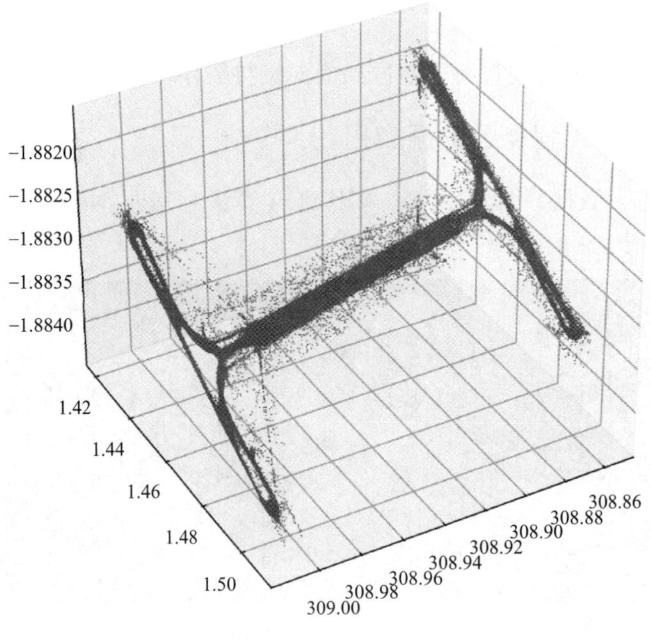

扫码看彩图

图 2.8-5　向量重构后三维空间中的 H 型钢钢构件点云图像（正视截面图）

得到的三维空间中的 H 型钢钢构件的正视截面的点云图像。通过比对图 2.8-3 与图 2.8-5 发现降维后 H 型钢钢构件的点云数据向量保留了大部分的特征信息。

课后习题

1. 计算下列矩阵的行列式：

（1）$\boldsymbol{A}=\begin{pmatrix}1 & 2 & 3\\ 4 & 5 & -4\\ -3 & -2 & -1\end{pmatrix}$　　（2）$\boldsymbol{B}=\begin{bmatrix}0 & 0 & 0 & 1\\ 0 & 0 & 1 & 2\\ 0 & 1 & 2 & 3\\ 1 & 2 & 4 & 4\end{bmatrix}$

（3）$\boldsymbol{C}=\begin{bmatrix}1 & 1 & \cdots & 1\\ x_1+1 & x_2+1 & \cdots & x_n+1\\ x_1^2+x_1 & x_2^2+x_2 & \cdots & x_n^2+x_n\\ \vdots & \vdots & & \vdots\\ x_1^{n-1}+x_1^{n-2} & x_2^{n-1}+x_2^{n-2} & \cdots & x_n^{n-1}+x_n^{n-2}\end{bmatrix}$

2. 用初等变换法求下列矩阵的逆矩阵：

（1）$\begin{pmatrix}1 & 1 & 2\\ -2 & 0 & 1\\ 1 & -3 & 0\end{pmatrix}$　　（2）$\begin{pmatrix}1 & 1 & -1\\ 2 & 1 & 0\\ -1 & 2 & -1\end{pmatrix}$

（3）$\begin{bmatrix}-1 & -1 & 1 & 1\\ 1 & -1 & 1 & -1\\ 1 & 1 & -1 & 1\\ 1 & 1 & 1 & -1\end{bmatrix}$　　（4）$\begin{bmatrix}1 & 2 & 3 & 4\\ 0 & 1 & 2 & 3\\ 0 & 0 & 1 & 2\\ 0 & 0 & 0 & 1\end{bmatrix}$

3[14]．设 $\boldsymbol{\alpha}_1$ 是矩阵 $\boldsymbol{A}$ 属于特征值 λ 的特征值，向量组 $\boldsymbol{\alpha}_1$，$\boldsymbol{\alpha}_2$，…，$\boldsymbol{\alpha}_s(s>1)$ 满足 $(\boldsymbol{A}-\lambda\boldsymbol{I})\boldsymbol{\alpha}_{i+1}=\boldsymbol{\alpha}_i(i=1,2,\cdots,s-1)$，证明：$\boldsymbol{\alpha}_1$，$\boldsymbol{\alpha}_2$，…，$\boldsymbol{\alpha}_s$ 无关。

4. 求下列矩阵 $\boldsymbol{A}$ 的全部特征值和特征向量：

（1）$\boldsymbol{A}=\begin{pmatrix}0 & -2 & -1\\ -2 & 3 & 2\\ -1 & 2 & 0\end{pmatrix}$　　（2）$\boldsymbol{A}=\begin{bmatrix}2 & -1 & -1 & 1\\ -1 & 2 & 1 & -1\\ -1 & 1 & 1 & -1\\ 1 & -1 & -1 & 2\end{bmatrix}$

5. 求下列矩阵的 Moore-Penrose 广义逆：

（1）$\boldsymbol{A}=\begin{pmatrix}1 & 4\\ 2 & 5\\ 3 & 6\end{pmatrix}$　　（2）$\boldsymbol{A}=\begin{pmatrix}-1 & 0 & 1 & 2\\ 1 & 2 & -1 & 1\\ 2 & 2 & -2 & -1\end{pmatrix}$

6. 用正交变换将齐次二次型 $3x_2^2-4x_1x_2-2x_1x_3+4x_2x_3$ 化为标准形。

7[14]．设 $\boldsymbol{A}$，$\boldsymbol{B}$ 都是 n 阶正定矩阵，证明：$|\boldsymbol{A}+\boldsymbol{B}|>|\boldsymbol{A}|+|\boldsymbol{B}|$。

8. 求矩阵 $\boldsymbol{A}=\begin{pmatrix}4 & 2 & 1\\ 2 & 5 & -2\\ 1 & -2 & 1\end{pmatrix}$ 的三角分解。

9. 求矩阵 $\boldsymbol{A}=\begin{pmatrix}1 & 2\\1 & 2\\0 & 0\end{pmatrix}$ 的奇异值分解。

10. 针对图 2.8-3 中的 H 型钢的点云数据，完成以下两个任务：

（1）得到如图 2.8-4 所示的正视截面图；

（2）得到如图 2.8-5 所示的 H 型钢的重构点云图像。

答案及代码下载说明：

图 2.8-3 中的 H 型钢钢构件点云数据下载网址：http：//www.cqurcsse.com/leix.php? id=17

参考文献

[1] 陈志杰．高等代数与解析几何［M］．北京：高等教育出版社，2008.

[2] 孟道骥．高等代数与解析几何［M］．北京：科学出版社，2014.

[3] 欧阳光中．数学分析［M］．北京：高等教育出版社，2007.

[4] 张贤达．矩阵分析与应用［M］．北京：清华大学出版社，2013.

[5] 王开荣．最优化方法［M］．北京：科学出版社，2012.

[6] 王开荣，杨大地．应用数值分析［M］．北京：高等教育出版社，2010.

[7] 张凯院．矩阵论［M］．西安：西北工业大学出版社，2017.

[8] 李新主．矩阵理论及其应用［M］．重庆：重庆大学出版社，2005.

[9] 丘维声．高等代数［M］．北京：清华大学出版社，2019.

[10] 古德费洛，本吉奥，库维尔．深度学习［M］．赵申剑，黎彧君，符天凡，等，译．北京：人民邮电出版社，2017.

[11] 雷明．机器学习原理、算法与应用［M］．北京：清华大学出版社，2019.

[12] 周志华．机器学习［M］．北京：清华大学出版社，2016.

[13] 赵志勇．Python 机器学习算法［M］．北京：电子工业出版社，2017.

[14] 赵礼峰．高等代数解题法［M］．合肥：安徽大学出版社，2004.

第3章　概率与统计基础

概率论研究的对象是随机现象和不确定性，主要是随机现象的概率分布模型及其性质；数理统计研究随机现象的数据收集、处理及统计推断方法。很多经典机器学习和当前最热门的深度学习算法，处理的问题经常都具有随机性和不确定性的特点，而概率和统计理论则提供了一系列处理随机性和不确定性的数学方法。机器学习算法中还经常用到信息论，因为信息论提供了能够度量概率分布中不确定性的测度。可见概率论、数理统计和信息论是机器学习算法的重要基础。本章简单介绍基本的概率论、数理统计和信息论知识，为机器学习算法打下基础。

3.1　随机变量与概率

3.1.1　随机变量与样本空间

随机现象是指在一定条件下，并不总是出现相同结果的现象。对在相同条件下可以重复的随机现象的观察、记录、试验称为随机试验。随机试验中每个可能的结果称为样本点。随机现象的某些样本点组成的集合称为随机事件，简称事件，常用大写字母 A，B，C…表示。一个随机试验（或随机事件）所有可能结果的集合组成了样本空间，记为 $\Omega=\{\omega\}$，其中 ω 为样本点。

随机变量是用来表示随机现象结果的变量，本质上是一个实值函数，常用大写字母 X，Y，Z 表示。很多事情都可以用随机变量表示，并应写明随机变量的含义。

例 3.1.1[1]　掷一颗骰子，可能出现点数 1，2，3，4，5，6，则相应的样本空间为 $\Omega=\{1，2，3，4，5，6\}$。若设置随机变量 $X=$“掷一颗骰子出现的点数”，则 1，2，3，4，5，6 就是 X 的可能取值。若 $A=$“出现 3 点”是一个事件，即 $A=\{3\}$，该事件也可用“$X=3$”表示。若事件 B 表示“出现点数超过 3 点”，即 $B=\{4，5，6\}$，则可以表示为“$X>3$”。

由例子可见，随机变量是人们根据研究和需要设置出来的，若把它们用等号或不等号与某些实数联结起来就可以表示很多事件。而根据随机变量的取值范围不同，可以把随机变量区分为离散随机变量和连续随机变量。若随机变量的取值范围是有限个或可数个，这种随机变量称为离散随机变量。

3.1.2　概率与分布函数

概率是随机事件发生可能性的值，介于 0 到 1 之间。1933 年数学家柯尔莫戈洛夫（Kolmogorov，1903—1987）首次提出了概率的公理化定义。

定义 3.1.1　设 Ω 为一个样本空间，$\mathscr{F}$ 为 Ω 的某些子集组成的一个事件域。如果对任

一事件 $A\in\mathscr{F}$，定义在 $\mathscr{F}$ 上的一个实值函数 $P(A)$ 满足：

- **非负性** 若 $A\in\mathscr{F}$，则 $P(A)\geqslant 0$；
- **正则性** $P(\Omega)=1$；
- **可列可加性** 若 A_1，A_2，…，A_n，…互不相容，则

$$P\left(\bigcup_{i=1}^{\infty}A_i\right)=\sum_{i=1}^{\infty}P(A_i) \tag{3.1-1}$$

则称 $P(A)$ 为事件 A 的概率，组成三元素（Ω，$\mathscr{F}$，P）为概率空间。

概率的本质是集合（事件）的函数，若在事件域 $\mathscr{F}$ 上给出一个函数，当这个函数能满足上述三条公理，就被称为概率；当这个函数不满足上述三条公理中任一条，就被认为不是概率。

概率分布用以描述任意随机变量在任意一个取值上的可能性大小，通常我们需要得到随机变量落在某一区间的概率，由此引入分布函数。

定义 3.1.2 设 X 是一个随机变量，对任意实数 x，称

$$F(x)=P(X<x) \tag{3.1-2}$$

为随机变量 X 的**分布函数**。且称 X 服从 $F(x)$，记为 $X\sim F(x)$。

我们可以根据分布函数算出与随机变量 X 有关事件的概率。下面列出随机变量的三个基本性质。

定理 3.1.1 任一分布函数 $F(x)$ 具有以下三条性质：

（1）**单调性** $F(x)$ 是实数域上的单调非减函数，即对任意 $x_1<x_2$，有 $F(x_1)\leqslant F(x_2)$

（2）**有界性** 对任意 x，有 $0\leqslant F(x)\leqslant 1$，且

$$F(-\infty)=\lim_{x\to-\infty}F(x)=0$$

$$F(+\infty)=\lim_{x\to+\infty}F(x)=1$$

（3）**右连续性** $F(x)$ 是 x 的右连续函数，即对任意的 x_0，有

$$\lim_{x\to x_0+0}F(x)=F(x_0)$$

即 $F(x_0+0)=F(x_0)$

3.1.3 离散随机变量分布和概率分布列

离散随机变量采用分布列来表示概率分布。

定义 3.1.3 设 X 是离散随机变量，X 的所有可能取值为 x_1，x_2，…，x_n，则事件 $\{X=x_i\}$ 的概率为

$$p_i=p(x_i)=P(X=x_i),\ i=1,2,\cdots,n \tag{3.1-3}$$

为 X 的**概率分布列**，简称**分布列**，记作 $X\sim\{p_i\}$，其中 p_i 满足以下两个条件。

性质 3.1.1 分布列的基本性质

（1）**非负性** $p(x_i)\geqslant 0$，$i=1,2,\cdots$

（2）**正则性** $\sum_{i=1}^{\infty}p(x_i)=1$

分布列也可以列表来表示，见表 3.1-1。

分布列表格示意 表 3.1-1

X	x_1	x_2	…	x_n	…
P	$p(x_1)$	$p(x_2)$	…	$p(x_n)$	…

也可以表示为

$$\begin{pmatrix} x_1 & x_2 & \cdots & x_n & \cdots \\ p(x_1) & p(x_2) & \cdots & p(x_n) & \cdots \end{pmatrix}$$

由概率的可列可加性可得随机变量 X 的分布函数为

$$F(x)=P(X<x)=\sum_{x_i\leqslant x}P(X=x_i) \tag{3.1-4}$$

对于多维随机变量，设有 n 个随机试验，它们的样本空间分别为 $S_1=\{\omega_1\}$，$S_2=\{\omega_2\}$，…，$S_n=\{\omega_n\}$，设 $X_1(\omega_1)$，$X_2(\omega_2)$，…，$X_n(\omega_n)$ 分别是 S_1，S_2，…，S_n 上的随机变量，由它们构成一个向量（X_1，X_2，…，X_n）叫做 n 维随机变量。

为了方便讨论，后面讨论多维随机变量时，除非特别说明否则都是以二维随机变量为例，记为（X，Y），讨论的结论适用于多维随机变量。

定义 3.1.4 设二维离散随机变量（X，Y）的所有可能取值为（x_i，y_j）（i，$j=1$，2，…），把

$$P(X=x_i,\ Y=y_j)=p_{ij},\ i,\ j=1,\ 2\cdots \tag{3.1-5}$$

称为联合分布律，其中 p_{ij} 满足下列条件：

(1) $0\leqslant p_{ij}\leqslant 1$，$i$，$j=1$，2，…

(2) $\sum_{i=1}^{\infty}\sum_{j=1}^{\infty}p_{ij}=1$

常可用表格表示二维离散随机变量（X，Y）的联合分布律，如表 3.1-2 所示。

二维随机变量分布律 表 3.1-2

y \ x	x_1	x_2	…	x_i	…
y_1	p_{11}	p_{21}	…	p_{i1}	…
y_2	p_{12}	p_{22}	…	p_{i2}	…
…	…	…	…	…	…
y_j	p_{1j}	p_{2j}	…	p_{ij}	…
…	…	…	…	…	…

3.1.4 连续随机变量的概率密度函数

与离散随机变量不同，连续随机变量采用概率密度函数来描述变量的概率分布。随机变量 X 在（a，b）上取值的概率，即

$$\int_a^b f(x)\mathrm{d}x=P(a<X<b)$$

特别的，在 $(-\infty,\ x]$ 上 $f(x)$ 上的积分就是分布函数 $F(x)$，即

$$\int_{-\infty}^{x} f(t)\mathrm{d}t = P(X \leqslant x) = F(x)$$

这一关系式是连续随机变量 X 的概率密度函数最本质的属性。

定义 3.1.5　设随机变量 X 的分布函数为 $F(x)$，如果存在实数域上的一个非负可积函数 $f(x)$，使得对任意实数 x 有

$$F(x) = \int_{-\infty}^{x} p(t)\mathrm{d}t \tag{3.1-6}$$

则称 $f(x)$ 为 X 的概率密度函数，简称为密度函数或密度。同时称 X 为连续随机变量，称 $F(x)$ 为连续分布函数。

性质 3.1.2　密度函数的基本性质

(1) 非负性　$f(x) \geqslant 0$，不要求 $f(x) \leqslant 1$

(2) 正则性　$\int_{-\infty}^{+\infty} f(x)\mathrm{d}x = 1$

由分布函数的定义可见：连续随机变量在任意一点处的概率为 0，即 $P(X=x) = 0$；讨论区间的概率定义时，对开区间和闭区间不加以区分，即 $P(a \leqslant X \leqslant b) = P(a < X \leqslant b) = P(a \leqslant X < b) = P(a < X < b)$。

结论可推广到多维连续随机变量，以二维为例。

定义 3.1.6　对于二维连续随机变量 (X, Y) 的分布函数 $F(x, y)$，存在非负函数 $f(x, y)$，使得对任意 x，y 有

$$F(x, y) = \int_{-\infty}^{y}\int_{-\infty}^{x} f(u, v)\mathrm{d}u\mathrm{d}v \tag{3.1-7}$$

则称 $f(x, y)$ 为二维随机变量 (X, Y) 的联合密度函数，同样满足以下性质：

(1) $f(x, y) \geqslant 0$

(2) $\int_{-\infty}^{\infty}\int_{-\infty}^{\infty} f(x, y)\mathrm{d}x\mathrm{d}y = 1$

(3) 设 D 是 OXY 平面的任意一个区域，点 (x, y) 落在该区域的概率为

$$P((x, y) \in D) = \iint_{D} f(x, y)\mathrm{d}x\mathrm{d}y \tag{3.1-8}$$

3.1.5　边缘分布

以二维为例介绍多维随机变量的边缘分布。

在二维离散随机变量 (X, Y) 的联合分布列 $\{P(X=x_i, Y=y_j)\}$ 中，对 j 求和所得分布列

$$\sum_{j=1}^{\infty} P(X=x_i, Y=y_j) = P(X=x_i),\ i=1, 2, \cdots \tag{3.1-9}$$

被称为 X 的边际分布列。类似的有 Y 的边际分布列为

$$\sum_{i=1}^{\infty} P(X=x_i, Y=y_j) = P(Y=y_j),\ j=1, 2, \cdots \tag{3.1-10}$$

对于二维连续随机变量 (X, Y) 的联合密度函数为 $f(x, y)$，则它的边缘密度函数分别为

$$f_X(x) = \int_{-\infty}^{\infty} f(x, y)\mathrm{d}y \tag{3.1-11}$$

$$f_Y(y)=\int_{-\infty}^{\infty} f(x, y)\mathrm{d}x \tag{3.1-12}$$

同理，由分布函数的定义，可以得到二维随机变量的边缘分布函数。

设二维随机变量（X，Y）是离散的

$$F_X(x)=F(x, \infty)=\sum_{x_i \leqslant x}\sum_{j=1}^{\infty} p_{ij} \tag{3.1-13}$$

$$F_Y(y)=F(\infty, y)=\sum_{y_j \leqslant y}\sum_{i=1}^{\infty} p_{ij} \tag{3.1-14}$$

设二维随机变量（X，Y）是连续的

$$F_X(x)=F(x, \infty)=\int_{-\infty}^{x}\left[\int_{-\infty}^{\infty} f(x, y)\mathrm{d}y\right]\mathrm{d}x \tag{3.1-15}$$

$$F_Y(y)=F(\infty, y)=\int_{-\infty}^{y}\left[\int_{-\infty}^{\infty} f(x, y)\mathrm{d}x\right]\mathrm{d}y \tag{3.1-16}$$

3.1.6　条件概率

在许多情况下，我们会关注在假定一件事情 B 发生的情况下，另一件事情 A 发生的概率 $P(A \mid B)$，这就是条件概率。

定义 3.1.7　设 A 与 B 是样本空间 Ω 中的两事件，若 $P(B)>0$，则称

$$P(A \mid B)=\frac{P(AB)}{P(B)} \tag{3.1-17}$$

为“在 B 发生下的 A 的条件概率”，简称条件概率。

性质 3.1.3　条件概率是概率，即若设 $P(A \mid B) \geqslant 0$，则

（1）$P(A \mid B) \geqslant 0$，$A \in \mathscr{F}$

（2）$P(\Omega \mid B)=1$

（3）若 $\mathscr{F}$ 中的 A_1，A_2，…，A_n，…互不相容，则

$$P\left(\sum_{n=1}^{\infty} A_n \mid B\right)=\sum_{n=1}^{\infty} P(A_n \mid B)$$

证明　用条件概率的定义很容易证明（1）和（2），下面证明（3）。因为 A_1，A_2，…，A_n，…互不相容，所以 A_1B，A_2B，…，A_nB，…也互不相容，故

$$P\left(\bigcup_{n=1}^{\infty} A_n \mid B\right)=\frac{P\left(\left(\bigcup_{n=1}^{\infty} A_n\right)B\right)}{P(B)}=\frac{P\left(\bigcup_{n=1}^{\infty} (A_nB)\right)}{P(B)}$$

$$=\sum_{n=1}^{\infty}\frac{P(A_nB)}{P(B)}=\sum_{n=1}^{\infty} P(A_n \mid B)$$

以下给出条件概率特有的二个实用公式，贝叶斯公式将在后面相关节中详细介绍。

性质 3.1.4　乘法公式（链式法则）

（1）若 $P(B)>0$，则

$$P(AB)=P(B)P(A \mid B) \tag{3.1-18}$$

（2）若 $P(A_1A_2\cdots A_n)>0$，则

$$P(A_1A_2\cdots A_n)=P(A_1)P(A_2 \mid A_1)\cdots P(A_n \mid A_1A_2\cdots A_{n-1}) \tag{3.1-19}$$

性质 3.1.5　全概率公式

设 B_1，B_2，…，B_n 为样本空间 Ω 的一个分割，即 B_1，B_2，…，B_n 互不相容，且 $\bigcup_{i=1}^{n} B_i=\Omega$，如果 $P(B_i)>0$，$i=1$，2，…，n，则对任意一事件 A 有

$$P(A)=\sum_{i=1}^{n} P(B_i)P(A \mid B_i) \tag{3.1-20}$$

3.2　随机变量间的独立性

在求解机器学习算法时，遇到时间复杂度很高且难以训练的情况，既可以对算法进行改进，也可以通过一些假设来简化计算。独立性假设是很多机器学习模型能够高效训练的基础。独立性是概率论中有一个重要概念，利用独立性可以简化概率的计算。

3.2.1　边缘独立

在多维随机变量中，各分量的取值可能会互相影响，但也可能会毫无影响。当两个随机变量的取值互不影响时，就称它们相互独立。

定义 3.2.1　设 n 维随机变量（X_1，X_2，…，X_n）的联合分布 F（x_1，x_2，…，x_n），X_i 的边际分布函数分别为 $F_i(x_i)$。如果对任意 n 个实数 x_1，x_2，…，x_n，有

$$F(x_1, x_2, \cdots, x_n)=\prod_{i=1}^{n} F_i(x_i) \tag{3.2-1}$$

则称 X_1，X_2，…，X_n 相互独立，记作 $X_1 \perp X_2 \perp \cdots \perp X_n$。

对于离散随机变量工况，如果对任意 n 个取值 x_1，x_2，…，x_n，有

$$P(X_1=x_1, X_2=x_2, \cdots, X_n=x_n)=\prod_{i=1}^{n} P(X_i=x_i) \tag{3.2-2}$$

则称 X_1，X_2，…，X_n 相互独立。

对于连续随机变量工况，如果对任意 n 个实数 x_1，x_2，…，x_n，有

$$f(x_1, x_2, \cdots, x_n)=\prod_{i=1}^{n} f_i(x_i) \tag{3.2-3}$$

则称 X_1，X_2，…，X_n 相互独立。

例如对于二维随机变量（X，Y），它的联合分布函数为 $F(x, y)$，$F_X(x)$ 与 $F_Y(y)$ 分别是随机变量 X 与随机变量 Y 的边际分布函数，对于所有的 x，y 满足：

$$F(x, y)=F_X(x)\times F_Y(y) \tag{3.2-4}$$

则称随机变量 X 与 Y 相互独立，记作 $X \perp Y$。

3.2.2　条件独立

条件独立性对于简化计算非常有帮助，在后面的学习中，读者将会发现，条件独立性贯穿了整个结构化概率模型的理论分析。下面为简化讨论，仅讨论三维随机变量情形。

定义 3.2.2　设三维随机变量（X，Y，Z），给定 $Z=z$ 的情况，X 的条件分布函数为 $F_{X\mid Z}(x \mid z)$，Y 的条件分布函数为 $F_{Y\mid Z}(y \mid z)$；此时 $X\times Y$ 的联合分布函数表示为 $F_{X\times Y\mid Z}(x\times y \mid z)$，若对于任意实数 x，y，z 有：

$$F_{X\times Y|Z}(x\times y\mid z)=F_{X|Z}(x\mid z)\times F_{Y|Z}(y\mid z) \tag{3.2-5}$$

则称在给定条件 Z 下，随机变量 X 和随机变量 Y 相互独立，记作（$X\perp Y\mid Z$）。

对于离散随机变量工况，对三维随机变量（X，Y，Z）的所有可能取值（x，y，z）有

$$P(X=x,\ Y=y\mid Z=z)=P(X=x\mid Z=z)\times P(Y=y\mid Z=z) \tag{3.2-6}$$

则称在给定条件 Z 下，随机变量 X 和随机变量 Y 相互独立。

对于连续随机变量工况，对三维随机变量（X，Y，Z）的所有可能取值（x，y，z）有

$$f_{X\times Y|Z}(x\times y\mid z)=f_{X|Z}(x\mid z)\times f_{Y|Z}(y\mid z) \tag{3.2-7}$$

则称在给定条件 Z 下，随机变量 X 和随机变量 Y 相互独立。

3.3 随机变量的特征数

每个随机变量都有一个分布（分布列、密度函数或分布函数），不同的随机变量可能拥有不同的分布，也可能拥有相同的分布。分布全面地描述了随机变量取值的统计规律性，根据分布可以算出有关随机事件的概率。除此以外，由分布还可以算得相应随机变量的均值、方差、分位数等特征数。这些特征数各从一个侧面描述了分布的特性。本节简单介绍随机变量的常用数字特征。

3.3.1 数学期望

定义 3.3.1 设离散随机变量 X 的分布列为

$$p(x_i)=P(X=x_i),\ i=1,\ 2,\ \cdots$$

如果

$$\sum_{i=1}^{\infty}|x_i|p(x_i)<\infty$$

则称

$$E(X)=\sum_{i=1}^{\infty}x_i p(x_i) \tag{3.3-1}$$

为随机变量 X 的**数学期望**，简称**期望**或**均值**。若级数 $\sum_{i=1}^{\infty}|x_i|p(x_i)$ 不收敛，则称 X 的数学期望不存在。

连续随机变量数学期望的定义和含义完全类似于离散随机变量场合，只要将求和改为求积分即可。

定义 3.3.2 设连续随机变量 X 的密度函数为 $p(x)$，如果

$$\int_{-\infty}^{\infty}|x|p(x)\mathrm{d}x<\infty$$

则称

$$E(X)=\int_{-\infty}^{\infty}xp(x)\mathrm{d}x \tag{3.3-2}$$

为 X 的**数学期望**，或称为该分布 $p(x)$ 的数学期望，简称**期望**或**均值**。若 $\int_{-\infty}^{\infty}|x|p(x)\mathrm{d}x$ 不收敛，则称 X 的数学期望不存在。

随机变量 X 的数学期望由其分布唯一确定，一般有如下定理。

定理 3.3.1 若随机变量 X 的分布用分布列 $p(x_i)$ 或用密度函数 $f(x)$ 表示，则关于随机变量 X 的随机变量函数 $g(X)$ 的数学期望为

$$E[g(X)]=\begin{cases}\sum\limits_{i} g(x_i)p(x_i) & \text{离散工况}\\ \int_{-\infty}^{\infty} g(x)f(x)\mathrm{d}x & \text{连续工况}\end{cases} \tag{3.3-3}$$

基于这个定理证明得到数学期望的几个常用性质。

性质 3.3.1 若 c 是常数，则 $E(c)=c$。

证明 如果将常数 c 看作仅取一个值的随机变量 X，则有 $P(X=c)=1$，从而其数学期望 $E(c)=E(X)=c\times 1=c$。

性质 3.3.2 对任意常数 a，有

$$E(aX)=aE(X) \tag{3.3-4}$$

证明 在上式中令 $g(x)=ax$，然后把 a 从求和号或积分号中提出来即得。

性质 3.3.3 对任意两个函数 $g_1(X)$ 和 $g_2(X)$，有

$$E[g_1(X)\pm g_2(X)]=E[g_1(X)]\pm E[g_2(X)] \tag{3.3-5}$$

证明 在上式中令 $g(x)=g_1(x)\pm g_2(x)$，然后把和式分解成两个和式，或把积分分解成两个积分即得。

3.3.2 方差与标准差

随机变量 X 的数学期望 $E(X)$ 是分布的一种位置特征数，刻画了 X 的取值总在 $E(X)$ 周围波动，但无法反映出随机变量取值的“波动大小”。以下定义方差与标准差这两种最重要的特征数来度量这种波动大小。

定义 3.3.3 若随机变量 X^2 的数学期望 $E(X^2)$ 存在，则称偏差平方 $(X-E(X))^2$ 的数学期望 $E(X-E(X))^2$ 为随机变量 X（或相应分布）的**方差**，记为

$$Var(X)=E(X-E(X))^2=\begin{cases}\sum\limits_{i}(x_i-E(X))^2P(x_i) & \text{在离散工况}\\ \int_{-\infty}^{\infty}(x-E(X))^2p(x)\mathrm{d}x & \text{在连续工况}\end{cases} \tag{3.3-6}$$

称方差的正平方根 $\sqrt{Var(X)}$ 为随机变量 X（或相应分布）的**标准差**，记为 $\sigma(X)$，或 σ_X。

方差与标准差都是用来描述随机变量取值的集中与分散程度（即散布大小）的两个特征数。方差与标准差越小，随机变量的取值越集中。其二者的差别主要在量纲上。

另外不难证明，如果随机变量 X 的数学期望存在，其方差不一定存在；而当 X 的方差存在时，则 $E(X)$ 必定存在。

以下简单列出方差的性质。

性质 3.3.4 $Var(X)=E(X-E(X))^2$

证明 因为

$$Var(X)=E(X-E(X))^2=E(X^2-2X\cdot E(X)+(E(X))^2)$$

由数学期望的性质 3.3.3 可得

$$Var(X)=E(X^2)-2E(X)\cdot E(X)+(E(X))^2=E(X^2)-(E(X))^2$$

在实际计算方差时，这个性质往往比定义 $Var(X)=E(X-E(X))^2$ 更常用。

性质 3.3.5 若 a，b 是常数，则 $Var(aX+b)=a^2Var(X)$。

证明 因 a，b 是常数，则

$$Var(aX+b)=E(aX+b-E(aX+b))^2=E(a(X-E(X)))^2=a^2Var(X)$$

另外从 $Var(X)=E(X^2)-[E(X)]^2\geqslant 0$ 很容易得到：若 $E(X^2)=0$，则 $E(X)=0$，且 $Var(X)=0$。

定理 3.3.2 （切比雪夫（Chebyshev，1821—1894）不等式）

设随机变量 X 的数学期望和方差都存在，则对任意常数 $\varepsilon>0$，有

$$P(|X-E(X)|\geqslant\varepsilon)\leqslant\frac{Var(X)}{\varepsilon^2} \tag{3.3-7}$$

或

$$P(|X-E(X)|<\varepsilon)\geqslant 1-\frac{Var(X)}{\varepsilon^2} \tag{3.3-8}$$

证明 设 X 是一个连续随机变量，其密度函数为 $p(x)$，记 $E(X)=a$，则有

$$P(|X-a|\geqslant\varepsilon)=\int_{\{x:\ |x-a|\geqslant\varepsilon\}}p(x)\mathrm{d}x\leqslant\int_{\{x:\ |x-a|\geqslant\varepsilon\}}\frac{(x-a)^2}{\varepsilon^2}p(x)\mathrm{d}x$$

$$\leqslant\frac{1}{\varepsilon^2}\int_{-\infty}^{\infty}(x-a)^2p(x)\mathrm{d}x=\frac{Var(X)}{\varepsilon^2}$$

对于离散随机变量可进行类似的证明。

在概率论中，事件 $\{|X-E(X)|\geqslant\varepsilon\}$ 称为大偏差，其概率 $P(|X-E(X)|\geqslant\varepsilon)$ 称为大偏差发生概率。切比雪夫不等式给出大偏差发生概率的上界，这个上界与方差成正比，方差越大上界也越大。

3.3.3 协方差

协方差是描述多维随机变量间相互关联程度的一个特征数，定义如下：

定义 3.3.4 设 (X, Y) 是一个二维随机变量，若 $E[(X-E(X))(Y-E(Y))]$ 存在，则称此数学期望为 X 与 Y 的协方差，记为

$$Cov(X, Y)=E[(X-E(X))(Y-E(Y))] \tag{3.3-9}$$

特别的，$Cov(X, X)=Var(X)$

化简式（3.3-9），可得协方差的另一种表示方式

$$Cov(X, Y)=E(XY)-E(X)E(Y) \tag{3.3-10}$$

方差衡量变量与期望之间的偏离程度，而协方差则衡量两个变量的线性相关性。协方差可正可负，也可为零。

- 若 $Cov(X, Y)>0$，则称 X 与 Y 呈正相关，X 与 Y 同时增加或同时减少。
- 若 $Cov(X, Y)<0$，则称 X 与 Y 呈负相关，此时 X 增大则 Y 减小，或 X 减小则 Y 增大。
- 若 $Cov(X, Y)=0$，则称 X 与 Y 不相关，此时可能 X 与 Y 相互独立或 X 与 Y 之

间存在非线性关系。

以下为协方差的性质。

性质 3.3.6 对任意二维随机变量（X，Y），有

$$Var(X \pm Y) = Var(X) + Var(Y) \pm 2Cov(X, Y) \tag{3.3-11}$$

证明 根据方差定义有

$$\begin{aligned} Var(X \pm Y) &= E[(X \pm Y) - E(X \pm Y)]^2 \\ &= E\{[X - E(X)] \pm E[Y - E(Y)]\}^2 \\ &= E\{[X - E(X)]^2 + [Y - E(Y)]^2\} \pm 2[E - E(X)][Y - E(Y)] \\ &= Var(X) + Var(Y) \pm 2Cov(X, Y) \end{aligned}$$

注意，若 X 与 Y 不相关，则有 $Var(X \pm Y) = Var(X) + Var(Y)$。

性质 3.3.7 对任意常数 a，b，有

$$Cov(aX, bY) = abCov(X, Y) \tag{3.3-12}$$

证明 根据协方差定义

$$\begin{aligned} Cov(aX, bY) &= E[(aX - E(aX))(bY - E(bY))] \\ &= abE[(X - E(X))(Y - E(Y))] \\ &= abCov(X, Y) \end{aligned}$$

性质 3.3.8 设 X，Y，Z 是任意三个随机变量，则

$$Cov(X + Y, Z) = Cov(X, Z) + Cov(Y, Z) \tag{3.3-13}$$

证明 根据式（3.3-10）

$$\begin{aligned} Cov(X + Y, Z) &= E[(X + Y)Z] - E(X + Y)E(Z) \\ &= E(XZ) + E(YZ) - E(X)E(Z) - E(Y)E(Z) \\ &= [E(XZ) - E(X)E(Z)] + [E(YZ) - E(Y)E(Z)] \\ &= Cov(X, Z) + Cov(Y, Z) \end{aligned}$$

协方差描述了两个随机变量间的正负线性相关性，是有量纲的量；而对协方差除以相同量纲的量，可得到标准化变量的协方差——相关系数。

定义 3.3.5 设（X，Y）是一个二维随机变量，且 $Var(X) = \sigma_X^2 > 0$，$Var(Y) = \sigma_Y^2 > 0$，称

$$\rho_{XY} = Corr(X, Y) = \frac{Cov(X, Y)}{\sqrt{Var(X)}\sqrt{Var(Y)}} = \frac{Cov(X, Y)}{\sigma_X \sigma_Y} \tag{3.3-14}$$

为 X 与 Y 的（线性）**相关系数**。

相关系数可以理解为正规化的协方差，故而 $-1 \leqslant Corr(X, Y) \leqslant 1$，它反映了 X 与 Y 之间线性关系的强弱，若 $Corr(X, Y) = 0$，意味着 X 与 Y 不相关，二者之间没有线性关系；若 $Corr(X, Y) = 1$，则 X 与 Y 完全正相关，$Corr(X, Y)$ 取 -1，则 X 与 Y 完全负相关。

3.3.4 协方差矩阵

n 维随机向量的数学期望是各分量的数学期望组成的向量，而其方差是各分量的方差与协方差组成的矩阵，其对角线上的元素就是方差，非对角线元素是协方差。以下我们以矩阵的形式给出 n 维随机变量的数学期望与方差。

定义 3.3.6　记 n 维随机向量为 $X=(X_1, X_2, \cdots, X_n)'$，若其每个分量的数学期望都存在，则称

$$E(X)=(E(X_1), E(X_2), \cdots, E(X_n))'$$

为 n 维随机向量 X 的数学期望向量。称

$$E[(X-E(X))(X-E(X))']$$
$$=\begin{pmatrix} Var(X_1) & Cov(X_1, X_2) & \cdots & Cov(X_1, X_n) \\ Cov(X_2, X_1) & Var(X_2) & \cdots & Cov(X_2, X_n) \\ \vdots & \vdots & & \vdots \\ Cov(X_n, X_1) & Cov(X_n, X_2) & \cdots & Var(X_n) \end{pmatrix}$$

为该随机向量的方差-协方差矩阵，简称协方差阵，记为 $Cov(X)$。

3.4　贝叶斯规则

我们时常会遇到这种情况，已知 $P(A \mid B)$，而我们需要的是 $P(B \mid A)$，在知道 $P(B)$ 的情况下，我们可以利用贝叶斯规则来进行求解。

定义 3.4.1　贝叶斯公式

设 $B_1, B_2, \cdots, B_n$ 是样本空间 Ω 的一个分割，即 $B_1, B_2, \cdots, B_n$ 互不相容，且 $\bigcup_{i=1}^{n}=\Omega$，如果 $P(A)>0$，$P(B_i)>0$，$i=1, 2, \cdots, n$，则：

$$P(B_i \mid A)=\frac{P(B_i)P(A \mid B_i)}{\sum_{j=1}^{n} P(B_j)P(A \mid B_j)}, \quad i=1, 2, \cdots, n \tag{3.4-1}$$

证明　由条件概率的定义：

$$P(B_i \mid A)=\frac{P(AB_i)}{P(A)}$$

对上式的分子用乘法公式、分母用全概率公式：

$$P(AB_i)=P(B_i)P(A \mid B_i)$$

$$P(A)=\sum_{j=1}^{n} P(B_j)P(A \mid B_j)$$

即得：

$$P(B_i \mid A)=\frac{P(B_i)P(A \mid B_i)}{\sum_{j=1}^{n} P(B_j)P(A \mid B_j)}$$

在贝叶斯公式中，如果称 $P(B_i)$ 为 B_i 的先验概率，称 $P(B_i \mid A)$ 为 B_i 的后验概率，则贝叶斯公式是专门用于计算后验概率的，也就是通过 A 发生这个新信息，对 B_i 的概率做出修正。下面例子可说明这一点。

例 3.4.1[1]　伊索寓言“孩子与狼”讲的是一个小孩每天到山上放羊，山里有狼出没，如果有狼来，小孩需要求救。第一天，小孩在山上喊：“狼来了！狼来了！”山下的村民闻声便去打狼，可到山上，发现狼没有来；第二天仍是如此；第三天，狼真的来了，可无论小孩怎么叫喊，也没有人来救他，因为前两次他说了谎，人们不再相信他了。

现在用贝叶斯公式来分析此寓言中村民对这个小孩信任程度的下降过程。

首先记事件 A 为“小孩说谎”，记事件 B 为“小孩可信”。不妨设村民过去对这个小孩的印象为

$$P(B)=0.8 \quad P(\overline{B})=0.2$$

现用贝叶斯公式求 $P(B\mid A)$，也就是这个小孩说了一次谎后，村民对他信任程度的改变。

在贝叶斯公式中我们要用到概率 $P(A\mid B)$ 和 $P(A\mid \overline{B})$，这两个概率的含义是：前者为“可信”(B) 的孩子“说谎”(A) 的可能性，后者为“不可信”($\overline{B}$) 孩子“说谎”(A) 的可能性。不妨设：

$$P(A\mid B)=0.1 \quad P(A\mid \overline{B})=0.5$$

第一次村民上山打狼，发现狼没有来，即小孩说了谎 (A)。村民根据这个信息，对这个小孩的信任程度改变为（用贝叶斯公式）

$$P(B\mid A)=\frac{P(B)\,P(A\mid B)}{P(B)\,P(A\mid B)+P(\overline{B})\,P(A\mid \overline{B})}=\frac{0.8\times 0.1}{0.8\times 0.1+0.2\times 0.5}=0.444$$

这表明村民上了一次当后，对这个小孩的信任程度由原来的 0.8 调整为 0.444，也就是：

$$P(B)=0.444 \quad P(\overline{B})=0.556$$

在此基础上，我们再一次用贝叶斯公式来计算 $P(B\mid A)$，也就是这个小孩第二次说谎后，村民对他的信任程度改变为

$$P(B\mid A)=\frac{0.444\times 0.1}{0.444\times 0.1+0.556\times 0.5}=0.138$$

这表明村民们经过两次上当，对这个小孩的信任程度已经从 0.8 下降到了 0.138，如此低的信任度，村民听到第三次呼叫时怎么会再上山打狼呢？

3.5 最大似然估计

最大似然估计（MLE，Maximum Likelihood Estimation）最早是由德国数学家高斯（Gauss）在 1821 年针对正态分布提出的，由费希尔在 1922 年再次提出了这种想法并证明了一些性质而使得最大似然法得到了广泛的应用。在机器学习领域，为了能够有效地计算和表达样本出现的概率，通常假设面向同一任务的样本服从相同且带有某些参数的概率分布。如果能够求出样本概率分布的所有未知数，就可以使用该分布对样本进行分析。

最大似然估计是一种基于概率最大化的概率分布参数估计方法，其基本思想是：将当前已出现的样本看成一个已发生事件；既然该事件已经出现就可假设其出现的概率最大，因此样本概率分布的参数估计值应使得该事件出现的概率最大。

对于离散型样本总体 X，其分布律 $P\{X=x\}=p(x;\theta)$ 的形式已知，θ 为待估参数，$\theta\in\Theta$，Θ 为 θ 可能取值的范围；设 X_1，X_2，…，X_n 是来自 X 的样本，则 X_1，X_2，…，X_n 的联合分布律为一个概率值的多项积 $\prod_{i=1}^{n} p(x_i;\theta)$。

又设 x_1，x_2，…，x_n 是相应于样本 X_1，X_2，…，X_n 的一个样本值，易知样本 X_1，

X_2，…，X_n 取到观察值 x_1，x_2，…，x_n 的概率，即事件 $\{X_1=x_1, X_2=x_2, \cdots, X_n=x_n\}$ 发生的概率为：

$$L(\theta)=L(x_1, x_2, \cdots, x_n; \theta)=\prod_{i=1}^{n} p(x_i; \theta), \theta \in \Theta \tag{3.5-1}$$

这一概率随 θ 的变化而变化，是 θ 的函数，$L(\theta)$ 称为样本的似然函数。（注：x_1，x_2，…，x_n 是已知样本，均为常数。）

关于似然估计，可有直观的想法：(1) 现在已经得到一个样本值了，表明取到这个样本值的概率比较大；(2) 不要考虑那些不能使已得到样本值出现的 $\theta \in \Theta$ 作为 θ 的估计；(3) 如果已知 $\theta=\theta_0 \in \Theta$ 使 $L(\theta)$ 取很大的值，而 Θ 中的其他 θ 使 $L(\theta)$ 取很小的值，自然应认为取 θ_0 作为未知参数 θ 的估计值较为合理。

定义 3.5.1 固定样本观察值 x_1，x_2，…，x_n，在 θ 取值的可能范围 Θ 内挑选使似然函数 $L(\theta)$ 达到最大的参数值 $\hat{\theta}$，作为参数 θ 的估计值，即取 $\hat{\theta}$ 使：

$$L(x_1, x_2, \cdots, x_n; \hat{\theta})=\max_{\theta \in \Theta} L(x_1, x_2, \cdots, x_n; \theta) \tag{3.5-2}$$

这样得到的 $\hat{\theta}$ 与样本值 x_1，x_2，…，x_n 有关，记为 $\hat{\theta}(x_1, x_2, \cdots, x_n)$，称为参数 θ 的最大似然估计值，而相应的统计量 $\hat{\theta}(X_1, X_2, \cdots, X_n)$ 为最大似然估计量。

对于连续型样本总体 X，其概率密度 $f(x; \theta)$ 的形式已知，θ 为待估参数，$\theta \in \Theta$，Θ 为 θ 可能取值的范围；设 X_1，X_2，…，X_n 是来自 X 的样本，则 X_1，X_2，…，X_n 的联合概率密度为一个概率密度的多项积 $\prod_{i=1}^{n} f(x_i; \theta)$。

又设 x_1，x_2，…，x_n 是相应于样本 X_1，X_2，…，X_n 的一个样本值，则随机点 $(X_1, X_2, \cdots, X_n)$ 落在点 x_1，x_2，…，x_n 的邻域内的概率近似为 $\prod_{i=1}^{n} f(x_i; \theta)\mathrm{d}x_i$；取 θ 的估计值 $\hat{\theta}$ 使此概率达到最大值，但因子 $\prod_{i=1}^{n} \mathrm{d}x_i$ 不随 θ 而变，因此只需考虑以下函数的最大值：

$$L(\theta)=L(x_1, x_2, \cdots, x_n; \theta)=\prod_{i=1}^{n} f(x_i; \theta), \theta \in \Theta \tag{3.5-3}$$

$L(\theta)$ 称为样本的似然函数。若：

$$L(x_1, x_2, \cdots, x_n; \hat{\theta})=\max_{\theta \in \Theta} L(x_1, x_2, \cdots, x_n; \theta) \tag{3.5-4}$$

则称 $\hat{\theta}(x_1, x_2, \cdots, x_n)$ 参数 θ 的最大似然估计值，而相应的统计量 $\hat{\theta}(X_1, X_2, \cdots, X_n)$ 为最大似然估计量。

有了最大似然函数后，确定最大似然估计量就可以通过求导并解方程得到：

$$\frac{\mathrm{d}}{\mathrm{d}\theta}L(\theta)=0 \tag{3.5-5}$$

又因为 $L(\theta)$ 与 $\ln L(\theta)$ 在同一 θ 处取到极值，因此 θ 的最大似然估计也可通过如下方程解得：

$$\frac{\mathrm{d}}{\mathrm{d}\theta}\ln L(\theta)=0 \tag{3.5-6}$$

采用方程（3.5-6）比（3.5-5）往往求解更方便，称（3.5-6）为对数似然方程。

另外，最大似然估计有一个简单而有用的性质：如果 $\hat{\theta}$ 是 θ 的最大似然估计，则对任

意函数 $g(\theta)$，$g(\hat{\theta})$ 是其最大似然估计。该性质称为最大似然估计的不变性，从而使一些复杂参数的最大似然估计获得更容易。

3.6 熵和互信息

人们收到消息后，如果有很多原来不知道的新内容会感到获得了很多信息，而如果很多内容已经知道，得到的信息就不多；所以信息可以度量，而且消息的信息量不仅与可能值的个数有关，还与消息本身的不确定性有关。例如，抛掷一枚硬币，如果正面向上的可能性是 90%，那么当我们得知抛掷结果是反面时得到的信息量会比得知抛掷结果是正面时得到的信息量大。一个消息之所以会含有信息，正是因为它具有不确定性。用数学的语言表达，不确定性就是随机性，具有不确定性的事件就是随机事件。事件发生的不确定性与事件发生的概率大小有关，概率越小，不确定性越大，事件发生以后所含有的信息量就越大。因此随机事件的自信息量 $I(x_i)$ 是该事件发生概率 $p(x_i)$ 的函数[3]。

3.6.1 自信息

定义 3.6.1 随机事件的自信息量定义为该事件发生概率的对数的负值。设事件 x_i 的概率为 $p(x_i)$，则它的自信息量定义为：

$$I(x_i)=-\log p(x_i)=\log\frac{1}{p(x_i)} \tag{3.6-1}$$

$I(x_i)$ 代表两种含义：事件 x_i 发生前，表示事件 x_i 发生的不确定性的大小；事件 x_i 发生后，表示事件 x_i 所含有的信息量。

自信息的单位与所用对数的底有关。通常取对数的底为 2，信息量的单位为比特（bit，binary unit）。比特是信息量的最小单位，二进制数的一位所包含的信息就是一比特，如二进制数 0100 就是 4 比特。若取自然对数（以 e 为底），自信息量的单位为奈特（nat，natural unit），$1\text{nat}=\log_2 e\,\text{bit}=1.443\text{bit}$。工程上用以 10 为底较方便，则自信息量的单位为哈特莱（Hartley），用来纪念哈特莱首先提出用对数来度量信息；$1\text{Hartley}=\log_2 10\text{bit}=3.322\text{bit}$。如果取以 r 为底的对数（$r>1$），则 $I(x_i)=-\log_r p(x_i)$，r 进制单位，$1r$ 进制单位$=\log_2 r\,\text{bit}$。

例 3.6.1[3] （1）英文字母中“a”出现的概率为 0.064，“c”出现的概率为 0.022，分别计算他们的自信息量。

（2）假定前后字母出现是互相独立的，计算“ac”的自信息量。

（3）假定前后字母出现不是互相独立的，当“a”出现以后，“c”出现的概率为 0.04，计算“a”出现以后，“c”出现的自信息量。

解 （1）$I(\text{a})=-\log 0.064=3.966\text{bit}$

$I(\text{c})=-\log 0.022=5.506\text{bit}$

（2）由于前后字母出现互相独立，则“ac”出现的概率为 0.064×0.022，其自信息量为：

$I(\text{ac})=-\log_2(0.064\times 0.022)=-(\log_2 0.064+\log_2(0.022))=I(\text{a})+I(\text{c})=9.472\text{bit}$

即两个相对独立事件的自信息量满足可加性，也就是两个相对独立事件的积事件所提供的信息量应等于他们分别提供的信息量之和。

(3)"a"出现的条件下,"c"出现的概率变大,不确定性变小。

$$I(\mathrm{c} \mid \mathrm{a}) = -\log 0.04 = 4.644\mathrm{bit}$$

3.6.2　熵及其性质

因自信息 $I(X)$ 仍然是概率空间 $\{X, \mathscr{F}, P_X(x)\}$ (X 是样本空间,$\mathscr{F}$ 是事件域,$P_X(x)$ 为样本空间 X 上的概率函数)上的随机变量,故还不能作为整个信源 X 的信息度量。为消除随机性,于是引入平均自信息或信息熵的概念。

假设随机变量 X 有 q 个可能的取值 x_i,$i=1, 2, \cdots, q$,各种取值出现的概率为 $p(x_i)$,$i=1, 2, \cdots, q$,它的概率空间表示为

$$\begin{bmatrix} X \\ P(X) \end{bmatrix} = \begin{bmatrix} X=x_1 & \cdots & X=x_i & \cdots & X=x_q \\ p(x_1) & \cdots & p(x_i) & \cdots & p(x_q) \end{bmatrix}$$

需要注意,$p(x_i)$ 满足概率空间的基本特性:非负性($0 \leqslant p(x_i) \leqslant 1$)和完备性($\sum_{i=1}^{q} p(x_i) = 1$)。

定义 3.6.2　在概率空间 $\{X, P(x)\}$ 上,随机变量 X 每一个可能取值的自信息 $I(x_i)$ 的数学期望,定义为信源 X 的**平均自信息量**:

$$E[I(x_i)] = \sum_{i=1}^{q} p(x_i) I(x_i) = -\sum_{i=1}^{q} p(x_i) \log p(x_i) \tag{3.6-2}$$

平均自信息量又称为**信息熵**、**信源熵**、**Shannon 熵**,简称为**熵**,记为 $H(X)$。且把:

$$H_D(X) = -\sum_{i=1}^{q} p(x) \log_D p(x) = H(X) \log_D 2 \tag{3.6-3}$$

称为信源 X 的 D 进熵,当 $D=2$ 时就是 $H(X)$。

熵 $H(X)$ 表明了 X 中事件发生的平均不确定性。还可以用 $H(p)$ 来表示熵,即

$$H(X) = -\sum_{i=1}^{q} p_i \log p_i = H(p_1, p_2, \cdots, p_q) = H(p) \tag{3.6-4}$$

一个随机变量的不确定性可以用熵来表示,现把这一概念推广到多元随机变量的情形,即将条件自信息与联合自信息也进行平均。

定义 3.6.3　设二元随机变量 XY 的概率空间表示为

$$\begin{bmatrix} XY \\ P\ (XY) \end{bmatrix} = \begin{bmatrix} x_1 y_1 & \cdots & x_i y_j & \cdots & x_n y_m \\ p\ (x_1 y_1) & \cdots & p\ (x_i y_j) & \cdots & p\ (x_n y_m) \end{bmatrix}$$

其中,$p(x_i y_j)$ 满足概率空间的非负性和完备性。

二元随机变量 XY 的**联合熵**定义为联合自信息的数学期望:

$$H(XY) = \sum_{i=1}^{m} \sum_{j=1}^{m} p(x_i y_j) I(x_i y_j) = -\sum_{i=1}^{n} \sum_{j=1}^{m} p(x_i y_j) \log p(x_i y_j) \tag{3.6-5}$$

考虑在给定 $X=x_i$ 的条件下,随机变量 Y 的不确定性为

$$H(Y \mid x_i) = -\sum_{j} p(y_j \mid x_i) \log p(y_j \mid x_i) \tag{3.6-6}$$

由于对不同的 x_i,$H(Y \mid x_i)$ 是变化的,因此对 $H(Y \mid x_i)$ 的所有可能性进行统计平均,就得到给定 X 时 Y 的**条件熵** $H(Y \mid X)$。

定义 3.6.4 条件熵定义为：

$$H(Y \mid X)=\sum_{i} p(x_i)H(Y \mid x_i)=-\sum_{i}\sum_{j} p(x_i)p(y_j \mid x_i)\log p(y_j \mid x_i)$$
$$=-\sum_{i}\sum_{j} p(x_i y_j)\log p(y_j \mid x_i) \tag{3.6-7}$$

其中，$H(Y \mid X)$ 表示已知 X 时，Y 的平均不确定性。

同理

$$H(X \mid Y)=-\sum_{i}\sum_{j} p(x_i y_j)\log p(x_i \mid y_j) \tag{3.6-8}$$

下面给出各类熵之间的关系，证明可读者自行完成。

(1) 联合熵与信息熵、条件熵的关系：

$$H(XY)=H(X)+H(Y \mid X) \tag{3.6-9}$$

同理推广到 N 个随机变量的情况得到熵函数的链式法则，即

$$H(X_1X_2\cdots X_N)=H(X_1)+H(X_2 \mid X_1)+\cdots+H(X_N \mid X_1X_2\cdots X_{N-1}) \tag{3.6-10}$$

(2) 条件熵与信息熵的关系：

$$H(X \mid Y)\leqslant H(X)$$
$$H(Y \mid X)\leqslant H(Y)$$

(3) 联合熵和信息熵的关系：

$$H(XY)\leqslant H(X)+H(Y)$$

当 X、Y 相互独立时，等号成立。

3.6.3 互信息与相对熵

为了使自信息具有更加广泛的意义，定义事件的互自信息的概念。

定义 3.6.5 一个事件 y_j 发生所给出另一个事件 x_i 的信息定义为互信息，用 $I(x_i;y_j)$ 表示。

$$I(x_i;y_j)=I(x_i)-I(x_i \mid y_j)=\log\frac{p(x_i \mid y_j)}{p(x_i)} \tag{3.6-11}$$

互信息 $I(x_i;y_j)$ 是已知事件 y_j 后消除的关于 x_i 的不确定性，它等于事件 x_i 本身的不确定性 $I(x_i)$ 减去已知事件 y_j 后对 x_i 仍然存在的不确定性 $I(x_i \mid y_j)$。互信息的引出，使信息的传递得到了定量的表示。

事件的互自信息有可能是负的。以下列出事件互自信息 $I(x;y)$ 的性质：

性质 3.6.1（对称性） $I(x;y)=I(y;x)$

证明 由互信息的定义有

$$I(x;y)=\log\frac{p(x \mid y)}{p_X(x)}=\log\frac{p(x \mid y)p_Y(y)}{p_X(x)p_Y(y)}$$
$$=\log\frac{p(x,y)}{p_X(x)}\cdot\frac{1}{p_Y(y)}=\log\frac{p(y \mid x)}{p_Y(y)}$$
$$=I(y;x)$$

性质 3.6.2 $I(x;y)\leqslant\min\{I(x),I(y)\}$

事实上，因为 $I(x;y)=\log p(x \mid y)+I(x)$，而条件概率 $p(x \mid y)$ 的最大值为 1，

故总有 $\log p(x \mid y) \leqslant 0$，故有 $I(x;y) \leqslant I(x)$。再由性质 3.6.1 知，有 $I(x;y) \leqslant I(y)$，从而得到 $I(x;y) \leqslant \min\{I(x), I(y)\}$。

性质 3.6.3　若 X 与 Y 相互独立，则 $I(x;y)=0$。

实际上，有 $p(x \mid y)=p_X(x)$，故有 $I(x;y)=0$。

由于事件的互自信息仍然是随机变量，为了消除随机性，应求数学期望，故导出平均互信息，简称为互信息。

定义 3.6.6　设有 $\{(X, Y), \mathbb{X}\times\mathbb{Y}, p(x, y)\}$，相应的边缘分布律为 $X \sim p_X(x)$，$x\in\mathbb{X}$ 与 $Y\sim p_Y(y)$，$y\in\mathbb{Y}$，随机变量 $I(x;y)$ 关于 $p(x, y)$ 的数学期望为

$$\begin{aligned} I(X;Y) &= \sum_{x\in\mathbb{X}}\sum_{y\in\mathbb{Y}} p(x, y)\log\frac{p(x \mid y)}{p_X(x)} \\ &= \sum_{x\in\mathbb{X}}\sum_{y\in\mathbb{Y}} p(x, y)\log\frac{p(x, y)}{p_X(x)p_Y(y)} \end{aligned} \tag{3.6-12}$$

称为 X 与 Y 的互信息。

相对熵可以度量两个概率分布 $p(x)$ 和 $q(x)$ 的距离。

定义 3.6.7　设有定义在 $\mathbb{X}$ 上的两个概率分布 $p(x)$ 与 $q(x)$，$x\in\mathbb{X}$，它们的相对熵为：

$$D[p(x)\,\|\,q(x)] = \sum_{x\in\mathbb{X}} p(x)\log\frac{p(x)}{q(x)} = E_{p(x)}\left[\log\frac{p(X)}{q(X)}\right] \tag{3.6-13}$$

其中 $E_{p(x)}[\cdot]$ 表示以概率分布 $p(x)$ $(x\in\mathbb{X})$ 来平均，并规定：$0\log\dfrac{0}{q(x)}=0$，$p(x)\log\dfrac{p(x)}{0}=+\infty$。

相对熵也被称为**信息散度**或 **KL 散度**（Kullback-Leibler），与通常的距离定义不同，它是不对称的，即 $D(p(x)\,\|\,q(x)] \neq D[q(x)\,\|\,p(x)]$，而且也不满足三角不等式。

在信息理论中，$D[P\,\|\,Q]$ 是用来度量使用基于 Q 的编码来编码来自 P 的样本平均所需的额外的比特个数。在优化问题中，若 P 表示随机变量的真实分布，Q 表示理论或拟合分布，$D[P\,\|\,Q]$ 被称为前向 KL 散度，$D[Q\,\|\,P]$ 被称为后项 KL 散度。

另外互信息 $I(X;Y)$ 就是联合分布律 $p(x, y)$ 与两个概率分布 $p_X(x)$ 和 $p_Y(y)$ 的乘积分布 $p_X(x)\,p_Y(y)$ 的相对熵，即有

$$\begin{aligned} I(X;Y) &= D[p(x, y)\,\|\,p_X(x)p_Y(y)] \\ &= \sum_{x\in\mathbb{X}}\sum_{y\in\mathbb{Y}} p(x, y)\log\frac{p(x, y)}{p_X(x)p_Y(y)} \end{aligned} \tag{3.6-14}$$

3.7　微分熵

3.7.1　连续信源的微分熵

前面已了解离散随机变量的熵，现考虑随机变量为连续情况。从离散随机变量的熵到连续随机变量的熵，一方面涉及数学上的处理问题，一方面涉及不确定性概念本身。

离散随机变量 $X \sim p_X(x)$，$x \in \mathbb{X}$的熵定义为 $H(X) = -\sum_{x \in \mathbb{X}} p_X(x) \log p_X(x)$。由于$\mathbb{X}$是有限的，故熵是存在的。但当$\mathbb{X}$无限时，即求和无穷时，就会遇到级数的收敛性问题，熵就未必存在。尤其当随机变量 X 的取值为连续分布时，按离散随机变量熵的概念导出的熵必定发散，即趋于无穷大。实际上，设 X 是实值的连续随机变量，概率密度函数为 $p(x)$，$x \in R$，对 R 取离散样本：$X_n = \frac{k}{2^n}$，当$\frac{k}{2^n} < X \leqslant \frac{k+1}{2^n}$，$k=0$，$\pm 1$，$\pm 2$，…时，记概率 $p_{n,k} = P\left\{\frac{k}{2^n} < X \leqslant \frac{k+1}{2^n}\right\} = \int_{\frac{k}{2^n}}^{\frac{k+1}{2^n}} p(x) dx = p(x) \cdot \frac{1}{2^n}$，且有$\frac{k}{2^n} \leqslant x_k \leqslant \frac{k+1}{2^n}$，故 X_n 的熵为

$$\begin{aligned} H(X_n) &= -\sum_{k=-\infty}^{+\infty} p_{n,k} \log p_{n,k} \\ &= -\sum_{k=-\infty}^{+\infty} p(x_k) \cdot \frac{1}{2^n} \log p(x_k) + n \sum_{k=-\infty}^{+\infty} p(x_k) \cdot \frac{1}{2^n} \end{aligned}$$

当 $n \to +\infty$，即$\frac{1}{2^n} \to 0$ 时，就有

$$\begin{aligned} \lim_{n \to \infty} H(X_n) &= \lim_{n \to +\infty} \left\{-\sum_{k=-\infty}^{+\infty} p(x_k) \log p(x_k) \cdot \frac{1}{2^n} + n\left(\sum_{k=-\infty}^{+\infty} p(x_k) \cdot \frac{1}{2^n}\right)\right\} \\ &= -\int_{-\infty}^{+\infty} p(x) \log p(x) \mathrm{d}x + \lim_{n \to +\infty} n \cdot \int_{-\infty}^{+\infty} p(x) \mathrm{d}x \\ &= -\int_{-\infty}^{+\infty} p(x) \log p(x) \mathrm{d}x + \lim_{n \to +\infty} n \end{aligned}$$

因 $\lim_{n \to +\infty} n$ 总是无穷大，故若按离散随机变量熵的概念，连续随机变量的熵总是无穷大；但是 $-\int_{-\infty}^{+\infty} p(x) \log p(x) \mathrm{d}x$ 这一项存在一定的意义与价值，因此**香农**给出微分熵的定义。

定义 3.7.1 设连续随机变量 X 具有密度函数 $p(x)$，则 X 的**微分熵**为

$$\begin{aligned} h(X) &= -\int_R p(x) \log p(x) \mathrm{d}x \\ &= -\int_{-\infty}^{+\infty} p(x) \log p(x) \mathrm{d}x \end{aligned} \tag{3.7-1}$$

例 3.7.1[4] 令 X 是在区间（α，β）上为均匀分布的随机变量，求 X 的熵。

解 已知 x 的概率密度为

$$p(x) = \begin{cases} \frac{1}{\beta - \alpha}, & x \in (\alpha, \beta) \\ 0, & x \notin (\alpha, \beta) \end{cases}$$

代入（3.7-1），得

$$h(x) = -\int_{\alpha}^{\beta} \frac{1}{\beta - \alpha} \ln \frac{1}{\beta - \alpha} \mathrm{d}x = \ln(\beta - \alpha)(\text{nat})$$

注意，由于连续变量的微分熵略去了一个正的无穷大项，故而不具有非负性；例如，当 $\beta - \alpha < 1$ 时，就有 $h(X) < 0$。

例 3.7.2[3] 令 X 服从均值为 μ，方差为 σ^2 的正态分布，求它的熵。

解　已知正态分布 X 的密度函数为

$$p(x)=\frac{1}{\sqrt{2\pi\sigma}}\exp\left[-\frac{1}{2\sigma^2}(x-\mu)^2\right]$$

代入式（3.7-1）得

$$h(X)=-\int_{-\infty}^{+\infty}p(x)\left[\ln\frac{1}{\sqrt{2\pi\sigma}}-\frac{1}{2\sigma^2}(x-\mu)^2\right]\mathrm{d}x=\ln\sqrt{2\pi\sigma}+\frac{1}{2}$$

$$=\frac{1}{2}\ln 2\pi\mathrm{e}\sigma^2(\mathrm{nat})$$

易知正态分布的微分熵视 σ^2 的大小可正、可负，且与数学期望无关。

虽然连续变量的微分熵在形式上于离散信源的熵很相似，且满足可加性，但二者在概念上有着一定的差别；前者的值不仅可取负值，且在变换下的取值可能也会改变。因此微分熵也不能像离散信源熵那样作为集合中事件出现的不确定性度量，但可作为不确定程度的一种"相对"度量，在连续集的研究中仍能起到重要作用。

将微分熵的概念推广到多元随机变量的情形，则可给出联合微分熵与条件微分熵的定义。

定义 3.7.2　设有连续随机变量 X 和 Y，联合概率密度 $p(x,y)$，边缘概率密度分别为 $p_X(x)$ 与 $p_Y(y)$，条件概率密度分别为 $p(y\mid x)$ 与 $p(x\mid y)$，$x\in R$，$y\in R$，则 XY 的**联合微分熵**为

$$h(X,Y)=-\iint_{R^2}p(x,y)\log p(x,y)\mathrm{d}x\mathrm{d}y \tag{3.7-2}$$

在给定 $Y=y$ 的条件下，X 的条件微分熵为

$$h(X\mid Y=y)=-\int_R p(x\mid y)\log p(x\mid y)\mathrm{d}x,\ y\in R \tag{3.7-3}$$

由此可得，给定 Y 时，X 的条件微分熵为

$$h(X\mid Y)=-\iint_{R^2}p(x\mid y)\log p(x\mid y)\mathrm{d}x\mathrm{d}y \tag{3.7-4}$$

同理可得，给定 X 时，Y 的条件微分熵为

$$h(Y\mid X)=-\iint_{R^2}p(y\mid x)\log p(y\mid x)\mathrm{d}x\mathrm{d}y \tag{3.7-5}$$

易于证明

$$h(XY)=h(X)+h(Y\mid X)=h(Y)+h(X\mid Y) \tag{3.7-6}$$

类似于离散情况下可以证明

$$h(Y\mid X)\leqslant h(Y)$$

$$h(X\mid Y)\leqslant h(X)$$

当且仅当 X 和 Y 统计独立时，上两式中等号成立。

更一般的，还可定义 n 个连续随机变量的联合微分熵和条件熵按微分熵分别为

$$h(X_1,\cdots,X_n)=-\int_{R^n}p(x_1,\cdots,x_n)\log p(x_1,\cdots,x_n)\mathrm{d}x_1\cdots\mathrm{d}x_n \tag{3.7-7}$$

$$h(X\mid Y_1,\cdots,Y_n)=-\int_{R^{n+1}}p(x\mid y_1,\cdots,y_n)\log p(x\mid y_1,\cdots,y_n)\mathrm{d}x\mathrm{d}y_1\cdots\mathrm{d}y_n \tag{3.7-8}$$

3.7.2 连续信源的相对熵与互信息

前面已介绍离散信源的相对熵与互信息，现介绍在连续随机变量工况下的相对熵与互信息。

定义 3.7.3 设有两个概率密度 $p(x)$ 与 $q(x)$，$x \in R$ 之间的相对微分熵，简称微分熵为：

$$D[p(x) \| q(x)] = \int_R p(x) \log \frac{p(x)}{q(x)} \mathrm{d}x \tag{3.7-9}$$

并规定 $0\log \frac{0}{0} = 0$，只有当 $p(x)$ 的定义域包含于 $q(x)$ 的定义域中时 $D[p(x) \| q(x)] < +\infty$ 才成立。

定义 3.7.4 设 X 与 Y 的联合概率密度为 $p(x, y)$，边缘概率密度分别为 $p_X(x)$ 与 $p_Y(y)$，x，$y \in R$，X 与 Y 的互信息为：

$$\begin{aligned} I(X; Y) &= D[p(x, y) \| p_X(x) p_Y(y)] \\ &= \int_{R^2} p(x, y) \log \frac{p(x, y)}{p_X(x) p_Y(y)} \mathrm{d}x \mathrm{d}y \end{aligned} \tag{3.7-10}$$

则根据互信息、微分熵与条件熵的定义可以得出如下关系：

$$I(X; Y) = h(X) - h(X \mid Y) = h(Y) - h(Y \mid X) = I(Y; X) \tag{3.7-11}$$

可得条件互信息为：

$$I(X; Y \mid Z) = h(X \mid Z) - h(X \mid Y, Z) = h(Y \mid Z) - h(Y \mid X, Z) = I(Y; X \mid Z) \tag{3.7-12}$$

3.8 KL 散度与交叉熵

在机器学习和深度学习中交叉熵和 KL（Kullback-Leibler）散度非常实用，二者都是衡量概率分布或函数之间相似性的度量方法，能够帮助实现准确地学习到数据间的变量关系，还原样本数据概率分布的目的。

3.8.1 KL 散度

KL 散度就是前面介绍的相对熵总结如下：

离散情况下，KL 散度公式为：

$$D[p(x) \| q(x)] = \sum_{x \in \mathbb{X}} p(x) \log \frac{p(x)}{q(x)} = E_{p(x)} \left[\log \frac{p(X)}{q(X)} \right] \tag{3.8-1}$$

连续情况下，KL 散度公式为：

$$D[p(x) \| q(x)] = \int_R p(x) \log \frac{p(x)}{q(x)} \mathrm{d}x \tag{3.8-2}$$

由前面介绍，KL 散度具有一些如下重要性质：

(1) KL 散度与传统意义上的“距离”不同，其不具备对称性，即 $D[p(x) \| q(x)] \neq D[q(x) \| p(x)]$。

(2) 相对熵具有非负性，即 $D[p(x) \| q(x)] \geqslant 0$。

（3）若两个分布函数 $p(x)$ 与 $q(x)$ 相等，则 $D[p(x) \parallel q(x)]=0$。

（4）对于分布函数 $p(x)$ 与 $q(x)$，二者差异越大，则 KL 散度越大；反之，二者的差异越小，KL 散度越小。

解决实际问题时，可以利用性质（2）及性质（4）来度量两个分布的相似性。

3.8.2　交叉熵

定义 3.8.1　设有两个概率分布 $p(x)$ 与 $q(x)$，$H(X)$ 表示随机变量 X 的熵，则称

$$H[p(x),\ q(x)]=H(X)+D[p(x) \parallel q(x)] \tag{3.8-3}$$

为交叉熵（cross-entropy）。注意，此处随机变量 X 若为离散，则 $H(X)$ 是离散信息熵，若为连续，则 $H(X)$ 为对应的微分熵。

首先针对离散情况，对上式进行化简得到：

$$\begin{aligned} H[p(x),\ q(x)] &= H(X)+D[p(x) \parallel q(x)] \\ &= -\sum_{x \in X} p(x)\log p(x)+\sum_{x \in X} p(x)\log \frac{p(x)}{q(x)} \\ &= -\sum_{x \in X} p(x)\log p(x)+\sum_{x \in X} p(x)[\log p(x)-\log q(x)] \\ &= -\sum_{x \in X} p(x)\log q(x) \end{aligned}$$

不难推出，连续情况下有：

$$H[p(x),\ q(x)]=-\int_R p(x)\log q(x)\mathrm{d}x \tag{3.8-4}$$

另外，$H[p(x),\ q(x)]$ 与 $D[p(x) \parallel q(x)]$ 成正比，可知 KL 散度的性质同样适用于交叉熵。因此，交叉熵可以作为两个分布相似性的测度。在深度学习领域里，可以把交叉熵代价函数作为目标函数。

3.9　结构化概率模型

机器学习算法经常涉及多个随机变量的概率分布，但一般不采用概率统计模型来进行计算，因为对于高维数据，无论从计算角度还是统计角度，试图用单个函数直接描述整个联合概率分布一般效率非常低。

在实际应用中，变量之间往往存在很多独立性或近似独立性的假设，即每一个随机变量只和极少数的随机变量相关联；因此可以将一个概率分布拆分为许多因子的乘积形式。下面以朴素贝叶斯作为一个简单的例子进行说明。

例 3.9.1[6]　对于训练数据集（X，C），其中 C 为类别标记，（X_1，X_2，…，X_n）表示特征，朴素贝叶斯假设在给定某一个类别 C 的条件下，各特征之间是独立的，即满足：

$$(X_i \perp X_j) \mid C,\ i,\ j \in \{1,\ 2,\ \cdots,\ n\},\ i \neq j$$

如果采用统计概率模型表示，假设 C 和 X_i 均为二值，则需要（$2^{n+1}-1$）个参数来表示联合概率分布。

下面用因子分解来表示；利用特征之间的条件独立性，我们可将联合概率分布 p（C，

X_1，X_2，…，X_n）表示为：

$$p(C, X_1, X_2, \cdots, X_n) = p(C)\prod_{i=1}^{n} p(X_i \mid C) \tag{3.9-1}$$

可见，假设 C 和 X_i 均为二值的情况下，我们只需要（$2\times n+1$）个参数，且参数空间与变量是线性关系。由此不难得出结论：因子分解可以极大程度地描述联合概率分布的参数数量，如果能够找到一种使得每个因子分布具有较少变量的分解方法，则可以提高求联合概率分布的效率。

结构化概率模型（**structured probabilistic model**），又称**图模型**（**graphical model**），就是一种用图结构来表示联合概率分布的因子分解。根据变量之间的独立性假设，通过图结构将概率模型可视化，使得复杂分布中变量之间的关系可被观察到，同时将复杂的概率计算体现为图上的信息传递过程，从而无需关注太多的复杂表达式。接下来分别介绍结构化概率模型的两种主要模型，有向模型和无向模型。

3.9.1 贝叶斯网络

有向模型，也称为贝叶斯网络，是一个有向无环图（无回路的有向图），通常记为 G，它的每一个节点 X_i 表示一个随机变量，连接两个随机变量的有向边表示随机变量之间的依赖关系，即有向边 $X_i \rightarrow X_j$ 表示随机变量 X_i 对随机变量 X_j 的影响。下面给出一些基本的变量表示。图 3.9-1 展示了一个典型的贝叶斯网络。

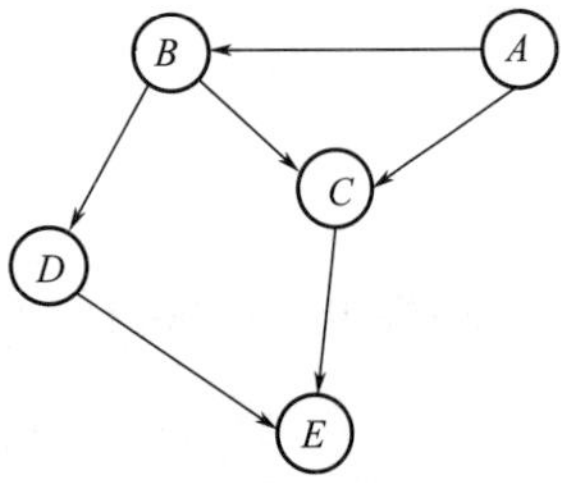

图 3.9-1 贝叶斯网络示例

- $P_{aG}(X_i)$：表示节点 X_i 在 G 中的所有父亲节点集合；
- $NonDescendants_{X_i}$：表示节点 X_i 在 G 中的所有非后代节点集合（不包括父亲节点）。

定义 3.9.1 局部马尔可夫独立性断言

对于任意给定的贝叶斯网络 G，对每一随机变量 X_i，满足：

$$X_i \perp NonDescendants_{X_i} \mid P_{aG}(X_i)$$

即对于任意的随机变量 X_i，在给定父亲节点结合的条件下，X_i 与其非后代节点条件独立。由贝叶斯网络 G 的局部独立性断言所导出的所有条件独立性集合，记为 I_l（G）。

如图 3.9-1 所示的贝叶斯网络，对于随机变量 C，父亲节点集合为 $P_{aG}(X_i) = \{A, B\}$，非后代节点为 $NonDescendants_C = \{D\}$。由局部马尔可夫独立性，有 $(C\perp D)\mid \{A, B\} \Leftrightarrow p(C \mid A, B) = p(D \mid A, B)$。观察每一个随机变量，得到的所有条件独立性构成的集合就是 $I_l(G)$。

利用贝叶斯网络蕴含的独立性可以将一个复杂的联合概率分布简化为因子乘积。

定义 3.9.2 令 G 是定义在随机变量集合 X_1，X_2，…，X_n 上的贝叶斯网络，P 是定义在随机变量 X_1，X_2，…，X_n 上的概率分布，且满足 $I_l(G)\subseteq I(P)$，则随机变量 X_1，X_2，…，X_n 的联合概率分布可以表示为：

$$P(X_1, X_2, \cdots, X_n) = \prod_{i=1}^{n} P(X_i \mid P_{aG}(X_i)) \tag{3.9-2}$$

这就是 P 的因子分解，也称为贝叶斯链式法则。单个因子 $P(X_i \mid P_{aG}(X_i))$ 称为条件概率分布或局部概率模型。

例 3.9.2　如图 3.9-1 所示关于随机变量 A，B，C，D，E 的贝叶斯网络，该图对应概率分布，可以将其分解为：

$$p(A, B, C, D, E)=p(A)p(B \mid A)p(C \mid A, B)p(D \mid B)p(E \mid C, D)$$

通过贝叶斯网络可迅速了解随机变量之间的关系以及概率分布的一些性质。

3.9.2　马尔可夫网络

贝叶斯网络的本质是一个有向无环图，但如果随机变量之间的相互影响对称，就可以采用无向图模型表示。无向图模型又称为马尔可夫网络。与贝叶斯网络类似，无向图的每一个节点代表一个随机变量，图的边表示随机变量之间相互影响的关系。为了与有向图有区分，接下来无向图采用 H 表示。

不同于贝叶斯网络，马尔可夫网络两个节点间的影响是一种函数关系，这些函数通常不是任何类型的概率分布。若一个无向图的所有顶点之间均有边连接，则称为团。如果一个子图是团，再加入一个定点之后不是团，则成为最大团。每个团 $C^{(i)}$ 都伴随着一个因子 $\phi^{(i)}(C^{(i)})$。注意此处 $\phi^{i}(C^{(i)})$ 是一个非负函数，不是概率分布。

计算中常期望与贝叶斯网络一样，通过因子的乘积来表示联合概率分布，一方面意味着因子的值越大则随机变量之间越亲密；另一方面，由于无法保证因子 $\phi^{i}(C^{(i)})$ 的和或者积分是 1，需要添加一个归一化常数 Z 来得到归一化的概率分布。以下给出马尔可夫网络基于最大团分解的因子分解定理。

定理 3.9.1　Hammersley-Clifford 定理

定义在随机变量集合 X 上的马尔可夫网络 H，其联合分布 $P(X)$ 表示为

$$P(X)=\frac{1}{Z}\prod_{C}\psi_C(X_C) \tag{3.9-3}$$

其中，C 是 H 中的一个最大团，X_C 是团 C 中所有顶点所对应的随机变量构成的向量，ψ_C 为因子。Z 是归一化常数，写作：

$$Z=\sum_{X}\prod_{C}\psi_C(X_C) \tag{3.9-4}$$

例 3.9.3　如图 3.9-2 所示一个关于 A，B，C，D，E 的马尔可夫网络。

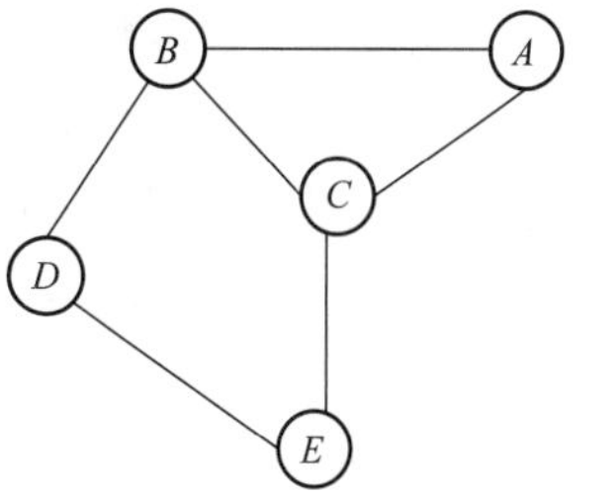

图 3.9-2　马尔可夫网络示例

分析图对应概率分布，首先我们根据定义得到两个最大团 $\{A, B, C\}$ 和 $\{B, C, D, E\}$。

$$p(A, B, C, D, E)=\frac{1}{Z}\psi(A, B, C)\psi(B, C, D, E)$$

课后习题

1[8]．设一台机器有 5 台不同类型的供电设备，每台设备是否被使用相互独立，调查表明在任一时刻 1 台设备被使用的概率为 0.2，求在同一时刻：

（1）恰有 4 台设备被使用的概率是多少？

（2）至少有 3 台设备被使用的概率是多少？

（3）至多有 3 台设备被使用的概率是多少？

（4）至少有 1 台设备被使用的概率是多少？

2[8]．设某工业构件半径参数用随机变量 X 表示，且 $X \sim U(0, 2)$，当给定 $X=x$ 时，随机变量 Y 的条件概率密度为

$$f_{Y|X}(y \mid x)=\begin{cases} x, & 0<y<\dfrac{2}{x} \\ 0, & 其他 \end{cases}$$

（1）求 X 和 Y 的联合概率密度 $f(x, y)$；

（2）求边缘密度 $f_Y(y)$，并画出它的图形；

（3）求 $P\{X>2Y\}$。

3[8]．设某像素图片的像素值用随机变量（X，Y）表示，且（X，Y）具有概率密度

$$f(x, y)=\begin{cases} \dfrac{1}{16}(x+y), & 0 \leqslant x \leqslant 2,\ 0 \leqslant y \leqslant 2 \\ 0, & 其他 \end{cases}$$

求 $E(X)$，$E(Y)$，$Cov(X, Y)$，ρ_{XY}，$D(X+Y)$。

4[8]．通过分析构件数据，我们知道某工厂不完全焊接构件的数量有三种可能：不完全焊接 1%（记为事件 A_1），不完全焊接 10%（记为事件 A_2），不完全焊接 50%（记为事件 A_3），又知道 $P(A_1)=0.75$，$P(A_2)=0.15$，$P(A_3)=0.1$，现在从该工厂随机抽取 3 个构件，发现这 3 个构件完全得到了焊接（记为事件 B），试求 $P(A_1 \mid B)$，$P(A_2 \mid B)$，$P(A_3 \mid B)$（假设工厂构件充分多，取出一个后不影响下一个完全得到焊接的概率）。

5[8]．设 X_1，X_2，…，X_n 是总体的一个样本，x_1，x_2，…，x_n 是相应的样本值，总体的概率密度函数如下

$$f(x)=\begin{cases} \dfrac{1}{\theta}c^{\theta}x^{-(\theta+2)}, & x>c \\ 0, & 其他 \end{cases}$$

求函数中未知参数的最大似然估计值和估计量。

6[9]．一信源有 4 种输出符号 x_i，$i=0, 1, 2, 3$，且 $p(x_i)=1/4$。设信源向信宿发出 x_3，但由于传输中的干扰，接收者收到后，认为其可信度为 0.8。于是信源再次向信宿发送该符号 x_3，信宿无误收到。问信源在两次发送中发出的信息量各是多少？信宿在两次接收中得到的信息量又是多少？

7[9]．求有如下概率密度函数的随机变量的熵

$$f(x)=\frac{1}{\lambda}e^{-\lambda x},\ x \geqslant 0$$

8[9]．有一无记忆信源的符号集为 $\{0, 1\}$，已知信源的概率空间为 $\begin{bmatrix} X \\ P \end{bmatrix}=\begin{bmatrix} 0 & 1 \\ \dfrac{1}{6} & \dfrac{5}{6} \end{bmatrix}$，

求：（1）信源熵；

（2）由 n 个“0”和（$100-n$）个“1”组成的某一特定序列自信息量的表达式；

（3）由 100 个符号组成的符号序列的熵。

答案及代码下载说明：http：//www. cqurcsse. com/leix. php? id=17

参考文献

[1] 茆诗松，程依名，濮晓龙．概率论与数理统计教程［M］．北京：高等教育出版社，2019.

[2] 杨虎，徐建文．概率论基础［M］．北京：高等教育出版社，2016.

[3] 李梅，李亦农，王玉皞．信息论基础教程［M］．北京：北京邮电大学出版社，2015.

[4] 杨孝先，杨坚．信息论基础［M］．合肥：中国科学技术大学出版社，2011.

[5] 王育民，李晖．信息论与编码理论［M］．北京：高等教育出版社，2013.

[6] 黄安埠．深入浅出深度学习：原理剖析与 Python 实践［M］．北京：电子工业出版社，2017.

[7] GOODFELLOW I，BENGIO Y，COURVILLE A. Deep learning，adaptive computation and machine learning series［M］. London：MIT Press，2016.

[8] 周华任．概率论与数理统计习题精解及考研辅导［M］．南京：东南大学出版社，2012.

[9] 李梅，李亦农．信息论基础教程习题解答与实验指导［M］．北京：北京邮电大学出版社，2005.

第4章 数值优化与规划方法

人工智能算法乃至工程智能建造技术中需经常采用一些经典的数值优化和规划方法。优化方法研究的问题是：在众多可能的方案中，哪一种方案最优。优化方法的具体数学思路是首先针对某个优化目标确定一个目标函数，然后求解或搜索这个目标函数的极值，而且求解或搜索过程中还可能受到一些约束条件的限制。以工程结构的设计优化为例，优化的目标是在满足结构安全和使用功能的条件下，结构建造成本最低，则建造成本就是目标函数；优化过程中要不停搜索成本目标函数的极小值，但优化过程还受结构安全和使用功能参数的限制。同时智能建造技术中还需要采用很多路径规划方法，如建造机器人的路径规划和避障算法，建筑中的设备管道与梁柱的避障算法等。本章对一些经典的优化与规划方法进行了介绍，为读者深入学习和研究人工智能算法及其在工程建造中的应用奠定基础。

4.1 拉格朗日乘数法

拉格朗日乘数法是拉格朗日（Lagrange）在1755年提出的方法，是求解条件极值的一种广泛应用的方法，是一种寻找变量受一个或多个条件限制的多元函数极值的方法[1]。此方法将一个有 n 个变量与 k 个约束条件的最优化问题转换为求解 $n+k$ 个变量的方程组的极值问题，方程组中的变量不受任何条件约束。

拉格朗日乘数法解决的问题是：求函数 $f(\boldsymbol{x})=f(x_1, x_2, \cdots, x_n)$ 在多个约束条件 $\varphi_i(\boldsymbol{x})=\varphi(x_1, x_2, \cdots, x_n)=0$ 下的极值问题。求极小值时可简单表达如下：

$$\begin{aligned}&\min f(\boldsymbol{x})\\&\text{s.t.}\ \varphi_i(\boldsymbol{x})=0,\ i=1, 2, \cdots, k\end{aligned} \tag{4.1-1}$$

上式中，$\boldsymbol{x}=\{x_1, x_2, \cdots, x_n\}$ 为函数自变量，n 是 $f(\boldsymbol{x})$ 中自变量的个数；s.t. 是 subject to 的简写，φ_i 代表第 i 个约束方程，其形式一定要为 $\varphi_i(\boldsymbol{x})=0$，不是这种右侧为0的等式时，需通过移项操作以得到 $\varphi_i(\boldsymbol{x})=0$ 的形式；k 代表有 k 个约束条件，也就是有 k 个约束方程。拉格朗日乘数法构造如下的目标函数，称为拉格朗日函数：

$$L(\boldsymbol{x}, \boldsymbol{\lambda})=f(\boldsymbol{x})+\sum_{i=1}^{k}\lambda_i\varphi_i(\boldsymbol{x}) \tag{4.1-2}$$

上式中，$\boldsymbol{\lambda}=\{\lambda_1, \cdots, \lambda_i, \cdots, \lambda_k\}$ 为新引入的自变量，称为拉格朗日乘子。根据上式，由于 $\varphi_i(\boldsymbol{x})=0$，则 $\sum_{i=1}^{k}\lambda_i\varphi_i(\boldsymbol{x})=0$ 也成立，所以上式相当于 $L(\boldsymbol{x}, \boldsymbol{\lambda})=f(\boldsymbol{x})+0$；可见在数值上，求 $L(\boldsymbol{x}, \boldsymbol{\lambda})$ 的极值，就等价于求 $f(\boldsymbol{x})$ 的极值，而要求 $\varphi_i(\boldsymbol{x})=0$ 就能保证这种等价关系成立。把求 $f(\boldsymbol{x})$ 的极值问题，转化为求拉格朗日函数 $L(\boldsymbol{x},\boldsymbol{\lambda})$ 的极值问题后，就去掉了所有的约束，但新的目标函数 $L(\boldsymbol{x},\boldsymbol{\lambda})$ 中多了 k 个自变量 λ_i。对

$L(\boldsymbol{x}, \boldsymbol{\lambda})$ 的所有自变量求偏导并令偏导数为 0，得到如下方程：

$$\begin{cases} \dfrac{\partial f}{\partial x_1} + \sum\limits_{i=1}^{k} \lambda_i \dfrac{\partial \varphi_i}{\partial x_1} = 0 \\ \cdots \\ \dfrac{\partial f}{\partial x_n} + \sum\limits_{i=1}^{k} \lambda_i \dfrac{\partial \varphi_i}{\partial x_n} = 0 \\ \varphi_1(\boldsymbol{x}) = 0 \\ \cdots \\ \varphi_k(\boldsymbol{x}) = 0 \end{cases} \tag{4.1-3a}$$

上式一共为 $n+k$ 个方程组成的方程组，也可简略写为：

$$\begin{cases} \nabla_x f + \sum\limits_{i=1}^{k} \nabla_x \varphi_i = 0 \\ \varphi_i(\boldsymbol{x}) = 0 \end{cases} \tag{4.1-3b}$$

上式中，∇_x 为函数对自变量 x 求偏导的微分算子。由上式可得，拉格朗日乘数法的几何解释是，在极值点处目标函数的梯度是约束函数梯度的线性组合[2]，即 $\nabla_x f = -\sum\limits_{i=1}^{k} \nabla_x \varphi_i$。

根据方程组（4.1-3）分别求得 $\boldsymbol{x} = \{x_1, x_2, \cdots, x_n\}$ 的值，然后代入 $f(\boldsymbol{x})$ 中即可求得极值。需要注意的是，采用拉格朗日乘数法求极值时，需要保证 $f(\boldsymbol{x})$ 和 $\varphi_i(\boldsymbol{x})$ 均一阶可导。另外，采用拉格朗日乘数法得到的极值，其实并不是真正的极值点，而只是一阶导数为 0 的驻点，也就得到的都是极值的可疑点，还需要通过别的方法进一步确定其是否为极值点。

以求二元函数在一个约束条件下的极小值为例。目标函数为 $z = f(x,y)$，约束条件为 $\varphi(x,y) = 0$；先构建拉格朗日函数：

$$L(x, y, \lambda) = f(x, y) + \lambda\varphi(x, y) \tag{4.1-4}$$

先求 $L(x, y, \lambda)$ 的驻点，即通过函数对三个变量 x，y，λ 求偏导得到如下方程组：

$$\begin{cases} L'_x(x, y, \lambda) = f'_x(x, y) + \lambda\varphi'_x(x, y) = 0 \\ L'_y(x, y, \lambda) = f'_y(x, y) + \lambda\varphi'_y(x, y) = 0 \\ L'_\lambda(x, y, \lambda) = \varphi(x, y) = 0 \end{cases} \tag{4.1-5}$$

由上面的方程组解出 x 和 y，则（x，y）就是函数 $z = f(x, y)$ 在条件 $\varphi(x, y) = 0$ 约束下的驻点，然后可根据实际问题确定（x，y）是否为极值点。

由式（4.1-5）的前面两个方程移项可得：

$$\begin{cases} f'_x(x, y) = -\lambda\varphi'_x(x, y) \\ f'_y(x, y) = -\lambda\varphi'_y(x, y) \end{cases} \tag{4.1-6}$$

而 $\nabla f = (f'_x, f'_y)$，$\nabla\varphi = (\varphi'_x, \varphi'_y)$，$\nabla f$ 和 $\nabla\varphi$ 分别为两个函数的梯度，则可得：

$$\nabla f = -\lambda \nabla\varphi \tag{4.1-7}$$

上式的意义是，在 f 取得条件极值点处，f 与 φ 的梯度共线。两个函数在某一点梯度共线，在几何上意味着两个函数的曲线在这一点相切，见图 4.1-1。由图中可见，当两个函数在某一点相切时，其梯度向量在同一直线上，但根据函数曲率方向，两个梯度向量的方向可能相同或完全相反。

在 f 取得条件极值点处，f 与 φ 相切的属性也可以采用直观的几何说明。以求如下的

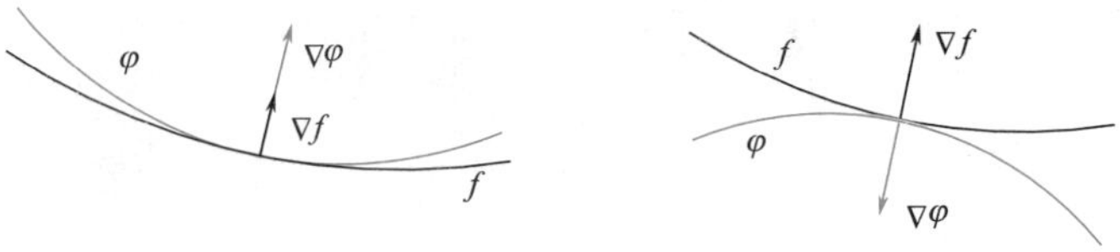

(a) 梯度共线且方向相同　　(b) 梯度共线且方向相反

图 4.1-1　两个函数相切点的梯度方向

二元函数条件极值为例：

$$\min z,\ z=2xy \tag{a}$$

$$\text{s.t.}\ \frac{x^2}{4}+y^2=1 \tag{b}$$

先将式（b）移项得到 $\varphi(x,y)=\frac{x^2}{4}+y^2-1=0$，且上式中 z 就是 $f(x,y)$。图 4.1-2 为本例求解的几何示意图。由图中可见，z 为一个三维双曲面，$\frac{x^2}{4}+y^2=1$ 是一个椭圆柱面。$\frac{x^2}{4}+y^2=1$ 本来是在一个 x-y 平面内的椭圆线，但将这个椭圆方程放到 x-y-z 三维空间中时，由于曲线方程中没有 z 这一项，也就是方程对 z 没有任何要求，z 可任意取值；当 z 取值为 0 时，方程为 x-y 平面内的椭圆线，而当 z 沿 z 轴的正向和负向连续取值时，就形成了三维空间中沿 z 轴的一个椭圆柱面，这个椭圆柱面与曲面 $z=2xy$ 相交后，形成一个空间曲线。求 $z=2xy$ 在 $\frac{x^2}{4}+y^2=1$ 约束下的极值，就要求这个极值点既要落在双曲面 $z=2xy$ 上，也要在落在柱面 $\frac{x^2}{4}+y^2=1$ 上，则这个点只能落在双曲面和柱面的交线上；这就将求双曲面的条件极值问题，转化为求两个空间曲面交线上的极值问题，也就是图 4.1-2（b）中的空间曲线上的极值问题。

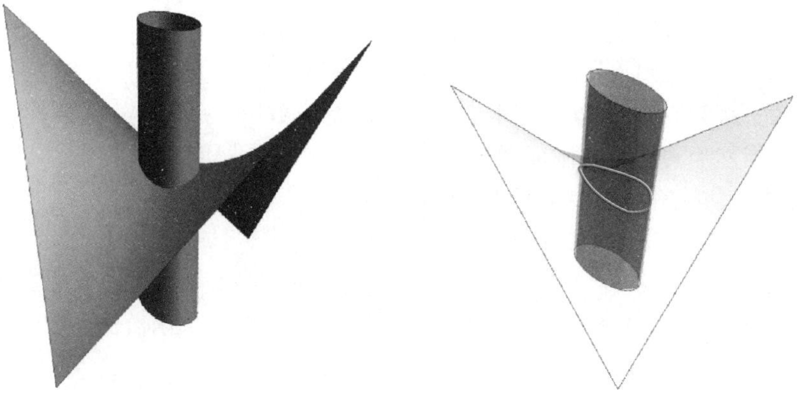

扫码看彩图

(a) 双曲面与柱面相交　　(b) 相交形成的空间曲线

图 4.1-2　两个空间曲面及其相交曲线

设两个空间曲面相交形成的空间曲线为 P；求两个空间曲面交线 P 上的极值，可采用双曲面在 z 轴方向上的等值线由高到低逐渐逼近 P 来得到。任意空间曲面，均可视为沿高度方向连续分布的无穷多条等值线组成。图 4.1-3 为双曲面沿 z 轴方向上的等值线分布示意图；由图中可见，在双曲面 $f(x, y)$ 的等值线由高到低向下连续逼近 P 时，恰好有几条与 P 相切，这几个相切点也正是 P 上的所有极值点；这也从几何上说明了公式（4.1-6）成立的原因。在相切点，等值线也是一个平面曲线，此时 f 在 z 轴上的坐标为一个定值 z_{fixed}，等值线方程为 $2xy-z_{\text{fixed}}=0$；在两个平面方程 $2xy-z_{\text{fixed}}=0$ 和 $\frac{x^2}{4}+y^2-1=0$ 的相切点求法向量，即可发现两个平面方程在切点的法向量共线，这两个法向量即式（4.1-7）中的两个梯度。

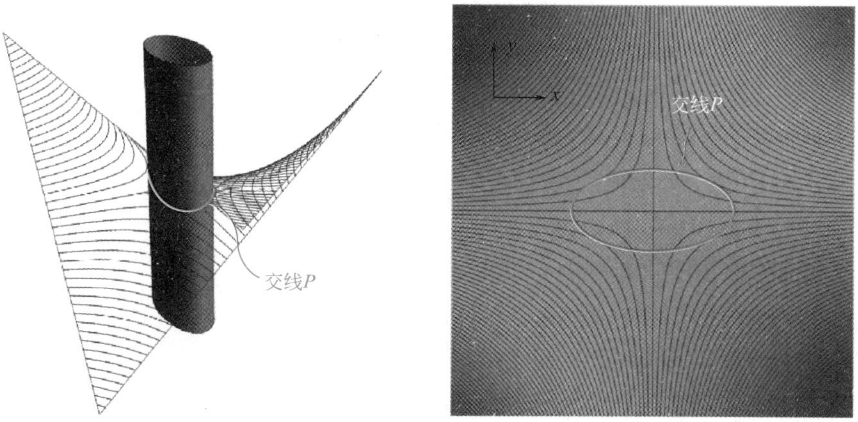

(a) f 的等值线逼近 P 的三维图　　(b) f 的等值线逼近 P 的俯视图

图 4.1-3　f 的等值线逼近相交线 P 的过程示意图

扫码看彩图

求解中的具体过程如下：

首先构建拉格朗日函数：

$$L(x, y, \lambda)=2xy-\lambda\left(\frac{x^2}{4}+y^2-1\right) \tag{4.1-8}$$

为求 $L(x, y, \lambda)$ 的驻点，即通过函数对三个变量 x，y，λ 求偏导得到如下方程组：

$$\begin{cases} L'_x(x, y, \lambda)=2y-\lambda\dfrac{x}{2}=0 \\ L'_y(x, y, \lambda)=2x-2\lambda y=0 \\ L'_\lambda(x, y, \lambda)=\dfrac{x^2}{4}+y^2-1=0 \end{cases} \tag{4.1-9}$$

由方程组（4.1-9）解得 x、y 和 λ 的值分别为

$$\begin{cases} x=-\sqrt{2},\ y=-\dfrac{\sqrt{2}}{2},\ \lambda=2 \\ x=\sqrt{2},\ y=\dfrac{\sqrt{2}}{2},\ \lambda=2 \\ x=-\sqrt{2},\ y=\dfrac{\sqrt{2}}{2},\ \lambda=-2 \\ x=\sqrt{2},\ y=-\dfrac{\sqrt{2}}{2},\ \lambda=-2 \end{cases} \tag{4.1-10}$$

由此可知 z 的最大值为 2，最小值为－2。

4.2 KKT 条件

对于带等式约束的最优化问题可以用拉格朗日乘数法求解，对于既有等式约束又有不等式约束的问题，也有类似的条件可定义问题的最优解，即 KKT 条件，它可以看作是拉格朗日乘数法的扩展。对于如下优化问题：

$$\begin{aligned} &\min f(\boldsymbol{x}) \\ &\text{s.t. } g_k(\boldsymbol{x}) \leqslant 0，k=1，2，\cdots，q \\ &h_j(\boldsymbol{x})=0，j=1，2，\cdots，p \end{aligned} \tag{4.2-1}$$

和拉格朗日对偶的做法相似，KKT 条件构成如下乘子函数：

$$L(\boldsymbol{x}，\boldsymbol{\lambda}，\boldsymbol{\mu})=f(\boldsymbol{x})+\sum_{j=1}^{p}\lambda_j h_j(\boldsymbol{x})+\sum_{k=1}^{q}\mu_k g_k(\boldsymbol{x}) \tag{4.2-2}$$

$\boldsymbol{\lambda}$ 和 $\boldsymbol{\mu}$ 称为 KKT 乘子。最优解 $\boldsymbol{x}^*$ 满足如下条件：

$$\begin{aligned} &\nabla_x L(\boldsymbol{x}^*)=0 \\ &\mu_k \geqslant 0 \\ &\mu_k g_k(\boldsymbol{x}^*)=0 \\ &h_j(\boldsymbol{x}^*)=0 \\ &g_k(\boldsymbol{x}^*) \leqslant 0 \end{aligned} \tag{4.2-3}$$

求解这个方程组即可得到函数的候选极值点。显然方程组的解满足所有的约束条件，KKT 条件的几何解释是，在极值点处目标函数的梯度是一系列等式约束 h_j 的梯度和不等式约束 g_k 的梯度的线性组合。在这个线性组合中，对等式约束梯度的权值 λ_j 没有要求，但要求不等式约束梯度的权值 μ_k 为非负，且如果某个 $g_k(\boldsymbol{x}^*)$ 严格小于 0，则该约束不会出现在加权式中，因为此时其对应的权值 μ_k 必须为 0。也就是只有 $\boldsymbol{x}^*$ 恰好在边界 $g_k=0$ 上时，g_k 的梯度才会出现在加权式中。如若去掉不等式约束部分，上式即为拉格朗日乘子法的精确表述。

在式（4.2-3）的求解过程中，先根据 $\nabla_x L(\boldsymbol{x})=0$，$\mu_k g_k(\boldsymbol{x})=0$，$h_j(\boldsymbol{x})=0$ 这三个等式组成的方程组，求出所有可能的（$\boldsymbol{x}$，μ_k，λ_j）结果组合，然后将这些所有可能的组合再分别代入两个不等式 $\mu_k \geqslant 0$ 和 $g_k \leqslant 0$ 中进行验算；如果一个结果组合同时满足两个不等式，则此结果组合中的 $\boldsymbol{x}$ 就是公式（4.2-1）的一个解；反之则不是。

仍以上节中的极值问题为例，通过几何方式说明 $\mu_k \geqslant 0$ 的原因，但加上一个不等式约束条件：

$$\min f，f(x，y)=2xy \tag{c}$$

$$\text{s.t. } h(x，y)=\frac{x^2}{4}+y^2-1=0 \tag{d}$$

$$g(x，y)=20\sqrt{2}(x+y)-c \leqslant 0 \tag{e}$$

式（e）中的 c 为常数。上式（c）～（e）的约束极值问题，从几何上可分为以下两种情况：

（1）不等式约束区域内包含目标原有的可行解

图 4.2-1 为不等式约束区内包含目标原有可行解的情况。由图中可见，本例中的不等式约束 $g\leqslant 0$，实际上就是要求 f 和 h 相交形成的空间曲线 P 上的极小值在曲面 $g=0$ 的右侧。这种情况又分为曲面 $g=0$ 与 P 相交的情况（图 4.2-1（a），此时 $c=50$），以及曲面 $g=0$ 与 P 不相交的情况（图 4.2-1（b），此时 $c=100$）。由图 4.2-1 可见，无论 $g=0$ 与 P 是否相交，P 上的两个极小值点 $\left(-\sqrt{2},\ \frac{\sqrt{2}}{2}\right)$ 和 $\left(\sqrt{2},\ -\frac{\sqrt{2}}{2}\right)$ 都在曲面 $g=0$ 的右侧，即天然满足 $g\leqslant 0$ 的约束条件，则此情况下 $g\leqslant 0$ 的约束条件实际上没有任何作用；因此在式（4.2-3）的条件中可直接令 $\mu=0$，从而也得到 $\mu g\ (x^*)\ =0$。此情况下 KKT 条件转化为拉格朗日条件，即进行式（4.2-3）的求解中不再需要求得 μ，而仅求解（$\boldsymbol{x}$，λ_j）的结果组合即可。

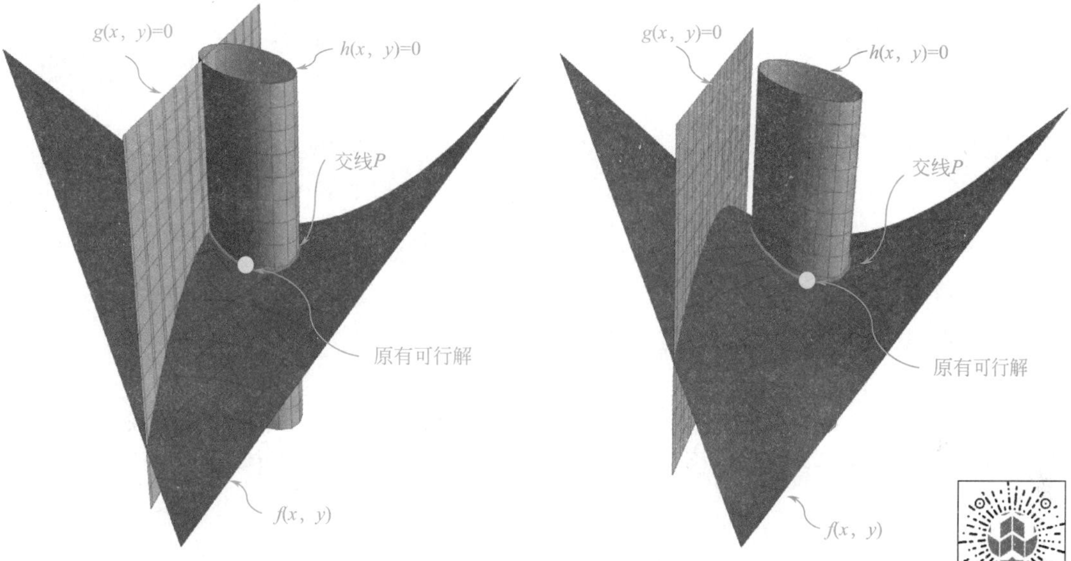

(a) $g(x,\ y)=0$ 与相交线 P 相交　　(b) $g(x,\ y)=0$ 与相交线 P 不相交

扫码看彩图

图 4.2-1　不等式约束包含目标函数原有的可行解

（2）不等式约束区域内不包含目标原有的可行解

图 4.2-2 为不等式约束区内不包含目标原有可行解的情况。由图中可见，本例中的不等式约束 $g\leqslant 0$，实际上就是要求 f 和 h 相交形成的空间曲线 P 上的极小值在曲面 $g=0$ 的左侧。这种情况又分为曲面 $g=0$ 与 P 相交的情况（图 4.2-2（a），此时 $c=-50$），以及曲面 $g=0$ 与 P 不相交的情况（图 4.2-2（b），此时 $c=-100$）。由图 4.2-2 可见，无论 $g=0$ 与 P 是否相交，P 上的两个极小值点 $\left(-\sqrt{2},\ \frac{\sqrt{2}}{2}\right)$ 和 $\left(\sqrt{2},\ -\frac{\sqrt{2}}{2}\right)$ 都在曲面 $g=0$ 的左侧，也就是均不满足 $g\leqslant 0$ 的约束条件，则此情况下，加上不等式约束条件，$f(x,\ y)$ 的可行解应落在边界 $g(x,\ y)\ =0$ 上。而对于图 4.2-2（b）的情形，当可行解满足 $g(x,\ y)\ =0$ 时，必然不能满足 $h(x,\ y)\ =0$ 的条件，因此，函数 $f(x,\ y)$ 无对应的可行解。

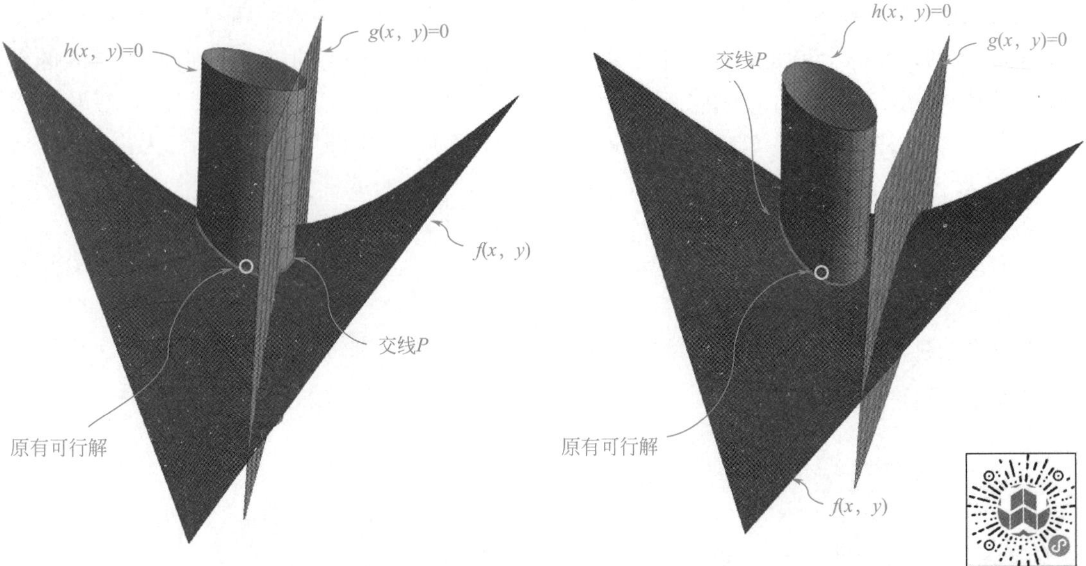

(a) $g(x, y)=0$与相交线P相交　　(b) $g(x, y)=0$与相交线P不相交

扫码看彩图

图 4.2-2　不等式约束不包含目标函数原有的可行解

以上无论哪种情况都会得到（函数 $f(x)$ 有解的前提下）：

$$\mu g(\boldsymbol{x}) = 0$$

同理，当有多个不等式约束条件时，亦需满足

$$\mu_k g_k(x) = 0$$

且仅当 $g_k(x)=0$ 时，才对目标函数起约束作用，此时约束在几何上应是一簇约束平面。为了更进一步解释 $\mu_k \geqslant 0$ 的原因，仅考虑目标函数和两个不等式约束，即：

$$\min f(\boldsymbol{x})$$

$$g_1(\boldsymbol{x}) \leqslant 0,\ g_2(\boldsymbol{x}) \leqslant 0$$

假设在 $\boldsymbol{x}^*$ 处取得极小值，若同时满足 $g_1(x)=0$ 和 $g_2(x)=0$ 的约束条件，则 $\boldsymbol{x}^*$ 一定在 $g_1(x)=0$ 和 $g_2(x)=0$ 这两个平面的交线上，且

$$-\nabla_x f(\boldsymbol{x}^*) = \sum_{k=1}^{2} \mu_k \nabla_x g_k(\boldsymbol{x}^*)$$

即 $-\nabla_x f(\boldsymbol{x}^*)$、$\nabla_x g_1(\boldsymbol{x}^*)$ 和 $\nabla_x g_2(\boldsymbol{x}^*)$ 共面，如图 4.2-3 所示。

图 4.2-4 为目标函数和约束条件在点 $\boldsymbol{x}^*$ 处沿 x_1Ox_2 面的投影，过点 $\boldsymbol{x}^*$ 做目标函数的负梯度 $-\nabla_x f(\boldsymbol{x}^*)$，它垂直于目标函数的等值线 $f(x)=C$，且指向目标函数 $f(x)$ 的最速减小方向；做约束条件 $g_1(x)=0$ 和 $g_2(x)=0$ 的梯度 $\nabla_x g_1(\boldsymbol{x}^*)$ 和 $\nabla_x g_2(\boldsymbol{x}^*)$，它们分别垂直于 $g_1(x)=0$ 和 $g_2(x)=0$ 两曲面在 $\boldsymbol{x}^*$ 处的切平面，并形成一个锥形夹角区域，可能有如图 4.2-4 所示的（a）、（b）两种情形。

对于图 4.2-4（b）：当 $-\nabla_x f(\boldsymbol{x}^*)$ 落在 $\nabla_x g_1(\boldsymbol{x}^*)$ 和 $\nabla_x g_2(\boldsymbol{x}^*)$ 所形成的锥角区域外侧时。做等值面 $f(x)=C$ 在点 $\boldsymbol{x}^*$ 处的切平面，可发现：当 $\boldsymbol{x}^*$ 在蓝色区域内沿着蓝色箭头方向移动时，目标函数 $f(x)$ 的值总能减小。因此，此时 $\boldsymbol{x}^*$ 不是稳定的最优点。

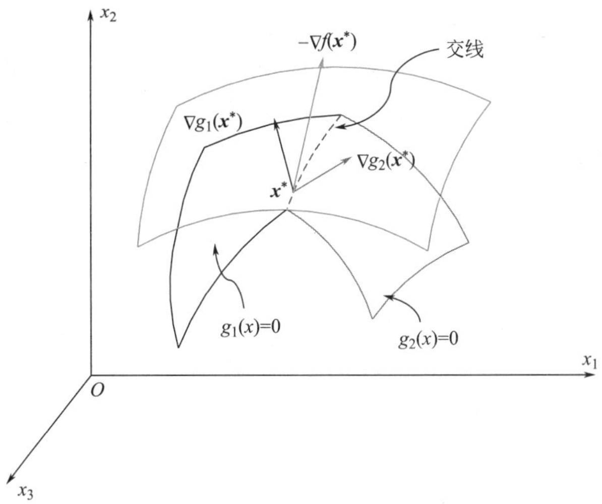

图 4.2-3　KKT 条件示意图

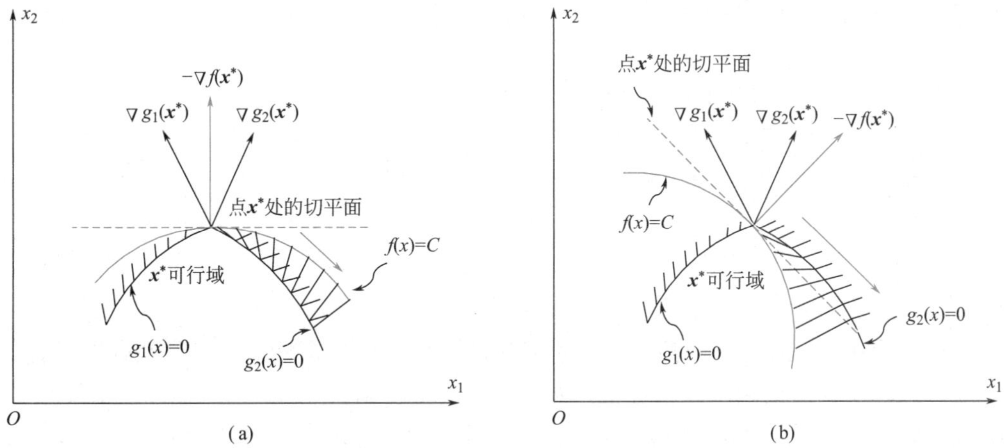

图 4.2-4　点 x^* 处沿 x_1Ox_2 截面示意图

对于图 4.2-4（a）：当$-\nabla_x f(\boldsymbol{x}^*)$落在$\nabla_x g_1(\boldsymbol{x}^*)$和$\nabla_x g_1(\boldsymbol{x}^*)$形成的锥角内时，同样做 $f(x)=C$ 在点$\boldsymbol{x}^*$与$-\nabla_x f(\boldsymbol{x}^*)$垂直的切平面，可发现，当$\boldsymbol{x}^*$在蓝色可行域内沿着蓝色箭头方向移动时，虽然可使目标函数 $f(x)$ 的值减小，但此时任何一点都不在可行区域内。因此，此时$\boldsymbol{x}^*$做任何移动都将破坏约束条件，为稳定极值点。

由于$-\nabla_x f(\boldsymbol{x}^*)$和$\nabla_x g_1(\boldsymbol{x}^*)$、$\nabla_x g_1(\boldsymbol{x}^*)$在同一平面内，所以$-\nabla_x f(\boldsymbol{x}^*)$可看作$\nabla_x g_1(\boldsymbol{x}^*)$和$\nabla_x g_1(\boldsymbol{x}^*)$的线性组合。由上述几何分析可知，$-\nabla_x f(\boldsymbol{x}^*)$位于$\nabla_x g_1(\boldsymbol{x}^*)$和$\nabla_x g_1(\boldsymbol{x}^*)$所形成的夹角之间，线性组合的系数应为正，即：

$$-\nabla_x f(\boldsymbol{x}^*)=\mu_1\nabla_x g_1(\boldsymbol{x}^*)+\mu_2\nabla_x g_2(\boldsymbol{x}^*)，且\ \mu_1>0，\mu_2>0$$

以上即为 $\mu_k\geqslant 0$ 的原因。类似的，当多个不等式同时起约束作用时，要求$-\nabla_x f(\boldsymbol{x}^*)$处于$\nabla_x g_k$（$\boldsymbol{x}^*$）形成的超角锥之内。

接下来，将通过一个具体例子详细介绍上述理论。求解下面约束优化问题的 KKT 点

及相应的乘子

$$\min f(\boldsymbol{x})=x_1^2+x_2$$
$$\text{s. t. } g_1(\boldsymbol{x})=x_1^2+x_2^2-9\leqslant 0$$
$$g_2(\boldsymbol{x})=x_1+x_2-1\leqslant 0$$

首先构造拉格朗日函数

$$L(\boldsymbol{x},\boldsymbol{\mu})=x_1^2+x_2+\mu_1(x_1^2+x_2^2-9)+\mu_2(x_1+x_2-1)$$

得到 KKT 方程如下：

$$\begin{cases}2x_1+2\mu_1x_1+\mu_2=0\\1+2\mu_1x_2+\mu_2=0\\\mu_1(x_1^2+x_2^2-9)=0\\\mu_2(x_1+x_2-1)=0\\\mu_1\geqslant 0\\\mu_2\geqslant 0\\x_1^2+x_2^2-9\leqslant 0\\x_1+x_2-1\leqslant 0\end{cases}$$

KKT 点应满足上述等式及不等式，下面分情况讨论：

（1）若 $\mu_1=\mu_2=0$ 时，无解。

（2）若 $\mu_1=0$，$\mu_2\neq 0$ 时，无解。

（3）若 $\mu_1\neq 0$，$\mu_2=0$ 时，解得：$x_1=0$，$x_2=-3$，$\mu_1=1/6$。

（4）若 $\mu_1\neq 0$，$\mu_2\neq 0$ 时，无解。

4.3 最小二乘法

最小二乘法[3] 是由勒让德在 19 世纪发现的，是一种数据处理工具，在误差估计、不确定度、系统辨识及预测、预报等学科领域得到广泛应用。

假设（$\boldsymbol{x}$，$\boldsymbol{y}$）为一对观测值，且 $\boldsymbol{x}=[x_1, x_2, \cdots, x_n]^{\mathrm{T}}\in R^n$，$\boldsymbol{y}eR^n$ 满足以下理论函数

$$\boldsymbol{y}=f(\boldsymbol{x},\boldsymbol{\omega})$$

其中 $\boldsymbol{\omega}=[\omega_1, \omega_2, \cdots, \omega_n]^{\mathrm{T}}$ 为待定参数。

寻找参数 $\boldsymbol{\omega}$ 的最优估计值，使其对于给定的 m 组（通常 $m>n$）观测数据（x_i，y_i）（$i=1, 2, 3, \cdots, m$），目标函数 $f(\boldsymbol{x},\boldsymbol{\omega})$ 的最小值

$$L(\boldsymbol{y}, f(\boldsymbol{x},\boldsymbol{\omega}))=\sum_{i=1}^{m}[y_i-f(x_i,\omega_i)]^2$$

这类问题称为最小二乘问题，求解该问题的方法称为最小二乘拟合。

对于无约束最优化问题，最小二乘法的一般形式为：

$$\min f(\boldsymbol{x})=\sum_{i=1}^{m}L_i^2(\boldsymbol{x})=\sum_{i=1}^{m}L_i^2[y_i, f(x_i,\omega_i)]=\sum_{i=1}^{m}[y_i-f(x_i,\omega_i)]^2$$

其中 $L_i(\boldsymbol{x})$（$i=1, 2, 3, \cdots, m$）称为残差函数。当 $L_i(\boldsymbol{x})$ 是 $\boldsymbol{x}$ 的线性函数时，称为线性最小二乘法，否则称为非线性最小二乘问题。

最小二乘法的代数解法是对 ω_i 求偏导，令偏导数为零，再通过求解方程组得到 ω_i。

上述介绍了最小二乘法的基本计算过程。接下来我们将通过具体实例介绍最小二乘法的基本原理。假设有一组数据（1，6），（3，5），（5，7）和（6，12），要找出与这组数据最为匹配的直线：$y=f(x)=A+Bx$（如图 4.3-1 所示）。由于（x，y）为已知参数，因此我们仅需确定参数 A 和 B 即可获得直线表达式。那么如何确定参数 A 和 B 的优劣并保证物理意义明确且计算简便，最简单的评价体系就是分析理论值与样本值的差异，如图 4.3-1 中 $d_1 \sim d_4$，即如下目标函数：

$$\min L(A, B)=[6-(A+B)]^2+[5-(A+3B)]^2+[7-(A+5B)]^2+[12-(A+6B)]^2$$

而对于确定 A 和 B 的值，仅需对 A 和 B 求偏导

$$\frac{\partial L(A, B)}{\partial A}=8A+30B-60=0$$

$$\frac{\partial L(A, B)}{\partial B}=30A+142B-256=0$$

求出 $A=210/59$ 和 $B=62/59$，使目标函数取最小值。

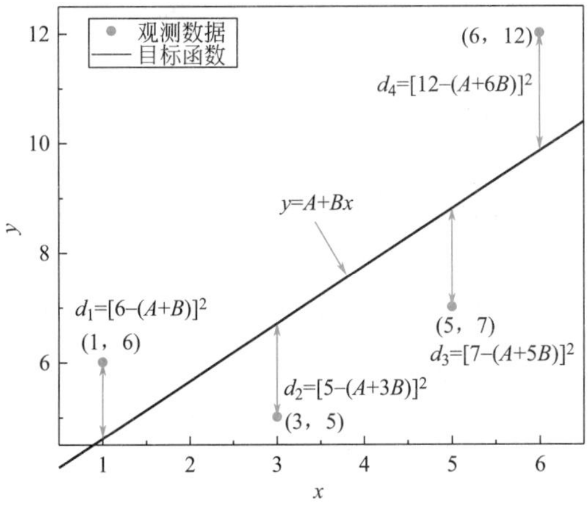

图 4.3-1　最小二乘法拟合实例

4.4　差分法

在数学中，差分法[4] 是一种微分方程数值方法，是通过有限差分逼近导数值，从而得到微分方程的近似解。具体地讲，差分法就是把微分用有限差分代替，把导数用有限差商代替，从而把基本方程和边界条件（一般均为微分方程）近似地改用差分方程（代数方程）来表示，把求微分方程的问题转换为求解代数方程的问题。在弹性力学中，常用差分法和变分法求解平面问题。

下面以一维函数 $u(x, t)$ 为例，简要介绍它的一阶、二阶偏微分的近似差分表示。设变量 x 和 t 的定义域分别为（0，1）和（0，T），将其分别等分为 N 段和 M 段，则 x 的每个节点可用 $x_j=jh$ 表示，$j=1, 2, \cdots, N$，步长 $h=1/N$，t 的每个节点可用 $t_n=$

$n\Delta t$ 表示，$n=1, 2, \cdots, M$，步长 $\Delta t=T/M$，如图 4.4-1 所示。

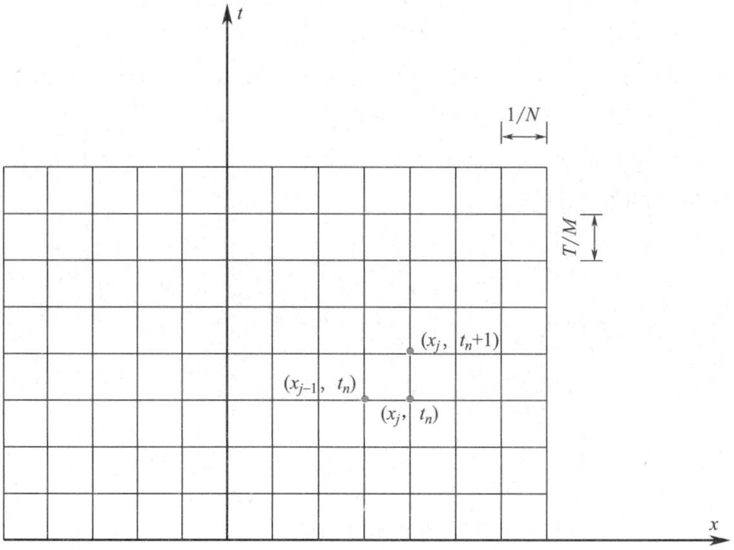

图 4.4-1　差分法示意图

将节点 (x_j, t_n) 简记为 (j, n)，方程 $u(x, t)$ 在该节点处的取值简记为 u_j^n，则 u 对 t 的一阶偏微分的前向差分和后向差分可分别近似为

$$\frac{\partial u(x, t)}{\partial t} \approx \frac{u_j^{n+1}-u_j^n}{\Delta t} \text{ 前向差分}$$

$$\frac{\partial u(x, t)}{\partial t} \approx \frac{u_j^{n}-u_j^{n-1}}{\Delta t} \text{ 后向差分}$$

$u(x, t)$ 对 t 的中心差分近似为

$$\frac{\partial u(x, t)}{\partial t} \approx \frac{u_j^{n+1}-u_j^{n-1}}{2\Delta t}$$

同理，$u(x, t)$ 对 x 的一阶偏微分的前向差分可近似为

$$\frac{\partial u(x, t)}{\partial x} \approx \frac{u_{j+1}^{n}-u_j^{n}}{h}$$

只需将 $u(x, t)$ 的一阶差分再进行一阶差分即可得到 x 的二阶偏导

$$\frac{\partial^2 u(x, t)}{\partial x^2} \approx \frac{u_{j+1}^{n}-2u_j^{n}+u_{j-1}^{n}}{h^2}$$

以一阶偏微分方程为例说明如何用差分法来近似表示，并迭代求解以下偏微分方程

$$\frac{\partial u(x, t)}{\partial x}=u\frac{\partial u(x, t)}{\partial t}$$

利用有限差分法来近似偏微分方程中的导数，这样就将偏微分方程离散化为以 u_j^n 为未知数的代数方程。我们将上式的左边采用前向差分，而右边关于变量 x 的偏导数可以采用前向、后向或者中心差分，但使用的都是时间 n 时刻的数据，即：

$$\frac{u_j^{n+1}-u_j^n}{\Delta t}=u_j^n\frac{u_{j+1}^{n}-u_j^{n}}{h}$$

上式中 x 的导数采用前向差分近似。若已知 n 时刻的函数值 u_j^n，可在此基础上计算 $n+1$ 时刻的函数值 u_j^{n+1}，即：

$$u_j^{n+1}=u_j^n+\frac{\Delta t}{h}u_j^n(u_{j+1}^n-u_j^n)$$

4.5　梯度下降法

梯度下降法在机器学习中应用十分的广泛，不论是在线性回归还是 Logistic 回归中，它的主要目的是通过迭代找到目标函数的最小值，或者收敛到最小值。

本章将从一个下山的场景开始，先提出梯度下降算法的基本思想，进而从数学上解释梯度下降算法的原理。

假设一个人被困在山上，需要从山上下来（找到山的最低点，也就是山谷）。但此时山上的浓雾很大，导致可视度很低；因此，下山的路径就无法确定，必须利用自己周围的信息一步一步地找到下山的路。这个时候，便可利用梯度下降算法来帮助自己下山。怎么做呢？首先以他当前所处的位置为基准，寻找这个位置最陡峭的地方，然后朝着下降方向走一步，然后又继续以当前位置为基准，再找最陡峭的地方向下走，直到最后到达最低处；同理上山也是如此，只是这时候就变成梯度上升算法了，如图 4.5-1 所示。

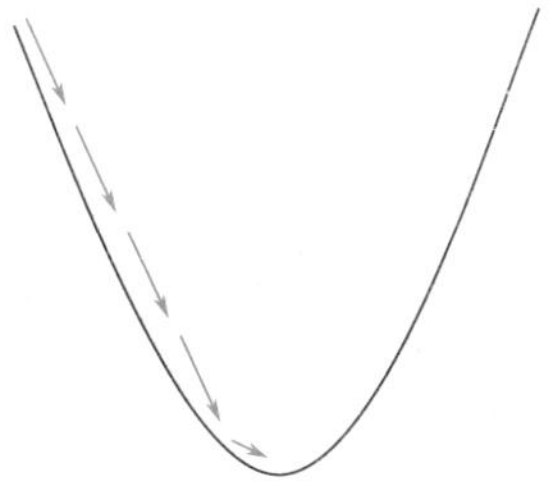

图 4.5-1　下山场景示意图

梯度下降法基本思路就和下山的场景类似。梯度下降法是沿梯度向量的方向进行迭代到达函数的极值点。根据多元函数的泰勒展开公式，如果忽略二次及以上的项，则函数 $f(\boldsymbol{x})$ 在 $\boldsymbol{x}$ 点处可以展开为

$$f(\boldsymbol{x}+\Delta\boldsymbol{x})=f(\boldsymbol{x})+(\nabla f(\boldsymbol{x}))^{\mathrm{T}}\Delta\boldsymbol{x}+o(\|\Delta\boldsymbol{x}\|^2)$$

将左右两端分别减去函数 $f(\boldsymbol{x})$，则可得到函数的增量与 $\Delta\boldsymbol{x}$、梯度的关系

$$f(\boldsymbol{x}+\Delta\boldsymbol{x})-f(\boldsymbol{x})=(\nabla f(\boldsymbol{x}))^{\mathrm{T}}\Delta\boldsymbol{x}+O(\|\Delta\boldsymbol{x}\|^2)$$

若

$$(\nabla f(\boldsymbol{x}))^{\mathrm{T}}\Delta\boldsymbol{x}<0$$

恒成立，则有

$$f(\boldsymbol{x}+\Delta\boldsymbol{x})<f(\boldsymbol{x})$$

即函数递减。可以证明，向量 $\Delta\boldsymbol{x}$ 的模的大小一定时，当 $\Delta\boldsymbol{x}=-\nabla f(\boldsymbol{x})$ 即在梯度相反的方向函数值下降得最快。因为有

$$(\nabla f(\boldsymbol{x}))^{\mathrm{T}}\Delta\boldsymbol{x}=\|\nabla f(\boldsymbol{x})\|\|\Delta\boldsymbol{x}\|\cos\theta$$

其中，$\|\ \|$ 表示向量的模，θ 是向量 $\nabla f(\boldsymbol{x})$ 和 $\Delta\boldsymbol{x}$ 之间的夹角。如果 $\cos\theta\leqslant 0$，则能保证

$$(\nabla f(\boldsymbol{x}))^{\mathrm{T}}\Delta\boldsymbol{x}\leqslant 0$$

即选择合适的增量，就能保证函数值下降，要达到这一目的，只要保证梯度和夹角的余弦值小于等于 0 就可以了。由于有

$$\cos\theta\geqslant -1$$

只要当

$$\theta \geqslant \pi$$

时，有极小值−1，此时和梯度方向，即夹角为180°。因此当向量的模大小一定时，当

$$\Delta \boldsymbol{x} = -\gamma \nabla f(\boldsymbol{x})$$

即在梯度相反的方向函数值下降最快。其中，γ 为一个接近于0的正数，称为步长，由人工设定，用于保证 $\boldsymbol{x}+\Delta \boldsymbol{x}$ 在 $\boldsymbol{x}$ 的邻域内，从而可以忽略泰勒展开中二次及更高的项。在梯度的反方向有

$$(\nabla f(\boldsymbol{x}))^{\mathrm{T}} \Delta \boldsymbol{x} = -\gamma (\nabla f(\boldsymbol{x}))^{\mathrm{T}} (\nabla f(\boldsymbol{x})) \leqslant 0$$

从初始点 $\boldsymbol{x}_0$ 开始，使用如下迭代公式

$$\boldsymbol{x}_{k+1} = \boldsymbol{x}_k - \gamma \nabla f(\boldsymbol{x}_k)$$

只要没有达到梯度为 **0** 的点，函数会沿着序列 $\boldsymbol{x}_k$ 递减，最终会收敛到梯度为 **0** 的点，这就是梯度下降法。迭代终止的条件是函数的梯度值为 **0**（实际实现时接近于 **0**），此时认为已经达到极值点。$\boldsymbol{x}_0$ 一般用常数或随机数初始化。梯度下降法只需要计算函数在某些点处的梯度，实现简单，计算量小。

最速下降法是梯度下降法的改进。在梯度下降法的迭代中，γ 设定为一个固定的接近0的正数。最速下降法同样是沿着梯度相反的方向进行迭代，但是要计算最佳步长 γ。搜索方向为

$$\boldsymbol{d}_k = -\nabla f(\boldsymbol{x}_k)$$

在该方向上寻找使得函数值最小的步长

$$\gamma_k = \underset{\gamma}{\operatorname{argmin}} f(\boldsymbol{x}_k + \gamma \boldsymbol{d}_k)$$

其他步骤和梯度下降法相同。这是一元函数的极值问题，唯一的优化变量是 γ，在实现时一般将 γ 的取值范围离散化，即取一些典型值 γ_1，γ_2，…，γ_k，分别计算取这些值时的目标函数值，然后挑选出最优的值。

我们已经基本了解了梯度下降法的计算过程，那么我们就来看一个梯度下降算法的小实例。假设有一个目标函数

$$f(x_1, x_2) = x_1^2 + x_2^2$$

现在要通过梯度下降法计算这个函数的最小值。我们通过观察就能发现最小值其实就是（0，0）点。但是接下来，我们会从梯度下降算法开始一步步计算到这个最小值。我们假设初始的起点和 γ 分别为

$$(x_1, x_2)^0 = (1, 3), \ \gamma = 0.1$$

函数的梯度为

$$\nabla f(x_1, x_2) = (2x_1, 2x_2)$$

进行多次迭代

$$(x_1, x_2)^0 = (1, 3)$$
$$(x_1, x_2)^1 = (1, 3) - 0.1 \times (2, 6) = (0.8, 2.4)$$
$$(x_1, x_2)^2 = (0.8, 2.4) - 0.1 \times (1.6, 4.8) = (0.64, 1.92)$$
$$(x_1, x_2)^3 = (0.64, 1.92) - 0.1 \times (1.28, 3.84) = (0.512, 1.536)$$
$$\vdots$$
$$(x_1, x_2)^{100} = (1.6296287810675902\mathrm{e}^{-10}, 4.8888886343202771\mathrm{e}^{-10})$$

4.6　牛顿法

牛顿法是牛顿在 17 世纪提出的一种在实数域或者复数域上近似求解的方法。

用牛顿法求解非线性方程，是把非线性 $f(\boldsymbol{x})=0$ 线性化的一种近似方法。将多元函数 $f(\boldsymbol{x})$ 在 $\boldsymbol{x}_0$ 的某邻域内进行二阶泰勒展开，有

$$f(\boldsymbol{x})=f(\boldsymbol{x}_0)+\nabla f(\boldsymbol{x}_0)^{\mathrm{T}}(\boldsymbol{x}-\boldsymbol{x}_0)+\frac{1}{2}(\boldsymbol{x}-\boldsymbol{x}_0)^{\mathrm{T}}\nabla^2 f(\boldsymbol{x}_0)(\boldsymbol{x}-\boldsymbol{x}_0)+o(\|\boldsymbol{x}-\boldsymbol{x}_0\|^2)$$

取其线性部分（即取泰勒展开的前两项），将函数近似成二次函数，并对上式两边同时对 $\boldsymbol{x}$ 求梯度，可得函数的梯度为

$$\nabla f(\boldsymbol{x})=\nabla f(\boldsymbol{x}_0)^{\mathrm{T}}+\nabla^2 f(\boldsymbol{x}_0)(\boldsymbol{x}-\boldsymbol{x}_0)$$

其中$\nabla^2 f(\boldsymbol{x}_0)$，即为 Hessian 矩阵 $\boldsymbol{H}$。令函数的梯度为 $\boldsymbol{0}$，则有

$$\nabla f(\boldsymbol{x}_0)^{\mathrm{T}}+\nabla^2 f(\boldsymbol{x}_0)(\boldsymbol{x}-\boldsymbol{x}_0)=0$$

此线性方程组的解为

$$\boldsymbol{x}=\boldsymbol{x}_0-(\nabla^2 f(\boldsymbol{x}_0))^{-1}\nabla f(\boldsymbol{x}_0)$$

若将梯度向量$\nabla f(\boldsymbol{x}_0)$简写为 $\boldsymbol{g}$，则上式可简写为

$$\boldsymbol{x}=\boldsymbol{x}_0-\boldsymbol{H}^{-1}\boldsymbol{g}$$

由于泰勒展开时忽略了高阶项，因此此解并不一定是函数的驻点，需进行反复迭代。从初始点 $\boldsymbol{x}_0$ 处开始，计算函数在 $\boldsymbol{x}_k$ 处的 Hessian 矩阵 $\boldsymbol{H}$ 和梯度向量 $\boldsymbol{g}_k$，并用以下公式进行迭代

$$\boldsymbol{x}_{k+1}=\boldsymbol{x}_k-\boldsymbol{H}_k^{-1}\boldsymbol{g}_k$$

直到到达函数的驻点处。其中，$-\boldsymbol{H}_k^{-1}\boldsymbol{g}_k$ 称为牛顿方向。迭代终止的条件是梯度的模接近于 $\boldsymbol{0}$，或者函数值下降小于指定阈值。牛顿法的完整流程如下：

（1）设置初始值 $\boldsymbol{x}_0$、精度阈值 ε 和 $k=0$；

（2）计算梯度向量 $\boldsymbol{g}_k$ 和 Hessian 矩阵 $\boldsymbol{H}_k$；

（3）若 $\|\boldsymbol{g}_k\|<\varepsilon$，则迭代停止，否则进行步骤（4）～（6）；

（4）计算搜索方向 $\boldsymbol{d}_k=-\boldsymbol{H}_k^{-1}\boldsymbol{g}_k$；

（5）计算新的迭代点 $\boldsymbol{x}_{k+1}=\boldsymbol{x}_k+\gamma\boldsymbol{d}_k$；

（6）令 $k=k+1$，返回步骤（2）。

其中，γ 是一个接近于 0 的常数，由人工设定，与梯度下降法一样，需要这个参数的原因是保证 $\boldsymbol{x}_{k+1}$ 在 $\boldsymbol{x}_k$ 的邻域内，从而可以忽略泰勒展开的高次项。如果目标函数是二次函数，Hessian 矩阵是一个常数矩阵，对于任意给定的初始点，牛顿法只需要一步迭代就可以收敛到极值点。

牛顿法不能保证每一步迭代时函数值下降，即不能保证一定收敛。为此，提出了一些补救措施，其中常用的是直线搜索，搜索最优步长。具体做法是让 γ 取一些典型的离散值，例如

$$0.0001,\ 0.001,\ 0.01$$

比较取哪个值时函数值下降最快，作为最优步长。

与梯度下降法相比，牛顿法有更快的收敛速度，但每一步迭代的成本更高。在每次迭

代时，除了要计算梯度向量之外还要计算 Hessian 矩阵以及 Hessian 矩阵的逆矩阵。实际实现时一般不直接求 Hessian 矩阵的逆矩阵，而是求解如下方程组

$$\boldsymbol{H}_k\boldsymbol{d}=-\boldsymbol{g}_k$$

求解这个方程组一般使用迭代法，如共轭梯度法。牛顿法面临的另外一个问题是 Hessian 矩阵不可逆，从而导致这种方法失效。

以下列问题为例，简要介绍如何用牛顿法求函数 $f(\boldsymbol{x})=x_1^2+x_2^2-x_1x_2-10x_1-4x_2+60$ 的极小值。假设其初始点 $\boldsymbol{x}^0=\begin{bmatrix}0\\0\end{bmatrix}$。

计算牛顿方向

$$\nabla f(\boldsymbol{x}^0)=\begin{bmatrix}2x_1-x_2-10\\2x_2-x_1-4\end{bmatrix}\Bigg|_{x=\boldsymbol{x}^0}=\begin{bmatrix}-10\\-4\end{bmatrix}$$

Hessian 矩阵 $\boldsymbol{H}$ 及其逆矩阵分别为

$$H(\boldsymbol{x}^0)=\begin{bmatrix}\dfrac{\partial^2 f}{\partial^2 x_1} & \dfrac{\partial^2 f}{\partial x_1\partial x_2}\\ \dfrac{\partial^2 f}{\partial x_2\partial x_1} & \dfrac{\partial^2 f}{\partial^2 x_2}\end{bmatrix}=\begin{bmatrix}2 & -1\\-1 & 2\end{bmatrix}$$

$$H(\boldsymbol{x}^0)^{-1}=\frac{1}{3}\begin{bmatrix}2 & 1\\1 & 2\end{bmatrix}$$

故

$$\boldsymbol{x}^1=\boldsymbol{x}^0-H(\boldsymbol{x}^0)^{-1}\nabla f(\boldsymbol{x}^0)=\begin{bmatrix}0\\0\end{bmatrix}-\frac{1}{3}\begin{bmatrix}2 & 1\\1 & 2\end{bmatrix}\begin{bmatrix}-10\\-4\end{bmatrix}=\begin{bmatrix}8\\6\end{bmatrix}$$

故 $\min f(\boldsymbol{x})=8$

4.7 蒙特卡洛法

“蒙特卡洛”这一名字来源于摩纳哥的城市蒙特卡洛（Monte Carlo）。该方法由著名的美国计算机科学家冯·诺伊曼和 S. M. 乌拉姆在 20 世纪 40 年代第二次世界大战中研制原子弹（“曼哈顿计划”）时首先提出。蒙特卡洛法是一种基于采样的算法名称，依靠重复随机抽样来获得数值结果的计算方法，其核心理念是使用随机性来解决原则上为确定性的问题。通俗而言，蒙特卡洛法采样越多，结果就越近似最优解，即通过多次采样逼近最优解。

蒙特卡洛法也称统计模拟法或统计试验法，其基本思想源于 18 世纪的法国数学家蒲丰提出的投针试验，一般称之为“蒲丰投针试验”[5]。投针试验源于蒲丰提出的一个问题：设我们有一个以平行等距木纹铺成的地板（图 4.7-1），随意投出一根长度比木纹间距小的针，求针和其中一条木纹相交的概率。根据这个概率，蒲丰提出了采用随机投针试验计算圆周率的方法。

图 4.7-2 为蒲丰投针试验的数学模型，其中的等距平行线代表木纹，α 为平行线的间距，l 为针的长度（$l<\alpha$），φ 为针与水平线的夹角，x 为针的中点与最近一条平行线的距离，则（φ，x）的样本空间为：

$$\Omega=\left[(\varphi, x): x \in\left(0, \frac{\alpha}{2}\right), \varphi \in(0, \pi)\right] \tag{4.7-1}$$

图 4.7-1　随机投针试验

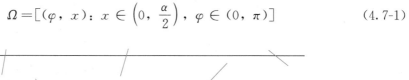

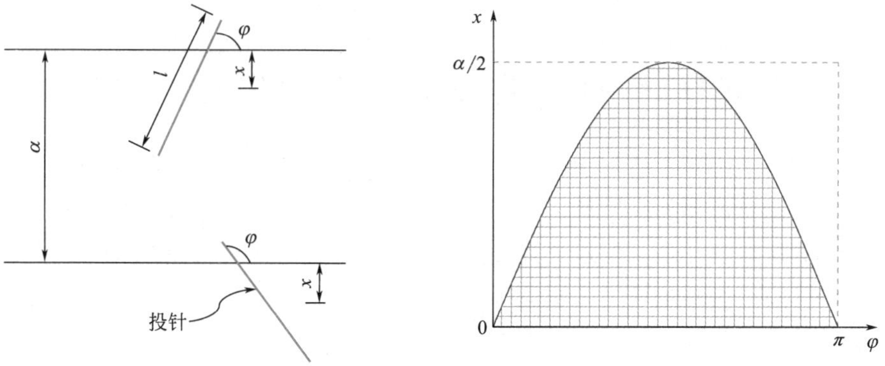

(a) 试验结果分析　(b) 数学模型

图 4.7-2　随机投针试验

由几何关系可见，当且仅当 $x<\frac{l}{2}\sin\varphi$ 时，细针与平行线相交。图 4.7-2（b）为由投针试验得到的数学模型，其中横坐标和纵坐标分别为 φ 和 x；图中矩形的两个边长分别为 π 和 $\alpha/2$，其面积代表了（φ，x）的整个样本空间，也就是代表了针落在地板上；图中的曲线为方程 $x=\frac{l}{2}\sin\varphi$，当（φ，x）落在曲线下方时，针与平行线相交，因此曲线下的阴影部分的面积代表了针与平行线相交。阴影部分的面积为：

$$S_{阴}=\int_{0}^{\pi}\frac{l}{2}\sin\varphi \mathrm{d}\varphi=l \tag{4.7-2}$$

则细针与平行线相交的概率为：

$$p=\frac{S_{阴}}{S_{矩}}=\frac{2l}{\alpha\pi} \tag{4.7-3}$$

记 N 为投针中的试验次数，n 为细针与平行线相交的概率，则 n/N 为细针与平行线相交的频率。由大数定理，当试验次数足够多时，可将事件发生的频率看作事件发生的概率近似值，即$\frac{2l}{\alpha\pi}=\frac{n}{N}$，于是得到$\pi\approx\frac{2lN}{\alpha n}$。

蒲丰投针试验揭示了蒙特卡洛方法的基本思想：把概率现象作为研究对象，在大数定理的保证下，按随机抽样调查法得到试验统计值，然后通过这个试验统计值来间接计算相关的未知数。在投针试验中，就是通过大量试验得到细针与平行线相交的频率，根据大数定理，可用这个频率代替相交的概率，而π与这个频率相关，确定了频率就可以根据相关关系求得π。投针试验并不是直接试验出π的值来，而是根据试验结果间接计算出π的值。可见蒙特卡洛法是通过概率试验所求的概率来估计我们想得到的一个未知量，这种方法特别适用于传统解析法难以解决甚至无法解决的问题。

在蒙特卡洛法的基本框架中，有两个特征量很重要，一是随机变量或随机过程及其概率分布，是随机抽样问题；另一个是统计量，是统计估计问题。统计量是随机变量的函数，也是一个随机变量，是与估计值密切相关的特征量，对实际系统它是系统性能和功能的度量。对于蒲丰投针模拟，随机变量是投针落点的距离和极角，统计量是投针与平行线相交概率。蒙特卡洛方法的基本框架归纳为4个步骤[5]：

（1）建立概率模型：概率模型是用概率统计的方法对实际问题或系统作出的一种数学描述，可以描述随机性问题和确定性问题。建立概率模型就是构建一个概率空间，确定概率空间元素以及它们之间的关系。

（2）随机抽样产生样本值：用随机抽样方法从随机变量或随机过程的概率分布抽样，产生随机变量或随机过程的样本值。

（3）确定和选取统计量：确定统计量与随机变量或随机过程的函数关系，由随机变量或随机过程的样本值得到统计量的取值。

（4）统计估计：由统计量的算术平均得到统计量的估计值，作为所要求解问题的近似估计值。

可见，蒙特卡洛法并不是一个传统的确定性数学方法，有确定的求解公式，这种方法实际上是一种利用概率试验解决问题的思路，需要巧妙地设计出试验过程，因此这种方法更像是一种解决问题的思想。

接下来我们将简要介绍蒙特卡洛法在智能学习方面的应用。首先考虑如何用蒙特卡洛算法[6] 学习一个给定策略的状态价值函数（即该状态开始的期望回报）。显而易见的方法是采用回报平均值近似期望回报。随着观察到的回报越来越多，平均值就会收敛于期望值。

假设已知在策略π下途径状态s的多幕（Episode，即子序列）数据，需估计策略π下状态s的价值函数$v_\pi(s)$。依据采样的思路，根据策略选择动作，平均采集到所有经历状态s的回报即可。当然，在同一幕中，状态s可能仅被一次访问，亦可能被多次访问，即首次访问型蒙特卡洛算法（用s的所有首次访问的回报平均值估计$v_\pi(s)$）和每次访问型蒙特卡洛算法（用s的所有访问的回报平均值估计$v_\pi(s)$）。下框为“首次访问型蒙特卡洛算法”的伪代码[6]。除无需检查状态S_t（通常由时刻t时的状态S_{t-1}和动作A_{t-1}随机决定）是否在当前幕的早期时段出现过之外，“每次访问型蒙特卡洛算法”的流程与此相同。

首次访问型蒙特卡洛算法，用于估计$V\approx v_\pi$

输入：待评估策略π

初始化：

  对所有 $s\in S$，任意初始化 $V(s)\in\mathbb{R}$

  对所有 $s\in S$，$Returns(s)$ ←空列表

无限循环（对每幕）：

  根据 π 生成一幕序列：S_0，A_0，R_1，S_1，A_1，R_2，…，S_{T-1}，A_{T-1}，R_T

  $G\leftarrow 0$

  对本幕中的每一步进行循环，$t=T-1$，$T-2$，…，0

    $G\leftarrow\gamma G+R_{t+1}$

    除非 S_t 在 S_0，S_1，…，S_{t-1} 中已出现过：

      将 G 加入 $Returns(S_t)$

      $V(S_t)\leftarrow\text{average}(Returns(S_t))$

注：R_t 表示 t 时的收益，通常由 S_{t-1} 和 A_{t-1} 随机决定；γ 表示折扣系数；G 表示最大化期望回报。

当 s 的首次访问次数（或访问次数）趋于无穷时，两种蒙特卡洛方法均会收敛到 $v_\pi(s)$。对于首次访问型蒙特卡洛来说，这个结论是显然的。算法中的每个回报值都是对 $v_\pi(s)$ 的一个独立同分布的估计，且估计的方差是有限的。根据大数定理，这一平均值的序列会收敛到它们的期望值。每次平均都是一个无偏估计，其误差的标准差以 $1/\sqrt{n}$ 衰减，这里的 n 是被平均的回报值的个数。在每次访问型蒙特卡洛中，这个结论就没有这么显然，但它也会二阶收敛到 $v_\pi(s)$[7]。

以下通过寻宝问题来进一步说明如何采用蒙特卡洛法评估状态价值函数。假设寻宝家在以下网格中寻找宝藏，他除了知道网格中只有一处有宝藏外，其他关于环境的特征一概不知，比如陷阱和宝藏的位置。若你就是那个寻宝家，怎样以最快的方式找到宝藏呢？唯一的方式是进行多次的尝试，把所有的路径均走一遍，并记下陷阱的位置。到达终止状态（陷阱或宝藏位置）后，此轮回合结束。蒙特卡洛就是在这种不知道环境特征的条件下，进行多回合的尝试，并记住走的过程中的经验。

如图 4.7-3 所示，图中圆圈表示寻宝家，黑色方框表示陷阱，箱子表示要寻找的宝藏，寻宝家坠入陷阱收益为−1，找到宝藏时收益为 1，其他的状态收益为 0。状态序号从左到右、从上到下依次编号，如图中寻宝家的状态为 0，宝藏的状态为 14，规定每一幕的初始状态为非终止状态，数字 0，1，2，3 分别代表寻宝家向左、向上、向右、向下移动。每个动作都能导致寻宝家移动一个网格，当寻宝家移动至网格边缘时，保持原状态不变。

假定通过某策略 π 生成了 4 幕数据，计算状态 17 的价值函数。从 4 幕数据可知状态 17 出现在第 1，2，4 幕中。假设折扣系数 $\gamma=1$。

Episode1：[17，3，−1]

$\Rightarrow G_0^1(17)=-1$

Episode2：[17，2，0] [18，0，0] [17，2，0] [18，0，0] [17，2，0] [18，0，0] [17，2，0] [18，1，0] [13，2，1]

$\Rightarrow G_0^2(17)=0+\gamma 0+\gamma^2 0+\gamma^3 0+\gamma^4 0+\gamma^5 0+\gamma^6 0+\gamma^7 0+\gamma^8 1=1$

Episode3：[16，0，0] [15，0，0] [15，0，0] [15，2，0] [16，0，0] [15，1，−1]

Episode4：[19，0，0] [18，0，0] [17，2，0] [18，1，0] [13，2，1]

$$\Rightarrow G_2^3\ (17)\ =0+\gamma 0+\gamma^2 1=1$$

$$\Rightarrow v_\pi\ (17)\ \approx\frac{G_0^1\ (17)\ +G_0^2\ (17)\ +G_2^3\ (17)}{3}=\frac{1}{3}$$

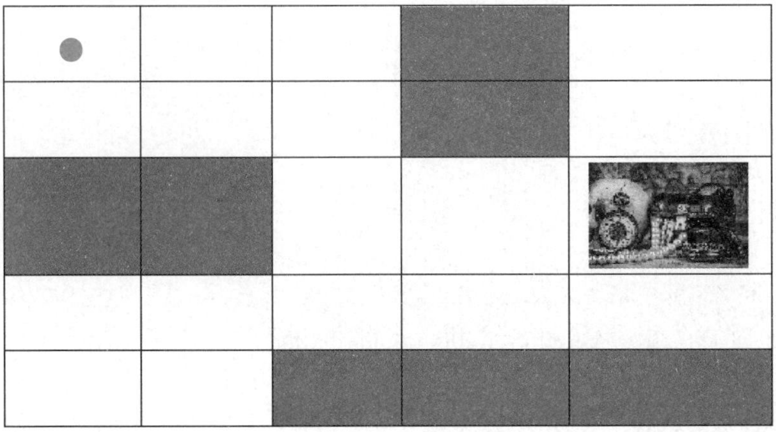

图 4.7-3　寻宝问题

4.8　人工势场法

人工势场法（Artificial Potential Field，APF）是将智能体的运动环境抽象成一种人为创造的势能场，通过求解合力来控制智能体运动的方法。本节首先介绍人工势场法提出的背景；然后介绍传统人工势场法的基本概念和特点；进一步介绍人工势场法的局限性和改进的人工势场法，提高路径规划效率和质量；最后介绍人工势场法在土木工程中的具体应用。

4.8.1　人工势场法的背景

人工势场法是由 Khatib[8] 提出的一种经典的路径规划方法，起初被用于解决机械臂的运动规划问题，目前被广泛应用于机器人、无人机和智能体的导航、避障工作中。人工势场法的基本思想是仿照物理学中电势和电场力的概念，将智能体在环境中的移动视为在人为抽象的虚拟势力场中的移动。智能体是指在特定环境下实现其目标的自主实体；在路径规划任务中，智能体的目标是在包含障碍物的复杂环境中，寻找不发生碰撞的路径轨迹。人工势场法的工作原理如图 4.8-1 所示。在智能体的移动环境中，在目标点处建立引力势场，在障碍物处建立斥力势场，引力场和斥力场共同形成总体的人工势能场。引力的大小随着智能体与目标点的距离的减小而减小，引力的方向是由智能体指向目标点；智能体在斥力场的影响范围以外，不受斥力作用，在斥力场的影响范围以内，斥力的大小随着智能

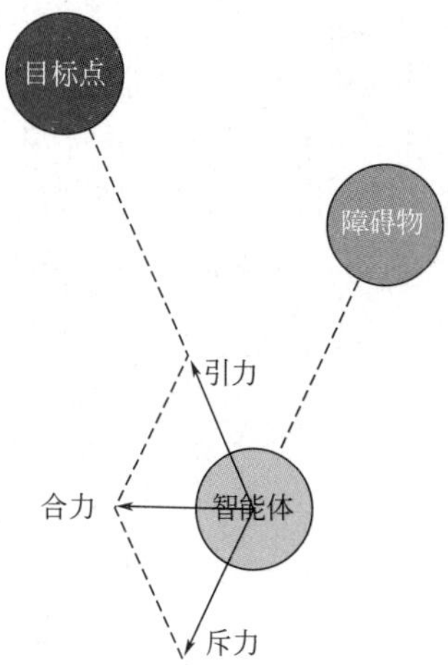

图 4.8-1　人工势场法的工作原理

体与障碍物的距离的减小而增大，斥力的方向总是由障碍物指向智能体。智能体在人工势能场中，受到引力的作用向目标点移动，同时在斥力的作用下远离障碍物。总之，智能体是由斥力和引力对其合力作用下完成路径规划。

在人工势能场中，通常将目标点处的势能设为全局最小值，而障碍物处的势能设为局部最小值。简而言之，采用人工势场法进行路径规划的原则是智能体总是从一个较高的势能位置移动到一个较低的势能位置。

4.8.2　传统的人工势场法

传统的人工势场法计算简单、易于实现，可以在智能体移动环境中轻松建立人工势能场。假设在智能体的移动环境中建立坐标系，$\boldsymbol{x}$ 表示智能体当前的位置向量，$\boldsymbol{x}_g$ 表示目标点的位置向量，从而可以建立引力场 $U_a(\boldsymbol{x})$ 公式：

$$U_a(\boldsymbol{x})=\frac{1}{2}k(\boldsymbol{x}-\boldsymbol{x}_g)^2 \tag{4.8-1}$$

式中：k——引力系数；

$\boldsymbol{x}-\boldsymbol{x}_g$——智能体与目标点的距离。

智能体所受到的引力和引力场成负梯度关系，因此将引力场对距离求导数，可得引力 $F_a(\boldsymbol{x})$ 公式：

$$F_a(\boldsymbol{x})=-\nabla(U_a)=-k(\boldsymbol{x}-\boldsymbol{x}_g) \tag{4.8-2}$$

如图 4.8-2 所示，在二维移动环境中，将点（100，100）设为目标点，这样点（100，100）处的势能在引力势能场中为最小值。

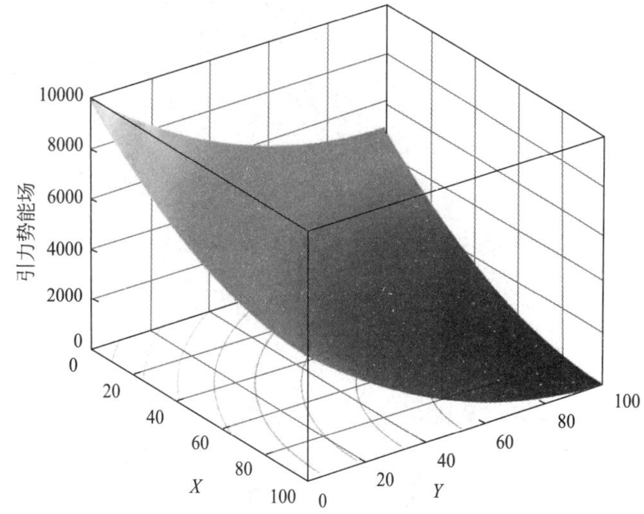

扫码看彩图

图 4.8-2　引力势能场

障碍物的斥力场 $U_r(\boldsymbol{x})$ 函数见式 4.8-3。

$$U_r(\boldsymbol{x})=\begin{cases}\frac{1}{2}\eta\left(\frac{1}{\rho}-\frac{1}{\rho_0}\right)^2, & \rho\leqslant\rho_0\\ 0, & \rho>\rho_0\end{cases} \tag{4.8-3}$$

式中：η——斥力系数；

ρ——智能体与障碍物的距离；

ρ_0——障碍物影响范围的距离阈值。

当智能体与障碍物的距离大于 ρ_0 时，智能体不会受到斥力场的影响，ρ_0 的取值较大可以使智能体远离障碍物，但占用了额外的移动空间。因此，ρ_0 的取值由路径的安全性和工作空间的利用率共同决定。智能体所受到的斥力 $F_r(\boldsymbol{x})$ 公式：

$$F_r(\boldsymbol{x})=-\nabla(U_r)=\begin{cases}\eta\left(\dfrac{1}{\rho}-\dfrac{1}{\rho_0}\right)\dfrac{1}{\rho^2}\dfrac{\partial\rho}{\partial\boldsymbol{x}}, & \rho\leqslant\rho_0\\ 0, & \rho>\rho_0\end{cases} \tag{4.8-4}$$

如图 4.8-3 所示，在二维移动环境中，在点（50，50）放置一个障碍物，障碍物的影响范围 $\rho_0=1$，这样点（50，50）处的势能在斥力势能场中为最大值。

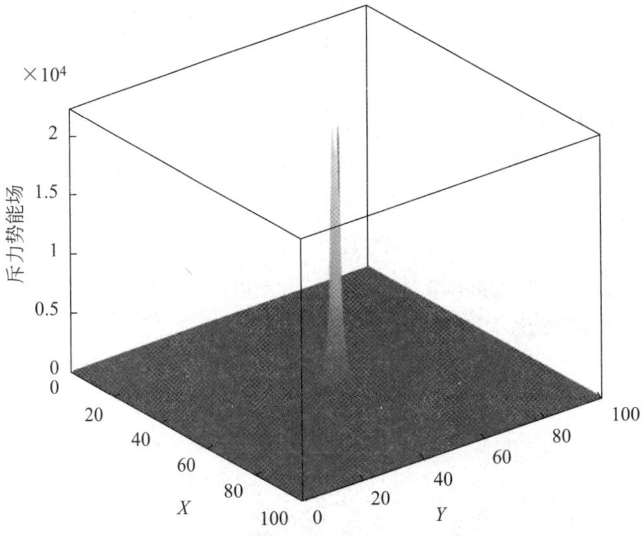

扫码看彩图

图 4.8-3　斥力势能场

当环境中存在多个障碍物时，智能体处于引力场和多个斥力场叠加的总势能场中。

$$U(\boldsymbol{x})=U_a(\boldsymbol{x})+\sum_{i=1}^{m}U_{r^i}(\boldsymbol{x}) \tag{4.8-5}$$

式中：m——障碍物的数量。

如图 4.8-4 所示，将引力和斥力势能场叠加便可以得到总势能场示意图。

人工势场法相比于其他的路径规划算法，具有一些显著的特点：

1. 计算简单：目标点，障碍物和智能体的位置信息可以准确地反映在构建的整体势场中，数学公式表达清晰，易于实现。智能体在前进过程中，路径点是由所受到的斥力和引力共同确定的，避免了计算量冗杂和计算复杂度高的缺点，具有计算时间短，内存占用少的优点。

2. 稳定性强：在已知起点、终点和障碍物位置的情况下，智能体的路径与环境之间形成闭环，增加了智能体避障的稳定性，从而可以得出一致、可靠的无碰撞路径。

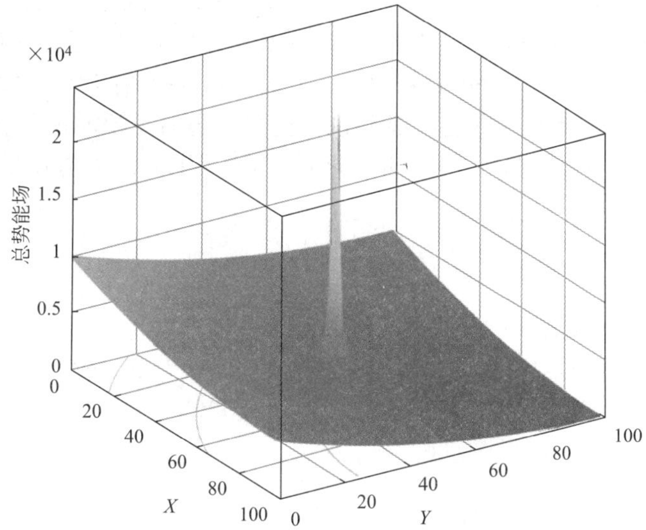

图 4.8-4　人工势能场

4.8.3　人工势场法的局限性

1. 障碍物附近目标点不可达

传统的人工势场法进行智能体路径规划时具有障碍物附近的目标点不可达问题[9]。在智能体路径规划过程中，目标点往往设置在远离障碍物的地方。如图 4.8-5 所示，如果将智能体的目标点预先设置在障碍物的影响范围内，智能体向目标点前进的同时也在向障碍物移动，因此智能体在前进的过程中受到的障碍物的斥力越来越大，而受到的目标点的引力越来越小，斥力将远大于引力。这种情况下，逐渐接近目标点的智能体有可能在目标点的附近不动或往复震荡从而不能到达目标点，此时目标点将不再是总势能场的全局最小值点。

为了解决障碍物附近的目标点不可达问题，通过在斥力势函数中增加智能体与目标点之间距离作为乘积项来改进传统的人工势场法。改进的斥力势函数使目标点成为总势能场的全局最小点[10]，改进的斥力势函数 $U_r'(\boldsymbol{x})$ 如下。

$$U_r'(\boldsymbol{x})=\begin{cases}\dfrac{1}{2}\eta\left(\dfrac{1}{\rho}-\dfrac{1}{\rho_0}\right)^2(\boldsymbol{x}-\boldsymbol{x}_g)^2, & \rho\leqslant\rho_0\\ 0, & \rho>\rho_0\end{cases} \tag{4.8-6}$$

当目标点在障碍物影响范围内，引入智能体与目标点之间距离项之后，随着智能体向目标点前

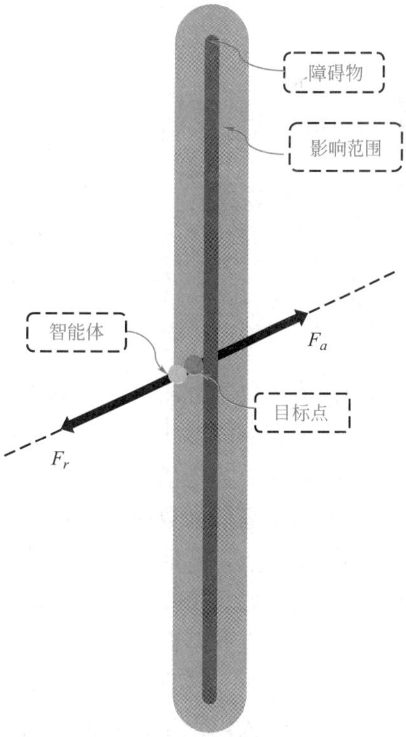

图 4.8-5　障碍物附近目标点不可达

进，斥力势能逐渐减小。当智能体位于目标点处时，智能体将不再受障碍物的排斥力作用。相对于公式（4.8-3），公式（4.8-6）可以保证智能体成功地到达目标点。但是，当智能体距离目标点较远时，斥力势能将被放大，从而使总势能场的形状发生扭曲。智能体在绕过障碍物的时候，避让距离更远，浪费移动空间，增加了智能体到达目标点的移动时间。为了克服这一缺点，可以引入了高斯函数 $G(\boldsymbol{x})$ 作为斥力势函数的乘积项[11]，见式（4.8-7）。

$$G(\boldsymbol{x})=1-\mathrm{e}^{-\frac{(\boldsymbol{x}-\boldsymbol{x}_g)^2}{R^2}} \tag{4.8-7}$$

式中：R——智能体的半径。

$G(\boldsymbol{x})$ 的二维图像如图 4.8-6 所示。将 $G(\boldsymbol{x})$ 引入到原斥力势函数 $U_r(\boldsymbol{x})$ 中，可以得到改进的斥力势函数 $U_r''(\boldsymbol{x})$。

$$U_r''(\boldsymbol{x})=\begin{cases}\dfrac{1}{2}\eta\left(\dfrac{1}{\rho}-\dfrac{1}{\rho_0}\right)^2\left(1-\mathrm{e}^{-\frac{(\boldsymbol{x}-\boldsymbol{x}_g)^2}{R^2}}\right), & \rho\leqslant\rho_0\\ 0, & \rho>\rho_0\end{cases} \tag{4.8-8}$$

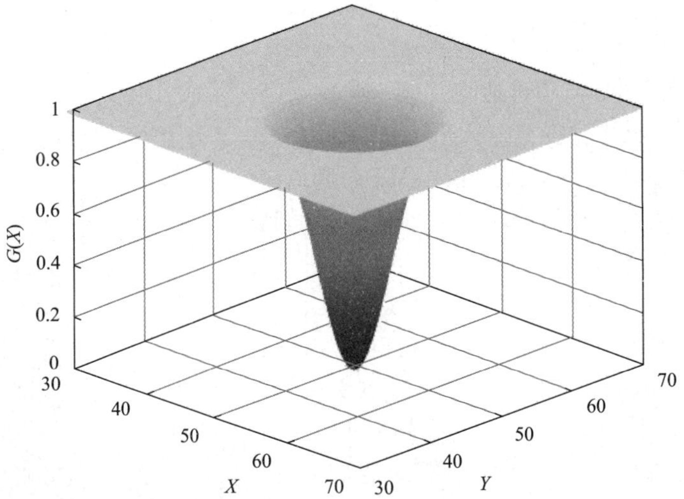

图 4.8-6　人工势能场

若智能体位于远离目标点的地方，$G(\boldsymbol{x})$ 的取值趋近于 1，斥力势基本上等价于原斥力势，总势能场的形状不会发生扭曲。若智能体逐渐靠近目标点，$G(\boldsymbol{x})$ 的取值趋近于 0，使得目标点为总势能场的全局最小点。

虽然引入高斯函数的方法可以解决总势场畸变问题，但在一定条件下，总势场中会出现局部极小值点，智能体往往会在局部极小值处不动或者反复震荡。假设障碍物被放置在目标点的后侧，且目标点位于智能体与障碍物之间直线上，则智能体沿此直线前进时，同时接近其目标点和障碍物。此过程中，引力势 $U_a(\boldsymbol{x})$ 的值逐渐减小，$U_r(\boldsymbol{x})$ 的值逐渐增大并且 $G(\boldsymbol{x})$ 的值逐渐减小。因此，$U_r''(\boldsymbol{x})$ 的值先增大后减小，在某一点处，$U_r''(\boldsymbol{x})$ 的局部极大值过大以至于在目标点前形成总势能场的局部极小值点。

例如，假设在一个如图 4.8-7 所示的二维移动空间中，目标点 $\boldsymbol{x}_g$ 的位置坐标设为

（50，50）。空间中有两个障碍物，障碍物 1 的半径为 1，位置坐标设为（48，50）；障碍物 2 的半径为 1，位置坐标设为（40，50）。将智能体的起点设为（60，50），其他参数设置如下：$\rho_0=5$，$k=1$，$\eta=300$。图 4.8-8（a）展示了采用 $U_r''(\boldsymbol{x})$ 作为斥力势函数的总势场。因此，在总势能场的引导下，智能体将沿着 $y=50$ 的直线向目标点移动。如图 4.8-8（b）所示，设 $y=50$，可得到总势能场随着 x 取值变化的曲线。可以看出，智能体与目标点之间的某一点是总势能场的局部最小点，目标点为全局最小的。在没有障碍物的情况下，智能体会被困在局部最小点而无法到达目标点。因此引入 $G(\boldsymbol{x})$ 仍无法完全解决障碍物附近的目标点不可达问题。

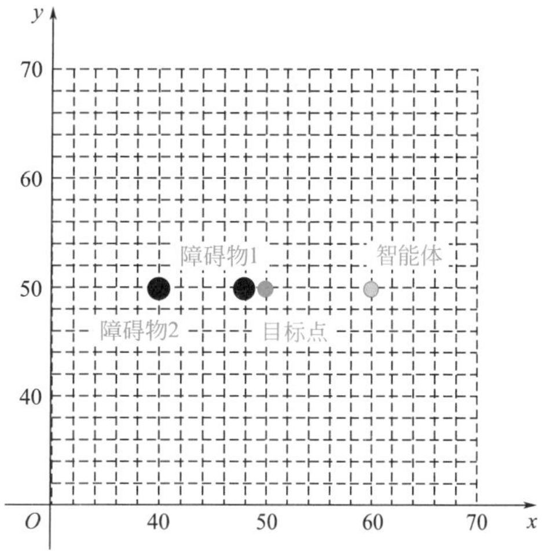

图 4.8-7　二维移动空间

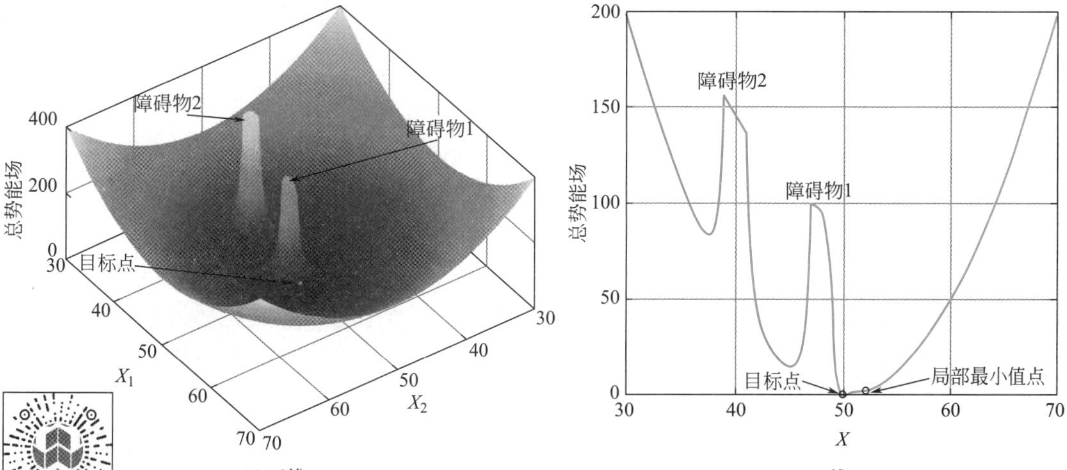

(a) 三维　　(b) 二维，y=50

扫码看彩图

图 4.8-8　采用 $U_r''(\boldsymbol{x})$ 的总势能场

2. 局部极小值问题

传统的人工势场法的另一固有问题是局部极小值陷阱问题，通过对传统人工势场法进行数学分析，可对局部极小值问题进行描述[12]。如图 4.8-9 所示，如果在智能体与其目标点之间的连线上放置障碍物，智能体在这一直线上会同时受到引力和斥力。在智能体向目标点前进的过程中，引力逐渐减小，斥力逐渐增大；此时在某点引力和斥力之间会有一种平衡，这一点即是局部极小值点。在局部极小值点，智能体受到大小相等，方向相反的引力和斥力从而停止移动。在移动过程中，由于智能体步长的限制，局部极小值点可能不是路径点。此时空间中会有一个虚拟的局部极小值点，智能体前进到此点处，受到斥力大于引力且方向与智能体的移动方向相反的合力，从而返回到上一路径点；在下一步路径点计算中，由于引力的作用，智能体再次到达虚拟局部最小点。因此，智能体将在虚拟局部极小值点附近反复振荡。

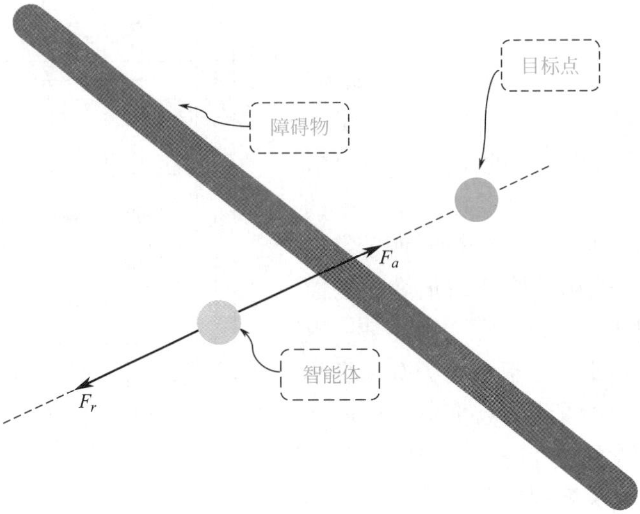

图 4.8-9　二维移动空间

为克服传统人工势场法中的局部极小值问题，可通过不同的方法使得智能体逃离势场中的局部极小值点。“沿墙走”方法[13] 可以有效地解决矩形，L 形和凹形的障碍物造成的局部极小值问题。当智能体陷入局部极小值点时，智能体的控制模式将从由势场引导控制模式切换到“沿墙走”控制模式。在“沿墙走”控制模式中，智能体需要随意决定且记住行走的方向，然后沿着障碍物的边界移动。智能体仍需要持续监控其当前位置到目标点的距离。当距离开始减小时，“沿墙走”控制模式停止，基于势场的控制模式恢复。

虚拟障碍物法[14] 是一种避开局部极小值点的有效方法。当智能体两次路径点的距离小于一个极小值时，判定智能体被局部极小值点捕获。当智能体陷入局部最小点时，将一个虚拟障碍物放置在局部极小值点。在全局势能场的基础上加上虚拟障碍物产生额外的斥力势能场，可使智能体避开局部极小值。

附加斥力法[15] 同样可以有效解决局部极小值问题的方法。附加的斥力使智能体可以躲避障碍物，附加斥力的大小与引力相等。附加斥力与引力的夹角 θ 不能为 0，以确保斥力和引力的方向不再是一条直线，从而成功到达目标点。采用虚拟局部最小区域的概念，智能体可以在半径为 r 的区域内，进行下一步路径点的选择。采用遗传算法对 r 和 θ 进行优化，可以得到最佳的附加斥力的方向和步长。

4.8.4　改进的人工势场法

目前，针对人工势场法两个固有的局限性——障碍物附近目标点不可达的问题和局部极小值问题，一些学者做了很深的研究，但是往往对某些场景并不适用。对于障碍物附近目标点不可达的问题，提出进一步改进的斥力势函数，使智能体成功到达目标点。对于局部极小值问题，采用改变斥力方向的方法，将智能体带离局部极小值点。

在斥力势函数中引入高斯函数作为乘积项可以有效地解决障碍物附近的目标点不可达问题，同时在距离目标点较远的障碍物处的势场，不会发生畸变。然而，在类似于图 4.8-8

的环境中，仍会出现局部极小值点，使得智能体不能到达目标点。为了消除局部极小值点，可以减小 $U_r''(\boldsymbol{x})$ 的局部最大值。通常，有两种方式来减小 $U_r''(\boldsymbol{x})$ 的局部最大值。一种方式是减小斥力系数 η，然而 η 的取值过小，会导致智能体不能避开距离目标点较远的障碍物。另一种方式是通过改进 $G(\boldsymbol{x})$，使得在靠近目标点时，进一步减小 $G(\boldsymbol{x})$ 的取值，而在远离目标点的地方仍保持取值趋近于 1。因此，通过将参数 β 引入到 $G(\boldsymbol{x})$ 中，提出了一个新形式的高斯函数 $G_1(\boldsymbol{x})$。

$$G_1(\boldsymbol{x})=1-\mathrm{e}^{-\frac{(\boldsymbol{x}-\boldsymbol{x}_g)^2}{\beta\cdot R^2}} \tag{4.8-9}$$

假设 $\beta=2$，$G_1(\boldsymbol{x})$ 的二维图像如图 4.8-10 所示。

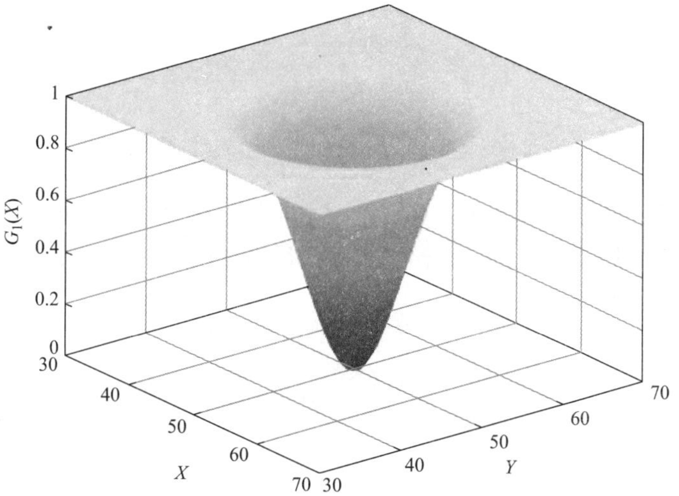

扫码看彩图

图 4.8-10　$G_1(\boldsymbol{x})$ 的二维图像

改进的斥力势函数 $U_1(\boldsymbol{x})$，见式 4.8-10。

$$U_1(\boldsymbol{x})=\begin{cases}\dfrac{1}{2}\eta\left(\dfrac{1}{\rho}-\dfrac{1}{\rho_0}\right)^2\left(1-\mathrm{e}^{-\frac{(\boldsymbol{x}-\boldsymbol{x}_g)^2}{\beta\cdot R^2}}\right), & \rho\leqslant\rho_0\\ 0, & \rho>\rho_0\end{cases} \tag{4.8-10}$$

通过调整参数 β，改进的总势能场在目标点附近不存在局部极小值点。对于如图 4.8-7 所示的移动空间，图 4.8-11（a）展示了采用 $U_1(\boldsymbol{x})$ 作为斥力势函数的总势场。图 4.8-11（b）展示了 $y=50$ 时，总势能场随着 x 取值变化的曲线。从曲线中可以清楚地看到，总势能场不存在局部极小点，智能体可以成功地到达目标点。

为了解决传统的人工势场法中局部极小值问题，提出了采用改变斥力方向的方法打破智能体在局部极小值点的受力平衡，使智能体逃离局部极小值点。当智能体被困在局部极小值点时，智能体所受到的斥力的合力和引力大小相等，方向相反，智能体将在局部极小值点处停止不动或反复震荡。

因此，我们可以采用一种启发式的方法来改变斥力的方向，从而使智能体逃离局部极小值点，继续前进直到目标点。如图 4.8-12 所示，如果智能体被困在局部极小值点，将障碍物的位置暂时改变，使得新的斥力方向与原斥力方向的夹角变为 45°。在这种情况下，

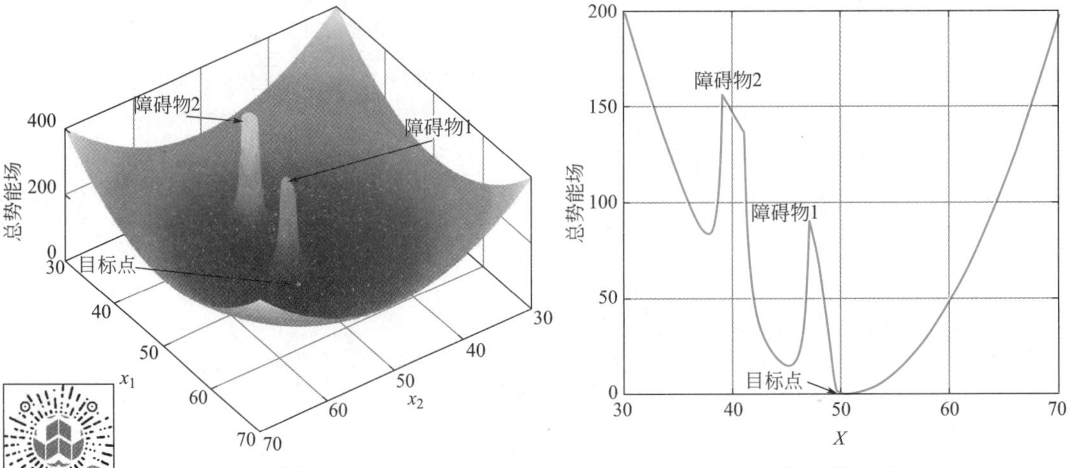

(a) 三维　　(b) 二维，y=50

扫码看彩图

图 4.8-11　采用 $U_1(\boldsymbol{x})$ 的总势能场

新的斥力可以分解为两个分量。斥力分量 1 的方向与原斥力方向相同，从而保证可以后退移动，远离障碍物。斥力分量 2 的方向垂直于原斥力方向，从而使得智能体可以逃离局部极小值点。

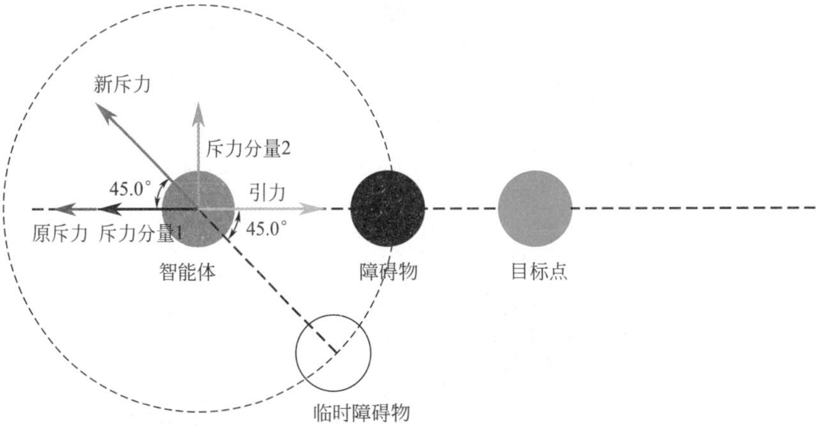

扫码看彩图

图 4.8-12　改变斥力的方向解决局部极小值问题

4.8.5　人工势场法的土木工程应用

在土木工程中，对于钢筋混凝土结构或预制混凝土构部件，无碰撞的钢筋智能排布问题可以被转化为多智能体路径规划问题。建立基于多智能体系统的钢筋排布模型。在钢筋排布模型中，智能体的任务是从起始点移动到目标点，并能自动避开障碍物。将混凝土构件中的每根钢筋表示为具有可以进行规划无碰撞轨迹的智能体，智能体的连续轨迹是钢筋的排布，同时也满足了起始点和目标点的要求。本节将采用改进的人工势场法完成混凝土框架梁柱节点处的钢筋智能排布任务。

混凝土框架梁柱节点是梁与柱的交叉区域，梁柱中的钢筋将会汇集在节点中，如图

4.8-13（a）所示。因此，梁或柱的钢筋布置相对简单，但是节点处的钢筋布置较为复杂。在混凝土构件中，钢筋可分为两大类：纵向钢筋和横向钢筋。纵向钢筋沿构件长度放置，可以有效地提高构件的受力性能，改善构件的变形能力。横向钢筋采用外围箍筋的形式围绕纵筋，固定纵筋位置，与纵筋共同形成钢筋骨架。因此，在进行钢筋布置时，只考虑纵向钢筋的布置，而将横向钢筋处理为智能体的移动环境的边界。

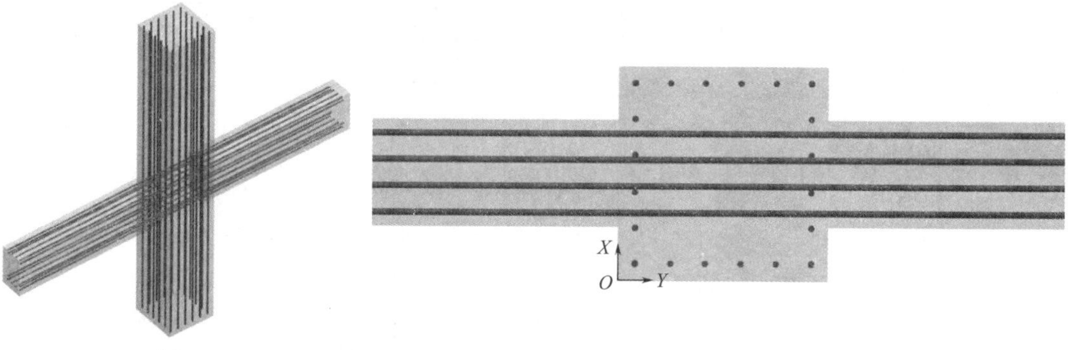

图 4.8-13　钢筋混凝土梁柱节点

如图 4.8-13（b）所示，可将梁柱节点从柱顶向下投影为二维图，将节点定义为智能体的二维移动空间，并建立局部坐标系。设置柱的左下角为坐标系原点，X 和 Y 轴的方向分别与柱横截面的高和宽方向平行。为保证钢筋布置的精度，采用单元尺寸为 1mm×1mm 的单元对二维移动空间进行网格划分。智能体进行路径规划时，路径点只取值在网格点处。由于离散空间的基本单元为 1mm，所以钢筋布置精度为 1mm，满足了设计规范要求。

钢筋混凝土梁柱节点智能钢筋布置流程图与实际施工近似一致，先对柱钢筋进行布置，再完成梁钢筋的布置。在传统的钢筋布局中，钢筋应均匀分布在构件的横截面上，满足规范规定的钢筋间距和混凝土保护层的要求。因此，我们假设钢筋按照传统的方式，预先布置在构件中，智能体的起始点和目标点可以分别设置为预设钢筋的两端。如果智能体到达了目标点，将沿着智能体的路径布置钢筋，并在下一次钢筋布置计算中将其定义为障碍。因此，智能体将遇到三种类型的障碍物：边界、不同方向钢筋和同方向钢筋。

在传统的机器人人工势场法路径规划中，机器人的轨迹在保证避开障碍物到达目标点的同时，又经过平滑处理，使机器人以接近恒定速度移动[16]。与之相反的是，在实际建筑施工中，钢筋应该尽量为直线，弯折越少越好。采用人工势场法时，智能体的初始路径是光滑的，但在碰撞的位置会有弯折。如图 4.8-14 所示，当智能体路径的形状不能满足钢筋形状的设计要求时，路径点应自动偏移到距初始路径最远的规划点，直到新路径为直线且无碰撞。

对于图 4.8-13（a）所示的梁柱节点，采用人工势场法进行钢筋排布。钢筋排布算法在个人计算机上的 MATLAB 2017 中实现，计算机配置如下：Intel Core i7-7700K CPU @ 4.20GHz；16 GBRAM；Windows 10 专业操作系统。节点处，矩形柱截面为 600mm×600mm，柱角筋为 4 根直径 20mm 的钢筋，柱边筋为 16 根直径 18mm 的钢筋。梁的矩形截面为 500mm（高）×300mm（宽），梁顶部和底部纵筋均为 6 根 18mm 的钢筋。梁和

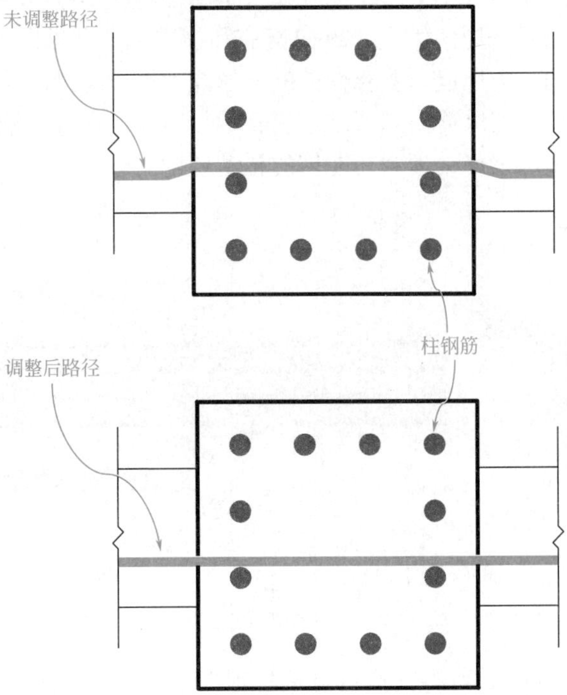

图 4.8-14 钢筋调整

柱的混凝土保护层均设置为 30mm，箍筋直径为 8mm。在节点中，将 20 根柱纵筋和 24 根梁纵筋作为智能体，完成智能钢筋排布。在二维工作空间中，智能体采用人工势场法完成路径规划，参数设置如表 4.8-1 所示，节点区所有的智能体均可以成功到达各自的目标点。

改进的人工势场法的参数设置 **表 4.8-1**

参数	取值	定义
k	1	引力系数
η	100	斥力系数
ρ_0	1	障碍物影响范围
β	10000	系数

节点区钢筋的智能排布三维可视化模拟结果如图 4.8-15 所示。从图中可以看出，顶部节点处的柱筋延伸至柱顶，水平向节点处向内弯曲，柱筋弯钩部分可绕过其他钢筋；中间层节点的柱筋贯穿节点，所有梁筋均可绕过柱筋；Y 方向顶部梁筋可以向下绕过 X 方向梁筋，X 方向底部梁筋可以向上绕过 Y 方向梁筋。在边节点和角节点处，需要锚固在节点处的钢筋均延伸对截面，并向节点内弯曲且绕过其他的钢筋。此外，钢筋间距和混凝土保护层厚度均满足设计规范要求，避免了钢筋堵塞。

采用人工势场法对节点中的各个钢筋的平均排布时间为 1.7～2.1s。因此，人工势场法具有计算效率高、速度快的特点，适合钢筋根数较多条件下的钢筋智能排布。

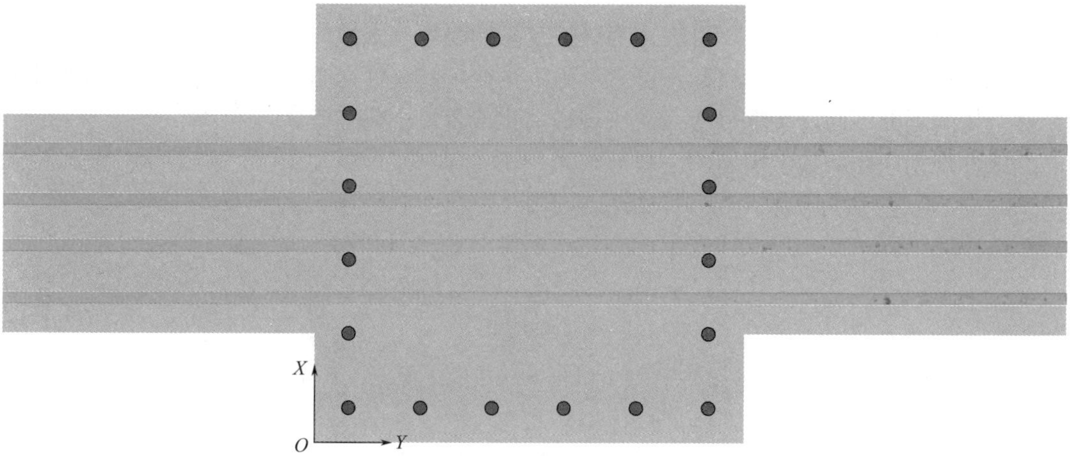

图 4.8-15　钢筋智能排布模拟结果

4.9　线性规划

线性规划是数学规划的一个重要组成部分，它起源于工业生产组织管理的决策问题。数学上常用它来确定多变量线性函数在各变量满足线性约束条件下的最优值[17]。

4.9.1　线性规划问题

先以一个例子了解什么是线性规划问题。

例 4.9.1　某构件加工厂计划生产 M_1、M_2 两种钢结构-混凝土节点，需要 HRB400 钢筋、C30 混凝土、C40 混凝土三种原材料。生产一个 M_1 节点需要使用 1t 的 HRB400 钢筋和 $3m^3$ C30 混凝土；生产一个 M_2 节点需要使用 2t 的 HRB400 钢筋和 $4m^3$ 的 C40 混凝土。HRB400 钢筋、C30 混凝土、C40 混凝土三种原材料每天各限量供应 6t、$12m^3$ 以及 $8m^3$。每生产一个 M_1 节点能盈利 2 万元，M_2 节点能盈利 1 万元，那么应该如何安排生产计划使该工厂获得最大利润？

解：用 x_1 和 x_2 分别表示每天 M_1、M_2 两种节点的生产数量，则每天的获利 z 可表示为 $z=2x_1+x_2$。HRB400 钢筋每天的用量不能超过 6t，所以有 $x_1+2x_2\leqslant 6$；同理，C30 混凝土和 C40 混凝土每天只能分别供应 $12m^3$ 和 $8m^3$，所以 x_1 和 x_2 需满足 $3x_1\leqslant 12$ 且 $4x_2\leqslant 8$；产量不可能为负数，所以 $x_1\geqslant 0$ 且 $x_2\geqslant 0$。综上，该问题的数学模型为

$$\text{目标函数}\quad \max z=2x_1+x_2$$

$$\text{约束条件}\quad \begin{cases} x_1+2x_2\leqslant 6 \\ 3x_1\leqslant 12 \\ 4x_2\leqslant 8 \\ x_1,\ x_2\geqslant 0 \end{cases} \tag{4.9-1}$$

诸如此类的优化问题即为线性规划问题，它们具有以下特征：

(1) 可以使用一组决策变量（x_1，x_2，…，x_n）表示某一方案，不同的值代表不同

的方案，一般决策变量的取值是非负且连续的[18]；

(2) 存在一些约束条件，可表达为决策变量的线性等式或线性不等式；

(3) 存在一个要达到的目标，可表示为决策变量的线性函数，这个线性函数称为目标函数。按问题的不同，要求目标函数实现最大化或者最小化[18]。

线性规划问题的数学模型的一般形式为

$$\text{目标函数}\quad \max(\min) z = c_1x_1 + c_2x_2 + \cdots + c_nx_n$$

$$\text{约束条件}\quad \begin{cases} a_{11}x_1 + a_{12}x_2 + \cdots + a_{1n}x_n \leqslant (=, \geqslant) b_1 \\ a_{21}x_1 + a_{22}x_2 + \cdots + a_{2n}x_n \leqslant (=, \geqslant) b_2 \\ \cdots \\ a_{m1}x_1 + a_{m2}x_2 + \cdots + a_{mn}x_n \leqslant (=, \geqslant) b_m \\ x_1, x_2, \cdots, x_n \geqslant 0 \end{cases} \tag{4.9-2}$$

其中，n 表示决策变量的数目，m 表示约束方程的数目，目标函数中的系数 c_i 称为价值系数，约束条件中的右端项 b_i 称为限额系数。以下将“目标函数”和“约束条件”八个字省略，默认第一行为目标函数，括号中的内容为约束条件。

从公式 (4.9-2) 中可以看出，线性规划问题的形式较为多变，目标函数可能是求解最大值，也可能是求解最小值；约束条件可能是“≥”或“≤”，也可能是“=”。这种情况不利于给出一个统一的求解方法。幸运的是，所有形式的线性规划问题都能转化为以下的标准形式，寻找最优解的方法（如 4.9.3 节中的单纯形法）多是针对标准形式给出，所以一般会将问题的数学模型转换为标准形式之后再求解。

线性规划问题的数学模型的标准形式定义为

$$\max z = c_1x_1 + c_2x_2 + \cdots + c_nx_n$$

$$\begin{cases} a_{11}x_1 + a_{12}x_2 + \cdots + a_{1n}x_n = b_1 \\ a_{21}x_1 + a_{22}x_2 + \cdots + a_{2n}x_n = b_2 \\ \cdots \\ a_{m1}x_1 + a_{m2}x_2 + \cdots + a_{mn}x_n = b_m \\ x_1, x_2, \cdots, x_n \geqslant 0 \end{cases} \tag{4.9-3}$$

其中，目标函数需要求解最大值，约束条件中全部为等式。将诸如例 4.9.1 中的非标准形式转换成标准形式需要用到后面所叙述的“加负号法”和“松弛变量法”。公式 (4.9-3) 可用向量和矩阵表示为

$$\max z = \boldsymbol{CX}$$

$$\begin{cases} \boldsymbol{AX} = \sum_{j=1}^{n} \boldsymbol{P}_j x_j = \boldsymbol{b} \\ \boldsymbol{X} \geqslant 0 \end{cases} \tag{4.9-4}$$

其中 $\boldsymbol{C}$ 为 n 维的价值向量，$\boldsymbol{X}$ 为 n 维的决策变量向量，分别为

$$\boldsymbol{C} = [c_1 \quad c_2 \quad \cdots \quad c_n] \tag{4.9-5}$$

$$\boldsymbol{X} = [x_1 \quad x_2 \quad \cdots \quad x_n]^{\mathrm{T}} \tag{4.9-6}$$

$\boldsymbol{A}$ 为约束条件中 $m \times n$ 维的系数矩阵，$\boldsymbol{b}$ 为 m 维的资源向量，分别为

$$A=\begin{bmatrix} a_{11} & a_{12} & \cdots & a_{1n} \\ a_{21} & a_{22} & \cdots & a_{2n} \\ \vdots & \vdots & & \vdots \\ a_{m1} & a_{m2} & \cdots & a_{mn} \end{bmatrix}=[\boldsymbol{P}_1, \boldsymbol{P}_2, \cdots, \boldsymbol{P}_n] \tag{4.9-7}$$

$$\boldsymbol{P}_j=[a_{1j} \quad a_{2j} \quad \cdots \quad a_{mj}]^{\mathrm{T}} \tag{4.9-8}$$

$$\boldsymbol{b}=[b_1 \quad b_2 \quad \cdots \quad b_m]^{\mathrm{T}} \tag{4.9-9}$$

将非标准形式转换成标准形式时，可能会遇到以下三种情况：

（1）目标函数需要求解最小值：即 $\min z=\boldsymbol{CX}$，这时令 $z'=-z$，则目标函数就变成 $\max z'=-\boldsymbol{CX}$；

（2）约束条件为不等式：若约束方程为"$\leqslant$"不等式，则需要在左侧加上一个非负的松弛变量；若约束方程为"$\geqslant$"不等式，则需要在左侧减去一个非负的松弛变量；

（3）决策变量的取值无约束：若决策变量 x_k 取值无约束，可令 $x_k=x_k'-x_k''$，其中 x_k'，$x_k''\geqslant 0$，使用 x_k' 和 x_k'' 代替 x_k。

下面以例 4.9.2 举例说明如何将线性规划问题的数学模型的非标准形式转换成标准形式。

例 4.9.2　将以下的线性规划问题转换成标准形式。

$$\min z=x_1+2x_2-x_3$$

$$\begin{cases} x_1+x_2\leqslant 5 \\ x_2+x_3\geqslant 3 \\ x_1,\ x_2\geqslant 0,\ x_3 \text{ 无约束} \end{cases}$$

解：（1）首先用 x_4-x_5 代替 x_3，其中 x_4，$x_5\geqslant 0$；

（2）在第一个约束条件左侧加上松弛变量 x_6；

（3）在第二个约束条件左侧减去松弛变量 x_7；

（4）令 $z'=-z$，将 $\min z$ 变成 $\max z'$。综上，得到的标准形式为

$$\max z'=-x_1-2x_2+x_4-x_5+0x_6+0x_7$$

$$\begin{cases} x_1+x_2+x_6=5 \\ x_2+x_4-x_5-x_7=3 \\ x_1,\ x_2,\ x_4,\ x_5,\ x_6,\ x_7\geqslant 0 \end{cases}$$

4.9.2　求解方法

在约束方程的系数矩阵 $\boldsymbol{A}$ 中，一般 $m>n$，即决策变量的个数小于约束方程的个数。这就意味着如果线性方程 $\boldsymbol{AX}=\boldsymbol{b}$ 有解，必然是无穷多解。我们需要从这些解中找到能使目标函数取得最大值的决策变量值。在介绍如何求解之前，我们先以例 4.9.1 为例，利用图解法了解线性规划问题的解的一些概念。

将公式（4.9-1）中的约束条件绘出，如图 4.9-1（a）所示。其中 x_1，$x_2\geqslant 0$ 是指第一象限的范围；$3x_1\leqslant 12$ 是指 $x_1\leqslant 4$ 的范围；$4x_2\leqslant 8$ 是指 $x_2\leqslant 2$ 的范围；$x_1+2x_2\leqslant 6$ 是指连接 $x_1=6$ 与 $x_2=3$ 的直线以下的范围，也就是包含原点在内的一侧的范围。四个约束条件形成的区域即为图 4.9-1（a）中的阴影区域。也就是说，阴影内的每一个点都是一个可行的生产方案，都是这个线性方程的解。这个阴影区域称为例 4.9.1 中线性规划问题的

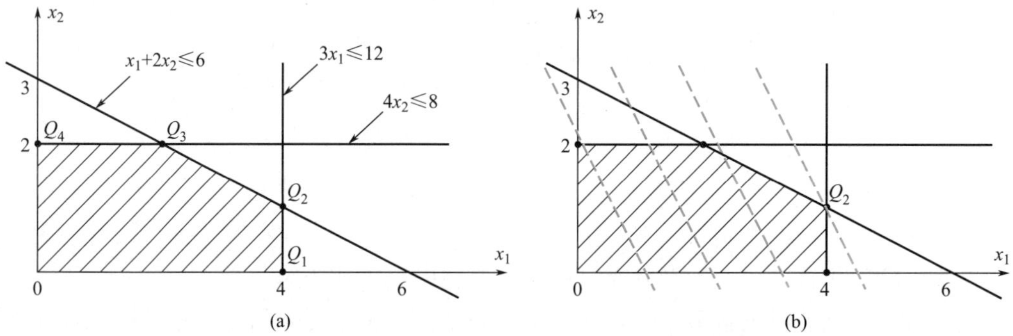

图 4.9-1　用图解法找到例 4.9.1 中线性规划问题的最优解

可行域，里面的每一个点都称为可行解，我们要找到使目标函数取得最大值的可行解，称为最优解。

将目标函数表示为 x_2 关于 x_1 的线性函数，

$$x_2=-2x_1+z$$

即斜率为−2、截距为 z 的直线，即为图 4.9-1（b）中所示的一组平行线。当 z 从小变大时，直线 $x_2=-2x_1+z$ 沿其法线方向向右上方移动。当移动到 Q_2 点时，z 在可行域范围内取得最大值，即最优解是 $\boldsymbol{X}=(4,1)$，目标函数的最大值是 9。

以上是能够在可行域中找到唯一的最优解的情况，实际情况中，还会遇到以下三种情况：

（1）多重最优解：若例 4.9.1 中的目标函数为 $\max z=2x_1+4x_2$，则参数为 z 的平行线与公式（4.9-1）中的第 1 个约束条件 $x_1+2x_2\leqslant 6$ 平行，如图 4.9-2（a）所示。这时直线上位于 Q_2 和 Q_3 之间的点都能使目标函数取得相同的最大值，这个线性规划问题有多重最优解[18]；

（2）无界解：对于公式（4.9-10）所示的线性规划问题，其可行域如图 4.9-2（b）所示，其可行域无界，目标函数的最大值为无穷大，这种情况为无界解[18]。

$$\max z=x_1+2x_2$$
$$\begin{cases}-x_1+2x_2\leqslant 1\\ 4x_2\leqslant 8\\ x_1,\ x_2\geqslant 0\end{cases}\tag{4.9-10}$$

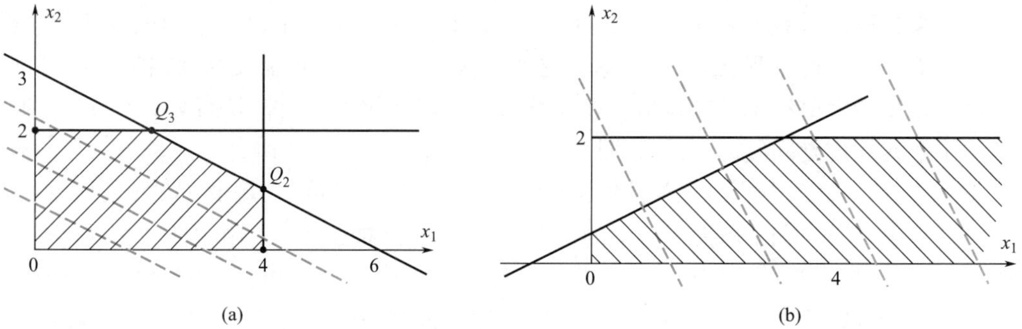

图 4.9-2　多重最优解和无界解的情况

(3) 无可行解：如果线性规划的可行域为空集，则不存在可行解，也就不存在最优解。

当出现第(2)、(3)种情况时，说明线性规划问题的数学模型有误，前者缺乏必要的约束条件，后者存在矛盾的约束条件[18]。当数学模型建立正确，线性规划问题的可行域为凸集，并且具有有限个顶点，如图4.9-1(a)中的点0、Q_1、Q_2、Q_3以及Q_4。例4.9.1中的最优解在可行域的顶点取到，这一结论可推广到一般情况。也就是说，若线性规划问题存在最优解，则一定在可行域的某个顶点取到；若在两个顶点上同时得到最优解，则它们连线上的任意一点都是最优解，即有多重最优解[18]。这样就将最优解的范围从整个可行域缩小到可行域的顶点，将每个顶点带进目标函数，一一对比，最终能找到最优解。但是当m、n的数量较大时，这种方法行不通[18]，这时可以使用单纯形法求解线性规划问题的最优解。

4.9.3 单纯形法

在公式(4.9-4)中，如果线性方程$\boldsymbol{AX}=\boldsymbol{b}$有解，必然是无穷多解，组成了可行域，而最优解会在可行域的顶点上取到。基于此，单纯形法求解线性规划问题的基本思路是：先找出可行域的一个顶点，根据一定的规则判断其是否是最优解；若否，则转换到与之相邻的另一顶点，并使目标函数值更优；经过有限步迭代，可求出最优解[17]。在介绍单纯形法之前，我们先了解线性规划中“基”的概念，基以及基变换是单纯形法的重要工具。

1. 基的相关概念

在线性规划问题的标准形式，即公式(4.9-4)中，$\boldsymbol{A}$表示约束条件中$m\times n$维的系数矩阵，其秩为m。用$\boldsymbol{B}$表示由$\boldsymbol{A}$中的m个线性无关的列向量组成的$m\times m$阶的非奇异子矩阵($|\boldsymbol{B}|\neq 0$)，则称$\boldsymbol{B}$为线性规划方程的一个基。假设$\boldsymbol{B}$中的列向量是$\boldsymbol{A}$的前m个列向量，即

$$\boldsymbol{B}=\begin{bmatrix} a_{11} & a_{12} & \cdots & a_{1m} \\ a_{21} & a_{22} & \cdots & a_{2m} \\ \vdots & \vdots & & \vdots \\ a_{m1} & a_{m2} & \cdots & a_{mm} \end{bmatrix}=[\boldsymbol{P}_1,\ \boldsymbol{P}_2,\ \cdots,\ \boldsymbol{P}_m] \tag{4.9-11}$$

则公式(4.9-4)可进一步表示为

$$\begin{bmatrix} a_{11} \\ a_{21} \\ \vdots \\ a_{m1} \end{bmatrix} x_1+\begin{bmatrix} a_{12} \\ a_{22} \\ \vdots \\ a_{m2} \end{bmatrix} x_2+\cdots+\begin{bmatrix} a_{1m} \\ a_{2m} \\ \vdots \\ a_{mm} \end{bmatrix} x_m=\begin{bmatrix} b_1 \\ b_2 \\ \vdots \\ b_m \end{bmatrix}-\begin{bmatrix} a_{1,\ m+1} \\ a_{2,\ m+1} \\ \vdots \\ a_{m,\ m+1} \end{bmatrix} x_{m+1}-\cdots-\begin{bmatrix} a_{1n} \\ a_{2n} \\ \vdots \\ a_{mn} \end{bmatrix} x_n \tag{4.9-12}$$

称与基向量$\boldsymbol{P}_j$ ($j=1,\ 2,\ \cdots,\ m$)对应的变量x_j ($j=1,\ 2,\ \cdots,\ m$)为基变量，其他的变量为非基变量。令公式(4.9-12)中的非基变量为0，这时方程个数等于变量个数，可使用高斯消元法求出一个解$\boldsymbol{X}=(x_1,\ x_2,\ \cdots,\ x_m,\ 0,\ \cdots,\ 0)^{\mathrm{T}}$，称为基解，基解中非零分量的个数不大于$m$。$\boldsymbol{A}$的每一个基都能求出一个基解。若基解中的所有分量均非负，则称该基解为基可行解。与基可行解对应的基，称为可行基。

可行解、基解与基可行解之间的关系如图4.9-3所示。以图4.9-1(a)为例，可行解

是位于阴影区域（即可行域）之内的所有点，基解是图中的点 0、Q_1、Q_2、Q_3、Q_4 以及各条线延长的交点[18]，基可行解对应于可行域的顶点，即图中的点 0、Q_1、Q_2、Q_3、Q_4。

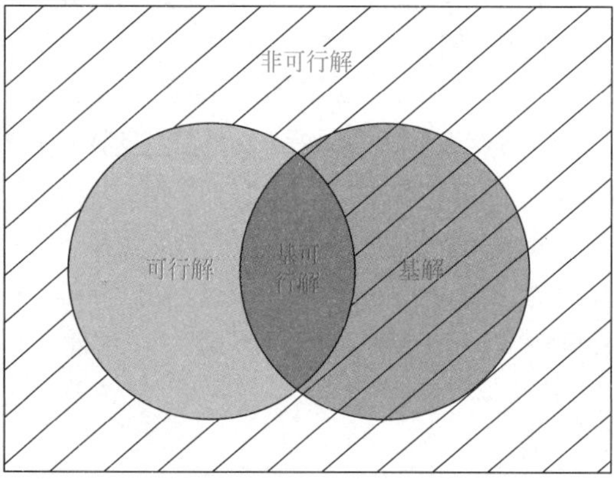

图 4.9-3　可行解、基解与基可行解之间的关系

2. 单纯形法的解题步骤

对于类似例 4.9.1 的线性规划问题，一般能通过松弛变量法或者其他的方法[18] 处理成公式（4.9-13）的形式，其约束方程的系数矩阵 **A** 见公式（4.9-14）。

$$\max z = c_1x_1 + c_2x_2 + \cdots + c_nx_n$$
$$\begin{cases} x_1 + a_{1,\ m+1}x_{m+1} + \cdots + a_{1n}x_n = b_1 \\ x_2 + a_{2,\ m+1}x_{m+1} + \cdots + a_{2n}x_n = b_2 \\ \cdots \\ x_m + a_{m,\ m+1}x_{m+1} + \cdots + a_{mn}x_n = b_m \\ x_1,\ x_2,\ \cdots,\ x_n \geqslant 0 \end{cases} \tag{4.9-13}$$

$$\mathbf{A} = \begin{bmatrix} 1 & 0 & \cdots & 0 & a_{1,\ m+1} & \cdots & a_{1n} \\ 0 & 1 & \cdots & 0 & a_{2,\ m+1} & \cdots & a_{2n} \\ \vdots & \vdots & & \vdots & \vdots & & \vdots \\ 0 & 0 & \cdots & 1 & a_{m,\ m+1} & \cdots & a_{mn} \end{bmatrix} \tag{4.9-14}$$

可以看出，x_1 到 x_m 的系数列向量相互独立，因此选择 x_1 到 x_m 为基变量，称为初始基变量，其余变量为非基变量。用非基变量表示基变量，并代入公式（4.9-13）的目标函数中，如公式（4.9-16）所示。

$$x_i = b_i - \sum_{j=m+1}^{n} a_{i,\ j}x_j\ (i=1,\ 2,\ \cdots,\ m) \tag{4.9-15}$$

$$\begin{aligned} z &= \sum_{i=1}^{m} c_i\left(b_i - \sum_{j=m+1}^{n} a_{i,\ j}x_j\right) + \sum_{i=m+1}^{n} c_ix_i \\ &= \sum_{i=1}^{m} c_ib_i + \sum_{j=m+1}^{n}\left(c_j - \sum_{i=1}^{m} a_{i,\ j}x_j\right)x_j \\ &= z_0 + \sum_{j=m+1}^{n} \sigma_jx_j \end{aligned} \tag{4.9-16}$$

其中 σ_j 称为检验数。令所有非基变量为 0，得到初始基可行解

$$X^{(0)}=(b_1,\ b_2,\ \cdots,\ b_m,\ 0,\ \cdots,\ 0)^{\mathrm{T}}$$

得到了一个基可行解之后，需要判断其是否为最优解，有以下三种情况[18]：

(1) 在公式（4.9-16）中，若所有非基变量的检验数均不大于 0，则此时得到的基可行解为最优解；

(2) 若公式（4.9-16）中所有的非基变量的检验数均不大于 0，但某一个非基变量的检验数等于 0，则该线性规划问题有多重最优解；

(3) 若在所有检验数大于 0 的非基变量中，若某个变量的系数列向量不大于 0，则此线性规划问题无界，此时应该停止计算；

当某些非基变量的检验数为正数，说明增加这些变量的值会使目标函数进一步增加，需要将基变量与非基变量对换，继续寻找最优解[18]。换入变量一般选择检验数最大的非基变量，此处设该变量为 x_k。换出变量按照“θ 规则”确定，即在公式（4.9-15）中，令除了 x_k 之外的其他非基变量为 0，仅用 x_k 表示基变量，并使某一个基变量为 0，同时保证其他的基变量非负[18]。

$$x_i=b_i-a_{i,k}x_k\geqslant 0(i=1,\ 2,\ \cdots,\ m) \tag{4.9-17}$$

也就是要比较各比值 b_i/a_{ik} $(i=1,\ 2,\ \cdots,\ m)$，选择使其取得最小值时的基变量作为换出变量。用 θ 表示该比值，换出变量用 x_l 表示，则

$$\theta=\min\left(\frac{b_i}{a_{ik}}\middle|a_{ik}>0\right)=\frac{b_l}{a_{lk}} \tag{4.9-18}$$

然后需要使用新的基变量重新求解新的基可行解。将 x_k 的系数列向量 P_k 转换成 x_l 的形式，公式（4.9-13）对应的增广矩阵为

$$[\boldsymbol{A}\mid\boldsymbol{b}]^{(0)}=\begin{array}{c}\begin{matrix}x_1 & x_2 & \cdots & x_m & x_{m+1} & \cdots & x_k & \cdots & x_n & b\end{matrix}\\ \begin{bmatrix}1 & 0 & \cdots & 0 & a_{1,m+1} & \cdots & a_{1k}x_k & \cdots & a_{1n}x_n & b_1\\ 0 & 1 & \cdots & 0 & a_{2,m+1} & \cdots & a_{2k}x_k & \cdots & a_{2n}x_n & b_2\\ \vdots & \vdots & \vdots & \vdots & \vdots & \vdots & \vdots & \vdots & \vdots & \vdots\\ 0 & 0 & \cdots & 1 & a_{m,m+1} & \cdots & a_{mk}x_k & \cdots & a_{mn}x_n & b_n\end{bmatrix}\end{array} \tag{4.9-19}$$

需要先将 P_k 的第 l 各分量除以 a_{lk} 变成 1，再将其他的分量变成 0。转换之后的增广矩阵为

$$[\boldsymbol{A}\mid\boldsymbol{b}]^{(1)}=\begin{array}{c}\begin{matrix}x_1 & x_2 & \cdots & x_l & \cdots & x_m & x_{m+1} & \cdots & x_k & \cdots & x_n & b\end{matrix}\\ \begin{bmatrix}1 & 0 & \cdots & -\dfrac{a_{1k}}{a_{lk}} & \cdots & 0 & a_{1,m+1}-\dfrac{a_{1,m+1}}{a_{lk}}a_{1,k} & \cdots & 0 & \cdots & a_{1n}-\dfrac{a_{1n}}{a_{lk}}a_{1,k} & b_1-\dfrac{b_l}{a_{lk}}a_{1,k}\\ 0 & 1 & \cdots & -\dfrac{a_{2k}}{a_{lk}} & \cdots & 0 & a_{2,m+1}-\dfrac{a_{2,m+1}}{a_{lk}}a_{2,k} & \cdots & 0 & \cdots & a_{2n}-\dfrac{a_{2n}}{a_{lk}}a_{2,k} & b_2-\dfrac{b_l}{a_{lk}}a_{2,k}\\ \vdots & \vdots & \vdots & \vdots & \vdots & \vdots & \vdots & \vdots & \vdots & \vdots & \vdots & \vdots\\ 0 & 0 & \cdots & \dfrac{1}{a_{lk}} & \cdots & 0 & a_{l,m+1}-\dfrac{a_{l,m+1}}{a_{lk}}a_{l,k} & \cdots & 1 & \cdots & a_{ln}-\dfrac{a_{ln}}{a_{lk}}a_{l,k} & \dfrac{b_l}{a_{lk}}\\ \vdots & \vdots & \vdots & \vdots & \vdots & \vdots & \vdots & \vdots & \vdots & \vdots & \vdots & \vdots\\ 0 & 0 & \cdots & -\dfrac{a_{mk}}{a_{lk}} & \cdots & 1 & a_{m,m+1}-\dfrac{a_{m,m+1}}{a_{lk}}a_{m,k} & \cdots & 0 & \cdots & a_{mn}-\dfrac{a_{mn}}{a_{lk}}a_{m,k} & b_m-\dfrac{b_l}{a_{lk}}a_{m,k}\end{bmatrix}\end{array} \tag{4.9-20}$$

据此得到的新的基可行解为

$$X^{(1)}=\left(b_1-\frac{b_l}{a_{lk}}a_{1,k},b_2-\frac{b_l}{a_{lk}}a_{2,k},\cdots,b_{l-1}-\frac{b_l}{a_{lk}}a_{l-1,k},0,b_{l+1}-\frac{b_l}{a_{lk}}a_{l+1,k}\cdots,b_m-\frac{b_l}{a_{lk}}a_{m,k},0,\cdots,\frac{b_l}{a_{lk}},\cdots,0\right)^{\mathrm{T}}$$

利用换入变量寻找新的基可行解的过程称为基变换。将公式（4.9-20）中新的参数带入公式（4.9-16）即可得到用新的非基向量表示的目标函数。这是使用单纯形法求解线性规划问题中，进行一次迭代的过程。使用单纯形法求解线性规划问题的完整步骤为：

（1）找出初始可行基，求出初始可行解；

（2）用非基变量表示基变量，带入目标函数，求出各非基变量的检验数；

（3）判断得到的基可行解是否为最优解，若是，则停止计算；否则，进入下一步；

（4）判断该问题是否无界，若是，则停止计算；否则，进入下一步；

（5）选择检验数较大的一个非基变量作为换入变量，按照"θ 规则"确定换出变量；

（6）把换入变量的系数列向量变换成换出变量的系数列向量的形式，得到新的约束方程的系数矩阵，重复步骤（2）～（6），直到停止。

例 4.9.3 使用单纯形法求解例 4.9.1 中的线性规划问题。

解： 首先将例 4.9.1 中的数学模型变为标准形式，即

$$\max z=2x_1+x_2+0x_3+0x_4+0x_5$$
$$\begin{cases}x_1+2x_2+x_3=6\\3x_1+x_4=12\\4x_2+x_5=8\end{cases}\tag{4.9-21}$$

约束条件的系数矩阵 $\boldsymbol{A}$ 为

$$\boldsymbol{A}=\begin{bmatrix}1&2&1&0&0\\3&0&0&1&0\\0&4&0&0&1\end{bmatrix}=[\boldsymbol{P}_1,\ \boldsymbol{P}_2,\ \boldsymbol{P}_3,\ \boldsymbol{P}_4,\ \boldsymbol{P}_5]$$

变量 x_3、x_4 和 x_5 的系数列向量 $\boldsymbol{P}_3$、$\boldsymbol{P}_4$ 和 $\boldsymbol{P}_5$ 线性无关，可构成 $\boldsymbol{A}$ 的初始可行基，为

$$\boldsymbol{B}=\begin{bmatrix}1&0&0\\0&1&0\\0&0&1\end{bmatrix}=[\boldsymbol{P}_3,\ \boldsymbol{P}_4,\ \boldsymbol{P}_5]$$

此时，x_3、x_4 和 x_5 为基变量，x_1 和 x_2 为非基变量，有

$$\begin{cases}x_3=6-x_1-2x_2\\x_4=12-3x_1\\x_5=8-4x_2\end{cases}\tag{4.9-22}$$

将公式（4.9-22）代入目标方程，可得

$$z=2x_1+x_2\tag{4.9-23}$$

令公式（4.9-22）中的非基变量为 0，得到一个基可行解 $\boldsymbol{X}^{(0)}=(0,\ 0,\ 6,\ 12,\ 8)^{\mathrm{T}}$。公式（4.9-23）中，$x_1$ 和 x_2 的检验数均为正数，且 x_1 的检验数大于 x_2 的检验数，因此选择 x_1 为换入变量。换出变量基于"θ 规则"确定，在公式（4.9-22）中，令非基变量 x_2 为 0，仅使用 x_1 表示基变量，并保证这些变量均非负，即

$$\begin{cases} x_3 = 6 - x_1 \geqslant 0 \\ x_4 = 12 - 3x_1 \geqslant 0 \\ x_5 = 8 \geqslant 0 \end{cases} \tag{4.9-24}$$

则 $\theta = \min(6, 12/3) = 4$，则 $x_1 = \theta = 4$ 时，公式（4.9-24）可以成立，所以换出变量选择 x_4。将 x_1 的系数列向量 $\boldsymbol{P}_1^{(0)} = (1, 3, 0)^{\mathrm{T}}$ 转换为 $\boldsymbol{P}_4^{(0)} = (0, 1, 0)^{\mathrm{T}}$ 的形式，即将第 2 个分量变为 1，其余分量为 0。$\boldsymbol{A}$ 的增广矩阵为

$$[\boldsymbol{A} \mid \boldsymbol{b}]^{(0)} = \begin{bmatrix} 1 & 2 & 1 & 0 & 0 & 6 \\ 3 & 0 & 0 & 1 & 0 & 12 \\ 0 & 4 & 0 & 0 & 1 & 8 \end{bmatrix}$$

先将 $\boldsymbol{A}$ 的增广矩阵的第 2 行除以 3，再将第 2 行乘以 -1 加到第 1 行，则 $\boldsymbol{A}$ 的增广矩阵变为

$$[\boldsymbol{A} \mid \boldsymbol{b}]^{(1)} = \begin{bmatrix} 0 & 2 & 1 & -1/3 & 0 & 2 \\ 1 & 0 & 0 & 1/3 & 0 & 4 \\ 0 & 4 & 0 & 0 & 1 & 8 \end{bmatrix} \tag{4.9-25}$$

此时有

$$\begin{cases} x_1 = 4 - x_4/3 \\ x_3 = 2 - 2x_2 + x_4/3 \\ x_5 = 8 - 4x_2 \end{cases}$$

令非基变量等于 0，得到一个基可行解为 $\boldsymbol{X}^{(1)} = (4, 0, 2, 0, 8)^{\mathrm{T}}$。将上式代入公式（4.9-21）的目标函数中，有

$$z = 8 + x_2 - 2x_4/3$$

非基变量 x_2 的检验数为 1，大于 0，故以 x_2 为换入变量，同样按照“θ 规则”确定 x_3 为换出变量。从公式（4.9-25）中可以看出，x_2 的系数列向量为 $\boldsymbol{P}_1^{(1)} = (2, 0, 4)^{\mathrm{T}}$，需要将其转换成 $\boldsymbol{P}_3^{(1)} = (1, 0, 0)^{\mathrm{T}}$，则 $\boldsymbol{A}$ 的增广矩阵进一步变为

$$[\boldsymbol{A} \mid \boldsymbol{b}]^{(2)} = \begin{bmatrix} 0 & 1 & 1/2 & -1/6 & 0 & 1 \\ 1 & 0 & 0 & 1/3 & 0 & 4 \\ 0 & 0 & -2 & 2/3 & 1 & 0 \end{bmatrix}$$

得到的基可行解为 $\boldsymbol{X}^{(2)} = (4, 1, 0, 0, 0)^{\mathrm{T}}$，目标函数为

$$z = 9 - x_3/2 - x_4/2$$

此时所有非基变量的检验数均为负数，所以此时的基解 $\boldsymbol{X}^{(2)} = (4, 1, 0, 0, 0)^{\mathrm{T}}$ 为最优解，即 $x_1 = 4$、$x_2 = 1$，用单纯形法得到的结果与图解法一致。初始基可行解 $\boldsymbol{X}^{(0)} = (0, 0, 6, 12, 8)^{\mathrm{T}}$ 与图 4.9-1（a）中的原点对应，迭代一次之后得到的基可行解 $\boldsymbol{X}^{(1)} = (4, 0, 2, 0, 8)^{\mathrm{T}}$ 与 Q_1 点对应，迭代两次之后的基可行解 $\boldsymbol{X}^{(2)} = (4, 1, 0, 0, 0)^{\mathrm{T}}$ 与 Q_2 对应。说明单纯形法寻找最优解的路径是从原点出发，经过 Q_1，最终找到 Q_2。

课后习题

1. 已知 a，b，$c \in R^{+}$，$a + b + c = 2$，利用拉格朗日乘数法求解 $\dfrac{1}{a} + \dfrac{3}{b} + \dfrac{10}{c}$ 的最

小值。

2. 证明以下问题是凸规划，并求解其 KKT 点：

$$\min(x_1-1)^2+(x_2-1)^2$$
$$\text{s.t.}\quad x_1-x_2=-1$$
$$x_1+x_2\leqslant 2$$
$$x_1,\ x_2\geqslant 0$$

3. 二维坐标中存在五个数据点（5，20）、（10，33）、（15，45）、（20，47）、（25，40），采用最小二乘法求解一条距离此五点距离最短的直线。

4. 采用梯度下降法求解

$\min f(x_1,\ x_2)=x_1-5x_2+2x_1^2+3x_1x_2+x_2^2$ 给定初始点 $\boldsymbol{X}^{(1)}=(0,\ 0)^{\mathrm{T}}$

5. 采用牛顿法求解

$$\min f(x,y)=2x^2+5y^2+5xy+3x-7y$$

6. 采用蒙特卡洛法计算函数 $y=x^3$ 在区间［−1，1］区间的积分。

7. 下图为尺寸为 200mm×200mm×200mm 的三维智能体工作空间。沿 Z 轴方向的柱钢筋底端放置在点（100，50，0）处，沿 X 轴方向的梁钢筋左端放置在点（0，150，100）处。两根钢筋的长度都是 200mm，直径是 20mm。假定一个智能体表示直径为 20mm 的钢筋。它的起点和目标点分别为（100，0，100）和（100，200，100）。

（1）采用传统的人工势场法实现智能体的路径规划。

（2）采用改进的人工势场法实现智能体的路径规划。

（3）对比两种方法路径规划结果，讨论两种方法的路径规划性能。

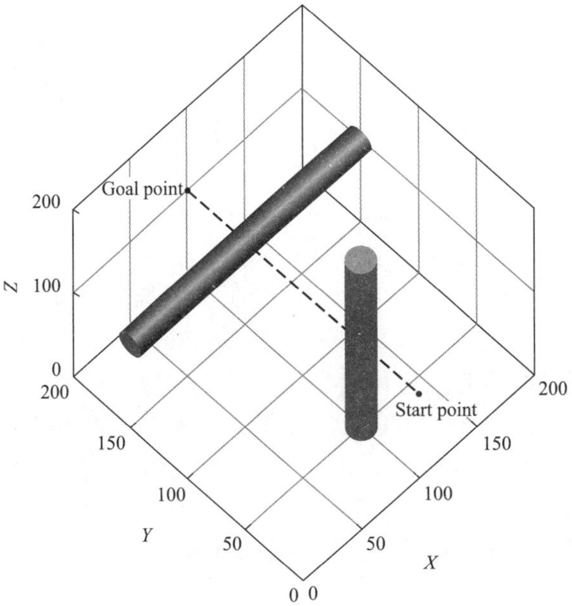

路径规划工作空间

8. 某预制混凝土构件加工厂计划生产 A、B 两种楼梯，各需要混凝土 $2\mathrm{m}^3$ 和 $4\mathrm{m}^3$，所需的工时分别为 4 个和 2 个。现在可用的混凝土为 $100\mathrm{m}^3$，工时为 120 个。每生产一个 A

楼梯可获利 2000 元，生产一个 B 楼梯可获利 1500 元。那么应当安排 A、B 各多少个才能获得最大利润？

（1）列出该问题的数学模型；

（2）用图解法解出最优解；

（3）用单纯形法解出最优解。

答案及代码下载说明：http：//www. cqurcsse. com/leix. php? id=17

参考文献

[1] 同济大学数学系．高等数学［M］．北京：高等教育出版社，2014.

[2] 雷明．机器学习原理、算法与应用［M］．北京：清华大学出版社，2019.

[3] 曹连江．电子信息测量及其误差分析校正的研究［M］．长春：东北师范大学出版社，2017.

[4] 朱秀昌，唐贵进．现代数字图像处理［M］．北京：人民邮电出版社，2020.

[5] 康崇禄．蒙特卡罗方法理论和应用［M］．北京：科学出版社，2020.

[6] 萨顿，巴图．强化学习［M］．俞凯，译．2 版 北京：电子工业出版社，2019.

[7] SINGH S P，SUTTON R. Reinforcement learning with replacing eligibility traces［J］．Machine learning，1996，22（1）：123-158.

[8] KHATIB O. Real-time obstacle avoidance for manipulators and mobile robots［M］//Autonomous robot vehicles. Springer，New York，NY，1986：396-404.

[9] GE S，CUI Y. New potential functions for mobile robot path planning［J］．IEEE Transactions on robotics and automation，2000，16（5）：615-620.

[10] KROGH B. A generalized potential field approach to obstacle avoidance control［C］//Proc. SME Conf. on Robotics Research：The Next Five Years and Beyond，Bethlehem，PA，1984. 1984：11-22.

[11] SFEIR J，SAAD M，SALIAH-HASSANE H. An improved artificial potential field approach to real-time mobile robot path planning in an unknown environment［C］//2011 IEEE international symposium on robotic and sensors environments（ROSE）. IEEE，2011：208-213.

[12] KOREN Y，BORENSTEIN J. Potential field methods and their inherent limitations for mobile robot navigation［C］//ICRA. 1991，2：1398-1404.

[13] YUN X，TAN K. A wall-following method for escaping local minima in potential field based motion planning［C］//1997 8th International Conference on Advanced Robotics. Proceedings. ICAR97. IEEE，1997：421-426.

[14] LEE M，PARK M. Artificial potential field based path planning for mobile robots using a virtual obstacle concept［C］//Proceedings 2003 IEEE/ASME International Conference on Advanced Intelligent Mechatronics（AIM 2003）. IEEE，2003，2：735-740.

[15] LI Q，WANG L，CHEN B，et al. An improved artificial potential field method for

solving local minimum problem [C] //2011 2nd International Conference on Intelligent Control and Information Processing. IEEE，2011，1：420-424.
[16] RAVANKAR A，RAVANKAR A，KOBAYASHI Y，et al. Path smoothing extension for various robot path planners [C] //2016 16th international conference on control，automation and systems (ICCAS) . IEEE，2016：263-268.
[17] 许建强，李俊玲．数学建模及其应用 [M]. 上海：上海交通大学出版社，2018.
[18] 甘应爱，田丰，李维铮，等．运筹学 [M]. 3 版．北京：清华大学出版社，2005.

第5章　智能优化算法

在现代信息技术不停进步的过程中出现了很多复杂的组合优化问题，如上一章提到的工程结构设计优化问题，其中包含了大量的参数组合，导致“组合爆炸”，优化计算工作量巨大。采用牛顿法等传统优化方法对这类“组合爆炸”问题进行最优解搜索时，需要历遍整个搜索空间，优化效率极低甚至根本不可能进行优化计算。因此数学家和计算机科学家们探索了更高效的优化算法。受生物进化和生物群体智能行为的启发，科学家们提出了很多启发式优化算法，包括模仿生物进化的遗传算法、模拟鸟群群体行为的粒子群算法、基于退火原理的模拟退火算法等；这些算法目前常被统称为智能优化算法。本章对一些常用的智能优化算法进行了介绍，并将部分算法在工程结构智能设计中进行了应用。

5.1　遗传算法

5.1.1　算法的生物学基础

通过模拟达尔文生物进化论的自然选择和遗传学机理，学者们提出了多种生物进化的计算模型以搜索复杂问题的最优解。其中，遗传算法（Genetic Algorithm，GA）最早由Holland教授提出，起源于20世纪60年代对自然和人工自适应系统的研究[1]。20世纪70年代DeJong基于遗传算法的思想在计算机上进行了大量的纯数值函数优化计算实验[2]。在一些系列研究工作的基础上，在20世纪80年代由Goldberg提出了遗传算法的基本框架[3]。现在，遗传算法在解决最优化问题方面有着广泛应用，包括工农业生产、过程控制、经济预测、人工智能等领域。

遗传算法是受生物进化理论和遗传学启发而来。我们知道，生命的基本特征包括生长、繁殖、新陈代谢、遗传和变异[4]。以豌豆为例，解释基本的生物进化和遗传学知识。在遗传过程中，个体特征常由一对基因控制，包括显性的或隐性的。当且仅当两个基因同时为隐性基因时，才会呈现隐性性状。对于豌豆来说，F为高茎基因，f为矮茎基因。考虑有3种豌豆苗A、B、C：A豌豆苗有两个高茎的基因（记为FF），B豌豆苗有一个高茎基因一个矮茎基因（记为Ff），C豌豆苗有两个矮茎基因（记为ff），则它们的表现为：

A:FF	B:Ff	C:ff
高茎	高茎	矮茎

现有A、B、C三种基因型的豌豆苗共60株，其中高茎30株（A、B各15株），矮茎30株。现假设在某种环境下，高茎个体比矮茎个体更容易存活，高茎个体存活概率为80%，矮茎存活概率为40%。只有存活下来的个体，才可以繁殖后代。通过模拟内部繁殖过程，后代存活情况见表5.1-1。初始代，豌豆苗中高茎数量占50%，在经过第一次“存

活考验”后，种群中高茎数量占比变为了66.7%。豌豆的繁殖方式为自交，每株豌豆苗繁殖出四株子代豌豆苗，假设四株子代的基因型分别为该亲代所有可能的四种基因型（如亲代为Ff，则产生四株基因型分别为FF、Ff、Ff、ff的子代个体），每代繁殖后的个体作为下一代的亲代个体。在第一次繁殖后，高茎个体占比略有下降，但是在后面两代的进化中，高茎个体的占比逐步上升，且种群中，纯种高茎（即FF）个体的数量越来越多。通过增加高茎个体的个数，同时减少矮茎个体个数，以影响豌豆的基因库，这个过程就是自然选择或者适者生存。

豌豆进化过程 表5.1-1

代数	初始情况(分别为：FF,Ff,ff)			存活情况(分别为：FF,Ff,ff)			繁殖后情况(分别为：FF,Ff,ff)			高茎:矮茎	高茎占比
第一代	15	15	30	12	12	12	60	24	60	84:60	58.3%
第二代	60	24	60	48	19	24	211	38	115	249:115	68.4%
第三代	211	38	115	169	30	46	706	60	214	766:214	78.1%

除了基因交叉，生物进化中可能产生基因的变异，由于生物惊人的复原力和冗余性，变异对后代的影响较小，但是变异对提高生物自身适应性具有重要作用。一般来看，变异可能对个体有害，但对整个物种有益。伴随着自然选择的变异有助于改进物种的生存能力，无任何变异的物种会停止进化。

5.1.2 遗传算法示例

遗传算法模拟生物在自然环境中的遗传和进化过程而形成的全局随机搜索算法。首先，介绍一些遗传算法的专业术语：

- 个体——遗传算法要优化的基本对象；
- 种群——问题可行解的集合，即个体的集合；
- 种群规模——种群中个体的个数；
- 染色体——个体的编码，用来表示个体并反映个体的特征；
- 基因——组成染色体的元素；
- 编码——问题参数到个体基因结构之间的映射；
- 解码——个体基因结构到问题参数之间的映射；
- 适应度——表示个体适应环境的能力；
- 适应度函数——个体与适应度之间的对应关系；
- 遗传算子——将父代特征通过遗传传给子代的过程，主要包括选择算子、交叉算子和变异算子；
- 选择算子——从种群中选择若干个体的操作；
- 交叉算子——染色体上基因交换的操作；
- 变异算子——染色体上某个基因值发生变化的操作。

考虑下列一元函数求最大值的优化问题：

$$f(x)=10\sin(5x)+7\cos(4x) \tag{5.1-1}$$

其中，$0 \leqslant x \leqslant 3$

该函数图像如图5.1-1所示，由于 $f(x)$ 在区间 $[0, 3]$ 可微，我们首先尝试利用微分法求解 $f(x)$ 的最大值。

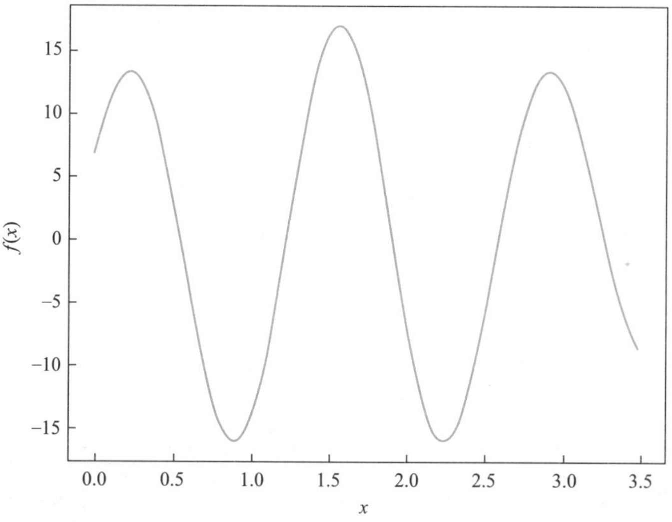

图5.1-1　$f(x)=10\sin(5x)+7\cos(4x)$ 的函数曲线

该函数利用传统方法很难求解，于是我们尝试利用遗传算法来解决上述函数的最优化问题。将 x 这一可能的解作为个体；将多峰函数的函数值 $f(x)$ 作为个体的适应度；对 x 进行编码作为个体的基因；以适应度为标准不断筛选生物个体；通过遗传算子（如复制、交叉、变异等）不断产生下一代种群。如此不断循环迭代，完成进化。最终，根据设定的迭代次数，可得到最后一代种群，选择种群中适应度最高的个体作为问题的解。

（1）个体编码。遗传算法的运算对象是表示个体的符号串，所以必须把变量 x 编码为一种符号串。为了简化计算过程，我们在本问题中使用浮点数编码，精度取为小数点后两位。即取0～3之间的浮点数，表示一个可行解。即基因型 $X=1.52$ 所表示该问题的一个可行解。个体的表现型 x 和基因型 X 之间可以通过编码和解码程序相互转换。本例中，表现型 x 和基因型 X 相同。在解决实际问题时，还会有更加复杂的表示方法以及解码方式。

（2）初始群体的产生。遗传算法时对群体进行的进化操作，需要给其准备一些表示起始搜索点的初始群体数据。本例中，群体规模大小取为4，即群体由四个个体组成，每个个体可通过随机方法产生。一个随机产生的初始种群见表5.1-2中②。

（3）适应度计算。遗传算法中以个体适应度的大小来评定各个体的优劣程度，从而决定其遗传机会的大小。本例中，以求函数最大值为优化目标，故可直接利用目标函数值作为个体的适应度。为计算函数的目标值，需先对个体基因型 X 进行解码。本例中，表5.1-2中第③栏所示为初始群体中各个个体的解码结果，第④栏所示为各个个体所对应的目标函数值，它也是个体的适应度。为了满足适应度为非负的要求，当函数值为正时，将函数值设为个体的适应度，当函数值为负时，个体的适应度置为0。第⑤栏所示为个体的适应度 F_i。

遗传算法手工模拟计算 表 5.1-2

① 个体编号 i	② 初始群体 P(0)	③ 表现型 x	④ f_i 计算	⑤ 适应度 F_i	⑥ $F_i/\sum F_i$	⑦ 选择次数	⑧ 选择结果
1	1.52	1.52	16.54	16.54	0.47	1	1.52
2	0.35	0.35	11.03	11.03	0.31	2	0.35
3	2.72	2.72	7.78	7.78	0.22	1	0.35
4	2.13	2.13	−13.73	0	0	0	2.72
⑨ 配对情况	⑩ 交叉参数	⑪ 交叉结果	⑫ 是否变异	⑬ 变异结果	⑭ 第一代群体 P(1)	⑮ f_i 计算	⑯ 适应度 F_i
1-2 3-4	0.7	1.17	是	1.57	1.57	17.00	17.00
		0.70	否	1.17	1.17	−4.42	0
	0.3	1.06	否	1.88	1.88	2.54	2.54
		2.01	是	1.62	1.62	16.56	16.56

（4）选择运算。选择运算把当前群体中适应度较高的个体按某种规则或模型遗传到下一代群体中。一般要求适应度较高的个体将有更多的机会遗传到下一代群体中。本例中，我们采用与适应度成正比的概率来确定各个个体复制到下一代群体中的数量。其具体操作过程是：先计算出群体中所有个体的适应度的总和 $\sum F_i$；其次计算出每个个体的相对适应度的大小，$F_i/\sum F_i$ 如表 5.1-2 中第⑤栏所示，它即为每个个体被遗传到下一代群体中的概率，每个概率值组成一个区域，全部概率值之和为 1；最后再产生一个 0 到 1 之间的随机数，依据该随机数出现在上述哪一个概率区域内来确定各个个体被选中的次数。本例中，出现了负值，则需要将负值去除以后，计算其他相对适应度的比例大小。表 5.1-2 中第⑥、⑦、⑧栏为一随机产生的选择结果。

（5）交叉运算。交叉运算是遗传算法中产生新个体的主要操作过程，它以某一概率相互交换某两个个体之间的部分染色体。本例采用线性交叉的方法，其具体操作过程是：先对群体进行随机配对，表 5.1-2 中第⑨栏为随机配对情况；其次随机设置交叉参数，表 5.1-2 中第⑩栏为交叉参数，分别作用于两组个体。参数表示对于两个个体分别乘以交叉系数后再相加。例如，对于 1 号和 2 号个体它们分别乘以交叉系数，再分别相加：

个体 1：1.52 ⟶ $1.52\times0.7+0.35\times0.3=1.17$

个体 2：0.35 $\quad\quad$ $1.52\times0.3+0.35\times0.7=0.70$

可以看出，产生的新个体 1.47 的适应度比原来两个个体的适应度都要高。

（6）变异运算。变异运算是对个体上的基因值按某一较小的概率进行改变，它也是产生新个体的一种操作方法。本例中，采用随机方法来进行变异运算，其具体操作过程是：首先确定该个体是否需要变异，对于需要变异的个体，随机生成一个在区间［0，3］内的浮点数作为变异后的个体。见表 5.1-2 中⑫栏，首先确定该个体是否变异，变异后种群的结果见⑬栏。

对群体 $P(t)$ 进行一轮选择、交叉、变异运算之后可得到新一代的群体 $P(t+1)$，见表 5.1-2 第⑭栏。从表 5.1-2 中可以看出，群体经过代进化之后，其适应度的最大值、平均值都得到了明显的改进。实际上，这里已经找到最佳个体“1.57”。

在一次测试过程中，将以上步骤迭代 1000 次，可以得到四个解，分别为 1.52，1.63，1.57，1.59。然后计算四个解对应的函数值，分别为 16.54，16.37，17.00，16.93。最终，选取 1.57 作为该优化问题的最佳个体，最佳个体所对应的函数值为 17.00。即函数 $f(x)=10\sin(5x)+7\cos(4x)$ 在区间 [0，3] 上的最大值为 17.00，此时 x 的取值为 1.57。

5.1.3　标准遗传算法

标准遗传算法将问题决策变量进行编码转换成个体。多个个体的集合组成种群，通过适应度函数评价个体优劣。种群在进化过程中，利用适应度来选择个体，然后进行交叉和变异操作形成新的一代种群。通过不断进化获得适应度高的个体，最后将得到的最后最优个体解码成问题的最优解。

基本遗传算法可定义为一个八元组：

$$SGA=(C, E, P_0, M, \Phi, \Gamma, \Psi, T) \tag{5.1-2}$$

式中：C——个体的编码方式；

E——个体的适应度评价函数；

P_0——初始群体；

M——种群大小，一般取 20～100；

Φ——选择算子；

Γ——交叉算子；

Ψ——变异算子；

T——算法终止条件，一般终止进化代数为 100～500。

遗传算法提供了一种求解优化问题的通用框架，它不依赖于问题的领域和种类，对一个需要进行优化计算的实际应用问题，一般可按下述步骤来构造求解该问题的遗传算法：

第一步：确定决策变量及其各种约束条件，即确定出个体的表现型 x 和问题的解空间。

第二步：建立优化模型，即确定目标函数的类型及其数学描述形式或量化方法。

第三步：确定可行解的染色体编码方法，即确定出个体的基因型 X 及遗传算法的搜索空间。

第四步：确定解码方法，即确定出由个体基因型 X 到个体表现型 x 的对应关系或转换方法。

第五步：确定个体适应度的量化评价方法，即确定出由目标函数值 $f(x)$ 到个体适应度 $F(X)$ 的转换规则。

第六步：设计遗传算子，即确定出选择运算、交叉运算、变异运算等遗传算子的具体操作方法。

第七步：确定遗传算法的有关运行参数，即确定出遗传算法的 M、T、交叉概率 p_c、变异概率 p_m 等参数。

由上述构造步骤可以看出，可行解的编码方法、遗传算子的设计是构造基本遗传算法时需要考虑的两个主要问题，也是设计遗传算法时的两个关键步骤。对不同的优化问题需要使用不同的编码方法和不同操作的遗传算子，它们与所求解的具体问题密切相关，因而对所求解问题的理解程度是遗传算法应用成功与否的关键。

1. 编码

编码是进行交叉、变异等操作的基础。编码是把一个问题的可行解从其解空间转换到遗传算法所能处理的搜索空间的转换方法，编码建立是连接优化问题与算法的桥梁。编码方式决定了遗传算法的求解速度、搜索效果。目前常见的编码方式主要有二进制编码、实数编码和符号编码等。

二进制编码是遗传算法中最常使用的编码方式。二进制编码使用二值符号集 {0，1} 组成的字符串进行编码。如 0011010011 是一个染色体长度为 10 的个体。二进制编码具有编码和解码简单，便于交叉和变异算子的实现等优点。二进制编码的缺点是不能兼顾计算的精度和效率，当二进制编码长度增加时能够提高计算精度，但是要牺牲计算的效率，反之亦然。

实数编码，即染色体上每一位基因值都用实数进行表示。实数编码适用于对精度要求高、搜索空间较大的优化问题。但是需要注意的是，在初始化、交叉和变异的过程中，要保证实数的基因值在合理的范围内，才能使其有意义。

符号编码是指基因值取自一个符号集，如 $\{A, B, C, \cdots\}$，符号编码的优点在于其能利用其符号自身的含义，便于在遗传算法中利用所求解问题的专门的知识。

因此，遗传算法的关键是充分了解要解决的问题，在此基础上，设计一套合理的编码方案，使遗传算子能在染色体上高效地实现，提高算法的运行效率。

对于 5.1.2 节中求解函数最大值的优化问题，这里给出另外一种求解方式。在函数优化问题中，变量 x 作为实数，可以视为遗传算法的表现形式。我们采用二进制编码形式，将变量 x 代表的个体表示为一个 {0，1} 二进制串，串的长度取决于精度。假定求解精度精确到 6 位小数，由于区间长度为 3－0＝3，所以需要将区间 [0，3] 平均分为 3×10^6 等份。因为 $2^{21}\leqslant3\times10^6\leqslant2^{22}$，所以编码的二进制至少需要 22 位。

将一个二进制串（$b_{21}b_{20}\cdots b_0$）转换为区间 [0，3] 内对应的实数值很简单：

将二进制串（$b_{21}b_{20}\cdots b_0$）代表的二进制数化为十进制数 x'：

$$x'=(b_{21}b_{20}\cdots b_0)_2=\left(\sum_{t=0}^{21}b_t\times2^t\right)_{10} \tag{5.1-3}$$

x'对应 [0，3] 内的实数：

$$x=0+x'\cdot\frac{3-0}{2^{22}-1} \tag{5.1-4}$$

例如，一个二进制串 $s=\langle 1000101110110101000111\rangle$ 表示实数值 2.656827。

计算过程如下：

$$x'=(1000101110110101000111)_2=2288967$$

$$x=0+2288967\cdot\frac{3}{2^{22}-1}=1.637197$$

二进制串〈0000000000000000000000〉和〈1111111111111111111111〉则分别表示区间

的两个端点值 0 和 3。

2. 初始化种群

在遗传算法中，首先需要随机产生一些个体作为种群。初始化种群的方式有两种：一种是完全随机的产生初始种群，它适合对于问题解没有任何的先验知识；第二种是利用某些先验知识；将其转化为一组可能满足要求的解，再从这些解中随机抽取个体。这样初始种群的方式能够使遗传算法更快地找到最优解。

在遗传算法中，种群规模的设定是求解效率的关键因素。种群规模越大，遗传算法的搜索空间也越大，找到最优解的概率就会变大，但是计算效率会降低，也会浪费不必要的计算资源。如果种群规模过小，就会降低基因的多样性，个体对应的解不能覆盖问题的可行域，找到可行解的概率就会变小。

尽管已经有理论模型可以用来确定种群规模，因为这些方法对实际问题很难做出估计，所以很难在实际问题中使用。因此，在面对实际问题的时候，研究者们通常用实验的方法来确定种群规模。在实际应用中，一般将种群规模设置在 20～1000 之间。

在函数优化问题中，一个个体由长度为 22 的随机产生的二进制串组成染色体的基因值。种群中个体数量设置为 100。

3. 适应度与适应度函数

在遗传算法中，适应度用来表示种群中每个个体适应环境的程度。适应度较高的个体拥有较高的概率能把它的基因传递给下一代，适应度较小的个体把它基因传递到下一代的概率相对小一些。可以看出，适应度的大小直接影响种群中每个个体生存的概率。适应度的大小由适应度函数来衡量。

设计适应度函数主要需要满足以下几个条件：（1）单值、连续、非负、最大化；（2）合理、一致性；（3）计算量小，适应度函数的设计应简单，降低计算成本；（4）通用性强。

一般来说，适应度函数 $F(X)$ 是由目标函数 $f(x)$ 变换而来的。适应度函数基本上有以下两种：

（1）将目标函数 $f(x)$ 直接转换为适应度函数 $F(X)$：

当目标函数为最大化问题时：$F(X)=f(x)$

当目标函数为最小问题时：$F(X)=-f(x)$

但实际优化问题中的目标函数值有正也有负，优化目标有求函数最大值，也有求函数最小值，显然上面两式保证不了所有情况下个体的适应度都是非负数这个要求。所以必须寻求出一种通用且有效的由目标函数值到个体适应度之间的转换关系，由它来保证个体适应度总取非负值。

为满足适应度取非负值的要求，基本遗传算法一般采用下面的方法将目标函数值 $f(x)$ 变换为个体的适应度 $F(X)$。

（2）对于求解目标函数最大值的优化问题，则：

$$F(x)=\begin{cases} c_{\max}-f(x), & f(x)<c_{\max} \\ 0, & \text{其他} \end{cases} \tag{5.1-5}$$

如果求解目标函数最小值的优化问题，则：

$$F(x)=\begin{cases}f(x)-c_{\min}, & f(x)>c_{\min}\\ 0, & 其他\end{cases} \tag{5.1-6}$$

其中，$\dot{c}_{\max}$ 和 $c_{\min}$ 分别为 $f(x)$ 的最大值估计和最小值估计。

在函数优化问题中，计算适应度。使用公式（5.1-6）计算适应度，目标函数在区间[0，3]的最小估计值为－20。

例如，这里有三个个体的二进制串为：

$$s_1=\langle 1000101110110101000111\rangle$$

$$s_2=\langle 0000001110000000010000\rangle$$

$$s_3=\langle 1110000000111111000101\rangle$$

分别对应的于变量值 $x_1=1.637197$，$x_2=0.041027$，$x_3=2.627888$，个体适应度计算如下：

$$F(s_1)=f(x_1)-C_{\min}=16.208450-(-20)=36.208450$$

$$F(s_2)=f(x_2)-C_{\min}=8.942948-(-20)=28.942948$$

$$F(s_3)=f(x_3)-C_{\min}=2.164741-(-20)=22.164741$$

可以看出，三个个体中 s_1 的适应度最大，为三个个体中的最佳个体。

4. 选择算子

选择的作用是淘汰适应度较低的个体，将适应度较高的个体保留下来，用以产生后代。这里常见的三种选择算子：

（1）轮盘赌选择

轮盘赌选择方法类似于博彩游戏中的轮盘赌玩法。如图 5.1-2 所示，个体被选中的概率与个体在总体中所占比例成正比。

设种群规模为 N，个体 i 的适应度为 F_i，则 i 被选择的概率为：

$$P_i=\frac{F_i}{\sum_{k=1}^{N}F_k} \tag{5.1-7}$$

计算每个个体的累积概率 Q_i：

$$Q_i=\sum_{j=1}^{i}P_j \tag{5.1-8}$$

然后随机生成 $r\in[0,1]$，若 $Q_{i-1}<r<Q_i$，则选择个体 i。

举个例子：现在有群体 I，里面有个体 $I=[A,B,C,D,E]$

它们的适应度为：$F=[1,2,2,2,3]$

根据公式（5.1-5），可得 $P=[0.1,0.2,0.2,0.2,0.3]$

根据公式（5.1-6），计算累计概率 $Q=[0.1,0.3,0.5,0.7,1]$

现在转动轮盘 5 次，每次从中选择一个个体，即生成 5 次随机数 r，假设 $r_1=0.15$，$r_2=0.26$，$r_3=0.19$，$r_4=0.95$，$r_5=0.85$。从 r_1 开始，可以看出 $Q_2<r_1<Q_3$，则第二个个体 B 被选中。对于 r_2，可以看出 $Q_2<r_2<Q_3$，则第三个个体 C 被选中。以此类推，最后新的种群 $I'=[B,C,B,E,E]$。图 5.1-2 中的箭头即表示每次轮盘赌选择的结果。

（2）随机竞争选择

该方法基于轮盘赌选择方法，每次按照轮盘赌选择一对个体，然后让这两个个体进行竞争，适应度高的被选中，一直重复整个过程，直到达到种群规模为止。

（3）最佳保留策略

当前种群中适应度最高的个体不参加后面的交叉变异运算，而是用它来代替掉本代种群中经过交叉、变异等操作后所产生的适应度低的个体。

除了这三种选择方式外，其他常见的选择方式，如均匀排序、无放回约束随机选择、随机联赛选择、最佳保留策略等。

在函数优化问题中，我们选择轮盘赌方式来选择个体。

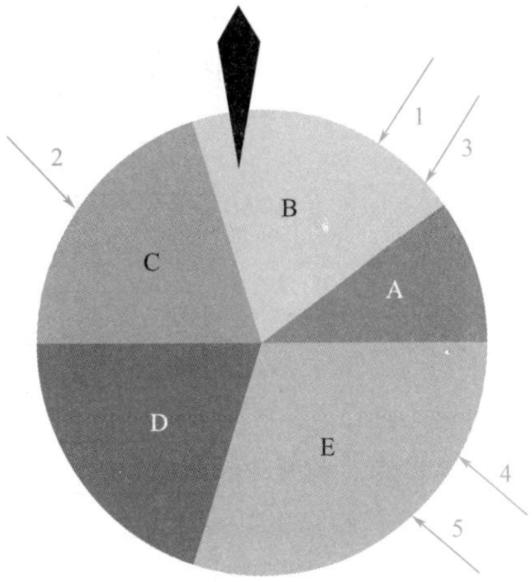

图 5.1-2　轮盘赌选择

5. 交叉算子

交叉算子的作用过程类似于有性繁殖。在繁殖过程中，父亲、母亲的基因重组，形成新的染色体传递个子代。在遗传算法的交叉过程中，首先根据预先设定好的规则选择两个个体，然后根据特定的方式交换两个个体中染色体上的部分基因，从而生成两个新的个体。可以看出，交叉算子是遗传算法中产生新个体的主要方法，新个体继承了父代的基因，在进化过程中起着非常重要的作用，促进种群逼近问题的最优解。

目前，交叉算子主要有以下三种：

（1）单点交叉

选择两个父代 X_1、X_2，在其染色体中随机选择一个交叉位置，以这个点为界限，两个父代个体在交叉位置后互换基因，形成两个新的个体 X_1'、X_2'。

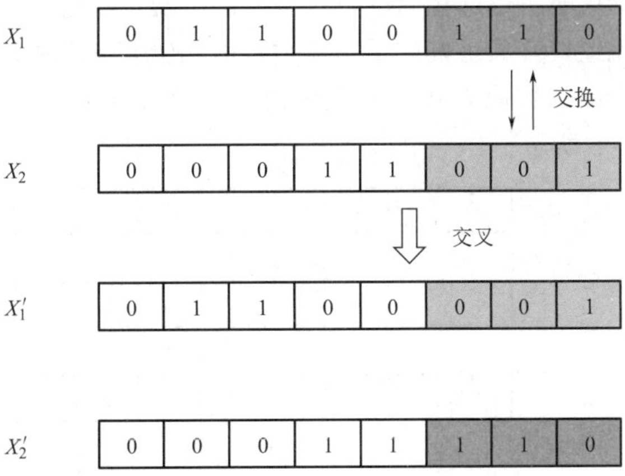

图 5.1-3　单点交叉

举例：两个父代个体的编码方式为整数编码，编码长度为 8，随机选择其交叉点位为 6，则其交叉过程如图 5.1-3 所示。

（2）两点交叉和多点交叉

两点交叉是在个体中随机选择两个交叉点，然后交换这两个交叉点之间的基因。举例：两个父代个体的编码方式为整数编码，编码长度为 8，随机选择其交叉点位为 4 和 6，则其交叉过程如图 5.1-4 所示。

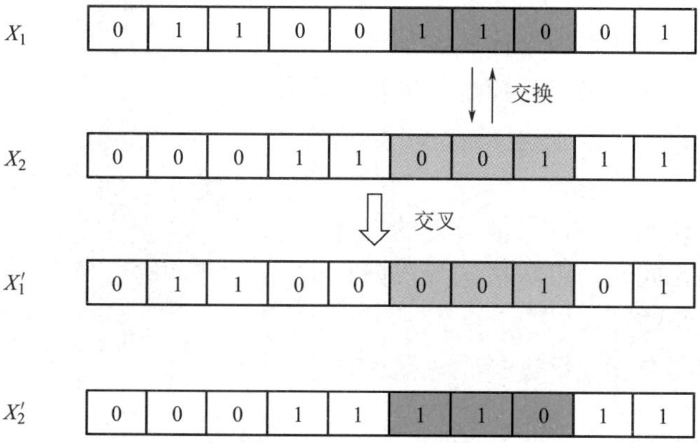

图 5.1-4　两点交叉

以此类推，可以看出多点交叉是在个体中随机选择多个交叉点，然后进行基因交换。

（3）均匀交叉

均匀交叉也称一致交叉，其具体运算是通过随机生成一个屏蔽字来决定子代个体如何从父代个体获得基因。这个屏蔽字的长度要与个体基因串长度相同，且均由 0，1 生成。比如说屏蔽字的第一位数是 0，那么第一个子代个体基因串的第一位基因便继承父代个体 X_1，第二个子代个体基因串的第一位基因便继承父代个体 X_2；如果屏蔽字的第一位数是 1，那么第一个子代个体基因串的第一位基因便继承父代个体 X_2，第二个子代个体基因串的第一位基因便继承父代个体 X_1。

均匀交叉在开始迭代时可以加快新的较优模式的发现，在趋于收敛时可防止收敛于局部极值点，而且具有比经典交叉更好的重组能力，但比较容易破坏好的基因模式。

举例：两个父代个体的编码方式为整数编码，编码长度为 8，随机生成一段屏蔽字，则其交叉过程如图 5.1-5 所示。

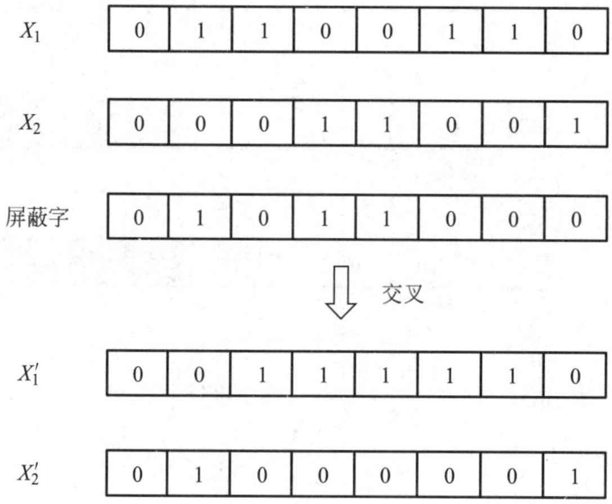

图 5.1-5　均匀交叉

常见的交叉算子还有匹配交叉、顺序交叉、循环交叉、洗牌交叉等。

在函数优化问题中，采用单点交叉方式。如：

$$s_1=\langle 1000101110 \mid 110101000111\rangle$$

$$s_2=\langle 0000001110 \mid 000000010000\rangle$$

随机选择一个交叉点，例如第 10 位和第 11 位之间的位置，交叉后产生新的个体：

$$s_1'=\langle 1000101110 \mid 000000010000\rangle$$

$$s_2'=\langle 0000001110 \mid 110101000111\rangle$$

这两个子个体的适应度分别为：

$$F(s_1')=f(1.634777)-C_{min}=16.264658-(-20)=36.264658$$

$$F(s_2')=f(0.043446)-C_{min}=9.049852-(-20)=29.049852$$

可以看到，通过交叉计算可得到两个新的子个体 s_1'、s_2'，并且两个子个体的适应度均要比两个父代个体适应度高。

6. 变异算子

变异算子模仿生物进化过程中的基因突变现象。在遗传算法中，变异算子作用在个体的染色体上，将染色体上的一个或多个基因用其他等位基因代换，造成染色体的变化，产生新个体。变异算子也是产生新个体的重要手段。同时，变异算子能够保持个体之间的差异并增加个体基因的扰动，使遗传算法具有了局部搜索能力，防止进化过程过早收敛。交叉算子和变异算子共同完成了对搜索空间的全局搜索和布局搜索，从而使遗传算法能够更好地完成优化问题。

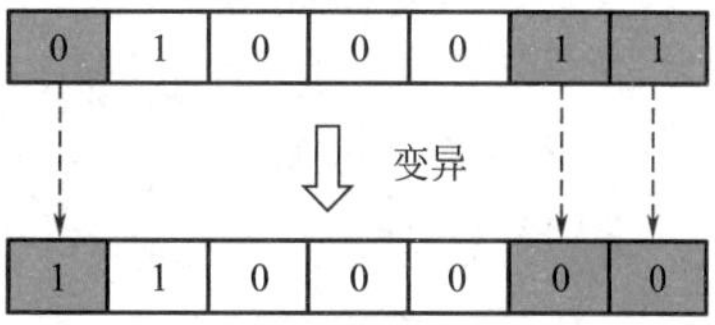

图 5.1-6　基本位变异

常见的变异算子为基本位变异，即对个体染色体中以变异概率、随机指定的某一位或某几位基因座上的值做变异运算。简单的基本位变异如图 5.1-6 所示。

在函数优化问题中，假设以一小概率选择了 $s_3=\langle 111000000001111111000101\rangle$ 的第 6 位变异，遗传因子由 0 变为 1，产生的新个体为 $s_3'=\langle 111001000011111111000101\rangle$，计算该个体的适应度：$F(s_3')=f(2.674763)-C_{min}=5.179862-(-20)=25.179862$，新个体的适应度相较父代变高。但如果选择第 1 位变异，产生的新个体为 $s_3'=\langle 011000000001111111000101\rangle$，计算该个体的适应度 $F(s_3')=f(1.12887)-C_{min}=-7.398396-(-20)=12.601604$，新个体的适应度比父代降低。这展示了变异操作的“扰动”作用。

结果模拟：设定种群大小为 50，进化代数为 500，交叉概率 $p_c=0.6$，变异概率 $p_m=0.01$，按照上述的遗传算法，在运行结束后，得到最佳个体：

$$s_{max}=\langle 1111110000000000001100001\rangle$$

$$x_{max}=1.570747,\ f(x_{max})=17.000000$$

该个体对应的解与图 5.1-7 中显示的最优解的情况相吻合，最大函数值和 17 相同，可以作为该问题的最优解。

5.1.4　改进的遗传算法

自从 Holland 教授提出遗传算法以来，众多研究者致力于推动遗传算法的发展，对编

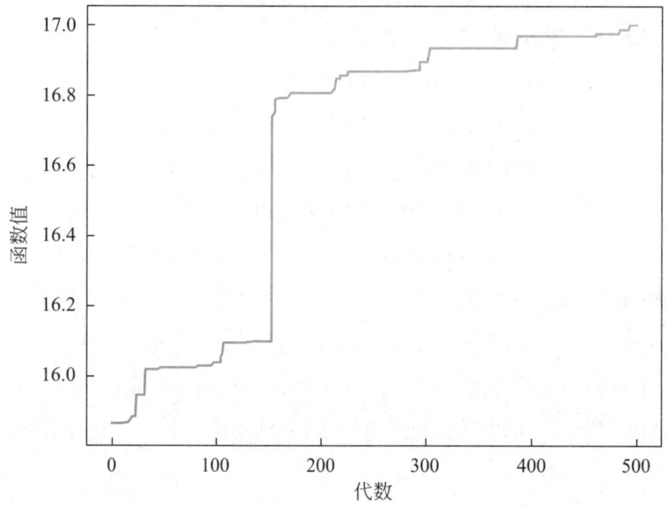

图 5.1-7　世代种群中最佳个体函数值演变情况

码方式、控制参数的确定、各种遗传算子等进行了深入的研究，引入了动态策略和自适应策略以改善遗传算法的性能，提出了各种改进后的遗传算法。改进方向主要有以下几个方面：(1) 采用混合遗传算法；(2) 采用动态自适应技术，在进化过程中调整算法控制参数；(3) 采用非标准的遗传操作算子；(4) 采用并行遗传算法。

1. 自适应遗传算法

遗传算法中，交叉概率 p_c 和变异概率 p_m 的选择是影响遗传算法行为和性能的关键所在，它们对算法的收敛性有直接影响，p_c 越大，新个体产生的速度就越快。然而，p_c 过大时遗传模式被破坏的可能性也越大，但是如果 p_c 过小，会使搜索过程缓慢，甚至停滞不前。对于变异概率 p_m，如果 p_m 过小，就不易产生新的染色体；如果 p_m 取值过大，那么遗传算法就变成了纯粹的随机搜索算法。针对不同的优化问题，需要反复实验来确定 p_c 和 p_m，这是一件繁琐的工作，而且很难找到适应于每个问题的最佳值。Srinvivas 教授等人提出了自适应遗传算法（Adaptive GA，AGA），p_c 和 p_m 能够随适应度自动改变。当种群各个体适应度趋于一致或者趋于局部最优时，使 p_c 和 p_m 增加，而当群体适应度比较分散时，使 p_c 和 p_m 减少。同时，对于适应值高于群体平均适应值的个体，对应于较低的 p_c 和 p_m，使该解得以保护进入下一代；而低于平均适应值的个体，相对应于较高的 p_c 和 p_m，使该个体被淘汰掉。因此，自适应的 p_c 和 p_m 能够提供相对某个解的最佳 p_c 和 p_m。自适应遗传算法在保持群体多样性的同时，保证遗传算法的收敛性。

在自适应遗传算法中，p_c 和 p_m 按照如下公式进行调整：

$$p_c=\begin{cases}\dfrac{k_1(F_{max}-F')}{F_{max}-F_{avg}}，F\geqslant F_{avg}\\ k_2，F<F_{avg}\end{cases} \tag{5.1-9}$$

$$p_m=\begin{cases}\dfrac{k_3(F_{max}-F')}{F_{max}-F_{avg}}，F\geqslant F_{avg}\\ k_4，F<F_{avg}\end{cases} \tag{5.1-10}$$

式中：F_{max}——群体中最大的适应度值；

F_{avg}——群体中的平均适应度值；

F'——需要交叉的两个个体中的较大的适应度值；

F——需要变异个体的适应度值。

只要设置 k_1，k_2，k_3，k_4 取（0，1）之间的值，就可以自适应调整 p_c 和 p_m。

当适应度值低于平均适应度值时，说明该个体是性能不好的个体，对它就采用较大的交叉率和变异率；如果适应度值高于平均适应度值，说明该个体性能优良，对它就根据其适应度值取相应的交叉率和变异率。可以看出，当适应度值越接近最大适应度值时，交叉率和变异率就越小；当等于最大适应度值时，交叉率和变异率的值为零。

2. CHC 遗传算法

CHC 算法是一种改进的遗传算法的缩写，第一个 C 代表跨世代精英选择策略，H 代表异物种重组，第二个 C 代表大变异。CHC 遗传算法与标准遗传算法不同的之处在于：标准遗传算法的操作简单，能够简单地实现并行处理，而 CHC 遗传算法牺牲这种单纯性，换取遗传操作更好的效果，并强调保留优良个体。以下为 CHC 遗传算法的改进之处：

（1）在 CHC 算法中，上一代种群与通过新的交叉方法产生的种群混合起来，从中按一定概率选择较优的个体。这一策略称为跨世代精英选择。这种方法主要的优点有：①健壮性：由于这一选择策略，即使当交叉操作产生较劣个体偏多时，由于原种群大多数个体没有被淘汰，不会引起个体的评价值降低。②遗传多样性保持：由于是多种群操作，可以更好地保持进化过程中的遗传多样性。③排序方法：克服了比例适应度计算的尺度问题。

（2）CHC 算法使用的交叉算子是对均匀交叉的一种改进。均匀交叉对父代个体各位基因值以相同的概率实行交叉操作，这里改进之处是：当两个父代个体各位基因值相异的位数为 m 时，从中随机选取 $m/2$ 个位置，实行父个体基因值的互换。显然，这样的操作对染色体具有很强的破坏性，因此，选定一个阀值，当个体间的海明距离低于该阀值时，不进行交叉操作。并且，在收敛的过程中，逐渐地减小该阀值。

（3）CHC 算法在进化前期不采取变异操作，后期从优秀个体中选择一部分个体进行初始化。初始化的方法是选择一定比例的基因位，随机地决定它们的基因值。这个比例值称为扩散率，一般取 0.35。

5.1.5　算法实例及其土木工程应用

1. 带约束的三元函数的最小值求解

现有函数：

$$f(x, y, z)=x^3+y^3+z^3$$

求解当 $0 \leqslant x \leqslant 9$，$1 \leqslant y \leqslant 7$，$2 \leqslant x \leqslant 6$ 时，$f(x, y, z)$ 的最小值。

求解思路：

本题的解题思路与 5.1.3 节中求解一元函数的例子较为相似。

（1）本题的适应度函数为：$f(x, y, z)$；

（2）编码方式：二进制编码，精度设置为 7 位小数，那么对于每一个变量，需要 26 位二进制数字来表示，那么对于 3 个变量组合成的个体，则需要 3×26=78 位基因的染色体；

(3) 选择算子选择竞标赛选择算子，交叉算子选择两点交叉算子，变异方式选择简单变异算子；

(4) 参数设置：

参数	数值
进化代数	200
种群规模	100
交叉概率	1.0
变异概率	0.001

(5) 算法终止条件：到第 200 代时，停止迭代，输出此时函数值最低的个体的值。

Python 代码实现：

```
def schaffer (p):
    '''
    定义目标函数，本题的目标函数为 f(x, y, z) = x³ + y³ + z³
    '''
    x, y, z = p
    fx = x ** 3 + y ** 3 + z ** 3
    return fx

    '''
    参数含义：
        n _ dim：变量的个数
        size _ pop：种群大小
        max _ iter：进化代数
        lb：各个变量的变量的最小值
        ub：各个变量的最大值
        precision：精度要求
    '''
ga = GA (func = schaffer, n _ dim = 3, size _ pop = 100, max _ iter = 200, lb = [0, 1, 2], ub = [9, 7, 6], precision = 1e-7)
best _ xyz, minfx = ga.run ()
print ('x, y, z: ', best _ xyz, '\n', 'min f (x): ', minfx)
运行结果：
x, y, z = 2.34693291e-06 1.00000018e+00 2.00000000e+00
minf (x): 9.00000054
```

遗传算法的进化过程如图 5.1-8 所示，上图表示每一代种群个体适应度的分布情况，横轴代表代数，纵轴代表每一代中每个个体的适应度。在遗传刚开始的时候，个体的适应度（即函数值）分布在［0，1000］区间内，随着进化的推进，个体的适应度分布在向下偏移，开始集中在函数值较低的区域。下图中横轴表示代数，纵轴表示种群中给最佳个体的适应度，该图表示每一代最低适应度（即函数值）的变化情况，随着进化的进行，最低适应度在逐渐降低，表示进化在向着我们期望的方向进行。

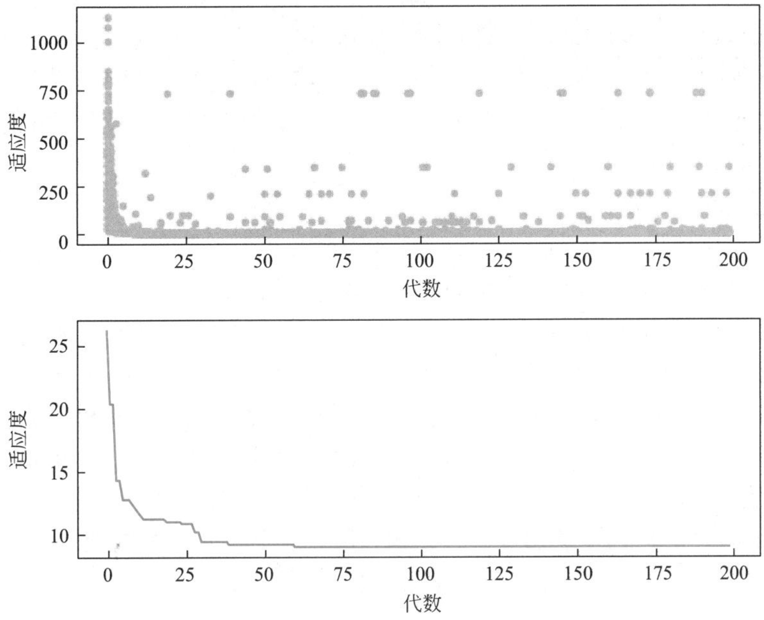

图 5.1-8　求解最小值遗传算法的种群适应度分布和最佳个体适应度变化过程

2. 简单砌体排布问题

砌体自动排布是指输入砌体的高度和长度，给定所用砌块类型，算法自动排布出符合规则要求的墙体。图 5.1-9 展示了完整的砌体排布预期结果。可以看出，在砌体墙中，砌体砖 1、3、5…奇数排的排列方式相同，2、4、6…偶数排的排列方式相同。现以奇数排的砌体方式为例，说明遗传算法在砌体排布中的应用。

图 5.1-9　砌体自动排布预期结果

对于奇数排的砌体砖组合方式，我们希望其满足以下要求：(1) 砖与砖之间由灰缝连接，砌体砖的灰缝范围在 8～12mm 之间；(2) 砌块的尺寸可从：190×90×53（图中丁式摆放，两块叠放，正视图中长度为 90mm）、190×200×115（图中顺式，正视图中长度为

200mm）这两种尺寸的砌块中选择，但是优先选择长度为200mm的砌块；（3）所有砌块砖和所有灰缝的宽度相加等于墙体的长度。

求解思路：本题的难度在于如何构造适应度函数。构造的适应度函数需要能够表示砌体排布的四条约束。在本题中，我们采用“罚函数”来构造适应度函数。根据约束的特点，构造某种惩罚函数，然后加到目标函数中去，将约束问题求解转化为一系列的无约束问题。这种“惩罚策略”，对于无约束问题求解过程中的那些企图违反约束条件的目标点给予惩罚。

（1）构造适应度函数：

罚函数的初始值设为1。即$Fit=1$设现在需要对一个1250mm长的砌体墙的奇数排进行排布，现在有一个个体为I=［90，200，200，200，200，90，90］，即从左向右，它的奇数排砌块长度分别为90mm，200mm，200mm，200mm，200mm，90mm，90mm。此时个体I的适应度函数为$Fit_1=1$。

① 对于约束1。假设在一排中，灰缝的宽度是均匀的，即每条灰缝的宽度都是相同的。那么根据墙体长度和每块砌体的长度就可以计算出这一排砌块间灰缝的宽度。如果灰缝的宽度小于8mm或大于12mm，就给适应度函数一个惩罚值Pa_1。本题中$Pa_1=-100$。此时计算I的灰缝宽度为（1250－90×3－200×4）/6＝30mm，显然，灰缝宽度大于12mm，那么就要给适应度函数一个惩罚值Pa_1。此时个体I的适应度函数为$Fit_1=1-100=-99$。

② 对于约束2。我们希望优先使用长度为200mm的砌块，那么当组合中出现长度200mm的砌块时，就给适应度函数一个奖励值Re_2，当组合中出现长度90mm的砌块时，就给适应度函数一个奖励值Pa_2。本题中，$Re_2=10$，$Pa_2=-25$。此时个体I的适应度函数为$Fit_1=-99+10\times4-25\times3=-134$。

③ 对于约束3。在计算灰缝宽度时，其实已经隐式地满足了约束条件3。对于个体I，它的适应度为$Fit_1=-134$。

在计算结束后，对适应度取反，那么目标变为找到适应度最小的个体。

（2）编码方式：现有两种砌块供选择，那么可以使用最简单的整数编码来代表不同类型的砌块。用0表示尺寸为190×200×115砌块，1表示尺寸为190×90×53的砌块。那么染色体［1，0，0，0，1，1］表示这个墙体中，使用的砌块长度组合为［90，200，200，200，90，90］。

（3）选择算子选择轮盘赌选择算子，交叉算子选择单点交叉算子，变异方式选择简单变异算子。

（4）参数设置：

参数	数值
进化代数	150
种群规模	12
交叉概率	0.5
变异概率	0.06

（5）算法终止条件：到第 150 代时，停止迭代，输出此时函数值最高的个体的值。

最终结果：

最佳染色体：[0，0，0，0，0，0]

解码为砌块组合：[200，200，200，200，200，200]

我们计算一下最佳砌块组合的适应度Fit_{Best}。初始化为$Fit_{Best}=-134$。

灰缝约束：此组合的灰缝宽度为（1250－200×6）/5＝10mm，惩罚值为 0。

砌块约束：$Fit_{best}=1+10\times6=61$。

图 5.1-10 展示了遗传算法的进化过程。上图表示每一代种群个体适应度的分布情况，横轴代表代数，纵轴代表每一代中每个个体的适应度。在遗传刚开始的时候，个体的适应度（即函数值）分布在［0，300］区间内，随着进化的推进，个体的适应度分布在向下偏移，开始集中在适应度值较低的区域。与例 1 不同的是，因为这是一个离散的问题且适应度函数采用了罚函数，适应度值也是离散的。下图中，横轴表示代数，纵轴表示种群中最佳个体的适应度，这表示每一代最佳个体适应度的变化情况，随着进化的进行，最佳个体的适应度在逐渐降低，表示进化在向着我们期望的方向进行。

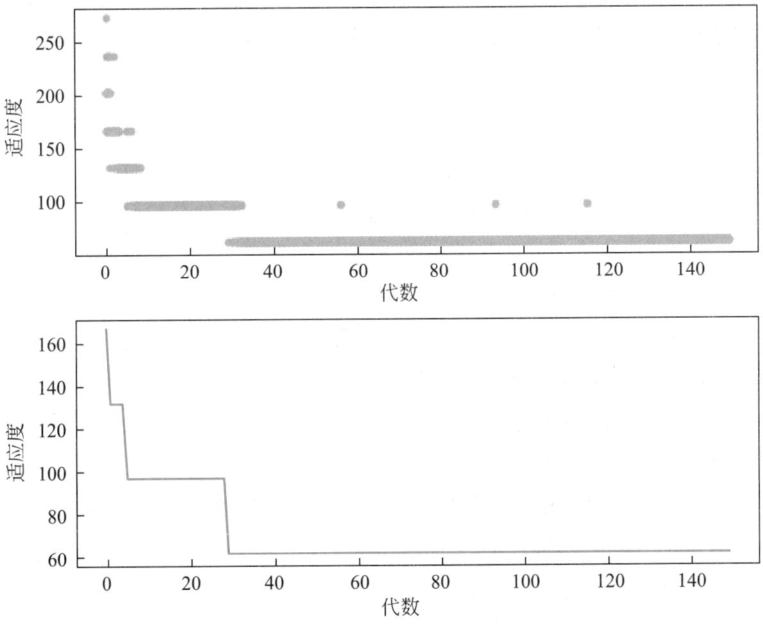

图 5. 1-10　砌块排布奇数层遗传算法种群适应度分布和最佳个体适应度变化过程

5.2　粒子群优化算法

粒子群优化（Particle Swarm Optimization，PSO）算法是对简化社会模型的模拟，是对鸟群、鱼群觅食行为的仿真[5-6]。不同于遗传算法，粒子群优化算法不存在选择、交叉、变异等复杂操作，而是通过粒子（搜索空间的一个潜在解）间的协作和信息共享达到求解目的。粒子群优化算法也是一种基于迭代模式的优化算法[7]，随着算法过程的推进，粒子在搜索空间进行搜索直到所有的粒子收敛到一个全局最优解或达到其他收敛条件。在粒子进行搜索时，每个粒子会记录自己当前的位置以及自己的历史最优解，同时种群也会记录种群的历史最优解；通过这两个历史最优解的记录，粒子达到了协作和信息共享的目的。为描述粒子群的这种行为，每个粒子都用速度和位置两个特征进行描述，通过速度和位置的更新，达到粒子群的迭代进化从而使得粒子群收敛到全局最优解。粒子群优化算法易实现，无需梯度信息，参数少，被广泛运用于连续和离散优化问题，如非线性连续函数优化、神经网络训练、约束优化问题、多目标优化问题、动态优化问题等。粒子群算法在数据分类、数据聚类、模式识别、信号处理、机器人控制等方面都表现出良好的应用效果和前景[8]。

5.2.1 算法的基本原理

1. 标准粒子群优化算法

设想这样一个场景，在一片空地中分布若干大大小小的食物源（此处用体积表征食物的大小），一群鸟在此片空地觅食，希望找到这片空地中最大的食物源。每只鸟都有记录自己当前所处位置和已发现过的最大食物源所处位置的能力。鸟群在空地四处游走，每只鸟在发现食物源后会把食物源的大小和位置信息共享给其他鸟类。开始时，鸟群随机分布在空地中并对空地进行随机搜索。假设鸟群大小为 4，鸟 A、B、C、D 经过若干次搜索找到的食物大小分别为：

$$A=\{1cm^3, 5cm^3, 9cm^3, 18cm^3, 12cm^3\}$$
$$B=\{18cm^3, 9cm^3, 3cm^3, 9cm^3, 17cm^3\}$$
$$C=\{10cm^3, 18cm^3, 3cm^3, 8cm^3, 14cm^3\}$$
$$D=\{19cm^3, 6cm^3, 4cm^3, 6cm^3, 14cm^3\}$$

每只鸟会记录自己当前所处位置和已发现过的最大食物源的位置，即 $A=[12cm^3, 18cm^3]$，$B=[17cm^3, 18cm^3]$，$C=[14cm^3, 18cm^3]$，$D=[14cm^3, 19cm^3]$ 的对应位置。每只鸟会将自身信息共享给其他鸟类，同时也接收其他鸟类的共享信息。通过共享，每只鸟会知道鸟群找到过的最大食物源的位置，即大小为 $19cm^3$ 的食物源的位置。在最大食物源和自身经验的影响下，每只鸟都调整自己的行为方式向最大食物靠拢。例如鸟 A 在食物大小为 $19cm^3$ 和 $18cm^3$ 的影响下向最大食物源靠拢。在靠拢的过程中，继续对空地进行搜索，不断更新自己和共享到的信息并实时调节自己的行为方式。随着搜索过程的进行，鸟群会快速靠拢在空地中最大食物源周围。粒子群优化算法就是对这种觅食行为的仿真，使用粒子代表鸟，粒子群即鸟群，同时使用速度来描述鸟的行为方式，位置代表鸟在空地中的位置。

考虑多维优化问题（单个粒子维度大于等于 2），粒子群随机分布在搜索空间（食物源所在空间），粒子的位置和速度分别用 x 和 v 表示。为达到优化目的，粒子在搜索空间中根据自身和种群经验，即粒子自身的历史最优解 xp 和种群历史最有解 xg，不断调整位置和速度。随着迭代过程的进行，粒子群最终收敛于搜索空间的最优解处。其数学过程可表述为：在一个 D 维的搜索空间中，由 m 个粒子（依据问题设定，通常满足 $10<m<100$[5]）组成的种群 $X=[x_1, x_2, \cdots, x_m]$ 随机分布于搜索空间，粒子 $x_i=[x_{i,1}, x_{i,2}, \cdots, x_{i,D}]$，$i=1, 2, \cdots, m$ 在自身历史最优解 $xp_i=[xp_{i,1}, xp_{i,2}, \cdots, xp_{i,D}]$ 和种群历史最优解 $xg=[xg_{i,1}, xg_{i,2}, \cdots, xg_{i,D}]$ 的影响下按计算公式不断调整速度

和位置最终收敛到全局最优解；具体计算公式如下：

$$v_{i,j}^{t+1}=\omega v_{i,j}^{t}+c_1\times r_1\times(xp_{i,j}-x_{i,j}^{t})+c_2\times r_2\times(xg_j-x_{i,j}^{t}) \tag{5.2-1}$$

$$x_{i,j}^{t+1}=x_{i,j}^{t}+v_{i,j}^{t+1} \tag{5.2-2}$$

式中：　　　　t——迭代次数；

$j=1，2，\cdots，D$——粒子位置和速度在第 j 维上的分量。

惯性权重 ω（inertia weight，ω）起到了平衡全局和局部搜索能力的作用[9-10]。c_1、c_2 为大于零的学习因子，影响粒子向 xp 和 xg 移动的步伐[11]。r_1、r_2 为闭区间 [0，1] 中的随机数。通常粒子的位置信息将被限制在 $[x_{\min}，x_{\max}]$ 内，以确保粒子在搜索过程中不会越过搜索空间，同时速度也将限定 $[-v_{\min}，v_{\max}]$ 之间，以防止粒子运动速度过快而陷入局部最优，$x_{\min}$、$x_{\max}$、$v_{\max}$ 根据实际问题确定。

粒子间的协作和信息共享可以由速度更新公式（5.2-1）完全体现，其中第一部分是“记忆”项，表示粒子前一个时刻的速度，为粒子探索和开发搜索空间提供了必要的初始动力[12]，起到了平衡全局和局部搜索能力的作用。第二部分是“自身认知”项，表示粒子对自己的思考，使得粒子拥有向自己历史最优解移动的趋势，体现了粒子的局部搜索能力，使得粒子能更好地探索搜索空间。第三部分是“群体认知”项，表示粒子向群体学习的能力，是粒子间的协同合作和信息共享的体现[13]，使得粒子拥有向种群最优解移动的趋势。

2. 二进制粒子群优化算法

粒子群优化算法最初是为解决非线性连续优化问题而提出。为应对搜索空间离散的优化问题，二进制粒子群优化算法（Binary Particle Swarm Optimization，BPSO）应运而生[14]。在二进制粒子群优化算法中粒子 i 的位置表示为：$x_i=[x_{i,1}，x_{i,2}，\cdots，x_{i,m}]$，$x_{i,j}\in\{0，1\}$（二值问题，依据问题可具体设置）；速度的表示方法与连续版本的粒子群优化算法保持一致。为确保粒子的位置在更新后仍能满足 $x_{i,j}\in\{0，1\}$，引入了逻辑转移函数（logistic transformation）$S(v_{i,j})$ 以保证粒子在速度更新后仍然满足 $x_{i,j}\in\{0，1\}$。$S(v_{i,j})$ 作为 x 在 0 和 1 之间转换的概率，表现为一个 S 型函数，如 sigmoid 函数：

$$S(v_{i,j})=\frac{1}{1+\mathrm{e}^{-v_{i,j}}} \tag{5.2-3}$$

位置更新满足下式：

$$x_{i,j}=\begin{cases}1，if\ \mathrm{rand}()<S(v_{i,j})\\0，else\end{cases} \tag{5.2-4}$$

式中：rand（）——闭区间 [0，1] 中的随机数。

二进制粒子群优化算法和标准粒子群优化算法不同点仅表现在位置更新方式上。研究发现 S 型转移函数容易使粒子陷入局部最优而非全局最优，而如同 $|\tanh(v_{i,j})|$ V 型函数可以很大程度上提高二进制粒子群优化算法的性能[15,16]。

$$\tanh(v_{i,j})=\frac{\mathrm{e}^{v_{i,j}}-\mathrm{e}^{-v_{i,j}}}{\mathrm{e}^{v_{i,j}}+\mathrm{e}^{-v_{i,j}}} \tag{5.2-5}$$

$$S(v_{i,j})=|\tanh(v_{i,j})| \tag{5.2-6}$$

5.2.2 关键参数

1. 粒子种群数目 m

粒子个数对粒子群优化算法的鲁棒性和计算成本有很大的影响。当 m 设置较小时，算法收敛速度快，容易陷入局部最优解；当 m 设置较大时，算法的计算成本显著增加，使得算法收敛速度显著降低[17]。m 越大搜索的稳定性和精度就越好，但当 m 设置的超过一定阈值时不但对计算结果的提升不大，还严重降低算法的运行速度。m 的选取应在精度、稳定性和运行时间之间做权衡[18]。

2. 惯性权重 ω

惯性权重 ω 是对粒子群优化算法全局搜索能力和局部搜索能力的权衡，一个合适的惯性权重值（0.8～1.2）可以在平衡全局搜索和局部搜索能力的同时以最少的迭代次数和最大的可能性收敛到全局最优解。较大的惯性权重可以增加粒子群优化算法的全局搜索能力，具体表现为粒子拥有更大的速度，能加大对搜索空间的探索从而发现更好的解。较小的惯性权重可以增加粒子群优化算法的局部开发能力，使得粒子速度被限制在很小的范围，从而使粒子尽可能靠近全局最优解。惯性权重是对粒子群优化算法全局和局部搜索能力的权衡，通常包括常数和时变参数两种设置方法。常数惯性权重的设置通常依据问题而具体调节，常用的为线性递减（Linearly Decreasing Weight，LDW）策略[19-20]：

$$\omega^t = \omega_{max} - t\frac{(\omega_{max} - \omega_{min})}{t_{max}} \tag{5.2-7}$$

式中：ω_{max}——最大惯性权重；

ω_{min}——最小惯性权重；

t_{max}——算法总的迭代次数。

ω 随着迭代次数的增加而线性递减。ω 的线性变换使得算法在前期具有较快的收敛速度，而后期又有较强的局部搜索能力。ω 的引入使粒子群优化算法的性能有显著提高，通过调整 ω 可拓展粒子群优化算法的运用场景。

3. 粒子参数值的约束

v_{max} 是对粒子速度的约束参数，决定对搜索空间的搜索力度，即对粒子群全局搜索能力的约束。如果 v_{max} 较小，无论惯性权重如何取值粒子的全局搜索能力都将被限制住而局部搜索能力得到加强。如果 v_{max} 较大，算法可通过设置惯性权重以提高粒子群优化算法的全局搜索能力[17]。x_{min}、x_{max} 是对搜索空间的约束，一般作为约束条件以保证粒子在有效的搜索空间中进行搜索。通常对粒子的速度和位置做如下约束处理：

$$x_{i,j} = \begin{cases} x_{max}, & x_{i,j} > x_{max} \\ x_{min}, & x_{i,j} < x_{max} \end{cases} \tag{5.2-8}$$

$$v_{i,j} = \begin{cases} v_{max}, & v_{i,j} > v_{max} \\ -v_{max}, & v_{i,j} < -v_{max} \end{cases} \tag{5.2-9}$$

4. 学习因子

由式（5.2-1）可知，学习因子 c_1 和 c_2 对粒子群收敛于全局最优解处有显著影响，分别表示粒子对自身的思考和向种群学习的能力。当 c_1 高于 c_2 时，粒子在局部空间来回游荡的趋势将增大，反之当 c_2 高于 c_1 时，粒子群早熟的趋势增加，更容易导致粒子群收敛于局部最优解[12]。通常学习因子的取值为 $c_1=c_2=2$，也存在其他取值[21] 和策略[11]。

5.2.3　算法的流程

第一步：初始化，对大小为 m 的种群进行随机初始化，见式（5.2-10），其中 rand() 表示［0，1］区间内的随机数，也可以根据具体问题设计特别的初始化方法。需要注意的是，粒子应尽可能地占据搜索空间，即粒子争取在搜索空间内均匀分布，以提高算法的收敛速度。初始化时，设 $xp_i=[0, \cdots, 0]_{1\times D}$，$f(xp_i)=\infty$，$xg=[0, \cdots, 0]_{1\times D}$，$f(xg)=\infty$。确定算法采用的惯性权重 ω 策略、学习因子 c_1，c_2、终止条件（如迭代次数等）。

$$x_{i,j}=\text{rand}()\times(x_{\max}-x_{\min})+x_{\min} \tag{5.2-10}$$

$$v_{i,j}=(2\times\text{rand}()-1)\times v_{\max} \tag{5.2-11}$$

第二步：速度更新，根据速度更新公式（5.2-1）和速度约束公式（5.2-9）对粒子的速度进行更新。

第三步：位置更新，根据位置更新公式（5.2-2）和位置约束公式（5.2-8）对粒子的位置进行更新。

第四步：评估，根据目标方程（适应度函数）对粒子进行评估，选择更优的粒子对粒子历史最优解和种群历史最优解进行更新。比较粒子 x_i 和 xp_i 间的适应度值，当 x_i 的适应度值优于 xp_i 的适应度值时，用当前 x_i 更新 xp_i，否则 xp_i 保持不变；比较 xp_i 与 xg 的适应度值，当 xp_i 的适应度值优于 xg 的适应度值时，用当前 xp_i 更新 xg，否则 xg 保持不变。针对最小化问题：

$$xp_i^{t+1}=\begin{cases}x_i^{t+1}, & f(x_i^{i+1})<f(xp_i^{t+1})\\ xp_i^{t+1}, & otherwise\end{cases} \tag{5.2-12}$$

$$xg^{t+1}=\begin{cases}xp_i^{t+1}, & f(xp_i^{t+1})<f(xg^t)\\ xg^t, & otherwise\end{cases} \tag{5.2-13}$$

第五步：判断终止条件，若满足则退出迭代，输出最优值，否则转到第二步重复迭代过程。

图 5.2-1 为粒子群优化算法流程。以二次函数 $f(x)=x^2$ 的优化过程为例，对粒子群优化算法的流程进行说明。如图 5.2-2 所示，函数 $f(x)$ 的最小值为 0，在 $x=0$ 处取得。种群大小 $m=3$，$D=1$；惯性权重采用线性递减策略（式（5.2-7）），ω 的取值范围［0.4，0.9］学习因子 $c_1=c_2=2$，$v_{\max}=2$，$x_{\min}=-2.5$，$x_{\max}=2.5$，迭代终止条件为迭代 100 次。

（1）初始化

由式（5.2-10）和式（5.2-11）可得初始化种群和速度，如图 5.2-2 中实心点所示：

$$x_1^0=1.83，x_2^0=2.36，x_3^0=-2.14$$

$$v_1^0=-0.72，v_2^0=0.27，v_3^0=1.54$$

$$xp_1^0=0，xp_2^0=0，xp_3^0=0$$

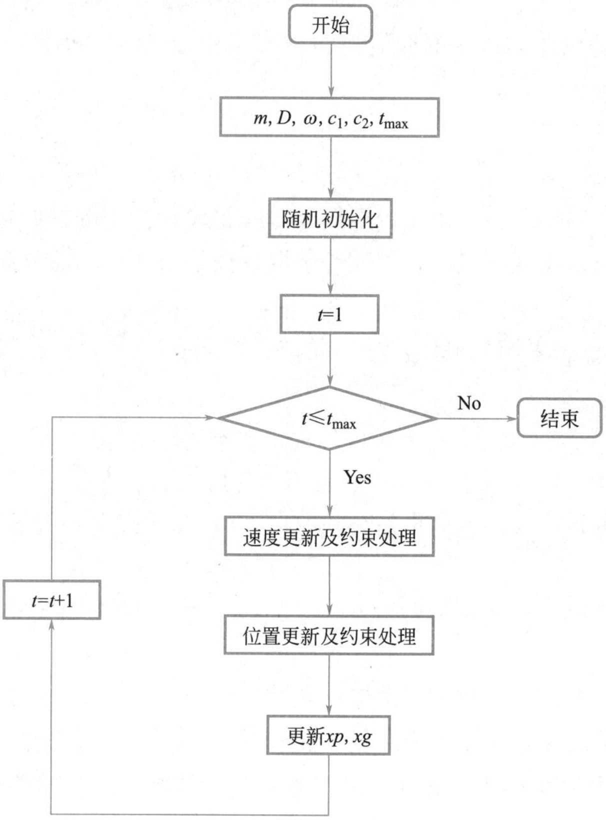

图 5.2-1　粒子群优化算法流程图

$$f(xp_1^0)=\infty，f(xp_2^0)=\infty，f(xp_3^0)=\infty$$

$$xg=0$$

$$f(xg)=0$$

（2）计算惯性权重

$$\omega^1=0.9-1\times\frac{0.9-0.4}{100}=0.895$$

（3）速度更新及约束处理

1）生成随机数：

$$r_{1,1}=0.432，r_{1,2}=0.663$$

$$r_{2,1}=0.891，r_{2,2}=0.649$$

$$r_{3,1}=0.853，r_{3,2}=0.186$$

2）速度更新：

$$\begin{aligned}v_1^1&=\omega^1v_1^0+c_1r_{1,1}(xp_1^0-x_1^0)+c_2r_{1,2}(xg^0-x_1^0)\\&=0.895\times(-0.72)+2\times0.432\times(0-1.83)+2\times0.663\times(0-1.83)\\&=-4.6521\end{aligned}$$

同理 $v_2^1=-0.702715$，$v_3^1=5.82522$

3）约束处理：由于 $v_1^1=-4.6521$，$-v_{max}=-2$，满足 $v_1^1<-v_{max}$，根据式（5.2-9）

用$-v_{max}$替换v_1^1的值，即$v_1^1=-2$，同理，$v_2^1=-2$，$v_3^1=2$。

(4) 位置更新及约束处理

1) 位置更新：

$$x_1^1=v_1^1+x_1^0=-2+1.83=-0.17$$
$$x_2^1=v_2^1+x_2^0=-2+2.36=0.36$$
$$x_3^1=v_3^1+x_3^0=-2+(-2.14)=-0.14$$

2) 约束处理：比较各粒子同x_{min}与x_{max}的大小关系并按式 (5.2-8) 进行更新，经过约束处理后各粒子的位置更新为：$x_1^1=-0.17$，$x_2^1=0.36$，$x_3^2=-0.14$。

(5) 评估

1) 计算适应度值：

$$f(x_1^1)=(x_1^1)^2=(-0.17)^2=0.0289$$
$$f(x_2^1)=(x_2^1)^2=(0.39)^2=0.1296$$
$$f(x_3^1)=(x_3^1)^2=(-0.14)^2=0.0196$$

2) 更新粒子历史最优解：

$$0.0289=f(x_1^1)<f(xp_1^0)=\infty\Rightarrow xp_1^1=x_1^1=-0.17$$
$$f(xp_1^1)=f(x_1^1)=0.0289$$

同理：$xp_2^1=0.36$，$f(xp_2^1)=0.1296$；$xp_3^1=-0.14$，$f(xp_3^1)=0.0196$

3) 更新种群历史最优解：

$$0.0289=f(x_1^1)<f(xg^0)=\infty\Rightarrow xg=xp_1^1=-0.17$$
$$f(xg)=f(xp_1^1)=0.0289$$

同理可得种群历史最优解及其适应度值：$xg^1=-0.14$，$f(xg^1)=0.0196$

(6) 判断终止条件，因为 1<100，迭代条件不满足，继续第二次迭代

100 次迭代结束后粒子的位置和适应度值分别为：

$$x_1^{100}=8.061\times10^{-10},\quad x_2^{100}=1.3261\times10^{-9},\quad x_3^{100}=-4.8063\times10^{-8}$$
$$f(x_1^{100})=6.498\times10^{-19},\quad f(x_2^{100})=1.7587\times10^{-18},\quad f(x_2^{100})=3.4344\times10^{-15}$$

粒子群在经过 100 次迭代后，粒子收敛于 0 处，适应度值约等于 0，如图 5.2-2 中空心点所示，达到优化的目的。

5.2.4 算法的土木工程应用

智能化钢筋排布技术对降低钢筋混凝土工程设计的时间成本和提高设计精度有重要意义。考虑梁柱节点区域钢筋排布情形，来自不同方向的钢筋在节点区重叠交汇，容易出现不同方向钢筋的碰撞问题和同方向钢筋的间隔不满足要求的情况。将钢筋的排布问题视为路径规划问题，采用智能优化算法进行优化可以在很大程度上提高钢筋的设计效率和精度，避免钢筋的碰撞问题，降低设计成本。在进行智能钢筋排布时，采用钢筋中心线代表钢筋，每根钢筋的最前端点作为一个单独的智能体，具有在空间中移动的能力；最前端智能体的移动路径，经过规则化处理后就是钢筋的形状。

1. 预处理

如图 5.2-3 所示，沿梁方向建立直角坐标系，确定梁柱边界信息，确保钢筋在排布时

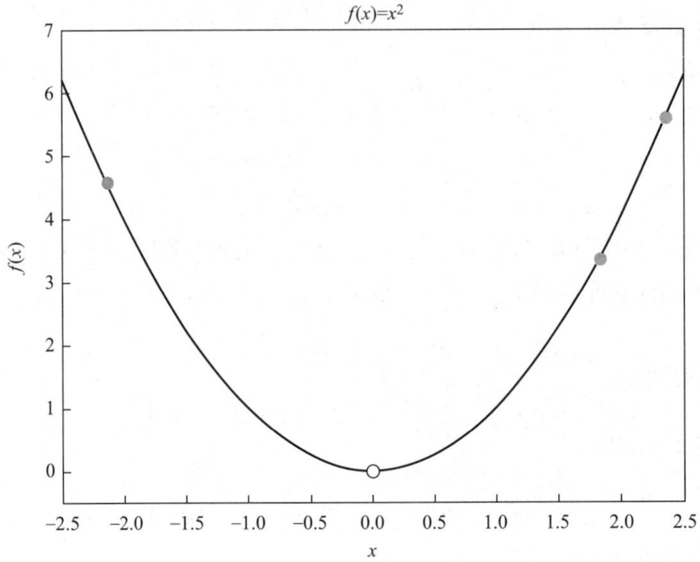

图 5.2-2　函数 $f(x)=x^2$ 极值点优化

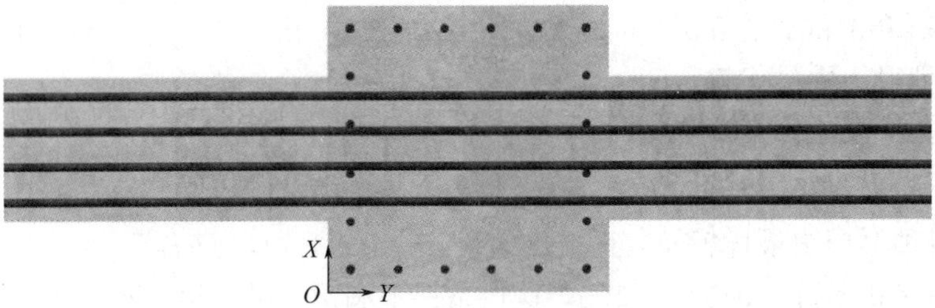

扫码看彩图

图 5.2-3　钢筋混凝土梁柱节点

不超出边界。记录柱钢筋坐标，作为障碍物信息以方便后期钢筋避障。

2. 编码

钢筋智能体在直角坐标系中有 9 种行为方式，如图 5.2-4 所示，即 0→0，0→1，0→2，0→3，0→4，0→5，0→6，0→7 和 0→8。对钢筋智能体在直角坐标系中的行为进行二进制编码，见表 5.2-1。

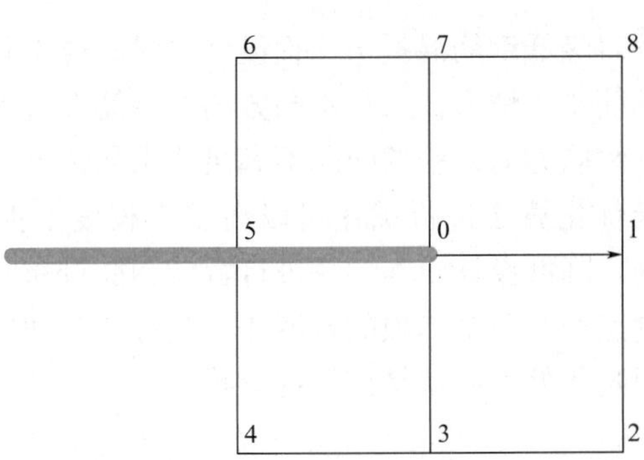

图 5.2-4　钢筋智能体在直角坐标系中的行为方式

钢筋智能体编码表 表 5.2-1

行为	编码	行为	编码
0→0	0000	0→1	0001
0→2	0010	0→3	0011
0→4	0100	0→5	0101
0→6	0110	0→7	0111
0→8	1000		

3. 目标方程

对于一个具体的优化问题，约束条件和目标函数的选择对于一个成功的应用至关重要。考虑到物理约束条件和设计标准，给出一组约束条件如下。

约束 1：钢筋和梁柱节点的边界应保持一定的距离，确保钢筋保护层满足要求；

约束 2：钢筋应避免互相碰撞。

在优化问题中，这两个约束设计为目标函数的惩罚项 cs_1、cs_2，当达到约束条件时，相应的约束取无穷大，否则取 0。

$$cs_i=\begin{cases}0, & if\ constrain\ i\ is\ satisfied\\ +\infty, & otherwise\end{cases}\quad i=1,2 \tag{5.2-14}$$

设钢筋的起点为 $p_s=(x_s, y_s)$，终点为 $p_e=(x_e, y_e)$，经过优化得到的终点为 $p_h=(x_h, y_h)$。钢筋的路径长度希望最小，即令优化后的点 p_h 尽可能接近终点 p_e，则目标方程可以表示为：

$$\min f(u)=q_1d_1+q_2d_2+cs_1+cs_2 \tag{5.2-15}$$

式中：u——决策变量；

q_1，q_2——权重，$0<q_1$、$q_2<1$；

d_1，d_2——分别表示起点到优化终点和实际终点的距离：

$$d_1=\sqrt{(x_h-x_s)^2+(y_h-y_s)^2} \tag{5.2-16}$$

$$d_2=\sqrt{(x_h-x_e)^2+(y_h-y_e)^2} \tag{5.2-17}$$

4. 算法实施流程

(1) 预处理，对需要进行钢筋排布的梁柱节点建立坐标系，对节点边界，预埋件和连接板等进行离散化处理，将其作为障碍物信息并存储相应坐标。确定需要排布的钢筋数量 N，钢筋在排布区域的起点，终点坐标。在采用粒子群优化算法实现钢筋排布中，粒子群的维度与完成一根钢筋排布所需要的步数有关，如排布长度为 1000mm，钢筋每次前进 20mm，则钢筋智能体在理想情况下需要 50 步才可以实现从起点到终点的规划，由于钢筋智能体的每一个行为需要 4 个二进制数进行编码，则粒子群的维度满足：$D\geqslant 4\times 50$。为避免钢筋维度过大，将一根钢筋的排布分成多段进行排布，每段钢筋前进 h 步。设定种群大小 m，钢筋前进的步数 h，则粒子维度为：$4h$。按式 (5.2-7) 设置惯性权重 ω 范围为 $[0.4, 0.9]$，学习因子 c_1，c_2 设置为 2，最大速度 $v_{\max}=2$。

(2) 二进制初始化，随机生成 $m\times 4h$ 的粒子群，$x_{i,j}\in\{0, 1\}$，$i=1, 2, \cdots, m$；$j=1, 2, \cdots, 4h$，令 $xp_i=[0, \cdots, 0]_{1\times 4h}$，$f(xp_i)=\infty$，$xg=[0, \cdots, 0]_{1\times 4h}$，

$f(xg) = \infty$。

（3）速度更新和约束处理，按式（5.2-1）和式（5.2-9）对粒子速度进行更新和约束处理。

（4）位置更新，按式（5.2-5）和式（5.2-6）计算粒子在每个维度上由 0（1）变为 1（0）或保持第 j 维变量不变的概率，按式（5.2-4）对粒子位置进行更新。

（5）位置约束处理，在钢筋排布中每 4 个二进制变量表示一种智能体可能的行为方式（见表 5.2-1）。如图 5.2-5 所示，对任意一个粒子 x_i 以 4 个二进制变量为一组进行分组，确保每一组二进制变量满足表 5.2-1；对于非法变量组（变量值不满足表 5.2-1 的二进制变量组），从表 5.2-1 中随机选择一个变量组进行替换。

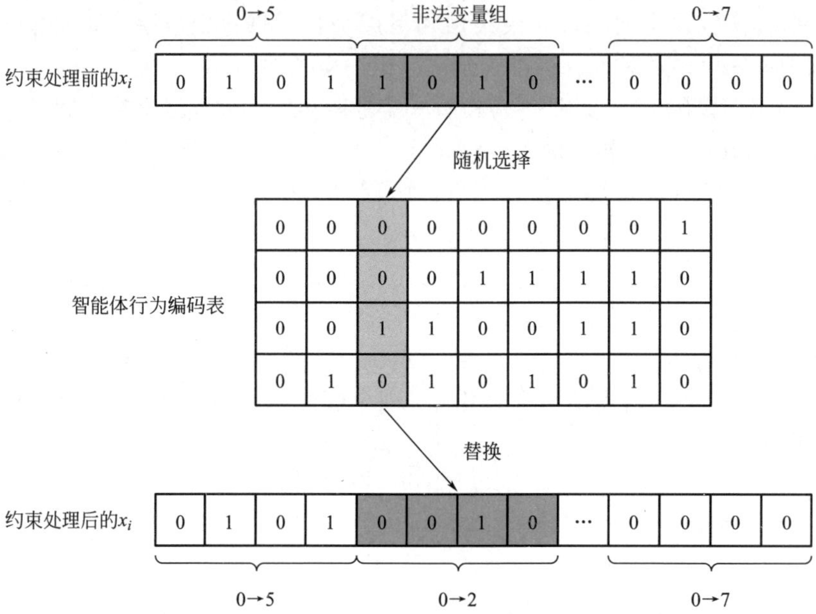

图 5.2-5　粒子位置约束

（6）对任意一个粒子 x_i，$i=1, 2, \cdots, m$ 按步骤（5）进行分组并按表 5.2-1 确定智能体的行为，即解码。依据解码结果，计算钢筋可能路径坐标（此时钢筋不会实际排布，此处的钢筋坐标只是钢筋可能的路径坐标，真正的坐标由粒子群算法的最终优化结果来确定）。将坐标值代入目标方程（5.2-15）求解每个粒子的适应度值并按式（5.2-12）和式（5.2-13）更新粒子历史最优位置和种群最优位置。

（7）判断迭代条件是否满足，若满足则转到步骤（8），否则转到步骤（3）。

（8）对最优个体进行解码操作以确定钢筋行为，记录钢筋坐标。

（9）判断当前钢筋是否达到终点，若当前钢筋达到终点，则排布下一根钢筋；否则更新当前钢筋的起点，即上一次优化的终点，转到步骤（2）。

（10）判断钢筋是否排完，若完成则输出钢筋中轴线坐标，否则转到下一根需要排布的钢筋重复步骤（2）～（10）。

图 5.2-6 为二进制粒子群优化算法进行钢筋排布的流程图。

5. 实验结果

图 5.2-7 为钢筋优化效果图，实验结果表明在无外加人为干扰因素下梁柱节点区的钢筋能实现无碰撞排布。由图可知沿 y 轴方向排布的梁钢筋在其前进方向上遇到障碍物（此处为柱钢筋）时会自动绕开，实现无碰撞的钢筋排布。

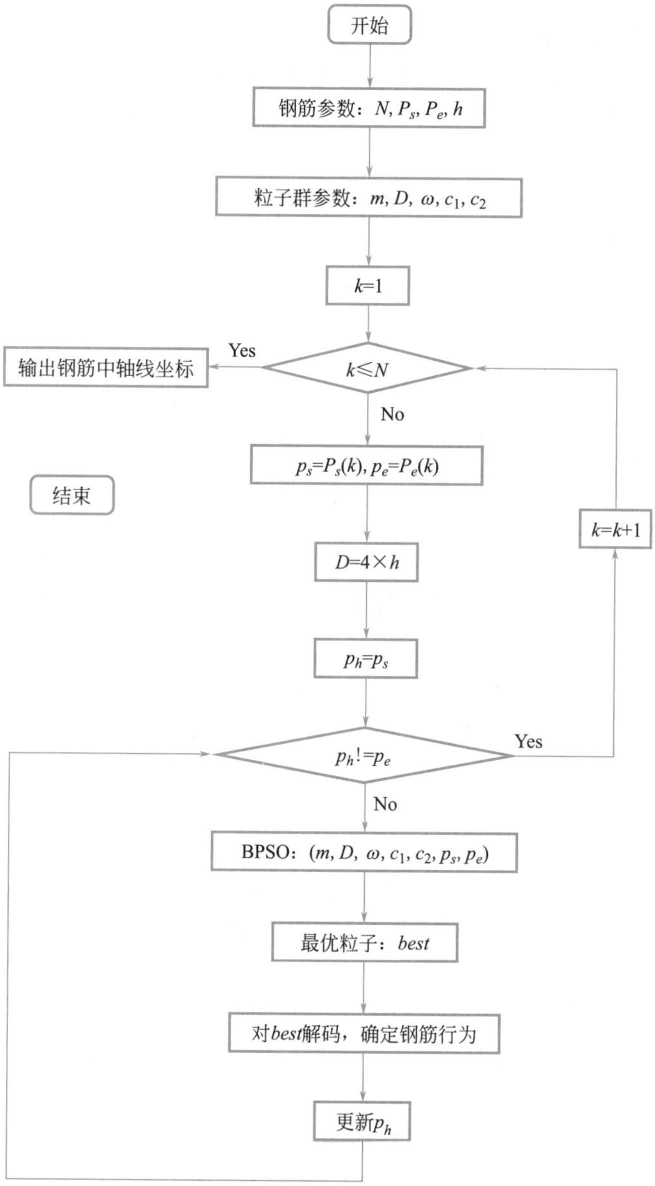

图 5.2-6　钢筋排布流程图

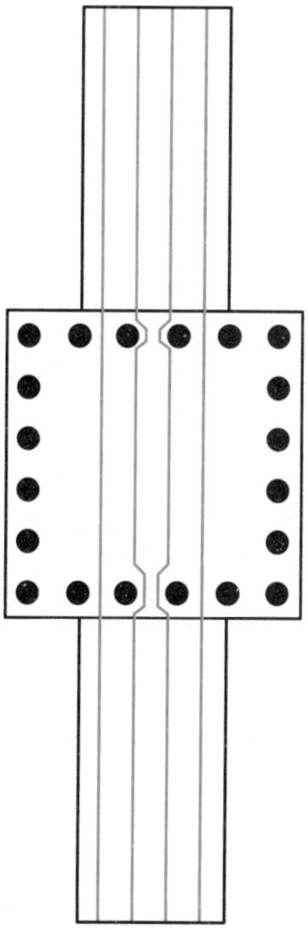

图 5.2-7　钢筋优化效果图

5.3　模拟退火算法

模拟退火算法是 20 世纪 80 年代科学家在研究集成电路布局[22] 和旅行商[23] 问题时

提出的，这个算法的提出受到固体退火过程的启发，通过用内能模拟目标函数，用温度作为控制参数，对问题进行求解。本章将介绍模拟退火算法原理、算法步骤及其在土木工程中的应用案例。

5.3.1 模拟退火原理

晶格体结构是自然界中原子或分子一种常见的排列，如石英、冰、盐等。晶格体结构的降温过程是天然的优化过程。如图 5.3-1 所示，由于高温让物质的能量大增导致粒子的运动加剧、晶格状物质在高温时表现出无序的状态，但当温度降低时，整个物体的熵减小，最后物体进入稳定有序的晶格状态[24]。

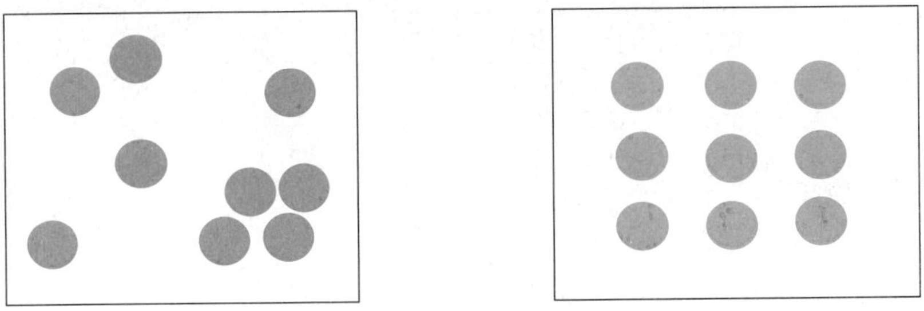

图 5.3-1　晶格体退火过程示意

我们所观察到的原子状态是能量最均衡的状态。但除了均衡状态之外，物质还存在其他状态。假设当前原子状态 s 的能量为 $E(s)$，下一个随机的候选状态 r 的能量为 $E(r)$。将满足如下 Metropolis 准则①：

$$P(r|s)=\begin{cases}1, & E(r)<E(s)\\ \exp\left[\dfrac{E(s)-E(r)}{kT}\right], & E(r)\geqslant E(s)\end{cases} \tag{5.3-1}$$

式中：k——Boltamznn 常数；

T——均衡时的温度。

若当前状态的粒子的能量 $E(s)$ 小于候选状态的能量 $E(r)$ 时，粒子会自然地从高能量态向低能量态发生转变。而当粒子处于一个低能量态时，具有较小的概率向高能量态转移。

依照自然晶格体的退火过程，模拟退火算法可表述如下：首先，随机生成具有“高能量态”的候选解。然后，从这个“高能量态”的解开始“降温”直到求得最小值。在求解过程中，先随机生成一个备选的解充当“候选能量态”。如果“候选能量态”比初始的“高能量态”低，则直接更新候选解；如果“候选能量态”比初始的“高能量态”低，则以式（5.3-1）所示的概率接受新解。随着“时间”的推移（即迭代次数增加），候选解最终达到“低温”的平衡状态。

5.3.2 算法的流程

为更好理解模拟退火算法，这里结合简单的二元函数进一步阐述模拟退火算法的

① 1982 年，Metropolis 受固态退火过程的启发，发表了模拟退火算法。

过程：

$$f(x,\ y)=x^2+y^2 \tag{5.3-2}$$

模拟退火算法相应的求解流程可列举如下：

迭代步	(x,y)	$f(x,y)$	Δf	T
	(0.1,0.1)	$2e^{-1}$		100
1	(0.05,0.1)	$1.25e^{-1}$	$-7.5e^{-2}$	80
2	(0.05,0.005)	$2.525e^{-2}$	$-9.975e^{-2}$	64
3	(0.06,0.005)	$3.625e^{-2}$	$1.1e^{-2}$	51.2
4	(0.001,0.002)	$5e^{-6}$	$-3.62e^{-2}$	40
5	(0.0,0.0003)	$9e^{-9}$	$-4.991e^{-6}$	32

(1) 初始值设置。在模拟退火算法中，一个良好的初始值设置能加快算法的收敛。这里将初始值设置为（0.1，0.1），初始温度设置为 100，终止温度设置为 35，采用指数型函数进行温度冷却。

(2) 设 T_k 为第 k 步的温度，在算法迭代过程中，常需要通过模拟的方法进行“温度冷却”，常用的方法有线性冷却，指数冷却等。这里采用指数冷却的方法进行迭代，$T_k=\alpha T_{k-1}$，$\alpha=0.8$，对温度进行迭代更新。

(3) 在第一次迭代中，算法首先通过随机扰动产生一个新解（0.05，0.1）。此时，新解的函数值小于原始解的函数值，即 $\Delta f<0$。因此，算法接受新解并进行冷却，以便发生状态转移。

(4) 在第三次迭代中，由于随机扰动产生的新解并未满足 $\Delta f<0$ 的条件，因此，通过 Metropolis 准则进行判断。

(5) 在最后一次迭代中，此时函数的最优值为 $9e^{-9}$，由于此时温度已经冷却至 32，因此迭代结束。

模拟退火的算法流程可总结如下：

(1) 设置初始温度 T_0，终止温度 T_t，冷却函数 $\alpha(T)$，终止迭代步数；

(2) 确定初始解 x_0，并以此作为迭代解 $x=x_0$ 计算目标函数值 $f(x)$，开始迭代；

(3) 对当前解 x 施加扰动，产生新解 x^* 并计算目标函数值 $f(x^*)$，计算目标函数值增量 $\Delta=f(x^*)-f(x)$；

(4) 根据式（5.3-1）更新解，并判断迭代次数决定是否终止，否则转步骤 5；

(5) 根据 α（T）更新温度，并判断当前温度是否达到终止温度，否则转步骤 3。

模拟退火算法以晶格体的降温过程为指导思想，简单直观地求解问题。为提高求解效率，有必要分析算法参数的影响。

1. 初始温度的影响

算法的探索和开发性指在求解过程中是强调对已有信息的探索或强调对未知信息的开发。初始温度为模拟退火算法的探索和开发性提供了一个上界。如果初始解的“温度过高”，则算法的探索性将会变高，同时也意味算法求解需要的时间会很长；反之则算法收敛速度快，但可能无法充分探索，导致无法得到理想的目标解。

2. 冷却策略的影响

由式（5.3-1）可知，退火温度与接受新解的概率成反比，因此温度的冷却策略直接影响搜索的结果和速度。如果冷却的收敛速度过快，算法可能会收敛到高温度的混乱状态，无法确定求解；反之，冷却的收敛速度太缓慢，则会导致算法的求解效率过低。常用的冷却策略有指数冷却，线性冷却等，更具体的介绍可参见 5.3.3 节。

3. 产生新解的策略

产生新解的策略会显著影响模拟退火算法的性能。如果能保证得到的新解更好，则算法性能也会变得更好。显然，如果在解的可行搜索空间内随机产生，无法保证解的有效性。一般而言，应该让产生的新解偏向当前的候选解。常用的策略是采用以当前解为中心的随机变量（如高斯分布、柯西分布等）产生新的候选解，同时，保证随机变量的方差与温度相关。这样，算法保证在当前解上的充分探索，也可以保持一定的开发性（图 5.3-2）。

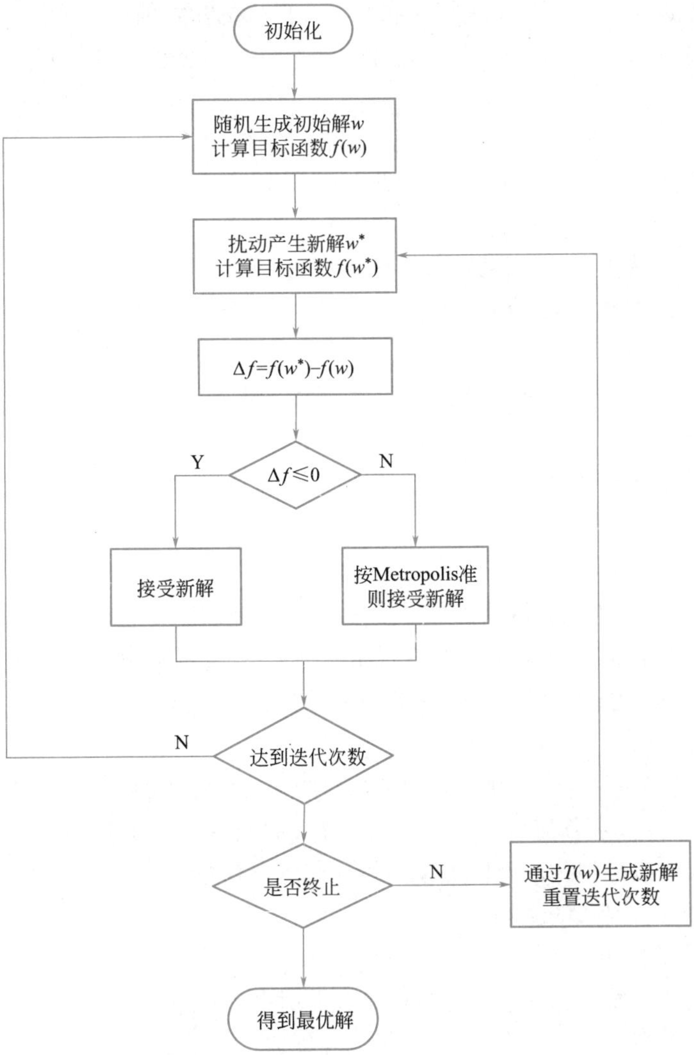

图 5.3-2　模拟退火算法流程图

5.3.3　算法的改进

模拟退火算法的改进主要集中在初始解设置、冷却策略以及其他改进措施。由于初始解设置往往依赖于优化问题的背景，因此，这里不做讨论初始解设置，本节主要介绍冷却策略等其他改进措施。

1. 改进冷却策略

设 t_k 为第 k 次迭代时的温度，可选的常用模拟退火策略有以下几种：

线性冷却：$T_k = T_0 - \xi k$，$\xi < \dfrac{T_0}{k}$

逆线性冷却：$T_k = \dfrac{T_0}{k}$

对数冷却：$T_k = \dfrac{c}{\ln(k+1)}$，$c$ 是一个常数

指数冷却：$T_k = \alpha T_{k-1}$，$\alpha \in (0.8,\ 1)$

如图 5.3-3 所示，可以看出逆线性冷却[25] 和对数冷却[26] 均表现出先快速下降然后再变缓慢的趋势；这意味着采用此两种冷却策略算法的收敛性通常较差，仅针对某些特定的问题才有较好的计算效果。在实际的问题中，一般采用指数冷却进行求解。

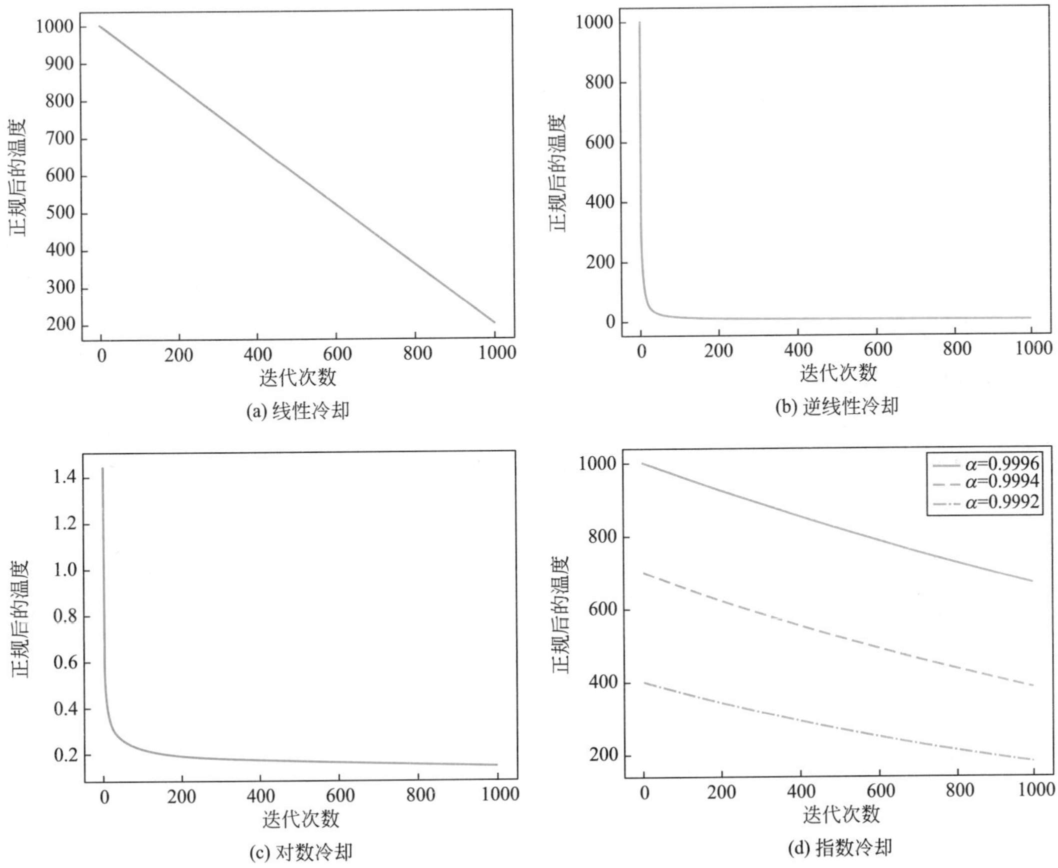

图 5.3-3　常用冷却策略

2. 其他改进措施

在解决实际问题中往往难以通过标准算法进行求解，因此需要因地制宜地在实施过程中，对算法进行改进和实施，一般可采用如下手段：

（1）增加“升温”或者重新初始化的操作。在算法初始阶段，应多探索少开发；在算法即将结束时，则应多开发少探索。冷却策略对模拟退火的性能十分重要，如果温度上升过快，模拟退火容易陷入局部最优，性能会变差；因此常需监测算法解的改进情况，进行“升温”或者重新初始化。

（2）增加记忆功能。在算法运行过程中，为增加算法的寻优能力，必须容忍出现新解比当前解更差的情况出现，但这样同时也遗失了当前最优解，因此可以采用记录最优解的方式，将之前出现的最优解进行更新。

（3）增加补充搜索的过程。在实际计算中，以上次搜索的最优解为初始值重新进行搜索。

（4）结合其他搜索算法。为更有效地求解问题，可联合遗传、混沌搜索等算法进行联合搜索。

5.3.4 算法的土木工程应用

1. 数值计算实例

给定如下函数：

$$f(x,y)=(1-x)^2+100(y-x^2)^2$$

其约束设置为$-4\leqslant x\leqslant 4$，$-4\leqslant y\leqslant 4$，求该函数的最小值。

参照如图 5.3-2 所示算法流程图编写程序，相关的算法参数可设置如下：

迭代步	初始温度	终止温度
300	1	$1e^{-3}$

主要代码如下：

```
problem = Test ()     #设置求解目标
parameter = Parameter ()
parameter.problem = problem  #设置需要求解的问题
parameter.L = 300 #设置迭代次数
parameter.n_individuals = 1 #个数
parameter.n_vars = 2 #维度
parameter.xu = 4
parameter.xl =-4 #解的边界
parameter.alpha = 0.8 #冷却参数
parameter.temp_max = 1
parameter.temp_min=1e-3 #温度变化边界
algorithm = SA (parameter)
x = algorithm.evolution () #求解
```

图 5.3-4 分别表示在迭代求解过程中，解的位置和目标函数值得变化过程。在模拟退火算法求解的迭代过程中，解的初始位置设置为（－3.17，3.65）。随着算法开始迭代，迅速减少到（0.44，0.22），并逐步向目标值靠近，在第 20 次迭代的时候、得到最终解（1.003，1.007）以及最小的目标值 $4.7e^{-5}$。

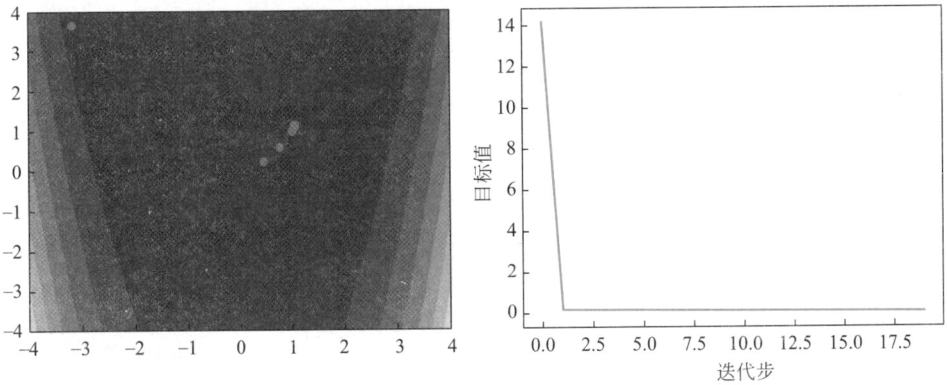

扫码看彩图

图 5.3-4　迭代过程中解的位置与目标值的变化

2. 钢筋排布问题

为更加清楚地说明模拟退火算法的特性，本节同样采用钢筋排布问题为例，采用模拟退火算法对问题进行优化求解。对钢筋排布问题的建模已经在上一节已经详述，这里只重点叙述相应的实施细节。

（1）对需要进行钢筋排布的梁柱节点建立目标方程，以及计算出相应的位置坐标。设定钢筋前进的步数 h，则解的维度设置为：$4h$，设置迭代次数，并采用指数冷却的方式进行更新。

（2）候选解初始化。设定问题约束的上下边界分别为 xu，xl。这里为更快达到目标解，采用如下方式进行初始化：

$$\text{rand}(xu - xl) + xl$$

其中 rand 为随机数生成函数。对候选解得到问题值进行记录，并设置为历史最优值。

（3）在第 $k+1$ 步迭代过程中，采用基于柯西分布产生新解的方法：

$$x_{k+1} = \text{sign}(u) \cdot T_k \cdot \left(\left(1 + \frac{1}{T_k}\right)^{|u|} - 1\right), \quad u \in U[0, 1]$$

其中 U［0，1］表示均匀分布；sign（·）表示符号函数。对每次产生的新解进行评估之后，依照 Metropolis 准则对当前的候选解和历史最优值进行更新。

（4）为保证候选解的质量，这里记录产生相近最优候选解的次数，直到达到指定次数，则认为算法已经达到求解精度。

与粒子群算法不同点在于，模拟退火算法只依靠单一新解产生的扰动，以实现对最终解的搜索操作。每次在搜索之前，对还未进行编码的粒子进行置乱操作，以模拟对搜索空间的探索。然而，由于随机置乱没有粒子探索的指导，可能导致新生成的候选解比当前解更差，因此需要更多的运行时间。在单个方向进行每个钢筋排布时，由于随机置乱产生的扰动使得钢筋偏离正确方向，最后在搜索空间失去最优的前进方向。其次，为尽快搜索到合适的候选解，在进行搜索时，采取保留每次搜索最优解，并使用指数冷却的策略对解进行搜索。求解结果如图 5.3-5 所示，算法实现了对梁柱节点钢筋排布。值得注意的是，相较于其他优化算法，模拟退火的优化速度是其他算法的十几倍。

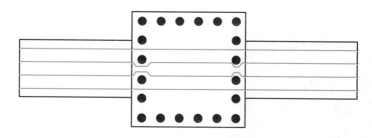

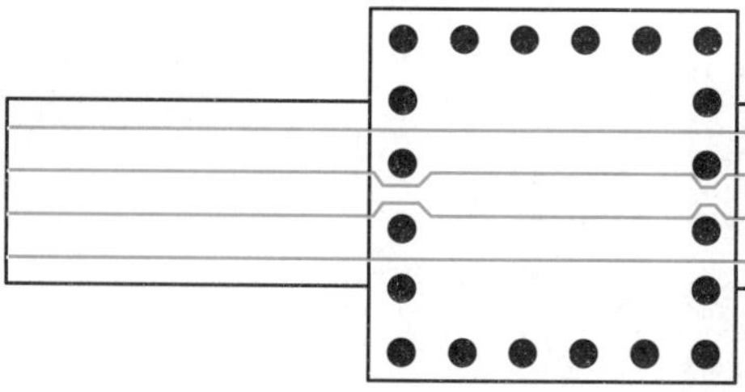

图 5.3-5　钢筋中心线轴测图

5.4　近邻场算法

优化问题中，对于某些目标函数，是在全局范围（解的所有可能存在区间）内最有效率地搜索函数的最小值或者最大值。本节将介绍一种全局搜索算法：近邻场算法[27]。近邻场算法（Neighborhood field optimization）简称 NFO，它与粒子群算法类似，也是受生物种群进化的启发而提出的一种群体智能算法，在某些多峰值函数优化问题中性能优越。

5.4.1　算法的原理

近邻场算法基于邻域模型 NFM[28] 而提出，相比于粒子群算法中个体受全局环境下的最优个体或者所有个体的影响而言，NFO 更强调个体只受其邻居的影响。在邻域模型中，个体通常会受到两个邻居的影响：优势邻居的积极影响和劣势邻居的消极影响。若该个体是种群里最优的个体，则只会受到劣势邻居的消极影响，种群里最劣势的个体只会受到优势于它的个体的积极影响。

邻域模型中个体受邻居的影响与势场模型中的机器人受力情况相似，可以通过势场模型[29] 更形象地阐述近邻场模型原理。

如图 5.4-1 所示，势场模型通常被用来描述机器人的运动。机器人为了无碰撞地达到目标点，通常会受到来自目标点的吸引力以及障碍物的排斥力，机器人的最终运动状态则由两者的合力所决定。在邻域模型中的个体就如势场模型中的机器人，其受到来自优势邻居（目标）的积极影响（吸引力）及劣势邻居（障碍物）的消极影响（排斥力）。所以，近邻场模型中的个体 x_i 受单个目标与单个障碍物的影响可以表示为：

$$NF_i = \Phi(xc_i - x_i) - \Phi(xw_i - x_i) \tag{5.4-1}$$

式中：NF_i——个体 x_i 所受的合力；

xc_i——个体 x_i 的优势邻居；

xw_i——个体 x_i 的劣势邻居；

$\Phi()$ ——与个体位置相关的动力函数；

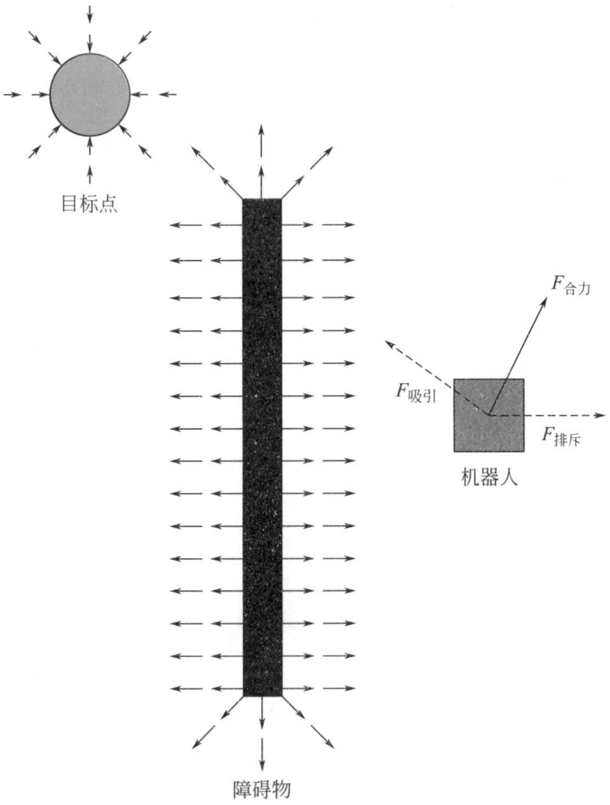

图 5.4-1　势场模型图

$\Phi(xc_i - x_i)$——个体受其优势邻居的吸引力；
$\Phi(xw_i - x_i)$——个体受其劣势邻居的排斥力。

5.4.2　算法的流程

近邻场算法是一种基于种群的算法，每一个体都以邻域模型中“向邻居学习”概念进行迭代和更新。本节将以最小化问题为例说明 NFO 算法的具体流程。

NFO 算法流程包括以下六个步骤：

1. 初始化：初始化搜索空间，使初始种群的 N 个个体随机均匀地分布于搜索空间中。

2. 定位：对于第 G 代（G 表示算法的迭代次数）种群的每一位个体 $x_{i,G}$，找到与之对应的优势邻居 $x_{i,G}$ 和劣势邻居 $xw_{i,G}$；如以下函数表示：

$$\begin{cases} xc_{i,G} = \arg_{f(x_{k,G})<f(x_{i,G})} \min \| x_{k,G} - x_{i,G} \| \\ xw_{i,G} = \arg_{f(x_{k,G})>f(x_{i,G})} \min \| x_{k,G} - x_{i,G} \| \end{cases} \tag{5.4-2}$$

在最小化问题中：$xc_{i,G}$ 表示函数值 $f(x_{k,G}) < f(x_{i,G})$ 的所有优势邻居；$x_{k,G}$（$k=1$，2，3，…，n）表示满足该函数关系的个体集合；$\| x_{k,G} - x_{i,G} \|$ 表示两个个体之间的欧氏距离（欧式距离是指欧几里得距离或 $L2$ 范数，满足关系 $\| x_i \| = \sqrt{|a_1|^2 + |a_2|^2 + \cdots + |a_d|^2}$，$d$ 为 x 的维数）；$\arg\min f(x)$ 函数表示 $f(x)$ 取得最小值所对应的变量点 x 的集合；相反地，$xw_{i,G}$ 表示拥有较大函数值的劣势邻居。当 $x_{i,G}$ 为种群中最优的个体时（对应函数

值已经达到该代种群个体中的最小)，$xc_{i,G}$ 将会被定义为 $x_{i,G}$ 本身；当 $x_{i,G}$ 是种群中最差的个体时，$xw_{i,G}$ 也会被定义为 $x_{i,G}$ 。

3. 变异：变异能扰动个体的原本值，使算法能具有一定局部随机搜索能力。变异对个体的影响如式（5.4-3）所示：

$$v_{i,G}=x_{i,G}+\alpha\cdot \text{rand}\cdot(xc_{i,G}-x_{i,G})+\alpha\cdot \text{rand}\cdot(xc_{i,G}-xw_{i,G}) \quad (5.4\text{-}3)$$

式中：rand——介于［0，1］之间的随机向量；

α——学习率；

$v_{i,G}$——个体发生变异后得到的新个体（突变载体）。

4. 交叉：将目标向量 x_i 与突变载体 $v_{i,G}$ 进行随机重组，表示如下：

$$u_{j,i,G}=\begin{cases}v_{j,i,G}, & if\ \text{rand}(0,1)\leqslant Cr\ or\ j=j_{\text{rand}}\\ x_{j,i,G}, & otherwise\end{cases} \quad (5.4\text{-}4)$$

式中：$j=1，2，\cdots，D$——个体的维度；

Cr——交叉的概率；

rand(0，1）——在区间［0，1］中均匀分布的随机数；

j_{rand}——某个随机的维度。

在交叉操作中，当 rand（0，1）值小于设置好的固定交叉概率 Cr 或者个体的维度 $j=j_{\text{rand}}$ 时，个体会进行交叉重组。交叉操作为个体成为新的突变载体 $v_{i,G}$ 提供了可能性，使得个体值有时会不同于 $x_{i,G}$ ，从而增强了整个算法的局部随机搜索能力。

5. 选择：在下一代种群中，个体 $x_{i,G+1}$ 为 $x_{i,G}$ 和 $u_{i,G}$ 中的更优个体：

$$x_{i,G+1}=\begin{cases}u_{i,G}, & f(u_{i,G})\leqslant f(x_{i,G})\\ x_{i,G}, & otherwise\end{cases} \quad (5.4\text{-}5)$$

6. 迭代：若未满足停止标准，跳转到步骤 2 重复执行；否则算法结束。

通过求解函数 $f(x，y)=x^2+y^2$ 在区间［0，1］范围内的最小值问题，阐述 NFO 算法原理和执行过程。

函数 $f(x，y)=x^2+y^2$ 自变量的不同取值（x_1，y_1），（x_2，y_2），…，（x_n，y_n）构成了函数初代种群，个体数为 n。个体（x_i，y_i）拥有独立变量 x、y，独立变量个数表示个体的维度，该函数的种群个体维度为 2。

步骤 1：设置种群数量为 $n=5$，并且随机初始化所有种群个体值如下：

个体	个体值
A	(0.1,0.7)
B	(0.3,0.5)
C	(0.7,0.2)
D	(0.9,0.8)
E	(0.8,0.1)

步骤 2：针对个体 C，找到该个体的优势邻居与劣势邻居。首先，个体们对应的目标函数值如下：

个体	函数值
A	0.5
B	0.34
C	0.53
D	1.45
E	0.65

比较函数值，找到个体 C 的优质邻居 A、B；劣质邻居为 D、E；计算个体 C 与“邻居”个体间的欧式距离，找到距离个体 C 最近的优质邻居和劣质邻居分别为 B、E。

步骤 3：变异操作。设置算法学习率 α 为 0.7，计算得到突变载体 $v_{i,G}$ 对应决策变量值为（0.35，0.45）。

步骤 4：交叉。设置算法突变率 Cr 为 0.7，测试时随机数 rand(0，1）小于突变率 Cr，故此时 $u_{i,G}$ 值等于突变载体 $v_{i,G}$ 的值为（0.35，0.45）。

步骤 5：选择。为了让更优的个体进入下一代种群，比较个体 C 与对应的交叉个体 $u_{i,G}$ 的函数值：$f(u_{i,G})=0.3225<f(a_3, b_3)=0.53$。所以选取交叉个体 $u_{i,G}$ 作为下一代种群里 C 的初始值。

步骤 6：用如上方法对每一代个体进行更新至下一代种群，并且反复循环如上操作，直至满足算法的停止迭代条件。

随着算法迭代次数增加，全部个体接近该函数的全局最优解（0，0），并且随着种群的每一次迭代，新种群个体的函数值相较于前一代个体都更优，体现了近邻场算法向邻居不断学习、更新的原理。

算法的流程图与伪代码分别如图 5.4-2 与表 5.4-1 所示。

5.4.3　二进制近邻场算法

二进制 NFO 算法 BNFO 能够处理前者不能解决的现实应用中一些离散优化的问题。在 BNFO 中，种群中的个体会被重新编码成代表二进制数值的位串，因编码方式不同，定位和变异步骤也有相应修改[30]。

定位步骤中采用了汉明距离代替欧式距离（汉明距离：两字符串对应位置不同字符的个数）。

变异步骤中的突变载体会被重新定义见式（5.4-6）

$$v_i = x_{i,G} \odot [a_{r1} \otimes (xc_{i,G} \odot x_{i,G}) \oplus a_{r2} \otimes (xc_{i,G} \odot xw_{i,G})] \tag{5.4-6}$$

式中：⊙——逻辑异或运算；

⊗——逻辑与运算；

⊕——逻辑或运算。

参数 a_{r1} 与 a_{r2} 表示随机的二进制的整数向量。它们分别表示见式（5.4-7）

$$\begin{cases} a_{r1} = \mathrm{rand}_1 < a \\ a_{r2} = \mathrm{rand}_2 < a \end{cases} \tag{5.4-7}$$

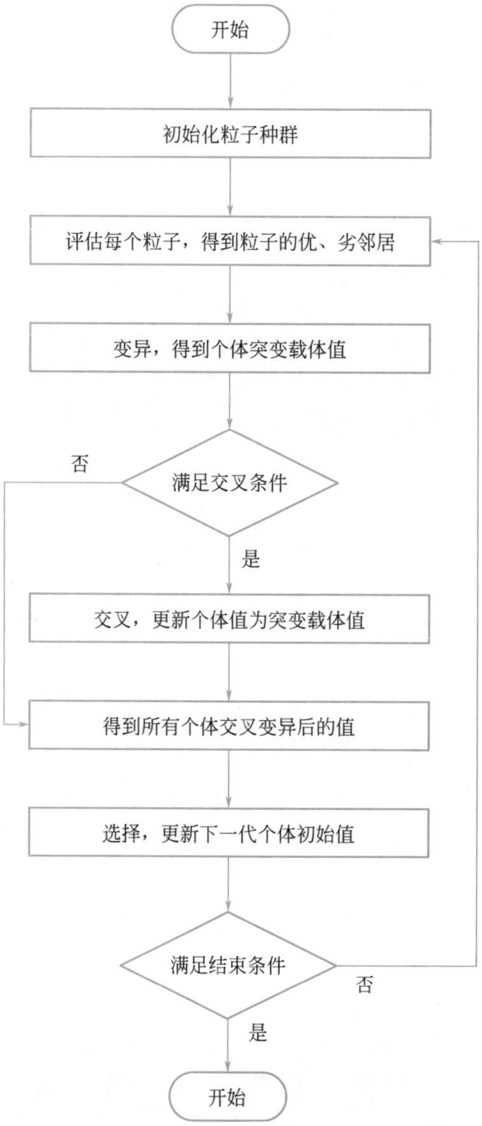

图 5.4-2　NFO 算法流程图

NFO 算法伪代码　　**表 5.4-1**

输入	种群数量 N、迭代次数 G_{m}、维度 j、学习率 a 及变异率 C_{r}
输出	迭代 G_{m} 次后种群中的最优解
1	令 $G=1$
2	在 D 维空间中初始化初代种群 N 个个体 x_i 值
3	*While* $G<G_{\mathrm{m}}$ *do*
4	找到个体的优势及劣势邻居 x_c、x_w
5	*for* $i=1$ *to* N

续表

输入	种群数量 N、迭代次数 G_m、维度 j、学习率 a 及变异率 C_r
输出	迭代 G_m 次后种群中的最优解
6	计算每个个体 $x_{i,G}$ 的突变载体值 $v_{i,G}$　（变异）
7	if rand(0,1)<Cr or $j=j_{rand}$ $then$　（交叉）
8	$u_{j,i,G}=v_{i,G}$
9	$else$
10	$u_{j,i,G}=x_{i,G}$
11	$if\ f(u_{i,G})<f(x_{i,G})then$　（选择）
12	$x_{i,G+1}=u_{i,G}$
13	$else$
14	$x_{i,G+1}=x_{i,G}$
15	$G=G+1$
16	end

其中 a 与 rand 和标准 NFO 算法中意义相同，代表学习率（$0<a<1$）以及均匀分布于［0，1］之间的随机向量。除此以外，BNFO 算法中的其他步骤与 NFO 相同。BNFO 算法的伪代码见表 5.4-2。

BNFO 算法伪代码　**表 5.4-2**

输入	种群数量 N、迭代次数 G_m、维度 j
输出	G_m 代种群的最优解
1	$for\ j=1\ to\ N$
2	初始化每个个体，并计算其对应的目标函数值
3	$endfor$
4	$while\ G\leqslant G_m$
5	$for\ i=1\ to\ N$
6	评估每个粒子的优劣邻居 $x_c x_w$
7	$r_{a1}=\mathrm{rand}<a$
8	$r_{a2}=\mathrm{rand}<a$
9	$v_i=x_{i,G}\odot[a_{r1}\otimes(xc_{i,G}\odot x_{i,G})\oplus a_{r2}\otimes(xc_{i,G}\odot xw_{i,G})]$
10	v_i 超过条件约束则修正其值为 $x_{i,G}$
11	交叉 $x_{i,G}$ 与 $v_{i,G}$ 得到向量 $u_{i,G}$
12	选择 $x_{i,G}$ 与 $u_{i,G}$ 中更优的值作为 $x_{i,G+1}$
13	$G=G+1$
14	end

5.4.4 算法的土木工程应用

这里选取了 Ackley 函数测试标准 NFO 算法的优化性能。Ackley 函数被广泛地应用于各种优化算法的测试。Ackley 函数形式如下：

$$f(x)=-a\cdot \mathrm{e}^{\wedge}\left(-b\sqrt{\frac{1}{d}\sum_{i=1}^{d}x_i^2}\right)-\mathrm{e}^{\wedge}\left(\frac{1}{d}\sum_{i=1}^{d}\cos(cx_i)\right)+a+\mathrm{e} \tag{5.4-8}$$

函数的变量值一般会选取：$a=20$，$b=0.2$，$c=2\pi$。当选取变量的维度 d 为 2、个体的取值区间 $x_i\in[5, -5]$ 时。图 5.4-3 为 Ackley 函数的图像，其形状如同一座倒垂的山峰，在最小化问题优化中，“山顶”代表最优的个体值，即 Ackley 函数的全局最小值，通过图像可以看到函数的最优值为 $f(x)=0$，$x_i=(0, \cdots, 0)$。在通往“山顶”的路途中，还有着许多“凹坑”，这些“凹坑”的中心点的对应的函数值 $f(x)$ 是明显小于其周围点的，称这些点为最小化问题中函数的局部极小值（局部最优）。初代种群的个体被随机均匀地分布在 x_i 的区间内，如何通过种群的不断迭代，使粒子们能够摆脱途中局部最小值的干扰的同时，都能够顺利快速地到达“山顶”，便是优化算法需要解决的问题。

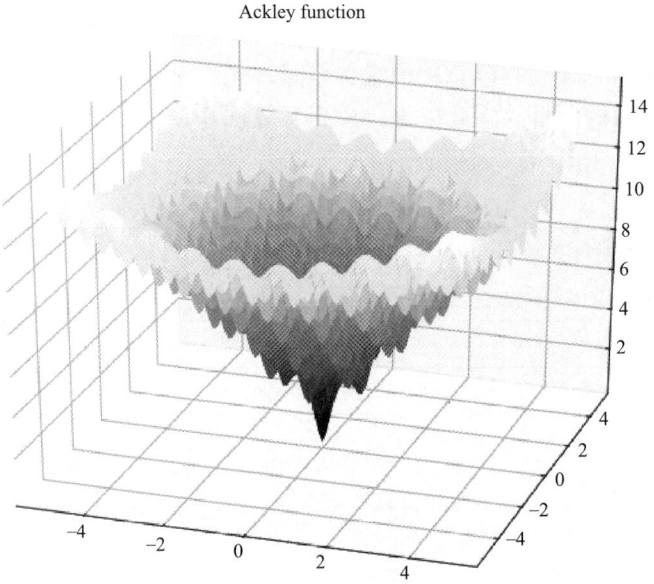

扫码看彩图

图 5.4-3 Ackley 函数图像

为利用 Ackley 函数来测试 NFO 算法的性能时，随机选取初代种群中的一个个体，观察该个体随着种群迭代次数的增加而不断地向“向邻居学习”的过程，体现在该个体函数值不断地朝着最优值 $f(x_i)=0$ 靠近，如图 5.4-4 所示。图像的纵坐标代表个体 $x_{i,G}$ 对应的 Ackley 函数值，横坐标代表着种群迭代的次数。可以看到，随着函数迭代次数的增加，个体 x_i 的函数值逐渐地朝着最优值变化，并在迭代了大概 30 次左右该个体便达到了全局最小值，这说明 NFO 算法在优化 Ackley 函数时也是有着不错的效果。

在解决工程实际问题时，也能利用 NFO 算法来寻找最优解。例如在第 5.2 节介绍的钢筋排布问题，类似于粒子群算法的优化方法，可以替换为 BNFO 或者 NFO 算法求解。

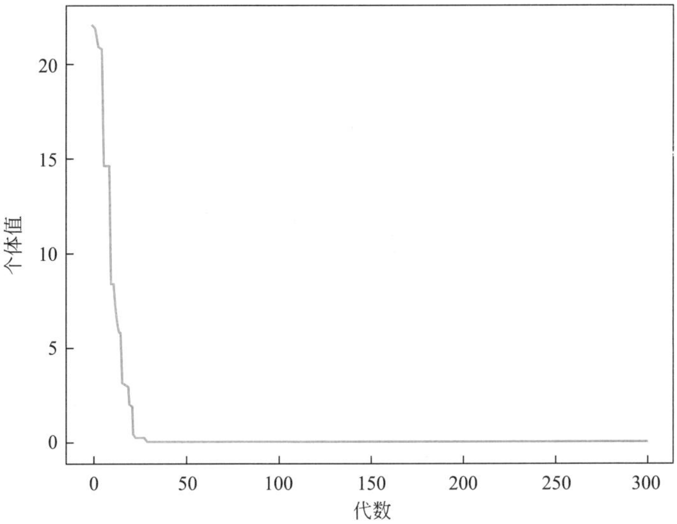

图 5.4-4　个体值随迭代变化图

这里我们选用了 NFO 算法求解，再进行类似于 5.2 节中介绍的预处理操作后，此处没有选择 BNFO 算法个体离散化为二进制编码，编码方式选择 NFO 的整数编码，整数编码不需要额外的解码步骤便能得到钢筋的运动方向。设置个体值 $x\in[1, 7]$，学习率 $a=0.3$，突变概率 $Cr=0.1$。个体 x 的不同取值分别代表着钢筋运动过程中可能的运动行为，具体的整数编码见表 5.4-3。

NFO 解钢筋智能体的编码表　　　　**表 5.4-3**

整数值	运动方向
1	保持静止
2	z 轴正方向
3	z 轴负方向
4	x 轴正方向
5	x 轴负方向
6	y 轴正方向
7	y 轴负方向

在钢筋排布问题中，被优化后的种群可以表示为：$X=[x_1, x_2, \cdots, x_n]^T$，其中，$n$ 表示种群个体的总数。此处设置 $n=30$，代表总的钢筋条数。种群中的每一个体 x_i，具有形式为 $x_i=[a_1, a_2, \cdots, a_j]$，其中 a_j 为编码表中的整数值，j 代表个体维度。钢筋排布的最终方案由优化结果中的最终种群 X 决定，每条钢筋的最终排布路径由该条钢筋在最终种群中对应的 x_i 决定。

在代码中，通过 for 循环遍历数组 x_i，每遍历一次，钢筋会根据该次遍历 x_i 中的 a_j 值进行移动，移动的方向参考表 5.4-3。所以，钢筋排布问题中，个体的维度通常定义为钢筋需移动总步长/钢筋单次移动的步长。通过 for 循环的嵌套，再对种群 X 中每一个体 x_i 进行相同的遍历操作，最终得到钢筋排布的最终方案如图 5.4-5 所示。

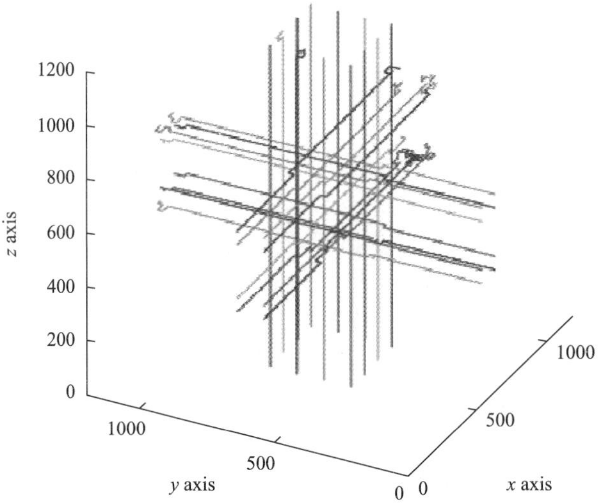

扫码看彩图

图 5.4-5　钢筋中心线轴测图

课后习题

1. 设用遗传算法求解钢筋混凝土梁配筋优化问题。已知某钢筋混凝土简支梁长度为6000mm，横截面为 300mm（宽）×600mm（高）的矩形，混凝土强度等级 C30。在不同的荷载条件下，梁底部所需的纵向钢筋截面如下表所示。可用钢筋直径为：6mm，8mm，10mm，12mm，14mm，16mm，18mm，20mm，22mm，25mm。请根据上述条件，建立配筋优化数学模型，确定设计变量和适应度函数，选择合适的编码方式、交叉策略、变异策略和选择策略。

（1）采用遗传算法求出最优的钢筋组合，使得钢筋组合中所有钢筋面积之和最小，但不小于所需钢筋截面积。

荷载条件	所需钢筋截面积（mm^2）
活载 10kN/m，恒载 10kN/m	816.93
活载 15kN/m，恒载 15kN/m	1199.96
活载 15kN/m，恒载 39kN/m	2390.79
活载 15kN/m，恒载 60kN/m	3195.66

（2）根据上述条件，尝试采用粒子群算法、模拟退火算法和近邻场算法求解建立的配筋优化数学模型。

2. 如图（b）所示，组成＋型节点的梁 A 和梁 B 都满足图（a）的截面要求且处于相同标高，其中 $w=200$mm，$h=350$mm，保护层 $c=15$mm，梁 A，B 的长度都等于1000mm。设在梁 B 底部有一根水平排布的钢筋（直径自定义），如图（a）中点所示。请根据上述条件，确定编码方式，建立目标方程，在满足保护层的要求下实现梁 A 底部钢筋（1 根，直径自定义）的无碰撞排布。

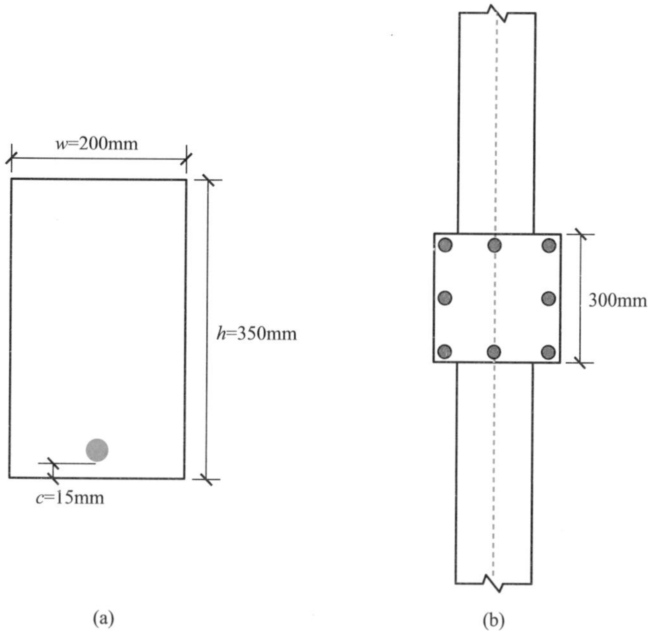

习题 2

答案及代码下载说明：http：//www. cqurcsse. com/leix. php? id=17

参考文献

［1］HOLLAND J. Adaptation in natural and artificial systems：an introductory analysis with applications to biology，control，and artificial intelligence［M］. London：MIT Press，1975.

［2］DE JONG K. An analysis of the behavior of a class of genetic adaptive systems［D］. University of Michigan，1975.

［3］GOLBERG D. Genetic algorithms in search，optimization，and machine learning［M］. Boston：Addison-Wesley Longman Publishing Co.，1989.

［4］王小平，曹立明．遗传算法——理论、应用与软件实现［M］. 西安：西安交通大学出版社，2002.

［5］KENNEDY J，EBERHART R. Particle swarm optimization［C］//Proceedings of ICNN’95-International Conference on Neural Networks，1995，4：1942-1948.

［6］EBERHART R，KENNEDY J. A new optimizer using particle swarm theory［C］// Proceedings of the Sixth International Symposium on Micro Machine and Human Science. IEEE，1995：39-43.

［7］刘建华．粒子群算法的基本理论及其改进研究［D］. 长沙：中南大学，2009.

［8］汪定伟．智能优化方法［M］. 北京：高等教育出版社，2007.

［9］SHI Y，EBERHART R. A modified particle swarm optimizer［C］//IEEE International Conference on Evolutionary Computation Proceedings，1998：69-73.

[10] SHI Y，EBERHART R. Parameter selection in particle swarm optimization [C] // International Conference on Evolutionary Programming. Springer，Berlin，Heidelberg，1998：591-600.

[11] BAO G，MAO K. Particle swarm optimization algorithm with asymmetric time varying acceleration coefficients [C] //2009 IEEE International Conference on Robotics and Biomimetics (ROBIO) . IEEE，2009：2134-2139.

[12] RATNAWEERA A，HALGAMUGE S，Watson H. Self-organizing hierarchical particle swarm optimizer with time-varying acceleration coefficients [J]. IEEE Transactions on Evolutionary Computation，2004，8 (3)：240-255.

[13] KENNEDY J. The particle swarm：social adaptation of knowledge [C] //Proceedings of 1997 IEEE International Conference on Evolutionary Computation (ICEC'97). IEEE，1997：303-308.

[14] KENNEDY J，EBERHART R. A discrete binary version of the particle swarm algorithm [C] //1997 IEEE International Conference on Systems，Man，and Cybernetics. Computational Cybernetics and Simulation. IEEE，1997，5：4104-4108.

[15] RASHEDI E，NEZAMABADI-POUR H，SARYAZDI S. BGSA：binary gravitational search algorithm [J]. Natural Computing，2010，9 (3)：727-745.

[16] MIRJALILI S，Lewis A. S-shaped versus V-shaped transfer functions for binary particle swarm optimization [J]. Swarm and Evolutionary Computation，2013，9：1-14.

[17] CHEN D，Zhao C. Particle swarm optimization with adaptive population size and its application [J]. Applied Soft Computing，2009，9 (1)：39-48.

[18] 张雯雾，王刚，朱朝晖，等. 粒子群优化算法种群规模的选择 [J]. 计算机系统应用，2010，19 (5)：125-128.

[19] TRELEA I. The particle swarm optimization algorithm：convergence analysis and parameter selection [J]. Information Processing Letters，2003，85 (6)：317-325.

[20] SHI Y，Eberhart R. Empirical study of particle swarm optimization [C] //Proceedings of the 1999 congress on evolutionary computation-CEC99 (Cat. No. 99TH8406). IEEE，1999，3：1945-1950.

[21] OZCAN E，Mohan C. Particle swarm optimization：surfing the waves [C] //Proceedings of the 1999 Congress on Evolutionary Computation-CEC99 (Cat. No. 99TH8406). IEEE，1999，3：1939-1944.

[22] KIRKPATRICK S，GELATT C，VECCHI M. Optimization by simulated annealing [J]. science，1983，220 (4598)：671-680.

[23] ČERNÝ V. Thermodynamical approach to the traveling salesman problem：An efficient simulation algorithm [J]. Journal of Optimization Theory & Applications，1985，45 (1)：41-51.

[24] SIMON D. Evolutionary optimization algorithms [M]. Hoboken：John Wiley &

Sons，2013.

[25] SZU H，HARTLEY R. Fast simulated annealing [J]. Physics letters A，1987，122 (3-4)：157-162.

[26] NOURANI Y，ANDRESEN B. A comparison of simulated annealing cooling strategies [J]. Journal of Physics A：Mathematical and General，1998，31 (41)：8373.

[27] WU Z，CHOW T. Neighborhood field for cooperative optimization [J]. Soft Computing，2013，17 (5)：819-834.

[28] WU Z，CHOW T. A local multiobjective optimization algorithm using neighborhood field [J]. Structural and Multidisciplinary Optimization，2012，46 (6)：853-870.

[29] LEE J，NAM Y，HONG S，et al. New potential functions with random force algorithms using potential field method [J]. Journal of Intelligent & Robotic Systems，2012，66 (3)：303-319.

[30] WU Z，CHOW T. Binary neighbourhood field optimisation for unit commitment problems [J]. IET Generation，Transmission & Distribution，2013，7 (3)：298-308.

第 6 章　聚类算法

聚类算法是按照数据的特征，将具有相似特征的数据划分到同一类别下的算法。划分的目的是使单个类中的数据之间互相相似，不同类中的数据互不相似。聚类是一种“无监督”的机器学习方法，所谓“无监督”是指它是在训练样本未标记（样本的所属类别未知）的情况下，自动地学习训练样本数据以揭示其内在性质和规律[1]。除了用于数据分类，聚类算法也常作为其他学习任务的预处理[2]。

6.1　聚类的基本思想

聚类是将数据集中的样本划分成若干个互不相交的子集，划分后的子集被称为“簇”或“类”。例如将结构构件按照功能属性划分为一些具体类别，如矩形截面梁、圆柱、楼梯、剪力墙等；这些类别概念是事先未知的，因此聚类过程是自动形成簇结构的过程。假定样本集合为 $\Omega=\{\boldsymbol{x}_1, \boldsymbol{x}_2, \cdots, \boldsymbol{x}_m\}$，其中每个样本 $\boldsymbol{x}_i=(x_{i1}, x_{i2}, \cdots, x_{in})$ 都是一个 n 维向量，聚类过程将样本集合 Ω 划分成 k 个簇 $\{C_l \mid l=1, 2, \cdots, k\}$，并且满足以下条件[1]：

$$C_{l_1} \cap C_{l_2}=\varnothing,(l_1 \neq l_2),\text{且}\ \Omega=\sum_{l=1}^{k} C_l \tag{6.1-1}$$

即任意两个划分完成后的簇之间的交集都是空集，最终每个样本只能属于一个簇。

聚类是采用量化指标衡量样本的相似程度并进行分类，相似程度在聚类算法中一般采用一些广义的距离；这些广义距离函数 $\mathrm{dist}(\boldsymbol{x}_i, \boldsymbol{x}_j)$ 需要满足一些性质[1]：

$$\text{非负性：}\mathrm{dist}(\boldsymbol{x}_i, \boldsymbol{x}_j) \geqslant 0 \tag{6.1-2}$$

$$\text{同一性：}\mathrm{dist}(\boldsymbol{x}_i, \boldsymbol{x}_j)=0\text{，当且仅当 }\boldsymbol{x}_i=\boldsymbol{x}_j \tag{6.1-3}$$

$$\text{对称性：}\mathrm{dist}(\boldsymbol{x}_i, \boldsymbol{x}_j)=\mathrm{dist}(\boldsymbol{x}_j, \boldsymbol{x}_i) \tag{6.1-4}$$

$$\text{直递性：}\mathrm{dist}(\boldsymbol{x}_i, \boldsymbol{x}_j) \leqslant \mathrm{dist}(\boldsymbol{x}_i, \boldsymbol{x}_k)+\mathrm{dist}(\boldsymbol{x}_k, \boldsymbol{x}_j) \tag{6.1-5}$$

广义距离函数的定义见第 2 章，它们都满足式（6.1-2）～式（6.1-5）的条件。实际上，广义距离就是数学中定义的范数，其中以欧氏距离（也就是 L_2 范数）最为常用。

6.2　k 均值聚类算法

6.2.1　基本原理

k 均值（k-means）算法，是一种根据样本到簇中心距离的大小决定样本所属类别的经典聚类算法，也是一种最简单的聚类算法。其计算步骤为：对于给定的样本集合 $\Omega=\{\boldsymbol{x}_1, \boldsymbol{x}_2, \cdots, \boldsymbol{x}_m\}$，首先设定 k 个簇中心，并逐个计算每个样本与 k 个簇中心之间的距离，然后将样本划分到距离其最近的簇中心所属的类中，从而将样本集划分为 k 个类。其中参数 k 一般由人工设定，k 通常远小于样本数量 m。

给定样本集合 $\Omega=\{\boldsymbol{x}_1, \boldsymbol{x}_2, \cdots, \boldsymbol{x}_m\}$，首先需要确定各个类的簇中心（均值向量）$\{\boldsymbol{c}_1, \boldsymbol{c}_2, \cdots, \boldsymbol{c}_k\}$，其中 $\boldsymbol{c}_i$ 是簇 S_i 的均值向量，其计算公式为[2]

$$\boldsymbol{c}_i=\frac{1}{|S_i|}\sum_{x\in S_i}\boldsymbol{x} \tag{6.2-1}$$

其中 $|S_i|$ 表示第 i 个类中的样本个数。然后计算每个样本 $\boldsymbol{x}_i=(x_{i1}, x_{i2}, \cdots, x_{in})$ 到各个簇中心 $\boldsymbol{c}_j=(c_{j1}, c_{j2}, \cdots, c_{jn})$ 的距离，以欧氏距离为例，计算公式如下

$$d_n(\boldsymbol{x}_i, \boldsymbol{c}_j)=\sqrt{\sum_{t=1}^{n}(x_{it}-c_{jt})^2} \tag{6.2-2}$$

根据计算的距离，将样本划分到距离它最近的簇中心所属类别中，得到簇划分 $S=\{S_1, S_2, \cdots, S_k\}$。评价 k 均值算法分类结果的优劣所采用的指标是平均误差 E，其计算公式为

$$E=\sum_{i=1}^{k}\sum_{x\in S_i}\|\boldsymbol{x}-\boldsymbol{c}_i\|_2^2 \tag{6.2-3}$$

其中 $\|\boldsymbol{x}-\boldsymbol{c}_i\|_2^2$ 表示样本 $\boldsymbol{x}$ 与均值向量 $\boldsymbol{c}_i$ 之差的 L_2 范数的平方。平均误差 E 衡量的是类中样本围绕簇中心的紧密程度，E 越小代表簇内样本的相似程度越高[3]。因此最小的平均误差 E 对应最佳分类方案。于是寻找最佳的分类方案就变成了求平均误差 E 的最小值。但最小化式（6.2-3）是组合优化问题，不易求得全局最优解。观察上述算法原理可发现，计算过程存在循环：簇中心通过簇内样本的数据进行计算，样本所属类别的判断又基于样本与簇中心的距离。因此我们可以想到，最小化平均误差 E 可采用迭代的方法求解。需要注意的是，迭代法求的是近似解，且只能保证收敛到局部最优解。

6.2.2 算法的流程

式（6.2-3）是不同向量组合的优化问题，属于一个 NP 难题（多项式复杂程度的非确定性问题，Non-deterministic Polynomial 问题），很难求得最优解，一般需要迭代求解[1]。k 均值算法就是采用一个迭代的方式优化该问题，算法具体流程如下：

（1）初始化

给定类的数量 k，随机从样本集中选择 k 个样本作为簇中心。

（2）划分阶段

逐个计算每个样本与 k 个簇中心的距离，将每个样本划分到距离其最近的簇中心所属类别中，形成 k 个类。

（3）更新阶段

重新计算每个类的簇中心，即计算每个类中所有样本的均值向量作为新的簇中心。

（4）迭代结束判断

当各个类的当前簇中心与上一次迭代的簇中心之间距离均小于设定的阈值时，则迭代终止，输出分类结果；否则重复步骤（2）到（4）。

算法流程的具体实施方法见算法 6.2-1。

k 均值算法流程[1] **算法 6.2-1**

输入：样本集合 $\Omega=\{\boldsymbol{x}_1,\boldsymbol{x}_2,\cdots,\boldsymbol{x}_m\}$
聚类簇数 k
设定阈值 ε

输出：簇划分：$S=\{S_1,S_2,\cdots,S_k\}$

从 Ω 中随机选择 k 个样本作为初始簇中心 $\mu=\{\boldsymbol{\mu}_1,\boldsymbol{\mu}_2,\cdots,\boldsymbol{\mu}_k\}$
Repeat
  初始化 $S_i=\varnothing(i=1,2,\cdots,k)$
  for $i=1,2,\cdots,m$ do：
    for $j=1,2,\cdots,k$ do：
      计算样本 $\boldsymbol{x}_i$ 与聚类中心的欧氏距离：$d_{ij}=\|\boldsymbol{x}_i-\boldsymbol{\mu}_j\|,(j=1,2,\cdots,k)$
      将与样本 $\boldsymbol{x}_i$ 距离最近的均值向量的簇类别标记为：$\lambda_j=\mathrm{argmin}_{j\in\{1,2,\cdots,k\}}dij$
      将样本 $\boldsymbol{x}_i$ 划入相应的簇类别：$S_{\lambda_j}=S_{\lambda_j}\cup\{\boldsymbol{x}_j\}$
    end for
  end for
  for $j=1,2,\cdots,k$ do：
    计算每个簇新的簇中心：$\boldsymbol{\mu}_i'=\frac{1}{|S_i|}\sum_{x\in S_i}x$；
    if $|\boldsymbol{\mu}_i-\boldsymbol{\mu}_i'|<\varepsilon$ then
      更新的簇中心为 $\boldsymbol{\mu}_i'$
    else
      保持当前的簇中心不变；
    end if
  end for
until 当前所有簇中心未更新

上面的算法流程中，初始簇中心是随机选取的 k 个样本。实际应用中，还可以将所有样本随机分配到 k 个类中，按照随机形成的类计算各个簇中心作为初始簇中心。

6.2.3 算法应用

1. 简单二维数据分类

图 6.2-1 为一个包含 25 个 2 维向量的样本集，通过 k 均值算法进行聚类，分为 2 类，计算框图见图 6.2-2，迭代过程见图 6.2-3。

2. 三维激光扫描点云数据分类

下面以图 6.2-4 中所示的钢构件点云数据说明 k 均值算法的聚类结果。点云数据包含被扫描对象的三维坐标等信息，可由三维激光扫描仪采集得到。图中的钢构件从左到右依次是箱型钢、槽钢、工字钢、角钢。其中需要说明的是，在对箱型钢构件进行数据采集时未扫描钢构件的底面，但仍可基于形状进行区分。

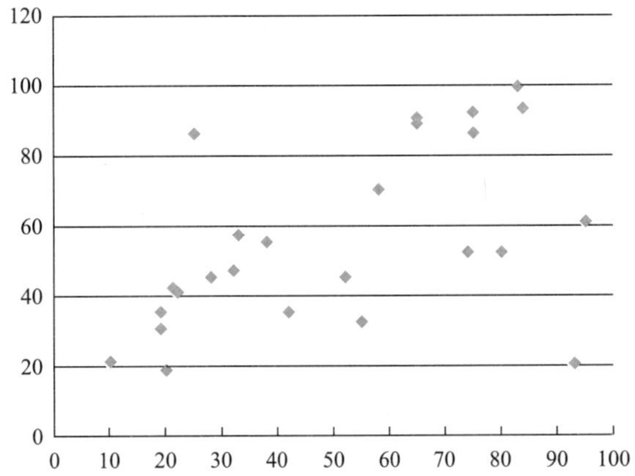

图 6.2-1　样本集分布坐标图

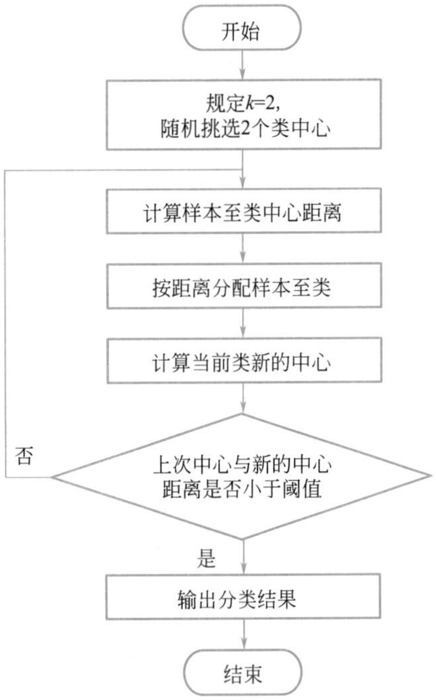

图 6.2-2　计算框图

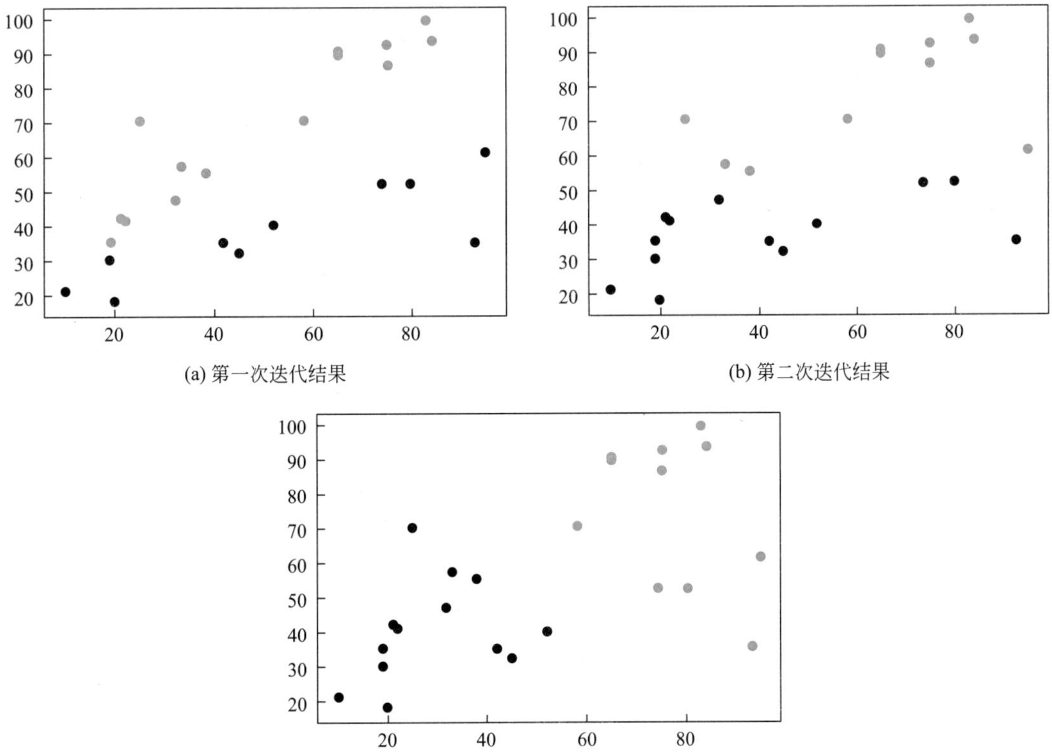

(a) 第一次迭代结果

(b) 第二次迭代结果

(c) 第三次迭代结果

图 6.2-3　k 均值聚类过程

对于图 6.2-4 中的四种类型钢构件点云数据，设定类的数量 $k=4$。将聚类得到的四个类别的点云数据分别以不同的颜色进行展示，结果如图 6.2-5 所示。由于 k 均值算法是基于样本与簇中心的距离进行分类的聚类算法，因此对非球状点云数据的聚类效果并不好。

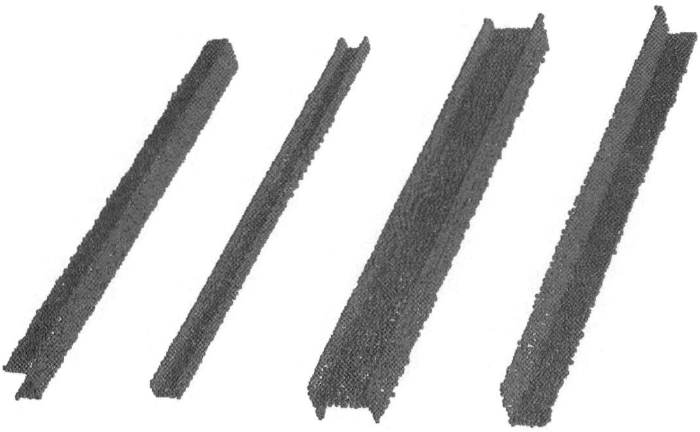

图 6.2-4 四种钢构件的扫描点云图像

扫码看彩图

图 6.2-5 基于 k 均值算法的钢构件点云分类结果

6.3 密度聚类算法

6.3.1 算法的思想

k 均值算法是基于样本与簇中心之间的距离进行分类的聚类算法，其聚类结果是球状的簇，因此对于图 6.3-1 所示的球状簇有较好的分类效果；而当数据集为图 6.3-2 所示的非球状结构的数据集时，k 均值算法不能达到理想的聚类效果[5]。本节介绍的算法是基于密度的聚类算法（density-based clustering），包括 DBSCAN（Density-Based Spatial Clustering of Applications with Noise）算法和均值漂移（Mean Shift）算法。密度聚类方法在聚类时考虑了样本的密度信息，不需预先指定类的数目，而且 DBSCAN 算法能够较好地

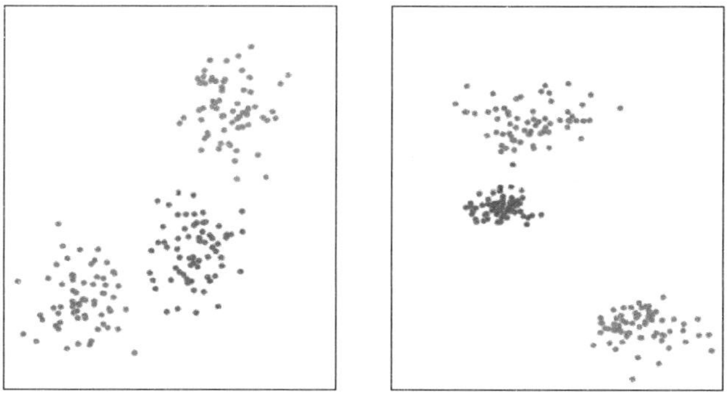

扫码看彩图

图 6.3-1　k 均值算法对球状结构数据的聚类结果[5]

扫码看彩图

图 6.3-2　k 均值算法对非球状数据的聚类结果[5]

处理非球状数据，有较强的通用性。

6.3.2　DBSCAN 算法

DBSCAN 算法根据样本的密度分布进行聚类，其核心思想是，样本点某一邻域内的邻居点数量定义了该样本的密度。它将簇定义为与密度相关联的点的集合，能够把具有足够高密度的区域划分为簇，并可在存在噪声的空间数据集中发现任意形状的数据[4]。DBSCAN 不仅能用于数据的聚类，而且还可用于过滤噪声。

DBSCAN 从样本密度的角度出发，考查样本之间的可连接性，并基于可连接样本不断扩展聚类簇[1]。算法从任意一个种子样本点开始，然后持续向样本点分布密集的区域搜索，直至达到目标。算法需人工设定邻域半径 ε 和定义核心点的样本数量阈值 $MinPts$（MinPoints），以刻画样本分布的紧密程度。给定数据集 $D=\{\boldsymbol{x}_1, \boldsymbol{x}_2, \cdots, \boldsymbol{x}_m\}$，在具体介绍 DBSCAN 算法前，我们需要先定义以下几个概念[1]：

• ε 邻域：表示在数据集 D 中与样本点 $\boldsymbol{x}_i$ 距离不超过 ε 的样本，即 $N_\varepsilon(\boldsymbol{x}_i)=\{\boldsymbol{x}_j \in D \mid \mathrm{dist}(\boldsymbol{x}_i, \boldsymbol{x}_j) \leqslant \varepsilon\}$，见图 6.3-3；

• 样本密度 $\rho(\boldsymbol{x}_i)$：定义为样本点 ε 邻域的样本数，即 $\rho(\boldsymbol{x}_i)=|N_\varepsilon(\boldsymbol{x}_i)|$；

• 核心对象（Core Points）：定义为数据集中密度大于指定阈值 $MinPts$ 的样本点，若样本 $\boldsymbol{x}_i$ 邻域内至少包含了 $MinPts$ 个样本，即 $|N_\varepsilon(\boldsymbol{x}_i)| \geqslant MinPts$，那么 $\boldsymbol{x}_i$ 是一个核心对象，见图 6.3-4；

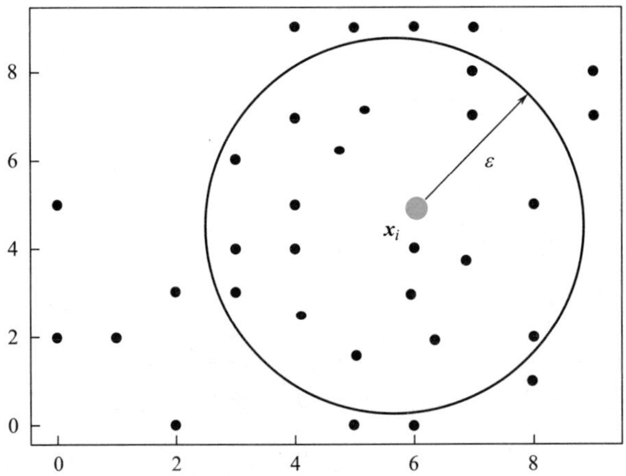

图 6.3-3　x_i 的 ε 邻域

- 边界点（Border Points）：若样本点 $\boldsymbol{x}_i$ 的 ε 邻域内包含的样本点数小于 *MinPts*，但它在某一核心点的邻域内，则称样本点 $\boldsymbol{x}_i$ 为边界点。边界点是密集区域的边界，见图 6.3-4；

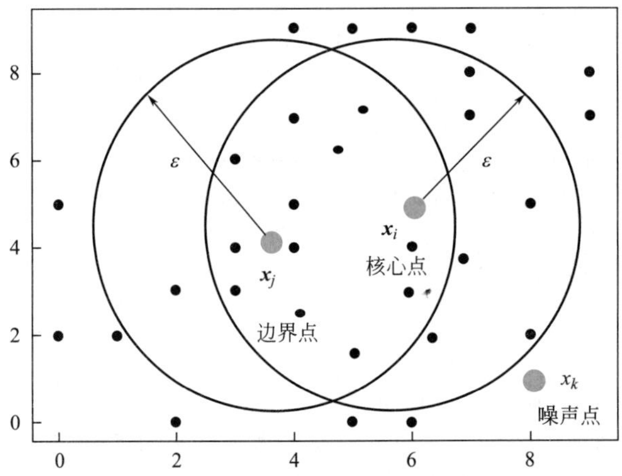

图 6.3-4　核心点、边界点及噪声点示意图

- 噪声点（Noise）：定义为既不是核心点也不是边界点的样本点，噪声点是样本稀疏的区域，见图 6.3-4；
- 密度直达（directly density-reachable）：如图 6.3-5 所示，若样本点 $\boldsymbol{x}_j$ 在核心对象 $\boldsymbol{x}_i$ 的 ε 邻域内，则称 $\boldsymbol{x}_j$ 由 $\boldsymbol{x}_i$ 直接密度可达，即密度直达；
- 密度可达（density-reachable）：对样本集合中的样本点 $\boldsymbol{x}_j$ 和 $\boldsymbol{x}_i$，若样本集合中存在一组样本序列 $\boldsymbol{x}_1$，$\boldsymbol{x}_2$，…，$\boldsymbol{x}_n$，其中 $\boldsymbol{x}_i=\boldsymbol{x}_1$，$\boldsymbol{x}_j=x_n$ 且 $\boldsymbol{x}_m$ 与 $\boldsymbol{x}_{m+1}$（$m=1$，2，…，$n-1$）密度直达，则称 $\boldsymbol{x}_j$ 由 $\boldsymbol{x}_i$ 密度可达。密度可达是密度直达的推广。以图 6.3-5 为例，样本点 $\boldsymbol{x}_j$ 和 $\boldsymbol{x}_k$ 均在核心点 $\boldsymbol{x}_i$ 的 ε 邻域内，那么样本点 $\boldsymbol{x}_j$ 和 $\boldsymbol{x}_k$ 均由核心点 $\boldsymbol{x}_i$ 密度直达，样本点 $\boldsymbol{x}_j$ 由 $\boldsymbol{x}_k$ 密度可达；
- 密度相连（density-connected）：对样本集合中的样本点 $\boldsymbol{x}_j$ 和 $\boldsymbol{x}_i$，如果 $\boldsymbol{x}_j$ 和 $\boldsymbol{x}_i$ 都从 $\boldsymbol{x}_k$ 密度可达，则称它们是密度相连的，密度相连具有对称性。

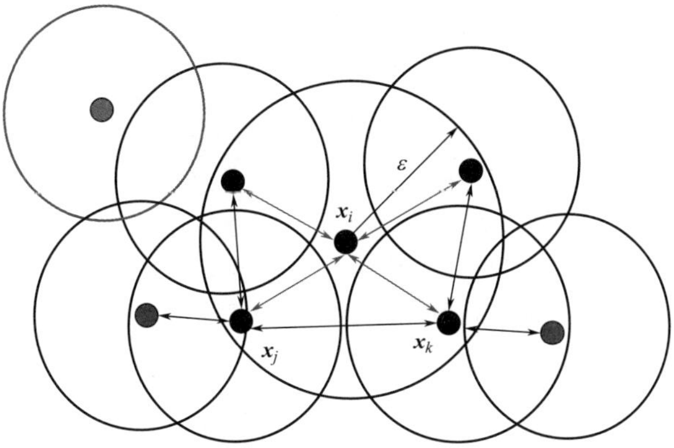

图 6.3-5　密度直达与密度可达

DBSCAN 算法从某一核心点出发，不断向密度可达的区域扩张，寻找被低密度区域分离的高密度区域，将高密度区域定义为一个簇。基于上述概念，DBSCAN 将聚类簇定义为：由密度可达关系导出的最大密度连接样本的集合。具体而言，给定邻域参数（ε，$MinPts$），形成的聚类簇 C 需要满足以下性质[1]：

- 连接性：任意两个样本点 $\boldsymbol{x}_i$ 和 $\boldsymbol{x}_j$，$\boldsymbol{x}_i \in C$，$\boldsymbol{x}_j \in C \Rightarrow \boldsymbol{x}_i$ 与 $\boldsymbol{x}_j$ 密度相连；
- 最大性：任意两个样本点 $\boldsymbol{x}_i$ 和 $\boldsymbol{x}_j$，$\boldsymbol{x}_i \in C$，$\boldsymbol{x}_j$ 由 $\boldsymbol{x}_i$ 密度可达$\Rightarrow \boldsymbol{x}_j \in C$。

根据以上性质，可以构造出 DBSCAN 算法的步骤。具体做法是从一个核心对象出发，不断向密度可达的区域扩张，找到包含核心点和边界点的最大区域。假设 $\boldsymbol{x}$ 为核心对象，那么由 $\boldsymbol{x}$ 密度可达的所有样本组成的集合记为 $X=\{\boldsymbol{x}' \in D \mid \boldsymbol{x}'$由 $\boldsymbol{x}$ 密度可达$\}$，则集合 X 是满足最大性和连接性的簇[1]。

假设有样本集合 $D=\{\boldsymbol{x}_1, \boldsymbol{x}_2, \cdots, \boldsymbol{x}_m\}$，DBSCAN 算法将这些样本划分成 k 个簇和噪声点的集合，k 是由算法确定。算法从样本集合中任选一个核心对象，由此出发确定相应的聚类簇。对于每一个样本点而言，要么它是聚类簇中的一个元素，要么它是噪声点。定义变量 m_i 为样本 $\boldsymbol{x}_i$ 所属的类别，如果它属于第 j 个簇，即有 $m_i=j$。否则其为噪声点，即有 $m_i=-1$。m_i 即为聚类算法的返回结果。变量 k 表示当前的簇号，每发现一个新的簇，k 值加 1。算法流程如算法 6.3-1 所示。

DBSCAN 算法流程　　　　**算法 6.3-1**

输入：	样本集合 $D=\{\boldsymbol{x}_1, \boldsymbol{x}_2, \cdots, \boldsymbol{x}_m\}$ 邻域参数$(\varepsilon, MinPts)$
输出：	簇划分 $C=\{C_1, C_2, \cdots, C_k\}$

```
初始化核心集合 Ω=∅
for i=1,2,3,…,m:
    for j=1,2,…,m(j≠i):
    初始化 x_i 的 ε−邻域 N_ε(x_i)=∅
    if dist(x_i,x_j)≤ε then
        将样本加入 ε−邻域中 N_ε(x_i)=N_ε(x_i)∪{x_j}
```

7:	end if
8:	if $|N_\varepsilon(\boldsymbol{x}_i)| \geqslant MinPts$ then
9:	将样本对象加入核心对象集合中 $\Omega = \Omega \bigcup \{\boldsymbol{x}_i\}$
10:	end if
11:	end for
12:	While $D \neq \varnothing$ do
13:	初始化当前簇类别 $k=1$ 和样本所属类别 $m_i = 0 (i=1,2,\cdots,m)$;
14:	for $i=1,2,\cdots,m$:
15:	$D = D \backslash \{\boldsymbol{x}_i\}$
16:	if $\boldsymbol{x}_i \notin \Omega$ then
17:	暂时标记为噪声点: $m_i = -1$
18:	else if $\boldsymbol{x}_i \in \Omega$ then
19:	将当前簇编号赋予该样本: $m_i = k$
20:	初始化集合 $T = N_\varepsilon(\boldsymbol{x}_i)$
21:	while $T \neq \varnothing$ do
22:	随机选取一个样本 $j \in T$,并从该集合中删除: $T = T \backslash \{j\}$
23:	if 样本 j 的所属类别 $m_j = 0$ 或 $m_j = -1$ then
24:	令 $m_i = k$
25:	else if $m_j = k$ then
26:	将 j 的邻域集合加入集合 T 中: $T = T \bigcup N_\varepsilon(j)$
27:	end if
28:	end while
29:	end if
30:	$k = k+1$
31:	end for
32:	end while

算法的核心步骤是先找出所有核心对象的集合，再从任一核心对象出发，找到密度可达的所有样本点生成一个聚类簇，直到所有核心对象访问完毕为止。

DBSCAN 算法无须指定聚类簇的数量，可以发现任意形状的簇，并且可以剔除噪声，其缺点是当数据维数过高时，将面临维数灾难的问题[5]。此外，算法的实现过程中还需要解决两个关键问题：1）如何快速找到一个点的所有邻域点的集合；2）参数 ε 和 $MinPts$ 如何确定。ε 的取值对聚类结果影响很大，$MinPts$ 值的选择有一个指导性的原则，如果样本向量是 n 维的，那么 $MinPts$ 的值至少为 $n+1$[3]。

6.3.3 均值漂移算法

均值漂移算法的核心思想是，根据数据的概率密度不断将其均值向量向密度较大的方向移动，直到均值向量不再变化。因此，均值漂移算法也可视作一种寻找概率密度函数极值点的算法。

在 k 均值算法中，需要人为指定聚类个数，且最终的聚类结果会受到初始中心的影响。与 k 均值算法一样，均值漂移算法也是基于簇中心的算法，但均值漂移无需事先指定类的个数，其最终的簇中心是通过给定搜索球区域内的样本均值确定的。除此之外，均值漂移算法提出了两点改进：一是定义了核函数，二是增加了权重系数。用核函数来定义样本点对漂移点的权重，当搜索半径确定，样本点之间距离越近，核函数值越大，从而保证球心漂移的方向为数据密度大的方向，这样可降低噪声点对结果的干扰。权重系数的加入使得不同样本的权重不同，从而避免聚类时只考虑距离度量属性而忽视密度度量属性的问题。

（1）均值漂移向量的基本形式

给定 n 维空间 R^n 的包含 m 个数据点的集合 $X=\{\boldsymbol{x}_1, \boldsymbol{x}_2, \cdots, \boldsymbol{x}_m\}$，那么对于空间中的任意样本点 $\boldsymbol{x}$ 的均值漂移向量基本形式可以表示为[4]

$$\boldsymbol{m}_h=\frac{1}{k}\sum_{\boldsymbol{x}_i\in S_h}(\boldsymbol{x}_i-\boldsymbol{x}) \tag{6.3-1}$$

其中 S_h 表示一个半径为 h 的球区域

$$S_h=\{\boldsymbol{x}_i \mid \|\boldsymbol{x}_i-\boldsymbol{x}\|_2^2\leqslant h^2\} \tag{6.3-2}$$

所谓的漂移就是通过计算球区域 S_h 中每一个样本点相对于 $\boldsymbol{x}$ 的偏移量 $\boldsymbol{x}_i-\boldsymbol{x}$，并求解所有的偏移量的平均值得到均值漂移向量 $\boldsymbol{m}_h$。然后基于 $\boldsymbol{m}_h$ 更新球心 $\boldsymbol{x}$ 的位置：

$$\boldsymbol{x}=\boldsymbol{x}+\boldsymbol{m}_h \tag{6.3-3}$$

式（6.3-1）存在的一个问题是，在求解球区域 S_h 中的均值向量 $\boldsymbol{m}_h$ 时，每一个样本点 $\boldsymbol{x}_i$ 对于样本 $\boldsymbol{x}$ 的贡献权重是一样的，需要引入核函数来重新定义样本点对样本的贡献权重。

（2）核函数

核函数的引入可以重新定义样本点对漂移向量的权重。核函数的定义如下[6]：

设 $\aleph$ 是特征空间（希尔伯特空间），对于输入空间 H（欧式空间 R^n 的子集或者离散集合），如果存在一个映射：

$$\Phi(x): \mathrm{H}\rightarrow\aleph \tag{6.3-4}$$

使得所有的 $\boldsymbol{x}_1$，$\boldsymbol{x}_2\in H$，都存在函数

$$K(x_1, x_2)=\Phi(x_1)\cdot\Phi(x_2) \tag{6.3-5}$$

则称 $K(x_1, x_2)$ 为核函数，$\Phi(x)$ 是映射函数，$\Phi(x_1)\cdot\Phi(x_2)$ 是 $\Phi(x_1)$ 和 $\Phi(x_2)$ 的内积。注意核函数都应该满足

$$\forall x\in X,\ K(x)\geqslant 0,\ \int_X K(x)\mathrm{d}x=1 \tag{6.3-6}$$

（3）核密度估计

在聚类任务中，均值漂移算法通过寻找样本分布最密集的位置，不断地将簇中心进行漂移，并根据样本与簇中心之间的距离聚类。但在实际应用中往往不能获得概率密度函数的具体形式，对于一组采样得到的离散样本数据，可以采用核密度估计来估计样本分布的概率密度函数。

首先假设有 n 个样本点 $\boldsymbol{x}_i(i=1, \cdots, n)$，由核函数 K 与半径 h 定义的核密度估计函数为[4]：

$$p(\boldsymbol{x})=\frac{1}{nh^d}\sum_{i=1}^{n}K\left(\frac{\boldsymbol{x}-\boldsymbol{x}_i}{h}\right) \tag{6.3-7}$$

其中，d 为向量的维数。当搜索球半径 h 一定时，样本点之间距离越近，核函数值越大。当样本点之间的距离相同时，随着高斯函数的搜索球半径 h 增大，核函数的值减小。

均值漂移算法常用的核函数为高斯核：

$$K\left(\frac{\boldsymbol{x}_1-\boldsymbol{x}_2}{h}\right)=\frac{1}{\sqrt{2\pi}h}\exp\left(-\frac{(\boldsymbol{x}_1-\boldsymbol{x}_2)^2}{2h^2}\right) \tag{6.3-8}$$

其形式与正态分布的概率密度函数相同。如果使用径向对称核，核函数可以写成剖面函数的形式

$$K\left(\frac{\boldsymbol{x}-\boldsymbol{x}_i}{h}\right)=ck\left(\left\|\frac{\boldsymbol{x}-\boldsymbol{x}_i}{h}\right\|^2\right) \tag{6.3-9}$$

其中，c 为常数；k 为剖面函数，它保证当 $\boldsymbol{x}_i$ 远离中心点 $\boldsymbol{x}$ 时函数值单调递减。

（4）引入核函数的均值漂移向量

在均值漂移算法中实际使用概率密度函数寻找局部最优解。在均值漂移过程中，要保证中心点不断向密度大的样本点区域移动，需要寻找概率密度函数的极大值点，这等价于寻找核密度函数的极大值点，可以采用梯度上升法。与梯度下降法相反，梯度上升法每次沿着梯度方向向上迭代。

梯度上升法求解过程如下。将式（6.3-7）改写为

$$p(\boldsymbol{x})=\frac{1}{nh^d}\sum_{i=1}^{n}ck\left(\left\|\frac{\boldsymbol{x}-\boldsymbol{x}_i}{h}\right\|^2\right) \tag{6.3-10}$$

对上式求导有

$$\nabla p(\boldsymbol{x})=\frac{2c}{nh^{d+2}}\sum_{i=1}^{n}(\boldsymbol{x}-\boldsymbol{x}_i)k'\left(\left\|\frac{\boldsymbol{x}_i-\boldsymbol{x}}{h}\right\|^2\right) \tag{6.3-11}$$

令 $g(\boldsymbol{x})=-k'(\boldsymbol{x})$，则有：

$$\begin{aligned}
\nabla p(\boldsymbol{x})&=\frac{2c}{nh^{d+2}}\sum_{i=1}^{n}g\left(\left\|\frac{\boldsymbol{x}-\boldsymbol{x}_i}{h}\right\|^2\right)(\boldsymbol{x}_i-\boldsymbol{x})\\
&=\frac{2c}{nh^{d+2}}\sum_{i=1}^{n}\left(g\left(\left\|\frac{\boldsymbol{x}-\boldsymbol{x}_i}{h}\right\|^2\right)\boldsymbol{x}_i\right)-\frac{2c}{nh^{d+2}}\sum_{i=1}^{n}\left(g\left(\left\|\frac{\boldsymbol{x}-\boldsymbol{x}_i}{h}\right\|^2\right)\boldsymbol{x}\right)\\
&=\frac{2c}{nh^{d+2}}\left(\sum_{i=1}^{n}\left(g\left(\left\|\frac{\boldsymbol{x}-\boldsymbol{x}_i}{h}\right\|^2\right)\frac{\sum_{j=1}^{n}g\left(\left\|\frac{\boldsymbol{x}-\boldsymbol{x}_j}{h}\right\|^2\right)}{\sum_{j=1}^{n}g\left(\left\|\frac{\boldsymbol{x}-\boldsymbol{x}_j}{h}\right\|^2\right)}\boldsymbol{x}_i\right)-\left(\sum_{i=1}^{n}g\left(\left\|\frac{\boldsymbol{x}-\boldsymbol{x}_i}{h}\right\|^2\right)\right)\boldsymbol{x}\right)\\
&=\frac{2c}{nh^{d+2}}\left(\left(\sum_{i=1}^{n}g\left(\left\|\frac{\boldsymbol{x}-\boldsymbol{x}_i}{h}\right\|^2\right)\right)\frac{\sum_{j=1}^{n}g\left(\left\|\frac{\boldsymbol{x}-\boldsymbol{x}_j}{h}\right\|^2\right)}{\sum_{j=1}^{n}g\left(\left\|\frac{\boldsymbol{x}-\boldsymbol{x}_j}{h}\right\|^2\right)}\boldsymbol{x}_i-\left(\sum_{i=1}^{n}g\left(\left\|\frac{\boldsymbol{x}-\boldsymbol{x}_i}{h}\right\|^2\right)\right)\boldsymbol{x}\right)\\
&=\frac{2c}{nh^{d+2}}\left[\sum_{i=1}^{n}g\left(\left\|\frac{\boldsymbol{x}-\boldsymbol{x}_i}{h}\right\|^2\right)\right]\left[\frac{\sum_{j=1}^{n}\boldsymbol{x}_i g\left(\left\|\frac{\boldsymbol{x}-\boldsymbol{x}_j}{h}\right\|^2\right)}{\sum_{j=1}^{n}g\left(\left\|\frac{\boldsymbol{x}-\boldsymbol{x}_j}{h}\right\|^2\right)}-\boldsymbol{x}\right]
\end{aligned} \tag{6.3-12}$$

在这里 $\frac{2c}{nh^{d+2}}\left[\sum_{i=1}^{n} g\left(\left\|\frac{\boldsymbol{x}-\boldsymbol{x}_i}{h}\right\|^2\right)\right]$ 是一个标量。由此第二项则为梯度上升法的梯度方向，称其为均值漂移向量

$$\boldsymbol{m}_h=\frac{\sum_{i=1}^{n} G(\boldsymbol{x}-\boldsymbol{x}_i)\boldsymbol{x}_i}{\sum_{i=1}^{n} G(\boldsymbol{x}-\boldsymbol{x}_i)}-\boldsymbol{x} \tag{6.3-13}$$

其中，$g(\boldsymbol{x})=-k'(\boldsymbol{x})$，$G(\boldsymbol{x})=g(\|\boldsymbol{x}\|^2)$。均值漂移向量与概率密度函数 $K(\boldsymbol{x})$ 的梯度成正比，因此均值漂移向量总是指向样本的概率密度增加的方向。根据梯度方向 $\boldsymbol{m}_t=\boldsymbol{m}_h$ 计算出下一次迭代的值：

$$\boldsymbol{x}_{t+1}=\boldsymbol{x}_t+\boldsymbol{m}_t \tag{6.3-14}$$

其中，t 为迭代次数，算法最终会收敛到局部极大值点处。均值漂移算法的伪代码见算法 6.3-2。

均值漂移算法流程　　**算法 6.3-2**

输入：
样本集合 $X=\{\boldsymbol{x}_1,\boldsymbol{x}_2,\cdots,\boldsymbol{x}_m\}$
精度 ε
球区域的半径 h

输出：
簇划分：$S=\{S_1,S_2,\cdots,S_k\}$

设定类别 $k=1$，$|\boldsymbol{m}_h|=1$
Repeat
从 X 中随机选择一个样本作为起始中心点 $\boldsymbol{x}$
$X=X\backslash\{\boldsymbol{x}\}$
初始化被访问次数 $\lambda_i=0(i=1,2,\cdots,m)$
While $\boldsymbol{m}_h\geqslant\varepsilon$ then：
　for $i=1,2,\cdots,m$ do：
　　计算样本 $\boldsymbol{x}_i$ 与起始中心点 $\boldsymbol{x}$ 的欧氏距离：$d_i=\|\boldsymbol{x}_i-\boldsymbol{x}\|$，$(i=1,2,\cdots,m)$
　　if $d_i\leqslant h$ then：
　　　初始化球区域集合 $M=\varnothing$，初始化访问次数 $\lambda_i=0$
　　　将样本 x_i 划入相应的球区域集合中：$M=M\cup\{\boldsymbol{x}_i\}$
　　　将被访问的样本从样本集合中删除：$X=X\backslash\{\boldsymbol{x}_i\}$
　　　更新样本的被访问次数 $\lambda_i=\lambda_i+1$
　　end if
　end for
　计算中心点 $\boldsymbol{x}$ 的漂移均值：$\boldsymbol{m}_h=\frac{\sum_{i=1}^{n} G(\boldsymbol{x}-\boldsymbol{x}_i)\boldsymbol{x}_i}{\sum_{i=1}^{n} G(\boldsymbol{x}-\boldsymbol{x}_i)}-\boldsymbol{x}$（其中 n 是集合 M 中的样本个数）
　$\boldsymbol{x}=\boldsymbol{x}+\boldsymbol{m}_h$
end while
记录类别中心 $\boldsymbol{x}_k=\boldsymbol{x}$，记录类别簇中样本访问次数 $\lambda_k=(\lambda_1,\lambda_2,\cdots,\lambda_d)$（此聚类簇中访问了 d 个样本点）
　$k=k+1$
until 所有样本点都被访问
计算每个样本点所属类别，初始化 $S_j=\varnothing(j=1,2,\cdots,k)$

续表

for $i=1,2,\cdots,m$ do:
计算样本被访问最多的次数的类别：$j=\underset{j}{\text{argmax}}(\lambda_{ji})$
记录样本点所属类别 $l_i=j$
把样本点归纳到所属簇类别中 $S_j=S_j\cup\{\boldsymbol{x}_i\}$
end for

6.3.4 算法应用

1. DBSCAN 算法应用

以 6.2 节中的钢构件点云数据为例，邻域 (ε，$MinPts$)=(0.5，5)，将聚类划分得到的四个类的点云数据分别以不同的颜色进行展示，得到钢构件的聚类结果见图 6.3-6。与 k 均值算法相比，采用 DBSCAN 算法可得到更好的聚类效果。

扫码看彩图

图 6.3-6 基于 DBSCAN 算法的钢构件点云分类结果

2. 均值漂移算法应用

同样以 6.2 节的钢构件点云数据为例，输入样本集合 $\Omega=\{\boldsymbol{x}_1，\boldsymbol{x}_2，\cdots，\boldsymbol{x}_m\}$、精度 ε 及球区域的半径 h。当搜索半径 $h=0.5$ 时，钢构件点云数据被分为两类，结果如图 6.3-7 所示。当搜索半径 $h=0.25$ 时，钢构件点云被分为六类，结果如图 6.3-8 所示。均值漂移算法会将同一钢构件点云分割开，说明均值漂移算法在处理非球状数据时结果不太理想。

6.4 高斯混合聚类

高斯混合聚类是一种基于概率模型的聚类方法。假设样本集的分布符合一些规律，即属于不同类的样本数据符合不同的高斯分布。聚类的目的是找出具有相同分布的样本，并将其归到同一类中。

下面以一个二维数据的示例简单说明。图 6.4-1 为两组数据，深色数据的分布符合均值向量为 $\boldsymbol{\mu}_1$、协方差矩阵为 $\boldsymbol{\Sigma}_1$ 的二元高斯分布，浅色数据的分布符合均值向量为 $\boldsymbol{\mu}_2$、协

图 6.3-7　基于均值漂移算法的钢构件点云分类结果（搜索半径 $h=0.5$）

图 6.3-8　基于均值漂移算法的钢构件点云分类结果（搜索半径 $h=0.25$）

方差矩阵为 $\boldsymbol{\Sigma}_2$ 的二元高斯分布，其概率密度函数为

$$p_i(x)=\frac{1}{2\pi|\boldsymbol{\Sigma}_i|^{1/2}}\mathrm{e}^{-\frac{1}{2}(\boldsymbol{x}-\boldsymbol{\mu}_i)^{\mathrm{T}}\boldsymbol{\Sigma}_i^{-1}(\boldsymbol{x}-\boldsymbol{\mu}_i)},\ i=\{1,\ 2\} \tag{6.4-1}$$

此处数据的维度为 2，所以变量 $\boldsymbol{x}$ 和均值向量均为二维向量，协方差矩阵为 2×2 的矩阵，$|\boldsymbol{\Sigma}|$ 为协方差矩阵的行列式，$\boldsymbol{\Sigma}^{-1}$ 是 $\boldsymbol{\Sigma}$ 的逆矩阵，$(\boldsymbol{x}-\boldsymbol{\mu})^{\mathrm{T}}$ 为变量 $\boldsymbol{x}$ 与均值向量的差值向量的转置。假设在所有数据中，深色数据所占比例为 α_1，浅色数据所占比例为 α_2，显然 $\alpha_1+\alpha_2=1$，则可定义由这两组数据组成的高斯混合分布为

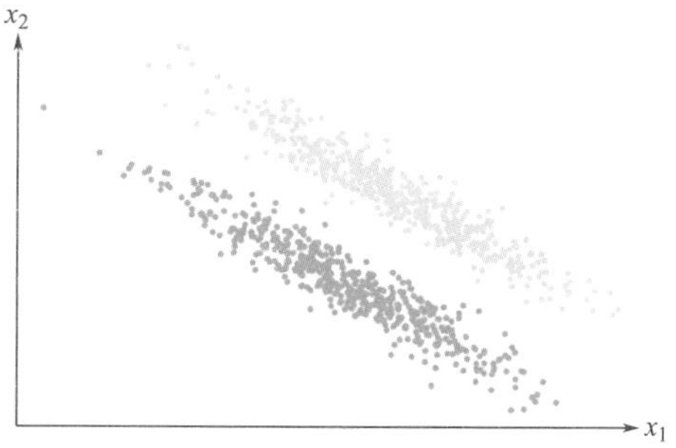

图 6.4-1　二维数据示例图

$$p_m(\boldsymbol{x})=\alpha_1 p_1(\boldsymbol{x})+\alpha_2 p_2(\boldsymbol{x})=\sum_{i=1}^{2}\alpha_i p_i(\boldsymbol{x}) \tag{6.4-2}$$

式（6.4-2）实际上是全概率公式，表达的含义是从所有数据中随机抽取一个样本的概率等于从第一类中抽到该样本的概率 $\alpha_1 p_1(\boldsymbol{x})$ 与从第二类中抽到该样本的概率 $\alpha_2 p_2(\boldsymbol{x})$ 之和。

如果我们已经从所有样本中抽出了一个样本 $\boldsymbol{x}_i$，那么该如何判断这个样本属于哪一类？根据贝叶斯定理，$\boldsymbol{x}_i$ 属于第 j 类（$j=1$，2）的概率为

$$p_m(z_i=j\mid\boldsymbol{x}_i)=\frac{\alpha_j p_j(\boldsymbol{x}_i)}{\sum_{l=1}^{2}\alpha_l p_l(\boldsymbol{x}_i)}=\gamma_{ji} \tag{6.4-3}$$

其中 z_i 为 $\boldsymbol{x}_i$ 的类别标签，γ_{ji} 表示 $\boldsymbol{x}_i$ 属于第 j 类的可能性。根据极大似然法，如果一件事情已经发生，那么就可以假设这个事情发生的概率本来就很大，所以抽出来的这个样本很有可能来自占比 α 较大的那类数据，且很可能位于数据的平均值附近[7]；具体属于哪一类则需要根据式（6.4-3），把抽中样本 $\boldsymbol{x}_i$ 分别代入两类数据的概率密度函数中，哪一类的计算结果大，则推测样本 $\boldsymbol{x}_i$ 来自哪一类。

上述推测样本所属类别的方法的前提条件是每类数据的占比 α 、均值向量 $\boldsymbol{\mu}$ 和协方差矩阵 $\boldsymbol{\Sigma}$ 已知，但在实际情况中，我们的已知条件只有所有的样本数据。所以如果要用上述方法求解样本的类别，我们需要先推测出 α，$\boldsymbol{\mu}$，$\boldsymbol{\Sigma}$ 的取值；换言之，我们需要根据样本数据推测出样本的分布规律[7]。我们将所有的样本看成是从自然存在的样本中随机抽样的结果，根据极大似然法，能够抽中这些样本，说明最终得到这些样本的概率最大。因此，可以利用式（6.4-2）计算抽中每个样本的概率，并将所有样本的抽中概率相乘

$$\prod_{j=1}^{N}p_m(\boldsymbol{x}_j) \tag{6.4-4}$$

其中 N 为样本数量。当式（6.4-4）取得最大值时，即可得到样本的分布规律。将每个样本的数据分别带入 k 个分布后，基于式（6.4-3）计算出属于该类的概率，并将样本归入到概率最大的那一类中。

所以，在使用高斯混合聚类将样本集分类时，已知条件是所有 n 维样本的数据和类的数目 k，完成聚类需要先根据极大似然法推测出样本的分布规律，即求 α、$\boldsymbol{\mu}$ 和 $\boldsymbol{\Sigma}$；然后基于得到的分布规律，利用贝叶斯公式计算出每个样本属于各个类别的概率，将样本归入到概率最大的那一类中。

6.4.1 高斯混合分布

将二维空间扩展到 n 维空间，若 n 维随机向量 $\boldsymbol{x}$ 服从多元高斯分布，其概率密度函数为

$$p(x)=\frac{1}{(2\pi)^{\frac{n}{2}}\ |\boldsymbol{\Sigma}|^{\frac{1}{2}}}\mathrm{e}^{-\frac{1}{2}(\boldsymbol{x}-\boldsymbol{\mu})^{\mathrm{T}}\boldsymbol{\Sigma}^{-1}(\boldsymbol{x}-\boldsymbol{\mu})} \tag{6.4-5}$$

其中 $\boldsymbol{\mu}$ 是 n 维均值向量，$\boldsymbol{\Sigma}$ 是 $n\times n$ 的协方差矩阵，$|\boldsymbol{\Sigma}|$ 为矩阵 $\boldsymbol{\Sigma}$ 的行列式，$\boldsymbol{\Sigma}^{-1}$ 是矩阵 $\boldsymbol{\Sigma}$ 的逆矩阵。定义一组 n 维样本的高斯混合分布为：

$$p_m(\boldsymbol{x})=\sum_{i=1}^{k}\alpha_i\cdot p(\boldsymbol{x}\mid\boldsymbol{\mu}_i,\ \boldsymbol{\Sigma}_i) \tag{6.4-6}$$

其中 k 为预期得到的类的数目，α_i 为每一类的混合系数，$\alpha_i>0$ 且 $\sum_{i=1}^{k}\alpha_i=1$。根据贝叶斯公式，样本 $\boldsymbol{x}_i$ 属于第 j 类（$j=1, 2, \cdots, k$）的概率为

$$p_m(z_i=j\mid\boldsymbol{x}_i)=\frac{\alpha_j p_j(\boldsymbol{x}_i)}{\sum_{l=1}^{k}\alpha_l p_l(\boldsymbol{x}_i)}=\gamma_{ji} \tag{6.4-7}$$

已知所有样本的数据，推测 k 个类的 α、$\boldsymbol{\mu}$ 和 $\boldsymbol{\Sigma}$ 需要最大化所有样本的极大似然函数，即式（6.4-4）。计算中需要先将极大似然函数取对数，即最大化（对数）似然：

$$\begin{aligned}LL(D)&=\ln(\prod_{j=1}^{m}p_m(\boldsymbol{x}_j))\\&=\prod_{j=1}^{m}\ln(\sum_{i=1}^{k}\alpha_i\cdot p(\boldsymbol{x}_j\mid\boldsymbol{\mu}_i,\boldsymbol{\Sigma}_i))\end{aligned} \tag{6.4-8}$$

6.4.2　EM 算法的流程

公式（6.4-8）的求解可采用 EM（Expectation-Maximization）算法。若参数 $\{(\boldsymbol{\alpha}_i, \boldsymbol{\mu}_i, \boldsymbol{\Sigma}_i)\mid 1\leqslant i\leqslant k\}$ 能使式（6.4-8）最大化，则由 $\partial LL(D)/\partial\boldsymbol{\mu}_i=0$ 有

$$\sum_{j=1}^{k}\frac{\alpha_i\cdot p(\boldsymbol{x}_j\mid\boldsymbol{\mu}_i,\boldsymbol{\Sigma}_i))}{\sum_{\iota=1}^{k}\alpha_\iota\cdot p(\boldsymbol{x}_j\mid\boldsymbol{\mu}_\iota,\boldsymbol{\Sigma}_\iota)}(\boldsymbol{x}_j-\boldsymbol{\mu}_i)=0 \tag{6.4-9}$$

由式（6.4-7）以及 $\gamma_{ji}=p_m(z_j=i\mid x_j)$，有

$$\boldsymbol{\mu}_i=\frac{\sum_{j=1}^{m}\gamma_{ji}\boldsymbol{x}_j}{\sum_{j=1}^{m}\gamma_{ji}} \tag{6.4-10}$$

即高斯混合分布中的各个混合成分的均值可通过样本加权平均来估计。样本权重是每个样本属于该混合成分的后验概率。类似的，由 $\partial LL(D)/\partial\boldsymbol{\mu}_i=0$ 可得

$$\boldsymbol{\Sigma}_i=\frac{m\gamma_{ji}(\boldsymbol{x}_j-\boldsymbol{\mu}'_i)(\boldsymbol{x}_j-\boldsymbol{\mu}'_i)^{\mathrm{T}}}{\sum_{j=1}^{m}\gamma_{ji}} \tag{6.4-11}$$

对于混合系数 α_i，除了要最大化 $LL(D)$，还需满足 $\alpha_i\geqslant 0$，$\sum_{i=1}^{k}\alpha_i=1$。考虑 $LL(D)$ 的拉格朗日形式

$$LL(D)+\lambda(\sum_{i=1}^{k}\alpha_i-1) \tag{6.4-12}$$

其中 λ 为拉格朗日乘子。由式（6.4-12）对 α_i 的导数为 0，有

$$\sum_{j=1}^{m}\frac{p(\boldsymbol{x}_j\mid\boldsymbol{\mu}_i,\boldsymbol{\Sigma}_i)}{\sum_{\iota=1}^{k}\alpha_\iota\cdot p(\boldsymbol{x}_j\mid\boldsymbol{\mu}_\iota,\boldsymbol{\Sigma}_\iota)}+\lambda=0 \tag{6.4-13}$$

两边同乘 α_i 对所有混合成分求和可知 $\lambda=-m$，有

$$\alpha_i=\frac{1}{m}\sum_{j=1}^{m}\gamma_{ji} \tag{6.4-14}$$

即每个高斯成分的混合系数由样本属于该成分的平均后验概率确定[1]。

由此可将 EM 算法的步骤归纳为：

(1) E 步骤：在每次迭代中，根据当前参数来计算每个样本属于高斯成分的后验概率 γ_{ji}。

(2) M 步骤：更新模型参数 $\{(\alpha_i, \boldsymbol{\mu}_i, \boldsymbol{\Sigma}_i) \mid 1 \leqslant i \leqslant k\}$ 以最大化模型生成这些参数的可能性[8]。

重复迭代两个步骤直至收敛，该算法保证迭代过程内的参数总会收敛到一个局部最优解，详细实现过程见算法 6.4-1。

高斯混合聚类算法[1] **算法 6.4-1**

输入：样本集合 $D = \{\boldsymbol{x}_1, \boldsymbol{x}_2, \cdots, \boldsymbol{x}_m\}$

高斯混合成分个数 k

输出：簇划分 $C = \{C_1, C_2, \cdots, C_k\}$

初始化高斯混合分布的模型参数 $\{(\alpha_i, \boldsymbol{\mu}_i, \boldsymbol{\Sigma}_i) \mid 1 \leqslant i \leqslant k\}$

repeat

for $j = 1, 2, \cdots, m$ do

  计算 $\boldsymbol{x}_j$ 由各混合成分生成的后验概率，即 $\gamma_{ji} = p_m(z_j = i \mid \boldsymbol{x}_j)(1 \leqslant i \leqslant k)$

end for

for $i = 1, 2, \cdots, k$ do

  计算新均值向量：$\boldsymbol{\mu}'_i = \dfrac{\sum_{j=1}^{m} \gamma_{ji} \boldsymbol{x}_j}{\sum_{j=1}^{m} \gamma_{ji}}$

  计算新协方差矩阵：$\boldsymbol{\Sigma}'_i = \dfrac{\sum_{j=1}^{m} \gamma_{ji} (\boldsymbol{x}_j - \boldsymbol{\mu}'_i)(\boldsymbol{x}_j - \boldsymbol{\mu}'_i)^{\mathrm{T}}}{\sum_{j=1}^{m} \gamma_{ji}}$

  计算新混合系数：$\alpha'_i = \dfrac{1}{m} \sum_{j=1}^{m} \gamma_{ji}$

end for

将模型参数 $\{(\alpha_i, \boldsymbol{\mu}_i, \boldsymbol{\Sigma}_i) \mid 1 \leqslant i \leqslant k\}$ 更新为 $\{(\alpha'_i, \boldsymbol{\mu}'_i, \boldsymbol{\Sigma}'_i) \mid 1 \leqslant i \leqslant k\}$

until 满足条件停止

$C_i = \varnothing (1 \leqslant i \leqslant k)$

for $j = 1, 2, \cdots, m$ do

  确定 $\boldsymbol{x}_j$ 的簇标记 λ_j

  将 $\boldsymbol{x}_j$ 划入相应的簇：$C_{\lambda_j} = C_{\lambda_j} \cup \{\boldsymbol{x}_j\}$

end for

6.4.3 算法应用

仍以图 6.2-4 中的钢构件点云数据为例，高斯混合聚类的处理方式与 k 均值聚类处理方法类似。将点云数据分为四类，即设置 $k=4$，初始化模型参数。经过迭代得到收敛后的均值向量以及每个点对应的簇标记。聚类结果是最终得到四个簇划分 C_1，C_2，C_3，C_4，并且按照簇标记将点云分到四个簇中。按照将划分得到的四个簇类别的点云数据分别以不同的颜色进行展示，得到钢构件的高斯混合聚类的结果如图 6.4-2 所示。

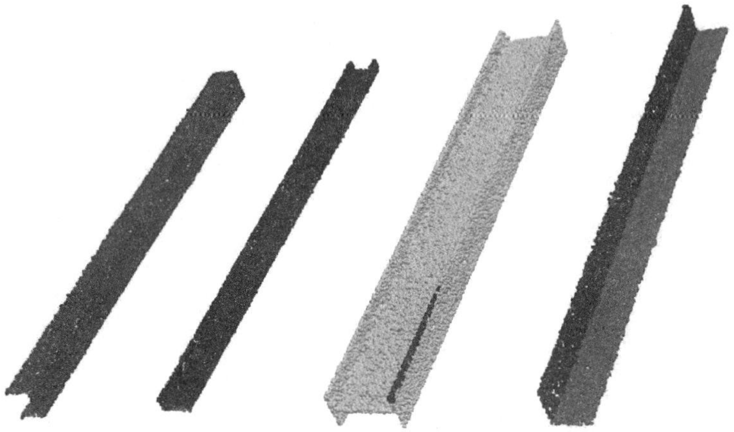

扫码看彩图

图 6.4-2　基于高斯混合聚类的钢构件点云分类结果

6.5　层次聚类算法

6.5.1　算法原理

层次聚类（hierarchical clustering）算法是基于样本之间的相似性，生成一个树状图，从而将样本聚集到层次化的类中。如图 6.5-1 所示，其中（a）为 7 个样本形成的三个类，而（b）为通过层次聚类算法形成的树状图。在树状图的特定层次上进行分割，可得到相应的聚类簇。

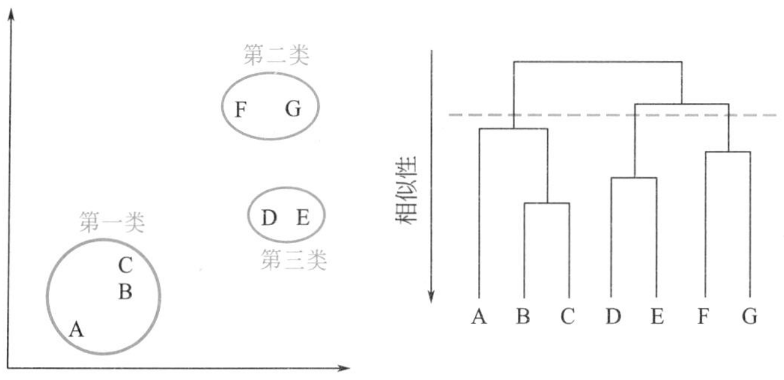

(a) 三个类中的样本　　(b) 样本的树状图

图 6.5-1　聚合聚类的树状图[9]

层次聚类分为自下而上的聚合聚类（Agglomerative Nesting，AGNES）以及自上而下的分裂聚类（Divisive analysis，DIANA）两种。聚合聚类开始时将每一个样本各看成一个类，然后将距离最近的两个类合并，不断重复该过程直到类的数量达到预设值[1]。分裂聚类开始时将所有的样本分到一个类，然后将该类中距离最远的两个点中的一个点分离出，形成一个新的类，接着将旧类中距离新类更近的样本放进新类，这样就将一个类分裂成两个类。不断重复该过程直到类的数量达到预设值[10]。实际应用中，分裂聚类较少使用，本节只介绍聚合聚类。

聚合聚类算法的关键是类间距离的计算，计算方法的选择直接影响聚类的结果，因此需要根据不同的问题选择合适的算法。样本之间的距离常用闵可夫斯基距离；此处闵可夫斯基距离是指两个样本之间的距离，不等同于类间距离。类间距离有多种计算方法，常用的有最小距离（single linkage）、最长距离（complete linkage）、平均距离（average linkage）。

（1）最小距离

对给定的两个类 C_i 和 C_j，其最小距离 $d_{\min}(C_i, C_j)$ 是指两个类中的最近样本之间的距离，即

$$d_{\min}(C_i, C_j)=\min\{\mathrm{dist}(\boldsymbol{x}, \boldsymbol{z}) \mid \boldsymbol{x} \in C_i, \boldsymbol{z} \in C_j\} \quad (6.5\text{-}1)$$

采用最小距离作为类间距离计算方法的聚合聚类算法可处理非球状聚类簇，但是对数据中的噪点和异常值较为敏感。

（2）最大距离

最大距离 $d_{\max}(C_i, C_j)$ 是指两个类中的最远样本之间的距离，即

$$d_{\max}(C_i, C_j)=\max\{\mathrm{dist}(\boldsymbol{x}, \boldsymbol{z}) \mid \boldsymbol{x} \in C_i, \boldsymbol{z} \in C_j\} \quad (6.5\text{-}2)$$

扫码看彩图

采用最大距离作为类间距离计算方法的聚合聚类算法不容易受到噪点和异常值的影响，但是容易破坏较大的聚类簇且倾向于形成球状聚类簇。

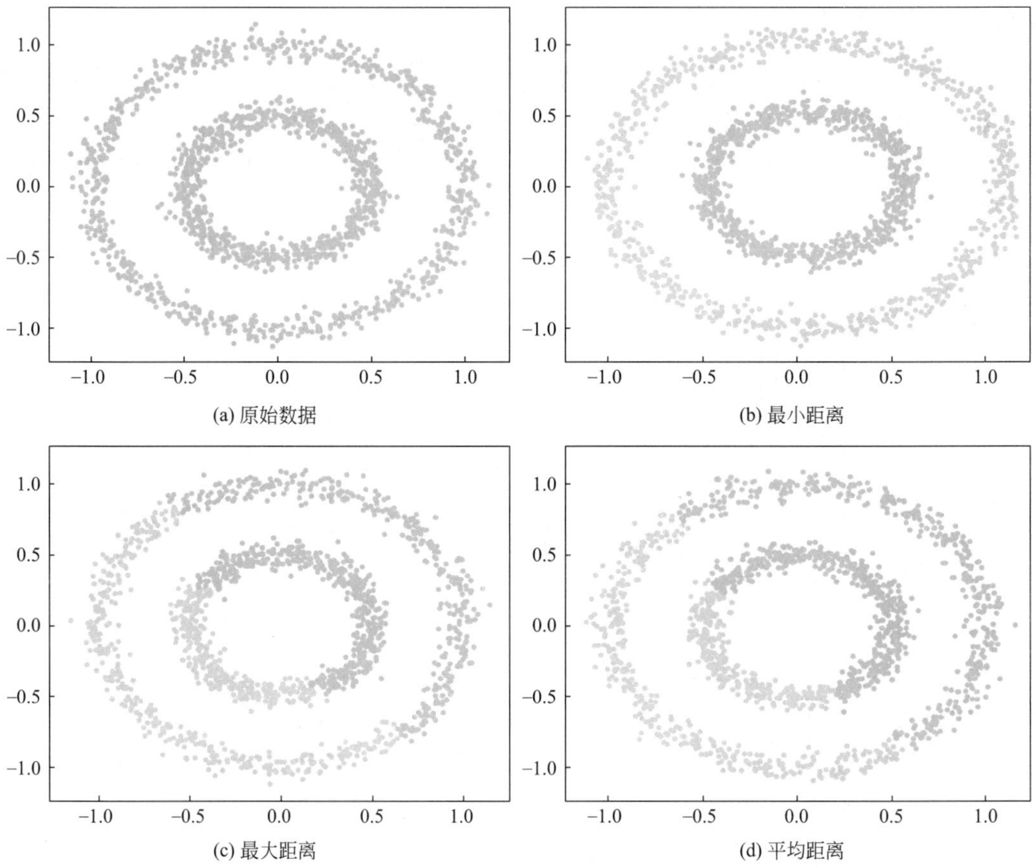

图 6.5-2　基于不同类间距离计算方法的聚合聚类算法分类结果

（3）平均距离

平均距离是两个类中所有样本之间距离的平均值，即

$$d_{\text{avg}}(C_i, C_j)=\frac{1}{|C_i||C_j|}\sum_{x \in C_i}\sum_{z \in C_j}\text{dist}(\boldsymbol{x}, \boldsymbol{z}) \tag{6.5-3}$$

采用平均距离作为类间距离计算方法的聚合聚类算法也不容易受到噪点和异常值的影响，但是倾向于形成球状聚类簇。

分别使用三种类间距离计算方法的聚合聚类算法将图 6.5-2（a）所示的数据[5] 进行分类，最小距离、最大距离、平均距离的分类结果分别如（b）、（c）、（d）所示。从分类结果可以发现，只有最小距离达到了预期的分类效果，最大距离和平均距离均倾向于将数据分成球状簇。

聚合聚类的伪代码如算法 6.5-1 所示。在第 1～2 行，算法初始化样本类，将每一个样本依次赋值给样本类；在第 3～9 行，算法针对初始化的样本类计算距离矩阵；第 11～23 行，算法不断合并距离最近的类，并重新计算距离矩阵，不断重复该过程直到达到预设的类的数量。

聚合聚类　　　　**算法 6.5-1**

输入：	样本集 $D=\{\boldsymbol{x}_1,\boldsymbol{x}_2,\cdots,\boldsymbol{x}_m\}$ 类间距离计算函数 dist 预设类的数量 k
输出：	划分的类 $C=\{C_1,C_2,\cdots,C_k\}$

```
1:  for i=1 to m do
2:    将样本 x_j 依次赋给 C_j
3:  end for
4:  for i=1 to m do
5:    for j=i+1 to m do
6:      D(i,j)=dist(C_i,C_j)
7:      D(j,i)=D(i,j)
8:    end for
9:  end for
10: q=m
11: while q>k do
12:   找出距离最近的两个聚类簇 C_x,C_y
13:   将 C_y 放进 C_x 中
14:   从当前类中删除 C_y
15:   初始化距离矩阵 D
16:   for i=1 to q-1 do
17:     for j=i+1 to q-1 do
18:       D(i,j)=dist(C_i,C_j)
19:       D(j,i)=D(i,j)
20:     end for
21:   end for
22:   q=q-1
23: end while
```

6.5.2 算法应用

层次聚类可用于从点云数据中分割出不同的构件。以图 6.2-4 中所示的钢构件点云数据为例，采用欧氏距离作为样本之间的距离，最小距离作为类间距离。算法的分类结果如图 6.5-3 所示，不同的类用不同的颜色表示，可见聚合聚类算法能够按照预期的方式将各个构件分割出。

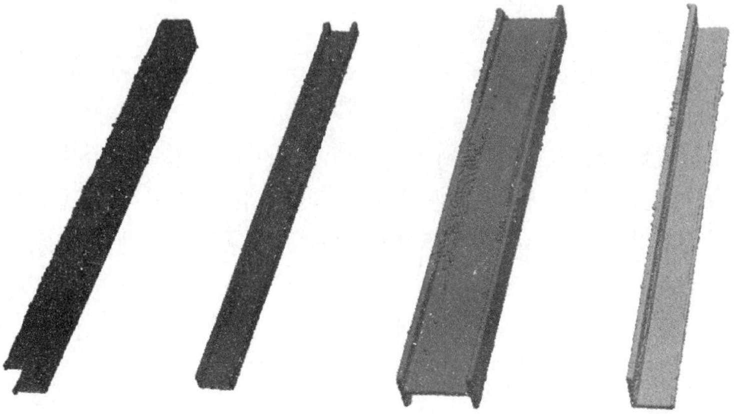

扫码看彩图

图 6.5-3 采用聚合聚类分割点云数据的结果

6.6 谱聚类算法

k 均值算法的分类效果经常较差，因为它只能找到球状聚类簇。与以 k 均值算法为代表的传统聚类方法相比，谱聚类在多数情况下的性能都较为优越，并且谱聚类的实现也较为简单，仅需线性代数的知识就可实现。因此，谱聚类是最常使用的聚类方法之一。

6.6.1 加权无向图

谱聚类（Spectral Clustering）是一种基于图论（Graph Theory）的聚类方法。图论是应用数学的一部分，它以图 G 为研究对象，认为图是由若干给定的点及连接两点的边所构成的图形。用 V 表示图 G 中点的集合，E 表示边的集合，则图为 $G(V, E)$。按照边有无方向，图可分为有向图和无向图；按照边有无权重值，图可分为加权图和无权图[11]。

谱聚类中常用加权无向图，如图 6.6-1 所示，将所有样本 $\boldsymbol{x}_1$，…，$\boldsymbol{x}_n$ 看作空间中的点，采用 s_{ij} 描述点 $\boldsymbol{x}_i$ 与点 $\boldsymbol{x}_j$ 之间的相似性，并基于 s_{ij} 得到边的权重值 w_{ij}。距离较远的两个点之间的边权重值较低，距离较近的两个点之间的边权重值较高。对数据进行聚类的目的，是将数据点分成若干个簇，使得单个簇内的数据点比较相似，不同簇内的数据点不相似。用加权无向图的概念重新定义聚类的目的，是通过对所有数据点组成的图进行切图，使得切图后的不同子图间边权重和尽可能低，子图内的边权重和尽可能高[12]。如图 6.6-1 所示，(a) 为样本形成的图，切图的含义是用红色虚线将一个图切成 (b) 所示的两个子图，也就是两个样本的子集。

点与点之间的权重值 w_{ij} 存储在 $n \times n$ 阶的邻接矩阵 $\boldsymbol{W}$ 中，即

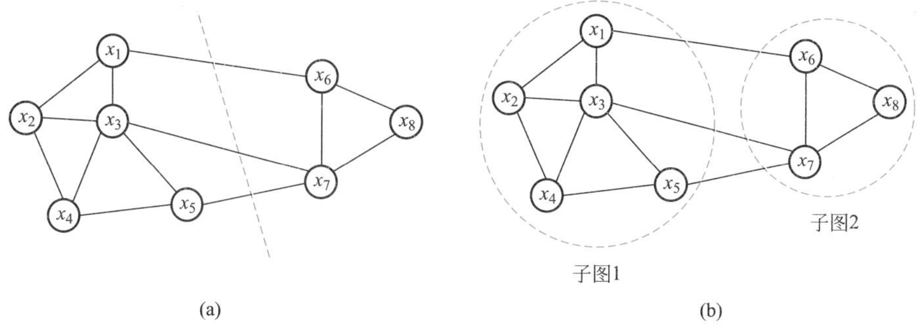

图 6.6-1　切图示例

$$W=\begin{pmatrix} w_{11} & w_{12} & \cdots & w_{1n} \\ w_{21} & w_{22} & \cdots & w_{2n} \\ \vdots & \vdots & & \vdots \\ w_{n1} & w_{n2} & \cdots & w_{nn} \end{pmatrix} \tag{6.6-1}$$

其中 n 为点的数量。如果两点之间有边连接，则权重 w_{ij} 大于 0，如果两点之间没有边连接，则权重 w_{ij} 等于 0。在加权无向图中，$w_{ij}=w_{ji}$，所以邻接矩阵 $\boldsymbol{W}$ 为对称矩阵。对于任意一个点 $\boldsymbol{x}_i$，将与它相连的所有边的权重和定义为度 d_i，即

$$d_i=\sum_{j=1}^{n} w_{ij} \tag{6.6-2}$$

点的度存储在 $n\times n$ 阶的度矩阵 $\boldsymbol{D}$ 中，它是一个对角矩阵，即

$$\boldsymbol{D}=\begin{pmatrix} d_1 & 0 & \cdots & 0 \\ 0 & d_2 & \cdots & 0 \\ \vdots & \vdots & & \vdots \\ 0 & 0 & \cdots & d_n \end{pmatrix} \tag{6.6-3}$$

邻接矩阵 $\boldsymbol{W}$ 一般通过相似矩阵 $\boldsymbol{S}$ 计算，其构建方式主要有三种：ε-近邻法、k 近邻法以及全连接法[12]。

（1）ε-近邻法

计算任意两点之间的距离，并设定一个距离阈值 ε。当两点之间的距离小于阈值 ε 时，将两点之间用边连接。由于所有连接点之间的距离大致相同（不超过阈值 ε），此时对边进行加权不会在图中包含更多的数据信息。因此，一般认为 ε-近邻法得到的图是无权图[12]。

（2）k 近邻法

对每个样本点，依次计算它与其他样本点之间的距离，取距离它最近的 k 个样本点作为它的近邻。每个样本与其 k 个近邻之间的权重值 w_{ij} 大于 0，与其他点的权重值 w_{ij} 等于 0。但是这种方法会使邻接矩阵为非对称矩阵，如图 6.6-2 所示，若令 k 等于 2，则 $\boldsymbol{x}_1$ 的近邻为 $\boldsymbol{x}_2$ 和 $\boldsymbol{x}_3$，$\boldsymbol{x}_1$ 与 $\boldsymbol{x}_4$ 之间的权重值等于 0。而 $\boldsymbol{x}_4$ 点的近邻为 $\boldsymbol{x}_1$ 点和 $\boldsymbol{x}_2$ 点，$\boldsymbol{x}_4$ 与 $\boldsymbol{x}_1$ 之间的权重值大于 0。

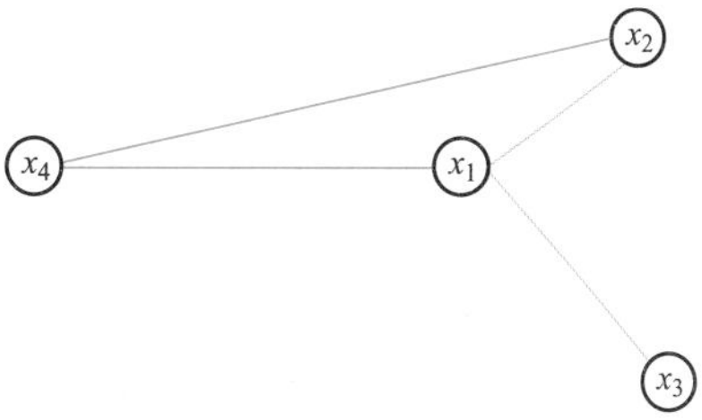

图 6.6-2　样本示例

算法需要对称邻接矩阵，一般有两种方法可以使邻接矩阵成为对称矩阵。第一种方法是只要一个点在另一个点的 k 近邻中，则保留 s_{ij}，这样得到的图称为 k 近邻图[12]。此时邻接矩阵为

$$w_{ij}=w_{ji}=\begin{cases}0 & \boldsymbol{x}_i\notin KNN(\boldsymbol{x}_j)\ and\ \boldsymbol{x}_j\notin KNN(\boldsymbol{x}_i)\\ s_{ij} & \boldsymbol{x}_i\in KNN(\boldsymbol{x}_j)\ or\ \boldsymbol{x}_j\in KNN(\boldsymbol{x}_i)\end{cases} \tag{6.6-4}$$

第二种方法是只有两个点互为 k 近邻时，才保留 s_{ij}，这样得到的图称为相互的 k 近邻图[8]。此时邻接矩阵为

$$w_{ij}=w_{ji}=\begin{cases}0 & \boldsymbol{x}_i\notin KNN(\boldsymbol{x}_j)\ or\ \boldsymbol{x}_j\notin KNN(\boldsymbol{x}_i)\\ s_{ij} & \boldsymbol{x}_i\in KNN(\boldsymbol{x}_j)\ and\ \boldsymbol{x}_j\in KNN(\boldsymbol{x}_i)\end{cases} \tag{6.6-5}$$

（3）全连接法

全连接方法是最常用的构建邻接矩阵 $\boldsymbol{W}$ 的方法。在全连接法中，所有点之间的权重值均大于 0。权重值的计算方法有多种，常用高斯核函数，此时相似矩阵与邻接矩阵相同，为

$$w_{ij}=s_{ij}=\exp\left(-\frac{\|\boldsymbol{x}_i-\boldsymbol{x}_j\|_2^2}{2\sigma^2}\right) \tag{6.6-6}$$

6.6.2 拉普拉斯矩阵

拉普拉斯矩阵（Graph Laplacian）是谱聚类的重要工具，可由邻接矩阵 $\boldsymbol{W}$ 和度矩阵 $\boldsymbol{D}$ 得到。拉普拉斯矩阵可分为未归一化的拉普拉斯矩阵和归一化的拉普拉斯矩阵两种[12]。

（1）未归一化的拉普拉斯矩阵

未归一化的拉普拉斯矩阵 $\boldsymbol{L}$ 定义为

$$\boldsymbol{L}=\boldsymbol{D}-\boldsymbol{W} \tag{6.6-7}$$

未归一化的拉普拉斯矩阵 $\boldsymbol{L}$ 有一些很重要的性质：

① $\boldsymbol{L}$ 是对称矩阵，因为邻接矩阵 $\boldsymbol{W}$ 和度矩阵 $\boldsymbol{D}$ 均为对称矩阵。

② 对于任意向量 $\boldsymbol{f}$，有

$$\begin{aligned}\boldsymbol{f}^{\mathrm{T}}\boldsymbol{L}\boldsymbol{f}&=\boldsymbol{f}^{\mathrm{T}}\boldsymbol{D}\boldsymbol{f}-\boldsymbol{f}^{\mathrm{T}}\boldsymbol{W}\boldsymbol{f}=\sum_{i=1}^{n}d_i f_i^2-\sum_{i,j=1}^{n}w_{ij}f_i f_j\\&=\frac{1}{2}\left(\sum_{i=1}^{n}d_i f_i^2-2\sum_{i,j=1}^{n}w_{ij}f_i f_j+\sum_{j=1}^{n}d_j f_j^2\right)\\&=\frac{1}{2}\sum_{i,j=1}^{n}w_{ij}(f_i-f_j)^2\end{aligned} \tag{6.6-8}$$

③ $\boldsymbol{L}$ 是半正定的，对应的 n 个实数特征值均大于或者等于 0，且最小的特征值为 0。

（2）归一化的拉普拉斯矩阵

归一化的拉普拉斯矩阵 $\boldsymbol{L}_{\mathrm{sym}}$ 定义为

$$\boldsymbol{L}_{\mathrm{sym}}=\boldsymbol{D}^{-1/2}\boldsymbol{L}\boldsymbol{D}^{-1/2}=\boldsymbol{I}-\boldsymbol{D}^{-1/2}\boldsymbol{W}\boldsymbol{D}^{-1/2} \tag{6.6-9}$$

① $\boldsymbol{L}_{\mathrm{sym}}$ 是对称矩阵，这是因为邻接矩阵 $\boldsymbol{W}$ 和度矩阵 $\boldsymbol{D}$ 均为对称矩阵。

② 对于任意向量 $\boldsymbol{f}$，有

$$\boldsymbol{f}^{\mathrm{T}}\boldsymbol{L}_{\mathrm{sym}}\boldsymbol{f}=\boldsymbol{f}^{\mathrm{T}}\boldsymbol{D}^{-1/2}\boldsymbol{D}\boldsymbol{D}^{-1/2}\boldsymbol{f}-\boldsymbol{f}^{\mathrm{T}}\boldsymbol{D}^{-1/2}\boldsymbol{W}\boldsymbol{D}^{-1/2}\boldsymbol{f}=\sum_{i=1}^{n}d_i\frac{f_i^2}{d_i}-\sum_{i,j=1}^{n}w_{ij}\frac{f_i}{\sqrt{d_i}}\frac{f_j}{\sqrt{d_j}}$$

$$
\begin{aligned}
&=\frac{1}{2}\left(\sum_{i=1}^{n} d_i \frac{f_i^2}{d_i}-2\sum_{i,\ j=1}^{n} w_{ij} \frac{f_i}{\sqrt{d_i}} \frac{f_j}{\sqrt{d_j}}+\sum_{i=1}^{n} d_i \frac{f_i^2}{d_i}\right) \\
&=\frac{1}{2}\sum_{i,\ j=1}^{n} w_{ij}\left(\frac{f_i}{\sqrt{d_i}}-\frac{f_j}{\sqrt{d_j}}\right)^2
\end{aligned}
\tag{6.6-10}
$$

③ $\boldsymbol{L}_{\mathrm{sym}}$ 是半正定的，对应的 n 个实数特征值均大于或者等于 0，且最小的特征值为 0。

6.6.3 切图方法

谱聚类的目的是将图 G 切成 k 个互不相交的子集 A_i，使子集之间点的权重和尽可能低，子集内点的权重和尽可能高。任意两个子集 A_i 与 A_j 之间满足 $A_i \cap A_j=\varnothing$，k 个子集之间满足 $A_1 \cup A_2 \cup \cdots \cup A_k=G$。

将两个子集 A 与 B 之间的切图权重 $cut(A，B)$ 定义为

$$
cut(A,\ B)=\sum_{i\in A,\ j\in B} w_{ij} \tag{6.6-11}
$$

将 k 个子集的切图 cut 定义为各个子集 A_i 与其补集 $\overline{A}_i$ 的切图权重之和，即

$$
cut(A_1,\ A_2,\ \cdots,\ A_k)=\sum_{i=1}^{k} cut(A_i,\ \overline{A}_i) \tag{6.6-12}
$$

当采用了合适的切图方法，计算得到的切图 cut 较小。但是仅仅考虑最小化切图 cut 不能得到最优化的切图。以图 6.6-3 为例，单独把样本 $\boldsymbol{x}_1$ 当作一类会得到最小的切图 cut，但是很明显此时不是最佳切图，这是因为切图 cut 只考虑了最小化子集之间的权重，没有考虑最大化子集之内的权重[12]。

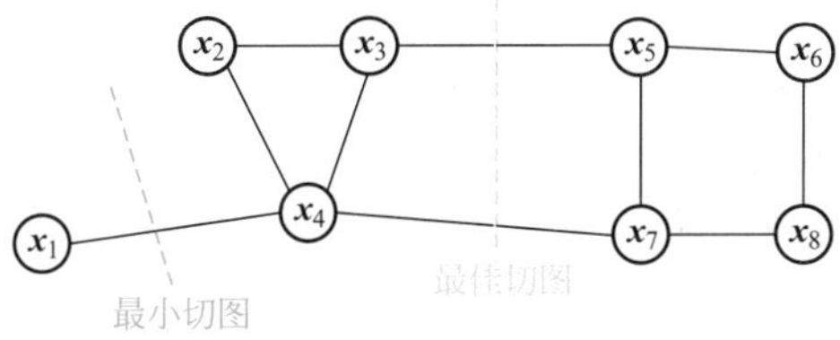

图 6.6-3 最佳切图与最小切图的对比[11]

谱聚类中采用的切图方式主要有两种，即 RatioCut 切图和 NCut 切图[12]。

(1) RatioCut 切图

RatioCut 切图考虑在最小化切图 cut 的同时，最大化每个子集内的样本数，即

$$
RatioCut(A_1,\ A_2,\ \cdots,\ A_k)=\sum_{i=1}^{k}\frac{cut(A_i,\ \overline{A}_i)}{|A_i|} \tag{6.6-13}
$$

定义 n 维指示向量 $\boldsymbol{h}_j \in \boldsymbol{H}=\{\boldsymbol{h}_1,\ \boldsymbol{h}_2,\ \cdots,\ \boldsymbol{h}_k\}$ 为

$$
h_{ij}=\begin{cases} 0, & \boldsymbol{x}_i \notin A_j \\ \dfrac{1}{\sqrt{|A_j|}}, & \boldsymbol{x}_i \in A_j \end{cases} \tag{6.6-14}
$$

其中 $|A_j|$ 为子集 A_j 中点的个数。指示向量用于表示样本的归属，它有两个比较重要的性质：

① 每一个指示向量 $\boldsymbol{h}_j$ 均为单位正交向量，则 $\boldsymbol{H}^{\mathrm{T}}\boldsymbol{H}=\boldsymbol{I}$；

② 对于任意一个指示向量 $\boldsymbol{h}_i$，由拉普拉斯矩阵的第三个性质有

$$\begin{aligned}
\boldsymbol{h}_i^{\mathrm{T}}\boldsymbol{L}\boldsymbol{h}_i &= \frac{1}{2}\sum_{m=1}\sum_{n=1} w_{mn}(h_{im}-h_{in})^2 \\
&= \frac{1}{2}\left(\sum_{m\in A_i,\ n\notin A_i} w_{mn}\left(\frac{1}{\sqrt{|A_i|}}-0\right)^2+\sum_{m\notin A_i,\ n\in A_i} w_{mn}\left(0-\frac{1}{\sqrt{|A_i|}}\right)^2\right) \\
&= \frac{1}{2}\left(\sum_{m\in A_i,\ n\notin A_i} w_{mn}\frac{1}{|A_i|}+\sum_{m\notin A_i,\ n\in A_i} w_{mn}\frac{1}{|A_i|}\right) \\
&= \frac{1}{2}\left(cut(A_i,\ \overline{A}_i)\frac{1}{|A_i|}+cut(\overline{A}_i,\ A_i)\frac{1}{|A_i|}\right) \\
&= \frac{cut(A_i,\ \overline{A}_i)}{|A_i|}=RatioCut(A_i,\ \overline{A}_i)
\end{aligned} \tag{6.6-15}$$

则 RatioCut 切图可简化为

$$RatioCut(A_1,\ A_2,\ \cdots,\ A_k)=\sum_{i=1}^{k}\boldsymbol{h}_i^{\mathrm{T}}\boldsymbol{L}\boldsymbol{h}_i=\sum_{i=1}^{k}(\boldsymbol{H}^{\mathrm{T}}\boldsymbol{L}\boldsymbol{H})_{ii}=\mathrm{tr}(\boldsymbol{H}^{\mathrm{T}}\boldsymbol{L}\boldsymbol{H}) \tag{6.6-16}$$

其中 $\mathrm{tr}(\boldsymbol{H}^{\mathrm{T}}\boldsymbol{L}\boldsymbol{H})$ 为矩阵的迹，即对角线元素之和，也等于特征值之和。所以最小化 RatioCut 切图等价于找到最小的指示向量 $\boldsymbol{h}_i$ 组成的矩阵 $\boldsymbol{H}$，使得 $\mathrm{tr}(\boldsymbol{H}^{\mathrm{T}}\boldsymbol{L}\boldsymbol{H})$ 有最小值，即

$$\arg\min_{A_1,\ \cdots A_k}\mathrm{tr}(\boldsymbol{H}^{\mathrm{T}}\boldsymbol{L}\boldsymbol{H})\ \text{s.t.}\ \boldsymbol{H}^{\mathrm{T}}\boldsymbol{H}=\boldsymbol{I} \tag{6.6-17}$$

其中 $\boldsymbol{H}$ 形如式（6.6-14）。每个指示向量 $\boldsymbol{h}_i$ 中每个变量的取值有两种，即为 0 或 $1/\sqrt{|A_j|}$，所以单个指示向量 $\boldsymbol{h}_i$ 共有 2^n 种可能性。当数据量很大时，我们不可能穷尽各种可能性去找到这个问题的最优解。

可以换一种思路考虑这个问题，先令 $\boldsymbol{H}$ 为任意满足 $\boldsymbol{H}^{\mathrm{T}}\boldsymbol{H}=\boldsymbol{I}$ 的矩阵（为了与指示矩阵区分，此处将这个单位正交矩阵记为 $\boldsymbol{F}$），则最小化 RatioCut 切图等价于

$$\arg\min_{\boldsymbol{H}\in R^{n\times k}}\sum_{i=1}^{k}\boldsymbol{f}_i^{\mathrm{T}}\boldsymbol{L}\boldsymbol{f}_i=\mathrm{tr}(\boldsymbol{F}^{\mathrm{T}}\boldsymbol{L}\boldsymbol{F})\ \text{s.t.}\ \boldsymbol{F}^{\mathrm{T}}\boldsymbol{F}=\boldsymbol{I} \tag{6.6-18}$$

其中 $\boldsymbol{f}_i$ 为 $\boldsymbol{F}$ 的第 i 个列向量。$\boldsymbol{F}$ 可使用 Rayleigh-Ritz 定理求解[12]。

Rayleigh-Ritz 定理[13]：令 $\boldsymbol{A}$ 为 $n\times n$ 的 Hermitian 矩阵，则定义 Rayleigh 商为：

$$R(\boldsymbol{x},\ \boldsymbol{A})=\frac{\boldsymbol{x}^{\mathrm{H}}\boldsymbol{A}\boldsymbol{x}}{\boldsymbol{x}^{\mathrm{H}}\boldsymbol{x}} \tag{6.6-19}$$

其中 $\boldsymbol{x}$ 为任意非零向量。Rayleigh 商的最大值为矩阵 $\boldsymbol{A}$ 最大的特征值，最小值为 $\boldsymbol{A}$ 最小的特征值，即

$$\max_{x\neq 0}\frac{\boldsymbol{x}^{\mathrm{H}}\boldsymbol{A}\boldsymbol{x}}{\boldsymbol{x}^{\mathrm{H}}\boldsymbol{x}}=\max_{\boldsymbol{x}^{\mathrm{H}}\boldsymbol{x}=1}\frac{\boldsymbol{x}^{\mathrm{H}}\boldsymbol{A}\boldsymbol{x}}{\boldsymbol{x}^{\mathrm{H}}\boldsymbol{x}}=\lambda_{\max} \tag{6.6-20}$$

$$\min_{x\neq 0}\frac{\boldsymbol{x}^{\mathrm{H}}\boldsymbol{A}\boldsymbol{x}}{\boldsymbol{x}^{\mathrm{H}}\boldsymbol{x}}=\min_{\boldsymbol{x}^{\mathrm{H}}\boldsymbol{x}=1}\frac{\boldsymbol{x}^{\mathrm{H}}\boldsymbol{A}\boldsymbol{x}}{\boldsymbol{x}^{\mathrm{H}}\boldsymbol{x}}=\lambda_{\min} \tag{6.6-21}$$

$$\boldsymbol{A}\boldsymbol{x}=\lambda_{\max}\boldsymbol{x} \tag{6.6-22}$$

$$\boldsymbol{A}\boldsymbol{x}=\lambda_{\min}\boldsymbol{x} \tag{6.6-23}$$

此处的 Rayleigh 商为 $R(\boldsymbol{f}_i, \boldsymbol{A})=\boldsymbol{f}_i^{\mathrm{T}}\boldsymbol{L}\boldsymbol{f}_i$，因此最小化 RatioCut 切图就变成了找到 L 的最小的前 k 个特征值以及对应的特征向量。但是这样得到的 $\boldsymbol{F}$ 不能指示每个样本的归属，需要再对得到的 $\boldsymbol{F}$ 做一次传统方法的聚类，如 k 均值等。

(2) NCut 切图

NCut 切图考虑在最小化切图 cut 的同时，最大化每个子集内的边权重和。与 RatioCut 切图相比，NCut 切图更加符合谱聚类的目标。

$$NCut(A_1, A_2, \cdots, A_k)=\sum_{i=1}^{k}\frac{cut(A_i, \overline{A}_i)}{vol(A_i)} \tag{6.6-24}$$

$$vol(A_i)=\sum_{i\in A} d_i \tag{6.6-25}$$

使用子集内边的权重和来定义指示向量 $\boldsymbol{h}_j \in \boldsymbol{H}=\{\boldsymbol{h}_1, \boldsymbol{h}_2, \cdots, \boldsymbol{h}_k\}$

$$h_{ij}=\begin{cases}0, & \boldsymbol{x}_i \notin A_j \\ \dfrac{1}{\sqrt{vol(A_j)}}, & \boldsymbol{x}_i \in A_j\end{cases} \tag{6.6-26}$$

类似于 RatioCut 切图，此处的指示向量也有两个比较重要的性质：

① 对任意一个指示向量 $\boldsymbol{h}_i$，有

$$\boldsymbol{h}_i^{\mathrm{T}}\boldsymbol{D}\boldsymbol{h}_i=\sum_{j=1}^{n}h_{ij}^2 d_j=\frac{\sum\limits_{j\in A_i} d_j}{vol(A_i)}=\frac{vol(A_i)}{vol(A_i)}=1 \tag{6.6-27}$$

故有 $\boldsymbol{H}^{\mathrm{T}}\boldsymbol{D}\boldsymbol{H}=1$。

② 对于任意一个指示向量 $\boldsymbol{h}_i$，由拉普拉斯矩阵的第三个性质有

$$\begin{aligned}
\boldsymbol{h}_i^{\mathrm{T}}\boldsymbol{L}\boldsymbol{h}_i &=\frac{1}{2}\sum_{m=1}\sum_{n=1} w_{mn}(h_{im}-h_{in})^2 \\
&=\frac{1}{2}\left(\sum_{m\in A_i, n\notin A_i} w_{mn}\left(\frac{1}{\sqrt{vol(A_i)}}-0\right)^2+\sum_{m\notin A_i, n\in A_i} w_{mn}\left(0-\frac{1}{\sqrt{vol(A_i)}}\right)^2\right) \\
&=\frac{1}{2}\left(\sum_{m\in A_i, n\notin A_i} w_{mn}\frac{1}{vol(A_i)}+\sum_{m\notin A_i, n\in A_i} w_{mn}\frac{1}{vol(A_i)}\right) \\
&=\frac{1}{2}\left(cut(A_i, \overline{A}_i)\frac{1}{vol(A_i)}+cut(\overline{A}_i, A_i)\frac{1}{vol(A_i)}\right) \\
&=\frac{cut(A_i, \overline{A}_i)}{vol(A_i)}
\end{aligned} \tag{6.6-28}$$

则 NCut 函数同样可以简化为

$$NCut(A_1, A_2, \cdots, A_k)=\sum_{i=1}^{k}\boldsymbol{h}_i^{\mathrm{T}}\boldsymbol{L}\boldsymbol{h}_i=\sum_{i=1}^{k}(\boldsymbol{H}^{\mathrm{T}}\boldsymbol{L}\boldsymbol{H})_{ii}=\mathrm{tr}(\boldsymbol{H}^{\mathrm{T}}\boldsymbol{L}\boldsymbol{H}) \tag{6.6-29}$$

此时不能直接采用类似于 RatioCut 切图的处理方式，因为此时 $\boldsymbol{H}^{\mathrm{T}}\boldsymbol{H}\neq 1$，需要做一个变换。令 $\boldsymbol{H}=\boldsymbol{D}^{-1/2}\boldsymbol{F}$，则有

$$\boldsymbol{H}^{\mathrm{T}}\boldsymbol{D}\boldsymbol{H}=\boldsymbol{F}^{\mathrm{T}}\boldsymbol{F}=1 \tag{6.6-30}$$

$$\boldsymbol{H}^{\mathrm{T}}\boldsymbol{L}\boldsymbol{H}=\boldsymbol{F}^{\mathrm{T}}\boldsymbol{D}^{-1/2}\boldsymbol{L}\boldsymbol{D}^{-1/2}\boldsymbol{F} \tag{6.6-31}$$

此时 NCut 函数可以表示为

$$NCut(A_1, A_2, \cdots, A_k)=\sum_{i=1}^{k}\boldsymbol{f}_i^{\mathrm{T}}\boldsymbol{D}^{-1/2}\boldsymbol{L}\boldsymbol{D}^{-1/2}\boldsymbol{f}_i=\sum_{i=1}^{k}(\boldsymbol{F}^{\mathrm{T}}\boldsymbol{L}_{\mathrm{sym}}\boldsymbol{F})_{ii}=\mathrm{tr}(\boldsymbol{F}^{\mathrm{T}}\boldsymbol{L}_{\mathrm{sym}}\boldsymbol{F}) \tag{6.6-32}$$

因此最小化 NCut 切图等价于

$$\underset{A_1,\cdots,A_k}{\arg\min}\ \mathrm{tr}(\boldsymbol{F}^{\mathrm{T}}\boldsymbol{L}_{\mathrm{sym}}\boldsymbol{F})\ \mathrm{s.t.}\ \boldsymbol{F}^{\mathrm{T}}\boldsymbol{F}=1,\ \boldsymbol{H}=\boldsymbol{D}^{-1/2}\boldsymbol{F} \tag{6.6-33}$$

其中 $\boldsymbol{H}$ 形如式（6.6-26）。类似于 RatioCut 切图的处理方式，满足公式的 $\boldsymbol{F}$ 为 $\boldsymbol{L}_{\mathrm{sym}}$ 的最小的 k 个特征值对应的特征向量组成的 $n\times k$ 阶矩阵，因此最小化 NCut 切图就变成了找到 $\boldsymbol{L}_{\mathrm{sym}}$ 的最小的前 k 个特征值以及对应的特征向量。对 $\boldsymbol{F}$ 再做一次传统的聚类方法就可以得到分类结果。

采用全连接法以及归一化的拉普拉斯矩阵的谱聚类的伪代码如算法 6.6-1 所示，在第 1～6 行，算法先按照给定的函数计算相似矩阵，并赋值给邻接矩阵，在第 7～8 行，算法计算拉普拉斯矩阵，并将其归一化；在第 9～10 行，算法计算归一化的拉普拉斯矩阵的前 k 个最小的特征值，将其对应的特征向量赋值给矩阵 $\boldsymbol{F}$；在第 11 行，算法利用 k 均值算法对 $\boldsymbol{F}$ 矩阵进行聚类，然后输出聚类结果。

谱聚类　　**算法 6.6-1**

输入：	样本集 $D=\{\boldsymbol{x}_1,\boldsymbol{x}_2,\cdots,\boldsymbol{x}_m\}$ 计算相似矩阵的函数 预设类的数量 k
输出：	划分的类 $A=\{A_1,A_2,\cdots,A_k\}$
1：	for $i=1$ to m do
2：	for $j=1$ to m do
3：	按照给定的函数计算 s_{ij}
4：	end for
5：	end for
6：	$\boldsymbol{W}=\boldsymbol{S}$
7：	$\boldsymbol{L}=\boldsymbol{D}-\boldsymbol{W}$
8：	$\boldsymbol{L}_{\mathrm{sym}}=\boldsymbol{D}^{-1/2}\boldsymbol{L}\boldsymbol{D}^{-1/2}$
9：	计算 $\boldsymbol{L}_{\mathrm{sym}}$ 的特征值和特征向量
10：	令 $\boldsymbol{F}$ 矩阵为最小的 k 个特征值对应的特征向量组成的 $n\times k$ 阶矩阵
11：	对 $\boldsymbol{F}$ 矩阵按行做标准化，即 $f_{ij}=f_{ij}/(\sum_k f_{ik}{}^2)^{1/2}$
12：	使用 k 均值算法对 $\boldsymbol{F}$ 矩阵聚类（k 均值算法详见算法 6.2-1）

6.6.4 算法应用

用谱聚类算法分割图 6.2-4 所示的钢构件点云数据，相似矩阵的计算方法选用高斯核函数，邻接矩阵的生成方式选用 k 近邻法，选择归一化的拉普拉斯矩阵作为工具，预设类的数量为 4 个，最后采用 k 均值算法对归一化拉普拉斯矩阵的特征向量重新聚类。算法的分类结果如图 6.6-4 所示，每种颜色代表不同的分类结果，可见谱聚类能够将各个构件完整地分割出。与 k 均值算法相比，谱聚类算法的性能更加优越，原因是谱聚类中的拉普拉斯矩阵的变化增强了数据中的集群属性，因此可以轻松地用简单的聚类算法加以分离[12]。

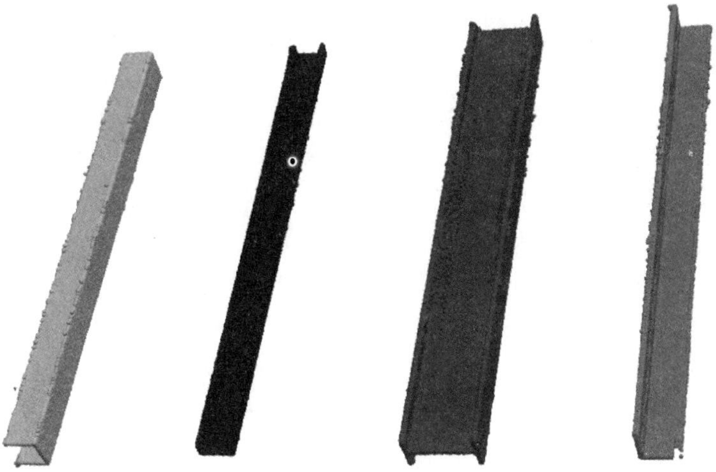

扫码看彩图

图 6.6-4　采用谱聚类分割点云数据的结果

课后习题

1. 用 k 均值算法将图 6.2-4 中的钢构件点云数据分为 4 类。

2. 用 6.3 节中的两种密度聚类算法分别将图 6.2-4 中的钢构件点云数据聚类。

3. 用高斯混合聚类算法将图 6.2-4 中的钢构件点云数据聚类。

4. 用聚合聚类算法将图 6.2-4 中的钢构件点云数据聚类。

5. 用谱聚类算法将图 6.2-4 中的钢构件点云数据聚类。

答案及代码下载说明：

1. 图 6.2-4 中的钢构件点云数据下载网址：http：//www.cqurcsse.com/leix.php?id=17

2. 下载的钢构件的点云数据较大，点的数量较多，建议先进行采样，降低点的数量，再使用聚类算法进行聚类。均匀采样的代码下载网址：http：//www.cqurcsse.com/leix.php? id=17

参考文献

[1] 周志华. 机器学习 [M]. 北京：清华大学出版社，2016.

[2] 思绪无限. k-means 聚类算法详解 [EB/OL].（2018-05-16）[2021-07-26]. https：//blog.csdn.net/qq_32892383/article/details/80107795.

[3] 赵志勇. Python 机器学习算法 [M]. 北京：电子工业出版社，2017.

[4] 雷明. 机器学习原理、算法与应用 [M]. 北京：清华大学出版社，2019.

[5] SKLEARN. Clustering [EB/OL]. [2021-07-26]. https：//scikit-learn.org/stable/modules/clustering.html#clustering

[6] RASMUSSEN，C，WILLIAMS，C. Gaussian processes in machine learning [M].

MIT Press，2006 ：pp. 79-102.

[7] LOTUSNG. [机器学习笔记] 通俗易懂解释高斯混合聚类原理 [EB/OL].（2018-04-18）[2021-07-26]. https：//blog. csdn. net/lotusng/article/details/79990724

[8] MEI Z. 最佳聚类实践：高斯混合模型（GMM）[EB/OL].（2020-06-13）[2021-07-26]. https：//zhuanlan. zhihu. com/p/81255623

[9] JAIN A，MURTY M，FLYNN P. Data clustering：a review [J]. ACM computing surveys（CSUR），1999，31（3）：264-323.

[10] 李航 . 统计学习方法 [M]. 北京：清华大学出版社，2012.

[11] 刘建平 Pinard. 谱聚类（spectral clustering）原理总结 [EB/OL].（2016-12-29）[2021-07-26]. https：//www. cnblogs. com/pinard/p/6221564. html

[12] VON L. A tutorial on spectral clustering [J]. Statistics and computing，2007，17（4）：395-416.

[13] 张贤达 . 矩阵分析与应用 [M]. 2 版 . 北京：清华大学出版社，2013.

第 7 章　分类算法

当前人工智能算法最广泛的应用就是分类，例如图像识别就是一种典型的人工智能分类应用场景。在深度学习未出现之前，神经元感知器、支持向量机和贝叶斯分类器等经典分类算法就得到了广泛的应用，而且神经元感知器等经典分类算法的思想和数学原理也是深度学习的基础。神经元感知器等经典分类算法结构简单，数学过程严密，算法流程也比较简洁。本章对神经元感知器等经典分类算法的构成、数学计算过程、数学原理、训练流程等进行了详细的剖析。通过本章的学习，读者也将为系统学习前馈神经网络和卷积神经网络等深度学习算法奠定良好的基础。

7.1　神经元感知器

7.1.1　感知器模型构成

20 世纪 50 年代，科学家受神经元启发而发明了神经元感知器模型，之后这种模型被广泛运用于图像和数据处理领域。神经元感知器是一种监督学习的二分类学习算法，它是一个典型的线性分类器，其输入数据为某个向量 $\boldsymbol{x}$，输出结果是将 $\boldsymbol{x}$ 分为两类中的哪一类。神经元感知器算法简单且易于实现，是支持向量机和多层人工神经网络等机器学习算法的基础。

神经元感知器是最简单的人工神经网络，是将生物部件进行简单的数学抽象后形成。图 7.1-1 为神经元感知器的构成图，图中的每个圆圈都可以视为一个神经元；其中最左侧一排神经元代表一个输入向量 $\boldsymbol{x}$，每个神经元内都包含一个向量的分量，即这一排神经元的数量等于输入向量的维度。图中，中间的一个神经元是加法器，其中包括一个权重向量 $\boldsymbol{w}$ 和一个偏置标量 b，权重向量 $\boldsymbol{w}$ 的维度与输入向量 $\boldsymbol{x}$ 的维度相同；加法器的功能是将权重向量的转置 $\boldsymbol{w}^{\mathrm{T}}$ 与输入向量 $\boldsymbol{x}$ 相乘后，再与偏置标量 b 相加，得到一个加权和 z。图中最右侧的一个神经元中包含一个激活函数，这个激活函数以 z 为变量，计算出一个激活值，激活值的计算结果只能是 $+1$ 或 -1，代表这个感知器可以将输入向量分为两类，也就是将计算结果为 $+1$ 的样本分为一个类，而将计算结果为 -1 的样本分为另外一个类。

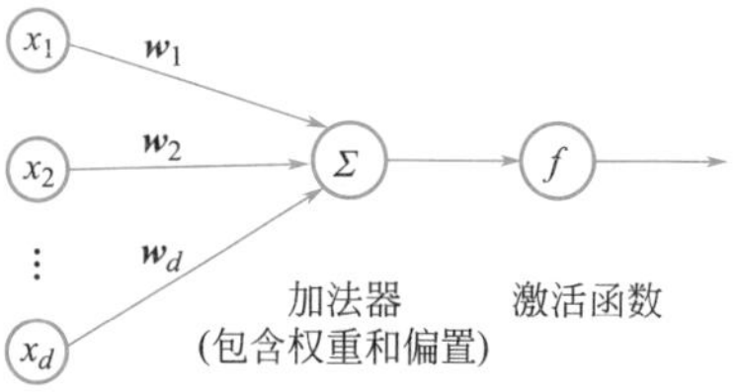

图 7.1-1　神经元感知器的构成图

图 7.1-1 中，加法器神经元与最左边一排输入向量神经元之间的连线，可视为神经元的突触，每个突触上都有一个权重向量的分量，这些分量分别与输入神经元中的向量分量相乘后再相加，然后再加上加法器中的偏置，就得到加权和 z。例如，给定某单个输入向

量 $\boldsymbol{x}=(x_1, \cdots, x_d)^{\mathrm{T}}$，$d$ 为输入向量的维数，则神经元感知器的分类计算公式为：

$$z=\boldsymbol{w}^{\mathrm{T}}\boldsymbol{x}+b \tag{7.1-1}$$

$$t=\operatorname{sign}(z) \tag{7.1-2}$$

上式中，z 为加权和，$\boldsymbol{w}\in R^d$ 为权重向量，$b\in R$ 为偏置标量；t 为计算结果，其值为 $+1$ 或 -1，即 $t\in\{1, -1\}$； sign 为激活函数，公式如下：

$$\operatorname{sign}(z)=\begin{cases}+1, & z\geqslant 0\\ -1, & z<0\end{cases} \tag{7.1-3}$$

上式中，激活值 t 计算结果为 $+1$ 或 -1，其实就是为输入的向量打上一个 $+1$ 或 -1 的分类标签。

由图 7.1-1 及公式（7.1-1）和公式（7.1-2）可见，神经元感知器模型中，包括数据输入、一个加法器、一个激活函数这三部分；神经元感知器可不停读入单个样本数据并进行二分类处理。

神经元感知器的工作流程如下：

(1) 确定一个需要分类的样本集 $T=\{\boldsymbol{x}_1, \cdots, \boldsymbol{x}_n\}$，$\boldsymbol{x}_i$ 为多维向量且 $\boldsymbol{x}_i\in R^d$；

(2) 神经元感知器读取第一个样本 $\boldsymbol{x}_1$（循环开始后读取当前样本 $\boldsymbol{x}_i$），然后根据式（7.1-1），将加法器中包含的权重向量与 $\boldsymbol{x}_1$ 相乘后再与偏置标量 b 相加，得到当前样本的加权和 z；

(3) 将 z 代入激活函数式（7.1-3）中，计算出 $\boldsymbol{x}_1$ 的分类标签 t_1， 完成 $\boldsymbol{x}_1$ 的分类，为方便记录，常将 x_1 增广为 $(\boldsymbol{x}_1, t_1)$， 即为样本向量 $\boldsymbol{x}_1$ 增加一个分量；

(4) 循环，回到步骤（2），继续读取下一个样本，直至完成所有样本的分类计算，得到一个完成分类的样本集 $\hat{T}=\{(\boldsymbol{x}_1, t_1), \cdots, (\boldsymbol{x}_1, t_n)\}$，$t_i\in\{+1, -1\}$。

例如，考虑待分类的样本 $\boldsymbol{x}=(1, 2)^{\mathrm{T}}$，利用神经元感知器，可以通过判断感知器的输出结果来鉴别样本的种类；假设感知器权重向量 $\boldsymbol{w}=(1, -1)^{\mathrm{T}}$， 偏置 $b=-1$，则 $\boldsymbol{w}^{\mathrm{T}}\boldsymbol{x}+b=(1, -1)(1, 2)^{\mathrm{T}}-1=-2$， 则 $\operatorname{sign}(-2)=-1$， 那么可以判断出样本实例 $\boldsymbol{x}$ 的类型为 -1。

7.1.2 感知器模型的学习过程

上一小节中介绍的是一个神经元感知器的构成，以及感知器分类过程中的工作步骤；这个过程中是假定权重向量 $\boldsymbol{w}$ 和偏置标量 b 为已知参数。以图 7.1-2 中的二维情况为例，平面中存在一些样本点，其中已知一条直线将所有样本点划分为两类，直线的方程为：

$$\boldsymbol{w}^{\mathrm{T}}\boldsymbol{x}+b=0 \tag{7.1-4}$$

上式直线方程中的斜率 $\boldsymbol{w}^{\mathrm{T}}$ 和截距 b，就是式（7.1-1）中的权重向量和偏置标量；对于样本点是二维的情况，权重向量为二维，划分样本点的是一条直线；对于

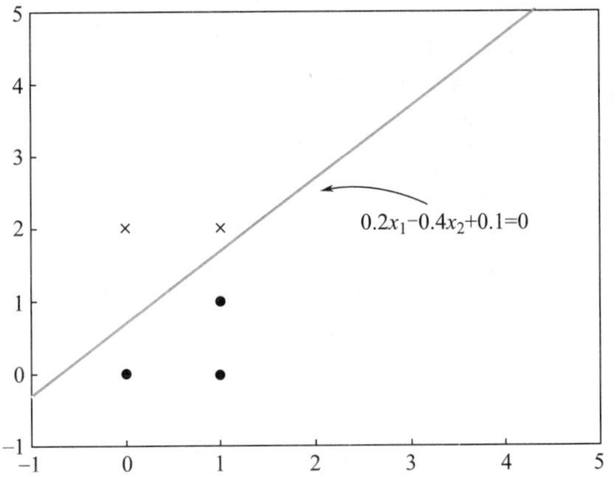

图 7.1-2 超平面划分数据集

样本点是三维的情况，权重向量为三维，划分样本点的是一个平面；对于样本点是四维及以上的情况，划分样本点的不再能用直线或平面描述，则统称其为超平面。

任意给定一组多维向量样本集 $T=\{\boldsymbol{x}_1, \cdots, \boldsymbol{x}_n\}$，如果存在一个超平面，使得 T 中所有样本点只在超平面的上方或下方，没有任何一个样本点落在超平面内，则称 T 是线性可分的；即超平面可将样本集划分为两类，超平面的方程就是式（7.1-4）。将 T 中的样本点 $\boldsymbol{x}_i$ 逐一带入超平面方程式（7.1-4）中，当 $\boldsymbol{w}^{\mathrm{T}}\boldsymbol{x}_i+b>0$ 时，点在超平面上方，由激活函数计算得到分类标签 $t_i=+1$；当 $\boldsymbol{w}^{\mathrm{T}}\boldsymbol{x}_i+b<0$ 时，点在超平面下方，由激活函数计算得到分类标签 $t_i=-1$；最终完成所有样本点的分类计算。

在给定一组数据样本时，我们并不知道这组样本是否线性可分，也就是不知道是否存在一个使得这组样本线性可分的超平面。但我们可以根据需求，先把这组样本人工划分为两类，也就是先给每个给定样本打上一个分类标签+1 或−1；我们希望神经元感知器进行自主学习，从这组给定样本及其标签中学习到一个超平面的方程，也就是通过学习得到超平面方程（7.1-4）中的权重 $\boldsymbol{w}$ 和偏置 b，这样以后再遇到此类新的样本数据时，就可以采用这个学习到的超平面对新样本数据进行分类，且分类的结果规律也趋向于已经打上标签的样本数据。

感知器学习时，初始状态下可先任意给定一个超平面 $\boldsymbol{w}^{*\mathrm{T}}\boldsymbol{x}+b=0$，则对数据集 T 的任意一个被错误分类的样本 $\boldsymbol{x}_i$，其到超平面的距离为 $\dfrac{|\boldsymbol{w}^{*\mathrm{T}}\boldsymbol{x}_i+b|}{\|\boldsymbol{w}^*\|}$（点到平面的距离公式，对于三维空间为 $\dfrac{|Ax_0+By_0+Cz_0+D|}{\sqrt{A^2+B^2+C^2}}$），其中 $\|\boldsymbol{w}^*\|=(\sum_{i=1}^{d}w_i^{*2})^{\frac{1}{2}}$，则其标签 t_i 与到给定超平面距离的乘积总是满足：

$$\frac{-t_i}{\|\boldsymbol{w}^*\|}(\boldsymbol{w}^{*\mathrm{T}}\boldsymbol{x}_i+b)>0 \tag{7.1-5a}$$

式（7.1-5a）成立的原因是，对于任意标签 $t_i=-1$ 的样本（每个样本的标签均已固定），与 t_i 对应的样本为 $\boldsymbol{x}_i$，如果 $\boldsymbol{w}^{*\mathrm{T}}\boldsymbol{x}+b=0$ 这个给定的超平面准确（此时超平面不会对任何样本误分类），则将 $\boldsymbol{x}_i$ 代入 $\boldsymbol{w}^{*\mathrm{T}}\boldsymbol{x}_i+b$ 中应得到 $\boldsymbol{w}^{*\mathrm{T}}\boldsymbol{x}_i+b<0$ 这一结果，则可计算出 $\dfrac{-t_i}{\|\boldsymbol{w}^*\|}(\boldsymbol{w}^{*\mathrm{T}}\boldsymbol{x}_i+b)<0$；但 $\boldsymbol{w}^{*\mathrm{T}}\boldsymbol{x}+b=0$ 这个给定的超平面对 $\boldsymbol{x}_i$ 误分类后，虽然 $t_i=-1$，但将 $\boldsymbol{x}_i$ 代入 $\boldsymbol{w}^{*\mathrm{T}}\boldsymbol{x}_i+b$ 中得到的计算结果是 $\boldsymbol{w}^{*\mathrm{T}}\boldsymbol{x}_i+b>0$，则可进一步计算出 $\dfrac{-t_i}{\|\boldsymbol{w}^*\|}(\boldsymbol{w}^{*\mathrm{T}}\boldsymbol{x}_i+b)>0$。反之，对于任意 $t_i=+1$ 的误分类样本，也可推导出式（7.1-5a）的结果。如果任意给定的超平面恰好可准确分类所有已经打上标签的样本，则找不到满足式（7.1-5a）的任何误分类样本，此时也不需要对权重和偏置参数进行学习了，因为任意给定的超平面已经恰好满足要求了；但这种情况在实践应用中基本不会出现，因为实际应用中样本的数量一般比较大，样本向量的维数也比较多，很难出现这种任意给定一个超平面就能把所有已打上标签样本正确分类的情况。

由于式（7.1-5a）的计算结果大于 0，从而也可写为：

$$\frac{-t_i}{\|\boldsymbol{w}^*\|}(\boldsymbol{w}^{*\mathrm{T}}\boldsymbol{x}_i+b)=\frac{|\boldsymbol{w}^{*\mathrm{T}}\boldsymbol{x}_i+b|}{\|\boldsymbol{w}^*\|} \tag{7.1-5b}$$

所以，数据集中所有误分类点到所求超平面的距离之和 $D(\boldsymbol{w}, b)$ 为

$$\begin{aligned} D(\boldsymbol{w}, b) &= \frac{1}{\|\boldsymbol{w}^*\|}\sum_{\boldsymbol{x}_i \in M} | \boldsymbol{w}^{*\mathrm{T}}\boldsymbol{x}_i + b | \\ &= -\frac{1}{\|\boldsymbol{w}^*\|}\sum_{\boldsymbol{x}_i \in M} t_i(\boldsymbol{w}^{*\mathrm{T}}\boldsymbol{x}_i + b) \end{aligned} \tag{7.1-6}$$

上式中，M 为误分类的样本点集。

可见，神经元感知器输出的分类结果标签用 $+1$ 和 -1，而非 $+1$ 和 0，是因为感知器在学习中，也就是在训练中，还要用这个标签进行计算并判断是否进行了误分类；如果用 0 作为分类标签，则无法通过计算进行判断，因此这是一个人为的设计。

实际应用中，已有样本的数据量往往很大，样本向量的维数也可能比较多，一般找不到一个超平面能够将样本数据严格划分；此时求取任意线性可分数据集的划分超平面问题，就可视为一个优化问题，即优化的目标是找到一个超平面，虽然这个超平面一定能将样本数据严格划分，但可使得所有误分类样本点到超平面的距离之和最小。因此，优化目标函数只需保证在分类过程中，随着误分类样本的减少，目标函数值也相应地减小。根据相关研究，优化过程中可不考虑式（7.1-6）中的 $\frac{1}{\|\boldsymbol{w}^*\|}$，则目标函数可定为：

$$L(\boldsymbol{w}, \boldsymbol{b}) = -\sum_{\boldsymbol{x}_i \in M} t_i(\boldsymbol{w}^{*\mathrm{T}}\boldsymbol{x}_i + b) \tag{7.1-7}$$

针对式（7.1-7）的目标函数，求解中常采用随机梯度下降法。随机梯度下降法不同于梯度下降法（沿负梯度方向搜索极小值），在更新过程中，采用单个误分类样本的梯度代替整体误分类样本的平均梯度进行更新，这样避免了梯度下降法在大样本量时，整体更新误分类样本梯度时计算量过大的缺陷。求解过程中，总是随机选择一个误分类点对其进行梯度下降计算，并不断循环直至所有误分类点均被正确分类。目标函数式（7.1-7）的求解目标是得到 $\boldsymbol{w}^*$ 和 $\boldsymbol{b}$，则梯度计算公式如下：

$$\frac{\partial L(\boldsymbol{w}^*, b)}{\partial \boldsymbol{w}^*} = -\sum_{\boldsymbol{x}_i \in M} t_i \boldsymbol{x}_i \tag{7.1-8a}$$

$$\frac{\partial L(\boldsymbol{w}^*, b)}{\partial b} = -\sum_{\boldsymbol{x}_i \in M} t_i \tag{7.1-8b}$$

因此，按照随机梯度下降法，随机选择一个误分类样本（$\boldsymbol{x}_i$，t_i）进行梯度更新的公式如下：

$$\boldsymbol{w}^{*\mathrm{T}} \leftarrow \boldsymbol{w}^{*\mathrm{T}} + \eta t_i \boldsymbol{x}_i$$

$$b \leftarrow b + \eta t_i$$

上式的赋值，就是将当前的 $\boldsymbol{w}^*$ 和 b 沿负梯度方向进行迭代以求得目标函数最小值；式中 η 定义为学习率，实际上就是一个比例系数，能够反映迭代步长的大小，一般可取值为 $0.01 \sim 0.1$，并需根据计算进行调整；$\eta t_i \boldsymbol{x}_i$ 和 ηt_i 均为迭代步长；上式的作用是将迭代后结果重新赋值给当前的 $\boldsymbol{w}^*$ 和 b。选择误分类样本之后，不断根据 $\boldsymbol{w}^*$ 和 b 的负梯度方向修正划分超平面的位置，最后得到可以划分数据集的超平面。算法模型的训练过程中，迭代流程如下：

(1) 先分别将 $\boldsymbol{w}^{*\mathrm{T}}$ 和 b 初始化为 $\boldsymbol{w}_0^{*\mathrm{T}}$ 和 b_0，其中 $\boldsymbol{w}_0^{*\mathrm{T}}$ 和 b_0 可取任意值，并确定 η；

(2) 随机选择一个 $\boldsymbol{x}_i$，然后将 $\boldsymbol{x}_i$、$\boldsymbol{w}_0^{*\mathrm{T}}$ 和 b_0 代入公式（7.1-5a）中并判断不等式是否成立，如果不成立，则再随机选择一个 $\boldsymbol{x}_j$（$i \neq j$），直到搜索出一个样本 $\boldsymbol{x}_k$ 使得不等式成立；若历遍所有数据样本都没有找到使得不等式成立的 $\boldsymbol{x}_k$，则说明 $\boldsymbol{w}_0^{*\mathrm{T}}$ 和 b_0 已满足条件，算法结束；否则转入下一步；

(3) 将 $\boldsymbol{x}_k$、$\boldsymbol{w}_0^{*\mathrm{T}}$ 和 b_0 代入式（7.1-8a）和（7.1-8b）中进行迭代，求得 $\boldsymbol{w}^{*\mathrm{T}}$ 和 b 新的当前值；转入步骤（2）；

(4) 步骤（2）到步骤（3）循环，直到 $D(\boldsymbol{w}, b)$ 达到容许误差。

算法模型的学习流程和学习过程，见图 7.1-3 和算法 7.1-1。算法模型训练完成后，对于以后新的样本，感知器模型就按照训练好的超平面进行分类。

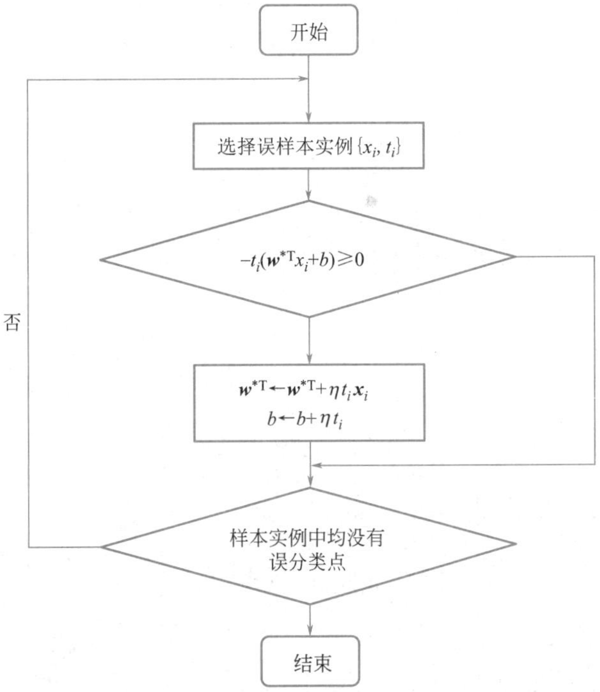

图 7.1-3　超平面划分数据集

神经元感知器学习　　　　**算法 7.1-1**

输入：	训练数据集 T，学习率 η，迭代次数为 N，样本实例个数为 K
输出：	感知器模型参数 $\boldsymbol{w}$，b
1：	初始化：$\boldsymbol{w}^{*\mathrm{T}} \leftarrow \boldsymbol{w}_0^{*\mathrm{T}}$，$b \leftarrow b_0$，flag=false；
2：	**for** $i \leftarrow 1$ to N **do**
3：	选取误样本实例 $\{x_i, t_i\}$；
4：	flag=false；
5：	**if** $-t_i(\boldsymbol{w}^{*\mathrm{T}}\boldsymbol{x}_i + b) \geqslant 0$ **then**
6：	$\boldsymbol{w}^{*\mathrm{T}} \leftarrow \boldsymbol{w}^{*\mathrm{T}} + \eta t_i \boldsymbol{x}_i$；
7：	$\boldsymbol{b} \leftarrow \boldsymbol{b} + \eta t_i$；
8：	End if
9：	**for** $j \leftarrow 1$ to K **do**

10：	若$\{x_j, t_j\}$均不是误分类点，flag=true；
11：	**end for**
12：	**if** flag **then**
13：	**break**
14：	**end if**
15：	**end for**

例 7.1.1 如图 7.1-2 所示，给定两类样本 $X_1 = \{(0, 0)^T, (1, 0)^T, (1, 1)^T\}$，$X_2 = \{(0, 2)^T, (1, 2)^T\}$，其标签分别为 $t_1 = +1$ 和 $t_2 = -1$，确定数据的标签后，即可开始进行感知器的训练。需求解最终由感知器模型确定的划分直线。

解：为便于在计算时将整个算法向量化，首先将训练样本进行增广处理：

$$\hat{X} = \{\hat{x}_0, \hat{x}_1, \hat{x}_2, \hat{x}_3, \hat{x}_4\}$$

$$= \{(0, 0, 1)^T, (1, 0, 1)^T, (1, 1, 1)^T, (0, 2, 1)^T, (1, 2, 1)^T\}$$

此处对向量进行增广处理，将向量增加一个维度，增加的向量分量均为 1；这样做的目的，是因为后面要将权重向量也进行增广处理，将权重向量增加一个维度，新增加的向量分量就是偏置 b。权重向量增广后的形式如下：

$$\hat{w} = (w^T, b)^T$$

取 $\hat{w}$ 的初始值为 $(0, 0, 0)^T$ 且 $\eta = 0.1$，迭代次数设为 1000，依据算法 7.1-1 进行计算，整个迭代过程结果见表 7.1-1。

神经元感知器迭代算例　　　　　　　　　　　　　　　表 7.1-1

迭代次数	误分类点 $\hat{x}$	$\hat{w}$	$-t\hat{w}x$	误分类点损失和
0	$\hat{x}_3$	$(0.1, 0.2, 0.2)$	0.6	0.3
1	$\hat{x}_3$	$(0.1, 0, 0.1)$	0.1	0.3
2	$\hat{x}_0$	$(0.1, -0.2, 0.)$	0	0.9
3	$\hat{x}_2$	$(0.1, -0.2, 0.1)$	0	0
4	$\hat{x}_3$	$(0.2, -0.1, 0.2)$	0	-0.2
5	$\hat{x}_2$	$(0.2, -0.3, 0.1)$	0	0
6	$\hat{x}_4$	$(0.3, -0.2, 0.2)$	0.1	-0.1
7	$\hat{x}_2$	$(0.2, -0.4, 0.1)$	0.1	-0.1
8		$(0.3, -0.3, 0.2)$		0

由表 7.1-1 的误分类点损失和计算结果可见，计算结果并非严格下降，但总体呈逐渐下降趋势。因为随机梯度下降法是根据某单个样本实例计算得到的梯度进行搜索，无法保证损失函数整体在每一步迭代都比上一步迭代得到的结果小，但整体趋势是逐渐收敛于极小值。

7.1.3　学习算法的收敛性

证明感知器学习算法的收敛性[1]，就是要证明算法经过有限次迭代之后能在线性可分的训练集上得到一个划分数据的超平面。为方便推导，对数据向量 $\boldsymbol{x}$ 和权重向量 $\boldsymbol{w}^{\mathrm{T}}$ 进行增广处理量：

$$\begin{aligned}\hat{\boldsymbol{x}} &= (\boldsymbol{x}^{\mathrm{T}},\ 1)^{\mathrm{T}} \\ \hat{\boldsymbol{w}} &= (\boldsymbol{w}^{\mathrm{T}},\ b)^{\mathrm{T}}\end{aligned} \tag{7.1-9}$$

则可得：$\hat{\boldsymbol{w}}^{\mathrm{T}}\hat{\boldsymbol{x}} = \boldsymbol{w}^{\mathrm{T}}\boldsymbol{x} + b$，$\hat{\boldsymbol{w}}^{\mathrm{T}} \in R^{d+1}$，$\hat{\boldsymbol{x}} \in R^{d+1}$

令 $\hat{\boldsymbol{w}}_{k-1}^{\mathrm{T}}$ 为第 $k-1$ 次误分类实例的权重增广向量，则有 $\hat{\boldsymbol{w}}_{k-1}^{\mathrm{T}}\hat{\boldsymbol{x}}_i < \mathbf{0}$，且满足：

$$\hat{\boldsymbol{w}}_k^{\mathrm{T}} = \hat{\boldsymbol{w}}_{k-1}^{\mathrm{T}} + \eta t_i \hat{\boldsymbol{x}}_i \tag{7.1-10}$$

令 Q 为训练集中最大的数据向量模：

$$Q = \max_{1 \leqslant i \leqslant N} \| \hat{\boldsymbol{x}}_i \| \tag{7.1-11}$$

则可得扩充权重向量的上界：

$$\begin{aligned}\| \hat{\boldsymbol{w}}_k^{\mathrm{T}} \|^2 &= \| \hat{\boldsymbol{w}}_{k-1}^{\mathrm{T}} + \eta t_i \hat{\boldsymbol{x}}_i \|^2 \\ &= \| \hat{\boldsymbol{w}}_{k-1}^{\mathrm{T}} \|^2 + \| \eta t_i \hat{\boldsymbol{x}}_i \|^2 + 2\eta t_i \hat{\boldsymbol{w}}_{k-1}^{T} \hat{\boldsymbol{x}}_i \\ &\leqslant \| \hat{\boldsymbol{w}}_{k-1}^{\mathrm{T}} \|^2 + \eta^2 Q^2 \quad （误分类点：t_i \hat{\boldsymbol{w}}_{k-1}^{\mathrm{T}} \hat{\boldsymbol{x}}_i > 0） \\ &\leqslant \| \hat{\boldsymbol{w}}_{k-1}^{\mathrm{T}} \|^2 + 2\eta^2 Q^2 \\ &\cdots \\ &\leqslant \mathrm{k}\eta^2 Q^2\end{aligned} \tag{7.1-12}$$

为得到所求划分超平面的下界，一般存在某个超平面能正确划分数据集，记作 $\hat{\boldsymbol{w}}^* \hat{\boldsymbol{x}} = 0$，且因为这是齐次线性方程，权重系数单位化后方程仍成立，单位化后 $\| \hat{\boldsymbol{w}}^* \| = 1$，这样 $\forall \boldsymbol{x}_i \in T$，均有 $t_i(\hat{\boldsymbol{w}}^{*\mathrm{T}} \cdot \hat{\boldsymbol{x}}_i) > 0$；从而必定存在 $\gamma = \min_{\{1 \leqslant i \leqslant n\}} \{t_i(\hat{\boldsymbol{w}}^{*\mathrm{T}} \cdot \hat{\boldsymbol{x}}_i)\} > 0$，使得对于所有 $\hat{\boldsymbol{x}}_i$，$t_i(\hat{\boldsymbol{w}}^{*\mathrm{T}} \cdot \hat{\boldsymbol{x}}_i) \geqslant \gamma$ 均成立，则有：

$$\begin{aligned}\hat{\boldsymbol{w}}_k^{\mathrm{T}} \cdot \hat{\boldsymbol{w}}^{*\mathrm{T}} &= \hat{\boldsymbol{w}}_{k-1}^{\mathrm{T}} \cdot \hat{\boldsymbol{w}}^{*\mathrm{T}} + \eta t_i \hat{\boldsymbol{w}}^{*\mathrm{T}} \cdot \hat{\boldsymbol{x}}_i \\ &\geqslant \hat{\boldsymbol{w}}_{k-1}^{\mathrm{T}} \cdot \hat{\boldsymbol{w}}^{*\mathrm{T}} + \eta\gamma = \hat{\boldsymbol{w}}_{k-2}^{\mathrm{T}} \cdot \hat{\boldsymbol{w}}^{*\mathrm{T}} + \eta t_i \hat{\boldsymbol{w}}^{*\mathrm{T}} \cdot \hat{\boldsymbol{x}}_i + \eta\gamma \\ &\geqslant \hat{\boldsymbol{w}}_{k-2}^{\mathrm{T}} \cdot \hat{\boldsymbol{w}}^{*\mathrm{T}} + 2\eta\gamma + \\ &\cdots \\ &\geqslant k\eta\gamma\end{aligned} \tag{7.1-13}$$

综合式（7.1-10）和式（7.1-11）可得 $k\eta\gamma \leqslant \hat{\boldsymbol{w}}_k^{\mathrm{T}} \cdot \hat{\boldsymbol{w}}^{*\mathrm{T}} \leqslant \| \hat{\boldsymbol{w}}_{\mathrm{k}}^{\mathrm{T}} \| \| \hat{\boldsymbol{w}}^{*\mathrm{T}} \| \leqslant \sqrt{k}\,\eta Q$，于是可进一步得到：

$$k \leqslant \left(\frac{Q}{\gamma}\right)^2 \tag{7.1-14}$$

因此，在线性可分的训练集上经过有限次迭代之后可以得到目标模型。

7.2 支持向量机

支持向量机（Support Vector Machine，SVM）是采用监督学习方式对数据进行二元分类的简单分类器。对于线性可分的数据，常采用硬间隔和软间隔最大化方法进行分类；对于线性不可分数据，则通过核方法进行分类。SVM 的泛化能力强，计算效率高，计算原理清晰；但 SVM 对参数或核函数敏感，一般仅用于数据的二分类情况[2]。适用数据类型为数值型和标称型数据。数值型数据在无限的数据集中取具体数值，标称型数据在有限的数据集中取“真”或“假”两种值。

7.2.1 间隔与支持向量

以下为学习 SVM 需要掌握的基本概念[2]：

• 线性可分（linear separability）：可通过一条直线将一组二维数据划分为两组。

• 划分超平面（hyperplane）：指二维数据线性可分的拓展；例如，对于三维数据，其线性划分工具是一个平面；对于 n 维数据，其线性划分工具是一个 $n-1$ 维的超平面。

• 支持向量（support vector）：靠近划分超平面的数据点。

• 间隔（margin）：靠近划分超平面的数据点到超平面的最短距离。

如图 7.2-1 所示，对于任意给定的一个线性可分的训练样本集 $\boldsymbol{D}=\{(\boldsymbol{x}_1, y_1), (\boldsymbol{x}_2, y_2), \cdots, (\boldsymbol{x}_m, y_m)\}$，$y_i \in \{-1, +1\}$，可将该样本集划分为两组的直线有很多。

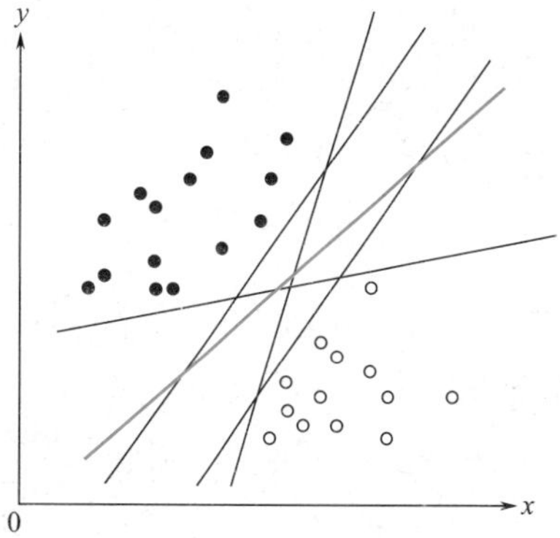

图 7.2-1 存在多个划分超平面将两类训练样本分开

在实际问题的处理过程中，我们常希望找到一个容错性好、鲁棒性和泛化能力强最佳划分方案，当新的样本数据加入数据集中时，这个划分方案仍有最好的适用性。如图 7.2-1 中的蓝色粗实线比所有黑色细实线划分效果都好，因此可预计新样本加入时其适用性最佳。

划分超平面可采用如下线性方程描述：

$$\boldsymbol{w}^{\mathrm{T}}\boldsymbol{x}+b=0 \tag{7.2-1}$$

其中 $\boldsymbol{w}=(w_1, w_2, \cdots, w_d)$ 为法向量，决定超平面方向；b 为位移项，通常可理解为截距，决定了超平面与原点之间的距离。用 $(\boldsymbol{w}, b)$ 确定唯一超平面；假设 $\boldsymbol{x}$ 在超平面的投影为 $\boldsymbol{x}'$，则 $\boldsymbol{w}^{\mathrm{T}}\boldsymbol{x}'+b=0$，法向量 $\boldsymbol{w}$ 与 $\boldsymbol{x}-\boldsymbol{x}'$ 平行，则

$$|\boldsymbol{w}^{\mathrm{T}}(\boldsymbol{x}-\boldsymbol{x}')|=\sqrt{w_1^2+w_2^2+\cdots w_d^2}\cdot\|\boldsymbol{x}-\boldsymbol{x}'\|=\|\boldsymbol{w}\|\cdot r \tag{7.2-2}$$

样本空间中任意点 $\boldsymbol{x}$ 到超平面 $(\boldsymbol{w}, b)$ 的距离为：

$$r=\frac{|\boldsymbol{w}^{\mathrm{T}}(\boldsymbol{x}-\boldsymbol{x}')|}{\|\boldsymbol{w}\|}=\frac{|\boldsymbol{w}^{\mathrm{T}}\boldsymbol{x}+b|}{\|\boldsymbol{w}\|} \tag{7.2-3}$$

设超平面 $(\boldsymbol{w}, b)$ 可将训练样本正确分类，即对于 $(x_i, y_i)\in\boldsymbol{D}$，若 $y_i=+1$，则 $\boldsymbol{w}^{\mathrm{T}}\boldsymbol{x}_i+b>0$；若 $y_i=-1$，则有 $\boldsymbol{w}^{\mathrm{T}}\boldsymbol{x}_i+b<0$。若 $\boldsymbol{w}^{\mathrm{T}}\boldsymbol{x}_i+b=\pm1$ 也可使样本正确分类，则通过松弛表达，可使下式成立：

$$\begin{cases}\boldsymbol{w}^{\mathrm{T}}\boldsymbol{x}_i+b\geqslant+1, & y_i=+1;\\ \boldsymbol{w}^{\mathrm{T}}\boldsymbol{x}_i+b\leqslant-1, & y_i=-1;\end{cases} \tag{7.2-4}$$

该式可简写为 $y_i(\boldsymbol{w}^{\mathrm{T}}\boldsymbol{x}_i+b)\geqslant1$。类别标签采用 -1 和 $+1$，是为方便数学处理。

如图 7.2-2 所示，靠近超平面的几个能使式（7.2-4）成立的训练样本点被称为支持向量，两个异类支持向量到超平面的距离之和被称为间隔。

间隔实际上就等于两个异类支持向量的差在 $\boldsymbol{w}$ 上的投影，即：

$$\gamma=\frac{|\boldsymbol{w}^{\mathrm{T}}(\boldsymbol{x}_+-\boldsymbol{x}_-)|}{\|\boldsymbol{w}\|} \tag{7.2-5}$$

式中 $\boldsymbol{x}_+$ 和 $\boldsymbol{x}_-$ 分别代表正负支持向量，即两超平面 $\boldsymbol{w}^{\mathrm{T}}\boldsymbol{x}_i+b=\pm 1$ 上的点；由式（7.2-4）知

$$\begin{cases}\boldsymbol{w}^{\mathrm{T}}\boldsymbol{x}_+ + b = 1, & y_i=+1\\ \boldsymbol{w}^{\mathrm{T}}\boldsymbol{x}_- + b = -1, & y_i=-1\end{cases} \tag{7.2-6}$$

推出：

$$\begin{cases}\boldsymbol{w}^{\mathrm{T}}\boldsymbol{x}_+ = 1-b\\ \boldsymbol{w}^{\mathrm{T}}\boldsymbol{x}_- = -1-b\end{cases} \tag{7.2-7}$$

将式（7.2-7）代入式（7.2-5）可得：

$$\gamma=\frac{|1-b-(-1-b)|}{\|\boldsymbol{w}\|}=\frac{2}{\|\boldsymbol{w}\|} \tag{7.2-8}$$

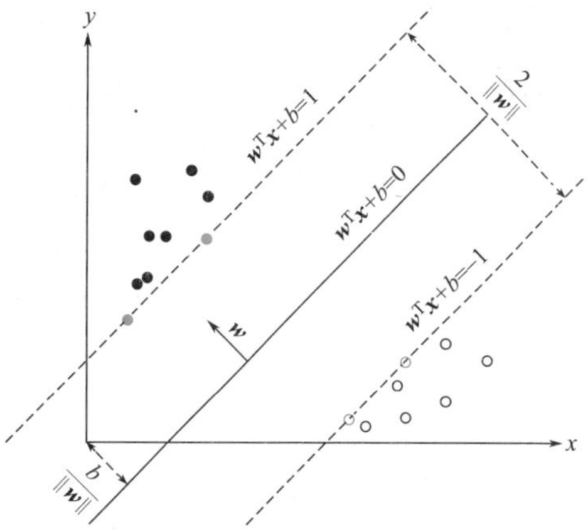

图 7.2-2　支持向量与间隔[3]

式（7.2-8）即为间隔公式，此间隔称为硬间隔[4]。

SVM 的基本型为寻找最大间隔的划分超平面，也就是寻找合适满足式（7.2-4）中约束的参数 $\boldsymbol{w}$ 和 b，使得 γ 最大，即：

$$\begin{aligned}&\max_{\boldsymbol{w},b}\frac{2}{\|\boldsymbol{w}\|}\\ &\text{s.t. } y_i(\boldsymbol{w}^{\mathrm{T}}\boldsymbol{x}_i+b)\geqslant 1,\ i=1,2,\cdots,m\end{aligned} \tag{7.2-9}$$

为最大化间隔，仅需最大化 $\|\boldsymbol{w}\|^{-1}$，等价于最小化 $\|\boldsymbol{w}\|^2$，因此式（7.2-9）可重写为

$$\begin{aligned}&\min_{\boldsymbol{w},b}\frac{1}{2}\|\boldsymbol{w}\|^2\\ &\text{s.t. } y_i(\boldsymbol{w}^{\mathrm{T}}\boldsymbol{x}_i+b)\geqslant 1,\ i=1,2,\cdots,m\end{aligned} \tag{7.2-10}$$

该问题为含有不等式约束的凸二次规划问题，可对其使用拉格朗日乘子法求解，详见下一节。

7.2.2　对偶问题与 SMO 算法

式（7.2-10）得到最大间隔划分超平面对应的模型是

$$f(x)=\boldsymbol{w}^{\mathrm{T}}\boldsymbol{x}+b \tag{7.2-11}$$

对于该凸二次规划问题，采用拉格朗日乘子法可得到其“对偶问题”。对式（7.2-10）的各项约束添加拉格朗日乘子 $\alpha_i\geqslant 0$，则该问题的拉格朗日函数为

$$L(\boldsymbol{w},b,\boldsymbol{\alpha})=\frac{1}{2}\|\boldsymbol{w}\|^2+\sum_{i=1}^{m}\alpha_i(1-y_i(\boldsymbol{w}^{\mathrm{T}}\boldsymbol{x}_i+b)) \tag{7.2-12}$$

其中 $\boldsymbol{\alpha}=(\alpha_1,\alpha_2,\cdots,\alpha_m)$。

若样本点满足式（7.2-10）的约束条件，则 $\sum_{i=1}^{m}\alpha_i(1-y_i(\boldsymbol{w}^{\mathrm{T}}\boldsymbol{x}_i+b))<0$，当 $L(\boldsymbol{w},b,\boldsymbol{\alpha})$ 取最大值时为原函数本身。所以原约束问题可表述为：

$$\min_{\boldsymbol{w},b}\max_{\boldsymbol{\alpha}}L(\boldsymbol{w},b,\boldsymbol{\alpha})=p^* \tag{7.2-13}$$

上式需求解 $\boldsymbol{w}$ 和 b 的方程，过程复杂。我们利用拉格朗日函数的对偶性，将最大最小值计算的位置交换，上式变为：

$$\max_{\boldsymbol{\alpha}} \min_{\boldsymbol{w},\, b} L(\boldsymbol{w},\ b,\ \boldsymbol{\alpha}) = d^{*} \tag{7.2-14}$$

若使 $p^{*}=d^{*}$ 成立，上述过程需要满足 KKT 条件，即要求

$$\begin{cases} \alpha_i \geqslant 0 \\ y_i f(\boldsymbol{x}_i) - 1 \geqslant 0 \\ \alpha_i (y_i f(\boldsymbol{x}_i) - 1) = 0 \end{cases} \tag{7.2-15}$$

令 $L(\boldsymbol{w},\ b,\ \boldsymbol{\alpha})$ 对 $\boldsymbol{w}$ 和 b 的偏导为零可得

$$\boldsymbol{w} = \sum_{i=1}^{m} \alpha_i y_i \boldsymbol{x}_i \tag{7.2-16}$$

$$0 = \sum_{i=1}^{m} \alpha_i y_i \tag{7.2-17}$$

将式（7.2-16）代入式（7.2-12），可消去 $L(\boldsymbol{w},\ b,\ \boldsymbol{\alpha})$ 中的 $\boldsymbol{w}$ 和 b。此时考虑式（7.2-17）的约束条件则有[5]

$$\begin{aligned} \min_{w,\, b} L(\boldsymbol{w},\ b,\ \boldsymbol{\alpha}) &= \frac{1}{2}\|\boldsymbol{w}\|^2 + \sum_{i=1}^{m} \alpha_i (1 - \boldsymbol{w}^{\mathrm{T}} \boldsymbol{x}_i y_i) \\ &= \sum_{i=1}^{m} \alpha_i + \frac{1}{2}\|\boldsymbol{w}\|^2 - \boldsymbol{w}^{\mathrm{T}} \sum_{i=1}^{m} \alpha_i \boldsymbol{x}_i y_i \\ &= \sum_{i=1}^{m} \alpha_i + \frac{1}{2}\|\boldsymbol{w}\|^2 - \boldsymbol{w}^{\mathrm{T}} \boldsymbol{w} \\ &= \sum_{i=1}^{m} \alpha_i - \frac{1}{2}\|\boldsymbol{w}\|^2 \\ &= \sum_{i=1}^{m} \alpha_i - \frac{1}{2} \sum_{i=1}^{m} \sum_{j=1}^{m} \alpha_i \alpha_j y_i y_j \boldsymbol{x}_i^{\mathrm{T}} \boldsymbol{x}_j \end{aligned} \tag{7.2-18}$$

最终式（7.2-10）的对偶问题表示为

$$\begin{aligned} &\max_{\alpha} \sum_{i=1}^{m} \alpha_i - \frac{1}{2} \sum_{i=1}^{m} \sum_{j=1}^{m} \alpha_i \alpha_j y_i y_j \boldsymbol{x}_i^{\mathrm{T}} \boldsymbol{x}_j \\ &\text{s. t.} \sum_{i=1}^{m} \alpha_i y_i = 0 \\ &\alpha_i \geqslant 0,\ i=1,\ 2,\ \cdots,\ m \end{aligned} \tag{7.2-19}$$

解出 $\boldsymbol{\alpha}$ 后，可求出 $\boldsymbol{w}$ 与 b 得到模型

$$\begin{aligned} f(\boldsymbol{x}) &= \boldsymbol{w}^{\mathrm{T}} \boldsymbol{x} + b \\ &= \sum_{i=1}^{m} \alpha_i y_i \boldsymbol{x}_i^{\mathrm{T}} \boldsymbol{x} + b \end{aligned} \tag{7.2-20}$$

从对偶问题解出的 α_i 是式（7.2-19）中的拉格朗日乘子，它对应训练样本（$\boldsymbol{x}_i$，y_i）。对于该训练样本，若 $\alpha_i=0$，则不会在公式（7.2-20）中的求和项中出现，换而言之，它不影响模型的训练，若 $\alpha_i>0$，则 $y_i f(\boldsymbol{x}_i)=1$，即该样本一定在最大间隔边界上，是一个支持向量。

因此，实际上 SVM 的最终模型只与支持向量有关。

式（7.2-19）需要在目标函数极小化时求出由 m 个变量组成的向量 $\boldsymbol{\alpha}$，该过程极为复杂，为避免由训练样本集过大而造成的庞大计算开销，可以采用 Platt 提出的序列最小优

化（Sequential Minimal Optimization，SMO）算法[6] 进行计算。

SMO 算法的基本思路是每次选择优化两个变量 α_i 和α_j，固定其他参数。再求解 α_i 和 α_j 上的极值，并更新 α_i 和 α_j。在参数初始化后，SMO 算法迭代该步骤直至收敛。

两个参数的选取规则为：第一个变量选择违反 KKT 条件最严重的变量，第二个变量选择一个使目标函数值增长最快的变量。选取的两变量所对应的样本之间间隔最大。

于是，SMO 算法将一个复杂的多变量问题简化为多次二变量优化问题。由于其余参数都视为常量，可以直接简化目标函数，式（7.2-19）中的目标优化函数可重写为[7]

$$\begin{aligned}
&\max_{\alpha_i,\ \alpha_j}\sum_{k=1}^{m}\alpha_k-\frac{1}{2}\sum_{k=1}^{m}\sum_{l=1}^{m}\alpha_k\alpha_l y_k y_l \boldsymbol{x}_k^{\mathrm{T}}\boldsymbol{x}_l\\
&=\sum_{k\neq i,\ j}^{m}\alpha_k+\alpha_i+\alpha_j\\
&\quad-\frac{1}{2}(\alpha_1\boldsymbol{x}_1y_1+\cdots+\alpha_i\boldsymbol{x}_iy_i+\cdots+\alpha_j\boldsymbol{x}_jy_j+\cdots+\alpha_m\boldsymbol{x}_my_m)^2 \qquad (7.2\text{-}21)\\
&=\alpha_i+\alpha_j-\alpha_i^2\frac{1}{2}y_i^2\boldsymbol{x}_i^{\mathrm{T}}\boldsymbol{x}_i-\alpha_j^2\frac{1}{2}y_j^2\boldsymbol{x}_j^{\mathrm{T}}\boldsymbol{x}_j-\alpha_i\alpha_jy_iy_j\boldsymbol{x}_i^{\mathrm{T}}\boldsymbol{x}_j\\
&\quad-\alpha_iy_i\boldsymbol{x}_i\sum_{k\neq i,\ j}^{m}\alpha_ky_k\boldsymbol{x}_k^{\mathrm{T}}-\alpha_jy_j\boldsymbol{x}_j\sum_{k\neq i,\ j}^{m}\alpha_ky_k\boldsymbol{x}_k^{\mathrm{T}}
\end{aligned}$$

约束条件可重写为

$$\begin{aligned}
&\text{s.t.}\ \alpha_iy_i+\alpha_jy_j=-\sum_{k\neq i,\ j}^{m}\alpha_ky_k=\zeta\\
&\alpha_i\geqslant 0,\ \alpha_j\geqslant 0
\end{aligned} \qquad (7.2\text{-}22)$$

接下来，我们用

$$\alpha_iy_i+\alpha_jy_j=\zeta \qquad (7.2\text{-}23)$$

消去式（7.2-21）中的变量 α_i，即 $\alpha_j=\zeta y_j-\alpha_iy_iy_j$，令 $k_{ij}=x_i^{\mathrm{T}}x_j$，得到关于 α_i 的单变量二次规划问题

$$\begin{aligned}
&\max_{\alpha_i}(\alpha_i+\zeta y_j-\alpha_iy_iy_j)-\frac{1}{2}k_{ii}\alpha_i^2-\frac{1}{2}k_{jj}(\zeta-\alpha_iy_i)^2\\
&-\alpha_iy_ik_{ij}(\zeta-\alpha_iy_i)-\alpha_iy_i\sum_{k\neq i,\ j}^{m}\alpha_ky_kk_{ki} \qquad (7.2\text{-}24)\\
&-(\zeta-\alpha_iy_i)\sum_{k\neq i,\ j}^{m}\alpha_ky_kk_{kj}
\end{aligned}$$

此时仅有的约束是 $\alpha_i\geqslant 0$。求解单变量二次规划问题即可高效地计算出更新后的 α_i 和 α_j。

确定 $\boldsymbol{\alpha}$ 后即可计算偏移项 b。注意到对任意支持向量 $(\boldsymbol{x}_s,\ y_s)$ 都有 $y_sf(\boldsymbol{x}_s)=1$，即

$$y_s\left(\sum_{i\in S}\alpha_iy_i\boldsymbol{x}_i^{\mathrm{T}}\boldsymbol{x}_s+b\right)=1 \qquad (7.2\text{-}25)$$

其中 $\boldsymbol{S}=\{i\mid\alpha_i>0,\ i=1,\ 2,\ \cdots,\ m\}$ 为所有支持向量的下标集。可以使用所有支持向量求解的平均值作为 b

$$b=\frac{1}{|S|}\sum_{s\in\boldsymbol{S}}\left(1/y_s-\sum_{s\in\boldsymbol{S}}\alpha_iy_i\boldsymbol{x}_i^{\mathrm{T}}\boldsymbol{x}_s\right) \qquad (7.2\text{-}26)$$

7.2.3 软间隔

1. 软间隔与正则化

上一节假设样本都是标准线性可分的，但现实任务的样本往往不够标准。

对于近似于线性可分的问题，支持向量机允许在一些样本上出错。为此，需要引入软间隔的概念，如图 7.2-3 所示。

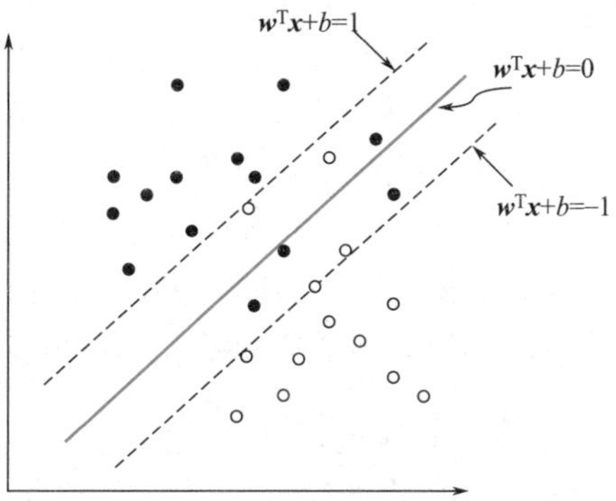

图 7.2-3 软间隔示意图

软间隔允许某些样本不满足约束

$$y_i(\boldsymbol{w}^{\mathrm{T}}\boldsymbol{x}_i+b)\geqslant 1 \tag{7.2-27}$$

但是在最大化间隔的同时，要求不满足约束的样本尽可能的少。优化目标可写为

$$\min_{\boldsymbol{w},\ b}\frac{1}{2}\|\boldsymbol{w}\|^2+C\sum_{i=1}^{m}\ell_{0/1}(y_i(\boldsymbol{w}^{\mathrm{T}}\boldsymbol{x}_i+b)-1) \tag{7.2-28}$$

其中 $C>0$ 是一个事先指定的常数，$\ell_{0/1}$ 是“0/1 损失函数”。

$$\ell_{0/1}(z)=\begin{cases}1, & if\ z<0\\ 0, & otherwise\end{cases} \tag{7.2-29}$$

C 越大，则 $C\sum_{i=1}^{m}\ell_{0/1}(y_i(\boldsymbol{w}^{\mathrm{T}}\boldsymbol{x}_i+b)-1)$ 对于取值的占比越大，此时为了使目标函数最小，会尽可能使 $\ell_{0/1}(y_i(\boldsymbol{w}^{\mathrm{T}}\boldsymbol{x}_i+b)-1)$ 趋近于 0，因此违反约束条件的样本越少。当 C 无穷大时，式（7.2-28）迫使所有的样本均满足约束（7.2-27），于是式（7.2-28）等价于式（7.2-10）；当 C 取有限值时，式（7.2-28）允许某些样本不满足约束。

然而，$\ell_{0/1}$ 非凸、非连续的数学性质，导致式（7.2-28）直接求解困难。于是，通常用一些其他函数来代替 $\ell_{0/1}$，称为替代损失。替代损失函数一般具有较好的数学性质，如他们通常是凸的连续函数且是 $\ell_{0/1}$ 的上界。常用的三种替代损失函数如下：

hinge 损失：
$$\ell_{\text{hinge}}(z)=\max(0,\ 1-z) \tag{7.2-30}$$

指数损失：
$$\ell_{\exp}(z)=\exp(-z) \tag{7.2-31}$$

对率损失：
$$\ell_{\log}(z)=\log(1+\exp(-z)) \tag{7.2-32}$$

若采用 hinge 损失，则式（7.2-28）变成

$$\min_{\boldsymbol{w},\ b}\frac{1}{2}\|\boldsymbol{w}\|^2+C\sum_{i=1}^{m}\max(0,\ 1-y_i(\boldsymbol{w}^{\mathrm{T}}\boldsymbol{x}_i+b)) \tag{7.2-33}$$

引入松弛变量 $\xi_i\geqslant 0$，可将式（7.2-33）重写为

$$\min_{\boldsymbol{w},\ b,\ \xi_i}\frac{1}{2}\|\boldsymbol{w}\|^2+C\sum_{i=1}^{m}\xi_i \tag{7.2-34}$$

这就是常用的软间隔支持向量机。

式（7.2-34）中的每个样本都有一个对应的松弛变量，用以表征该样本不满足约束（7.2-27）的程度。与式（7.2-10）相似，这仍是一个二次规划问题。于是，通过拉格朗日乘子法可得到式（7.2-34）的拉格朗日函数

$$L(\boldsymbol{w}, b, \boldsymbol{\alpha}, \boldsymbol{\xi}, \boldsymbol{\mu}) = \frac{1}{2}\|\boldsymbol{w}\|^2 + C\sum_{i=1}^{m}\xi_i + \sum_{i=1}^{m}\alpha_i(1-\xi_i - y_i(\boldsymbol{w}^{\mathrm{T}}\boldsymbol{x}_i + b)) - \sum_{i=1}^{m}\mu_i\xi_i \tag{7.2-35}$$

其中$\alpha_i \geqslant 0$，$\mu_i \geqslant 0$是拉格朗日乘子。

令$L(\boldsymbol{w}, b, \boldsymbol{\alpha}, \boldsymbol{\xi}, \boldsymbol{\mu})$对$w$，$b$，$\xi_i$的偏导为零可得

$$\boldsymbol{w} = \sum_{i=1}^{m}\alpha_i y_i \boldsymbol{x}_i \tag{7.2-36}$$

$$0 = \sum_{i=1}^{m}\alpha_i y_i \tag{7.2-37}$$

$$C = \alpha_i + \mu_i \tag{7.2-38}$$

将式（7.2-36）到式（7.2-38）代入式（7.2-35）即可得到式（7.2-34）的对偶问题

$$\begin{aligned}&\max_{\alpha}\sum_{i=1}^{m}\alpha_i - \frac{1}{2}\sum_{i=1}^{m}\sum_{j=1}^{m}\alpha_i\alpha_j y_i y_j \boldsymbol{x}_i^{\mathrm{T}}\boldsymbol{x}_j\\ &\text{s. t.} \sum_{i=1}^{m}\alpha_i y_i = 0,\\ &0 \leqslant \alpha_i \leqslant C,\ i=1,\ 2,\ \cdots,\ m\end{aligned} \tag{7.2-39}$$

将式（7.2-39）与硬间隔下的对偶问题对比可看出，两者唯一的区别在于：前者的约束条件是$0 \leqslant \alpha_i \leqslant C$，后者是$0 \leqslant \alpha_i$，所以同样可采用7.2.2小节中的方式来求解式（7.2-39）。

与式（7.2-15）类似，软间隔支持向量机的KKT条件要求如下

$$\begin{cases}\alpha_i \geqslant 0,\ \mu_i \geqslant 0\\ y_i f(\boldsymbol{x}_i) - 1 + \xi_i \geqslant 0\\ \alpha_i(y_i f(\boldsymbol{x}_i) - 1 + \xi_i) = 0\\ \xi_i \geqslant 0,\ \mu_i\xi_i = 0\end{cases} \tag{7.2-40}$$

对于任意的训练样本$(\boldsymbol{x}_i, y_i)$，总有$\alpha_i = 0$或者$y_i f(\boldsymbol{x}_i) - 1 + \xi_i = 0$。若$\alpha_i = 0$，则该样本不会对$f(\boldsymbol{x})$有任何影响。若$\alpha_i > 0$，必有$y_i f(\boldsymbol{x}_i) - 1 + \xi_i = 0$，即$y_i f(\boldsymbol{x}_i) = 1 - \xi_i$，此时该样本为支持向量。由于$C = \alpha_i + \mu_i$，若$\alpha_i < 0$，则$\mu_i > 0$，根据式（7.2-38）知$\xi_i = 0$，即该样本恰好落在最大间隔的边界上；若$\alpha_i = C$，则$\mu_i = 0$，此时若$\xi_i \leqslant 1$，则该样本在最大间隔内部，若$\xi_i > 1$则样本分类错误。

将式（7.2-28）中的0/1损失函数换成别的替代损失函数可得到其他学习模型，这些模型的性质与所用的替代函数直接相关，但这些模型优化目标中的第一项都是用来描述划分超平面的间隔大小，另一项$\sum_{i=1}^{m}\ell(f(\boldsymbol{x}_i), y_i)$则用来表示训练集上的误差，因此可将优化问题的一般形式表示为

$$\min_{f}\ \Omega(f) + C\sum_{i=1}^{m}\ell(f(\boldsymbol{x}_i, y_i)) \tag{7.2-41}$$

其中$\Omega(f)$称为结构风险，用于描述模型f的某些特性；第二项$\sum_{i=1}^{m}l(f(\boldsymbol{x}_i), y_i)$称为经验风险，用于描述模型与训练数据的契合程度；$C$用于对二者进行折中。从经验风险最

小化的角度来看，$\Omega(f)$ 表示希望获得具有何种性质的模型，有助于削减假设空间，降低最小化训练误差的过拟合风险。从这个角度来说，式（7.2-41）称为正则化问题，$\Omega(f)$ 称为正则化项，C 称为正则化常数。L_p 范数是常用的正则化项，其中 L_2 范数 $\|\boldsymbol{w}\|_2$ 倾向于 $\boldsymbol{w}$ 的分量取值尽量均衡，即非零分量个数尽量稠密，而 L_0 范数 $\|\boldsymbol{w}\|_0$ 和 L_1 范数 $\|\boldsymbol{w}\|_1$ 则倾向于 $\boldsymbol{w}$ 的分量尽量稀疏，即非零分量个数尽量少。

2. 软间隔条件下 SMO 算法的变化

由于在软间隔条件下的约束条件变为 $C \geqslant \alpha_i \geqslant 0$，因此使用 SMO 算法时需要对约束条件做出调整。

SMO 算法依然是将一个复杂的优化算法转简化为二变量优化问题，式（7.2-21）的约束条件重写为

$$\begin{aligned} \text{s.t.}\ \alpha_i y_i + \alpha_j y_j = -\sum_{k \neq i,\ j}^{m} \alpha_k y_k = \zeta \\ C \geqslant \alpha_i \geqslant 0,\ C \geqslant \alpha_j \geqslant 0 \end{aligned} \tag{7.2-42}$$

如图 7.2-4 所示，上述约束条件可进行图形化表达，由于 y_i，y_j 的取值为 1 或 −1，则 α_i 和 α_j 只能在 [0，C] 和 [0，C] 形成矩形区域内，且两者的关系直线斜率仅为 1 或 −1：

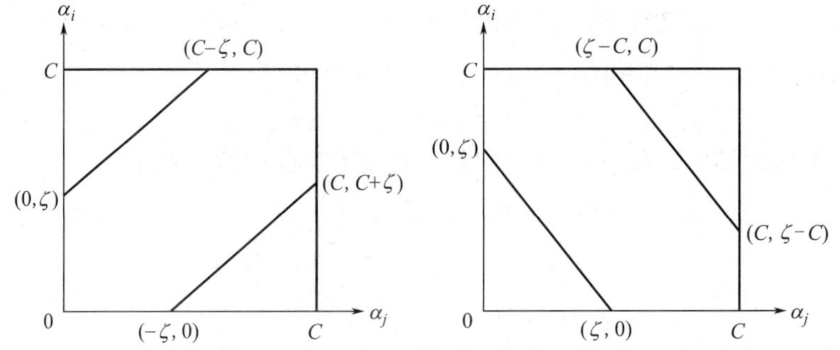

图 7.2-4　约束条件示意图

将二变量优化问题进一步简化为对单变量 α_i 的优化，由于 α_i 和 α_j 的关系被限制在矩形区域的一条线段上，更新后的 α_i 必须满足图中的线段约束。假设 L 和 H 分别是图中 α_i 所在线段的边界，则

$$L \leqslant \alpha_i \leqslant H \tag{7.2-43}$$

对于 L 和 H，若限制条件如左图，即 $y_i \neq y_j$，$\zeta = \alpha_i - \alpha_j$，$k > 0$，则

$$\begin{aligned} L &= \max(0,\ \alpha_i - \alpha_j) \\ H &= \min(C,\ C + \alpha_i - \alpha_j) \end{aligned} \tag{7.2-44}$$

若限制条件如右图，即 $y_i = y_j$，$\zeta = a_i + a_j$，$k < 0$，则

$$\begin{aligned} L &= \max(0,\ \alpha_i + \alpha_j - C) \\ H &= \min(C,\ \alpha_i + \alpha_j) \end{aligned} \tag{7.2-45}$$

接着使用 $\alpha_i y_i + \alpha_j y_j = \zeta$ 消去变量 α_j，则得到一个关于 α_i 的单变量二次规划问题[7]。

7.2.4　核函数

对于实际问题，并不一定存在能将原始样本空间正确划分为二元分类的超平面，如

图 7.2-5 所示的情形。

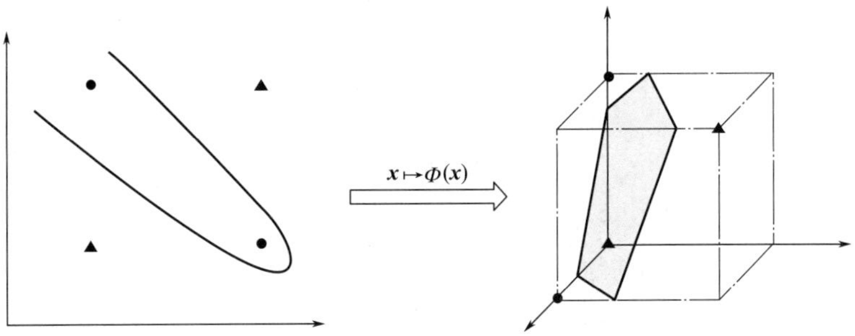

图 7.2-5　二维向三维映射示意图

对于这种问题，可使用核函数将训练样本从原始空间映射到一个更高维的空间，使得样本在这个空间中线性可分。如图 7.2-5 中，将原始的二维空间映射到三维空间，就能找到一个合适的划分超平面。若原始空间维度有限，那么一定存在一个高维特征空间是样本可分。可以将核函数想象成一个包装器，它能把数据从某个很难处理的形式转换为较容易处理的形式。

令 $\boldsymbol{\Phi}(\boldsymbol{x})$ 表示将 $\boldsymbol{x}$ 映射后的特征向量，在特征空间中，划分超平面所对应的模型可表示为：

$$f(x)=\boldsymbol{w}^{\mathrm{T}}\boldsymbol{\Phi}(\boldsymbol{x})+b \tag{7.2-46}$$

其中 $\boldsymbol{w}$ 和 b 是模型参数。此时，式（7.2-10）可以表示为

$$\begin{aligned}&\min_{\boldsymbol{w},\ b}\frac{1}{2}\|\boldsymbol{w}\|^2\\&\text{s. t. } y_i(\boldsymbol{w}^{\mathrm{T}}\boldsymbol{\Phi}(\boldsymbol{x})+b)\geqslant 1,\ i=1,\ 2,\ \cdots,\ m\end{aligned} \tag{7.2-47}$$

对偶问题表示为

$$\begin{aligned}&\max_{\alpha}\sum_{i=1}^{m}\alpha_i-\frac{1}{2}\sum_{i=1}^{m}\sum_{j=1}^{m}\alpha_i\alpha_j y_i y_j\boldsymbol{\Phi}(x_i)^{\mathrm{T}}\boldsymbol{\Phi}(x_j)\\&\text{s. t. }\sum_{i=1}^{m}\alpha_i y_i=0,\\&\alpha_i\geqslant 0,\ i=1,\ 2,\ \cdots,\ m\end{aligned} \tag{7.2-48}$$

求解式（7.2-48）涉及计算 $\boldsymbol{\Phi}(\boldsymbol{x}_i)^{\mathrm{T}}\boldsymbol{\Phi}(\boldsymbol{x}_j)$，这是样本 $\boldsymbol{x}_i$ 与 $\boldsymbol{x}_j$ 映射到特征空间之后的内积。由于特征空间维度可能很高，直接计算通常非常困难。可以设置这样一个函数：

$$\kappa(\boldsymbol{x}_i,\ \boldsymbol{x}_j)=<\boldsymbol{\Phi}(\boldsymbol{x}_i),\ \boldsymbol{\Phi}(\boldsymbol{x}_j)>=\boldsymbol{\Phi}(\boldsymbol{x}_i)^{\mathrm{T}}\boldsymbol{\Phi}(\boldsymbol{x}_j) \tag{7.2-49}$$

即 $\boldsymbol{x}_i$ 与 $\boldsymbol{x}_j$ 在特征空间的内积等于它们在原始样本空间中通过函数 $\kappa(.,.)$ 计算的结果，只涉及实例和实例之间的内积，所以不需要显式地指定非线性变换，这样就不必直接计算高维特征空间中的内积。则式（7.2-48）可以重写为

$$\begin{aligned}&\max_{\alpha}\sum_{i=1}^{m}\alpha_i-\frac{1}{2}\sum_{i=1}^{m}\sum_{j=1}^{m}\alpha_i\alpha_j y_i y_j\kappa(\boldsymbol{x}_i,\ \boldsymbol{x}_j)\\&\text{s. t. }\sum_{i=1}^{m}\alpha_i y_i=0,\\&\alpha_i\geqslant 0,\ i=1,\ 2,\ \cdots,\ m\end{aligned} \tag{7.2-50}$$

求解后得到

$$\begin{aligned} f(\boldsymbol{x}) &= \boldsymbol{w}^{\mathrm{T}}\Phi(\boldsymbol{x})+b \\ &= \sum_{i=1}^{m}\alpha_i y_i \Phi(\boldsymbol{x}_i)^{\mathrm{T}}\Phi(\boldsymbol{x})+b \\ &= \sum_{i=1}^{m}\alpha_i y_i \kappa(\boldsymbol{x},\ \boldsymbol{x}_i)+b \end{aligned} \tag{7.2-51}$$

这里的函数 $\kappa(.,\ .)$ 就是核函数。式（7.2-51）显示出模型最优解可通过训练样本的核函数展开，被称为支持向量展式。

定理 7.2.1（核函数） 令 χ 表示输入空间，$\kappa(.,\ .)$ 是定义在 $\chi\times\chi$ 上的对称函数，则 κ 是核函数当且仅当对任意数据 $\boldsymbol{D}=\{\boldsymbol{x}_1,\ \boldsymbol{x}_2,\ \cdots,\ \boldsymbol{x}_m\}$，核矩阵 $\boldsymbol{K}$ 为半正：

$$\boldsymbol{K}=\begin{bmatrix} \kappa(\boldsymbol{x}_1,\ \boldsymbol{x}_1)\cdots\kappa(\boldsymbol{x}_1,\ \boldsymbol{x}_j)\cdots\kappa(\boldsymbol{x}_1,\ \boldsymbol{x}_m) \\ \vdots \qquad\qquad \vdots \qquad\qquad \vdots \\ \kappa(\boldsymbol{x}_i,\ \boldsymbol{x}_1)\cdots\kappa(\boldsymbol{x}_i,\ \boldsymbol{x}_j)\cdots\kappa(\boldsymbol{x}_i,\ \boldsymbol{x}_m) \\ \vdots \qquad\qquad \vdots \qquad\qquad \vdots \\ \kappa(\boldsymbol{x}_m,\ \boldsymbol{x}_1)\cdots\kappa(\boldsymbol{x}_m,\ \boldsymbol{x}_j)\cdots\kappa(\boldsymbol{x}_m,\ \boldsymbol{x}_m) \end{bmatrix} \tag{7.2-52}$$

即对于任意长度为 m 的向量 $\boldsymbol{x}$，$\boldsymbol{x}^{\mathrm{T}}\boldsymbol{K}\boldsymbol{x}\geqslant 0$ 恒成立。

定理 7.2.1 表明，只要一个对称函数所对应的核矩阵半正定，就能作为核函数使用。事实上，对于一个半正定核矩阵，总能找到一个与之对应的映射 Φ。任何一个核函数都隐式地定义了一个称为再生核希尔伯特空间的特征空间。

常见的核函数有如表 7.2-1 所示。

常用核函数　　　表 7.2-1

名称	表达式	参数
线性核	$\kappa(\boldsymbol{x}_i,\boldsymbol{x}_j)=\boldsymbol{x}_i^{\mathrm{T}}\boldsymbol{x}_j$	
多项式核	$\kappa(\boldsymbol{x}_i,\boldsymbol{x}_j)=(\boldsymbol{x}_i^{\mathrm{T}}\boldsymbol{x}_j)^d$	$d\geqslant 1$ 为多项式的次数
高斯核	$\kappa(\boldsymbol{x}_i,\boldsymbol{x}_j)=\exp(-\frac{\Vert\boldsymbol{x}_i-\boldsymbol{x}_j\Vert^2}{2\sigma^2})$	$\sigma\geqslant 0$ 为高斯核的带宽
拉普拉斯核	$\kappa(\boldsymbol{x}_i,\boldsymbol{x}_j)=\exp(-\frac{\Vert\boldsymbol{x}_i-\boldsymbol{x}_j\Vert}{\sigma})$	$\sigma\geqslant 0$
sigmoid 核	$\kappa(\boldsymbol{x}_i,\boldsymbol{x}_j)=\tanh(\beta\boldsymbol{x}_i^{\mathrm{T}}\boldsymbol{x}_j+\theta)$	tanh 为双曲正切函数，$\beta>0,\theta<0$

此外，核函数还可以通过函数组合得到，例如：

- 若 κ_1，κ_2 为核函数，则对于任意正数 γ_1，γ_2，其线性组合也是核函数

$$\boldsymbol{x}_{i+1}=(a\cdot\boldsymbol{x}_i+b)\bmod m \tag{7.2-53}$$

- 若 κ_1，κ_2 为核函数，则核函数的直积也是核函数

$$\kappa_1\otimes\kappa_2(\boldsymbol{x},\ \boldsymbol{z})=\kappa_1(\boldsymbol{x},\ \boldsymbol{z})\kappa_2(\boldsymbol{x},\ \boldsymbol{z}) \tag{7.2-54}$$

- 若 κ_1 为核函数，则对于任意函数 $g(\boldsymbol{x})$ 也是核函数

$$\kappa(\boldsymbol{x},\ \boldsymbol{z})=g(\boldsymbol{x})\kappa_1(\boldsymbol{x},\ \boldsymbol{z})g(\boldsymbol{z}) \tag{7.2-55}$$

7.2.5 支持向量回归

给定训练样本 $\boldsymbol{D}=\{(\boldsymbol{x}_1,\ y_1),\ (\boldsymbol{x}_2,\ y_2),\ \cdots,\ (\boldsymbol{x}_m,\ y_m)\}$，$y_i\in\boldsymbol{R}$，希望得到一个

形如式（7.2-11）的回归模型，使得 $f(\boldsymbol{x})$ 与 y 尽可能接近，$\boldsymbol{w}$ 和 b 是待确定的模型参数。

对与任意样本（$\boldsymbol{x}$，y），传统的回归模型通常基于模型输出 $f(\boldsymbol{x})$ 与真实输出 y 之间的差别来计算损失，当且仅当 $f(\boldsymbol{x})$ 与 y 完全相同时，损失才为零。与此不同，支持向量回归（Support Vector Regression，SVR）假设能容忍 $f(\boldsymbol{x})$ 与 y 之间最多有 ε 的偏差，即仅当 $f(\boldsymbol{x})$ 与 y 之间的差别绝对值大于 ε 时才计算损失。如图 7.2-6 所示，这相当于以 $f(\boldsymbol{x})$ 为中心，建立一个宽度为 2ε 的间隔带，若训练样本落入此间隔带，则被认为是预测正确的。

于是，SVR 问题可形式化为

$$\min_{\boldsymbol{w},b} \frac{1}{2}\|\boldsymbol{w}\|^2 + C\sum_{i=1}^{m} \ell_{\varepsilon}(f(\boldsymbol{x}_i) - y_i) \tag{7.2-56}$$

其中 C 为正则化常数，ℓ_{ε} 是图 7.2-7 所示的 ε-不敏感损失函数

$$\ell_{\varepsilon}(z) = \begin{cases} 0, & if\ |z| \leqslant \varepsilon \\ |z| - \varepsilon, & otherwise \end{cases} \tag{7.2-57}$$

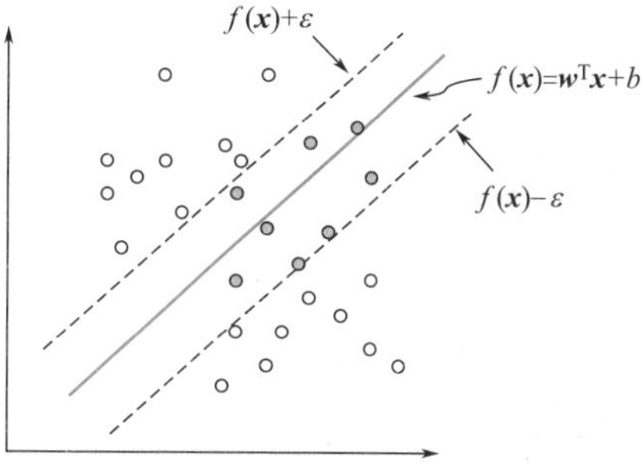

图 7.2-6　支持向量回归示意图

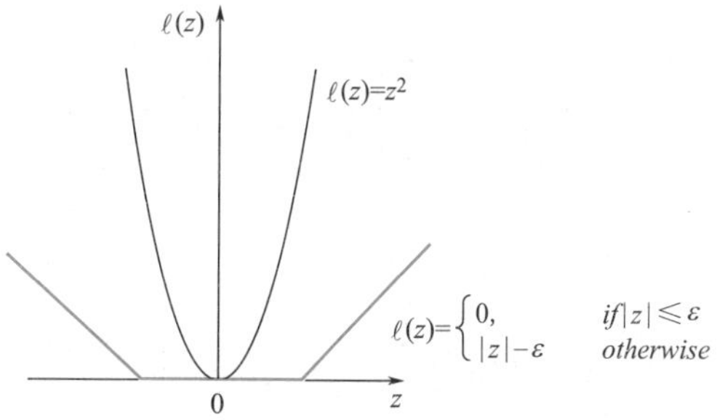

图 7.2-7　ε-不敏感损失函数

引入松弛变量 ξ_i 和 $\hat{\xi}_i$，可将式（7.2-56）重写为

$$\begin{aligned} &\min_{\boldsymbol{w},b,\xi_i,\hat{\xi}_i} \frac{1}{2}\|\boldsymbol{w}\|^2 + C\sum_{i=1}^{m}(\xi_i + \hat{\xi}_i) \\ &\text{s.t.}\ f(\boldsymbol{x}_i) - y_i \leqslant \in + \xi_i, \\ &\quad y_i - f(\boldsymbol{x}_i) \leqslant \in + \hat{\xi}_i, \\ &\quad \xi_i \geqslant 0,\ \hat{\xi}_i \geqslant 0,\ i = 1, 2, \cdots, m \end{aligned} \tag{7.2-58}$$

类似式（7.2-35），引入拉格朗日乘子 $\mu_i \geqslant 0$，$\hat{\mu}_i \geqslant 0$，$\alpha_i \geqslant 0$，$\hat{\alpha}_i \geqslant 0$，由拉格朗日乘子法可得到式（7.2-58）的拉格朗日函数

$$\begin{aligned} &L(\boldsymbol{w}, b, \boldsymbol{\alpha}, \hat{\boldsymbol{\alpha}}, \boldsymbol{\xi}, \hat{\boldsymbol{\xi}}, \boldsymbol{\mu}, \hat{\boldsymbol{\mu}}) \\ &= \frac{1}{2}\|\boldsymbol{w}\|^2 + C\sum_{i=1}^{m}(\xi_i + \hat{\xi}_i) - \sum_{i=1}^{m}\mu_i\xi_i - \sum_{i=1}^{m}\hat{\mu}_i\hat{\xi}_i \\ &\quad + \sum_{i=1}^{m}\alpha_i(f(\boldsymbol{x}_i) - y_i - \in - \xi_i) + \sum_{i=1}^{m}\hat{\alpha}_i(y_i - f(\boldsymbol{x}_i) - \in - \hat{\xi}_i) \end{aligned} \tag{7.2-59}$$

将式（7.2-11）代入，再令 $L(\boldsymbol{w}, b, \boldsymbol{\alpha}, \hat{\boldsymbol{\alpha}}, \boldsymbol{\xi}, \hat{\boldsymbol{\xi}}, \boldsymbol{\mu}, \hat{\boldsymbol{\mu}})$ 对 $\boldsymbol{w}$，b，ξ_i 和 $\hat{\xi}_i$ 的偏导为零可得

$$\boldsymbol{w} = \sum_{i=1}^{m}(\hat{\alpha}_i - \alpha_i)x_i \tag{7.2-60}$$

$$0=\sum_{i=1}^{m}(\hat{\alpha}_i-\alpha_i) \tag{7.2-61}$$

$$C=\alpha_i+\mu_i \tag{7.2-62}$$

$$C=\hat{\alpha}_i+\hat{\mu}_i \tag{7.2-63}$$

将式（7.2-60）～式（7.2-63）代入式（7.2-59），即可得到 SVR 的对偶问题

$$\begin{aligned}\max_{\boldsymbol{\alpha},\ \hat{\boldsymbol{\alpha}}}&\sum_{i=1}^{m}y_i(\hat{\alpha}_i-\alpha_i)-\varepsilon(\hat{\alpha}_i+\alpha_i)\\&-\frac{1}{2}\sum_{i=1}^{m}\sum_{j=1}^{m}(\hat{\alpha}_i-\alpha_i)(\hat{\alpha}_j-\alpha_j)\boldsymbol{x}_i^{\mathrm{T}}\boldsymbol{x}_j\\\text{s. t. }&\sum_{i=1}^{m}(\hat{\alpha}_i-\alpha_i)=0,\\&0\leqslant\alpha_i,\ \hat{\alpha}_i\leqslant C\end{aligned} \tag{7.2-64}$$

上述过程满足 KKT 条件，则要求

$$\begin{cases}\alpha_i(f(\boldsymbol{x}_i)-y_i-\varepsilon-\xi_i)=0\\\hat{\alpha}_i(y_i-f(\boldsymbol{x}_i)-\varepsilon-\hat{\xi}_i)=0\\\alpha_i\hat{\alpha}_i=0,\ \xi_i\hat{\xi}_i=0\\(C-\alpha_i)\xi_i=0,\ (C-\hat{\alpha}_i)\hat{\xi}_i=0\end{cases} \tag{7.2-65}$$

可以看出，当且仅当 $f(\boldsymbol{x}_i)-y_i-\varepsilon-\xi_i=0$ 时 α_i 能取非零值，当且仅当 $y_i-f(\boldsymbol{x}_i)-\varepsilon-\hat{\xi}_i=0$ 时 $\hat{\alpha}_i$ 能取非零值。换言之，仅当样本（$\boldsymbol{x}_i$，y_i）不落入 ε-间隔带中，相应的 α_i 和 $\hat{\alpha}_i$ 才能取非零值。此外，约束 $f(\boldsymbol{x}_i)-y_i-\varepsilon-\xi_i=0$ 和 $y_i-f(\boldsymbol{x}_i)-\varepsilon-\hat{\xi}_i=0$ 不能同时成立，因此 α_i 和 $\hat{\alpha}_i$ 中至少有一个为零。

将式（7.2-60）代入式（7.2-11），则 SVR 的解形如

$$f(x)=\sum_{i=1}^{m}(\hat{\alpha}_i-\alpha_i)\boldsymbol{x}_i^{\mathrm{T}}\boldsymbol{x}+b \tag{7.2-66}$$

能使式（7.2-66）中的 $(\hat{a}_i-a_i)\neq 0$ 的样本即为 SVR 的支持向量，且必落在 ε-间隔带之外。显然，SVR 的支持向量仅是训练样本的一部分，即其解仍具有稀疏性。

由示（7.2-65）可看出，对每个样本（$\boldsymbol{x}_i$，y_i）都有 $(C-\alpha_i)\xi_i=0$ 且 $\alpha_i(f(\boldsymbol{x}_i)-y_i-\varepsilon-\xi_i)=0$。在得到 α_i 后，若 $0<\alpha_i<C$，则必有 $\xi_i=0$，进而有

$$b=y_i+\in-\sum_{j=1}^{m}(\hat{\alpha}_j-\alpha_j)\boldsymbol{x}_j^{\mathrm{T}}\boldsymbol{x}_i \tag{7.2-67}$$

因此，在求解式（7.2-64）得到 α_i 后，理论上来说，可任意选择满足 $0<\alpha_i<C$ 的样本通过式（7.2-67）求得 b。实践中可采用 7.2.2 节提到的方法，选取多个满足条件 $0<\alpha_i<C$ 的样本求解 b 后取平均值。

若考虑特征映射形式（7.2-46），则相应的式（7.2-60）将形如

$$\boldsymbol{w}=\sum_{i=1}^{m}(\hat{\alpha}_i-\alpha_i)\Phi(\boldsymbol{x}_i) \tag{7.2-68}$$

将式（7.2-68）代入式（7.2-46），则 SVR 可表示为

$$f(\boldsymbol{x})=\sum_{i=1}^{m}(\hat{\alpha}_i-\alpha_i)\kappa(\boldsymbol{x},\ \boldsymbol{x}_i)+b \tag{7.2-69}$$

其中 $k(\boldsymbol{x}_i, \boldsymbol{x}_j)=\Phi(\boldsymbol{x}_i)^{\mathrm{T}}\Phi(\boldsymbol{x}_j)$ 为核函数。

7.2.6 核方法

回顾式（7.2-51）和式（7.2-69）可发现，给定训练样本 $\{(\boldsymbol{x}_1, y_1), (\boldsymbol{x}_2, y_2), \cdots, (\boldsymbol{x}_m, y_m)\}$，若不考虑偏移项 b，则无论 SVM 还是 SVR，学得的模型总能表示成核函数 $\kappa(\boldsymbol{x}, \boldsymbol{x}_i)$ 的线性组合。不仅如此，事实上还有被称为表示定理的一般性结论：

定理 7.2.2（表示定理） 令 H 为核函数 κ 对应的再生核希尔伯特空间，$\|h\|_H$ 表示 H 空间中关于 h 的范数，对于任意单调递增函数 Ω：$[0, \infty]\mapsto R$ 和任意非负损失函数 ℓ：$R^m\mapsto[0, \infty]$，优化问题为

$$\min_{h\in H}F(h)=\Omega(\|h\|_H)+\ell(h(\boldsymbol{x}_1), h(\boldsymbol{x}_2), \cdots, h(\boldsymbol{x}_m)) \tag{7.2-70}$$

其解总可写为

$$h^*(\boldsymbol{x})=\sum_{i=1}^{m}\alpha_i\kappa(\boldsymbol{x}, \boldsymbol{x}_i) \tag{7.2-71}$$

表示定理对损失函数没有限制，对正则化项 Ω 仅要求单调递增，甚至不要求 Ω 凸函数，意味着对于一般的损失函数和正则化项，优化问题（7.2-70）的最优解 $h^*(\boldsymbol{x})$ 都可表示为核函数 $\kappa(\boldsymbol{x}, \boldsymbol{x}_i)$ 的线性组合。

这一系列基于核函数的学习方法，统称为核方法。通过“核化”将线性判别分析拓展为非线性学习器，从而得到核线性判别分析（KLDA）。

先假设可通过某种映射 Φ：$\chi\mapsto F$ 将样本映射到一个特征空间 F，然后在 F 中执行线性判别分析，以求得

$$h(\boldsymbol{x})=w^{\mathrm{T}}\Phi(\boldsymbol{x}) \tag{7.2-72}$$

由线性判别分析需要最大化目标可知，KLDA 的学习目标是

$$\max_{w}J(\boldsymbol{w})=\frac{\boldsymbol{w}^{\mathrm{T}}S_b^{\Phi}\boldsymbol{w}}{\boldsymbol{w}^{\mathrm{T}}S_w^{\Phi}\boldsymbol{w}} \tag{7.2-73}$$

其中 S_b^{Φ} 和 S_w^{Φ} 分别为训练样本在特征空间 F 中的类间散度矩阵和类内散度矩阵。令 X_i 表示第 $i\in\{0, 1\}$ 类样本的集合，其样本数为 m_i；总样本数 $m=m_0+m_1$。第 i 类样本在特征空间 F 的均值为

$$\mu_i^{\Phi}=\frac{1}{m}\sum_{x\in X_i}\Phi(\boldsymbol{x}) \tag{7.2-74}$$

两个散度矩阵分别为

$$S_b^{\Phi}=(\mu_1^{\Phi}-\mu_0^{\Phi})(\mu_1^{\Phi}-\mu_0^{\Phi})^{\mathrm{T}} \tag{7.2-75}$$

$$S_w^{\Phi}=\sum_{i=0}^{1}\sum_{x\in X_i}(\Phi(\boldsymbol{x})-\mu_i^{\Phi})(\Phi(\boldsymbol{x})-\mu_i^{\Phi})^{\mathrm{T}} \tag{7.2-76}$$

由于通常难以知道映射 Φ 的具体形式，可以使用函数 $\kappa(\boldsymbol{x}, \boldsymbol{x}_i)=\Phi(\boldsymbol{x}_i)^{\mathrm{T}}\Phi(\boldsymbol{x})$ 来隐式地表达这个映射和特征空间 F。把 $J(\boldsymbol{w})$ 作为式（7.2-70）中的损失函数 ℓ，再令 $\Omega\equiv 0$，由表示定理，函数 $h(\boldsymbol{x})$ 可写为

$$h(\boldsymbol{x})=\sum_{i=1}^{m}\alpha_i\kappa(\boldsymbol{x}, \boldsymbol{x}_i) \tag{7.2-77}$$

于是由式（7.2-72）可得

$$\boldsymbol{w}=\sum_{i=1}^{m}\alpha_i\Phi(\boldsymbol{x}_i) \tag{7.2-78}$$

令 $\boldsymbol{K}\in R^{m\times m}$ 为核函数 κ 所对应的矩阵，$(K)_{ij}=\kappa(\boldsymbol{x}_i, \boldsymbol{x}_j)$。令 $1_i\in\{1, 0\}^{m\times 1}$ 为第 i 类样本的指示向量，即 1_i 的第 j 个分量为 1 当且仅当 $\boldsymbol{x}_j\in X_i$，否则 1_i 的第 j 个分量为 0。再令

$$\hat{\mu}_0=\frac{1}{m_0}\boldsymbol{K}1_0 \tag{7.2-79}$$

$$\hat{\mu}_1=\frac{1}{m_1}\boldsymbol{K}1_1 \tag{7.2-80}$$

$$M=(\hat{\mu}_0-\hat{\mu}_1)(\hat{\mu}_0-\hat{\mu}_1)^{\mathrm{T}} \tag{7.2-81}$$

$$N=\boldsymbol{K}\boldsymbol{K}^{\mathrm{T}}-\sum_{i=0}^{1}m_i\hat{\mu}_i\hat{\mu}_i^{\mathrm{T}} \tag{7.2-82}$$

于是，式（7.2-73）等价为

$$\max_{\boldsymbol{\alpha}}J(\boldsymbol{\alpha})=\frac{\boldsymbol{\alpha}^{\mathrm{T}}M\boldsymbol{\alpha}}{\boldsymbol{\alpha}^{\mathrm{T}}N\boldsymbol{\alpha}} \tag{7.2-83}$$

显然，使用线性判别分析求解方法即可得到 $\boldsymbol{\alpha}$，从而可由式（7.2-77）得到投影函数 $h(\boldsymbol{x})$。

7.3 逻辑回归

7.3.1 分类依据

逻辑回归也称为对数几率回归、逻辑斯谛回归等，是一种经典的有监督分类算法，其基本思想是通过类别已知的数据回归出一个分类边界，利用边界将数据分成两类。

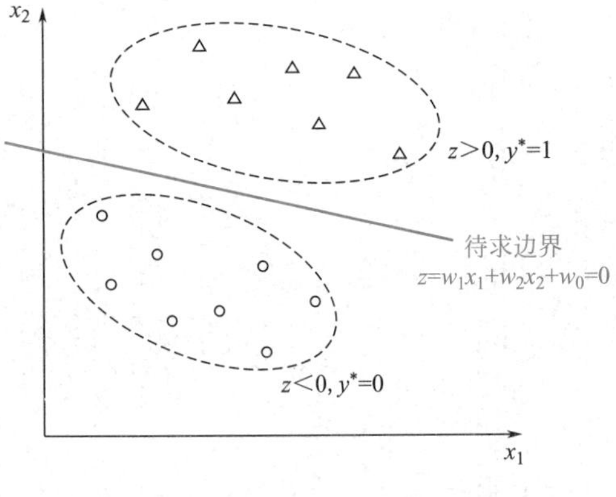

图 7.3-1 二维数据的分类

以图 7.3-1 所示的二维数据为例，数据的标签（即数据的类别）已知，用 $y*$ 表示数据的标签。圆形数据标签为 0，三角形数据标签为 1。处理目标是找到能够将数据分到两边的一条直线 $z=w_0+w_1x_1+w_2x_2=W^{\mathrm{T}}X$，将标签为 1 的数据代入直线方程，其输出值大于 0，反之则小于 0。使用 y 表示输出标签，则有

$$y=\begin{cases}0 & z<0\\ 0.5 & z=0\\ 1 & z>0\end{cases} \tag{7.3-1}$$

式（7.3-1）称为“单位阶跃函数”[8]，其值域不连续，所以 y 不可微。但后续求解直线方程时的迭代优化过程（如使用梯度下降法求解）需对 y 求导，因此式（7.3-1）不能满足要求。逻辑回归中，采用一条连续可微的线代替式（7.3-1），即逻辑函数，其方程为

$$y=\frac{1}{1+e^{-z}} \tag{7.3-2}$$

式（7.3-2）也是 sigmoid 函数，sigmoid 函数在机器学习领域应用很广泛，它将 z 值转化成介于 0 到 1 之间的数，并且在 $z=0$ 附近变化剧烈[8]。概率的取值也位于 0 到 1 之间，所以可将逻辑函数计算得到的 y 值看成概率，以 0.5 为界，将数据分为正例和反例，正例概率趋近于 1，反例概率趋近于 0。因此可以将式（7.3-2）的计算结果 y 看成该数据为正例的概率，$1-y$ 视为数据为反例的概率，即

$$y=P(Y=1 \mid x)=\frac{1}{1+e^{-z}}=\frac{e^{z}}{1+e^{z}}=\frac{e^{\boldsymbol{W}^{T}\boldsymbol{X}}}{1+e^{\boldsymbol{W}^{T}\boldsymbol{X}}} \tag{7.3-3}$$

$$1-y=P(Y=0 \mid x)=1-P(Y=1 \mid x)=\frac{1}{1+e^{\boldsymbol{W}^{T}\boldsymbol{X}}} \tag{7.3-4}$$

根据计算结果将数据归到概率值较大的那一类。这样处理的好处是不仅能得到某一个数据的所属类别，还能得到该数据属于该类别的概率，这对于一些利用概率辅助决策的任务很有用[8]。

7.3.2 损失函数

为进行直线方程的求解，对给定标签的数据进行训练，找到一组合适的参数，使模型对正例做出高概率估算（y 接近 1），对反例做出低概率估算（y 接近 0）[9]。对给定的训练数据集 $\boldsymbol{T}=\{(x_1, y_1^*)^T, (x_2, y_2^*)^T, \cdots, (x_N, y_N^*)^T\}$，其中 $y_i^* \in \{0, 1\}$，对于单个实例，其损失函数为

$$c(W)=\begin{cases}-\log(y), & y^*=1\\ -\log(1-y), & y^*=0\end{cases} \tag{7.3-5}$$

当模型给出错误的类别标签（正例的概率接近 0 或者反例的概率接近 1），那么损失函数的值将会非常大。反过来，当模型给出正确的类别标签，损失函数的值接近 0。将式（7.3-5）中的两个公式整合成一个单独的表达式：

$$c(W)=-y^*\log(y)-(1-y^*)\log(1-y) \tag{7.3-6}$$

整个训练集的损失函数为所有样本损失值的平均值：

$$J(W)=-\frac{1}{N}\sum_{i=1}^{N}[y_i^*\log(y_i)+(1-y_i^*)\log(1-y_i)] \tag{7.3-7}$$

式（7.3-7）称为 log 损失函数，为凸函数，可通过梯度下降等方法找到全局最小值[9]。损失函数对单个参数 w_j 求偏导：

$$\begin{aligned}\frac{\partial J(W)}{\partial w_j}&=\partial\left\{-\frac{1}{N}\sum_{i=1}^{N}[y_i^*\log(y_i)+(1-y_i^*)\log(1-y_i)]\right\}/\partial w_j\\&=\partial\left\{-\frac{1}{N}\sum_{i=1}^{N}\left[y_i^*\log\left(\frac{y_i}{1-y_i}\right)+\log(1-y_i)\right]\right\}/\partial w_j\\&=\partial\left\{-\frac{1}{N}\sum_{i=1}^{N}[y_i^*W^TX_i-\log(1+e^{\boldsymbol{W}^T\boldsymbol{X}_i})]\right\}/\partial w_j\\&=-\frac{1}{N}\sum_{i=1}^{N}\left[y_i^*x_i^j-\frac{e^{\boldsymbol{W}^T\boldsymbol{X}_i}}{1+e^{\boldsymbol{W}^T\boldsymbol{X}_i}}x_i^j\right]\end{aligned}$$

$$= \frac{1}{N} \sum_{i=1}^{N} \left[(y_i - y_i^*) x_i^j \right] \tag{7.3-8}$$

其中，x_i^j 为第 i 个样本 X_i 中与 w_j 相乘的第 j 个分量。根据梯度下降法，第 $k+1$ 次迭代的参数 w_j^{k+1} 为

$$w_j^{k+1} = w_j^k - \alpha \frac{\partial J(W)}{\partial w_j^k} \tag{7.3-9}$$

其中 α 为学习率。

逻辑回归用于二分类的步骤如下：

（1）将样本的数据的维度增加一位，用 1 填充，并将系数矩阵 W 初始化；

（2）对每一个样本 x_i，使用公式（7.3-2）计算 y_i；

（3）根据公式（7.3-7）计算总的损失 $J(W)$；

（4）根据公式（7.3-8）计算损失 $J(W)$ 对每一个参数 w_j 的偏导数，并根据公式（7.3-9）更新参数；

（5）重复步骤（2）到步骤（4），直到总的损失的变化小于设定的阈值 ε。

逻辑回归用于二分类任务	算法 7.3-1

输入：	训练数据集 T，学习率 α，阈值 ε，最大迭代次数 M
输出：	系数矩阵 W

1：	初始化系数矩阵
2：	for $m=0$ to M do
3：	for $i=1$ to N do
4：	$z = w_0 + w_1 x_1 + w_2 x_2 = W^{\mathrm{T}} X_i$
5：	$y = \dfrac{1}{1 + e^{-z}}$
6：	end for
7：	基于公式(7.3-7)计算总的损失 $J_m(W)$
8：	基于公式(7.3-8)计算每一个参数的偏导数
9：	基于公式(7.3-9)更新每一个参数
10：	if $\mid J_m(W) - J_{m-1}(W) \mid < \varepsilon$
11：	退出循环
12：	else
13：	基于公式(7.3-8)计算每一个参数的偏导数
14：	基于公式(7.3-9)更新每一个参数
15：	end if
16：	输出系数矩阵 W

例 7.3.1　同样以图 7.1-2 中的数据为例，即给定的两组样本分别是 $X_1 = \{(0, 0)^{\mathrm{T}}, (1, 0)^{\mathrm{T}}, (1, 1)^{\mathrm{T}}\}$，$X_2 = \{(0, 2)^{\mathrm{T}}, (1, 2)^{\mathrm{T}}\}$，其标签分别为 $t_1 = 1$ 和 $t_2 = 0$。使用逻辑回归算法求解决策边界。

解：首先将训练样本进行增广处理：

$$\hat{X} = \{\hat{\boldsymbol{x}}_0, \hat{\boldsymbol{x}}_1, \hat{\boldsymbol{x}}_2, \hat{\boldsymbol{x}}_3, \hat{\boldsymbol{x}}_4\}$$

$=\{(0,\ 0,\ 1)^{T},\ (1,\ 0,\ 1)^{T},\ (1,\ 1,\ 1)^{T},\ (0,\ 2,\ 1)^{T},\ (1,\ 2,\ 1)^{T}\}$

取 $\boldsymbol{W}$ 的初始值为 $(0,\ 0,\ 0)^{T}$ 且学习率 $\alpha=1$，最大迭代次数设为 1000，阈值为 0.02，依据算法 7.3-1 进行计算，整个迭代过程结果见表 7.3-1。

逻辑回归二分类的迭代算例　　表 7.3-1

迭代次数	W	总的损失	迭代一次总体损失的变化值	梯度向量
0	(0.1,−0.3,0.1)	0.69	—	(−0.1,0.3,−0.1)
1	(0.21,−0.51,0.23)	0.59	0.098	(−0.11,0.21,−0.13)
2	(0.32,−0.67,0.37)	0.53	0.069	(−0.11,0.17,−0.13)
3	(0.42,−0.82,0.49)	0.47	0.055	(−0.10,0.15,−0.12)
4	(0.51,−0.95,0.61)	0.43	0.044	(−0.09,0.13,−0.12)
5	(0.59,−1.1,0.71)	0.39	0.036	(−0.08,0.12,−0.11)
6	(0.66,−1.18,0.81)	0.36	0.030	(−0.07,0.11,−0.10)
7	(0.72,−1.28,0.90)	0.33	0.026	(−0.06,0.10,−0.09)
8	(0.78,−1.38,0.99)	0.31	0.022	(−0.06,0.09,−0.09)
9	(0.84,−1.46,1.07)	0.29	0.019	(−0.05,0.09,−0.08)

采用所有的数据计算梯度可知，总的损失在逐步下降。若采用更小的阈值，可以使损失进一步下降。

7.3.3　多元逻辑回归

逻辑回归是一个二元分类器，将其推广到多个类别的情况，就得到了 Softmax 回归（也称为多元逻辑回归）。Softmax 回归的分类思路与逻辑回归相似，首先分别计算出样本属于 K 个类别的概率，再将样本归为概率最大的那个类别中。

对于一个样本 X_i，其属于第 k 个类别的概率为[9]

$$y_i^k=\frac{e^{s_k(X_i)}}{\sum_{j=1}^{K}e^{s_j(X_i)}} \tag{7.3-10}$$

其中 $s_k(X_i)$ 称为样本 X_i 对于类别 k 的 Softmax 分数：

$$s_k(X_i)=W^kX_i \tag{7.3-11}$$

其中 W^k 为类别 k 的参数。在 Softmax 回归中，每个类别都有特定参数，并作为行向量存储在参数矩阵中[9]。对于包含 N 个样本的训练集，Softmax 回归的损失函数为

$$J(W)=-\frac{1}{N}\sum_{i=1}^{N}\sum_{k=1}^{K}y_i^{k*}\log(y_i^k) \tag{7.3-12}$$

此时样本 X_i 的标签 y_i^* 是一个 K 维向量，而 y_i^{k*} 为 y_i^* 的第 k 个分量，表示样本是否属于第 k 类。若属于，则 $y_i^{k*}=1$，同时 y_i^* 的其他分量等于 0。该损失函数也被称为交叉熵，是机器学习领域常用的损失函数类型之一。当 $K=2$ 时，式（7.3-12）即为式（7.3-7）。式（7.3-12）的求解可使用梯度下降法或者其他的优化算法。

7.4 *k* 近邻算法

7.4.1 算法原理

k 近邻算法（*k* Nearest Neighbor，简称 kNN）是最常用的简单分类算法，其基本思想是某个样本的类别由距离其最近的 *k* 个邻近实例的类别，通过多数表决的方式决定[1]。下面以一个二维数据的例子简单说明。

如图 7.4-1（a）所示，已知三角形实例的类别为 1，圆形样本的实例为 2，*k* 等于 5，则待求的菱形样本的类别由距离其最近的 5 个实例决定。如图 7.4-1（b）所示，5 个邻近实例中，有 2 个属于 1 类，有 3 个属于 2 类，5 个实例中的大多数属于 2 类，所以菱形样本属于 2 类。

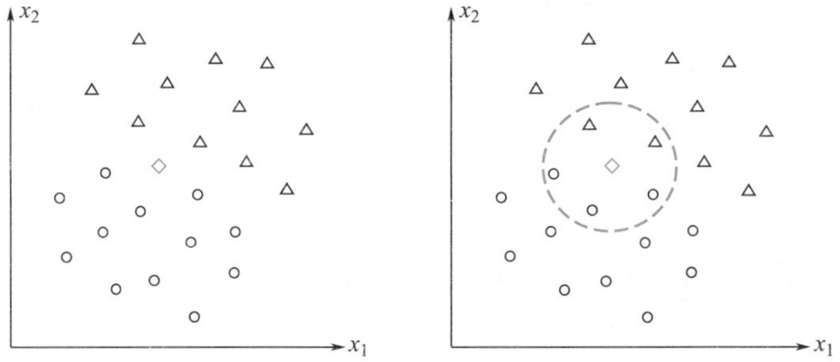

(a)　　(b)

图 7.4-1　*k* 近邻算法的分类示例

k 近邻算法的步骤如下：

1. 输入一组类别已知的数据集 $\boldsymbol{T}$ 以及类别待求的样本 $\boldsymbol{x}$；

2. 根据给定的距离度量公式和邻近实例的数量 *k*，在训练集中找到与待求样本 $\boldsymbol{x}$ 最近的 *k* 个实例；

3. 统计 *k* 个邻近实例的类别并找到多数实例的所属类别 *y*，将 $\boldsymbol{x}$ 归到类别 *y* 中。

常用的距离度量方法是欧式距离，也可以是其他距离，如切比雪夫距离、曼哈顿距离等。*k* 近邻算法中，*k* 的取值会对结果产生较大影响。若 *k* 取值过小，则预测结果会对邻近的样本很敏感，易受噪声影响；若 *k* 取值过大，则与待求样本距离较远的样本也会对预测结果有影响，使预测结果发生错误[1]。因此需根据不同的情况选择合适的 *k* 值。当 $k=1$ 时，*k* 近邻算法又称为最近邻算法。

例 7.4.1　给定的两组样本分别是 $X_1=\{(1,0)^T, (1,1)^T, (1,2)^T, (3,0)^T, (2,1)^T\}$，$X_2=\{(3,2)^T, (4,3)^T, (5,2)^T, (4,1)^T\}$，其标签分别为 $t_1=1$ 和 $t_2=2$，分别是图 7.4-2 中的×形数据和三角形数据。使用 *k* 近邻算法求样本 $\boldsymbol{a}=\{(2,2)^T\}$ 的标签，即图 7.4-2 中的圆形数据。

解：令 $k=3$，逐个计算样本 $\boldsymbol{a}$ 与 X_1 和 X_2 中每个样本之间的欧氏距离，结果见表 7.4-1。选择最小的三个距离所对应的样本点，样本 $\boldsymbol{a}$ 的 3 个最近邻分别是 $\{(1,2)^T$，

$(2,\ 1)^{T}$，$(3,\ 2)^{T}\}$，$(1,\ 2)^{T}$ 和 $(2,\ 1)^{T}$ 的标签为 1，$(3,\ 2)^{T}$ 的标签为 2，所以样本 $\boldsymbol{a}$ 的标签也为 1。

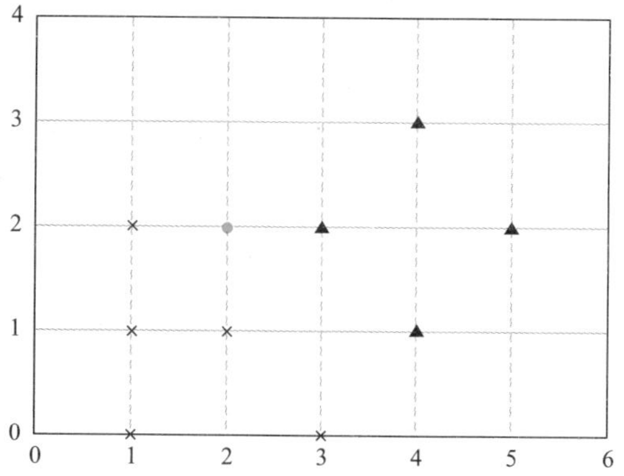

图 7.4-2　例 7.4.1 的数据

k 近邻分类的算例　　表 7.4-1

欧氏距离	$(1,0)^T$	$(1,1)^T$	$(1,2)^T$	$(3,0)^T$	$(2,1)^T$
$\boldsymbol{a}=\{(2,2)^T\}$	2.236	1.414	1.0	2.236	1.0
欧氏距离	$(3,2)^T$	$(4,3)^T$	$(5,2)^T$	$(4,1)^T$	3 近邻
$\boldsymbol{a}=\{(2,2)^T\}$	1.0	2.236	3.0	2.0	$(1,2)^T,(2,1)^T,(3,2)^T$

本例中，在寻找待求样本的 k 个邻近样本时，采用的方法是逐个计算待求样本与数据集中每个实例的距离，并排序取最小的 k 个值所对应的实例。这种方法简单和直接，但数据集很大时，这种方法的计算负荷较大，因此实际计算中常用 kd 树或 ball 树等方法寻找邻近样本。

7.4.2　kd 树

kd 树（k-dimensional Tree，此处 k 指的是空间的维度）将数据以树形结构进行存储，以实现快速检索。当数据量较大时，在 k 近邻等需要检索邻近点的算法中使用 kd 树可大幅度提升计算效率。

1. kd 树的构建

kd 树实际上是对 k 维空间的一个划分，构造 kd 树相当于不断用垂直于坐标轴的平面将空间一分为二[1]。下面以图 7.4-3 所示的例子说明如何通过切分空间创建一个 2d 树。

例 7.4.2　图 7.4-3（a）所示的二维空间数据集 $\boldsymbol{A}$ 是

$$\boldsymbol{A}=\left\{\begin{array}{l}(2,\ 9)^{T},\ (5,\ 11)^{T},\ (3,\ 17)^{T},\ (11,\ 14)^{T},\ (12,\ 18)^{T},\\ (14,\ 9)^{T},\ (16,\ 11)^{T},\ (17,\ 3)^{T},\ (18,\ 5)^{T}\end{array}\right\}$$

利用 $\boldsymbol{A}$ 创建一个 2d 树。

解：首先选择 x 轴为切分坐标轴，$\boldsymbol{A}$ 中所有数据点的 x 坐标的中位数是 12，用 $x=12$ 的平面将空间分为左右两个矩形，x 坐标小于 12 的数据点 $\{(2,\ 9)^T$，$(5,\ 11)^T$ $(3,\ 17)^T$，$(11,\ 14)^T\}$ 落在左边的矩形内，大于 12 的数据点 $\{(14,\ 9)^T$，$(16,\ 11)^T$，$(17,$

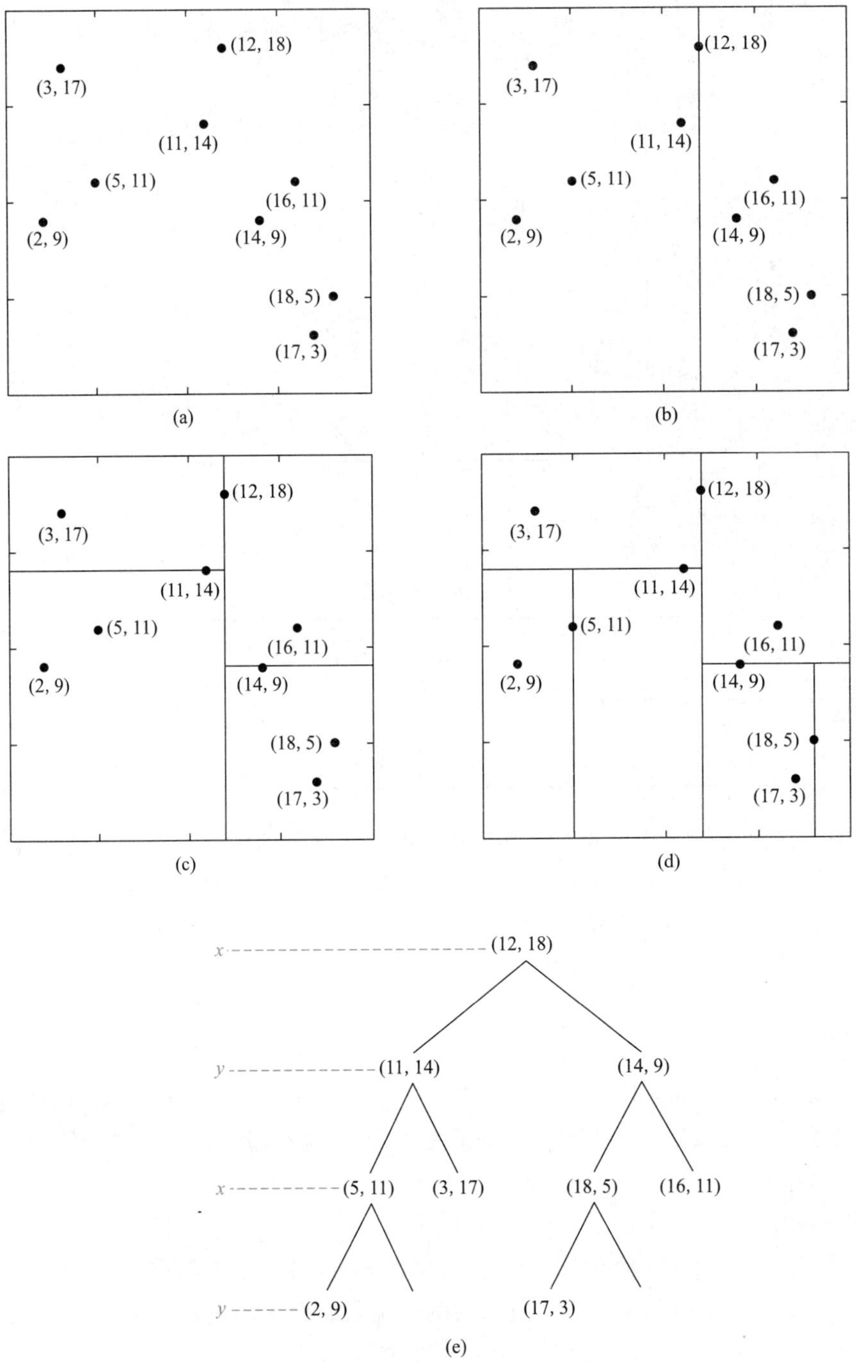

图 7.4-3 构建 2d 树示例

3)^T，(18，5)^T} 落在右边的矩形内，如图 7.4-3（b）所示。

接着选择 y 轴为切分坐标轴，左矩形中所有数据点的 y 坐标的中位数是 14，用 $y=14$ 的平面将左矩形分为上下两个矩形，y 坐标小于 14 的数据点落在下矩形中，大于 14 的数据点落在上矩形中。同理，用 $y=9$ 的平面将右矩形分为上下两个矩形。划分之后的结果如图 7.4-3（c）所示。

然后选择 x 轴为切分轴，左上角和右上角的矩形中只有一个节点，不再切分。左下角的矩形使用 $x=5$ 分为左右两个矩形，右下角的矩形使用 $x=18$ 分为左右两个矩形，最终的划分结果如图 7.4-3（d）所示。

图 7.4-3（e）为根据切分过程建立的 2d 树，每个数据都是 2d 树上的一个节点，并分别对应一个矩形区域[1]。节点 $(12, 18)^T$ 称为根节点，其深度为 0，对应图 7.4-3（a）中包含 A 中所有数据点的矩形区域。节点 $(11, 14)^T$ 和 $(14, 9)^T$ 的深度为 1，分别对应图 7.4-3（b）中的左右两个矩形区域，以此类推。其中，节点 $(2, 9)^T$、$(17, 3)^T$、$(3, 17)^T$ 和 $(16, 11)^T$ 没有子节点，称为叶节点。以上就是建立 2d 树的过程，高维的情况与 2 维类似。

kd 树是二叉树，构建 kd 树的过程就是不断地用垂直于坐标轴的平面将空间划分为两个子空间，称作左子树和右子树，位于平面左侧的区域由左子树表示，位于平面右侧的区域由右子树表示[10]。kd 树中最先访问的节点称为根节点，上一级节点称作下一级节点的父节点，下一级节点称作上一级节点的子节点，比如图 7.4-3（e）中的节点 $(11, 14)^T$ 为 $(5, 11)^T$ 和 $(3, 17)^T$ 的父节点，$(5, 11)^T$ 和 $(3, 17)^T$ 是 $(11, 14)^T$ 的子节点。一个节点只能有一个父节点，且子节点的数目不能大于 2 个。没有子节点的节点称为叶节点。

对于一个 k 维空间的数据集 $\boldsymbol{A}=\{\boldsymbol{x}_1, \boldsymbol{x}_2, \cdots, \boldsymbol{x}_N\}$，其中 $\boldsymbol{x}_i=(x_i^{(1)}, x_i^{(2)}, \cdots, x_i^{(k)})^T$，$i=1, 2, \cdots, N$，构建 kd 树的步骤如下：

(1) 构造根节点：选择 $x^{(1)}$ 为切分坐标轴，计算所有数据的 $x^{(1)}$ 坐标的中位数作为切分点，用垂直于 $x^{(1)}$ 坐标轴且经过切分点的平面将 k 维空间分成左右两个子区域，生成深度为 1 的左右两个子节点，左子节点对应 $x^{(1)}$ 坐标小于切分点的子区域，右子节点对应 $x^{(1)}$ 坐标大于切分点的子区域；

(2) 循环，基于 j 级节点构造 $j+1$ 级节点：对深度为 j 的节点，选择 $x^{(l)}$ 为切分轴，其中 $l=j(\bmod k)+1$（mod 为取余运算符），以该节点对应区域中所有数据的中位数为切分点，将该区域分为左右两个子区域，生成深度为 $j+1$ 的左右两个子节点[1]；

(3) 循环终止条件：当节点没有子节点时，循环终止。

2. kd 树的检索

以图 7.4-3 中的 2d 树为例，说明如何在数据集 $\boldsymbol{A}$ 的 $2d$ 树中快速检索数据点 $\boldsymbol{a}=(3, 13)^T$ 和 $\boldsymbol{b}=(13, 14)^T$ 的最近邻点。

例 7.4.3 在数据集 $\boldsymbol{A}$ 的 2d 树中快速找到数据点 $\boldsymbol{a}=(3, 13)^T$ 的最近邻。

解： 首先从根节点开始访问，寻找数据点 $\boldsymbol{a}$ 所在子空间。$\boldsymbol{a}$ 的 x 坐标 3 小于根节点的切分面 $x=12$，所以需要访问左子节点 $(11, 14)^T$。$\boldsymbol{a}$ 的 y 坐标 13 小于节点 $(11, 14)^T$ 的切分面 $y=14$，所以需要访问左子节点 $(5, 11)^T$。节点 $(5, 11)^T$ 只有一个子节点 $(2, 9)^T$，所以 $\boldsymbol{a}$ 所在子空间为包含叶节点 $(2, 9)^T$ 的子空间。根据访问过程形成的回溯路径为

$$\langle (12, 18)^T, (11, 14)^T, (5, 11)^T, (2, 9)^T \rangle$$

将叶节点 $(2, 9)^T$ 作为当前最近邻，二者之前的距离（如欧氏距离）d_0 为

$$d_0=\sqrt{(3-2)^2+(13-9)^2}=4.12$$

以 $\boldsymbol{a}$ 为圆心，d_0 为半径画圆，如图 7.4-4（a）所示，$\boldsymbol{a}$ 真正的最近邻一定位于圆内。

访问回溯路径中的上一个节点 $(5, 11)^T$，此节点与 $\boldsymbol{a}$ 之间的距离为 2.83，小于 d_0，将当前最近邻更新为节点 $(5, 11)^T$，d_0 更新为 2.83，并再次以 $\boldsymbol{a}$ 为圆心，d_0 为半径画圆，如图 7.4-4（b）所示。访问回溯路径中的上一级节点 $(11, 14)^T$，此节点与 $\boldsymbol{a}$ 之间的距离为 8.06，大于 d_0。但 $y=14$ 平面与圆交割，说明在 $(11, 14)^T$ 的另一子节点内 $(3, 17)^T$ 有可能存在更近的点。将 $(3, 17)^T$ 加入回溯路径，此时回溯路径中未访问过的节点有 $\langle(12, 18)^T, (3, 17)^T\rangle$。继续访问节点 $(3, 17)^T$，其与 $\boldsymbol{a}$ 的距离为 4，大于 d_0。继续访问回溯路径中的上一级节点，即根节点 $(12, 18)^T$，与 $\boldsymbol{a}$ 的距离是 6.08，大于 d_0。且 $x=11$ 平面与圆不交割，所以在根节点的另一子节点内不可能存在更近点。检索完毕，当前最近邻 $(5, 11)^T$ 即为真正的最近邻点，过程中共计算了 5 次距离。

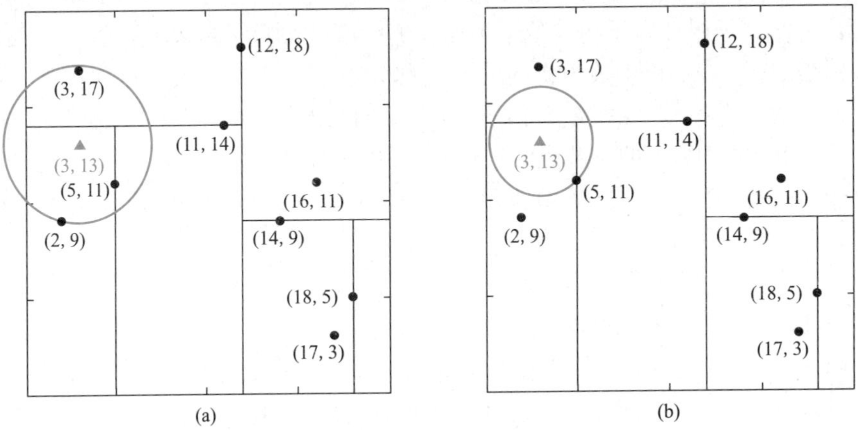

图 7.4-4　检索 $(3, 13)^T$ 的最近邻

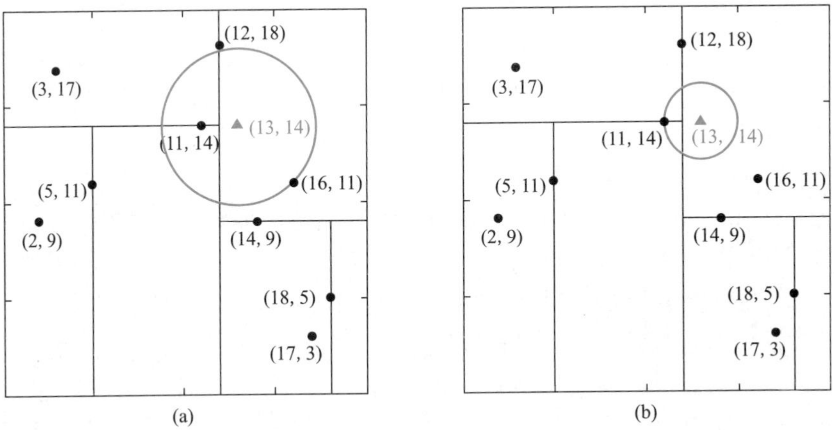

图 7.4-5　检索 $(13, 14)^T$ 的最近邻

例 7.4.4　在数据集 $\boldsymbol{A}$ 的 2d 树中快速找到数据点 $\boldsymbol{b}=(13, 14)^T$ 的最近邻。

解： 首先从根节点开始访问，寻找 $\boldsymbol{b}$ 所在的子空间。过程与 $\boldsymbol{a}$ 类似，形成的回溯路径为

$$\langle(12, 18)^T, (14, 9)^T, (16, 11)^T\rangle$$

将叶节点 $(16, 11)^T$ 作为当前最近邻，二者之前的距离 d_0 为 3.6。以 $\boldsymbol{b}$ 为圆心，d_0

为半径画圆，如图 7.4-5（a）所示，$\boldsymbol{b}$ 真正的最近邻一定位于圆内。访问回溯路径中的上一个节点 $(14, 9)^T$，此节点与 $\boldsymbol{b}$ 之间的距离为 5.1，大于 d_0。$y=9$ 平面与圆不交割，不需要访问 $(14, 9)^T$ 的另一子节点。返回上一级节点 $(12, 18)^T$，此节点与 $\boldsymbol{b}$ 之间的距离为 4.12，大于 d_0。$x=12$ 的平面与圆交割，需要查看 $(12, 18)^T$ 的另一子节点 $(11, 14)^T$ 内是否有更近的点，将节点 $(11, 14)^T$ 加入回溯路径。访问节点 $(11, 14)^T$，此节点与 $\boldsymbol{b}$ 之间的距离为 2，小于 d_0，将当前最近邻更新为 $(11, 14)^T$，d_0 更新为 2，再次以 $\boldsymbol{b}$ 为圆心，d_0 为半径画圆，如图 7.4-5（b）所示。$y=14$ 平面与圆交割，继续访问下一级节点，将 $(5, 11)^T$ 和 $(3, 17)^T$ 加入回溯路径。子节点 $(5, 11)^T$ 与 $\boldsymbol{b}$ 之间的距离是 8.5，大于 d_0 且 $x=5$ 与圆不交割，不需再向下访问。子节点 $(3, 17)^T$ 与 $\boldsymbol{b}$ 之间的距离是 10.5，大于 d_0。检索完毕，当前最近邻 $(11, 14)^T$ 即为真正的最近邻点，过程中共计算了 6 次距离。

如果逐个计算 $\boldsymbol{a}$ 或 $\boldsymbol{b}$ 与 $\boldsymbol{A}$ 中每个数据点之间的距离，则找到 $\boldsymbol{a}$ 和 $\boldsymbol{b}$ 的最近邻需要计算 $2\times9=18$ 次距离，而使用 2d 树只需计算 11 次距离。在数据量较大时，会大幅度较少计算时间。

在一个 kd 树中找目标点 $\boldsymbol{x}$ 的最近邻的步骤如下：

（1）从根节点向下访问，生成回溯路径：从 kd 树的根节点出发，依次访问下一级子节点，直到子节点为叶节点为止。判断目标点 $\boldsymbol{x}$ 的坐标值与切分点的大小，若小于切分点，则移动到子节点，反之，则移动到右节点。依次记录访问过的每一个节点，形成回溯路径。

（2）根据回溯路径，从叶节点向上访问：

（a）以叶节点为当前最近邻，以目标点为球心，过当前最近邻绘制超球体，则真正的最近邻一定在该超球体所囊括的空间内。

（b）循环，访问回溯路径中的上一个节点，首先判断其是否比当前最近邻距离目标点更近。若是，则将当前最近邻更新为该节点，并重新以目标点为球心，过当前最近邻绘制超球体。若不是，则不更新。然后判断该节点的另一子节点是否与超球体相交，若相交，则需要将该子节点加入到回溯路径中，反之，结束对该节点的访问，继续访问回溯路径中的上一个节点。

（c）终止条件：当将回溯路径中的节点访问完毕时，搜索结束，此时的当前最近邻即为真正的最近邻点。

下面用一个例子说明如何利用 kd 树进行多近邻的搜索。

例 7.4.5　在数据集 $\boldsymbol{A}$ 的 2d 树中快速找到数据点 $\boldsymbol{b}=(13, 14)^T$ 的 2 个近邻点。

解：首先从根节点开始访问，寻找 $\boldsymbol{b}$ 所在的子空间，形成的回溯路径为

$$\langle (12, 18)^T, (14, 9)^T, (16, 11)^T \rangle$$

分别计算 $\boldsymbol{b}$ 与回溯路径最后两个节点之间的距离，与节点 $(16, 11)^T$ 之间的距离是 3.6，并且小于 $\boldsymbol{b}$ 与节点 $(14, 9)^T$ 之间的距离 5.1。所以以节点 $(16, 11)^T$ 为当前最近邻，以节点 $(14, 9)^T$ 为 2 近邻。以 $\boldsymbol{b}$ 为圆心且过 $(14, 9)^T$ 画圆，如图 7.4-6（a）所示，则真正的 2 近邻一定位于该圆的范围之内。该圆与 $y=9$ 平面交割，将节点 $(14, 9)^T$ 的另一子节点 $(18, 5)^T$ 加入回溯路径。节点 $(18, 5)^T$ 与 $\boldsymbol{b}$ 的距离是 10.3，大于 5.1 且 $x=18$ 平面与圆不交割。继续访问回溯路径中的上一个节点 $(12, 18)^T$，其与 $\boldsymbol{b}$ 之间的距

离是 4.1，小于 5.1 且大于 3.6，故将 2 近邻更新为 $(12,\ 18)^{\mathrm{T}}$，并重新过 $(12,\ 18)^{\mathrm{T}}$ 绘制圆形，如图 7.4-6（b）所示。该圆形与 $x=12$ 平面交割，故将节点 $(12,\ 18)^{\mathrm{T}}$ 的另一子节点 $(11,\ 14)^{\mathrm{T}}$ 加入回溯路径。$\boldsymbol{b}$ 与 $(11,\ 14)^{\mathrm{T}}$ 之间的距离是 2，小于 3.6，故将最近邻更新为 $(11,\ 14)^{\mathrm{T}}$，2 近邻更新为 $(16,\ 11)^{\mathrm{T}}$，并重新过 $(16,\ 11)^{\mathrm{T}}$ 绘制圆形，如图 7.4-6（c）所示。该圆与 $y=14$ 平面交割，将 $(5,\ 11)^{\mathrm{T}}$ 和 $(3,\ 17)^{\mathrm{T}}$ 加入回溯路径。子节点 $(5,\ 11)^{\mathrm{T}}$ 与 $\boldsymbol{b}$ 之间的距离是 8.5，大于 3.6 且 $x=5$ 与圆不交割，不需再向下访问。子节点 $(3,\ 17)^{\mathrm{T}}$ 与 $\boldsymbol{b}$ 之间的距离是 10.5，大于 3.6。检索完毕，$\boldsymbol{b}$ 的最近邻为节点 $(11,\ 14)^{\mathrm{T}}$，2 近邻点为节点 $(12,\ 18)^{\mathrm{T}}$。

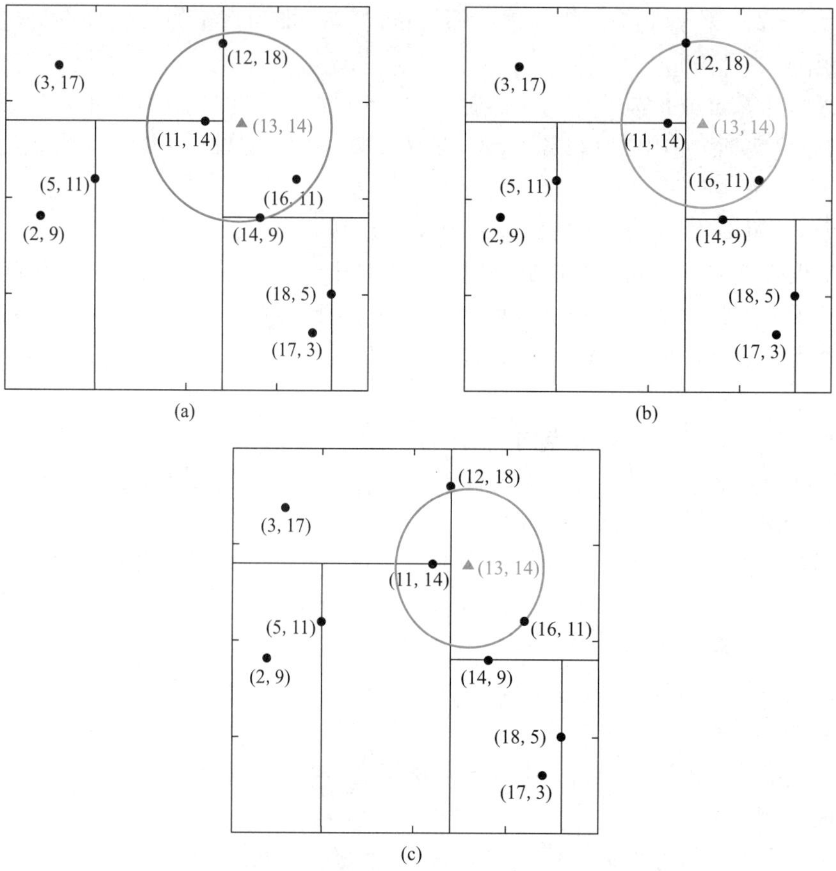

图 7.4-6　检索 $(13,\ 14)^{\mathrm{T}}$ 的 2 个近邻点

7.5　贝叶斯分类器

贝叶斯分类器是一种以贝叶斯定理为基础解决分类问题的概率模型。其分类原理是利用样本特征向量的先验概率，采用贝叶斯定理计算样本特征向量的后验概率（即其属于某一类的条件概率），将最大后验概率的类视为该样本所属的类。贝叶斯分类器是各种分类器中分类错误概率最小或者在预先给定代价的情况下平均风险最小的分类器[11]。

7.5.1 贝叶斯决策

贝叶斯分类器[12] 利用贝叶斯定理计算样本属于某一类的条件概率值，并将概率值最大的类视为该样本所属的类。

对于分类问题中而言，样本的特征向量 $\boldsymbol{x}$ 与样本所属类型 y 并非相互独立，而是具有因果关系，因为样本属于类型 y，所以具有特征值 $\boldsymbol{x}$。例如要区分性别类别 y（男性和女性），特征向量 $\boldsymbol{x}$ 可选为 2 维向量（脚的尺寸，身高）。一般情况下女性的脚比男性的小，身高更矮一点，因为某一个人是女性，才具有此类的特征。而分类器需要完成的事情则刚好与之相反，是已知样本特征向量为 $\boldsymbol{x}$（脚的尺寸，身高）的条件下判定样本 y 所属的类（性别）。根据贝叶斯公式有：

$$p(y|\boldsymbol{x})=\frac{p(\boldsymbol{x}|y)p(y)}{p(\boldsymbol{x})} \tag{7.5-1}$$

若事先已知特征向量的概率分布 $p(\boldsymbol{x})$（即脚的尺寸、身高的概率分布）、先验概率 $p(y)$（即样本中男性、女性的占比）和每一类样本的条件概率 $p(\boldsymbol{x}|y)$（即已知性别的情况下，脚的尺寸和身高的概率），即可计算出样本的后验概率 $p(y|\boldsymbol{x})$。分类问题只需要预测类别，找出样本后验概率值最大类即可，因此可忽略确定样本的常量概率 $p(\boldsymbol{x})$。则分类器的判别函数可简化为：

$$\arg\max_{y} p(\boldsymbol{x}|y)p(y) \tag{7.5-2}$$

正如前文所说贝叶斯分类器需事先已知每类样本特征向量的概率分布。现实中的很多随机变量都近似服从正态分布，因此常用正态分布来表示特征向量的概率分布[11]。

7.5.2 朴素贝叶斯分类器

朴素贝叶斯分类器[13] 是一系列以假设特征向量的分量之间相互独立（例如，假设脚的尺寸和身高相互独立）下运用贝叶斯定理为基础的概率分类器，此假设可降低求解的难度。根据贝叶斯定理，若样本特征向量为 $\boldsymbol{x}$，此样本属于某一类 c_i 的概率为：

$$p(y=c_i|\boldsymbol{x})=\frac{p(\boldsymbol{x}|y=c_i)p(y=c_i)}{p(\boldsymbol{x})} \tag{7.5-3}$$

根据朴素贝叶斯的基本假定，可得：

$$p(y=c_i|\boldsymbol{x})=\frac{p(y=c_i)\prod_{j=1}^{n}p(x_j|y=c_i)}{Z} \tag{7.5-4}$$

其中，Z 为归一化因子。类概率 $p(y=c_i)$ 即可设置为每一类相等，亦可设置为训练样本中每类样本所占的比重。例如，在训练样本中第一类样本（男性）和第二类样本（女性）所占比例分别为 40% 和 60%，则可设置第一类（男性）和第二类（女性）的概率分别为 0.4 和 0.6。下面将分离散型与连续型变量两种情况，分别讨论类条件概率值 $p(x_j|y=c_i)$。

1）离散型

若特征向量的分量为离散型随机变量，可根据训练样本直接计算类条件概率：

$$p(x_i=v|y=c)=\frac{N_{x_i=v,\ y=c}}{N_{y=c}} \tag{7.5-5}$$

其中 $N_{y=c}$ 为第c 类训练样本数；$N_{x_i=v,\ y=c}$ 为第c 类训练样本中第i 个特征值v 的训练样本数。因此离散型朴素贝叶斯分类器的判别函数为：

$$\arg\max_{y} p(y=c)\prod_{i=1}^{n} p(x_i=v|y=c) \tag{7.5-6}$$

其中 $p(y=c)=N_{y=c}/N$（N 为训练样本总数）为第 c 类样本在整个训练样本集中出现的概率，即类概率。

若特征分量的某个取值在某一类训练样本中一次都不出现（即 $N_{x_i=v,\ y=c}=0$），则可能会导致整个预测函数值为 0。为避免上述问题的发生，可同时给分子和分母加上一个正数。若特征分量的取值有 k 种情况，则分母加上 k，每一类的分子加上 1（保证所有类的条件概率之和仍为 1）：

$$p(x_i=v|y=c)=\frac{N_{x_i=v,\ y=c}+1}{N_{y=c}+k} \tag{7.5-7}$$

2）连续型

若特征向量的分量为连续型随机变量，可假设每个分量服从一维正态分布，称为正态朴素贝叶斯分类器。采用最大似然估计方法计算出训练样本集的均值与方差，即可得到概率密度函数：

$$f(x_i=x|y=c)=\frac{1}{\sqrt{2\pi}\sigma}\mathrm{e}^{-\frac{(x-\mu)^2}{2\sigma^2}} \tag{7.5-8}$$

用概率密度函数值替代概率值，可得连续型朴素贝叶斯分类器的判别函数为：

$$\arg\max_{c} p(y=c)\prod_{i=1}^{n} f(x_i|y=c) \tag{7.5-9}$$

对于二分类问题，上述判别函数可进一步简化。假设正负样本的类别标签分别为$+1$和-1，特征分量属于负样本的概率为：

$$p(y=-1|x)=p(y=-1)\frac{1}{Z}\prod_{i=1}^{n}\frac{1}{\sqrt{2\pi}\sigma_i}\mathrm{e}^{-\frac{(x_i-\mu_i)^2}{2\sigma_i^2}} \tag{7.5-10}$$

其中 μ_i 和 σ_i 分别为第 i 个特征的均值和标准差。对式（7.5-10）左右两边取对数得：

$$\ln p(y=-1|x)=\ln\frac{p(y=-1)}{Z}-\sum_{i=1}^{n}\ln\left(\frac{1}{\sqrt{2\pi}\sigma_i}\right)\frac{(x_i-\mu_i)^2}{2\sigma_i^2} \tag{7.5-11}$$

根据上述方法，同样可得到样本属于正样本的概率。分类时，仅需比较这两个概率对数值的大小，若：

$$\ln p(y=-1|x)>\ln p(y=+1|x) \tag{7.5-12}$$

则将样本判定为负样本，反之为正样本。

7.5.3 半朴素贝叶斯分类器

朴素贝叶斯分类器采用了“属性条件独立性假设”，但此假设不太符合现实情况，因为现实中属性之间往往包含着各种依赖。于是，人们尝试对此假设进行一定程度的放松，由此产生了“半朴素贝叶斯分类器”的学习方法。

半朴素贝叶斯分类器的基本思路是适当考虑一部分属性间的相互依赖关系，从而既不需要进行完全联合概率计算，又不至于彻底忽略较强的属性依赖关系。独依赖估计（即假设每个属性在类别之外最多仅依赖一个其他属性）是半朴素贝叶斯分类器最常用的一种策略，即

$$p(c|\boldsymbol{x}) \propto p(c)\prod_{i=1}^{d} p(x_i|c, pa_i) \tag{7.5-13}$$

其中，pa_i 为属性 x_i 所依赖的属性，称为 x_i 的父属性。此时，若已知每个属性 x_i 的父属性 pa_i，则可采用拉普拉斯修正方式来估计概率值 $p(x_i|c, pa_i)$。于是，问题的关键转变为如何确定每个属性 x_i 的父属性，不同的做法可产生不同的独依赖分类器。

最直接的方法是假设所有属性都依赖于同一个属性，称为“超父”，然后通过交叉验证模型选择方法来确定超父属性，由此形成 SPODE 方法。例如 7.5-1（a）中 x_1 是超父属性。TAN（Tree Augmented Naive Bayes）则是在最大带权生成树算法的基础上，通过以下步骤将属性间依赖关系简化为 7.5-1（b）所示的树形结构：

1）计算任意两个属性间的条件互信息：

$$I(x_i, x_j|y) = \sum_{x_i, x_j; c \in y} p(x_i, x_j|c)\log\frac{p(x_i, x_j|c)}{p(x_i|c)p(x_j|c)} \tag{7.5-14}$$

2）以属性为节点构建完全图，任意两个节点间的权重设为 $I(x_i, x_j|y)$；

3）构建此完全图的最大带权生成树，挑选根变量，将边置为有向；

4）加入类别节点 y，增加从 y 到每个属性的有向边。

容易看出，条件互信息 $I(x_i, x_j|y)$ 刻画了属性 x_i 和 x_j 在已知类别情况下的相关性，因此，通过最大生成树算法，TAN 实际上仅保留了强相关属性之间的依赖性。

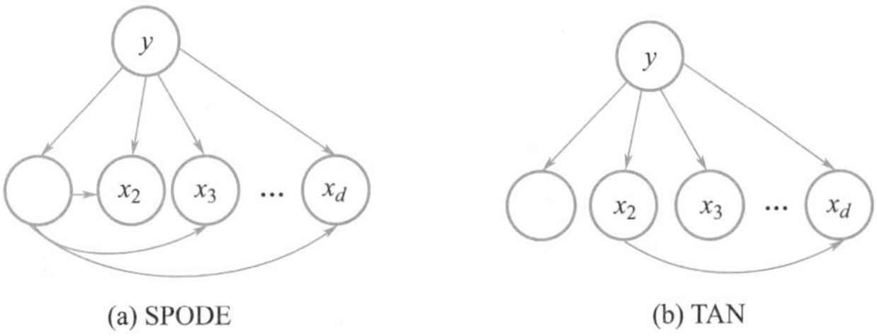

图 7.5-1　半朴素贝叶斯分类器类型

AODE（Averaged One-Dependent Estimator）是一种基于集成学习机制，更为强大的独依赖分类器。与 SPODE 通过模型选择确定超父属性不同，AODE 尝试将每个属性作为超父来构建 SPODE，然后将那些具有足够训练数据支撑的 SPODE 集成作为最终结果，即

$$p(c|\boldsymbol{x}) \propto \sum_{\substack{i=1 \\ |D_{x_i}| \geqslant m'}}^{d} p(c, x_i)\prod_{j=1}^{d} p(x_j|c, x_i) \tag{7.5-15}$$

其中 D_{x_i} 是在第 i 个属性上取值为 x_i 的样本的集合，m' 为阈值常数。显然，AODE 需要估计 $p(c, x_i)$ 和 $p(x_j|c, x_i)$。于是，根据拉普拉斯修正方式有

$$\hat{p}(c, x_i) = \frac{|D_{c, x_i}|+1}{|D|+N_i} \tag{7.5-16}$$

$$\hat{p}(x_j|c, x_i) = \frac{|D_{c, x_i, x_j}|+1}{|D_{c, x_i}|+N_j} \tag{7.5-17}$$

其中 N_i 是第 i 个属性可能的取值数，D_{c,x_i} 是类别为 c 且在第 i 个属性上取值为 x_i 的样本集合，D_{c,x_i,x_j} 是类别为 c 且在第 i 个和第 j 个属性上取值为 x_i 和 x_j 的样本集合。

7.5.4 贝叶斯网

贝叶斯信念网（简称为贝叶斯网）描述一组变量所遵从的概率分布，通过一组条件概率来指定一组条件独立性假定。与朴素贝叶斯分类器假定不同的是，贝叶斯网中可表述变量的一个子集上的条件独立性假定。因此，贝叶斯网提供一种中间的方法，它比朴素贝叶斯分类器中条件独立性的全局假定的限制更少，又比在所有变量中计算条件依赖更可行[14]。

考虑一任意的随机变量集合 $Y_1 \cdots Y_n$，其中 $Y_i \in V(Y_i)$。定义变量集合 $\boldsymbol{Y}$ 的联合空间为叉乘 $V(Y_1) \times V(Y_2) \cdots V(Y_n)$。在此联合空间上的概率分布称为联合概率分布。贝叶斯信念网则对一组变量描述了联合概率分布。

1）条件独立性

为讨论贝叶斯网，首先需要精确定义条件独立性。假设 $\boldsymbol{X}$、$\boldsymbol{Y}$ 和 $\boldsymbol{Z}$ 为 3 个离散型随机变量。当给定 $\boldsymbol{Z}$ 值时，$\boldsymbol{X}$ 的概率分布独立于 $\boldsymbol{Y}$ 的值，称 $\boldsymbol{X}$ 在给定 $\boldsymbol{Z}$ 时条件独立于 $\boldsymbol{Y}$，即：

$$(\forall x_i, x_j, z_k) p(X=x_i \mid Y=y_j, Z=z_k) = p(X=x_i \mid Z=z_k) \quad (7.5\text{-}18)$$

通常上式可简写为 $p(X \mid Y, Z) = p(X \mid Z)$。此条件独立性的定义亦可扩展至变量集合。若满足下列条件时，称变量集合 $X_1 \cdots X_l$ 在给定变量集合 $Z_1 \cdots Z_n$ 时条件独立于变量集合 $Y_1 \cdots Y_m$：

$$p(X_1 \cdots X_l \mid Y_1 \cdots Y_m, Z_1 \cdots Z_n) = p(X_1 \cdots X_l \mid Z_1 \cdots Z_n) \quad (7.5\text{-}19)$$

2）表示

通常贝叶斯网表示联合概率分布的方法是指定一组条件独立性假定（表示为一有向无环图）以及一组局部条件概率集合。例如，图 7.5-2 中的贝叶斯网表示了在布尔变量 *Storm*、*Lightning*、*Thunder*、*ForestFire*、*Campfire* 和 *BusTourGroup* 上的联合概率分布[14]。每个变量在贝叶斯网中表示为一个节点，并且同时需要两种类型的信息，即网络弧和条件概率表（描述了该变量在给定其立即前驱时的概率分布）。网络弧表示断言"此变量在给定其直接前驱时条件独立于其非后继"，如从 $\boldsymbol{Y}$ 到 $\boldsymbol{X}$ 存在一条有向的路径时，我们称 $\boldsymbol{X}$ 是 $\boldsymbol{Y}$ 的后继。可根据式（7.5.20）计算网络变量的元组 $\langle Y_1 \cdots Y_n \rangle$ 赋以所希望的值（$y_i \cdots y_n$）的联合概率：

$$p(y_1, \cdots, y_n) = \prod_{i=1}^{n} p(y_i \mid Parents(Y_i)) \quad (7.5\text{-}20)$$

其中，$Parents(Y_i)$ 表示网络中 Y_i 的直接前驱的集合。注意，$p(y_i \mid Parents(Y_i))$ 的值等于与节点 Y_i 关联的条件概率表中的值。

以图 7.5-2 中节点 *Campfire* 为例，网络孤表示断言其在给定父节点 *Storm* 和 *BusTourGroup* 时条件独立于其非后继 *Lightning* 和 *Thunder*。图右边给出了与变量 *Campfire* 相关的条件概率表。如表中最左上一个数据表示了如下的断言：

$$p(Campfire = True \mid Storm = True, BusTourGroup = True) = 0.4 \quad (7.5\text{-}21)$$

需要强调的是，此表仅给出了 *Campfire* 在给定父变量 *Storm* 和 *BusTourGroup* 下的条件概率，所有变量的局部条件概率表以及由网络所描述的一组条件独立假定，描述了该网络的整个联合概率分布。

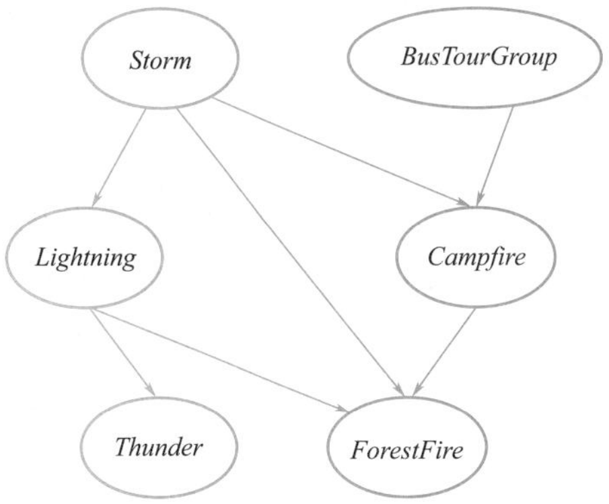

	S，B	S，$-B$	$-S$，$-B$	$-S$，$-B$
C	0.4	0.1	0.8	0.2
$-C$	0.6	0.9	0.2	0.8

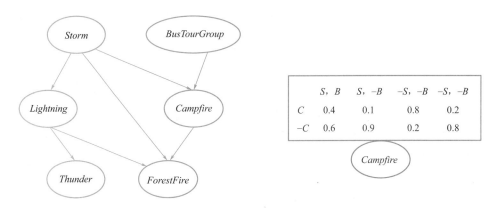

图 7.5-2　贝叶斯网

注：左边的网络表示了一组条件独立性假定。确切地说，每个节点在给定其父节点时，条件独立于其非后代节点。每个节点关联一个条件概率表，它指定了该变量在给定其父节点时的条件分布。右边列出了 *Campfire* 节点的条件概率表，其中 *Campfire*，*Storm* 和 *BusTourGroup* 分别缩写为 C，S，B。

3）推理

当然我们可以利用贝叶斯网在给定其他变量的观察值时推理出某些目标变量（如，*ForestFire*）的概率分布。假如已知网络中所有其他变量的值，推理目标变量的值将非常简单。而一般情况下，我们希望仅知道部分变量的值（如仅有 *Thunder* 和 *BusTourGroup* 值）时推理出某变量的概率分布（如 *ForesulFire*），此问题称之为 NP 难题[15]。实践中已有多种方法可应用于贝叶斯网络中的概率推理，包括确切的推理以及牺牲精度换取效率的近似推理方法[16]。

4）学习贝叶斯网

对于如何设计有效的算法从训练数据中学到贝叶斯网，这是目前贝叶斯网研究中的一个热点问题。针对此问题目前已经有多种解决方案。首先可预先给出网络结构，或由训练数据中推得。其次，可直接从每个训练样例中观察到所有或部分网络变量。

当预先已知网络结构且从训练样例中获得所有变量时，条件概率表通过学习便可得到，只需估计表中的条件概率项即可。

若预先已知网络结构且从训练样例中仅观察到一部分变量值，学习问题就困难得多了。这一问题在某种程度上类似于在人工神经网络中学习隐藏单元的权值，其中输入和输出节点值由训练样例给出，但隐藏单元的值未指定。实际上，可采用 Russell 等[17] 提出的梯度上升训练过程来学习条件概率表中的项。

5）贝叶斯网的梯度上升训练

由 Russell 等[17] 给出的梯度上升规则通过 $\ln p(D|h)$ 的梯度来使 $p(D|h)$ 最大化，此梯度是关于定义贝叶斯网的条件概率表的参数的。令 ω_{ijk} 为在给定父节点 U_i 取值 u_{ik} 时，网络变量 Y_i 值为 y_{ij} 的概率。例如，若 ω_{ijk} 为图 7.5-2 中条件概率表中最右上方的表项，那么 Y_i 为变量 *Campfire*，U_i 是其父节点的元组 $<$*Storm*、*BusTourGroup*$>$，$y_{ij}=$ True，并且 $u_{ik}=<$False，False$>$。对于每个 ω_{ijk}，$\ln p(D|h)$ 的梯度由导数 $\dfrac{\partial \ln p(D|h)}{\partial \omega_{ijk}}$ 给出：

$$\frac{\partial \ln p(D|h)}{\partial \omega_{ijk}}=\sum_{d\in D}\frac{p(Y_i=y_{ij},\ U_i=u_{ik}|d)}{\omega_{ijk}} \tag{7.5-22}$$

例如，为计算对应于图 7.5-2 中表左上方的表项的 $\ln p(D|h)$ 的导数，需要对 D 中每个训练样例 d 计算 $p(Campfire=True|Storm=True,\ BusTourGroup=True|d)$。当训练样例 d 中无法观察到这些变量时，这些概率可用标准的贝叶斯网络从 d 中观察到的变量中推理得到。实际上这些所需的量是从多数贝叶斯网络推理的过程中计算得到的，因此无论何时贝叶斯网络被用于推理并且随即获得新的证据，学习过程几乎不需要附加的开销。而对于式（7.5-22）的详细推导可详见文献［17］。

6）学习贝叶斯网的结构

当预先未知网络结构时，学习贝叶斯网络将会很困难。为此，Cooper 与 Herskovits[18] 提出了一个贝叶斯评分尺度（以便从不同网络中进行选择）和 K2 启发式搜索算法（用于可观察到所有数据时的网络结构学习）。在一个描述了在一医院的手术室中潜在的细菌实验中，K2 被给予 3000 个训练样例，这些样例是从包含了 37 个节点和 46 条弧的手工创建的贝叶斯网络中随机抽取的[14]。该程序成功地创建出了与正确网络结构几乎一样的贝叶斯网络，除了一个不正确地被删除的和被加入的弧。

目前已成功开发了基于约束的学习贝叶斯网络结构的途径。这些途径能通过数据分析，推导出用于构造贝叶斯网的独立和相关的关系。

课后习题

1. 给定两组二维数据，$\boldsymbol{X}_1=\{(6.0,\ 1.6)^{\mathrm{T}},\ (5.0,\ 1.4)^{\mathrm{T}},\ (5.5,\ 1.5)^{\mathrm{T}},\ (4.8,\ 1.0)^{\mathrm{T}}\}$，$\boldsymbol{X}_2=\{(5.1,\ 1.8)^{\mathrm{T}},\ (4.8,\ 2.0)^{\mathrm{T}},\ (5.4,\ 2.2)^{\mathrm{T}}\}$ 完成以下任务：

（1）$\boldsymbol{X}_1$ 和 $\boldsymbol{X}_2$ 的标签分别为 $t_1=+1$ 和 $t_2=-1$。训练一个神经元感知器，求解出由感知器模型确定的划分直线。

（2）$\boldsymbol{X}_1$ 和 $\boldsymbol{X}_2$ 的标签分别为 $t_1=1$ 和 $t_2=0$。利用逻辑回归算法求解决策边界。

2. 鸢尾花数据集是一个著名的数据集，常用于练习分类任务。该数据集共包含 150 朵鸢尾花的数据，分别来自三个不同的品种：Setosa 鸢尾花、Versicolor 鸢尾花和 Virginica 鸢尾花，数据里包含花的萼片以及花瓣的长度和宽度[8]。鸢尾花数据集可以从 sklearn 数据库里下载[10]，利用该数据完成以下任务：

（1）利用神经元感知器训练一个二分类器来检测 Virginica 鸢尾花；

（2）利用逻辑回归算法训练一个二分类器来检测 Virginica 鸢尾花；

（3）利用支持向量机训练一个二分类器来检测 Virginica 鸢尾花。

提示：1. 鸢尾花数据集里面有三种花，检测 Virginica 鸢尾花就是把花分成“是 Virginica 鸢尾花”和“不是 Virginica 鸢尾花”；2. 训练分类器可以使用一部分特征，而不是全部特征；3. 计算量较大，建议编程计算。

3. 给定两组二维数据，$\boldsymbol{A}=\{(2,\ 3)^{\mathrm{T}},\ (7,\ 2)^{\mathrm{T}},\ (4,\ 8)^{\mathrm{T}},\ (5,\ 4)^{\mathrm{T}}\}$，$\boldsymbol{B}=\{(8,\ 1)^{\mathrm{T}},\ (9,\ 5)^{\mathrm{T}},\ (10,\ 4)^{\mathrm{T}}\}$。其中数据 $\boldsymbol{A}$ 的标签为 0，数据 $\boldsymbol{B}$ 的标签为 1。据此完成以下任务。

（1）利用两组数据构建一个 2d 树；

（2）利用（1）中建立的2d树找到样本 $\boldsymbol{a}=(4, 5)^{T}$ 的最近邻；

（3）根据最近邻算法求解样本 $\boldsymbol{a}$ 的标签。

答案及代码下载说明：http：//www.cqurcsse.com/leix.php?id=17

参考文献

[1] 李航．统计学习方法［M］．北京：清华大学出版社，2012.

[2] 我是管小亮．《机器学习实战》学习笔记 总目录［EB/OL］．（2019-08-18）［2021-07-26］．https：//blog.csdn.net/TeFuirnever/article/details/99701256.

[3] 野风．支持向量机（SVM）——原理篇［EB/OL］．（2019-11-17）［2021-07-26］．https：//zhuanlan.zhihu.com/p/31886934.

[4] YIN L. 支持向量机（SVM）入门理解与推导［EB/OL］．（2018-03-28）［2021-07-26］．https：//blog.csdn.net/sinat_20177327/article/details/79729551.

[5] 菜到怀疑人生．机器学习——软间隔 SVM［EB/OL］．（2019-01-24）［2021-07-26］．https：//blog.csdn.net/dhaiuda/article/details/86615812.

[6] PLATT J. Sequential minimal optimization：A fast algorithm for training support vector machines［J/OL］．Microsoft［1998-04］．https：//www.microsoft.com/en-us/research/publication/sequential-minimal-optimization-a-fast-algorithm-for-training-support-vector-machines/.

[7] 刘建平 Pinard. 支持向量机原理（四）SMO 算法原理［EB/OL］．（2016-11-29）［2021-07-26］．https：//www.cnblogs.com/pinard/p/6111471.html.

[8] 周志华．机器学习［M］．北京：清华大学出版社，2016.

[9] 杰龙．机器学习实战：基于 Scikit-Learn 和 TensorFlow［M］．王静源，贾玮，边蕤，等，译．北京：机械工业出版社，2018.

[10] MOORE A. An introductory tutorial on kd-trees［C］// IEEE Colloquium on Quantum Computing：Theory，Applications & Implications. IET，1991.

[11] 雷明．机器学习原理、算法和应用［M］．北京：清华大学出版社，2019.

[12] CHOW C. An optimum character recognition system using decision functions［J］．IRE Transactions on Electronic Computers，1957（4）：247-254.

[13] Rish I. An empirical study of the Nave Bayes classifier［J］．IJCAI Workshop on Empirical Methods in Artificial Intelligence，2011.

[14] 米切尔．机器学习［M］．曾华军，张银奎，译．北京：机械工业出版社，2017.

[15] COOPER G. The computational complexity of probabilistic inference using Bayesian belief networks（research note）［J］．Artificial Intelligence，1990，42（2-3）：393-405.

[16] PRADHAN M，DAGUM P. Optimal monte carlo estimation of belief network inference［J/OL］．arXiv preprint arXiv：1302.3598，2013. https：//arxiv.org/abs/1302.3598

[17] RUSSELL S，BINDER J，KOLLER D，et al. Local learning in probabilistic net-

works with hidden variables [C] //IJCAI. 1995，95：1146-1152.
[18] COOPER G. F.，HERSKOVITS E. A Bayesian method for the induction of probabilistic networks from data [J]. Machine Learning，1992，9 (4)：309-347.
[19] SKLEARN. The Iris Dataset. [EB/OL] [2021-07-26]. https：//scikit-learn. org/stable/auto _ examples/datasets/plot _ iris _ dataset. html? highlight=iris.

第 8 章　深度学习

深度学习是在神经元感知器的基础上发展起来的一种复杂机器学习算法。经典的神经元感知器只能处理线性分类问题，功能有限；而 1986 年辛顿（Geoffrey Hinton）等将反向传播算法（BP 算法）和 sigmoid 函数引入多层神经网络中，有效解决了非线性分类和学习的问题，同时在 2006 年辛顿等又提出了深层网络训练中梯度消失问题的解决方案，从而掀起了深度学习的应用热潮。2012 年以来，深度学习的应用日益广泛，具体包括计算机视觉、语音识别、自然语言处理等。深度学习算法的种类很多，应用范围也各不相同；本章将对目前最为常用的前馈神经网络、卷积神经网络和循环神经网络这三种深度学习算法进行讲解，详细剖析算法的特点、构成、工作过程、学习过程、数学原理等，为读者系统了解深度学习算法及其在智能建造技术中的应用奠定基础。需要说明的是，深度学习目前还处于发展阶段，在理论上还有很多问题需要解决，而在工程建造等实际应用中的方法也需要进一步深入研究。

8.1　前馈神经网络

8.1.1　多层神经网络的特点

在神经元感知器模型基础上，如果在输入层和输出层之间再加上一层或多层的神经元，构成两层及以上的隐含层，则形成多层神经网络，即深度学习模型，其特点是中间层至少由两层神经元层组成隐含层，且每个隐含层中的神经元数量为一个或多个，见图 8.1-1。多层神经网络的输入数据仍然是向量，例如在图片识别中输入的是由图片的像素数据组成的向量。但多层神经网络的输出结果一般不再是 1 或 −1 这种二分类结果，而一般是几个分类的概率，也就是输出层不再仅包含一个神经元，而是可能包含很多个神经元。以图 8.1-1 为例，如果要识别一个图片中的动物是“猫”还是“狗”，图中的最右边两个神经元就分别输出分类的结果，第一个神经元输出的结果是图片中动物为“猫”的概率，第二个神经元输出的结果是图片中动物为“狗”的概率；也就是说，如果你设计了神经网络，那么你认为你输入的数据中能够包含多少个类，那么输出层就要对应包含多少个神经元，每个神经元都相应输出图片中的动物是这个类的概率。目前深度学习模型最主要的功能之一就是分类。如果多层神经网络模型中某一层的所有神经元与前一层的所有神经元都有连接，则称这种连接为全连接；而如果

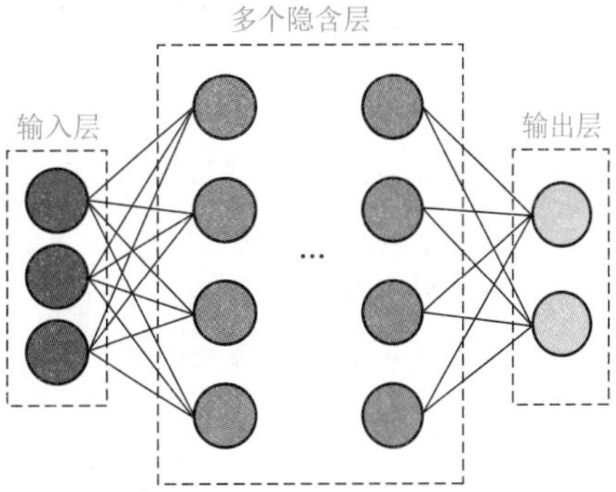

图 8.1-1　多层神经网络模型

某一层的每个神经元只与前一层的部分神经元有连接，则这种连接就不是全连接。本章后面介绍的一种前馈神经网络，就是每一层之间都是全连接的情况，但卷积神经网络一般不是每层之间都为全连接。

8.1.2 前馈神经网络的构成

本章以手写数字的图片识别为例介绍前馈神经网络（Feedforward Neural Networks，FNN）的架构、工作流程和学习流程。图 8.1-2 是一个手写数字黑白照片的像素数据，这张照片的像素为 28×28=784。图片的像素定义为：将一张图片划分成多少个小方格进行显示，则小方格的数量就是这张图片的像素。图 8.1-2 中的黑白照片被划分成 784 个小方格进行显示，则照片的像素就是 784，同时每个小方格内都设定一个区间为［0，1］的灰度数值。照片显示时，灰度为 0 则表示纯黑（无任何亮度），灰度为 1 则表示纯白（亮度最大），灰度在 0 到 1 之间时，则表示亮度介于纯黑和纯白之间；一个小方格的灰度越大，显示的时候就越亮。对于一张固定尺寸的黑白图片，像素决定了图像的清晰程度，像素越大图片就越清晰；而所有小方格的不同灰度设定决定了一张图片显示的内容与其他图片的差异，也就是不同灰度设定确定了图片的内容。

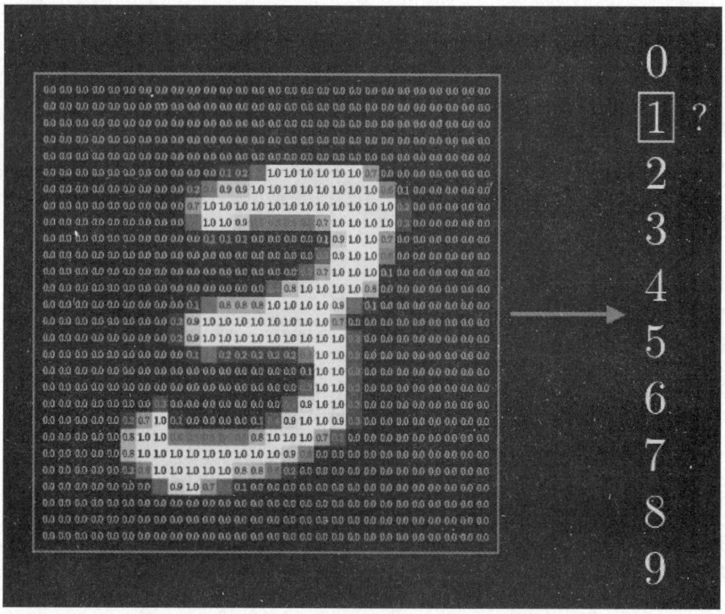

扫码看彩图

图 8.1-2　手写数字黑白照片的像素数据

本节介绍的前馈神经网络模型，见图 8.1-3，是一个识别图 8.1-2 中像素类别数字图片的前馈神经网络，共包括 4 层：第 1 层为输入层，第 2 层和第 3 层为隐含层，第 4 层为输出层。其实让计算机识别手写数字，是一件非常困难的事情，这就相当于给计算机一个 28×28 的表格，表格中填写 784 个 0 到 1 之间的数字，然后让计算机识别出一个 0 到 9 之间的整数；识别的结果一般是给出要识别对象分别为 0 至 9 这 10 个数字的概率。表格中的灰度值数字布置方式，根本不能用数字公式来表示，也不能用一些明确的规则来描述。表格中的每个数字都有很多种取值方法（跟灰度值的精度有关，一般取精度为 0.1，则有

10种取值方法)，这样灰度值在表格中的分布组合种类极多，属于“组合爆炸”情况，即使是计算机也很难计算。而前馈神经网络的识别方法是，输入一张图片的像素和灰度分布数据，通过隐含层和输出层的计算，判断出这张图片中分别是0至9这10个数字的概率。例如，一个训练好的前馈神经网络，读入图8.1-2中的图片数据后，会输出10个识别结果，也就是10个概率值，这10个概率值中，图片内容是3的概率为最高（可能超过90%），而图片内容为其他9个数字的概率就很低（如0的概率为5%，1的概率为2%，8的概率为15%等）。

1. 输入层

本节介绍的前馈神经网络，其输入层的神经元数量为784个，这个数量就是图片的像素值；而输入层每个神经元里面，都包含一个灰度值，所有灰度值按照一定规则排成一个列向量（按像素方格的行或列顺序排列），就形成了一张图片的输入向量，也就是形成了一个样本数据的输入向量，这个输入向量一般采用列向量形式，以方便采用矩阵进行线性变换。这个神经网络模型的输入层中，每个神经元都可被理解为一个容器，里面装着一个灰度值。可见，这个神经网络模型的输入向量 $\boldsymbol{a}$，完全由图片的数据决定；$\boldsymbol{a}$ 的维数就是图片的像素值，$\boldsymbol{a}$ 的每个分量 a_i 就是对应小方格的灰度值；$\boldsymbol{a}$ 是一个784维的列向量。前馈神经网络的“前馈”是指，整个网络在对输入数据的识别计算过程中没有反馈，信号（数据向量）从输入层向输出层单向传播，整个网络模型图就是一个有向无环图，见图8.1-3。

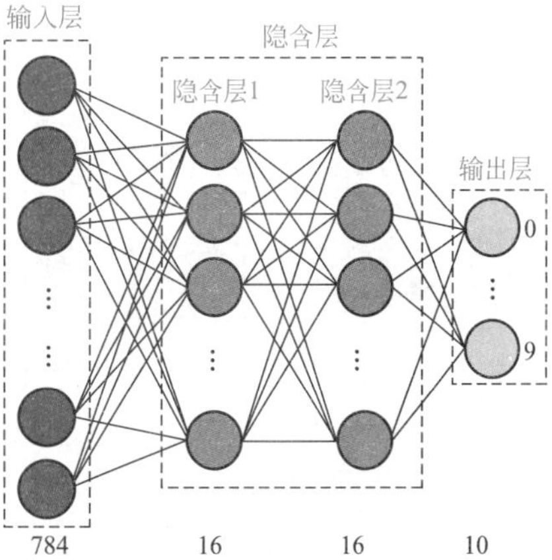

图8.1-3　识别手写数字的一个前馈神经网络模型

2. 隐含层

本节介绍的前馈神经网络，包含两个隐含层，每个隐含层都含有一定数量的神经元。每个隐含层的神经元数量并不固定，可由神经网络模型的设计者自行确定；一般情况下，隐含层的神经元数量越多，神经网络的功能就越强大。隐含层的每个神经元中都包含一个权重向量 $\boldsymbol{w}$ 和偏置标量 b，权重向量的维数与前一层神经元的数量相等，这样隐含层每个神经元都有很多个突触（网络中的连接线），突触的数量就是神经元中权重向量 $\boldsymbol{w}$ 的维数，隐含层通过这些突触与前一层的每个神经元进行连接，然后进行求和计算。以图8.1-3中神经网络模型的隐含层1为例，求和算式为：

$$\boldsymbol{w}^{\mathrm{T}}\boldsymbol{a}+b=w_1a_1+w_2a_2+\cdots+w_na_n+b,\ n=784 \tag{a}$$

其中 w_i 就是784维权重向量 $\boldsymbol{w}$ 的各分量，b 是每个神经元中各自的偏置标量，上式其实也是两个向量 $\boldsymbol{w}$ 与 $\boldsymbol{a}$ 点积后再与偏置标量 b 相加，得到一个标量。对于一个训练好的神经网络，w_i 和 b 都是固定的；而一个神经网络训练的过程，其实就是根据已有的训练数据回归得到所有隐含层中的权重向量和偏置标量，也就是要训练得到的神经网络参数就是权重向量和偏置标量。对于本节介绍的神经网络，两个隐含层都各自分别包含16个神经元，这些神经元里面都包含一个权重向量和一个偏置向量。隐含层1中共有16个神经元，每个神经元包含的权重向量都是784维向量（与输入向量的维数相同，否则无法进行向量相

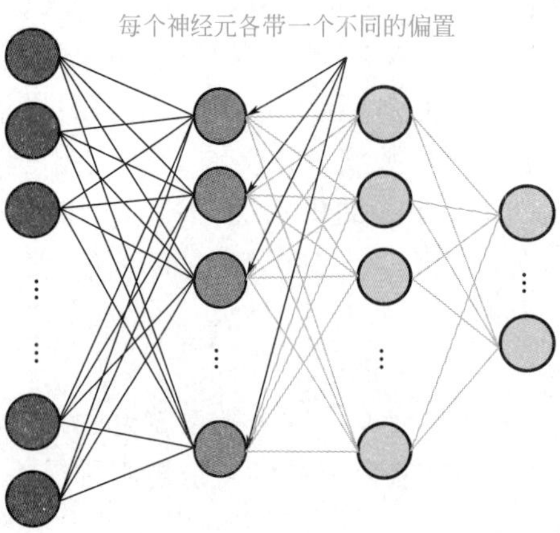

图 8.1-4　隐含层神经元的偏置示意图

乘），而且每个神经元中都还包含一个偏置标量 b（此处 b 泛指偏置标量，每个神经元的具体偏置一般不同，见图 8.1-4），则隐含层 1 中的参数总数量为：$16\times(784+1)=12560$。隐含层2中也含有 16 个神经元，这些神经元里面包含的权重向量都是 16 维向量，因为这些权重向量的维数要与前一层神经元的数量相等，当然这些神经元里面也都还包含一个偏置标量 b；则隐含层 2 中的参数总量为：$16\times(16+1)=272$。

隐含层的每个神经元根据算式（a）进行求和后，还需要在这个神经元内部通过一个激活函数进行激活计算。在本书第 7 章介绍的神经元感知器中，激活函数是一个 sign 函数，得到一个 1 或 −1 的结果；但在前馈神经网络中，激活函数经常采用一个 sigmoid 函数[1]。

$$\theta(x)=\frac{1}{1+\exp(-x)} \tag{8.1-1}$$

图 8.1-5 为 sigmoid 函数曲线，可见这个函数可将输入的任意大小实数，都压缩在 0 到 1 之间；当输入的数据很大甚至接近正无穷时，函数值逐渐收敛于 1，而当输入的数据很小甚至接近负无穷时，函数值逐渐收敛于 0。采用这个激活函数有三个优点：（1）这个函数实际上是根据统计推断得到的一个概率值计算公式，其计算结果是一个概率；（2）这是一个连续并可导的函数，有利于网络训练中的误差反向传播，也就是要反向求导数，本节后面介绍；（3）这个函数是非线性函数，能够处理非线性问题，解决了经典神经元感知器只能处理线性问题的问题。

图 8.1-6 为隐含层 1 的单个神经元激活计算过程示意图。这个神经元根据求和算式（a）得到一个数值，然后把这个数值输入激活函数中，得到一个激活函数值，这个激活函数值就被称为这个神经元的“激活值”。激活值是隐含层神经元的激活计算结果，也是本层神经元输入神经网络下一层的数据；神经网络中的每个神经元都会计算得到一个激活值，而对于输入层，每个神经元的激活值就是输入向量的对应分量。对于一个训练好的神经网络，神经元

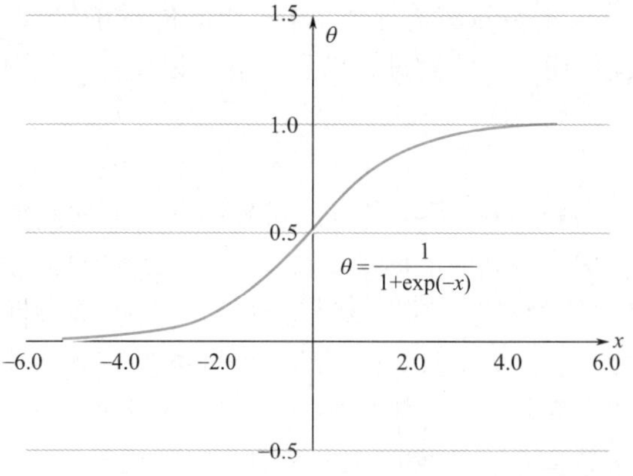

图 8.1-5　sigmoid 函数图

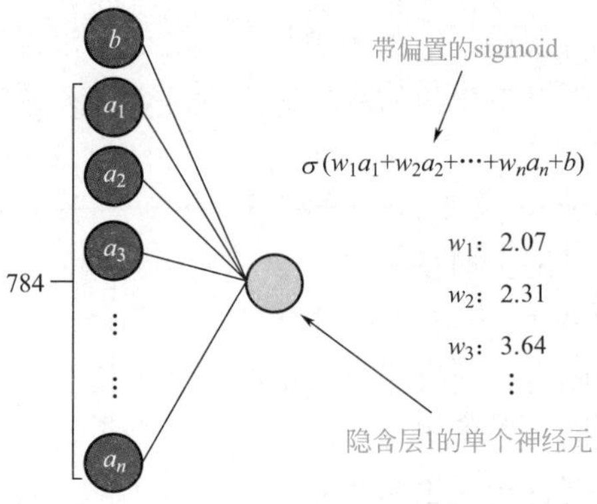

图 8.1-6　隐含层 1 的单个神经元激活计算示意图

的激活计算过程中，权重向量和偏置标量已知，因此激活值能够直接计算得到。

隐含层 2 的神经元激活值计算过程与隐含层 1 相同，只是隐含层 2 的输入数据是隐含层 1 中神经元的激活值，是一个维度为 16 的向量。

3. 输出层

图 8.1-7 显示了一个前馈神经网络的完整计算过程。经过前面两个隐含层的计算后，计算环节到达了输出层。输出层的激活值计算与隐含层相同，其输入的数据是最后一个隐含层的计算结果，是由最后这个隐含层中各神经元激活值组成的向量，向量维数就是最后这个隐含层中的神经元个数。输入层的每个神经元中也分别包含一个自己的权重向量和偏置标量，通过求和算式（a）得到一个数值，然后把这个数值输入激活函数中，就得到了每个神经元的激活值，也就是输出层每个神经元的输出值；本例中的 10 个输出值，就分别为输入图片是 0 到 9 中哪个数字的概率。输出层中含有 10 个神经元，这些神经元里面包含的权重向量都是 16 维向量，因为这些权重向量的维数要与前一层神经元的数量相等，当然这些神经元里面也都还包含一个偏置标量 b；则输出中的参数总量为：$10\times(16+1)=170$。

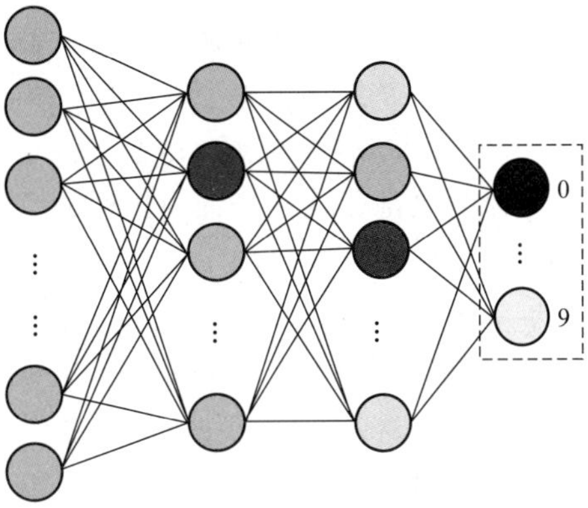

图 8.1-7　前馈神经网络的完整计算过程

多层神经网络的复杂，其中一个表现形式就是参数很多；本例中进行简单的黑白照片识别，而且照片像素仅为 784，网络的隐含层只有两层，其参数就达到了 13002（12560＋272＋170）。训练一个前馈神经网络，其实就是根据已有的数据样本回归得到这个网络的所有参数值，也就是所有隐含层和输出层的权重向量和偏置标量。本节的前馈神经网络参数为 13002 个，就可以理解为这个神经网络模型中有 13002 个旋钮供我们调整；如果是我们自己挨个调整，则工作量巨大，根本不可能完成；而神经网络训练的过程中，所有这些参数是根据训练数据进行自动调整，调整的方法就是本节后面要介绍的将梯度下降法和误差反向传播法相结合的方法。对于前馈神经网络，其从已有样本数据中学习的过程，就是这个神经网络的训练过程；神经网络从已有样本数据中学习到所有的参数，然后我们就可以应用这个神经网络进行工作，如图像识别等。多层神经网络的训练过程往往需要耗费大量的机时，如现在的一些功能强大的深度学习模型，其参数已达几十亿，训练难度很大，训练时间也很长。

8.1.3　模型的工作流程

一个前馈神经网络包括设计、训练和应用三个阶段。在设计阶段，设计者先设计出一个神经网络模型，主要是确定网络层数、每层神经元个数、激活函数、连接类型等；其中每层神经元个数和网络层数等需要网络设计者确定的参数，称为超参数。神经网络模型设计完后，就需要根据训练集（用于训练的样本数据集）训练出模型的参数，然后用测试集（用于测试神经网络精度的样本数据集）进行测量；测试通过后，就可以进入应用阶段，用神经网络进行识别等工作等。为便于理解，此处先结合神经网络的构成和数学运算方法介绍神经网络的工作流程，也就是神经网络的计算流程。此处仍以图 8.1-3 的黑白照片识别 4 层神经网络模型为例，逐层介绍神经网络的工作流程。

1. 第 1 层的工作

第 1 层是输入层，首先就要将数据输入。本例中，先要将类似图 8.1-2 中的手写数字照片数据向量化；因为照片像素为 784，每个像素方格中都有一个灰度值，则 784 个灰度值就可按一定顺序组成一个列向量，也就是将一个 28×28 的灰度值矩阵列向量化。神经网络第一层的工作就是读入这样的列向量即可，每个列向量都是一张照片的数据，也就是一个样本数据。本例中神经网络的工作，就是读入一个新的样本数据，然后进行运算，输出这个样本数据的识别结果。

2. 第 2 层的工作

第 2 层是隐含层。这一层的工作是每个神经元分别通过突触（连线）与第 1 层的每个神经元连接，然后用自己的权重向量转置后与第一层的输入向量相乘，然后再加上自己的偏置标量，得到一个标量和，然后将标量和输入激活函数计算，得到一个激活值。因为第 2 层神经元很多，如果都用函数逐一列出的方式表达，则形式非常繁琐且不便于编程实现，也难以直观理解；采用矩阵线性变换的方式表达，则直观很多，见图 8.1-8。

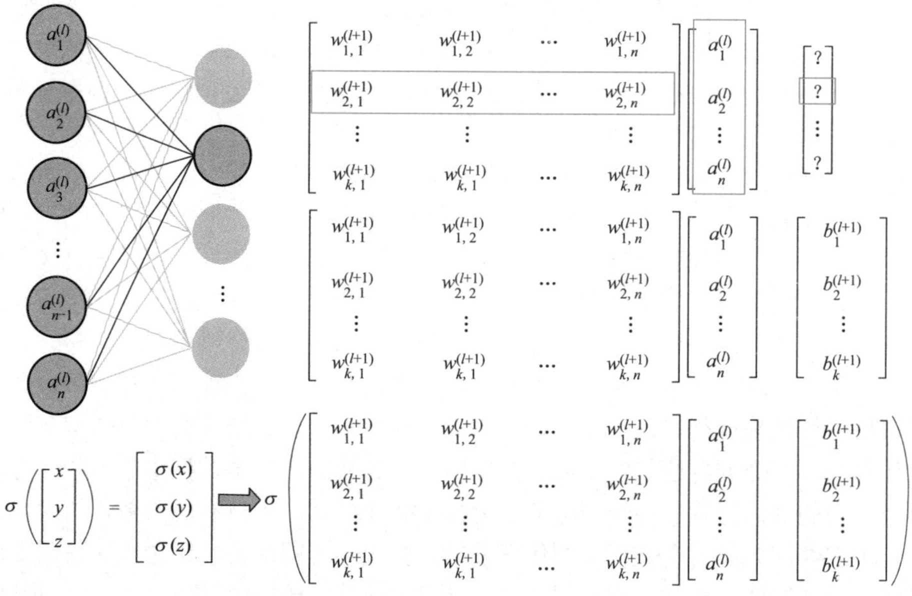

图 8.1-8　隐含层神经元的求和线性变换

图 8.1-8 为两个层之间的线性变换示意图，这两个层可以是任意前后两个相邻层，即蓝色神经元所在层可以是输入层或隐含层，而黄色神经元所在层可以是隐含层或输出层。蓝色神经元的 $a_i^{(l)}$ 为第 l 层激活值向量的分量，其上角标 l 代表神经元所在的层数（本例中 l 取值为 1，2，…，4），其下角标 i 代表输入列向量的第 i 个分量（i 取值为 1，2，…，n，n 为第 l 层神经元的数量）。在本节中，上角标均代表某个变量是第几层的变量。图中，由元素 $w_{1,1}^{(l+1)}$ 等组成的矩阵 $\boldsymbol{W}_{k\times n}^{(l+1)}$，是第 $l+1$ 层所有神经元权重系数组成的矩阵；$\boldsymbol{W}_{k\times n}^{(l+1)}$ 的行数是 k，表明第 $l+1$ 层有 k 个神经元，而 $\boldsymbol{W}_{k\times n}^{(l+1)}$ 的列数是 n，则表明第 $l+1$ 层

的每个神经元包含 n 个权重值（与上一层激活值数量相同）。图中，矩阵 $\boldsymbol{W}_{k\times n}^{(l+1)}$ 的第二行，是一个 n 维行向量 $\boldsymbol{w}_{2,j}^{(l+1)}$，这个行向量是 $l+1$ 层中第二个神经元的权重向量，它是 n 维的原因是第 l 层的激活值向量 $\boldsymbol{a}^{(l)}$ 维数为 n。由图中可见，$\boldsymbol{W}_{k\times n}^{(l+1)}$ 的第二行与第 l 层的激活值向量相乘后，得到了一个结果列向量的第二个分量；而第 $l+1$ 层有 k 个神经元，就形成了 k 个权重行向量，每个行向量又包括 n 个权重分量，从而形成了一个第 $l+1$ 层的 $k\times n$ 的权重系数矩阵 $\boldsymbol{W}_{k\times n}^{(l+1)}$。第 $l+1$ 层中的每个神经元中都还各包括一个偏置标量 $b_i^{(l+1)}$，因为第 $l+1$ 层中有 k 个神经元，则本层中一共有 k 个偏置标量，即 i 的取值为 1，2，…，k，这 k 个偏置就组成一个第 $l+1$ 层的 k 维偏置向量 $\boldsymbol{b}^{(l+1)}$。用矩阵 $\boldsymbol{W}_{k\times n}^{(l+1)}$ 对 $\boldsymbol{a}^{(l)}$ 进行变换得到一个向量，然后与偏置向量 $\boldsymbol{b}^{(l+1)}$ 相加得到一个结果向量；将这个结果向量输入激活函数，就得到了第 $l+1$ 层的激活值向量 $\boldsymbol{a}^{l+1}$，这就完成了第 $l+1$ 层的计算工作。这个计算过程，可用一个简单的公式表达：

$$\boldsymbol{a}^{(l+1)}=\sigma(\boldsymbol{W}_{k\times n}^{(l+1)}\boldsymbol{a}^{(l)}+\boldsymbol{b}^{(l+1)}) \tag{8.1-2}$$

对于本例神经网络的第 2 层，其工作首先就是读入第 1 层的激活值 $\boldsymbol{a}^{(1)}$（第 1 层的激活值就是样本数据的输入值，不是通过激活函数计算得到），然后用第 2 层的偏置矩阵 $\boldsymbol{W}_{16\times 784}^{(2)}$ 对 $\boldsymbol{a}^{(1)}$ 进行线性变换后，再与第 2 层偏置向量 $\boldsymbol{b}^{(2)}$ 相加得到一个 16 维的结果向量，将这个结果向量输入激活函数进行运算，就得到了第 2 层的一个 16 维激活值向量 $\boldsymbol{a}^{(2)}$，从而完成第 2 层的所有工作。

3. 第 3 层的工作

对于本例神经网络的第 3 层，其工作首先就是读入第 2 层的激活值 $\boldsymbol{a}^{(2)}$（16 维列向量），然后用第 3 层的偏置矩阵 $\boldsymbol{W}_{16\times 16}^{(3)}$ 对 $\boldsymbol{a}^{(2)}$ 进行线性变换后，再与第 3 层偏置向量 $\boldsymbol{b}^{(3)}$ 相加得到一个 16 维的结果向量，将这个结果向量输入激活函数进行运算，就得到了第 3 层的一个 16 维激活值向量 $\boldsymbol{a}^{(3)}$，从而完成第 3 层的所有工作。

4. 第 4 层的工作

对于本例神经网络的第 4 层，也就是输出层，其工作首先就是读入第 3 层的激活值 $\boldsymbol{a}^{(3)}$（16 维列向量），然后用第 4 层的偏置矩阵 $\boldsymbol{W}_{10\times 16}^{(4)}$ 对 $\boldsymbol{a}^{(3)}$ 进行线性变换后，再与第 4 层偏置向量 $\boldsymbol{b}^{(4)}$ 相加得到一个 10 维的结果向量，将这个结果向量输入激活函数进行运算，就得到了第 4 层的一个 10 维激活值向量 $\boldsymbol{a}^{(4)}$，从而完成第 3 层的所有工作。这个 10 维激活值向量，分别就是被识别照片中数字为 0，1，…，9 的概率。

8.1.4 模型的学习过程

前馈神经网络的学习过程，就是通过已有的样本数据集对神经网络进行训练，也就是回归神经网络模型中的所有权重和偏置参数。我们设计好一个神经网络模型后，首先的工作就是要对这个模型进行训练。为便于理解，本小节先介绍参数训练的步骤，然后再详细介绍每个步骤中的数学处理过程。此处仍以图 8.1-3 的 4 层前馈神经网络为例，识别的对象仍为手写数字黑白照片，并假定共有 1000 个样本数据（照片）供我们训练这，且这 1000 个数据已经人工做好了标签，也就是已经通过人工准确地标记了每个照片中写的是 0 至 9 这 10 个数字中的哪一个。

1. 参数训练的步骤

（1）训练集与测试集划分

将已有的 1000 个样本数据分为训练集和测试集，其中训练集数据为 700 个，测试集数据为 300 个。

（2）初始赋值

对本例神经网络模型中的所有 13002 个权重和偏置参数进行初始赋值；理论上初始赋值可任意，但在一些复杂神经网络训练中，为加快神经网络的训练过程，初始赋值一般都有相应的方法。

（3）结果评价

读入训练集第一个样本数据，得到一个输出层的 10 维激活值向量，也就是 10 个概率值。但由于所有参数采用的是任意初始赋值，不可能得到好的识别结果；这个结果需要一个评价方法以评价结果的优劣，因此在训练过程中需要在最后一层再设置一个评价措施，本例中的评价措施见图 8.1-9。

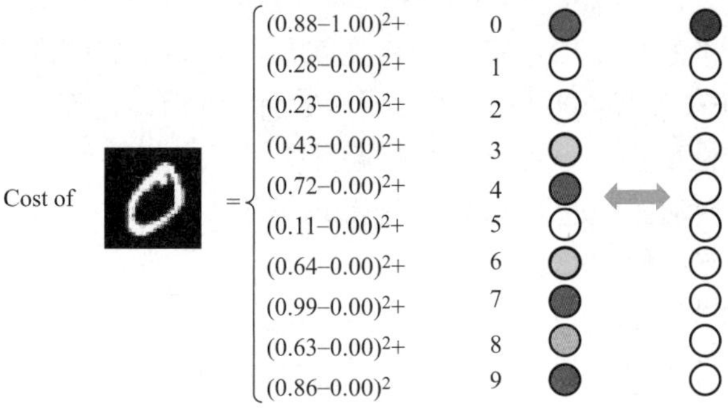

图 8.1-9　前馈神经网络的平方和代价计算

由图 8.1-9 可见，本例中前馈神经网络的结果评价措施，是采用一个平方和函数的计算结果进行评价，即将最后一层每个激活值的分量（概率值）与对应的真实值相减，得到 10 个差值，然后将这 10 个差值均取平方后再求和，得到一个平方和。这个平方和的值就被称为训练单个样本的“代价”（Loss），这个平方和函数就是本例前馈网络模型的代价函数 C，此例中 $C=\sum_{i=1}^{10}(\boldsymbol{a}_i^{(4)}-\boldsymbol{a}_i^{(4)'})^2$，其中 $\boldsymbol{a}_i^{(4)}$ 为第 4 层的第 i 个概率（激活向量的第 i 个分量），$\boldsymbol{a}_i^{(4)'}$ 为 $\boldsymbol{a}_i^{(4)}$ 对应的真实值。以图 8.1-9 中的单个样本训练为例，输入的样本是数字 0，但是输出的 10 个概率值中，数字为 0 的概率为 0.88，但是其对应的真实值是 1（输入的数字就是 0，准确模型的输出结果应为 1）；数字为 1 的概率为 0.28，但是其对应的真实值是 0，依次类推。不难发现，对于一个训练好的神经网络模型，代价函数值越小，模型的识别准确率越高；理想情况下，代价函数值应为 0。

（4）参数调整

根据第一个样本数据得到的代价函数值一般都比较大，不能满足精度要求，说明对模型参数的初始赋值不合理，需要进行调整。由于参数很多，不可能人工调整，就采用梯度下降法进行整体调整，即采用代价函数对模型中的所有权重和偏置参数求偏导，共得到 13002 个$\dfrac{\partial C}{\partial \boldsymbol{w}^{(l)}}$和$\dfrac{\partial C}{\partial \boldsymbol{b}^{(l)}}$的值，然后将这 13002 个值组成一个向量，就是整个网络的参数梯度向量；按照这个梯度向量的负方向对 13002 个参数进行等比例调整，就完成了参数的第一次整体调整。用代价函数 C 不但可以对最后一层的权重和偏置求偏导得到 $\dfrac{\partial C}{\partial \boldsymbol{w}^{(4)}}$ 和 $\dfrac{\partial C}{\partial \boldsymbol{b}^{(4)}}$，而且可以通过第3层的激活函数求得$C$对第3层参数的偏导$\frac{\partial C}{\partial \boldsymbol{w}^{(3)}}$和$\frac{\partial C}{\partial \boldsymbol{b}^{(3)}}$，并进一步求得$\frac{\partial C}{\partial \boldsymbol{w}^{(2)}}$和$\frac{\partial C}{\partial \boldsymbol{b}^{(2)}}$。可见，用代价函数可层层反向求得代价函数对每层参数的偏导数，这就是误差反向传播法。本小节后面将详细介绍梯度下降法和误差反向传播法的数学实现过程。

基于第一个样本数据进行参数调整后，继续读入下一个样本数据并调整参数，直至历遍训练样本集，代价函数值达到阈值，完成模型训练阶段。在采用梯度下降法进行参数调整时，可采用两条路径：①训练集中的样本仅历遍一轮，但在每个样本都进行多次梯度下降计算，直到本样本的代价函数值达到阈值，再读入下一个样本；②训练集中的样本历遍多轮，每轮中针对单个样本仅进行一次梯度下降计算，此轮中所有样本都进行一次梯度下降后，计算所有样本在此轮梯度下降计算后的代价函数值；如果代价函数值未达到阈值，则进行下一轮历遍并调整参数，直至代价函数值达到阈值。

(5) 模型测试

将训练完的模型采用训练集进行测试。用训练完的模型对测试集的300个样本数据进行识别计算，并分别计算出针对300个测试样本的代价函数值，然后取这300个代价函数值的平均值，就得到模型总体的代价函数值，当其小于设定阈值时，则模型可进行应用，否则需回到训练阶段，继续训练模型，甚至有可能需要调整模型的整个结构。

2. 随机梯度下降法

前面已介绍，本例模型中的13002个参数调整时，每次都需通过梯度下降法进行整体调整；将13002个参数排成一个列向量，并用代价函数对此向量进行求导，就得到代价函数的梯度：

$$\nabla C(\boldsymbol{w}) = \left[\frac{\partial C}{\partial w_1}, \frac{\partial C}{\partial w_2}, \cdots, \frac{\partial C}{\partial w_n}\right]^{\mathrm{T}} \tag{8.1-3}$$

上式中，∇为微分算子；本例中对所有参数求偏导就得到一个13002维的梯度向量，即n为13002；上式中的w_i泛指所有参数，包括偏置参数，而非仅指权重参数。梯度方向是函数值增加最快的方向，而负梯度的方向就是函数值减小最快的方向。梯度下降法，就是让模型的参数向量沿梯度的负方向进行调整，这样代价函数值就会以最快的速度下降，尽快达到阈值。

以二元函数$C(x, y)$为例，函数代表一个空间曲面，见图8.1-10。一个人要从山上的某个位置下到一个谷底，可有很多条路径，但是沿着自己当前位置的负梯度方向走，他就会最快达到谷底。这个人首先要根据自己当前在x-y轴平面上的位置(x_0, y_0)和函数$C(x, y)$，求得当前位置的梯度$\left(\frac{\partial C}{\partial x_0}, \frac{\partial C}{\partial y_0}\right)$，然后前进一小段距离，则前进后的位置变为$\left(x_0 - \eta\frac{\partial C}{\partial x_0}, y_0 - \eta\frac{\partial C}{\partial y_0}\right)$，其中$\eta$为介于0和1之间的步长系数，详见本书第7章。如果此时未达到谷底，也就是代价函数值未达到阈值，则继续重复上一个工作，求当前梯度，然后沿负梯度方向继续走，直至到谷底。但在神经网络的实际训练中，如果梯度下降的每一步都把所有训练样本都计算一遍，则计算量太大，因为有的神经网络参数达几十亿。这时可把训练集分成很多组样本，每次随机挑选出一组进行梯度下降，虽然这不是代价函数真正的当前位置梯度，所以也不是人下山的最快方向，但一般会给出不错的近似路径，最后的路径可能会曲折一点，但是整个过程中的计算量会明显下降。这种随机挑选出部分样本点进行梯度下降的方法，就是随机梯度下降法。

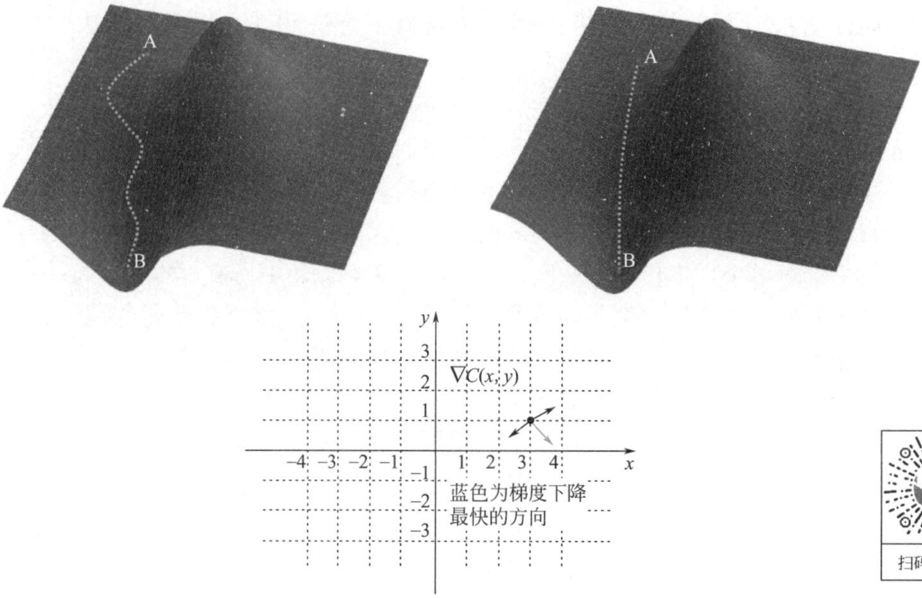

扫码看彩图

图 8.1-10　二元函数梯度下降示意图

3. 误差反向传播法

由前馈神经网络最后一层的评价函数反向逐层计算每层的评价函数梯度，也就是反向逐层计算评价函数对权重和偏置参数的偏导，这个计算过程被称为误差反向传播法（BP, back propagation）；误差反向传播法是前馈神经网络的核心方法。此处将分别对反向传播的过程和数学原理进行详细介绍。

（1）反向传播的过程

仍以图 8.1-3 的 4 层神经网络识别手写数字为例，并采用一个手写数字“0”的样本为具体例子，见图 8.1-11。对于一个尚未训练好的网络，输出层的激活值一般比较随机，如输入的样本数据是数字“0”的照片，对应的 0 处神经元激活值仅为 0.22，但是对应数字为 7 的神经元激活值却高达 0.99，也就是这个未训练好的认为这张照片里面的数字是 7 的可能性高达 0.99，而数字是 0 的可能性仅为 0.22；可见这个网络还需要继续训练。要提高这个网络的识别能力，不可能直接通过修改最后一层的激活值来完成，需要修改网络的所有权重和偏置参数。但我们需要记住输出层需要怎样的改变；针对这个样本点，我们希望 0 处的激活值变大，而其他 9 个激活值变小，因为我们希望网络对这个样本照片的分类结果是 0。

图 8.1-12 是最后一层识别结果为 0 的神经元激活值计算过程。针对手写数字为“0”的这个照片样本，根据 sigmoid 激活函数的单调递增性质，要增加这个激活值，有三种方式：增大偏置、改变权重、改变上一层的激活值。增大偏置就可直接导致激活值增大，而增大权重或上一层的激活值就不一定导致激活值增大，因为这两个变量的乘积增大才会直

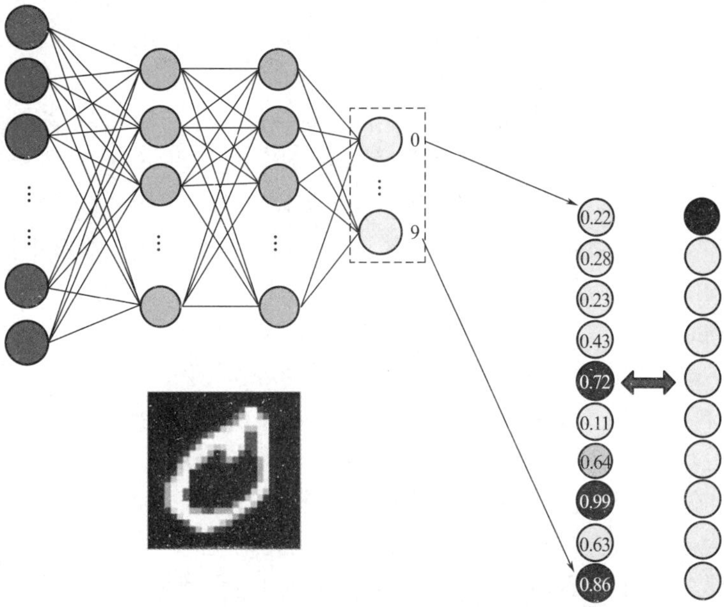

图 8.1-11　网络未训练好时的识别结果

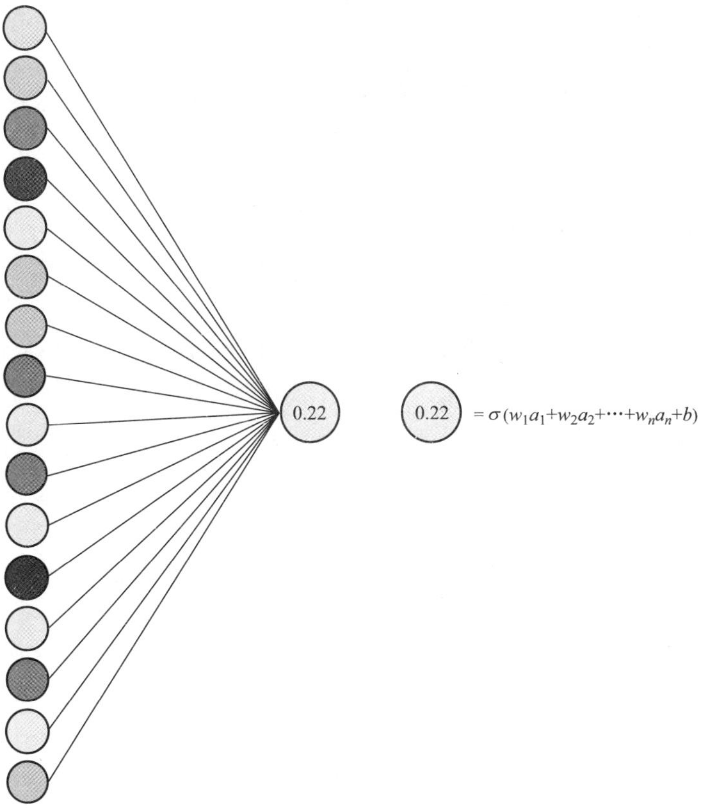

图 8.1-12　最后一层单个神经元的激活值计算

接导致激活值增大。各权重的影响力不同，其中连接前一层激活值最大（图中颜色最深）神经元的几个权重，其影响也最大；所以对于这个样本，调整这几个权重对代价函数值的影响比其他权重更大。也就是我们进行参数调整时，并不只看每个参数应该增大还是减小，还要看哪个参数修改后的性价比最高。调整上一层的激活值时，与某激活值相乘的权重值为正数时需增大此激活值，反之则需减小此激活值。我们想整体使代价函数值更小，就要根据最后一层的权重值对上一层的激活值整体作出相应比例的调整，也就是最后一层的权重值向量和倒数第二层的激活向量整体调整；但我们不能直接修改倒数第二层的激活值，只能再修改倒数第二层的权重值和再前一层（倒数第三层）的激活值，就这样层层向前修改，直至网络的第二层（第一层的激活值就是输入值，不能修改），这个层层反向修改参数的过程，也是反向传播的一种体现。这个使得激活值增大的过程，只是最后一层第一个神经元（对应数字 0）所希望的变化（自己激发变强），但要使得代价函数值进一步降低，还需要最后一层的其他 9 个神经元激活值变小（激发变弱）。以最后一层神经元对本层参数（权重和偏置）和上一层激活值的调整要求为例，第一个神经元（对应数字 0）会发出调整的指示（指示内容包括增大还是减小、调整幅度），但其他 9 个神经元也会发出调整的指示；那么我们就可以把这一层所有神经元的指示都加起来，得到一个整体指示，也就是得到一组对本层参数和上一层激活值的所有调整要求；上一层激活值要改变，则需要向其再前一层发出调整指示，就这样层层向前发指示，进行反向传播。

由上述可见，误差反向传播的过程可描述为：代价函数对最后层的激活值提出调整需求，则最后层的激活值把需求反向传播给本层的参数（权重和偏置）和前一层的激活值，前一层的激活值再反向传播给本层参数和再前一层的激活值；这样层层反向传播回去，直到网络的第二层。

上面讨论的是单个训练样本对所有权重和偏置的影响，但如果我们只关注这个“0”的识别要求，这个网络模型会把所有图像都分类为“0”，因为它没见过别的数字，不知道还有别的情况。所以在网络训练中，我们要对其他所有的训练样本都进行一遍反向传播，记录下每个样本都想如何修改参数，最后取平均值。图 8.1-13 为多个样本对模型参数的修改要求，以对第一个参数 w_0 的修改要求为例，第一个样本“2”要求 w_0 增加 −0.08，第二个样本“6”要求 w_0 增加 0.02，…；最后把所有这些要求的增加值取平均，就得到了 w_0 的最终增加值。但实际训练中，采用随机梯度下降法时，并不是把所有训练样本都计算一遍，而是把训练集分成很多组，每次随机取一组进行梯度下降。

								平均值
w_0	−0.08	+0.02	−0.02	+0.11	−0.05	−0.14	…	
w_1	−0.11	+0.11	+0.07	+0.02	+0.09	+0.05	…	+0.12
⋮	⋮	⋮	⋮	⋮	⋮	⋮	⋮	⋮
w_{13001}	+0.13	+0.08	−0.06	−0.09	−0.02	+0.04	…	+0.04

图 8.1-13　训练样本对参数的修改要求示意图

（2）反向传播的数学原理

此处先以最简单的多层神经网络为例，网络一共四层，每层只有一个神经元，则网络总共只有 3 个权重和 3 个偏置，见图 8.1-14；网络的工作目标仍为识别手写数字黑白照片。此网络的 6 个参数分别为 $w^{(2)}$，$b^{(2)}$，$w^{(3)}$，$b^{(3)}$，$w^{(4)}$，$b^{(4)}$，其中 w 代表权重，b 代表偏置，而上角标代表某参数属于哪一层；最后一层中还含有代价函数，用 C 表示。

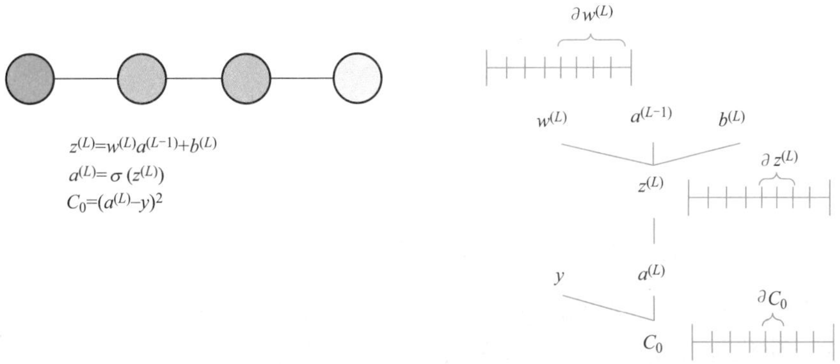

图 8.1-14　简单四层神经网络

先关注最后两个神经元，见图 8.1-14。图中 $a^{(L)}$ 和 $a^{(L-1)}$ 分别为第 L 层和第 $L-1$ 层的激活值，L 为总层数。在本书介绍的深度学习中，变量的带括号上角标代表这个变量属于神经网络的层数，上角标括号内的数字是多少，就代表这个变量处于神经网络的第多少层。给定一个训练样本，并让网络进行计算，得到最后一层的激活值；训练中，我们希望最后一层计算的激活值要接近相应的目标，这个目标记为 y，y 取值为 0 或 1（训练前，每个样本都已经做好了标签，将其目标值标记为 0 或 1）。这个简单网络对于当前这个给定训练样本的代价为 $(a^{(L)}-y)^2$，此处 $L=4$；对于此给定样本，把代价函数值记为 C_0，即

$$C_0=(a^{(L)}-y)^2 \tag{8.1-4}$$

最后一层的激活值计算式为：

$$a^{(L)}=\sigma(w^{(L)}a^{(L-1)}+b^{(L)}) \tag{8.1-5}$$

上式中，对于最后一层，$L=4$；令：

$$z^{(L)}=w^{(L)}a^{(L-1)}+b^{(L)} \tag{8.1-6}$$

上式中 $z^{(L)}$ 就是一个加权和；则由式（8.1-5）和式（8.1-6）可得 $a^{(L)}$。

C_0 的计算步骤为：①利用最后一层的权重和偏置，以及前一层的激活值，计算出 $z^{(L)}$；②接着计算出 $a^{(L)}$；③然后再结合 y 计算出代价 C_0。结合图 8.1-13 中的各变量数轴可见，每个量都是数轴上的变量，而我们要理解 $w^{(L)}$ 的变化对 C_0 的影响，就可以用代价函数对 $w^{(L)}$ 求导数；图中 $\partial w^{(L)}$ 就是 $w^{(L)}$ 的微调值，而∂C_0 就是微调 $w^{(L)}$ 对 C_0 的值造成的变化。$w^{(L)}$ 的微调造成 $z^{(L)}$ 的变化，然后导致 $a^{(L)}$ 发生变化，最终影响到代价 C_0。

求 C_0 对 $w^{(L)}$ 的导数，是复合函数求导，因为 C_0 的计算公式（8.1-4）中没有 $w^{(L)}$ 这一项，但由式（8.1-5）～式（8.1-6）可见，C_0 是 $w^{(L)}$ 的复合函数；因此可利用“链

式法则”，并根据式（8.1-4）～式（8.1-6）的复合函数关系，得到如下导数：

$$\frac{\partial C_0}{\partial w^{(L)}}=\frac{\partial C_0}{\partial a^{(L)}}\frac{\partial a^{(L)}}{\partial z^{(L)}}\frac{\partial z^{(L)}}{\partial w^{(L)}}=\frac{\partial z^{(L)}}{\partial w^{(L)}}\frac{\partial a^{(L)}}{\partial z^{(L)}}\frac{\partial C_0}{\partial a^{(L)}} \tag{8.1-7}$$

上式中最后一个等号右边，将链式法则的求导过程反向表达，也是为了从前往后看起来更直观。由式（8.1-4）～式（8.1-6），式中的三个导数的求导结果分别为：

$$\frac{\partial C_0}{\partial a^{(L)}}=2(a^{(L)}-y) \tag{8.1-8}$$

$$\frac{\partial a^{(L)}}{\partial z^{(L)}}=\sigma'(z^{(L)}) \tag{8.1-9}$$

$$\frac{\partial z^{(L)}}{\partial w^{(L)}}=a^{(L-1)} \tag{8.1-10}$$

则代价函数对第 L 层权重的导数公式为：

$$\frac{\partial C_0}{\partial w^{(L)}}=a^{(L-1)}\cdot\sigma'(z(L))\cdot 2(a(L)-y) \tag{8.1-11}$$

上式求出的还只是一个训练样本的代价对 $w^{(L)}$ 的导数，而总代价是很多训练样本代价的平均值，则代价函数对 $w^{(L)}$ 的导数也是一个平均值：

$$\frac{\partial C_0}{\partial w^{(L)}}=\frac{1}{n}\sum_{i=0}^{n-1}\frac{\partial C_i}{\partial w^{(L)}} \tag{8.1-12}$$

式中，n 为本次参加训练样本的数量。

在此四层简单神经网络中，求出了 $\frac{\partial C_0}{\partial w^{(L)}}$ 只是得到了一个梯度向量 ∇C_0 的分量，而此网络的 ∇C_0 是一个 6 维的向量，因为网络共有 6 个参数。要得到 ∇C_0，需要求出代价函数对所有参数的导数，包括 C_0 对偏置的导数；仍可根据链式法则和式（8.1-4）～式（8.1-6）推导出 C_0 对偏置的导数公式：

$$\frac{\partial C_0}{\partial b^{(L)}}=\frac{\partial z^{(L)}}{\partial b^{(L)}}\frac{\partial a^{(L)}}{\partial z^{(L)}}\frac{\partial C_0}{\partial a^{(L)}}=1\cdot\sigma'(z(L))\cdot 2(a(L)-y) \tag{8.1-13}$$

式（8.1-7）～式（8.1-13）求出了代价函数对最后一层神经元的权重和偏置的导数，还需要计算出代价函数对倒数第二层及倒数第三层的导数，但前面这些层的参数并没有用于直接求代价函数值，因此不能直接求导得到，需要间接求出。由式（8.1-7），可得到代价函数对第 $L-1$ 层（倒数第二层）的权重导数计算式为：

$$\frac{\partial C_0}{\partial w^{(L-1)}}=\frac{\partial z^{(L-1)}}{\partial w^{(L-1)}}\frac{\partial a^{(L-1)}}{\partial z^{(L-1)}}\frac{\partial C_0}{\partial a^{(L-1)}} \tag{b}$$

上式中的右边三项偏导数，均可由式（8.1-4）～式（8.1-6）求得。由式（8.1-6），当层数为 $L-1$ 时，可得：

$$z^{(L-1)}=w^{(L-1)}a^{(L-2)}+b^{(L-1)} \tag{c}$$

则由上式可得式（b）中右侧第一项偏导数：

$$\frac{\partial z^{(L-1)}}{\partial w^{(L-1)}}=a^{(L-2)} \tag{d}$$

由式（8.1-5），当层数为 $L-1$ 时，可得：

$$a^{(L-1)}=\sigma(z^{(L-1)})=\sigma(w^{(L-1)}a^{(L-2)}+b^{(L-1)}) \tag{e}$$

则由上式可得式（b）中右侧第二项偏导数：

$$\frac{\partial a^{(L-1)}}{\partial z^{(L-1)}}=\sigma'(z(L-1)) \tag{f}$$

式（8.1-4）是 C_0 的计算公式，可见公式中右边项的自变量只有最后一层的激活值 $a^{(L)}$ 和 y，并没有最后一层之前任何层的激活值、权重和偏置变量，则式（b）中的右侧第三项导数 $\frac{\partial C_0}{\partial a^{(L-1)}}$ 无法直接求得；但由式（8.1-4）～式（8.1-6），C_0 是 $a^{(L)}$ 的函数，$a^{(L)}$ 又是 $z^{(L)}$ 和 $a^{(L-1)}$ 的函数，则 C_0 是 $a^{(L-1)}$ 的复合函数，仍可通过链式法则求得 C_0 对 $a^{(L-1)}$ 的导数：

$$\frac{\partial C_0}{\partial a^{(L-1)}}=\frac{\partial C_0}{\partial a^{(L)}}\frac{\partial a^{(L)}}{\partial z^{(L)}}\frac{\partial z^{(L)}}{\partial a^{(L-1)}} \tag{8.1-14}$$

将式（8.1-4）～式（8.1-6）代入上式可得：

$$\frac{\partial C_0}{\partial a^{(L-1)}}=2(a(L)-y)\cdot\sigma'(z(L))\cdot w^{(L)} \tag{8.1-15}$$

将式（8.1-14）代入式（a）可得：

$$\frac{\partial C_0}{\partial w^{(L-1)}}=\frac{\partial z^{(L-1)}}{\partial w^{(L-1)}}\frac{\partial a^{(L-1)}}{\partial z^{(L-1)}}\cdot\frac{\partial C_0}{\partial a^{(L)}}\frac{\partial a^{(L)}}{\partial z^{(L)}}\frac{\partial z^{(L)}}{\partial a^{(L-1)}} \tag{8.1-16}$$

同理，可推导出 C_0 对 $b^{(L-1)}$ 的导数：

$$\frac{\partial C_0}{\partial b^{(L-1)}}=\frac{\partial z^{(L-1)}}{\partial b^{(L-1)}}\frac{\partial a^{(L-1)}}{\partial z^{(L-1)}}\frac{\partial C_0}{\partial a^{(L-1)}} \tag{g}$$

将式（8.1-14）代入上式，即得到 C_0 对倒数第二层偏置的偏导数公式：

$$\frac{\partial C_0}{\partial b^{(L-1)}}=\frac{\partial z^{(L-1)}}{\partial b^{(L-1)}}\frac{\partial a^{(L-1)}}{\partial z^{(L-1)}}\cdot\frac{\partial C_0}{\partial a^{(L)}}\frac{\partial a^{(L)}}{\partial z^{(L)}}\frac{\partial z^{(L)}}{\partial a^{(L-1)}} \tag{8.1-17}$$

进一步，可求得代价函数对第 $L-2$ 层（倒数第三层）的权重和偏置导数计算式为：

$$\frac{\partial C_0}{\partial w^{(L-2)}}=\left(\frac{\partial z^{(L-2)}}{\partial w^{(L-2)}}\frac{\partial a^{(L-2)}}{\partial z^{(L-2)}}\right)\cdot\left(\frac{\partial z^{(L-1)}}{\partial a^{(L-2)}}\frac{\partial a^{(L-1)}}{\partial z^{(L-1)}}\right)\cdot\left(\frac{\partial z^{(L)}}{\partial a^{(L-1)}}\frac{\partial a^{(L)}}{\partial z^{(L)}}\frac{\partial C_0}{\partial a^{(L)}}\right) \tag{8.1-18}$$

$$\frac{\partial C_0}{\partial b^{(L-2)}}=\left(\frac{\partial z^{(L-2)}}{\partial b^{(L-2)}}\frac{\partial a^{(L-2)}}{\partial z^{(L-2)}}\right)\cdot\left(\frac{\partial z^{(L-1)}}{\partial a^{(L-2)}}\frac{\partial a^{(L-1)}}{\partial z^{(L-1)}}\right)\cdot\left(\frac{\partial z^{(L)}}{\partial a^{(L-1)}}\frac{\partial a^{(L)}}{\partial z^{(L)}}\frac{\partial C_0}{\partial a^{(L)}}\right) \tag{8.1-19}$$

式（8.1-18）～式（8.1-19）中，对于本例神经网络，层数 $L=4$，则倒数第三层就是网络的第二层；因为第一层是输入层，不包含任何权重和偏置参数，因此不需要求代价函数对参数的偏导数，可见反向求偏导时只求到网络的第二层。当网络层数很多时，求代价函数对第 i 层权重和偏置的偏导数时，可根据（8.1-18）～式（8.1-19）推导出如下结果：

$$\begin{aligned}\frac{\partial C_0}{\partial w^{(i)}}=&\left(\frac{\partial z^{(i)}}{\partial w^{(i)}}\frac{\partial a^{(i)}}{\partial z^{(i)}}\right)\cdot\left(\frac{\partial z^{(i+1)}}{\partial a^{(i)}}\frac{\partial a^{(i+1)}}{\partial z^{(i+1)}}\right)\cdot\cdots\cdot\left(\frac{\partial z^{(L-1)}}{\partial a^{(L-2)}}\frac{\partial a^{(L-1)}}{\partial z^{(L-1)}}\right)\cdot\\&\left(\frac{\partial z^{(L)}}{\partial a^{(L-1)}}\frac{\partial a^{(L)}}{\partial z^{(L)}}\frac{\partial C_0}{\partial a^{(L)}}\right),i=2,3,\cdots,L-1\end{aligned} \tag{8.1-20}$$

$$\begin{aligned}\frac{\partial C_0}{\partial b^{(i)}}=&\left(\frac{\partial z^{(i)}}{\partial b^{(i)}}\frac{\partial a^{(i)}}{\partial z^{(i)}}\right)\cdot\left(\frac{\partial z^{(i+1)}}{\partial a^{(i)}}\frac{\partial a^{(i+1)}}{\partial z^{(i+1)}}\right)\cdot\cdots\cdot\left(\frac{\partial z^{(L-1)}}{\partial a^{(L-2)}}\frac{\partial a^{(L-1)}}{\partial z^{(L-1)}}\right)\cdot\\&\left(\frac{\partial z^{(L)}}{\partial a^{(L-1)}}\frac{\partial a^{(L)}}{\partial z^{(L)}}\frac{\partial C_0}{\partial a^{(L)}}\right),i=2,3,\cdots,L-1\end{aligned} \tag{8.1-21}$$

上式中，i 取值从 2 开始，因为第一层不需要求代价函数对参数的偏导；i 取值到 $L-1$，

因为代价函数对第 L 层参数的偏导可采用式（8.1-7）和式（8.1-13）直接求出。

由式（8.1-16）～式（8.1-21）及其推导过程可见，代价函数对倒数第二层权重和偏置的偏导数，是通过代价函数对倒数第一层激活值 $a^{(L)}$ 的求导得到，而 $a^{(L)}$ 又是前面一层激活值的函数；这样层层反向求复合函数的偏导数，就能得到代价函数对每一层权重和偏置的偏导数。代价函数对每一层权重和偏置求偏导数，都要从后往前逐层采用链式法则反向求导，这就是反向传播的数学过程。由式（8.1-20）和式（8.1-21）可见，层数每增加一层，表达式的长度都会相应增加；所以当神经网络的层数很多时，前面一些层的反向求导公式很长，计算量也较大。

求得代价函数对所有层的权重和偏置参数的偏导数后，将这些偏导数组合成一个梯度向量，就可采用随机梯度下降法进行参数调整。

（3）每层多个神经元时的反向传播计算

上面部分介绍的是每层只有一个神经元的简单四层前馈神经网络的反向传播计算原理。每层多个神经元的情况，反向传播计算过程也相同，但每层有多个神经元时，则需要将每层的变量和参数中加入下标以区分，例如：用 a_k^{l-1} 表示第 $l-1$ 层的第 k 个激活值（即第 k 个神经元的激活值），用 $w_{j,k}^{(l)}$ 表示第 l 层的第 j 个神经元连接前一层第 k 个激活值的权重。$w_{j,k}^{(l)}$ 这个上下角标的表示方法，就是图 8.1-8 中的变换矩阵中各元素上下角标的表示方法。需要注意的是，上角标中的 L 是代表总层数，对于一个结构确定的神经网络，L 是一个确定值，而上角标中的 l 是某个变量所处的层数，是一个变化值。

最后一层的神经元也是多个，如 8.1.2 节中介绍的手写数字黑白照片识别模型，最后一层的神经元共 10 个；最后一层多个神经元情况时，其代价函数的计算公式为：

$$C_0=\sum_{j=1}^{n_L}(a_j^{(L)}-y_j)^2 \tag{8.1-22}$$

式中，C_0 是当前样本值的代价函数值，n_L 是第 L 层也就是最后一层的神经元数量，$a_j^{(L)}$ 是第 L 层的第 j 个激活值，y_j 是第当前样本对于 j 个神经元的目标值（训练前已经做好标记）。

第 l 层的第 j 个激活值计算公式为：

$$a_j^{(l)}=\sigma(z_j^{(l)}) \tag{8.1-23}$$

式中，$z_j^{(l)}$ 为第 l 层中用于计算第 j 个激活值的加权和，公式如下：

$$z_j^{(l)}=w_{j,1}^{(l)}a_1^{(l-1)}+\cdots+w_{j,k}^{(l)}a_k^{(l-1)}+\cdots+w_{j,n_l}^{(l)}a_{n_l}^{(l-1)}+b_j^{(l)} \tag{8.1-24}$$

上式中，n_l 为第 l 层的神经元数量；第 l 层权重与前一层激活值的对应关系见图 8.1-15。

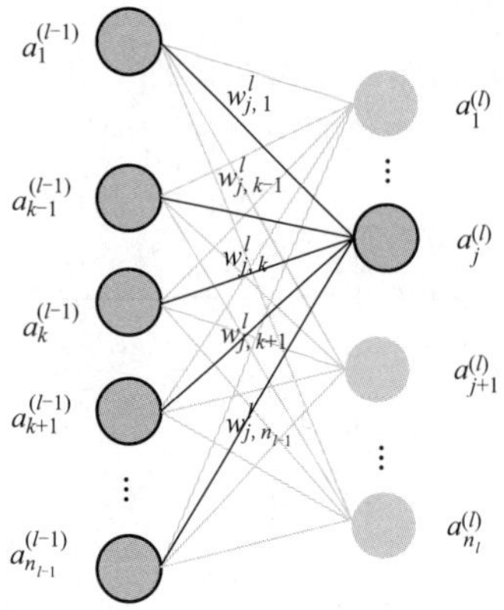

图 8.1-15　每层多个神经元的前后层连接图

由式（8.1-22）～式（8.1-24）可见，每层多个神经元的代价函数、激活值和权重和计算公式，与前面的每层仅一个神经元的计算公式（8.1-4）～式（8.1-6）本质上相同，只是多了下标部分。

由式（8.1-22）可见，对应最后一层，由于神经元数量不止一个，则代价函数是每个神经元各自代价函数的和，则代价函数对最后一层激活值的求导是得到一个导数的和：

$$\frac{\partial C_0}{\partial a^{(L)}}=\sum_{j=1}^{n_L}2(a_j^{(L)}-y_j) \tag{8.1-25}$$

式中 n_L 为最后一层的神经元数量。由上式可见，某一层神经元数量不止一个时，代价函数对激活值的导数实际上是一个求导结果的和；由式（8.1-14）的每层单个神经元情况，可进一步推导出每层不止一个神经元时代价函数对某层激活值的导数：

$$\frac{\partial C_0}{\partial a_k^{(l-1)}}=\sum_{j=1}^{n_l}\frac{\partial z_j^{(l)}}{\partial a_k^{(l-1)}}\frac{\partial a_j^{(l)}}{\partial z_j^{(l)}}\frac{\partial C_0}{\partial a_j^{(l)}} \tag{8.1-26}$$

式中 n_l 为第 l 层的神经元数量，也就是激活值数量。上式的意义也很明显：代价函数对第 $l-1$ 层激活值的导数是第 $l-1$ 层链式法则求导结果的和，因为 $l-1$ 层的每个激活值都同时影响 l 层的每个激活值，从而最后相当于 $l-1$ 层的每个激活值都通过很多个路径影响最终的代价函数值。这也可以表达为，对于某一层，其中的每个激活值都会影响最终的代价函数值，需要将所有这些影响加起来。

由式（8.1-7）和式（8.1-13），考虑每层神经元数量多于一个时需要加上下标，即可得到此种情况下代价函数对权重与偏置的导数：

$$\frac{\partial C_0}{\partial w_{j,k}^{(l)}}=\frac{\partial z_j^{(l)}}{\partial w_{j,k}^{(l)}}\frac{\partial a_j^{(l)}}{\partial z_j^{(l)}}\frac{\partial C_0}{\partial a_j^{(l)}} \tag{8.1-27}$$

$$\frac{\partial C_0}{\partial b_{j,k}^{(l)}}=\frac{\partial z_j^{(l)}}{\partial b_{j,k}^{(l)}}\frac{\partial a_j^{(l)}}{\partial z_j^{(l)}}\frac{\partial C_0}{\partial a_j^{(l)}} \tag{8.1-28}$$

综上所述，多层神经网络的训练算法过程见算法 8.1-1。

前馈神经网络训练算法　　　　**算法 8.1-1**

输入：训练数据集 T_1，学习率 η，验证集 V

输出：训练模型

对定义的神经网络模型进行参数初始化；
repeat
　对训练集 T_1 重排序
　for $i \leftarrow 1$ to N **do**
　　选取样本实例 $\{x_i, y_i\}$；
　　对每层神经网络，计算并保留 $a^{(l)}, z^{(l)}$；
　　反向计算每一层的误差项和导数项；
　　$\boldsymbol{w}^{(l)} \leftarrow \boldsymbol{w}^{(l)}-\eta\frac{\partial C_0}{\partial \boldsymbol{w}^{(l)}}$；
　　$\boldsymbol{b}^{(l)} \leftarrow \boldsymbol{b}^{(l)}-\boldsymbol{\eta}\frac{\partial c_0}{\partial \boldsymbol{b}^{(l)}}$；
　end for
until 神经网络在验证集 V 上的错误率不再下降

4. 激活与损失函数的类型

激活函数常为非线性函数，为前馈神经网络提供强大的表示和学习能力。同时，为保证神经网络的训练过程，还需要激活函数是连续、可导、易于计算。最后，反向传播的过程对激活函数的导函数也提出要求，其导函数也必须尽可能的简单，并且其有良好数值稳定性，避免影响模型的训练效率和稳定性。

在前面已经对 sigmoid 函数进行过描述，实际上，在激活函数中存在许多图像与 sigmoid 函数类似的函数，如 tanh 函数（双曲正切函数）等，这些函数统称为 S 型函数。同 sigmoid 函数类似，这些函数会将输入值限制在一个范围之内。输入值在 0 附近时，S 型函数接近于线性函数；反之，输入值变大时，其输出值会受到抑制。

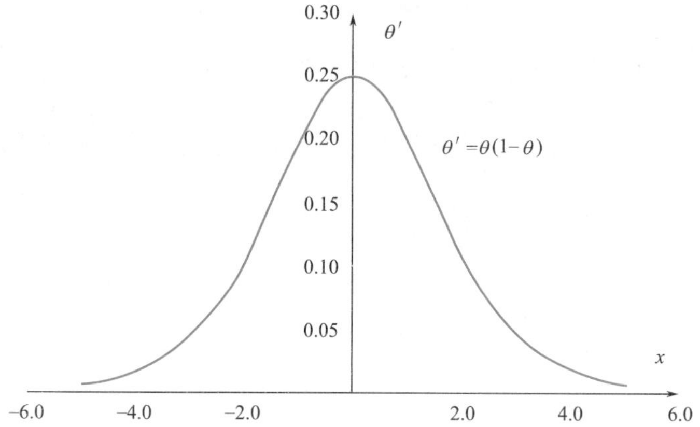

图 8.1-16　sigmoid 导数函数图像

由于 S 型函数的导数通常在原点出呈现出单峰的形状，如图 8.1-16 所示，并且其值通常小于 1，这样在反向传播过程中，无论是大的还是小的输入值，均会导致一个比较小的值。在网络层数变多时，会导致梯度变得很小甚至消失，无法引起参数改变。这种现象被称为梯度消失。许多措施被提出来应对梯度消失，其中一种方法为改变激活函数。常用的激活函数为 ReLU[2] 函数（Rectified Linear Unit，ReLU），又称修正线性单元。ReLU 函数为一个斜坡函数，定义为：

$$\mathrm{ReLU}(x)=\begin{cases}x, & x \geqslant 0 \\ 0, & x<0\end{cases}=\max\{0, x\} \tag{8.1-29}$$

相对于 S 型函数，ReLU 型函数在网络训练过程中能为网络带来更多稀疏性，并且在 $x \geqslant 0$ 时导数为 1，能在一定程度上缓解神经网络的梯度消失问题，加快模型的训练效率。但同时 ReLU 函数由于在 $x<0$ 时导数等于 0，在训练过程中，一旦导数为 0 导致训练数据无法激活，引起死亡 ReLU 问题；为此许多 ReLU 函数的变种，如 Leakyrelu[3]，Prelu[4] 等，被提出并得到广泛应用。

一般而言，损失函数根据其任务类型进行定义。在实践中，常见的任务为分类和回归。在分类任务中，主要关注样本的类型。分类任务的损失函数常用交叉熵函数表示：

$$L(\boldsymbol{y}, \boldsymbol{a}^{(L)})=-\boldsymbol{y}^{\mathrm{T}}\log(\boldsymbol{a}^{(L)}) \tag{8.1-30}$$

这里 $\boldsymbol{a}^{(L)}$ 为神经网络中最后一层激活函数的输出值；$\boldsymbol{y}$ 为 onehot 标签，即为一个只有一个元素为 1，其他元素均为 0 的向量，表示值为 1 的元素所在的向量索引对应的类别。在实践中，常通过激活函数将网络最后一层的函数值输出进行分离：

$$\mathrm{softmax}(x)=\frac{\exp(x)}{\mathbf{1}^{\mathrm{T}}\exp(x)} \tag{8.1-31}$$

上式中**1**代表一个元素全为1的向量。

在回归任务中，损失函数可直接通过均方误差函数进行表示：

$$\mathrm{mse}(\boldsymbol{y},\ \boldsymbol{a}^{(L)})=\frac{1}{N}\sum_{i=1}^{N}(\boldsymbol{y}_i-\boldsymbol{a}_i^{(L)})^2 \tag{8.1-32}$$

这里N为数据集数目。

5. 前馈神经网络的不足

前馈神经网络具备强大学习和表示能力，但仍然存在诸多未解决的问题。

前馈神经网络的结构直接影响网络的学习能力，然而如何设置神经网络中各个层数的个数仍是个未知问题。在实际应用中，试错法和模型自动搜索为常用的方法。

前馈神经网络在训练过程中，网络过拟合问题的解决同样依赖于个人的经验。常用的策略主要包括正则化、交叉验证、优化训练过程等。正则化的基本思想在于为损失函数增加一项用于描述网络复杂度的部分，通过超参数的方法对网络的误差与复杂度进行平衡。交叉验证能防止网络过拟合。K-折验证是一种标准的交叉验证方法，即将数据分成k个子集，用其中一个子集进行验证，其他子集用于训练算法。神经网络的训练过程同样值得关注。在神经网络的训练中，增加数据样本，增强关注的数据特征、去除过多的不必要特征通常能显著改变模型的表示能力。早停机制能提前发现模型的训练状况。对模型进行迭代训练时，度量每次迭代的性能。在验证损失开始增加时，应该提前停止训练，阻止模型过拟合。随机禁用神经网络单元可以增加模型的稀疏性，进而使网络表示能力增强。

神经网络的训练过程可视为在参数空间中，搜索一组最优参数使得训练集在经验化结构函数上，误差不断变小的过程。在优化过程中，常常讨论全局最优和局部最优两种概念。全局最优一般为当前选定的参数组所决定的误差小于参数空间中所有参数组的误差值；反之局部最优则为当前选定的参数组所决定的误差仅仅小于参数组所在的邻域范围内的所有参数组的误差值。

目前，基于梯度的搜索方法是前馈神经网络使用最广泛的搜索方式。这类方法通常通过随机初始化初始解，然后从这个初始解出发，开始迭代求解最小值。在每次迭代中，先计算当前点的梯度，之后通过梯度确定接下来的搜索方向。如果搜索到局部极小点，此时的梯度值为零，参数将不会继续更新，若误差函数只有一个局部最小值，则意味着局部最小也是全局最小。但对于有多个最小值的误差函数来说，则可能因为陷入局部最小而停止搜索，显然已与搜索全局最小的目标相悖。在实践中通常可以采用模拟退火，多次运行取最小，采用更先进的梯度更新算法等策略进行搜索，以跳出局部最小的工况。

8.2 卷积神经网络

卷积神经网络（Convolutional Neural Networks，CNN）目前已应用在多种场景中，包括图像分类、目标检测、语音识别、自然语言处理和医学图像分析等方面[5-8]。卷积神经网络在计算机视觉领域具有多种应用，包括自动驾驶汽车和机器人技术等。CNN的主要概念是，获得来自较高层输入（通常是图像）的局部特征，并将它们在较低层组合以使其具有更复杂的功能。由于 CNN 为多层体系结构，计算量很大，并且需要在大型数据集上训练，通长需要花费较长时间，因此通常在 GPU 上进行训练。卷积神经网络模型在视觉任务上功能强大，其准确率一般也远超出其他神经网络模型。

8.2.1 卷积计算

1. 卷积定义

卷积是数学分析中一种重要的运算。卷积又称叠积（convolution）、褶积或旋积，是通过两个在二维平面上的函数 f 和 g 生成一个新函数的一种数学算子，其运算过程为：设 $f(\tau)$ 和 $g(\tau)$ 是平面函数，平面的坐标轴为竖向和水平两个方向；将函数 g 绕竖向坐标轴水平对称翻转，则函数 $g(\tau)$ 变为 $g(-\tau)$，再将翻转后的函数向左平移一段距离 t 则形成函数 $g(t-\tau)$，最后将 $f(\tau)$ 与 $g(t-\tau)$ 相乘后积分，完成卷积计算。“卷积”这个术语可理解为两阶段操作的叠加：第一阶段是将函数 g 翻转并平移，然后再与函数 f 相乘得到一个新的函数 h，即“卷”的过程；第二阶段是将新函数 h 积分，即“积”的过程[9]。

设 $f(x)$、$g(x)$ 是实数域 $\boldsymbol{R}$ 上的两个可积函数，则卷积表达式为：

$$\int_{-\infty}^{\infty} f(\tau)g(t-\tau)\mathrm{d}\tau \tag{8.2-1}$$

上式中，随着 t 的不同取值，这个积分就定义了一个新函数 $h(t)$，称为函数 f 与 g 的卷积，记为 $h(t)=(f*g)(t)$。数学上可以验证：$(f*g)(t)=(g*f)(t)$，即 f 和 g 无论哪个进行翻转平移，不改变卷积结果。这里假设 f，$g\in\boldsymbol{R}$ 是为了方便理解，但实际上卷积只是运算符号，理论上并不需要对函数 f 与 g 有特别的限制。

连续函数卷积定义：函数 f，g 是定义在实数域 $\boldsymbol{R}$ 上的可测函数，将其中一个函数翻转并平移后，与另一个函数相乘，然后对乘积进行积分得到一个积分函数，这个积分函数称为 f 与 g 的卷积，记作 $f*g$，其公式为：

$$(f*g)(\tau)=\int_{-\infty}^{\infty} f(\tau)g(t-\tau)\mathrm{d}\tau \tag{8.2-2}$$

卷积的详细运算过程，可用图形来表述。图 8.2-1 为函数 $f(\tau)$ 和 $g(\tau)$ 的曲线。将函数 $g(\tau)$ 沿纵轴水平翻转，得到函数 $g(-\tau)$，再将 $g(-\tau)$ 向左平移 t 个单位得到 $g(t-\tau)$，见图 8.2-2。

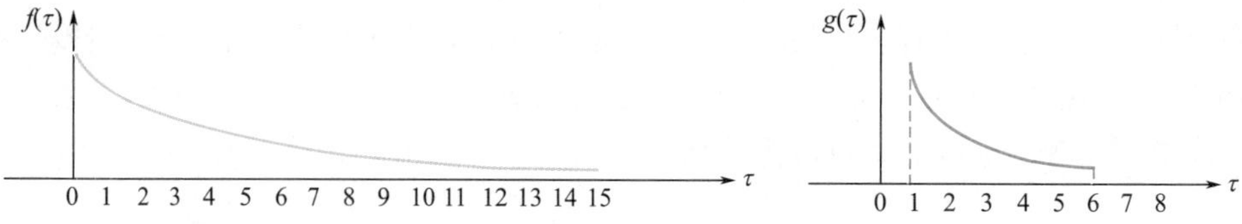

图 8.2-1 函数 $f(\tau)$ 和 $g(\tau)$ 的曲线

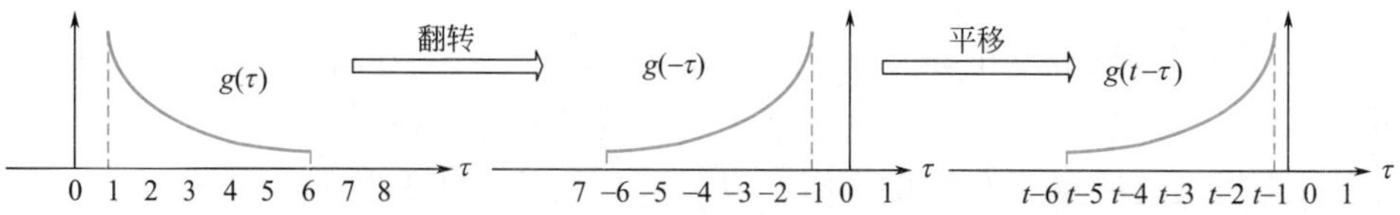

图 8.2-2 函数 $g(\tau)$ 的翻转和平移

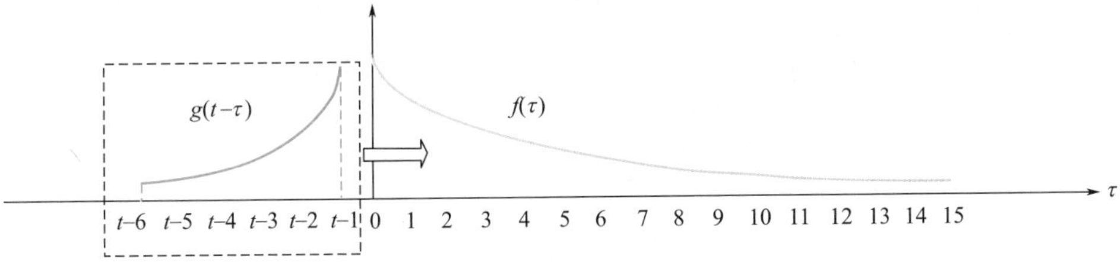

图 8.2-3 函数沿着 τ 轴平移

由于 t 为变量，实际应用中一般是时间变量并简称为“时移”，当时移取不同值时，$g(t-\tau)$ 能沿着 τ 轴“滑动”。由图 8.2-3 可见，$g(t-\tau)$ 向右滑动过程中将与 $f(\tau)$ 交会，则可计算交会范围内两函数乘积的积分值；这个过程实际是在计算一个滑动的加权总和（weighted-sum），也就是将 $g(t-\tau)$ 作为加权函数，来对 $f(\tau)$ 取加权值，见图 8.2-4。

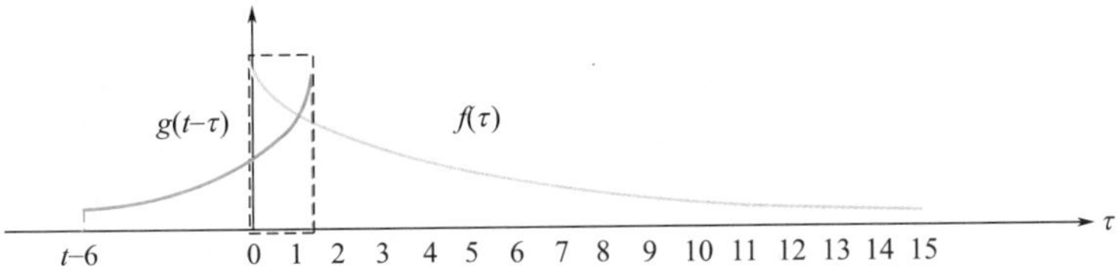

图 8.2-4 $g(t-\tau)$ 向左滑动并与 $f(\tau)$ 交会

离散函数卷积定义：函数 $f(\tau)$ 和 $g(\tau)$ 是定义在整数域 $\mathbf{Z}$ 上的离散函数，将其中一个函数翻转并平移后，然后再将其离散的函数点与另一个函数相应的点相乘后，再将所有的乘积相加就得到离散函数的卷积值，其公式为：

$$(f*g)(T)=\sum_{\tau=-\infty}^{\infty}f(\tau)g(T-\tau) \tag{8.2-3}$$

以离散信号为例，见图 8.2-5，其中输入信号函数为 $f(\tau)$，f 是随时间 τ 变化的函数，τ 为 $\mathbf{Z}$ 内的离散变量（秒等时间单位）。一个信号发出方一般都是按很短的时间间隔发出信号，如每 1 秒钟发一个信号，也就是发信号的频率是 1；但信号接收系统接收信号的时间间隔一般都比较长，如每 10 秒钟接收一次信号，也就是接收信号的频率是 0.1。可见，对于一个信号接收系统，其输入信号为每秒钟 1 个，但其每 10 秒钟才集中接收一次信号，因此其接收信号的行为滞后（除了第 10 秒钟的那个信号）。但对于已经发出的某个信号（也就是输入信号），如果不能马上接收，此信号的强度将衰减，衰减这一反应称为接收系统的响应，也是时间 τ 的函数 g；将 f 与 g 相乘，就是接收系统实际接收到的此信号值。相应函数 g 的值一般是随时间 τ 指数下降，其物理过程可表述为：如果在 $\tau=0$ 的时刻信号发出方发出信号，也就是信号接收系统开始有了输入信号，但接收系统在 T 时刻才一次性将 $\tau=0$ 和 $\tau=T$ 时刻之间的所有信号集中接收，则 $\tau=0$ 时刻的输入信号 $f(0)$ 在 $\tau=T$ 时刻被接收，但输入信号的强度衰减为 $f(0)\ g(T)$，也就是接收系统接收到的实际信号是 $f(0)\ g(T)$，这里 T 实际上是第一个信号 $f(0)$ 发出时与 $f(0)$ 被接收时的时间间隔；而 $\tau=T$ 时刻的输入信号 $f(T)$ 还没来得及衰减就马上被接收了，此刻时间间隔为 0，则接收系统接收到的实际信号是 $f(T)\ g(0)$。由物理过程可见，衰减函数 g 的自变

量并非为时刻 τ，而是某信号发出时刻 τ 与此信号集中接收时刻 T 之间的差，即 g 的函数形式为 $g(T-\tau)$。

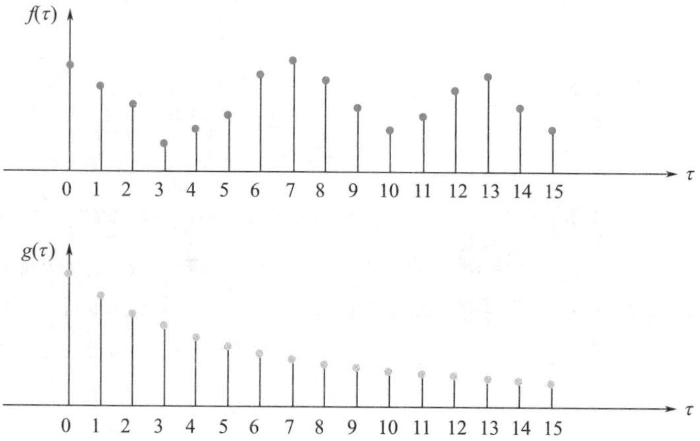

图 8.2-5 信号处理函数

考虑到信号是连续输入的，也就是每个时刻都有新的信号进来，所以最终接收的是所有之前输入信号的累积效果。如图 8.2-6 所示，在 $T=10$ 时刻，输出结果跟图中阴影区整体有关。其中 $f(10)$ 为刚输入的信号，没有任何衰减，所以其接收结果是 $f(10)$ $g(0)$；而时刻 $\tau=9$ 的输入 $f(9)$，只经过了 1 个时间单位的衰减，所以接收到的值是 $f(9)$ $g(1)$；以此类推就是图中虚线所描述的一一对应关系，这些对应点相乘然后累加，就是 $T=10$ 时刻系统接收到信号的累积值，这个结果也是 f 和 g 两个离散函数在 0～10 时刻之间的卷积值。

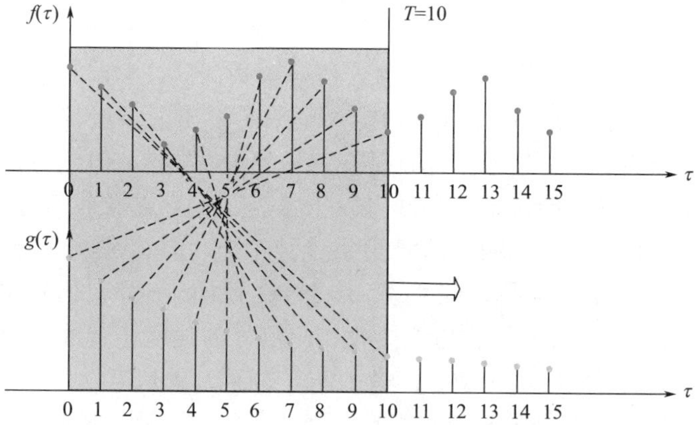

图 8.2-6 信号累计接收结果示意图

图 8.2-6 中，各个函数点的对应关系并没有表达出卷积计算的详细过程；进行卷积运算时，先将函数 $g(\tau)$ 进行翻转（图 8.2-7），则函数点对应关系会更加明确。把 $g(\tau)$ 函数翻转之后变为 $g(-\tau)$，再进一步平移 T 个单位就变为 $g(T-\tau)$，见图 8.2-8；这就是离散卷积定义的一种图形表达。

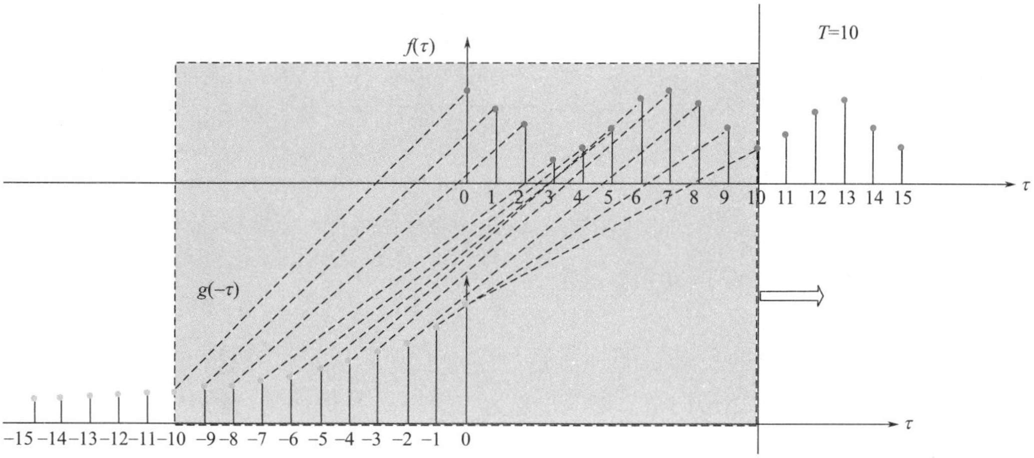

图 8.2-7 函数 $g(\tau)$ 翻转示意图

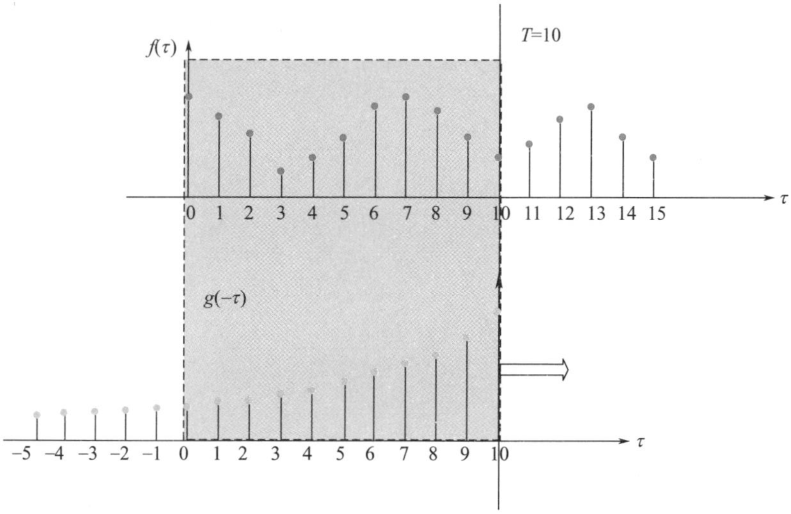

图 8.2-8 离散卷积的计算示意图

对卷积这个名词的理解：所谓两个函数的卷积，本质上就是先将一个函数翻转，然后进行滑动叠加。在连续情况下，叠加指的是对两个函数的乘积求积分，在离散情况下就是加权求和，为简单起见可统一称为叠加。

整个过程为：翻转—>滑动—>叠加—>滑动—>叠加……多次滑动可得到变化的叠加值，这就构成了卷积函数。即对于公式（8.2-3），T 为某一个值时，则公式计算结果就是一个卷积计算值；而 T 为变量时，则公式计算结果就是一个卷积函数。

2. 一维卷积应用

一维卷积经常用在信号处理中，用于计算信号的延迟累积；此处只考虑离散卷积情况。假设一个信号发生器每个时刻 t 产生一个信号 x_t，其信息的衰减率为 w_k，即在 $k-1$ 个时间步长后，信息为原来的 w_{k} 倍。假设 $w_1=1$，$w_2=1/2$，$w_3=1/4$，那么在时刻 t 收到的信号 y_t 为当前时刻产生的信息和以前时刻延迟信息的叠加：

$$y_t = 1x_t + \frac{1}{2}x_{t-1} + \frac{1}{4}x_{t-2} = w_1x_t + w_2x_{t-1} + w_3x_{t-2} = \sum_{k=1}^{3} w_k x_{t-k+1} \quad (8.2\text{-}4)$$

在信号处理中，一般把一组数 w_1，w_2，…称为滤波器（Filter）或卷积核（Convolution Kernel），这可视为一个滤波器向量。假设滤波器长度为 m，则此滤波器和一个信号序列 x_1，x_2，…的卷积为：

$$y_t = \sum_{k=1}^{m} w_k x_{t-k+1} \quad (8.2\text{-}5)$$

信号序列 x 和滤波器 w 的卷积公式定义为：

$$y = w * x \quad (8.2\text{-}6)$$

一般情况下，滤波器的长度 m 远小于信号序列长度 n。信号序列长度为 n，则此信号可视为一个 n 维向量，即信号向量。图 8.2-9 为一个一维卷积示例，图中采用的滤波器为[0，1，2]，下面一行数字为输入的信号序列，上面一行数字为卷积结果，连接边为滤波器的权重，分别是 0（红线）、1（蓝线）、2（黑线）。由图 8.2-9 可见，对一个信号通过滤波器进行卷积操作后，生成的信号中包含的数据个数减少了，也就是相当于输入一个信号向量后，通过卷积计算，向量的维度被降低了，信号向量被降维；本例中，信号向量的维度由 8 降低到 6，降低后的信号向量维数，就是信号向量维数与滤波器向量维数的差再加 1。

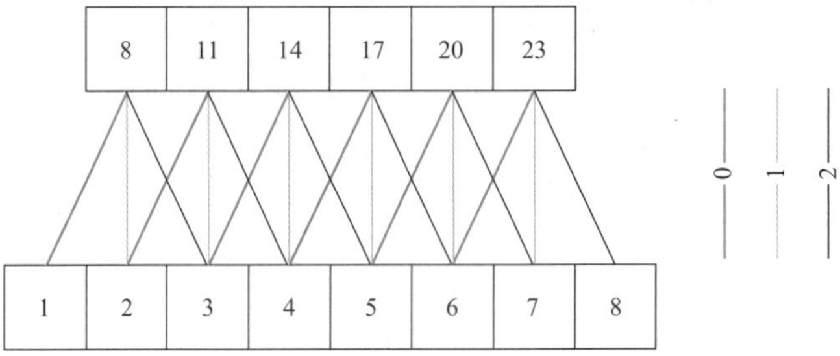

图 8.2-9　一维卷积实例

3. 二维卷积应用

卷积也经常用在图像处理中。因为图像是一个二维结构，也就是一个矩阵，需要将一维卷积扩展为二维卷积；也就是输入信号由一组数（可视为一个向量）变成了多组数（可视为一个矩阵），滤波器也由一组数（可视为一个向量）变成了多组数（可视为一个矩阵）。给定一个灰度图像 $\boldsymbol{X}$，就是给定了一个代表这个图像的矩阵 $\boldsymbol{W} \in \boldsymbol{R}^{M \times N}$；要进行卷积操作，就要给定一个卷积核，也就是要给定一个矩阵 $\boldsymbol{W} \in \boldsymbol{R}^{U \times V}$。一般 $U \ll M$ 且 $V \ll N$，远小于目的是保证卷积之后数据维度不会变得太小，则其卷积公式为：

$$y_{ij} = \sum_{u=1}^{U} \sum_{v=1}^{V} w_{uv} x_{i-u+1,\ j-v+1} \quad (8.2\text{-}7)$$

如图 8.2-10 所示，将卷积核（中间 3×3 矩阵）分别沿水平和竖向翻转后得到翻转矩阵（左侧阴影中的下角标 3×3 矩阵），则输入矩阵中边框部分的卷积计算为：$1\times(-3)+2\times0+1\times0+1\times0+0\times2+1\times0+(-1)\times0+1\times0+1\times1=-2$，这就是结果矩阵的第一行第一列元素；将卷积运算继续向右滑动进行，每次滑动一个方格，就依次得到结果矩阵的第一行后面的元素。实际的卷积运算过程中，也可每次滑动两个甚至更多个方格，每次滑动的方格数量，称为“步长”；卷积运算中，除非特别说明，一般默认步长为1。将图8.2-10中的卷积运算由左上角竖直向下一个方格，就得到结果矩阵的第二行第一列元素−1，其计算为：

$$1\times(-3)+0\times0+1\times0+(-1)\times0+1\times2+1\times0+1\times0+0\times0+0\times1=-1$$

将卷积运算沿这个方格继续向右进行，每次滑动一个方格，就依次得到结果矩阵第二行后面的元素。将卷积运算沿水平和竖向滑动卷积完毕，就得到了一个完整的结果矩阵。注意，滑动过程中，翻转后的卷积核（图中左侧矩阵中的阴影方框）不能滑出图像矩阵的范围。卷积计算后得到的结果矩阵，其行向量维数，为图像矩阵行向量维数与卷积核行向量维数的差再加1；结果矩阵的列向量维数，为图像矩阵列向量维数与卷积核列向量维数的差再加1。一般情况下，卷积核取为方阵以方便翻转，而图像矩阵可为方阵或非方阵。图像处理中的这种卷积运算，是一种数学处理方法，没有明确的物理意义。

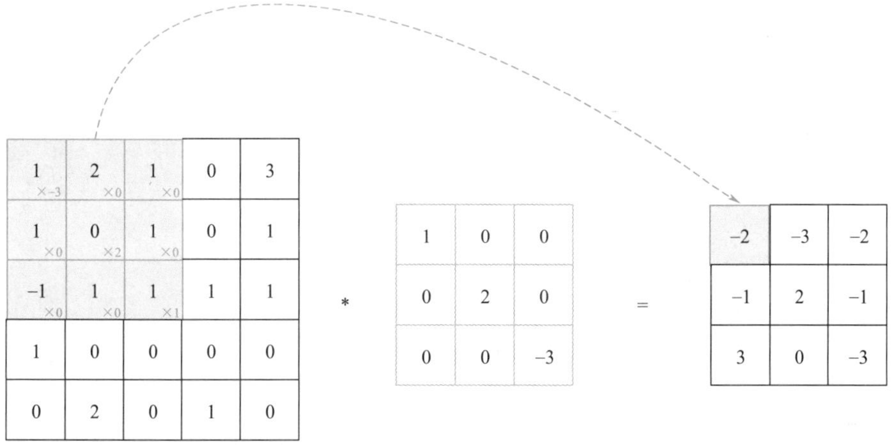

图8.2-10 二维卷积示例

在图像处理中，卷积经常作为特征提取的有效方法。一幅图像在经过卷积操作后得到的结果称为特征映射（Feature Map）。图像与不同卷积核的卷积可以用于执行边缘检测、锐化和模糊等操作。

（1）当卷积核是 $\begin{bmatrix}0 & 0 & 0\\0 & 1 & 0\\0 & 0 & 0\end{bmatrix}$ 时，卷积操作后，结果图像与原始图像几乎相同，因为卷积核只滤出了图像最外侧矩形框的像素值，而内部像素点保持原始数值不变。

（2）当卷积核是 $\begin{bmatrix}1 & 2 & 1\\2 & 4 & 2\\1 & 2 & 1\end{bmatrix}\times\dfrac{1}{16}$ 时，进行卷积操作称为对图像的高斯模糊处理，其中卷积核内的元素数值是由高斯正态分布函数近似计算得到。“模糊”处理的算法有很多种，其中典型的一种就是高斯模糊（Gaussian Blur），是将正态分布（高斯分布）用于图像处理。高斯模糊常用于除噪，而噪声一般符合正态分布。二维标准正态分布函数的表达式为：

$$G(x, y)=\frac{1}{2\pi\sigma^2}e^{-\frac{x^2+y^2}{2\sigma^2}} \tag{8.2-8}$$

上式为连续变量的标准正态分布函数。离散的高斯卷积核 G 为 $(2k+1)\times(2k+1)$ 维，其元素计算方法为：

$$G_{i,j}=\frac{1}{2\pi\sigma^2}e^{-\frac{(i-k-1)^2+(j-k-1)^2}{2\sigma^2}} \tag{8.2-9}$$

为得到三维卷积核，令 $k=1$ 得：

$$G=\begin{bmatrix}\frac{1}{2\pi}e^{-1} & \frac{1}{2\pi}e^{-0.5} & \frac{1}{2\pi}e^{-1}\\ \frac{1}{2\pi}e^{-0.5} & \frac{1}{2\pi} & \frac{1}{2\pi}e^{-0.5}\\ \frac{1}{2\pi}e^{-1} & \frac{1}{2\pi}e^{-0.5} & \frac{1}{2\pi}e^{-1}\end{bmatrix}=\begin{bmatrix}0.0585 & 0.0965 & 0.0585\\ 0.0965 & 0.1529 & 0.0965\\ 0.0585 & 0.0965 & 0.0585\end{bmatrix}$$

此时矩阵中的 9 个点的权重总和不为 1，为计算这 9 个点的加权平均，必须使得权重之和等于 1；将矩阵除以矩阵所有元素之和，就可保证矩阵内所有元素之和为 1：

$$G=\begin{bmatrix}0.0585 & 0.0965 & 0.0585\\ 0.0965 & 0.1529 & 0.0965\\ 0.0585 & 0.0965 & 0.0585\end{bmatrix}\div(0.0585\times4+0.0965\times4+0.1529)$$

$$=\begin{bmatrix}0.0751 & 0.1238 & 0.0751\\ 0.1238 & 0.2043 & 0.1238\\ 0.0751 & 0.1238 & 0.0751\end{bmatrix}$$

一般习惯用矩阵 $\begin{bmatrix}1 & 2 & 1\\ 2 & 4 & 2\\ 1 & 2 & 1\end{bmatrix}\times\frac{1}{16}$ 代替上面的矩阵 G，两者的每个元素数值接近，且所有元素之和为 1。

采用高斯卷积核进行图像出来，是一种图像平滑技术，使得图像每个像素点的数值与相邻像素点相比变化更慢，图像的像素变化相对更加平滑。

(3) 当卷积核为 $\begin{bmatrix}1 & 1 & 1\\ 1 & -8 & 1\\ 1 & 1 & 1\end{bmatrix}$ 时，进行卷积操作就是进行图像边缘检测；对于黑白图片，边缘附近像素点的灰度变化较大，可用导数衡量变化率大小。把图片的每一部分区域，依次带入二阶导数时，对于灰度变化较小或均匀变化的区域，会得到一个接近 0 的值，而对于灰度变化大的区域，则会得到一个较大的值，从而识别出图片的边缘。

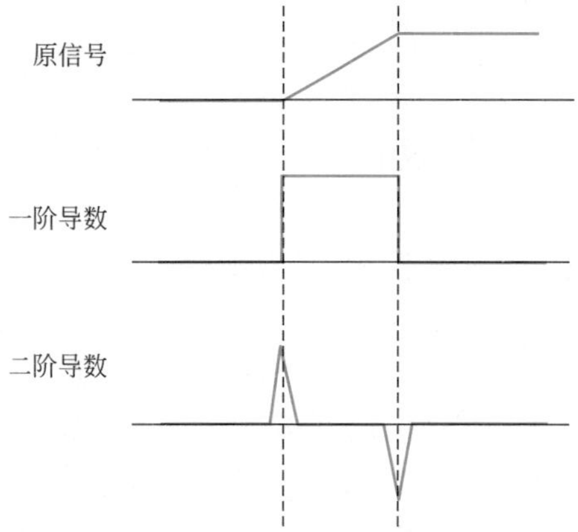

图 8.2-11　边缘灰度变化导数

图 8.2-11 中，原信号代表原图像灰度的变化，第二行和第三行分别是对灰度的近似一阶

导数和二阶导数。对比一阶导数和二阶导数可见，相比于一阶导数，二阶导数对边缘有更好的响应。因为对于灰度渐变区域，二阶导数可识别出图像渐变区域的边缘。在实际应用中，可以根据实际情况确定采用一阶导数还是二阶导数；此处用二阶导数举例说明，见图 8. 2-12。

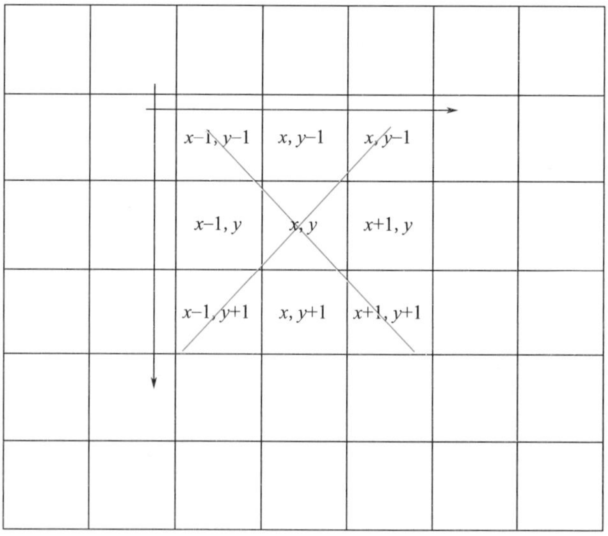

扫码看彩图

图 8. 2-12　像素点及其邻近元素

由图 8. 2-12，可求出函数 f 在（x，y）点的水平方向一阶导数近似值：

$$\frac{\partial f(x,\ y)}{\partial x}=f(x+1,\ y)-f(x,\ y) \tag{8.2-10}$$

上式成立的原因是 x 的增幅为 1（每次滑动一个方格），则 $\partial x=1$，且 $\partial f(x,\ y)=f(x+1,\ y)-f(x,\ y)$，从而得到公式右侧部分。

同理，函数 f 在（x，y）点的水平方向二阶导数近似值为：

$$\frac{\partial f(x,\ y)^2}{\partial x^2}=f(x+1,\ y)+f(x-1,\ y)-2f(x,\ y) \tag{8.2-11}$$

竖直方向的二阶导数近似值为：

$$\frac{\partial f(x,\ y)^2}{\partial y^2}=f(x,\ y+1)+f(x,\ y-1)-2f(x,\ y) \tag{8.2-12}$$

此时得到的水平方向卷积核为 $\begin{bmatrix}0 & 0 & 0\\1 & -2 & 1\\0 & 0 & 0\end{bmatrix}$，竖直方向的卷积核为图 8. 2-12 中的竖向线条方向。

将水平和竖直方向的卷积和叠加就得到一个叠加卷积核：

$$\text{叠加卷积核}=f(x+1,\ y)+f(x-1,\ y)+f(x,\ y+1)+f(x,\ y-1)-4f(x,\ y) \tag{8.2-13}$$

则得到的叠加卷积核为 $\begin{bmatrix}0 & 1 & 0\\1 & -4 & 1\\0 & 1 & 0\end{bmatrix}$，用此卷积核进行卷积操作后，得到的图像被称

作是拉普拉斯图像；同理，将导数计算扩展到斜对角方向，可得到一个叠加卷积核 $\begin{bmatrix} 1 & 1 & 1 \\ 1 & -8 & 1 \\ 1 & 1 & 1 \end{bmatrix}$，此卷积核具有更好的边缘检测性能。

（4）当卷积核为 $\begin{bmatrix} 0 & -1 & 0 \\ -1 & 5 & -1 \\ 0 & -1 & 0 \end{bmatrix}$ 时，卷积操作后的效果是图像锐化。图像锐化是为了突出图像上地物的边缘、轮廓或某些线性目标要素的特征。将原图像和拉普拉斯图像叠加到一起，便可以得到锐化图像。因为拉普拉斯算子中心为负，则原图像数据矩阵减拉普拉斯图像数据矩阵后，就得到锐化图像，所以其卷积核计算式为 $\begin{bmatrix} 0 & 0 & 0 \\ 0 & 1 & 0 \\ 0 & 0 & 0 \end{bmatrix} - \begin{bmatrix} 0 & 1 & 0 \\ 1 & -4 & 1 \\ 0 & 1 & 0 \end{bmatrix} = \begin{bmatrix} 0 & -1 & 0 \\ -1 & 5 & -1 \\ 0 & -1 & 0 \end{bmatrix}$。

表 8.2-1 为不同卷积核对同一钢筋照片图像的卷积操作结果，由此可见，采用不同的卷积核，会得到完全不同的图像处理结果。

不同卷积核的作用效果　　表 8.2-1

卷积核	卷积核图像	卷积作用
$\begin{bmatrix} 0 & 0 & 0 \\ 0 & 1 & 0 \\ 0 & 0 & 0 \end{bmatrix}$	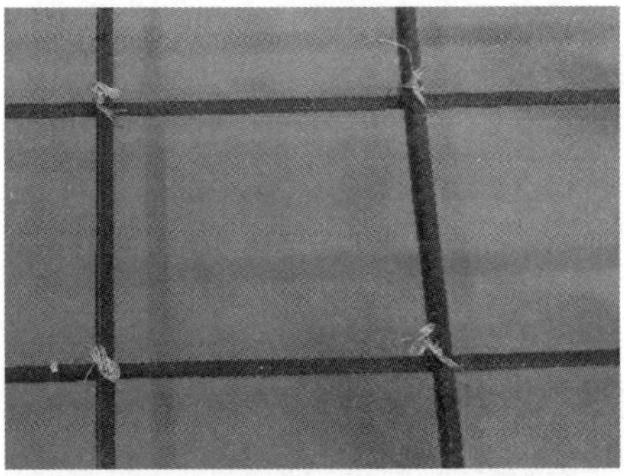	几乎为原始图像
$\begin{bmatrix} 1 & 2 & 1 \\ 2 & 4 & 2 \\ 1 & 2 & 1 \end{bmatrix} \times \frac{1}{16}$		高斯模糊

续表

卷积核	卷积核图像	卷积作用
$\begin{bmatrix}1 & 1 & 1\\1 & -8 & 1\\1 & 1 & 1\end{bmatrix}$	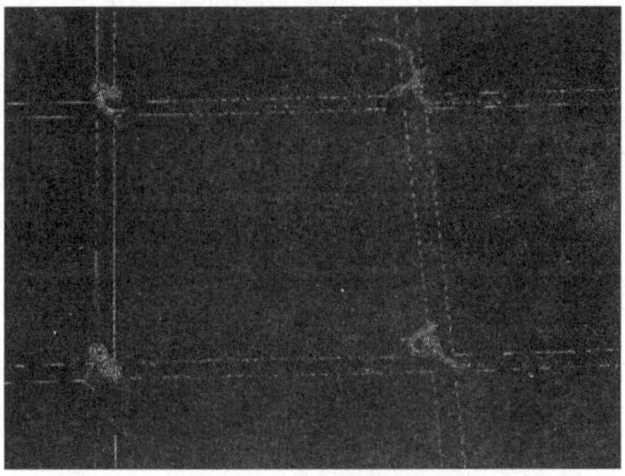	边缘检测
$\begin{bmatrix}0 & -1 & 0\\-1 & 5 & -1\\0 & -1 & 0\end{bmatrix}$		图像锐化

扫码看彩图

4. 互相关

在机器学习和图像处理领域，卷积的主要功能是在一个图像（或某种特征）上滑动一个卷积核（即滤波器），通过卷积操作得到一组新的特征。在计算卷积的过程中，需要进行卷积核翻转，此步骤运算时需要将卷积核从两个维度（从上到下、从左到右）颠倒次序，即旋转 180°，带来计算不便。在具体实现上，一般会以“互相关”操作来代替卷积，从而减少操作。互相关（Cross-Correlation）是衡量两个序列相关性的函数，通常是用滑动窗口的点积计算来实现。给定一个图像 $\boldsymbol{X}\in\boldsymbol{R}^{M\times N}$ 和卷积核 $\boldsymbol{W}\in\boldsymbol{R}^{U\times V}$，它们的互相关为：

$$y_{ij}=\sum_{u=1}^{m}\sum_{v=1}^{n}w_{uv}\cdot x_{i+u-1,\ j+v-1} \tag{8.2-14}$$

互相关和卷积的区别仅在于卷积核是否进行翻转。因此互相关也可以称为不翻转卷积。互相关的运算符号一般表达为$\otimes$。

在神经网络中使用卷积是为了进行特征抽取，当卷积核是可学习的参数时，卷积和互相关在能力上是等价的。因此，为了实现上（或描述上）的方便，经常用互相关来代替卷积。很多深度学习工具中卷积操作其实都是互相关操作。

本书以下针对图片处理的卷积操作实际上为互相关操作，同时也采用 $*$ 表示互相关操作。

8.2.2 卷积神经网络的构成

前面介绍的前馈神经网络中，神经元在不同层之间完全连接；当隐含层较多且隐含层神经元较多时，计算量太大，训练难度也很大。对于像素较大的图像，目前的首选方法是采用卷积神经网络（CNN）。卷积神经网络隐含层可由多层卷积层、汇聚层（池化层）以及全连接层组成。图 8.2-13 为一个 4 层卷积神经网络模型图，该卷积神经网络模型分别由输入层、输出层和两个隐含层构成。为方便理解，本章中把一个卷积层及其相邻的下一个汇聚层组合而成一个隐含层；但需要注意，隐含层并不一定要有汇聚层，汇聚层的作用主要是通过固定规则把本隐含层的激活值数量减少，从而减少下一卷积层的神经元数量。与前馈神经网络模型图相比（见图 8.1-3），卷积神经网络中隐含层中的卷积层和汇聚层的神经元与前一层的神经元连接为非全连接。

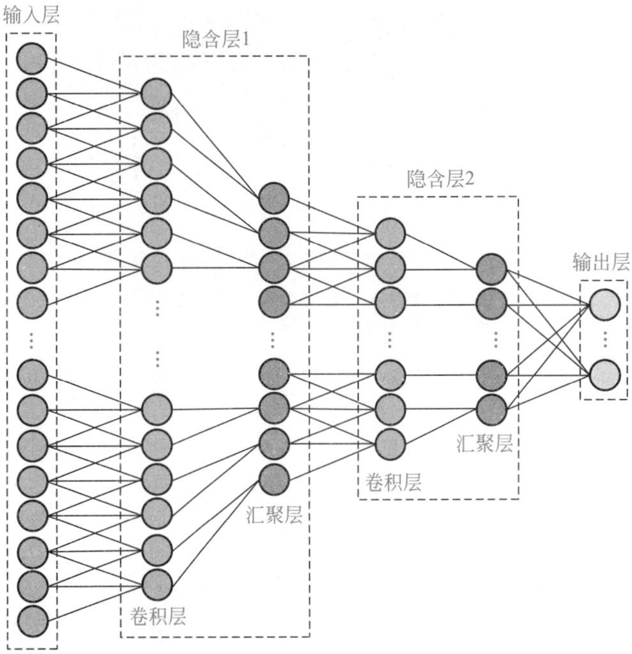

扫码看彩图

图 8.2-13 典型卷积神经网络构成图

本节以 RGB 彩色图片识别为例介绍卷积神经网络。本章前面已经介绍，对于一个固定像素的照片，每个像素小方格里面只含有一个灰度值信息；而彩色图片的每个像素小方格里面同时含有红（R）、绿（G）、蓝（B）三种颜色的强度值。RGB 模式是一种工业界的色彩标准，是通过对红、绿、蓝三个颜色强度的变化及它们强度值之间的相互叠加得到各种颜色；通过 RGB 标准产生的颜色，几乎包括了人类视力所能感知的所有颜色。RGB 标准将每个颜色的强度值分为了 256 个等级，每个颜色的强度等级均为 0～255 中的整数值；某颜色的强度等级为 0 时，小方格中不显示这种颜色，某颜色的强度等级为 255 时，小方格中这种颜色的亮度达到最大值。彩色图片的每个像素小方格中，同时包含红、绿、蓝三种颜色，每种颜色都有一个确定的强度值，三种颜色的强度值叠加后就得到此小方格的整体颜色。由于每种颜色都有 256 个强度值，则每个像素小方格的颜色种类都有 256×

256×256=16777216 个。一个屏幕在显示图片时，通过三个颜色通道分别投射出三种颜色的强度，最终三种颜色的强度混合而成了一张彩色图片。图 8.2-14 给出了红、绿、蓝三种颜色对应的通道灰度图，这里的灰度就是每种颜色分量的强度，图像中越白的区域表示该色光在该区域的强度越强。只有当三个颜色通道同时存在且有值时才显示为彩色，对单一颜色通道之外的其他两个通道的颜色强度全部赋值为 0，得到彩色通道图（图 8.2-15）。

扫码看彩图

图 8.2-14　三个通道灰度图显示

图 8.2-15　三个通道彩色图显示（一）

图 8.2-15　三个通道彩色图显示（二）

仍以本章前馈神经网络部分介绍的 28×28 像素图片的识别为例。识别黑白照片时，多层神经网络的输入层读取一个 28×28 矩阵中的灰度值数据，然后将这个矩阵列向量化，形成一个输入向量即可。但对于彩色照片，神经网络的输入层要分别读取红、绿、蓝三种颜色的强度值矩阵，这三个矩阵组成了一个空间矩阵，也就是一个计算机图像处理领域常用的术语——张量，见图 8.2-16。需要注意的是，此处的张量与力学中的张量定义不同，此处的张量就是三个平面数据矩阵组成的空间数据矩阵。神经网络的输入层需要将三种颜色的三个矩阵分别列向量化，形成三个输入向量。

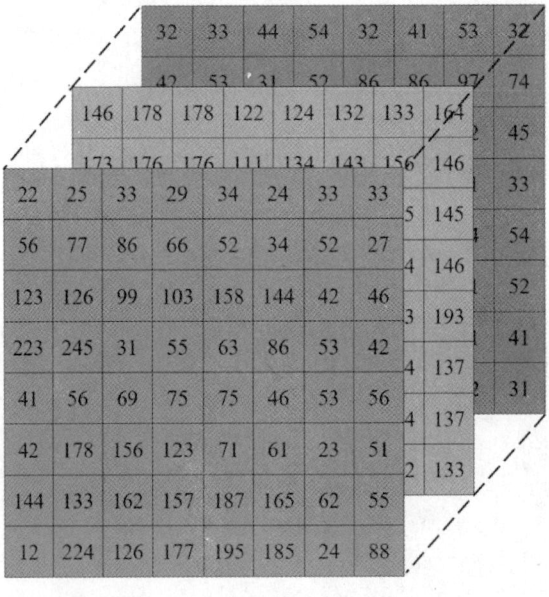

图 8.2-16　RGB 图片的数据张量示意图

与前馈神经网络相比，卷积神经网络在经过隐含层的卷积运算和激活后，还要进行一次汇聚操作，汇聚的目的是减少下一层神经元的数量。本章介绍的前馈神经网络，层与层之间为全连接，隐含层的神经元数量可任意设定，可每层设定比较少的神经元以保证训练效率和计算效率。而卷积神经网络的隐含层采用卷积运算并激活，运算后其激活值个数只比上一层激活值个数少很少几个，因此将导致每个隐含层的神经元数量都很多，训练效率和计算效率很低。

由图 8.2-13 可见，卷积神经网络采用非全连接，但是无法直观地看到每一层神经元如何与前一层进行连接。为更直观了解卷积神经网络和前馈神经网络的区别，这里仍以手写数字黑白照片为例，分别采用前馈神经网络和卷积神经网络进行识别，将输入层进行矩阵化输入；两种神经网络的模型分别见图 8.2-17 和图 8.2-18，其中输入层每个神经元分别存储矩阵的一个元素。由于输入层神经元没有进行任何运算，图中直接给出了神经元的个数，每一个神经元中储存图片像素矩阵中的一个颜色强度值。由图 8.2-17 可见，对于前馈神经网络，隐含层 1 中每一个神经元都处理图像中的所有像素点的数值，处理的范围为图中蓝色区域，也就是隐含层中的每一个神经元与前一层所有的神经元连接。而由图 8.2-18 可见，对于卷积神经网络，卷积层中每个神经元只处理图像中的一小部分像素点的数值，也就是卷积层中的每一个神经元只连接上一层神经元的一小部分区域，此区域的大小取决于卷积核的大小，且汇聚层同样只与前一层的局部区域神经元连接。

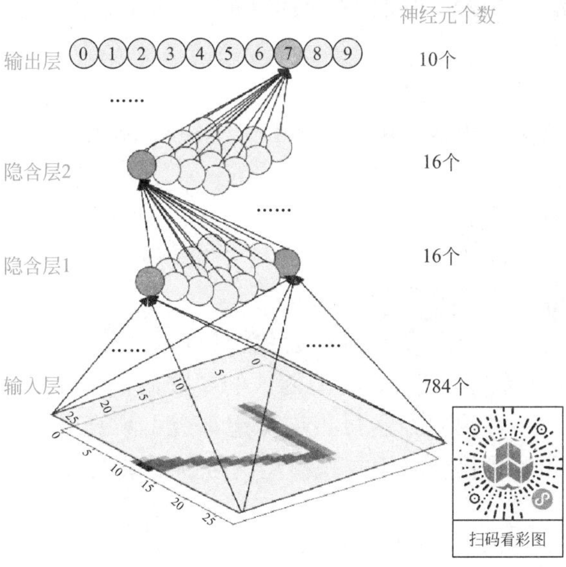

图 8.2-17 前馈神经网络的连接关系

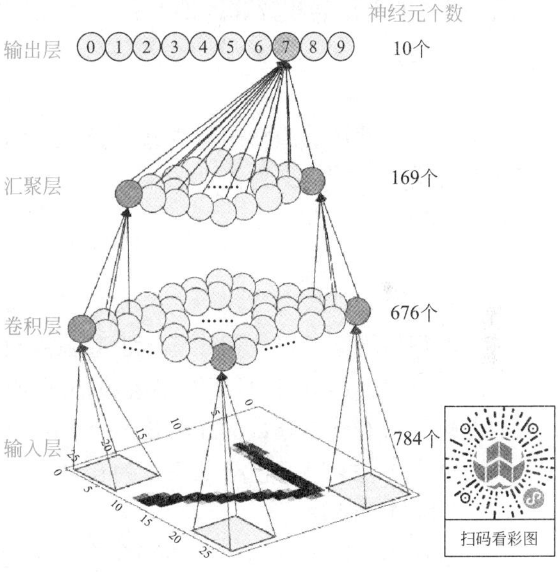

图 8.2-18 卷积神经网络的连接关系

1. 输入层

卷积神经网络的输入层与前馈网络的输入层相同。当输入的图片为灰度图像时，输入层神经元的数量为图片的像素点个数，所以图 8.2-18 中卷积神经网络的输入层神经元个数为 28×28＝784 个。当输入为 RGB 图片时，因为彩色图片的每个像素小方格里面同时含有红（R）、绿（G）、蓝（B）三种颜色的强度值，则输入层神经元的数量等于图片像素点的数量乘以 3。

2. 卷积层

与前馈神经网络相同，卷积神经网络也具有网络设计者可以进行超参数调整的隐含层。卷积神经网络的隐含层一般由卷积层和汇聚层（池化层）组成。

卷积层是卷积神经网络的核心模块，卷积运算与前馈神经网络中的运算完全不同：前馈神经网络中，两层之间全连接（此两层分为前一层和后一层），采用一个代表全连接的后一层权重矩阵与前一层的激活值向量相乘，然后再与后一层的偏置向量相加，得到后一层的一个求和向量 $\boldsymbol{z}$；而卷积神经网络中，两层之间不是采用全连接，后一层没有一个整体的权重矩阵与前一层的激活值向量相乘，而是后一层每个神经元的卷积核向量与前一层对应的部分神经元相乘，再与后一层中每个神经元中的偏置标量相加，得到后一层中每个神经元的求和值，这些求和值再组成一个向量，就是卷积层的求和向量 $\boldsymbol{z}$。

在全连接前馈神经网络中，如果第 l 层有 $n^{(l)}$ 个神经元，第 $l-1$ 层有 $n^{(l-1)}$ 个神经元，则连接边有 $n^{(l)}\times n^{(l-1)}$ 个，也就是权重矩阵有 $n^{(l)}\times n^{(l-1)}$ 个参数；每个神经元都连接到每个前一层中的神经元，权重矩阵的参数非常多，训练的效率会非常低。

在卷积神经网络中，采用卷积计算代替全连接计算，第 l 层未输入激活函数的计算值 $\boldsymbol{z}^{(l)}$ 为第 $l-1$ 层激活值 $\boldsymbol{a}^{(l-1)}$ 和滤波器 $\boldsymbol{w}^{(l)}$（一个权重向量）的卷积，计算公式为：

$$\boldsymbol{z}^{(l)}=\boldsymbol{w}^{(l)}*\boldsymbol{a}^{(l-1)}+\boldsymbol{b}^{(l)} \tag{8.2-15}$$

其中滤波器 $\boldsymbol{w}^{(l)}$ 为可学习的权重向量，$b^{(l)}$ 为可学习的偏置。

l 层卷积层卷积计算得到的 $\boldsymbol{z}^{(l)}$ 再经过激活函数 σ 运算得到 l 层神经元激活值 $\boldsymbol{a}^{(l)}$，计算公式为：

$$\boldsymbol{a}^{(l)}=\sigma(\boldsymbol{z}^{(l)})$$

卷积层使用的激活函数为线性整流函数或称为修正线性单元（ReLU，Rectified Linear Unit）[10]，其定义为：

$$\begin{aligned}\mathrm{ReLU}(x)&=\begin{cases}x & x\geqslant 0\\ 0 & x<0\end{cases}\\ &=\max(0,\ x)\end{aligned}$$

卷积层同样可以使用 sigmoid 型函数激活函数，但是 sigmoid 型函数具有较复杂的复杂的运算（幂运算），且当网络层数很深时，反向传播时 sigmoid 型函数的导数在［0，1］内变化，只有 0 点导数为 1，其余点都小于 1，导致误差经过每一层传递都会不断衰减，梯度就会不停衰减，甚至消失，使得整个网络很难训练。对于卷积神经网络则多采用 ReLU 作为激活函数。

激活函数需要连续并可导（允许少数点上不可导），因为需要反向传播完成训练，反向传播中需要对激活函数进行求导。ReLU 仅在 0 点无法求导，为了完成反向传播，一般规定 ReLU 在 0 点的导数为 0。

因为卷积层采用了卷积的一种非全连接方式，根据卷积的定义，卷积层有局部连接和权重共享两个性质。

局部连接：卷积层（假设是第 l 层）中的每一个神经元都只和上一层（第 $l-1$ 层）中某个局部窗口内的神经元相连，构成一个局部连接网络，见图 8.2-19；图中显示了三个神经元对应的 3 个局部连接区域（蓝色方框区域）。

权重共享：由公式（8.2-15）可见，$\boldsymbol{w}^{(l)}$ 和 $\boldsymbol{b}^{(l)}$ 没有下标，也就是第 l 层中所有神经元的卷积核都为 $\boldsymbol{w}^{(l)}$，偏置也都为 $\boldsymbol{b}^{(l)}$；所以图 8.2-19 中所有相同颜色连接上的权重相同，图中 $\boldsymbol{w}_1^{(l)}=\boldsymbol{w}_2^{(l)}=\boldsymbol{w}_3^{(l)}$，因为三个权重相同，就没必要再用下标进行区分。

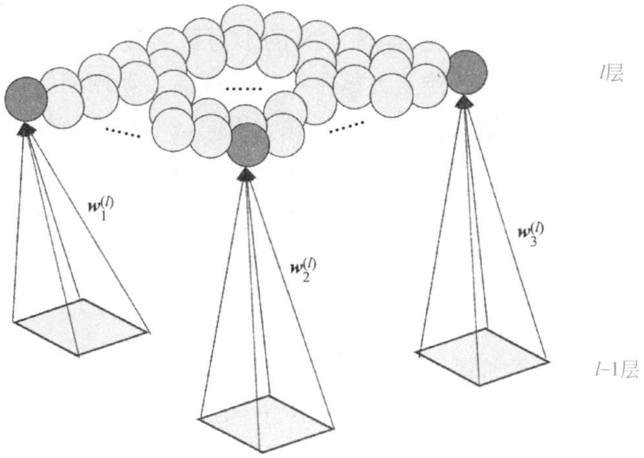

图 8.2-19　局部连接和权重共享

对于图 8.2-18 中卷积神经网络的卷积层的神经元连接输入层的 28×28＝784 个神经元，卷积层采用 3×3 的卷积，卷积层的神经元个数等于 28×28 矩阵经过 3×3 的滤波器卷积后输出的元素个数，即（28－3＋1）×（28－3＋1）＝676 个神经元。

3. 汇聚层

汇聚层或池化层（Pooling Layer）也叫子采样层（Subsampling Layer），其作用是进行特征选择，降低特征维度，并从而减少参数数量。

与前馈神经网络相比，卷积神经网络在经过隐含层的卷积运算和激活后，还要进行一次汇聚操作，汇聚的目的是减少下一层神经元的数量。卷积层虽然可以显著减少网络中连接的数量，但每层神经元个数并没有显著减少，每层数据输入维数依然很高，容易出现过拟合。

卷积网络中汇聚层只完成采样的操作，汇聚层神经元按照汇聚函数在各连接的区域中提取上一层的激活值。由于汇聚函数的参数固定，则汇聚层的作用就是按照固定规则对前一层的激活值进行下采样，所以汇聚层没有需要用于训练的参数。下采样是指从多个数值中采样其中部分数值，而对应的上采样是指将较少数量的数值扩充为更多数量的数值。

4. 输出层

由于数字识别的类别仍然为 10，图 8.2-18 中的卷积网络输出层与多层前馈神经网络相同，输出层神经元的个数也为 10 个，输出层的神经元与前一层的神经元进行全连接。前一层的神经元为汇聚层，具有 169 个神经元，则该层需要训练的参数数量为 10×（169＋1）＝1700 个参数。

8.2.3　模型的工作流程

这里均先以手写数字黑白照片识别为例，描述一个样本数据在卷积神经网络中的识别过程，然后再将其推广到 RGB 彩色图片识别过程。此处介绍的是图 8.2-18 中的卷积神经网络的工作流程，这个神经网络模型中，包括四层，其中第一层为输入层，第二层为卷积层，第三层为汇聚层，第四层为输出层。

1. 第一层的工作

卷积网络的第一层为输入层，完成 28×28 的手写数字黑白照片矩阵的输入，输入层每一个神经元读入对应手写照片的像素方格中一个灰度值。卷积网络也可用列向量的形式输入，采用矩阵输入和列向量输入仅在表达形式上不同，不影响数学运算。输入为手写数字灰度图像时，输入数据的形式为一个二维平面矩阵，每个输入层神经元都对应输入矩阵中的一个像素值。以图 8.2-20 为例，此时输入层的深度 $D=1$（平面矩阵），神经元的数量为 28×28。当输入的为 RGB 图片时，输入层的深度为 $D=3$（三层空间矩阵），可以用三层的张量进行表示；图片的像素为 $m\times n$ 时，输入层神经元的个数为 $3\times m\times n$ 个，见图 8.2-21。

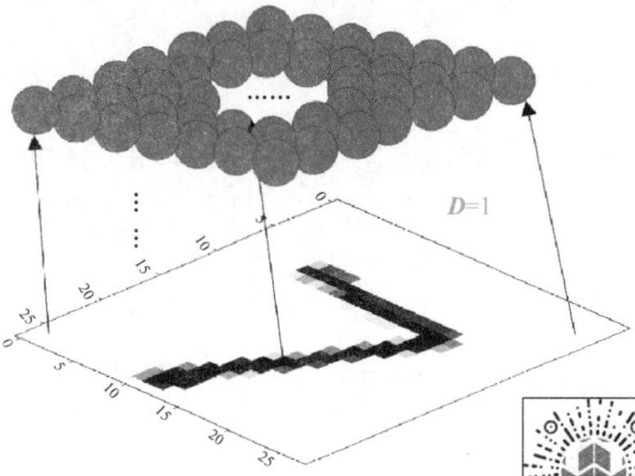

扫码看彩图

图 8.2-20　灰度图像卷积输入层

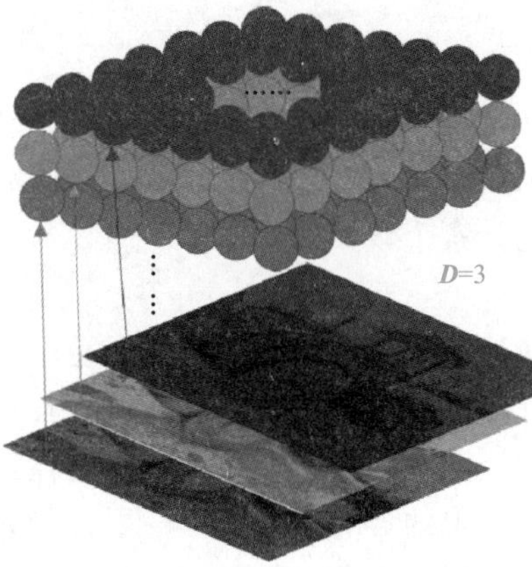

扫码看彩图

图 8.2-21　RGB 图像卷积输入层

2. 第二层的工作

识别手写数字黑白照片的卷积网络，第二层为卷积层，卷积核的尺寸为 3×3，在卷积层中参数权重共享，则该层通过训练不断修正的参数为卷积核参数 9 和 1 个偏置参数，共 10 个参数。

手写数字像素值的输入矩阵可定义为 $\boldsymbol{X}$，在本层的卷积运算中，用卷积核矩阵 $\boldsymbol{W}$ 依次对 $\boldsymbol{X}$ 进行卷积，每次卷积计算后得到的向量都加上一个偏置标量，然后得到卷积层的激活函数输入矩阵 $\boldsymbol{Z}$，再对 $\boldsymbol{Z}$ 进行激活计算，本层的激活值矩阵；此计算过程可用公式表达如下：

$$\boldsymbol{Z}=\boldsymbol{W}*\boldsymbol{X}+\boldsymbol{b} \tag{8.2-16}$$

$$\boldsymbol{A}=\sigma(\boldsymbol{Z}) \tag{8.2-17}$$

输入的图片是 RGB 格式时，卷积层输入的矩阵变成了三维空间矩阵，也就是一个张量矩阵，其中每个切片都是一个平面矩阵 $\boldsymbol{X}^d$，d 为切片的编号，$d=1$，2，…，D，此处 $D=3$。为保证卷积层的输出输入层的张量矩阵深度相同，需要将卷积核的深度设置为 $D=3$，即卷积核为一个三维张量，每个深度的滤波器只对前一层对应深度的切片矩阵进行卷积操作。需要注意的是，卷积核的三个切片矩阵，理论上可不同也可相同，但实际操作中一般不同。

图 8.2-22 是卷积核为三维张量时的卷积运算示意图。图中，左侧第一排的红、绿、蓝边框矩阵分别代表红、绿、蓝三种颜色的强度值矩阵，中间一排的红、绿、蓝边框矩阵分别代表三种颜色的卷积运算所用滤波器（此处一个滤波器就是一个平面矩阵），三个滤波器组成了一个三维张量卷积核，也就是此处一个三维张量卷积核包括了三个平面矩阵。需要注意的是，三维张量卷积核中包括的滤波器（平面矩阵）数量与输入三维张量数据的深度 D 相等。图中的卷积运算中，红色滤波器 $\boldsymbol{W}_1$ 对红色强度值矩阵 $\boldsymbol{X}_1$ 进行卷积运算，得到的运算结果矩阵为 $\boldsymbol{Z}_1$；同理可得到绿色和蓝色强度值矩阵的卷积计算结果矩阵 $\boldsymbol{Z}_2$ 和 $\boldsymbol{Z}_3$。将 $\boldsymbol{Z}_1$、$\boldsymbol{Z}_2$、$\boldsymbol{Z}_3$ 三个结果矩阵相加，相加后再将矩阵中的每个元素加上偏置标量 b，就得到总体的卷积计算结果矩阵 $\boldsymbol{Z}$；然后将 $\boldsymbol{Z}$ 进行激活计算，得到卷积层的激活值矩阵 $\boldsymbol{A}$。整个计算过程的数学表达式如下：

$$\boldsymbol{Z}_1=\boldsymbol{W}_1*\boldsymbol{X}_1,\ \boldsymbol{Z}_2=\boldsymbol{W}_2*\boldsymbol{X}_2,\ \boldsymbol{Z}_3=\boldsymbol{W}_3*\boldsymbol{X}_3 \tag{a}$$

$$\boldsymbol{Z}=\boldsymbol{Z}_1+\boldsymbol{Z}_2+\boldsymbol{Z}_3+\boldsymbol{b} \tag{b}$$

$$\boldsymbol{A}=\sigma(\boldsymbol{Z}) \tag{c}$$

注意，上式中 $\boldsymbol{b}$ 为一个所有元素均为偏置标量 b 的矩阵。

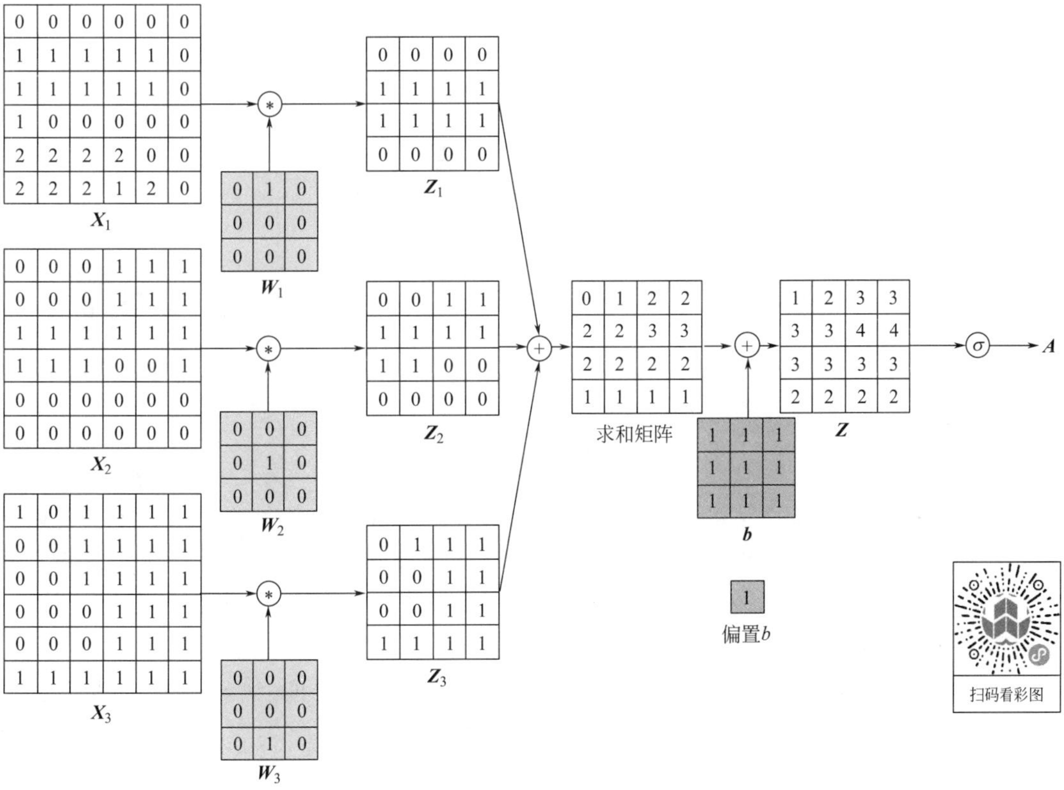

图 8.2-22　卷积核为三维张量时的卷积运算示意图

为增加提取特征的多样性，卷积层经常使用多个不同的三维卷积核，相当于将卷积核又增加了三维卷积核的个数这个新的维度（用 P 表示），此时每个卷积层的卷积核都变成了四维张量，见图 8.2-23 和图 8.2-24。图 8.2-23 为一个四维卷积核的空间示意图；图中，一个四维卷积核是一个四维张量，其中包括两个三维卷积核（三维张量）；每个三维卷积核又包括三个滤波器，每个滤波器就是一个平面矩阵（二维），可视为三维张量中的一个切片；每个滤波器中又包括一定数量的列向量/行向量（一维），而每个列向量/行向量中则包含一定数量的标量数值（零维）。一个卷积核四维张量中包含的三维张量卷积核个数，由神经网络设计者根据需求设定；同理，三维张量卷积核中的二维平面矩阵滤波器个数、二维平面矩阵中的行向量/列向量个数、行向量/列向量中的标量个数，均由神经网络设计者根据需求设定。

图 8.2-24 为卷积核为四维张量时的卷积过程示意图；由图中可见，与图 8.2-22 中的卷积过程相比，三维卷积核由一个变成了两个，每个卷积核又分别包括三个滤波器。图中 $\boldsymbol{W}_{1,1}$、$\boldsymbol{W}_{2,1}$、$\boldsymbol{W}_{3,1}$ 是第一个卷积核的三个滤波器（平面矩阵），每个滤波器都用 $\boldsymbol{W}_{d,p}$ 表示，$\boldsymbol{W}_{d,p}$ 中第一个下角标字母 d 代表当前三维卷积核中的滤波器编号（此处 $d=1$，2，3）；第二个下角标字母 p 代表三维卷积核的编号，此处 $p=1$，2，因为图中的四维卷积核中包含两个三维卷积核。实际运算中，虽然四维卷积核可表达为一个卷积核整体，但其中的每个三维卷积张量单独运算，相互之间没有联系；而每个三维卷积张量的 3 个切片矩阵也单独运算，相互之间没有联系。则卷积核为四维张量时，卷积层的数学运算过程如下：

$$\boldsymbol{Z}_{1,1}=\boldsymbol{W}_{1,1}*\boldsymbol{X}_{1,1},\quad \boldsymbol{Z}_{2,1}=\boldsymbol{W}_{2,1}*\boldsymbol{X}_{2,1},\quad \boldsymbol{Z}_{3,1}=\boldsymbol{W}_{3,1}*\boldsymbol{X}_{3,1} \tag{d}$$

$$\boldsymbol{Z}_{1,2}=\boldsymbol{W}_{1,2}*\boldsymbol{X}_{1,2},\quad \boldsymbol{Z}_{2,2}=\boldsymbol{W}_{2,2}*\boldsymbol{X}_{2,2},\quad \boldsymbol{Z}_{3,2}=\boldsymbol{W}_{3,2}*\boldsymbol{X}_{3,2} \tag{e}$$

$$\sum_{d=1}^{3}\boldsymbol{Z}_{\mathrm{d},1}=\boldsymbol{Z}_{1,1}+\boldsymbol{Z}_{2,1}+\boldsymbol{Z}_{3,1}+\boldsymbol{b}_1 \tag{f}$$

$$\sum_{d=1}^{3}\boldsymbol{Z}_{\mathrm{d},2}=\boldsymbol{Z}_{1,2}+\boldsymbol{Z}_{2,2}+\boldsymbol{Z}_{3,2}+\boldsymbol{b}_2 \tag{g}$$

$$\mathbf{A}_1=\boldsymbol{\sigma}\left(\sum_{d=1}^{3}\boldsymbol{Z}_{d,1}\right) \tag{h}$$

$$\mathbf{A}_2=\boldsymbol{\sigma}\left(\sum_{d=1}^{3}\boldsymbol{Z}_{d,2}\right) \tag{i}$$

由上面的数学运算过程并结合图 8.2-24 可见，当卷积核为四维张量时，经过卷积计算，得到的是两个求和结果矩阵（f）和（g），然后通过激活计算得到此卷积层的两个激活值矩阵（h）和（i）。当四维卷积核中包括的三维卷积核个数 P 可由神经网络设计者根据计算需求自行设定。

训练参数数量：假设一个卷积层中的卷积核为四维，其中每个滤波器的大小为 $m\times n$，三维卷积核的深度为 D，四维卷积核中包含的三维卷积核个数为 P，则此卷积层中共包含 $P\times D\times(m\times n)+P$ 个参数需要训练；其中最后加一个 P 是因为每个三维卷积核进行计算后，都要加上一个偏置（元素均为 b 的矩阵），则 P 个三维卷积核就对应 P 个偏置，见式（f）和（g）。图 8.2-24 中，滤波器的大小为 3×3，深度 D 为 3，四维卷积核中包含的三维卷积核个数 P 为 2，则本卷积层总的训练参数为：$2\times3\times3\times3+2=56$ 个参数。

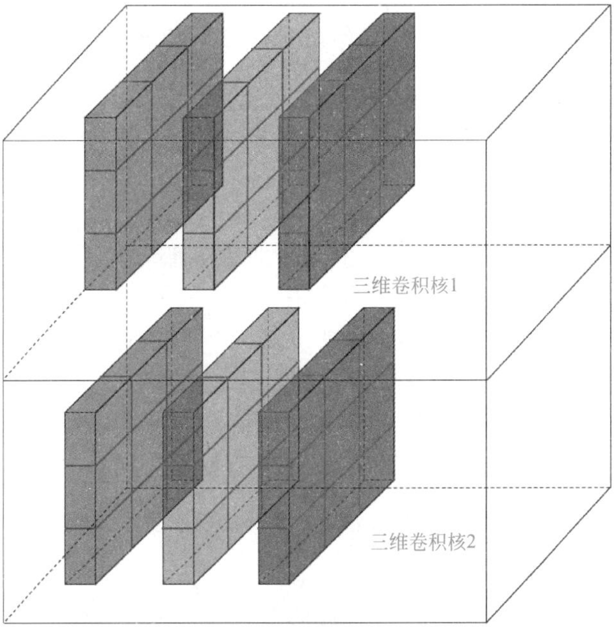

图 8.2-23　一个由两个三维卷积核组成的四维卷积核示意图

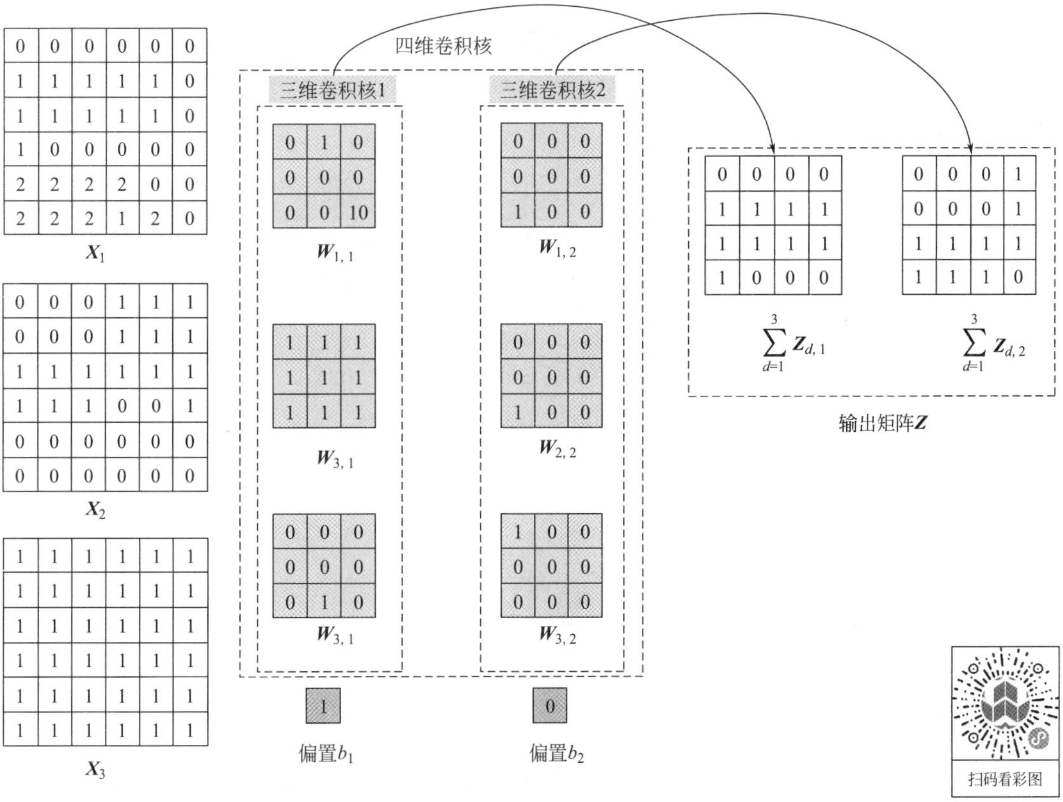

图 8.2-24　卷积核为四维张量时的卷积过程示意图

3. 第三层的工作

第三层是汇聚层（见图 8.2-18），其作用是降低网络神经元的数量，降低数据维度，减少运算量。

汇聚层与前一卷积层神经元为非全连接，见图 8.2-25；其中汇聚层采用 2×2 的汇聚器进行计算，汇聚器沿卷积层激活值矩阵两个方向的滑动步长均设为 2，就将前一卷积层中的 4 个神经元激活值汇聚为 1 个神经元汇聚值；也就是，汇聚层中任意神经元与前一层神经元的连接区域，是前一层 4 个神经元构成的 2×2 区域，则在滑动步长为 2 时，汇聚层神经元数量是上一层神经元数量的 1/4。采用一个 2×2 的汇聚器对一个 $n\times n$ 的矩阵进行汇聚计算时，当汇聚器的滑动步长为 1 时，汇聚计算后得到的神经元矩阵为 $(n-1)\times(n-1)$，可见并未有效减少神经元的数量；汇聚器的大小和滑动步长都会影响汇聚层的神经元数量。在一些卷积神经网络的应用中，设计者也经常不设置汇聚层，而仅通过增加卷积层的滤波器矩阵大小和滑动步长来减少卷积运算后得到的神经元个数。

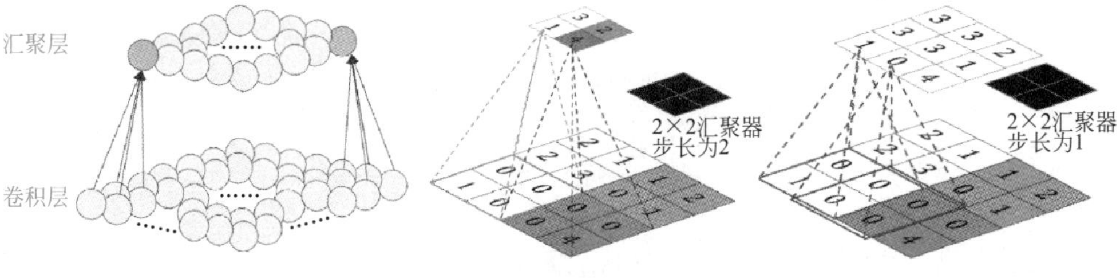

扫码看彩图

(a) 汇聚层　(b) 步长为2最大汇聚　(c) 步长为1最大汇聚

图 8.2-25　汇聚层计算示意图

对于灰度图，汇聚层的输入为平面矩阵 $\boldsymbol{X}$，输出为矩阵 $\boldsymbol{A}$；对于 RGB 图片，汇聚层的输入为空间矩阵，其中每个切片平面矩阵为 $\boldsymbol{X}_d$，则输出也是三维张量，每个切片矩阵表示为 $\boldsymbol{A}_d$。

汇聚器常用最大汇聚和平均汇聚这两种函数。最大汇聚函数为：

$$a_{m,n}=\max(x_i,\ \cdots,\ x_{i+r}) \tag{8.2-18}$$

上式中，$a_{m,n}$ 为汇聚层输出矩阵中的元素，x_i，…，x_{i+r} 为上一卷积层中被汇聚区域内的元素。

平均汇聚函数为：

$$a_{m,n}=\frac{\sum(x_i,\ \cdots,\ x_r)}{r+1} \tag{8.2-19}$$

上式中，$r+1$ 为被汇聚区域内的元素数量。

4. 第四层的工作

第四层是输出层（见图 8.2-18），其工作首先是将上一层的汇聚结果矩阵 $\boldsymbol{A}$（$\boldsymbol{A}$ 为 13×13 阶矩阵）转换为 169 维列向量 $\boldsymbol{a}^{(3)}$，然后用第 4 层的偏置矩阵 $\boldsymbol{W}^{(4)}_{10\times169}$ 对 $\boldsymbol{a}^{(3)}$ 进行线性变换后，再与第 4 层偏置向量 $\boldsymbol{b}^{(4)}$ 相加得到一个 10 维的结果向量 $\boldsymbol{z}^{(4)}$；将 $\boldsymbol{z}^{(4)}$ 输入

激活函数进行运算，就得到了第 4 层的一个 10 维激活值向量 $\boldsymbol{a}^{(4)}$，从而完成输出层层的所有工作。这个 10 维激活值向量 $\boldsymbol{a}^{(4)}$，分别就是被识别照片中数字为 0，1，…，9 的概率。

当卷积层的卷积核为图 8.2-24 中的四维张量时，经过汇聚层形成了两个汇聚结果矩阵，则将两个汇聚结果矩阵转化为一个列向量，然后再用输出层的偏置矩阵对此列向量进行线性变换，再加上偏置后输入激活函数就可得到最终的 10 维结果向量。

8.2.4　模型的学习过程

与前馈网络相同，卷积神经网络的学习过程也是通过已有的样本数据集对神经网络进行训练，不断修正所有权重和偏置参数。

在实际训练中，卷积神经网络也是采用随机梯度下降法，随机挑选出部分样本点进行梯度下降，这一部分在上一小节前馈神经网络部分已经进行详细阐述。

卷积神经网络的隐含层中包含卷积层和汇聚层；汇聚层没有权重参数和偏置参数，不需要训练；卷积层的参数为卷积核张量矩阵的元素，还有相应的偏置，因此训练中需要计算张量矩阵元素和偏置的梯度。卷积网络中全连接的输出层梯度计算过程与前馈网络中相同，此处仅介绍非卷积层（非全连接）的梯度计算和反向传播计算方法。

卷积网络的训练

与全连接神经网络相比，卷积神经网络的训练更复杂一些，但其基本原理相同：利用链式法则计算损失函数对每个参数的偏导数，然后通过梯度下降对参数进行更新。训练算法依然是反向传播算法。

与前馈网络类似，卷积网络的反向传播算法也可主要分为以下三个步骤：

（1）前向计算每个神经元的输出值 a_i；

（2）反向计算每个神经元的误差项 δ_i，$\delta_i = \dfrac{\partial C}{\partial z_i} = \dfrac{\partial a_i}{\partial z_i}\dfrac{\partial C}{\partial a_i}$，其中 C 为代价函数；

（3）计算每个代价函数对偏置 w 的偏导数，$\dfrac{\partial C}{\partial w} = a_i^{(l-1)}\delta^{(l)}$；此处均以求权重 w 的偏导数为例进行介绍，求偏置 b 的思路相同。

1. 卷积层训练——卷积层误差项的传递

对于卷积神经网络，由于涉及局部连接、下采样以及权重共享，导致其反向传播的具体计算方法与前馈网络有所不同[11]。

代价函数仍记为 C；设当前为 $l-1$ 层（一般为汇聚层，不设置汇聚层时则为卷积层），下一层 l 为卷积层，卷积层神经元经过激活函数前的求和矩阵为 $\boldsymbol{Z}^{(l)}$，然后设置一个当前层的误差项矩阵 $\boldsymbol{\delta}^{(l-1)}$，两个矩阵的计算公式如下：

$$\boldsymbol{Z}^{(l)} = \boldsymbol{A}^{(l-1)} * \boldsymbol{W}^{(l)} + \boldsymbol{b}^{(l)} \tag{8.2-20}$$

$$\delta^{(l-1)} = \frac{\partial C}{\partial \boldsymbol{Z}^{(l-1)}} = \frac{\partial \boldsymbol{A}^{(l-1)}}{\partial \boldsymbol{Z}^{(l-1)}}\frac{\partial C}{\partial \boldsymbol{A}^{(l-1)}} \tag{8.2-21}$$

上式中，$\boldsymbol{A}^{(l-1)}$ 为第 $l-1$ 层的激活值矩阵，$\boldsymbol{W}^{(l)}$ 为第 l 层的权重矩阵，$\boldsymbol{b}^{(l)}$ 第 l 层的偏置矩阵（所有元素均为 b 的矩阵）。

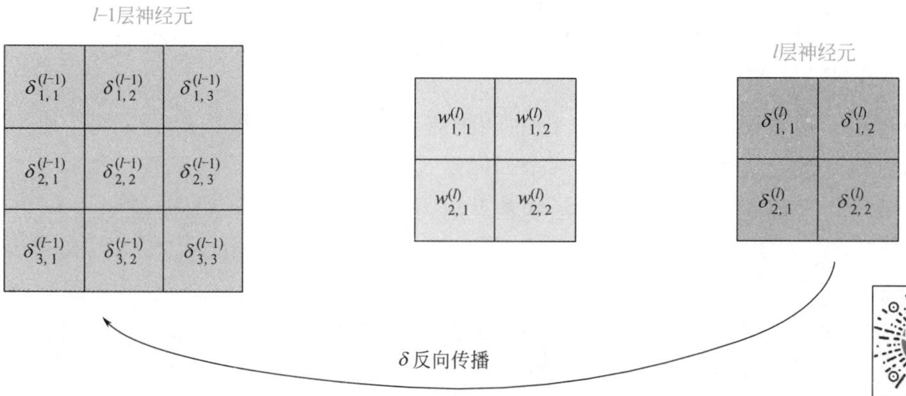

扫码看彩图

图 8.2-26　卷积层误差反向传播

图中 8.2-26 为 l 层到 $l-1$ 层误差反向传播图；采用误差反向传播计算，求解 $\delta^{(l-1)}$ 时，前一层误差项矩阵 $\boldsymbol{\delta}^{(l)}$ 已经求出，则根据链式法则：

$$\delta_{i,j}^{(l-1)}=\frac{\partial C}{\partial \boldsymbol{Z}^{(l-1)}}=\frac{\partial C}{\partial a_{i,j}^{(l-1)}}\frac{\partial a_{i,j}^{(l-1)}}{\partial z_{i,j}^{(l-1)}}$$

上式中，下标 i，j 表示矩阵中元素的位置。

（1）首先计算 $\delta_{i,j}^{(l-1)}=\dfrac{\partial C}{\partial \boldsymbol{Z}^{(l-1)}}=\dfrac{\partial C}{\partial a_{i,j}^{(l-1)}}\dfrac{\partial a_{i,j}^{(l-1)}}{\partial z_{i,j}^{(l-1)}}$ 式中的 $\dfrac{\partial C}{\partial a_{i,j}^{(l-1)}}$；

（a）先以 $\dfrac{\partial C}{\partial a_{1,1}^{(l-1)}}$ 的求解为例：

C 没有通过 $a_{i,j}^{(l-1)}$ 直接求出，则 C 对 $a_{i,j}^{(l-1)}$ 的偏导需间接求出，

$$\frac{\partial C}{\partial a_{1,1}^{(l-1)}}=\frac{\partial C}{\partial z_{1,1}^{(l-1)}}\frac{\partial z_{1,1}^{(l-1)}}{\partial a_{1,1}^{(l-1)}}=\delta_{1,1}^{(l)}w_{1,1}\tag{j}$$

上式中，$z_{1,1}^{(l)}=w_{1,1}^{(l)}a_{1,1}^{(l-1)}+w_{1,2}^{(l)}a_{1,2}^{(l-1)}+w_{2,1}^{(l)}a_{2,1}^{(l-1)}+w_{2,2}^{(l)}a_{2,2}^{(l-1)}+b^{(l)}$　（k）

则 $\dfrac{\partial C}{\partial a_{i,j}^{l-1}}$ 通过式（j）和（k）可求出。

式（j）的意义是，在计算 $\boldsymbol{Z}^{(l)}$ 时，$a_{1,1}^{(l-1)}$ 是一个直接输入变量，而且 $a_{1,1}^{(l-1)}$ 只是 $z_{1,1}^{(l)}$ 的变量，与 $\boldsymbol{Z}^{(l)}$ 中的其他任何 $z_{i,j}^{(l)}$ 无关；则求 $\dfrac{\partial z^{(l)}}{a^{(l-1)}}$ 时只考虑 $z_{1,1}^{(l)}$ 这一项即可，因为通过卷积运算求别的 $z_{i,j}^{(l)}$ 算式中，没有 $a_{1,1}^{(l-1)}$ 这一项，求出的导数为 0；也就是在 l 层的卷积计算中，只有求 $z_{1,1}^{(l)}$ 这一个元素是用了一次 $a_{1,1}^{(l-1)}$。

（b）再以 $\dfrac{\partial C}{\partial a_{1,2}^{(l-1)}}$ 的求解为例：

$$\frac{\partial C}{\partial a_{1,1}^{(l-1)}}=\frac{\partial C}{\partial z_{1,1}^{(l-1)}}\frac{\partial z_{1,1}^{(l-1)}}{\partial a_{1,1}^{(l-1)}}+\frac{\partial C}{\partial z_{1,2}^{(l-1)}}\frac{\partial z_{1,2}^{(l-1)}}{\partial a_{1,1}^{(l-1)}}=\delta_{1,1}^{(l)}w_{1,2}+\delta_{1,2}^{(l)}w_{1,1}\tag{l}$$

$$z_{1,1}^{l}=w_{1,1}a_{1,1}^{(l-1)}+w_{1,2}a_{1,2}^{(l-1)}+w_{2,1}a_{2,1}^{(l-1)}+w_{2,2}a_{2,2}^{(l-1)}+b\tag{m}$$

$$z_{1,2}^{l}=w_{1,1}a_{1,2}^{(l-1)}+w_{1,2}a_{1,3}^{(l-1)}+w_{2,1}a_{2,2}^{(l-1)}+w_{2,2}a_{2,3}^{(l-1)}+b\tag{n}$$

在计算 $\boldsymbol{Z}^{(l)}$ 时，$a_{1,2}^{(l-1)}$ 是一个直接输入变量，而且 $a_{1,2}^{(l-1)}$ 既是 $z_{1,1}^{(l)}$ 的变量，也是 $z_{1,2}^{(l)}$ 的

变量，见式（m）和（n）；则求 $\dfrac{\partial z^{(l)}}{a^{(l-1)}}$ 时需同时考虑 $z_{1,1}^{(l)}$ 和 $z_{1,2}^{(l)}$；也就是在 l 层的卷积计算中，求 $\mathbf{Z}^{(l)}$ 时，$a_{1,1}^{(l-1)}$ 是被用于两个 $\mathbf{Z}^{(l)}$ 中元素的求解。

由上面的计算过程进一步扩展计算，可找到一个规律，见图 8.2-27：计算 $\dfrac{\partial C}{\partial a_{i,j}^{(l-1)}}$，实际上是将 l 层的 $\boldsymbol{\delta}$ 矩阵进行一次全零填充得到一个 4×4 矩阵，这个矩阵与翻转后的权重矩阵再进行互相关计算。一次全零填充，就是在矩阵周边增加一圈 0 元素；n 次全零填充就是在矩阵周边增加 n 圈 0 元素。

从图 8.2-27 中可直接得到：$\dfrac{\partial C}{\partial a_{1,1}^{(l-1)}}$ 和 $\dfrac{\partial C}{\partial a_{1,2}^{(l-1)}}$ 的计算结果分别为 $\delta_{1,1}^{(l)}w_{1,1}$ 和（$\delta_{1,1}^{(l)}w_{1,2}+\delta_{1,2}^{(l)}w_{1,1}$）。

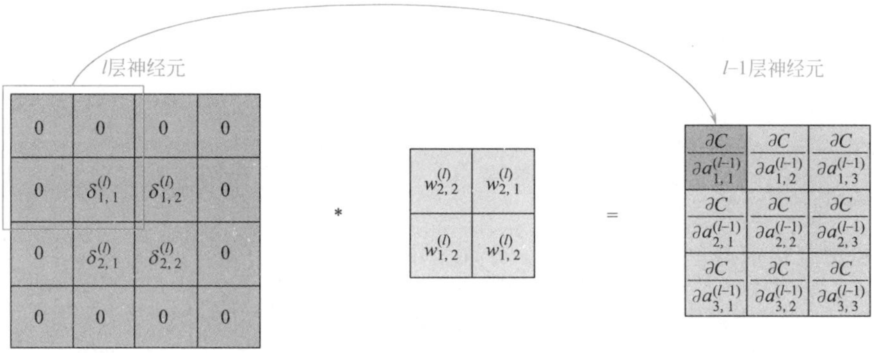

扫码看彩图

图 8.2-27　卷积层误差反向传播计算示意图

尝试更换滤波器矩阵的大小，可发现对于 3×3 的滤波器矩阵，图 8.2-27 中需对 $\boldsymbol{\delta}^{(l)}$ 矩阵进行 2 次全零填充；对于 $n\times n$ 则需要（$n-1$）次全零填充。全零填充得到的矩阵与翻转后的权重矩阵求互相关，可得代价函数对 $l-1$ 层所有激活值的偏导数 $\dfrac{\partial C}{\partial a_{i,j}^{l-1}}$。

（2）再求解 $\delta_{i,j}^{l-1}=\dfrac{\partial C}{\partial \mathbf{Z}^{(l-1)}}=\dfrac{\partial C}{\partial a_{i,j}^{(l-1)}}\dfrac{\partial a_{i,j}^{(l-1)}}{\partial z_{i,j}^{(l-1)}}$ 式中的 $\dfrac{\partial a_{i,j}^{(l-1)}}{\partial z_{i,j}^{(l-1)}}$

由于 $a_{i,j}^{(l-1)}=\sigma(z_{i,j}^{(l-1)})$，则：

$$\frac{\partial a_{i,j}^{(l-1)}}{\partial z_{i,j}^{(l-1)}}=\sigma'(z_{i,j}^{(l-1)}) \tag{o}$$

由计算步骤（1）～（2），可求得 $\delta_{i,j}^{(l-1)}=\dfrac{\partial C}{\partial \mathbf{Z}^{(l-1)}}=\dfrac{\partial C}{\partial a_{i,j}^{(l-1)}}\dfrac{\partial a_{i,j}^{(l-1)}}{\partial z_{i,j}^{(l-1)}}$，从而继续求得 $\dfrac{\partial C}{\partial w_{i,j}^{(l)}}$，见下述内容。

2. 卷积层训练——参数偏导数计算

（1）计算 $\dfrac{\partial C}{\partial w_{1,1}^{(l)}}$

$$z_{1,1}^{(l)}=w_{1,1}a_{1,1}^{(l-1)}+w_{1,2}a_{1,2}^{(l-1)}+w_{2,1}a_{2,1}^{(l-1)}+w_{2,2}a_{2,2}^{(l-1)}+b \tag{p}$$

$$z_{1,2}^{(l)}=w_{1,1}a_{1,2}^{(l-1)}+w_{1,2}a_{1,3}^{(l-1)}+w_{2,1}a_{2,2}^{(l-1)}+w_{2,2}a_{2,3}^{(l-1)}+b \tag{q}$$

$$z_{2,1}^{(l)}=w_{1,1}a_{2,1}^{(l-1)}+w_{1,2}a_{2,2}^{(l-1)}+w_{2,1}a_{3,1}^{(l-1)}+w_{2,2}a_{3,2}^{(l-1)}+b \tag{r}$$

$$z_{2,2}^{(l)}=w_{1,1}a_{2,2}^{(l-1)}+w_{1,2}a_{2,3}^{(l-1)}+w_{2,1}a_{3,2}^{(l-1)}+w_{2,2}a_{3,3}^{(l-1)}+b \tag{s}$$

与前馈神经网络不同，卷积网络中因为权重共享，则 $z_{1,1}^{(l)}$、$z_{1,2}^{(l)}$、$z_{2,1}^{(l)}$、$z_{2,2}^{(l)}$ 的计算公式中都有 $w_{1,1}$，可得：

$$\begin{aligned}\frac{\partial C}{\partial w_{1,1}^{(l)}}&=\frac{\partial C}{\partial z_{1,1}^{(l)}}\frac{\partial z_{1,1}^{(l)}}{\partial w_{1,1}^{(l)}}+\frac{\partial C}{\partial z_{1,2}^{(l)}}\frac{\partial z_{1,2}^{(l)}}{\partial w_{1,1}^{(l)}}+\frac{\partial C}{\partial z_{2,1}^{(l)}}\frac{\partial z_{2,1}^{(l)}}{\partial w_{1,1}^{(l)}}+\frac{\partial C}{\partial z_{2,2}^{(l)}}\frac{\partial z_{2,2}^{(l)}}{\partial w_{1,1}^{(l)}}\\&=\delta_{1,1}^{(l)}a_{1,1}^{(l-1)}+\delta_{1,2}^{(l)}a_{1,2}^{(l-1)}+\delta_{2,1}^{(l)}a_{2,1}^{(l-1)}+\delta_{2,2}^{(l)}a_{2,2}^{(l-1)}\end{aligned} \tag{t}$$

计算 $\frac{\partial C}{\partial w_{1,2}^{(l)}}$，同理可得：

$$\frac{\partial C}{\partial w_{1,2}^{(l)}}=\delta_{1,1}^{(l)}a_{1,2}^{(l-1)}+\delta_{1,2}^{(l)}a_{1,3}^{(l-1)}+\delta_{2,1}^{(l)}a_{2,2}^{(l-1)}+\delta_{2,2}^{(l)}a_{2,3}^{(l-1)} \tag{u}$$

推广计算，可发现以下规律：

$$\frac{\partial C}{\partial w_{i,j}^{(l)}}=\sum_{u=1}^{m}\sum_{v=1}^{n}\delta_{u,v}^{(l)}\cdot w_{i+u-1,j+v-1} \tag{v}$$

也就是上述 $\frac{\partial C}{\partial w_{i,j}^{(l)}}$ 的计算为 $l-1$ 层激活矩阵 $\boldsymbol{A}^{(l-1)}$ 与 l 层的 $\boldsymbol{\delta}$ 矩阵互相关计算，见图 8.2-28。图中可以直接求得 $\frac{\partial C}{\partial w_{1,1}^{(l)}}$ 和 $\frac{\partial C}{\partial w_{1,2}^{(l)}}$ 分别为 $\delta_{1,1}^{(l)}a_{1,1}^{(l-1)}+\delta_{1,2}^{(l)}a_{1,2}^{(l-1)}+\delta_{2,1}^{(l)}a_{2,1}^{(l-1)}+\delta_{2,2}^{(l)}a_{2,2}^{(l-1)}$ 和 $\delta_{1,1}^{(l)}a_{1,1}^{(l-1)}+\delta_{1,2}^{(l)}a_{1,2}^{(l-1)}+\delta_{2,1}^{(l)}a_{2,1}^{(l-1)}+\delta_{2,2}^{(l)}a_{2,2}^{(l-1)}$。

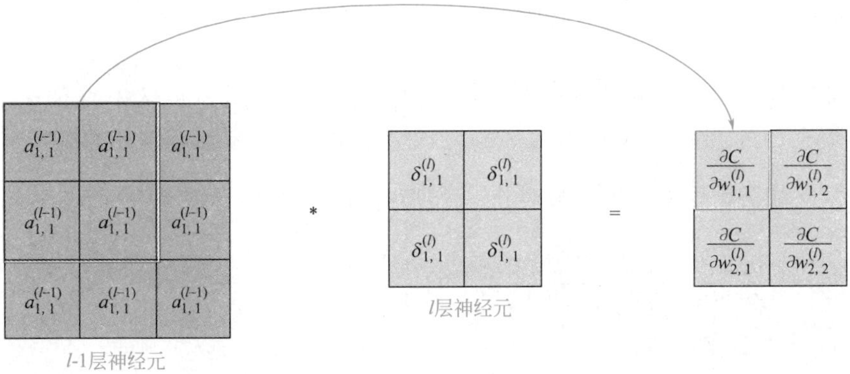

扫码看彩图

图 8.2-28 $\frac{\partial C}{\partial w_{i,j}^{(l)}}$ 计算过程示意图

（2）计算 $\frac{\partial C}{\partial b}$

通过前面的公式，可以得到：

$$\frac{\partial C}{\partial b^{(l)}}=\frac{\partial C}{\partial z_{1,1}^{(l)}}\frac{\partial z_{1,1}^{(l)}}{\partial b^{(l)}}+\frac{\partial C}{\partial z_{1,2}^{(l)}}\frac{\partial z_{1,2}^{(l)}}{\partial b^{(l)}}+\frac{\partial C}{\partial z_{2,1}^{(l)}}\frac{\partial z_{2,1}^{(l)}}{\partial b^{(l)}}+\frac{\partial C}{\partial z_{2,2}^{l}}\frac{\partial z_{2,2}^{(l)}}{\partial b^{(l)}}=\delta_{1,1}^{(l)}+\delta_{1,2}^{(l)}+\delta_{2,1}^{(l)}+\delta_{2,2}^{(l)} \tag{w}$$

3. 汇聚层训练

无论是最大汇聚还是平均汇聚的计算中，都没有需要学习的参数。因此，在卷积神经

网络的训练中，汇聚层需要做的仅仅是将误差项传递到上一层，不需要进行偏导计算。

（1）采用最大汇聚时的反向传播过程

首先设当前层为 $l-1$ 层（一般为卷积层，也可为汇聚层），下一层 l 为汇聚层。若$l-1$ 层为卷积层，则 $l-1$ 层神经元经过激活函数前的求和矩阵为 $\boldsymbol{Z}^{(l-1)}$，$\boldsymbol{A}^{(l-1)}=\sigma(\boldsymbol{Z}^{(l-1)})$，其中 $\boldsymbol{A}^{(l-1)}$ 为 $l-1$ 层神经元的输出矩阵，σ 为卷积层激活函数；若 $l-1$ 为汇聚层，汇聚层无激活函数，则 $\boldsymbol{Z}^{(l-\ 1)}=\boldsymbol{A}^{(l-1)}$，其中 $\boldsymbol{A}^{(l-1)}$ 为 $l-1$ 层神经元的输出矩阵。因为 l 层为汇聚层，则 $\boldsymbol{Z}^{(l)}=\boldsymbol{A}^{(l)}$。

图 8.2-29 为 l 层到 $l-1$ 层的误差反向传播图，l 层汇聚操作的汇聚器大小为 2×2，汇聚步长为 2，则 $l-1$ 层中 $\boldsymbol{A}^{(l-1)}$ 为 4×4，l 层中 $A^{(l)}$ 为 2×2。

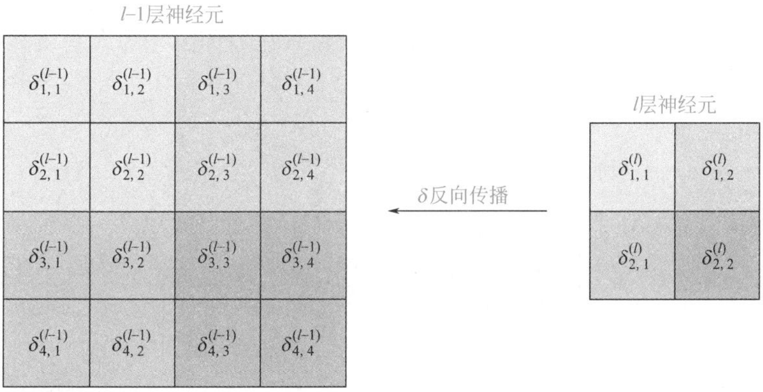

扫码看彩图

图 8.2-29　汇聚层误差反向传播

（a）$l-1$ 层为卷积层时

最大汇聚正向计算 $z^{l}_{1,1}$ 为：$z^{l}_{1,1}=\max[\sigma(z^{(l-1)}_{1,1}),\ \sigma(z^{(l-1)}_{1,2}),\ \sigma(z^{(l-1)}_{2,1}),\ \sigma(z^{(l-1)}_{2,2})]$

上式中，因为 l 层是汇聚层，不进行激活计算，仅通过汇聚器计算出 z 即可。因为卷积层 σ 不改变上式的单调性，假定 $a^{l-1}_{1,1}$ 最大，且 $a^{l-1}_{1,1}$ 不为 0，上式变为 $z^{l}_{1,1}=\sigma(z^{l-1}_{1,1})$。

则偏导数为：$\dfrac{\partial z^{(l)}_{1,1}}{\partial z^{(l-1)}_{1,1}}=\dfrac{\partial z^{(l)}_{1,1}}{\partial\sigma(z^{l-1}_{1,1})}\dfrac{\partial\sigma(z^{l-1}_{1,1})}{\partial z^{(l-1)}_{1,1}}=\sigma'=1$；$\dfrac{\partial z^{(l)}_{1,1}}{\partial z^{(l-1)}_{1,2}}=0$；$\dfrac{\partial z^{(l)}_{1,1}}{\partial\ ^{(l-1)}_{2,1}}=0$；$\dfrac{\partial z^{l}_{1,1}}{\partial z^{l-1}_{2,2}}=0$，

同样可以求得可以求得 $\delta^{(l-1)}_{1,1}$，$\delta^{(l-1)}_{1,2}$，$\delta^{(l-1)}_{2,1}$，$\delta^{(l-1)}_{2,2}$ 分别为：$\delta^{(l-1)}_{1,1}=\dfrac{\partial C}{\partial z^{l}_{1,1}}\dfrac{\partial z^{l}_{1,1}}{\partial z^{l-1}_{1,1}}=\delta^{(l)}_{1,1}$；

$\delta^{(l-1)}_{1,2}=\dfrac{\partial C}{\partial z^{(l)}_{1,1}}\dfrac{\partial z^{(l)}_{1,1}}{\partial z^{(l-1)}_{1,2}}=0$；$\delta^{(l-1)}_{2,1}=\dfrac{\partial C}{\partial z^{(l)}_{1,1}}\dfrac{\partial z^{(l)}_{1,1}}{\partial z^{(l-1)}_{2,1}}=0$；$\delta^{(l-1)}_{2,2}=\dfrac{\partial C}{\partial z^{(l)}_{1,1}}\dfrac{\partial z^{(l)}_{1,1}}{\partial z^{(l-1)}_{2,2}}=0$。同理，当 $a^{(l-1)}_{i,j}$ 最大时，可求得 $\delta^{(l-1)}_{i,j}=\delta^{(l)}_{i,j}$，而其他 $\delta^{(l-1)}$ 项均为 0。

（b）$l-1$ 层为汇聚层时

最大汇聚正向计算 $z^{l}_{1,1}$ 为：$z^{(l)}_{1,1}=\max(z^{(l-1)}_{1,1},\ z^{(l-1)}_{1,2},\ z^{(l-1)}_{2,1},\ z^{(l-1)}_{2,2})$

上式表明，$l-1$ 层汇聚区域中最大的值才会对 $z^{l}_{1,1}$ 产生影响，假定 $a^{l-1}_{1,1}$ 最大，且 $a^{l-1}_{1,1}$ 不为 0，上式变为 $z^{l}_{1,1}=z^{l-1}_{1,1}$；注意，此时 $a^{(l-1)}_{i,j}=a^{(l-1)}_{i,j}$。

则偏导数为：$\dfrac{\partial z^{(l)}_{1,1}}{\partial z^{(l-1)}_{1,1}}=1$；$\dfrac{\partial z^{(l)}_{1,1}}{\partial z^{(l-1)}_{1,2}}=0$；$\dfrac{\partial z^{(l)}_{1,1}}{\partial\ ^{(l-1)}_{2,1}}=0$；$\dfrac{\partial z^{(l)}_{1,1}}{\partial z^{(l-1)}_{2,2}}=0$

可以求得 $\delta^{(l-1)}_{1,1}$，$\delta^{(l-1)}_{1,2}$，$\delta^{(l-1)}_{2,1}$，$\delta^{(l-1)}_{2,2}$ 分别为：$\delta^{(l-1)}_{1,1}=\dfrac{\partial C}{\partial z^{(l)}_{1,1}}\dfrac{\partial z^{(l)}_{1,1}}{\partial z^{(l-1)}_{1,1}}=\delta^{(l)}_{1,1}$；$\delta^{(l-1)}_{1,2}=$

$\frac{\partial C}{\partial z_{1,1}^{(l)}}\frac{\partial z_{1,1}^{(l)}}{\partial z_{1,2}^{(l-1)}}=0$；$\delta_{2,1}^{(l-1)}=\frac{\partial C}{\partial z_{1,1}^{(l)}}\frac{\partial z_{1,1}^{(l)}}{\partial z_{2,1}^{(l-1)}}=0$；$\delta_{2,2}^{l-1}=\frac{\partial C}{\partial z_{1,1}^{l}}\frac{\partial z_{1,1}^{l}}{\partial z_{2,2}^{l-1}}=0$。同理，当 $a_{i,j}^{(l-1)}$ 最大时，可求得 $\delta_{i,j}^{(l-1)}=\delta_{i,j}^{(l)}$，而其他 $\delta^{(l-1)}$ 项均为 0。

对于上述（a）或（b）计算过程，当最大值 $a_{1,1}^{l-1}$ 为 0 时，表明 $l-1$ 层的汇聚区域内其他元素也为零（因为激活值的最小值为 0），汇聚正向计算时会从 $l-1$ 层该汇聚区域内的全 0 元素中选出一个神经元激活值传递到 l 层，则 l 层需记住选出的神经元编号；则反向传播时 l 层也会将 δ 传递给此编号的神经元，而其余神经元的 δ 直接设置为 0。这是一种特殊情况。

上述的（a）或（b）计算过程可用图 8.2-30 简单说明：当 $l-1$ 层四个汇聚区域的最大值分别为 $a_{1,1}^{l-1}$，$a_{1,4}^{l-1}$，$a_{4,1}^{l-1}$，$a_{4,4}^{l-1}$ 时，对于最大汇聚操作，l 层的误差项会直接传递到 $l-1$ 层对应汇聚区域中的最大值所对应的神经元，而其他神经元的误差项都直接设为 0。

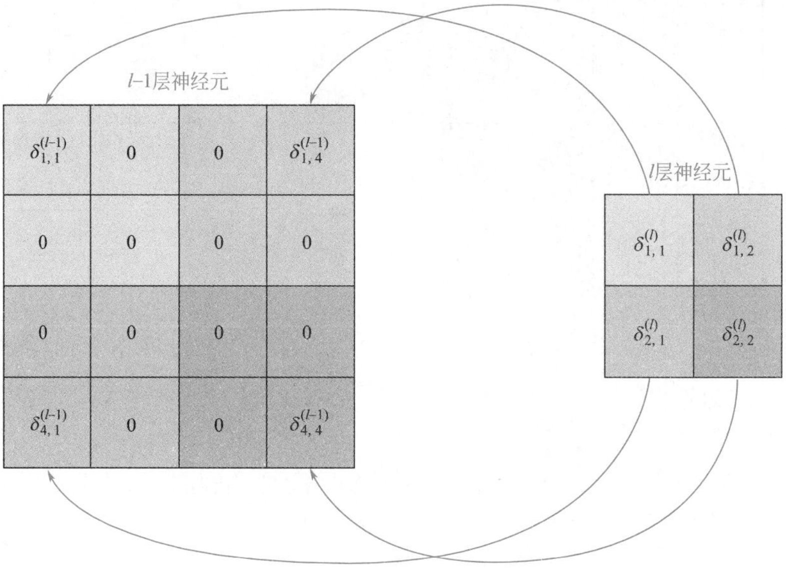

扫码看彩图

图 8.2-30　最大汇聚层误差反向传播计算

（2）采用平均汇聚层时的反向传播过程

同样考虑 $\delta_{i,j}^{l-1}$ 的计算。

（a）$l-1$ 层为卷积层时

平均汇聚正向计算 $z_{1,1}^{l}$ 为：$z_{1,1}^{(l)}=\frac{1}{4}(\sigma(z_{1,1}^{(l-1)})+\sigma(z_{1,2}^{(l-1)})+\sigma(z_{2,1}^{(l-1)})+\sigma(z_{2,2}^{(l-1)}))$ （x）

$z_{i,j}^{(l-1)}$ 元素不为 0 时，可以求得：$\frac{\partial z_{1,1}^{(l)}}{\partial z_{1,1}^{(l-1)}}=\frac{1}{4}$；$\frac{\partial z_{1,1}^{(l)}}{\partial z_{1,2}^{(l-1)}}=\frac{1}{4}$；$\frac{\partial z_{1,1}^{(l)}}{\partial z_{2,1}^{(l-1)}}=\frac{1}{4}$；$\frac{\partial z_{1,1}^{(l)}}{\partial z_{2,2}^{(l-1)}}=\frac{1}{4}$。

则 $l-1$ 层偏差为：$\delta_{1,1}^{(l-1)}=\frac{\partial C}{\partial z_{i,j}^{(l)}}\frac{\partial z_{i,j}^{(l)}}{\partial z_{i,j}^{(l-1)}}=\frac{1}{4}\delta_{1,1}^{(l)}$；$\delta_{1,2}^{(l-1)}=\frac{\partial C}{\partial z_{1,1}^{(l)}}\frac{\partial z_{1,1}^{(l)}}{\partial z_{1,2}^{(l-1)}}=\frac{1}{4}\delta_{1,1}^{(l)}$；

$\delta_{2,1}^{(l-1)}=\frac{\partial C}{\partial z_{1,1}^{(l)}}\frac{\partial z_{1,1}^{(l)}}{\partial z_{2,1}^{(l-1)}}=\frac{1}{4}\delta_{1,1}^{(l-1)}$；$\delta_{2,2}^{(l-1)}=\frac{\partial C}{\partial z_{1,1}^{(l)}}\frac{\partial z_{1,1}^{(l)}}{\partial z_{2,2}^{(l-1)}}=\frac{1}{4}\delta_{1,1}^{(l-1)}$。

（b）当 $l-1$ 层为汇聚层时：

平均汇聚正向计算 $z^{l}_{1,1}$ 为：$z^{(l)}_{1,1}=\frac{1}{4}(z^{(l-1)}_{1,1}+z^{(l-1)}_{1,2}+z^{(l-1)}_{2,1}+z^{(l-1)}_{2,2})$ (y)

则可进一步得到的 $l-1$ 层误差项，与计算过程（a）的结果相同。

上述的（a）或（b）计算过程可用图 8.2-31 简单说明：对于平均汇聚层，l 层的误差项会平均分配到 $l-1$ 层对应汇聚区域中的所有神经元。

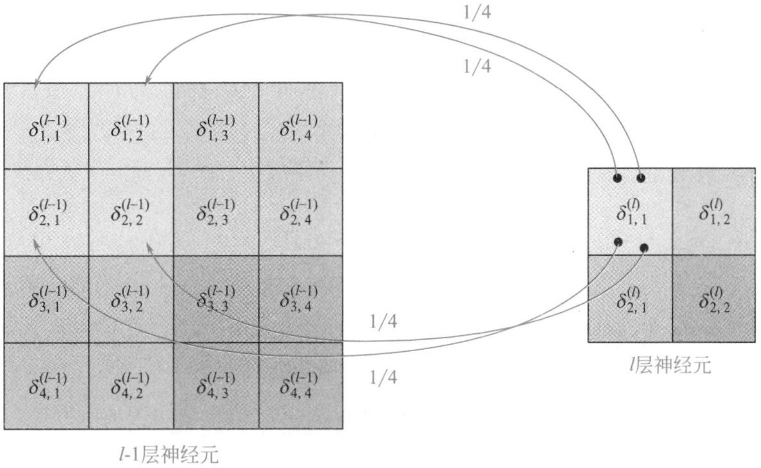

图 8.2-31　平均汇聚层误差反向传播计算

上述（a）或（b）计算过程中，当有的 $z^{(l-1)}_{i,j}$ 为 0 时，则 $\frac{\partial z^{(l)}_{i,j}}{\partial z^{(l-1)}_{i,j}}$ 无数学意义，但这个过程实际上是一个便于直观理解的数学推导中间过程，实际反向传播计算中并不进行 $\frac{\partial z^{(l)}_{i,j}}{\partial z^{(l-1)}_{i,j}}$ 的运算，所以 $z^{(l-1)}_{i,j}=0$ 这种情况不影响反向传播过程。

4. 卷积求导的数学过程

假设 $\boldsymbol{A}=\boldsymbol{W}\otimes\boldsymbol{X}$，其中 $\boldsymbol{X}\in\boldsymbol{R}^{M\times N}$，$\boldsymbol{W}\in\boldsymbol{R}^{U\times V}$，$\boldsymbol{A}\in\boldsymbol{R}^{(M-U+1)\times(N-V+1)}$，函数 $f(\boldsymbol{A})\in\boldsymbol{R}$ 为一个标量函数，则：

$$a_{ij}=\sum_{u=1}^{U}\sum_{v=1}^{V}w_{uv}x_{i+u-1,\ j+v-1} \tag{8.2-22}$$

$$\begin{aligned}\frac{\partial f(\boldsymbol{A})}{\partial w_{uv}}&=\sum_{i=1}^{M-U+1}\sum_{j=1}^{N-V+1}\frac{\partial y_{ij}}{\partial w_{uv}}\frac{\partial f(\boldsymbol{A})}{\partial a_{ij}}\\&=\sum_{i=1}^{M-U+1}\sum_{j=1}^{N-V+1}x_{i+u-1,\ j+v-1}\frac{\partial f(\boldsymbol{A})}{\partial a_{ij}}\\&=\sum_{i=1}^{M-U+1}\sum_{j=1}^{N-V+1}\frac{\partial f(\boldsymbol{A})}{\partial a_{ij}}x_{u+i-1,\ v+j-1}\end{aligned} \tag{8.2-23}$$

上式中 $a_{ij}=\sum_{u=1}^{U}\sum_{v=1}^{V}w_{uv}x_{i+u-1,\ j+v-1}$，且可得对于函数 $f(\boldsymbol{A})$ $\boldsymbol{W}$ 的偏导数为 $\boldsymbol{X}$ 和 $\frac{\partial f(\boldsymbol{A})}{\partial \boldsymbol{A}}$ 的卷积：

$$\frac{\partial f(\boldsymbol{A})}{\partial \boldsymbol{W}}=\frac{\partial f(\boldsymbol{A})}{\partial \boldsymbol{A}}*\boldsymbol{X} \tag{8.2-24}$$

同理可得函数 $f(\boldsymbol{A})$ 对 $\boldsymbol{X}$ 的偏导为：

$$\begin{aligned}\frac{\partial f(\mathbf{A})}{\partial x_{st}} &= \sum_{i=1}^{M-U+1}\sum_{j=1}^{N-V+1} \frac{\partial a_{ij}}{\partial x_{st}} \frac{\partial f(\mathbf{A})}{\partial a_{ij}} \\ &= \sum_{i=1}^{M-U+1}\sum_{j=1}^{N-V+1} w_{s-i+1,\ t-j+1} \frac{\partial f(\mathbf{A})}{\partial a_{ij}}\end{aligned} \tag{8.2-25}$$

在卷积网络中，参数为卷积核中权重以及偏置和全连接前馈网络类似，卷积网络也可以通过误差反向传播算法来进行参数学习。

在全连接前馈神经网络中，梯度主要通过每一层的误差项进行反向传播，并进一步计算每层参数的梯度。在卷积神经网络中，主要有两种不同功能的神经层：卷积层和汇聚层。而参数为卷积核以及偏置，因此只需要计算卷积层中参数的梯度[12]。

对于激活函数之前的第 l 层卷积的输出值 Z 见下式：

$$\mathbf{Z}^{(l,\ p)} = \sum_{d=1}^{D} \mathbf{W}^{(l,\ p,\ d)} * \mathbf{X}^{(l,\ d)} + \boldsymbol{b}^{(l,\ p)} = \sum_{d=1}^{D} \mathbf{W}^{(l,\ p,\ d)} * \mathbf{A}^{(l-1,\ d)} + \boldsymbol{b}^{(l,\ p)} \tag{8.2-26}$$

其中 $\mathbf{W}^{(l,\ p,\ d)}$ 和 $\boldsymbol{b}^{(l,\ p)}$ 为卷积核以及偏置。第 l 层中共有 $P \times D$ 个卷积核和 P 个偏置，可以分别使用链式法则来计算其梯度。

$$\mathbf{A}^{(l,\ p)} = \delta(\mathbf{Z}^{(l,\ p)}) \tag{8.2-27}$$

损失函数 C 第 l 层对卷积核 $\mathbf{W}^{(l,\ p,\ d)}$ 的偏导数，可根据卷积求导公式求得：

$$\frac{\partial C}{\partial \mathbf{W}^{(l,\ p,\ d)}} = \frac{\partial C}{\partial Z^{(l,\ p)}} * \mathbf{A}^{(l-1,\ d)} = \left(\frac{\partial A^{(l,\ p)}}{\partial Z^{(l,\ p)}} \frac{\partial C}{\partial A^{(l,\ p)}}\right) * \mathbf{A}^{(l-1,\ d)} \tag{8.2-28}$$

同理可得损失函数关于第 l 层的第 p 个偏置 $b^{(l,p)}$ 的偏导数为：

$$\frac{\partial C}{\partial \boldsymbol{b}^{(l,\ p)}} = \frac{\partial C}{\partial \mathbf{Z}^{(l,\ p)}} \frac{\partial \mathbf{Z}^{(l,\ p)}}{\partial \boldsymbol{b}^{(l,\ p)}} = \frac{\partial \mathbf{A}^{(l,\ p)}}{\partial \mathbf{Z}^{(l,\ p)}} \frac{\partial C}{\partial \mathbf{A}^{(l,\ p)}} \times 1 \tag{8.2-29}$$

上面两个式子中的 $\frac{\partial \mathbf{A}^{(l,\ p)}}{\partial \mathbf{Z}^{(l,\ p)}}$ 可以有激活函数求得得出，而 $\frac{\partial C}{\partial \mathbf{A}^{(l,\ p)}}$ 则与前馈神经网络相同，需要进行链式求导。

$$\frac{\partial C}{\partial \mathbf{A}^{(l,\ p)}} = \frac{\partial \mathbf{Z}^{(l+1,\ p)}}{\partial \mathbf{A}^{(l,\ p)}} \frac{\partial \mathbf{A}^{(l+1,\ p)}}{\partial \mathbf{Z}^{(l+1,\ p)}} \frac{\partial C}{\partial \mathbf{A}^{(l+1,\ p)}} \tag{8.2-30}$$

上式中 $\frac{\partial C}{\partial \mathbf{A}^{(l+1,\ p)}}$ 为更加靠近输出层的神经网络层链式求导所得，$\frac{\partial \mathbf{A}^{(l+1,\ p)}}{\partial \mathbf{Z}^{(l+1,\ p)}}$ 可通过激活函数求导获得。因此求得 $\frac{\partial \mathbf{Z}^{(l+1,\ p)}}{\partial \mathbf{A}^{(l,\ p)}}$ 即可得到 $\frac{\partial C}{\partial \mathbf{A}^{(l,\ p)}}$，进而求得 $\frac{\partial C}{\partial \mathbf{W}^{(l,\ p,\ d)}}$ 和 $\frac{\partial C}{\partial \boldsymbol{b}^{(l,\ p)}}$。

这里需要分两种情况，一种是卷积层之后也就是 $l+1$ 层为卷积层，另一种为卷积层之后为汇聚层。

之后为卷积层时的求解：

由卷积公式（8.2-22）可得其导数见式（8.2-23）。

$$\mathbf{Z}^{(l+1,\ p)} = \sum_{d=1}^{D} \mathbf{W}^{(l+1,\ p,\ d)} * \mathbf{X}^{(l+1,\ d)} + \boldsymbol{b}^{(l+1,\ p)} = \sum_{d=1}^{D} \mathbf{W}^{(l+1,\ p,\ d)} * \mathbf{A}^{(l,\ d)} + \boldsymbol{b}^{(l+1,\ p)} \tag{8.2-31}$$

$$\frac{\partial \mathbf{Z}^{(l+1,\ p)}}{\partial \mathbf{A}^{(l,\ p)}} = \sum_{d=1}^{D} \mathbf{W}^{(l,\ p,\ d)} \tag{8.2-32}$$

之后为汇聚层时的求解：

当卷积层之前为汇聚层时，因为汇聚层是下采样操作，$l+1$ 层的每个神经元的误差项

δ 对应于第 l 层的相应特征映射的一个区域，这与汇聚层中使用的下采样操作刚好相反。如果下采样是最大汇聚，误差项 δ（$l+1$，p）中每个值会直接传递到上一层对应区域中的最大值所对应的神经元，该区域中其他神经元的误差项都设为 0。如果下采样是平均汇聚，误差项 δ（$l+1$，p）中每个值会被平均分配到上一层对应区域中的所有神经元。

对于 l 层的误差项定义为 $\boldsymbol{\delta}$：

$$\boldsymbol{\delta}^{(l,\ p)}=\frac{\partial C}{\partial \boldsymbol{Z}^{(l,\ p)}}=\frac{\partial \boldsymbol{A}^{(l,\ p)}}{\partial \boldsymbol{Z}^{(l,\ p)}}\frac{\partial C}{\partial \boldsymbol{A}^{(l,\ p)}} \tag{8.2-33}$$

8.3　循环神经网络

前馈神经网络和卷积网络可以看作是一个复杂的函数，每次输入都是独立的，即网络的输出只依赖于当前的输入。但是在很多现实任务中，网络的输入不仅和当前时刻的输入相关，也和其过去一段时间的输入相关。比如处理语音识别、动作识别等任务，此类任务具有时间连续性，一句话和一个动作不是瞬时完成的，设计的网络算法需要结合之前的输入进行判断输出结果。循环神经网络（RNN，Recurrent neural network）是一类用于处理序列数据的神经网络[13]。就像卷积网络是专门用于处理网格化数据 $\boldsymbol{X}$（如一个图像构成的矩阵数据）的神经网络，循环神经网络是专门用于处理时间序列 $\boldsymbol{x}^{(1)}$，…，$\boldsymbol{x}^{(T)}$（每个时刻的 $\boldsymbol{x}$ 都为一个向量数据）的神经网络。

在实际应用中，存在很多时序数据，如：

（1）自然语言处理问题。$\boldsymbol{x}_1$ 可以看作是第一个单词的向量化表示，$\boldsymbol{x}_2$ 可以看作是第二个单词的向量化表示，依次类推[14]。

（2）语音识别。此时，$\boldsymbol{x}_1$、$\boldsymbol{x}_2$、$\boldsymbol{x}_3$ 等是每个小的时间间隔的声音信号向量化表示[15]。

前面介绍了诸如此类的序列数据用原始的神经网络难以建模，为解决此类问题设计出循环神经网络（RNN，Recurrent neural network）。Recurrent neural network 有时也经常被翻译为递归神经网络，为区分接下来本节最后介绍的另外一种递归神经网络（RvNNs，Recursive neural network），本书 Recurrent neural network 只称为循环神经网络。

8.3.1　标准循环神经网络结构

循环神经网络种类繁多，图 8.3-1 为前馈神经网络结构，箭头表示全连接结构。图 8.3-2 为最基本的循环神经网络结构，可以看到与前馈神经网络相比多了循环结构，图中方块表示一个时刻的延迟。通过循环结构和时间延迟，实现输出层的输出不仅与输入层的输入有关，同时和前一时刻的隐藏层输出有关。

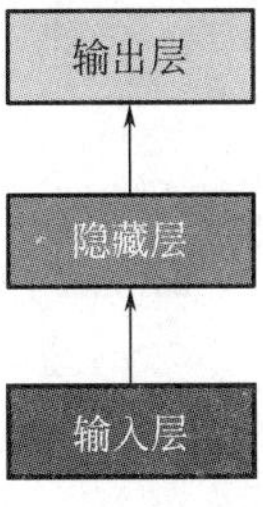

图 8.3-1　前馈神经网络结构图

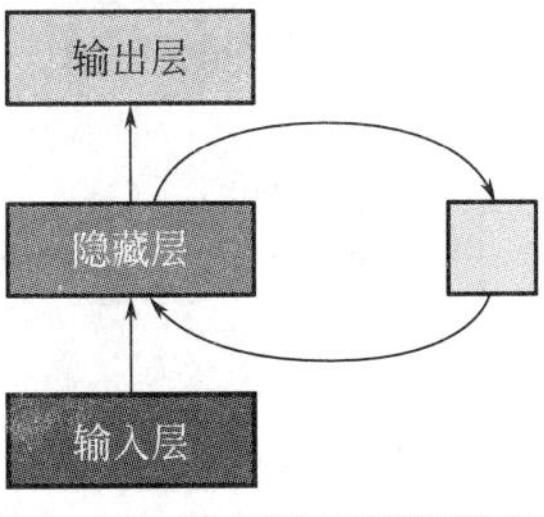

图 8.3-2　循环神经网络结构图

假设时间序列的长度为 $\boldsymbol{x}_1$、$\boldsymbol{x}_2$、$\boldsymbol{x}_3$、$\boldsymbol{x}_4$，将循环神经网络结构图按时间展开见图 8.3-3。

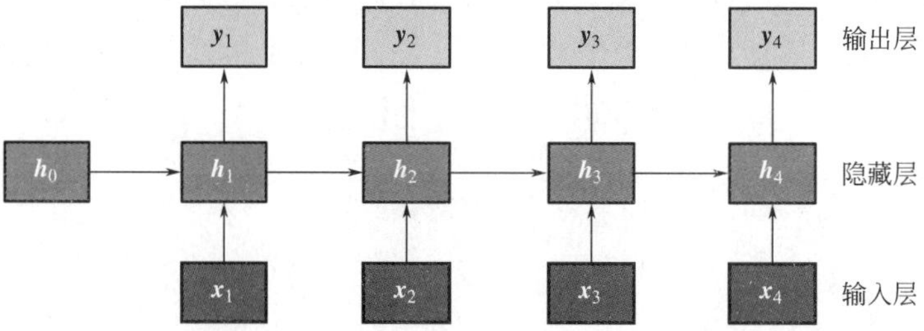

图 8.3-3 按时间展开的循环神经网络

图 8.3-3 中箭头表示全连接结构。$\boldsymbol{x}_1$、$\boldsymbol{x}_2$、$\boldsymbol{x}_3$、$\boldsymbol{x}_4$ 表示各个时刻输入层的输入向量，$\boldsymbol{h}_0$、$\boldsymbol{h}_1$、$\boldsymbol{h}_2$、$\boldsymbol{h}_3$、$\boldsymbol{h}_4$ 为隐藏层的输出值；$\boldsymbol{y}_1$、$\boldsymbol{y}_2$、$\boldsymbol{y}_3$、$\boldsymbol{y}_4$ 表示输出层的输出向量。由 8.1 节内容，用隐含层神经元的求和线性变换描述各个层的工作过程，上述中各个层之间的权重矩阵表示分为：隐藏层与隐藏层之间 $\boldsymbol{W}_{hh}$，输入层与隐藏层之间 $\boldsymbol{W}_{xh}$，隐藏层与输出层之间 $\boldsymbol{W}_{hy}$。

在循环神经网络中具有权重共享的性质，所以各个时刻相对应的输入层、隐含层、输出层之间的权重矩阵相同。

则上述循环神经网络 $\boldsymbol{h}_1$ 和 $\boldsymbol{y}_1$ 计算过程表示为：

$$\boldsymbol{h}_1 = \tanh(\boldsymbol{W}_{hh}\boldsymbol{h}_0 + \boldsymbol{W}_{xh}\boldsymbol{x}_1 + \boldsymbol{b}) \tag{a}$$

$$\boldsymbol{y}_1 = \boldsymbol{W}_{hy}\boldsymbol{h}_1 \tag{b}$$

同理可以求得：$\boldsymbol{h}_2$、$\boldsymbol{h}_3$、$\boldsymbol{h}_4$ 和 $\boldsymbol{y}_2$、$\boldsymbol{y}_3$、$\boldsymbol{y}_4$。

循环神经网络对于任意时刻 t 的输入 $\boldsymbol{x}_t$，对应的隐含层输出 $\boldsymbol{h}_t$ 和输出层输出为 $\boldsymbol{y}_t$：

$$\boldsymbol{h}_t = \tanh(\boldsymbol{W}_{hh}\boldsymbol{h}_{t-1} + \boldsymbol{W}_{xh}\boldsymbol{x}_t + \boldsymbol{b}) \tag{8.3-1}$$

$$\boldsymbol{y}_t = \boldsymbol{W}_{hy}\boldsymbol{h}_t \tag{8.3-2}$$

上述为最简单的循环神经网络结构，从以上结构可看出，RNN 结构的输入和输出序列长度相同。RNN 的输入与输出之间的关系还可以为：输入与输出多对一、输出与输入一对多、输入与输出多对多。

（1）Vector-to-sequence 结构（输入与输出一对多）

图 8.3-4 为 Vector-to-sequence 结构，应用场景：根据图像生成语音或音乐。将图像特征向量作为输入，其中图像的特征可以为卷积提取的图像特征向量，输出语音或音乐其实为音频的数字表示（音频数据用于训练时会将音频数据转换为向量化描述的形式）[14]。

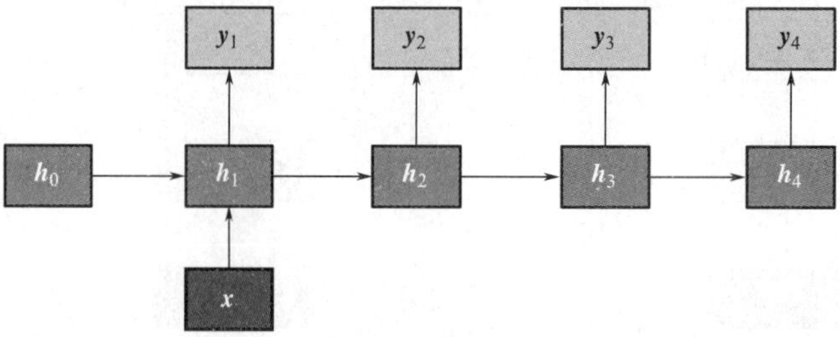

图 8.3-4 Vector-to-sequence 结构

（2）Sequence-to-vector 结构（输入与输出多对一）

图 8.3-5 为 Sequence-to-vector 结构，应用场景：动作识别。动作是连续发生的，则一段视频可能只描述一个动作，视频由多帧的图片构成，每一帧作为一个时刻输入，则最后输出这个动作的类别。

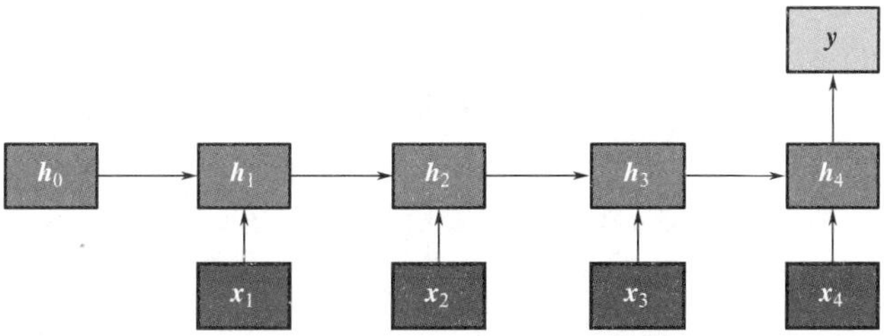

图 8.3-5 Sequence-to-vector 结构

（3）Encoder-Decoder 结构（输入与输出多对多）

图 8.3-6 为 Encoder-Decoder 结构，应用场景：机器翻译。

原始的 sequence-to-sequence 结构的 RNN 要求序列等长，然而实际问题的序列都是不等长的，在机器翻译中，原始语言和译成的语言的句子往往并没有相同的长度。输入与输出多对多中，可以理解为先输入数据编码成一个向量 $\boldsymbol{c}$，在将其作为接下来不同时刻输入层的输入进行数据处理和训练。

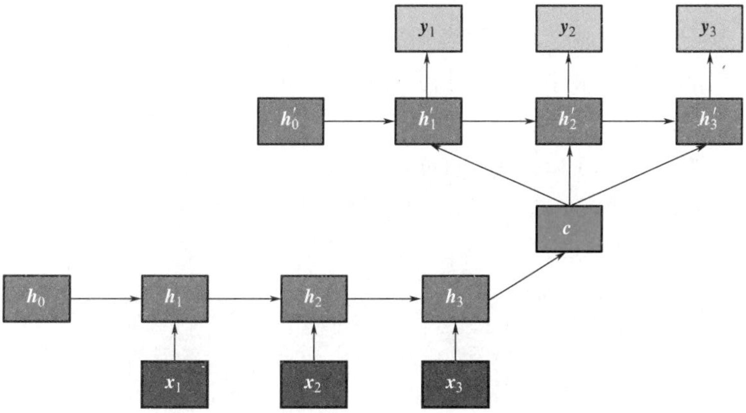

图 8.3-6 Encoder-Decoder 结构

8.3.2 LSTM 神经网络

长短期记忆网络（Long Short-Term Memory Network，LSTM）是循环神经网络的一个变体，可以有效地解决标准循环神经网络的梯度爆炸或消失问题。相较于标准循环神经网络，LSTM 更改了隐藏层的计算，内部结构更加复杂，具有更强的表现能力[16]。

由公式（8.3-1）可得标准循环神经网络隐藏层的计算为：

$$\boldsymbol{h}_t=\tanh(\boldsymbol{W}_{hh}\boldsymbol{h}_{t-1}+\boldsymbol{W}_{xh}\boldsymbol{x}_t+\boldsymbol{b})=\tanh\left((\boldsymbol{W}_{hh}\quad \boldsymbol{W}_{hx})\begin{pmatrix}\boldsymbol{h}_{t-1}\\ \boldsymbol{x}_t\end{pmatrix}+\boldsymbol{b}\right)=\tanh\left(\boldsymbol{W}\begin{pmatrix}\boldsymbol{h}_{t-1}\\ \boldsymbol{x}_t\end{pmatrix}+\boldsymbol{b}\right) \tag{8.3-3}$$

LSTM 神经网络隐藏层计算过程为：

$$\begin{bmatrix}\tilde{\boldsymbol{c}}_t\\ \boldsymbol{o}_t\\ \boldsymbol{i}_t\\ \boldsymbol{f}_t\end{bmatrix}=\begin{bmatrix}\tanh\\ \sigma\\ \sigma\\ \sigma\end{bmatrix}\left(\boldsymbol{W}\begin{bmatrix}\boldsymbol{x}_t\\ \boldsymbol{h}_{t-1}\end{bmatrix}+\boldsymbol{b}\right) \tag{8. 3-4}$$

$$\boldsymbol{c}_t=\boldsymbol{f}_t\odot\boldsymbol{c}_{t-1}+\boldsymbol{i}_t\odot\tilde{\boldsymbol{c}}_t \tag{8. 3-5}$$

$$\boldsymbol{h}_t=\boldsymbol{o}_t\odot\tanh(\boldsymbol{c}_t) \tag{8. 3-6}$$

相较于标准 RNN，LSTM 内部循环的隐藏层计算更加复杂，LSTM 引入了新的内部状态 $\boldsymbol{c}_t$ 以及加入门控机制。$\tilde{\boldsymbol{c}}_t$ 表示过非线性函数得到的候选状态，$\odot$为向量元素乘积，σ 为 sigmoid 激活函数，tanh 为 tanh 激活函数，LSTM 拥有三个门，分别是遗忘门 $\boldsymbol{f}_t$， 输入门 $\boldsymbol{i}_t$ 和输出门 $\boldsymbol{o}_t$，$\boldsymbol{W}$ 表示每个循环层总的权重。

新的内部状态

标准 RNN 隐藏层只有一个状态 h，对于短期输入之间敏感，通过引入一个状态 c 具有长期的敏感，见图 8. 3-7。

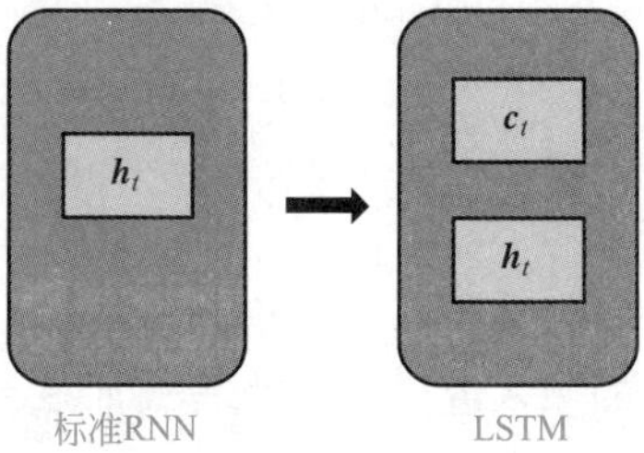

图 8. 3-7　LSTM 隐藏层引入的新的内部状态

门控机制

LSTM 为控制长期状态 c，引入了门控机制。在数字电路中，门（Gate）为一个二值变量 {0，1}，0 代表关闭状态，不许任何信息通过；1 代表开放状态，允许所有信息通过。LSTM 网络引入门控机制（Gating Mechanism）来控制信息传递的路径。在隐藏层中，门实际上就是一层全连接层，输入是一个向量，输出是一个 0 到 1 之间的向量。

门是一种让信息选择式通过的方法，LSTM 拥有三个门，分别是遗忘门 $\boldsymbol{f}_t$， 输入门 $\boldsymbol{i}_t$ 和输出门 $\boldsymbol{o}_t$， 每个门包含一个 sigmoid 神经网络层和一个点乘操作。

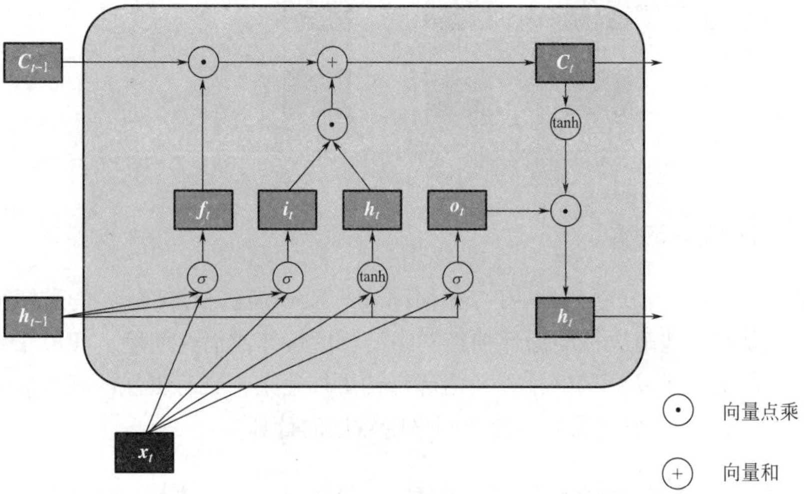

图 8. 3-8　LSTM 网络结构

图 8.3-8 为 LSTM 网络结构，讲述每个循环层中的计算过程如下：

遗忘门计算：

$$\boldsymbol{f}_t=\sigma(\boldsymbol{W}_{xf}\boldsymbol{x}_t+W_{hf}\boldsymbol{h}_{t-1}+\boldsymbol{b}_f) \tag{8.3-7}$$

输入门计算：

$$\boldsymbol{i}_t=\sigma(\boldsymbol{W}_{xi}\boldsymbol{x}_t+W_{hi}\boldsymbol{h}_{t-1}+\boldsymbol{b}_i) \tag{8.3-8}$$

输出门计算：

$$\boldsymbol{o}_t=\sigma(\boldsymbol{W}_{xo}\boldsymbol{x}_t+W_{ho}\boldsymbol{h}_{t-1}+\boldsymbol{b}_o) \tag{8.3-9}$$

上面式子中 σ 为 sigmoid 函数，其输出区间为（0，1），$\boldsymbol{x}_t$ 为当前时刻 t 的输入向量，$\boldsymbol{h}_{t-1}$ 为上一时刻的隐藏层状态向量。$\boldsymbol{W}$ 与标准 RNN 的表示相同，公式中 $\boldsymbol{W}$ 的下标表示神经层之间的全连接权重矩阵。

当前输入的单元状态 $\tilde{\boldsymbol{c}}_t$ 的计算过程如下：

$$\tilde{\boldsymbol{c}}_t=\tanh(\boldsymbol{W}_{xc}\boldsymbol{x}_t+W_{hc}\boldsymbol{h}_{t-1}+\boldsymbol{b}_c) \tag{8.3-10}$$

上述为 LSTM 正向计算，目前研究中常用 LSTM 替代标准 RNN，相对获得的模型表现能力更加好。

8.3.3 递归神经网络

如果将循环神经网络按时间展开，每个时刻的隐状态 $\boldsymbol{h}_t$ 看作一个节点，那么这些节点构成一个链式结构，每个节点 t 都收到其父节点的消息（Message），更新自己的状态，并传递给其子节点。而链式结构是一种特殊的图结构，将这种消息传递（Message Passing）的思想扩展到任意的图结构上，使得原始的数据具有某种图的结构，则神经网络需要构造成图结构进行图结构数据处理。

递归神经网络（RvNNs）是循环神经网络在有向无循环图上的扩展。递归神经网络的一般结构为树状的层次结构，如图 8.3-9 所示。

递归神经网络具有更为强大的表示能力，但是在实际应用中并不多。其中一个主要原因是，递归神经网络的输入是树或其他图结构，而这种数据结构需要花费很大人力去标注。对于一般的循环神经网络处理句子，可以直接把句子作为输入。而用递归神经网络处理句子，就必须把每个句子标注为语法解析树的形式。

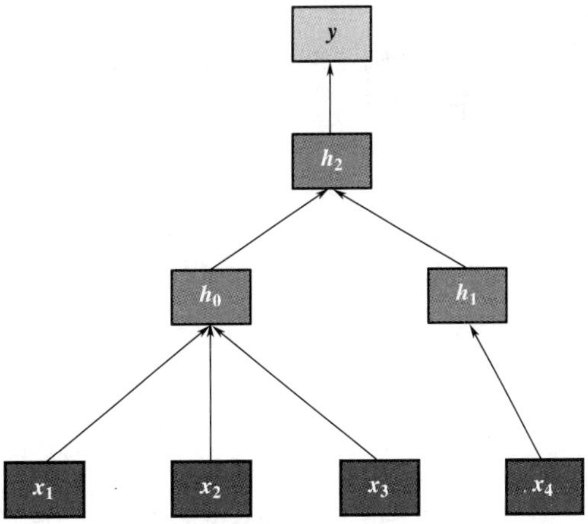

图 8.3-9 递归神经网络结构

课后习题

1[18]．考虑分类任务，全连接神经网络结构如下所示，其中隐含层 1 包含 100 个神经元，激活函数为 ReLU 函数；隐含层 2 包含 100 个神经元，其后为一个 softmax 函数，损失函数的类型是交叉熵函数。

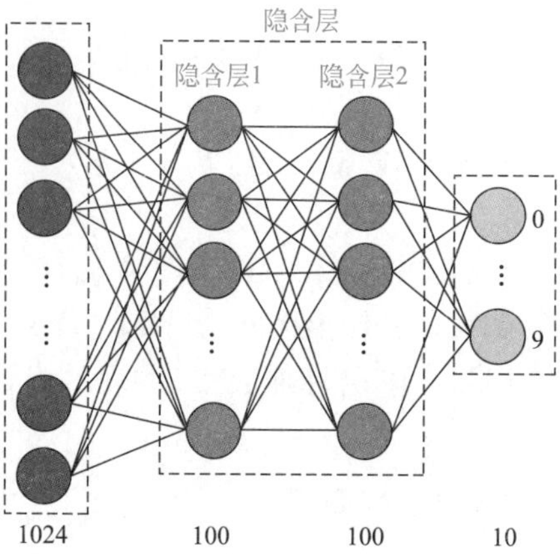

请基于施工车辆数据集（答案及代码下载说明：http：//www.cqurcsse.com/leix.php? id=17），完成以下任务：

（1）请根据全连接神经网络的基本原理，推导出 softmax 函数与交叉熵损失函数的前向传播和反向传播过程。

（2）在具体的神经网络中，常将隐含层的实现分为仿射变换层（Affine layer）与激活函数，分别推导出仿射变换层与激活函数的前向传播和反向传播函数。

（3）结合文中所述原理以及相关代码，请完成对如图所示网络模型的训练过程。

2. CNN 的第一个突破产生于 2012 年 ImageNet 大规模视觉识别竞赛（ILSVRC）上，这个 CNN 模型被命名为 AlexNet，显著优于其他传统方法[17]。下图为 AlexNet 卷积神经网络的一个分支，包括 5 个卷积层、3 个汇聚层和 3 个全连接层（其中最后一个全连接层是使用 softmax 函数的输出层）。下图中从左向右的 6 个透明立方体表示网络计算过程中的输入与输出的三维特征矩阵，从左右向右最后面的 3 透明个立方体则为特征向量，为全连接层输出，图中的带阴影立方体表示三维卷积核。

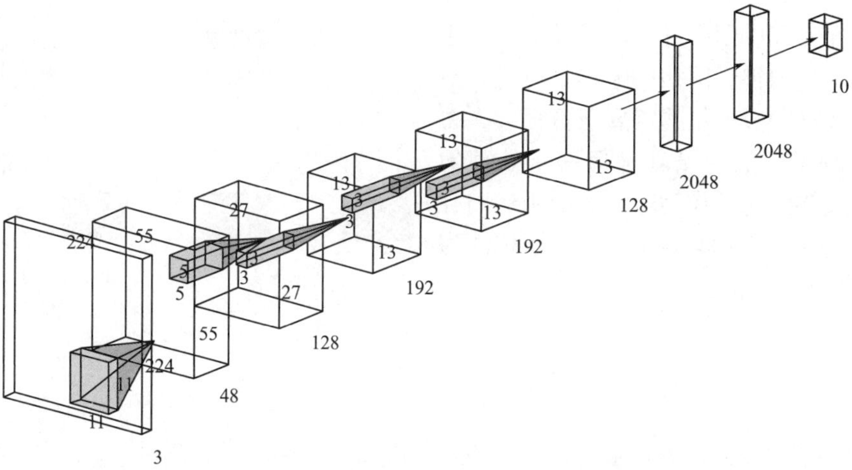

（1）请根据输入输出三维矩阵尺寸以及滤波器尺寸求出每层卷积层用到的三维卷积核

个数、每层滤波器的步长、每层输入数据零填充的个数（可在矩阵上下左右周围分别进行填充）。

（2）图中一共有三个卷积层，请根据输入输出矩阵尺寸找寻哪些卷积层后连接汇聚层，并求出对应汇聚层汇聚器的大小、汇聚器的步长和零填充的个数。

（3）结合数据集下载网站所提供的代码和数据集，完成上述卷积网络的搭建以及训练；进一步调节网络超参数如网络层数、卷积核大小和个数、汇聚层参数等以及图像输入大小，调节之后尝试网络的训练与分类结果测试。

参考文献

[1] CYBENKO G. Approximation by superpositions of a sigmoidal function [J]. Mathematics of Control, Signals and Systems, 1989, 2 (4): 303-314.

[2] NAIR V, HINTON G E. Rectified linear units improve restricted boltzmann machines [C] // Proceedings of the International Conference on Machine Learning, 2010: 807-814.

[3] MAAS A, HANNUN A, Ng A. Rectifier nonlinearities improve neural network acoustic models [C] //Proceedings of the International Conference on Machine Learning, 2013: 30-35.

[4] HE K, ZHANG X, REN S, et al. Delving deep into rectifiers: surpassing human-level performance on imagenet classification [C] //Proceedings of the IEEE International Conference on Computer Vision, 2015: 1026-1034.

[5] REN S, HE K, GIRSHICK R, et al. Faster r-cnn: Towards real-time object detection with region proposal networks. Advances in neural information processing systems, 2015, 28, 91-99.

[6] HE K, ZHANG X, REN S, et al. Deep residual learning for image recognition [C] //Proceedings of the IEEE Conference on Computer Vision and Pattern Recognition. 2016: 770-778.

[7] SIMONYAN K, ZISSERMAN A. Very deep convolutional networks for large-scale image recognition [J/OL]. arXiv preprint arXiv: 1409.1556, 2014. [2014-11-04]. https://arxiv.org/abs/1409.1556.

[8] RONNEBERGER O, FISCHER P, BROX T. U-net: Convolutional networks for biomedical image segmentation [C] //International Conference on Medical Image Computing and Computer-assisted Intervention, 2015: 234-241.

[9] 东东~. 对卷积的定义和意义的通俗解释 [EB/OL]. (2019-03-31) [2021-07-26]. https://blog.csdn.net/palet/article/details/88862647.

[10] HE K, ZHANG X, REN S, et al. Delving deep into rectifiers: Surpassing human-level performance on imagenet classification [C] //Proceedings of the IEEE International Conference on Computer Vision. 2015: 1026-1034.

[11] HANBINGTAO. 零基础入门深度学习 [EB/OL]. (2017-10-17) [2021-07-26].

https：//www. zybuluo. com/hanbingtao/note/476663.

[12] 邱锡鹏 . 神经网络与深度学习 [M]. 北京：机械工业出版社，2020.

[13] ELMAN J. Finding structure in time [J]. Cognitive Science，1990，14 (2)：179-211.

[14] MIKOLOV T，CHEN K，CORRADO G，et al. Efficient estimation of word representations in vector space [J/OL]. arXiv preprint arXiv：1301. 3781，2013. [2013-01-16]. https：//arxiv. org/abs/1301. 3781.

[15] LE Q，MIKOLOV T. Distributed representations of sentences and documents [C] //International Conference on Machine Learning，2014：1188-1196.

[16] HOCHREITER S，SCHMIDHUBER J. Long short-term memory [J]. Neural Computation，1997，9 (8)：1735-1780.

[17] KRIZHEVSKY A，SUTSKEVER I，HINTON G. 2012 AlexNet [J]. Adv. Neural Inf. Process. Syst，2012：1-9.

[18] CS231n. Convolutional Neural Networks for Visual Recognition [EB/OL]. [2021-07-26]. http：//cs231n. stanford. edu/.

第9章 强化学习

人类生活中大部分的学习都是通过与环境产生互动进行，从而习得经验。当婴儿玩耍、挥动手臂或环顾四周时，他没有明确的知识指导，但却对周围环境有直接的感知，这种感知会产生因果关系、行动后果，如碰到硬东西会疼，碰到热东西会烫等结果反馈，这些反馈就会变成婴儿的经验和知识，从而形成一个人为实现目标而应采取的行动等知识。在我们的生活中，此类互动无疑是我们对有关环境认知的主要知识来源，这类互动总结起来就是不停地探索和试错。日常生活中我们会敏锐地意识到环境对我们所做行为的反馈，并且试图通过采取相应的后续行为来影响发生的事情。与监督学习不同，强化学习不使用标签数据进行训练，智能体是在与环境的交互中不停探索和试错，逐渐获得知识经验（环境反馈），并最终形成自己在环境中的执行策略，从而得到一个训练好的强化学习模型。监督学习算法的主要功能是分类、识别及预测等；而强化学习算法则是在训练中通过探索和试错最终得到最优或近似最优的行为执行决策。近些年来，为了进一步提升强化学习的学习性能，出现了将有监督的深度学习与强化学习的结合，形成了深度强化学习。

本章将介绍这种基于探索和试错的机器学习方法，即强化学习。强化学习算法在高新智能产业已得到较为广泛的应用，如网页推荐、广告投放、智能交通、机器人控制等方面；强化学习在智能建造中也有很好的应用前景，如建筑深化设计中的管道智能避障、钢筋智能避障以及智能建造机器人等。

9.1 强化学习概览

9.1.1 强化学习基础概念

强化学习（Reinforcement Learning）是一类模仿生物与自然环境交互的机器学习方法，其本质是互动学习，即让智能体与外界环境进行交互。智能体根据自己有限的视野来选择相应的动作，然后通过观测该动作所造成的结果（获得奖惩反馈）来调整动作选择机制，最终让智能体达到外界环境最优或近似最优的响应，从而获得尽可能获得最大的环境奖励。

下面举几个例子[1] 来帮助理解强化学习的思想。

（1）一位象棋选手在移动棋子。选手需要预测对手的回应、主观上对特定位置的判断及这一动作的可取性。

（2）使用自适应控制器调整石油炼油厂操作的参数。控制器需要在规定的边际成本的基础上根据实时环境条件找到产量、成本、质量的平衡点，而不是一直按照工程师最初的设定执行。

（3）移动机器人选择应该进入一个新的房间收集更多垃圾还是找到其返回电池充电

站的路径。机器人需要根据电池电流电压水平以及过去的充电速度做出相应的动作选择。

这些例子中有一个共同的特点：都涉及一个主动决策的智能体与其环境之间的交互，并通过反馈调整自己的行为。不论环境如何，智能体的目的在于获得正向的决策反馈（即环境奖励），从而实现预定目标。智能体的行为能够影响未来的环境状态（例如：对弈中的棋局形势、炼油厂的库存水平、机器人的下一个位置与其电池的未来电量），从而使智能体可能获得环境的反馈。

可以看出，强化学习是学习一个从情境到动作的映射，目标是最大限度地提高所获得的奖励。学习者并没有被告知要采取的行动，而是通过尝试来发现执行哪些行动能得到最大奖励。试错搜索和环境奖励这两个特征是强化学习的两个重要特点。

强化学习与有监督学习完全不同。有监督学习需要监督者（算法训练者）提供标注好的训练样本集；每个标注的样本都是针对某一种情况，监督者通过标注数据指导智能体在这种情况下应该如何进行决策，则下次遇到相近情况时智能体能作出比较好的决策；如图片识别（本质是图片分类），就是通过大量标注数据训练模型，则模型就会有比较好的泛化能力，识别能力较好。而强化学习的训练中，不需要进行任何标注好的样本集，智能体自己在环境中探索并逐渐积累经验，获得奖励，最终学习到一个能够获得最大长期累积奖励的行动策略。可见，与监督学习不同，强化学习不需要任何监督，也就是不需要标注数据。

但强化学习又与机器学习领域中的无监督学习完全不同。无监督学习主要包括各种聚类和降维等算法，这类算法不需要任何标注数据，其主要作用是寻找所有数据中的各种隐含结构，如哪些数据点距离最近或哪个区域数据点密度最大等隐含结构。虽然强化学习也不需要标注数据，但其作用并不是寻找数据的隐含结构，而是要找到获得最大累积奖励的行动策略；可见强化学习又与无监督学习完全不同。

与监督学习和无监督学习相比，强化学习的一个关键特征是智能体与环境进行交互，通过交互能够获得奖励（或者惩罚，也就是负的奖励），然后智能体获得经验知识，找到长期累积奖励最大的行动策略。可见，与环境的交互、奖励、策略，是强化学习区分于监督学习和无监督学习的关键词。

为了更好地介绍强化学习，我们先了解一些强化学习中的基本概念及其符号：

智能体：agent，进行探索的计算机控制程序、机器人等；在下棋过程中，智能体就是控制程序，在石油冶炼中，智能体就是控制器，核心也是控制程序。

环境：智能体所处的真实空间或虚拟空间的统称，包括空间中的物体和空间的边界；如下棋过程中，棋盘就是智能体所处的环境。

状态 S：state，智能体当前所处环境及其自身情况（如位置）的描述，也反映了智能体对当前环境和自己境遇的一种观察（observation）；在下棋过程中，己方当前的落子情况和对手的落子情况，结合棋盘网格和边界，就形成了智能体的当前状态；所有状态形成一个集合，因为智能体可以有很多种状态，则用 $\{s_i\}$ 表示状态集合。

动作 A：action，智能体做出的动作，如下棋过程中落子在哪里，施工机器人搬运、行走还是静止等；所有动作形成一个集合，因为智能体可以做出很多类动作，则用 $\{a_i\}$ 表示动作集合。

奖励 R：reward，环境对于智能体动作执行后的反馈，奖励可能为负（即惩罚）；奖励是一个标量。

时刻 t：智能体所处的时间步，智能体在每个时刻都有其对应的状态、动作和奖励等。

策略 π：policy，是智能体所处当前环境、状态到智能体选择动作的映射；策略的表现形式一般是一个概率，例如在当前环境和状态下，智能体可选择下一个动作可能为 a_1、a_2、a_3，则智能体“50%概率选择 a_1、30%概率选择 a_2、20%概率选择 a_3”就是一个当前环境和状态下的策略；用 π_t（a）表示智能体在 t 时刻选择动作 a 的概率。

基于以上概念，强化学习问题可以定义为：一个智能体和环境进行交互，在每一个时间步 t，环境和智能体的当前情况确定了状态 S，根据这个状态，智能体做出决策并执行动作 A，之后会得到相应的奖励 R；强化学习算法的目标就是让智能体在和环境交互的过程中，通过收集到的经验，迭代学习自己的策略 π，使得自己在接下来的交互过程中能得到的累积奖励最大化。

一般的强化学习流程如图 9.1-1 所示。

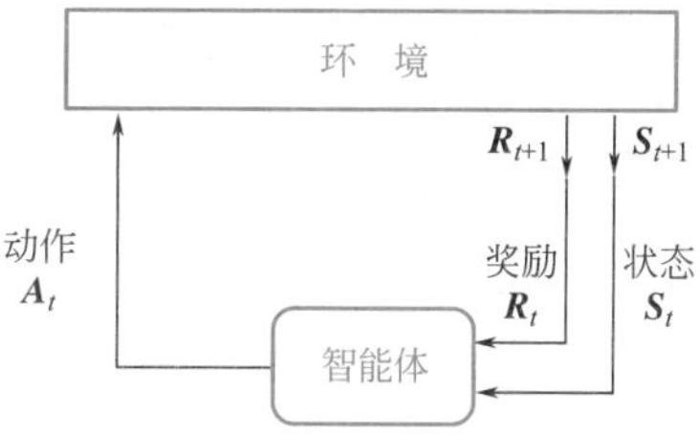

图 9.1-1　强化学习示意图

图 9.1-1 中，智能体在环境中处于一个当前状态 S_t，在这个状态之前，智能体因为上一个动作 A_{t-1} 的完成而得到了一个奖励 R_t。A_{t-1} 完成后，智能体进入下一个状态才能得到相应的奖励，其相应的奖励下标为下一个状态的下标，即 R_t。智能体在当前状态 S_t 下执行一个动作 A_t 后，继续进入下一个状态 S_{t+1}，并得到一个相应的奖励 R_{t+1}；如此循环一直到终止。终止条件可以是学习收敛，或者是固定的训练次数。

在本书的表达中，对状态、动作、奖励等的通用表达用大写字母表示，但对这些量的实例表达则用小写字母表示；如用 A 表示动作，但是用 a、a_i 等表示某个具体的动作。

需要注意的是，本书中用 R_{t+1} 来表示 t 时刻执行动作 A_t 而导致的一次奖励，而非用 R_t 来表示，是要强调智能体在当前状态 S_t 下选择了一个动作 A_t 后，智能体在与环境的交互中进入了下一个状态 S_{t+1}，然后才得到一个相应的奖励；即强调执行动作后进入下一状态，然后才得到奖励。而有的文献中也用 R_t 来表示 t 时刻执行动作 A_t 导致的一次奖励。

9.1.2　强化学习的分类

现有强化学习算法一般可以分为有模型（model-based）的强化学习与无模型（model-free）的强化学习两类。这两类强化学习最大的区别在于是否对环境中状态的转移及反馈等进行建模。具体来说，基于模型的强化学习会对环境进行建模，无模型的强化学习算法不会对环境进行建模。本章 9.4 节中将结合具体实例详细介绍有模型和无模型强化学习的区别。

9.2 马尔可夫过程

9.2.1 离散马尔可夫链

学习具体的强化学习算法前，需先理解强化学习的数学过程。强化学习中，在没有学习的情况下智能体的状态随机变化，由其执行的动作所决定。若用变量来表示智能体的状态，则此变量是一个随机变量。对于一个随机变量而言，通常有一个具体的概率分布，随着时间的变化，它的概率分布也会出现变化；研究概率分布的变化所导致的这个随机变量性质产生的改变，就是随机过程的研究内容。

随机过程是研究"过程"的，因此很强调在一个过程中"从一个状态到下一个状态"会如何演变；离散马尔可夫链就是最为简单、理想的一种情况。

离散马尔可夫链（Discrete Markov Chain）：考虑一个描述智能体状态的随机变量序列 $\{X_n\}$，若对 $\forall i, j, i_{n-1}, \cdots, i_0$（$i, j, i_{n-1}, \cdots, i_0$ 均为智能体的状态），智能体由状态 i 转移为状态 j 的概率为 $p(i, j)$，若

$$p(i, j)=P(X_{n+1}=j \mid X_n=i, X_{n-1}=i_{n-1}, \cdots, X_0=i_0) \qquad (9.2\text{-}1)$$

则称上式描述的随机过程为马尔可夫链。上式中，$p(i, j)$ 为智能体由状态 i 转移为状态 j 的概率，称其为状态转移概率；条件概率 $P(X_{n+1}=j \mid X_n=i, X_{n-1}=i_{n-1}, \cdots, X_0=i_0)$ 是指在 $X_n=i$，$X_{n-1}=i_{n-1}$，…，$X_0=i_0$ 的条件下，$X_{n+1}=j$ 的概率。

状态转移概率矩阵（State transition probability matrix）：在离散马尔可夫链中，智能体所有状态向其他状态转移的概率可以组成一个状态转移概率矩阵 P，简称转移矩阵，$P_{ij}=p(i, j)$。

这里的"离散"是指这些过程状态（states）是离散的，或可数的（countable）。如果不满足这个条件，会导致研究转移概率函数时出现问题。一般情况下，马尔可夫链默认为离散情况。

离散马尔可夫链定义中的条件概率 $P(X_{n+1}=j \mid X_n=i, X_{n-1}=i_{n-1}, \cdots, X_0=i_0)=p(i, j)$ 是指在 $X_n=i$，$X_{n-1}=i_{n-1}$，…，$X_0=i_0$ 的情况下，$X_{n+1}=j$ 的概率。根据式（9.2-1），若仅用 $p(i, j)$ 即可描述这个条件概率，说明状态 X_n 之前的状态与 X_{n+1} 无关，由此可以继续改写为：

$$p(i, j)=P(X_{n+1}=j \mid X_n=i) \qquad (9.2\text{-}2)$$

式（9.2-2）表示，当前的状态，只与上一个状态有关，而与以前经历过的状态无关，这一性质称为马尔可夫性（或无后效性、无记忆性），是由马尔可夫链的定义所确定。

下面用一个具体的例子来解释离散马尔可夫链、转移概率及转移矩阵的概念。

例 1： 在一个游戏中，玩家（可视为智能体）每一轮有 0.4 的概率赢 1 分，有 0.6 的概率输 1 分。设赢得 5 分或输到 0 分时结束。

设 X_n 为第 n 次游戏后的分数（分数就是智能体的状态），$X_n=i$，$i\in\{0, \cdots, 5\}$。

转移概率为：$p(i, i+1)=0.4$，$p(i, i-1)=0.6$，当 $0<i<5$

$p(0, 0)=1$，$p(5, 5)=1$；因为当 $i=0$ 或 $i=5$ 时，游戏结束，智能体不能再到达其

他状态，只能继续保持当前状态，即其转移概率为 1。

所有状态的转移概率可写为一个转移矩阵 P：

	0	**1**	**2**	**3**	**4**	**5**
0	1.0	0	0	0	0	0
1	0.6	0	0.4	0	0	0
2	0	0.6	0	0.4	0	0
3	0	0	0.6	0	0.4	0
4	0	0	0	0.6	0	0.4
5	0	0	0	0	0	1.0

上面的矩阵中，括号外的竖向行号分别表示智能体所处的当前状态，括号外的水平列号分别表示智能体转移后的状态，矩阵中的元素 P_{ij} 表示智能体由状态 i 转移为状态 j 的概率。矩阵中每一行元素之和为 1，代表智能体从任意状态出发，转移到其他所有状态的概率和为 1。例如，对于第 2 行，其当前状态为 $i=1$，则智能体向 $i=0$ 的状态转移概率为 0.6，向 $i=2$ 的状态转移概率为 0.4，向其他状态（包括当前状态）转移的概率为 0；向所有状态转移的概率和为 1。可见，转移矩阵并非是数学意义上的矩阵，而是一种记录转移概率的表格。

上面的矩阵也可画为图 9.2-1 中的离散马尔可夫链。

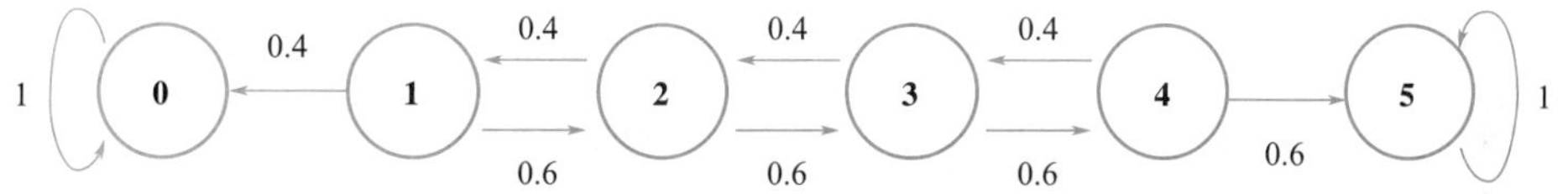

图 9.2-1　离散马尔可夫链

需要说明的是，图 9.2-1 中是一种只有相邻编号状态才可能发生状态转移的情况，但在别的马尔可夫链中，不相邻编号状态之间也可能发生转移，但仍需保证智能体从任意状态出发，转移到其他所有状态的概率和为 1。

9.2.2　强化学习与马尔可夫过程

强化学习中，将智能体与环境的交互过程视为一个马尔可夫过程。根据强化学习的奖励反馈机制，我们可以得到一个马尔可夫决策过程（Markov decision processes），其序列为：S_0，A_0，R_1，S_1，A_1，R_2，S_2，A_2，R_3，…，其中 S_0，A_0 为初始状态及其对应的动作。智能体的状态转移示意见图 9.2-2。

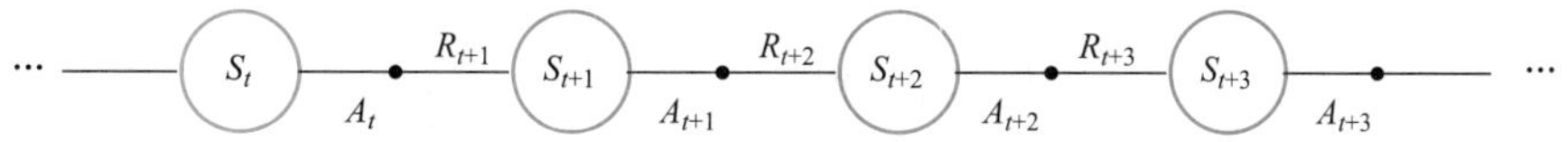

图 9.2-2　状态转移示意图

下面思考一个实例。图 9.2-3 展示了一个学生某天含 6 种状态的马尔可夫链，其中状态 S 的状态空间为 $\{S_1=$起床，$S_2=$上课，$S_3=$自习，$S_4=$运动，$S_5=$测验，$S_6=$睡觉$\}$，每种状态之间的转移概率如图 9.2-3 中所示。则该生从起床开始一天可能的状态序列为：

起床-上课-自习-运动

起床-上课-上课-睡觉

……

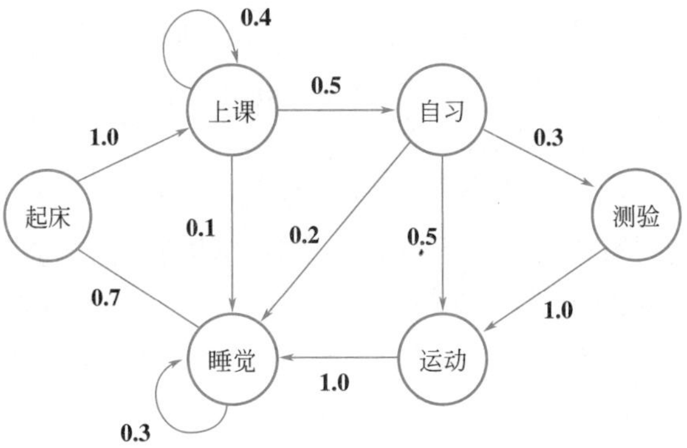

图 9.2-3　马尔可夫链示意图

图 9.2-3 和我们学习的马尔可夫链相同，接着继续代入强化学习的状态、动作、奖励概念，重画这个马尔可夫链（图 9.2-4）。

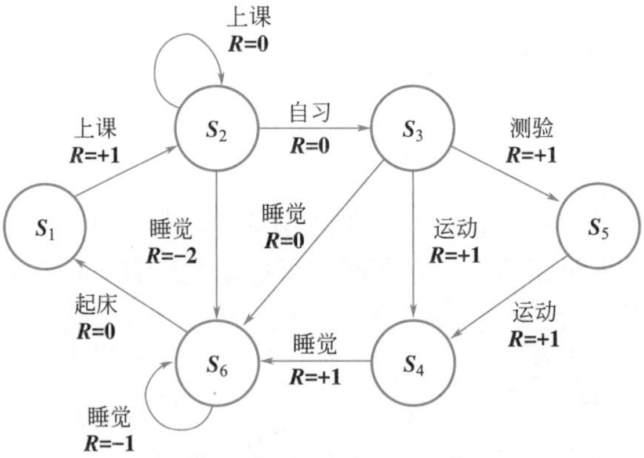

图 9.2-4　状态转移示意图

其中空心圆表示状态，每一个有向箭头上标注的内容表示其执行的动作以及相应的奖惩反馈，这样就得到了强化学习中状态转移的马尔可夫链，并可直接应用强化学习方法进行求解。

从前面的介绍可以看出，强化学习过程可以看作是求解信息不完全的马尔可夫决策过程的最优解。其中信息不完全指的是在每一次进行更新学习时，不能够获得此马尔可夫决策过程全部的信息（过去加未来的信息），可见的信息只有一部分，即该智能体经历过的状态及执行动作后达到的状态，而未来任何信息都不可见，所以只能利用可见的过去信息进行更新、预测。

基于以上介绍，强化学习的目标可以理解为学习一个最优策略，从而在不同的状态下，给出最优的动作决策（用 π_* 表示），最终获得最优的环境反馈累积奖励。累积奖励是可通过计算得到，即计算当前状态以后智能体所获所有奖励的数学期望。智能体当前状态以后的累积奖励，可定义为回报 G，如 G_t 表示 t 时刻状态以后智能体所能获得的累积奖励。

为评估强化学习中最优策略 π_* 的期望回报，常需定义两个价值函数：状态价值函数和动作价值函数，这两个函数经常被统称为值函数。

状态价值函数 V ：value，经过计算的长期累积奖励期望值，即回报期望值；一般用 $V_\pi(S)$ 表示在策略 π 下，在状态 S 处的回报期望值；状态价值函数一般简称为状态值函数。

动作价值函数 Q：Q-value，与状态值函数相似，但函数中多一个动作参数 A；一般用 $Q_\pi(S, A)$ 表示在策略 π 下，智能体处于当前状态 S 并执行动作 A 时，回报的期望值。动作价值函数有时也被称为状态-动作价值函数，因为智能体做动作时，必须处于某种状态下。动作价值函数一般称为动作值函数。

状态值函数是估计某个状态的价值，而动作值函数是估计某状态下一个具体动作的价值。

基于马尔可夫决策过程，状态值函数可定义为：

$$\begin{aligned}\nu_\pi(s) &= \mathrm{E}_\pi[r_{t+1}+\gamma r_{t+2}+\gamma^2 r_{t+3}+\cdots+\gamma^k r_{t+1+k} \mid s_t=s] \\ &= \mathrm{E}_\pi\left[\sum_{k=0}^{\infty}\gamma^k r_{t+1+k} \mid s_t=s\right]\end{aligned} \tag{9.2-3}$$

上式中，$\mathrm{E}_\pi[\cdot]$ 为给定策略 π 时一个随机变量的期望值；r 为奖励（对于具体的值，一般采用小写字母表达）；$r_{t+1}+\gamma r_{t+2}+\gamma^2 r_{t+3}+\cdots+\gamma^k r_{t+k+1}$ 为当前状态后的累积奖励，即回报；$\mid s_t=s$ 表示在已知当前状态为 s_t 时的条件。γ 为折扣率，$0\leqslant\gamma\leqslant 1$；当 $\gamma=0$ 时，表明智能体只考虑当前即时奖励，不考虑长期收益，当 $\gamma=1$ 时，智能体可能会过于关注长期收益，降低了对即时奖励的关注，容易导致学习不准确；因此一般将 γ 取值为 0 到 1 之间。状态值函数 $v_\pi(s)$ 是回报的期望，表示在某一状态 s 下，执行由策略 π 决定的动作到最终状态所能够得到的回报（累积奖励）；该回报与策略 π 相对应，因为策略 π 决定了回报的状态分布。

与状态值函数类似，动作值函数表示在状态 s 的情况下执行动作 a 所能得到的期望总回报，其具体形式可定义为：

$$q_\pi(s, a) = \mathrm{E}_\pi\left[\sum_{k=0}^{\infty}\gamma^k R_{t+1+k} \mid s_t=s, a_t=a\right] \tag{9.2-4}$$

式中，动作值函数 $q_\pi(s, a)$ 是在策略 π 和当前状态 s 下，智能体执行动作 a 后，能够得到回报的期望。可以看出，对于动作的价值衡量，动作值函数的思想是：执行完动作 a 后，再一直执行策略 π 到最终状态所能够得到的回报来量化价值。

由状态值函数展开，可以得到：

$$
\begin{aligned}
\nu_{\pi}(s) &= \mathrm{E}_{\pi}\left[\sum_{k=0}^{\infty}\gamma^{k} r_{t+1+k} \mid s_{t}=s\right] \\
&= \mathrm{E}_{\pi}\left[r_{t+1}+\gamma r_{t+2}+\cdots \mid s_{t}=s\right] \\
&= \mathrm{E}_{\pi}\left[r_{t+1}+\gamma\left(r_{t+2}+\gamma r_{t+3}+\cdots\right) \mid s_{t}=s\right] \\
&= \mathrm{E}_{\pi}\left[r_{t+1}+\gamma\sum_{k=0}^{\infty}\gamma^{k} r_{t+1+k+1} \mid s_{t}=s\right] \\
&= \mathrm{E}_{\pi}\left[r_{t+1}+\gamma\nu_{\pi}\left(s_{t+1}\right) \mid s_{t}=s\right]
\end{aligned}
\tag{9.2-5}
$$

上式最后一行也被称作贝尔曼方程，表示当前的状态值函数可以分解为两个部分，即立即获得的奖励 r_{t+1} 和下一个状态的值函数折扣值。

同理，将动作值函数展开，也可得到动作值函数的贝尔曼方程：

$$
q_{\pi}(s, a)=\mathrm{E}_{\pi}\left[r_{t+1}+\gamma q_{\pi}\left(s_{t+1}, a_{t+1}\right) \mid s_{t}=s, a_{t}=a\right] \tag{9.2-6}
$$

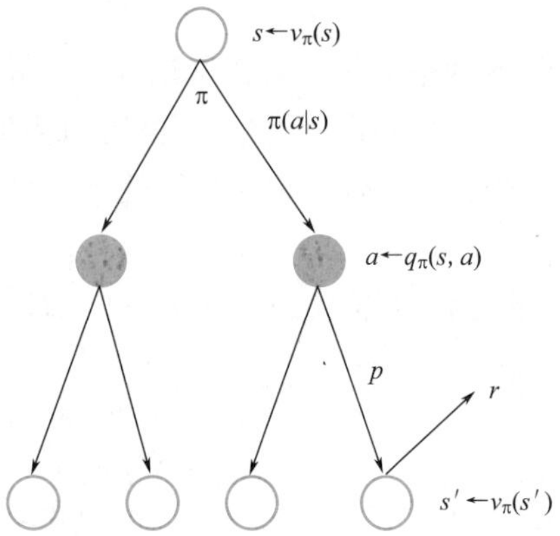

图 9.2-5　状态值函数与状态-动作值函数关系

可结合图 9.2-5 解释贝尔曼方程，图中空心节点代表了状态，实心节点代表了动作。图中的过程描述了智能体从状态 s 出发，根据策略 π 选择动作 a，然后环境会对动作 a 做出反馈，则智能体就以概率 p 达到下一个状态 s' 并获得对应的奖励 r。图中，根据策略选择动作时存在一个选择概率，而动作完成后智能体会根据环境的反馈以某种概率进入一个新的状态；这两个概率值的乘积就是两个状态之间的转移概率。每一个节点都有其值函数，如空心节点有其对应的状态值函数，而实心节点则有着动作值函数。贝尔曼方程表明，当前节点的值函数依赖于下一个节点的值函数及其反馈。

强化学习过程中，一般就是让智能体进行探索，学习在每个状态的状态值函数，或者学习到智能体在每个状态下执行每个动作的动作值函数。在学习开始时，赋予值函数初始值（经常取为 0），智能体通过学习，不停地更新值函数的值，直至结果收敛（值函数的值区域稳定）或达到规定的学习次数（训练次数）。

式（9.2-3）至式（9.2-6）是理论公式，介绍这些公式，目的是为了加强对强化学习基础理论的理解。实际的强化学习应用过程中，不会采用这些理论直接进行计算，而需要对贝尔曼方程的解进行迭代计算；其中目前应用最广泛的迭代计算方法是时序差分算法，包括 SARSA 算法和 Q 学习算法等。

9.3　时序差分学习

9.3.1　时序差分学习的思想

时序差分学习（Temporal-Difference Learning）是经典的预测学习算法之一。许多经典的无模型（Model-free）强化学习算法，如 Q 学习算法、SARSA 算法等都是基于时序差分学习。本节首先对时序差分学习的思想进行介绍。

强化学习算法的学习过程中，一般要经历智能体从初始状态到终止状态的多轮学习，以期学习到全局最优策略。而在每一轮的学习过程中，对于无模型的强化学习，目前多采用时序差分方法进行迭代，即在每一个（或几个）状态转移完成后，都更新一遍值函数的估计值（因为未最终收敛，所以统称为估计值）。一轮的学习，也常称为一幕（Episode）学习。

在具体计算中，给定策略 π 后，时序差分法会针对出现的当前状态 S_t 更新值函数 V，包括状态值函数和动作值函数。在某一轮学习中，智能体到达任何一个状态 S_t，都可以对值函数 V 进行更新。在 t 时刻，智能体状态为 S_t，然后智能体根据策略做一个动作后可进入下一个状态 S_{t+1}，并得到一个环境反馈奖励 R_{t+1}；在学习过程中，对任意一个状态 S_{t+1}，都有一个其对应的 $V(S_{t+1})$，当学习刚开始时，可对所有状态的 $V(S)$ 初始化任意赋值，一般赋值为 0。则对于智能体的 S_t 状态，可使用 R_{t+1} 和 $V(S_{t+1})$ 对 S_t 状态的值函数（本轮学习）进行更新：

$$V(S_t) \leftarrow V(S_t) + \alpha[R_{t+1} + \gamma V(S_{t+1}) - V(S_t)] \tag{9.3-1}$$

上式是强化学习领域对时序差分算法的更新方法进行的一种规定。上式中，$R_{t+1} + \gamma V(S_{t+1})$ 对应于公式（9.2-5）中的 $r_{t+1} + \gamma \nu_\pi(s_{t+1})$ 部分，是本轮学习的计算结果，而上式右侧的 $V(S_t)$ 是上一轮学习的 S_t 值函数估计值；如果上式右侧的 $V(S_t)$ 是当前轮学习的 S_t 值函数估计值，则 $R_{t+1} + \gamma V(S_{t+1}) - V(S_t) = 0$，上式将毫无意义。如果追求公式的严密性，上式左侧和右侧的 $V(S_t)$ 应分别表达为 $V(S_t)^i$ 和 $V(S_t)^{i-1}$，其中 i 为当前轮学习的编号，$i-1$ 为上一轮学习的编号；但在更新公式（9.3-1）中，一般将轮数角标省略。式（9.3-1）是一个用箭头表示赋值的更新公式，可省略轮数编号，但如果采用等式，则公式中不能省略轮数编号。$R_{t+1} + \gamma V(S_{t+1}) - V(S_t)$ 是当前轮值函数估计值与上一轮的差值，再将此差值乘以一个小于 1 的学习率 α 并加到上一轮的 $V(S_t)$ 上，得到一个和，然后将这个和赋值给当前轮的 $V(S_t)$；这就是值函数每一个状态都进行更新的过程。实际计算中，学习率 α 取值一般较小，例如取 0.05 左右，以避免计算中产生过大扰动，影响收敛。

由上述可见，时序差分更新的手段是，在某一轮学习中，当前状态 S_t 的值函数估计值 $V(S_t)$ 更新，是利用其下一状态 S_{t+1} 的环境反馈奖励 R_{t+1} 和值函数估计值 $V(S_{t+1})$，其中 R_{t+1} 是环境交互反馈的即时奖励，而 $V(S_{t+1})$ 是上一轮学习的状态 S_{t+1} 值函数估计值。

例如，对于 S_t 状态的值函数更新，是利用 S_{t+1} 状态中的 $R_{t+1} + \gamma V(S_{t+1})$ 进行更新；这种时序差分方法称为单步时序差分，可记为 TD（0），是时序差分方法的一种。算法 9.3-1 为 TD（0）的算法流程。

TD（0）算法更新流程 **算法 9.3-1**

输入：	策略 π，步长 $\alpha \in (0,1]$，学习轮数 episode，折扣率 γ
输出：	v_π
1.	对所有 $S \in \boldsymbol{S}$ 初始化 $V(S)$；$V(\text{terminal})=0$
2.	**for** $i \leftarrow 1$ to episode **do**
3.	初始化 S
4.	**while** S ！= terminal
5.	在状态 S，根据策略 π 选择动作 A

续表

执行动作 A，观测奖惩 R、获得新状态 S'
$V(S) \leftarrow V(S)+\alpha[R+\gamma V(S')-V(S)]$
$S \leftarrow S'$
end while
end for

因为 TD（0）的更新部分基于当前状态已有的 V 值估计，所以它被称为一种自举方法（无需等待完整学习训练的结果）。

简单强化学习一般仅针对一个问题或任务进行学习，智能体在学习过程中一般先建立一个动作值函数的表格（编程过程中可通过各种方式记录以实现表格功能），表格中的每个格子都对应一个动作值函数的值（常将值函数的值简称为值函数）。强化学习过程中，就是不停更新这些值函数，直至值函数收敛（每次更新后变化很小），从而最终形成一个最优策略。这个最优策略就是每当智能体处于一种状态时，都去查值函数表格，然后都选择当前状态下动作值函数最大的动作执行；一种状态可能对应很多个动作，每个动作都对应一个值函数。解决一个问题或任务时，应进行足够次数的学习，以保证值函数收敛或趋于稳定；学习次数可根据经验确定，也可结合阶段性学习结果确定。

强化学习的结果，一般只能解决本次学习的问题或任务；当问题或任务发生改变时，环境也会发生改变，因此需要重新学习。

9.3.2 时序差分学习的误差

TD（0）更新表示 S_t 的估计 V 值与其另一估计值 $R_{t+1}+\gamma V(S_{t+1})$ 之间的差异，此差异被称为时序差分误差（TD error），在强化学习中，其表现形式为：

$$\delta_t = R_{t+1}+\gamma V(S_{t+1})-V(S_t) \tag{9.3-2}$$

时序差分误差是每个时刻所做估计的误差。由于 TD 误差取决于接下来的状态和奖励，因此直到下一个时刻步才得以计算出；也就是说，δ_t 是 $V(S_t)$ 的估计误差，在时间 $t+1$ 时刻处计算。需要注意是，如果估计 V 值在一个训练周期内不发生变化，则时序差分误差的总和可以同样写成蒙特卡洛误差形式：

$$\begin{aligned}
G_{\mathrm{t}}-V(S_t) &= R_{t+1}+\gamma G_{t+1}-V(S_t)+\gamma V(S_{t+1})-\gamma V(S_{t+1}) \\
&= \delta_t+\gamma(G_{t+1}-V(S_{t+1})) \\
&= \delta_t+\gamma\delta_{t+1}+\gamma^2(G_{t+2}-V(S_{t+2})) \\
&= \delta_t+\gamma\delta_{t+1}+\gamma^2\delta_{t+2}+\cdots+\gamma^{T-t-1}\delta_{T-1}+\gamma^{T-t}(G_T-V(S_T)) \\
&= \delta_t+\gamma\delta_{t+1}+\gamma^2\delta_{t+2}+\cdots+\gamma^{T-t-1}\delta_{T-1}+\gamma^{T-t}(0-0) \\
&= \sum_{k=t}^{T-1}\gamma^{k-t}\delta_k
\end{aligned} \tag{9.3-3}$$

如果在一个训练周期内中有更新 V 值，则上述等式并不精确，但如果步长较小，它仍可以保持近似；此误差在时序差分学习的理论和算法中起着重要作用。

9.3.3 SARSA 算法

SARSA 算法是将时序差分预测方法用于控制问题的强化学习经典算法之一。遵循广义策略迭代模式（即值函数估计与策略的学习是交替进行，而非同步进行），使用时序差分方法进行评估或预测的方法可分为两大类：同步策略（on-policy）方法和异步策略（off-policy）方法。同步策略方法中的目标策略和行为策略是同一个策略，可以直接利用数据优化其策略。目标策略是指在更新中预测下一个状态对应动作的策略，行为策略是指智能体进入下一状态后实际选择动作的策略。在异步策略中，对于当前状态 S_t 的值函数估计值 $V(S_t)$，采用一个目标策略来预测 S_{t+1} 与 A_{t+1}，然后根据预测的 S_{t+1} 和 A_{t+1} 更新 $V(S_t)$；但智能体实际发生状态转移后，采用一个行为策略来选择 A_{t+1}；这样就导致预测的 A_{t+1}（用于更新）和实际的 A_{t+1}（状态真正转移后）可能完全不同。而在同步策略中，目标策略与行为策略一样，即用于预测的 A_{t+1} 就是状态真正转移后的实际 A_{t+1}。本节介绍的 SARSA 是一种同步策略的时序差分学习方法，而下一节要介绍的 Q 学习则是一种异步策略的时序差分学习方法。

在 SARSA 算法的具体实施中，第一步是将式（9.3-1）中的状态值函数 $V(S_t)$ 替换为动作值函数 $Q(S_t, A_t)$。我们必须估计基于当前策略 π 的值函数 $Q_\pi(S, A)$。这里可以使用与上一节估计状态值函数 V_π 相同的时序差分方法来完成动作值函数的估计。前面已提到，每轮学习都由状态和“状态－动作”对的交替序列组成，见图 9.2-2。

前面我们考虑了从状态到状态的转移，并了解了状态的价值函数。现在需考虑从一组“状态－动作”到下一组“状态－动作”的过渡，并学习“状态－动作”的价值。这些步骤在形式上完全相同：它们都可以表达为具有奖励反馈过程的马尔可夫链。因此，由时序差分算法估计状态值函数的公式（9.3-1）可以得出动作值函数的更新公式，具体如下：

$$Q(S_t, A_t) \leftarrow Q(S_t, A_t) + \alpha[R_{t+1} + \gamma Q(S_{t+1}, A_{t+1}) - Q(S_t, A_t)] \quad (9.3\text{-}4)$$

在非终止状态 S_t 的每次状态转换之后，完成此公式更新；如果 S_{t+1} 是终止状态，则将 $Q(S_{t+1}, A_{t+1})$ 定义为零。该规则使用到了一次状态转移的五元组中的每个元素即 $(S_t, A_t, R_{t+1}, S_{t+1}, A_{t+1})$，这些元素构成了从一个“状态－动作”到下一个“状态－动作”的过渡。依据这个五元组，该算法被命名为 SARSA。SARSA 算法的算法流程见算法 9.3-2。由 SARSA 的算法流程可见，Q 值更新时预测 S' 状态下的动作为 A'（算法第 8 行），而智能体状态转移到 S' 之后，实际选择的动作也是 A'（算法第 9 行），也就是行为策略和目标更新策略相同，因此 SARSA 属于同步策略方法。

SARSA　　**算法 9.3-2**

输入：　步长 $\alpha \in (0,1]$，$\varepsilon > 0$，学习次数 episode，学习率 γ

输出：　Q*

1. 对所有 $S \in \mathbf{S}$、$A \in \mathbf{A}$，初始化 $Q(S,A)$；$Q(\text{terminal}, \cdot) = 0$
2. **for** $i \leftarrow 1$ to episode **do**
3. 　初始化 S
4. 　在状态 S，根据策略选择动作 A
5. 　**while** S ! = terminal
6. 　　执行动作 A，观测奖惩 R 、新状态 S'
7. 　　在状态 S'，根据策略选择动作 A'
8. 　　$Q(S,A) \leftarrow Q(S,A) + \alpha[R + \gamma Q(S',A') - Q(S,A)]$

续表

9.	$S \leftarrow S'; A \leftarrow A'$
10.	**end while**
11.	**end for**

9.3.4 Q 学习算法

Q 学习算法是另外一个将时序差分预测方法用于控制问题的强化学习经典算法。与 SARSA 算法不同，Q 学习算法是异步（off-policy）策略的时序差分控制算法。同步策略的优点是其目标策略和行为策略相同，可以直接利用数据对策略进行优化；但这样处理容易导致学习到一个局部最优解，因为同步策略仅利用已学最优策略进行选择，无法高效地探索未知信息从而求得最优解。异步策略将目标策略和行为策略分开，可以在保持探索的同时，促进策略收敛到全局最优值。

Q 学习算法的动作值函数更新定义如下：

$$Q(S_t, A_t) \leftarrow Q(S_t, A_t) + \alpha[R_{t+1} + \gamma \max_a Q(S_{t+1}, a) - Q(S_t, A_t)] \quad (9.3\text{-}5)$$

由上式可看出，与 SARSA 算法的不同在于，Q 学习算法学习的动作值函数 Q 直接与最优动作值函数 Q_*（$\max_a Q(S_{t+1}, a)$）近似（计算收敛后，$\max_a Q(S_{t+1}, a)$ 才逼近最优动作值函数），与遵循的行为策略（选择动作的策略）无关，即更新之后智能体实际选择的动作不一定是 $\arg\max_a Q(S_{t+1}, a)$ 这个动作，而选择别的动作进行探索；因此，Q 学习是一种异步策略的时序差分控制算法。Q 学习算法的流程见算法 9.3-3；由算法流程可见，完成 Q(S，A) 的更新后（算法第 7 行），智能体进入了下一个状态 S'，但是并未明确选择 $\arg\max_a Q(S_{t+1}, a)$ 这个动作，而是根据策略选择一个动作，即目标策略与行为策略不一致，这与 SARSA 算法完全不同（算法 9.3-2）。

Q 学习 **算法 9.3-3**

输入：	步长 $\alpha \in (0,1]$，$\varepsilon > 0$，学习次数 episode，学习率 γ
输出：	Q＊
1.	对所有 $S \in \boldsymbol{S}$、$A \in \boldsymbol{A}$，初始化 Q(S,A)；Q(terminal，·)=0
2.	**for** $i \leftarrow 1$ to episode **do**
3.	初始化 S
4.	**while** S！ = terminal
5.	在状态 S，根据策略选择动作 A
6.	执行动作 A，观测奖惩 R、新状态 S'
7.	$Q(S,A) \leftarrow Q(S,A) + \alpha[R + \gamma \max_a Q(S',a) - Q(S,A)]$
8.	$S \leftarrow S'$
9.	**end while**
10.	**end for**

9.4　三类方法的应用实例

对于值函数的估计，除了时序差分这一类方法，常见方法还有蒙特卡洛和动态规划这两类。本节将结合一个应用实例，对蒙特卡洛、动态规划、时序差分的具体应用方法及其区别进行详细介绍。

9.4.1　蒙特卡洛方法应用

采用蒙特卡洛法进行估计时，直接将未来回报的期望（一般取平均值）作为估计值，不通过迭代的方式实时更新值函数，即不在一次状态转移后马上更新值函数，而是从初始状态到终止状态后再更新值函数，且更新是采用多次状态转移序列的平均值。一个序列就是指智能体一次从初始状态到终止状态的历程。因此，采用蒙特卡洛方法进行估计时，需进行多次采样计算，(例如规定采样 100 次)，然后对计算结果进行加权平均。

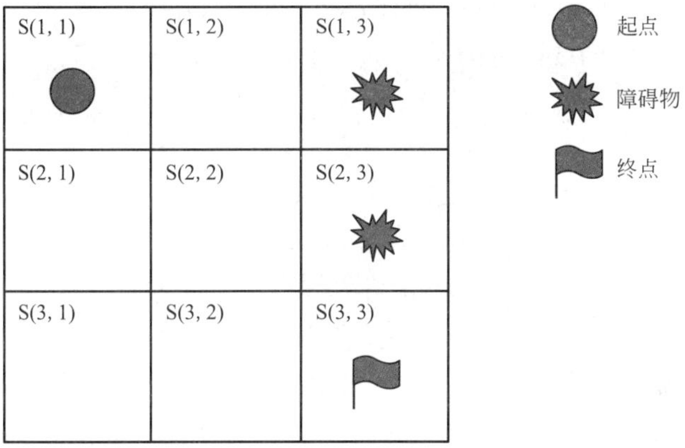

图 9.4-1　智能体状态与障碍示意图

图 9.4-1 是一个智能体探索最优路径时所面临的状态与障碍示意图。图中 3×3 格子中，圆形标记为智能体的出发起点，小旗标记为智能体拟到达的终点，且格子中还有障碍物。智能体的动作 A 包括右行（right）、下行（down），智能体位于每个格子中时，都是处于一种状态，也就是将每个格子的编号都作为某一种状态的编号。智能体学习的目标是找到一条最优路径，使得智能体从起点行至终点过程中不发生碰撞。智能体抵达终点奖励记+5，碰撞到障碍物奖励记−2（实际是惩罚），出界奖励记−1，其他状态奖励记为 0。智能体的状态集和动作集分别如下：

$S=\{(1,1),(1,2),(1,3),(2,1),(2,2),(2,3),(3,1),(3,2),(3,3)\}$

$A=\{\text{right},\text{down}\}$

采用蒙特卡洛方法进行学习时，智能体从起点出发，到终止状态即完成一次（或一幕）学习，每次学习过程独立；需要进行多次学习。每次学习的终止状态包括随机完成 5 次状态转移、出界（未完成 5 次状态转移之前）、抵达终点（未完成 5 次状态转移之前，或恰好完成 5 次状态转移而抵达终点）三种。每次学习过程中，智能体选择动作的策略为随机策略，实际编程过程中可采用相关随机算法。

学习3次进行采样：

1. 第1次学习

第1步：$s_0=S(1,1)$，$a_0=\text{right}$，$r_1=0$，$G=0$

第2步：$s_1=S(1,2)$，$a_1=\text{right}$，$r_2=-2$，$G=-2$

第3步：$s_2=S(1,3)$，$a_2=\text{down}$，$r_3=-2$，$G=-4$

第4步：$s_3=S(2,3)$，$a_3=\text{right}$，$r_4=-1$，$G=-5$

第5步：出界，停止

上面的学习过程中，第1步是智能体在$s_0=S(1,1)$状态根据随机策略选择了动作$a_0=\text{right}$，然后智能体进入了状态$s_1=S(1,2)$，且环境给了一个反馈奖励$r_1=0$。第1步完成后，得到了回报$G=0$，但此时这个回报没有意义（只起记录作用），因为蒙特卡洛方法的特点是不在一次学习的过程中进行任何更新，都是在完成一次完整的学习后再进行更新。第1次学习的后面几步，实施规则与第1步相同。

这次学习的历程形成了一个序列：$S(1,1)\rightarrow S(1,2)\rightarrow S(1,3)\rightarrow S(2,3)\rightarrow$出界，见图9.4-2；对这个序列中的每个状态都可用算式$Q_1=-5/4=-1.25$进行评估。每次学习的历程都会形成一个独立的序列。

2. 第2次学习

第1步：$s_0=S(1,1)$，$a_0=\text{down}$，$r_1=0$，$G=0$

第2步：$s_1=S(2,1)$，$a_1=\text{right}$，$r_2=0$，$G=0$

第3步：$s_2=S(2,2)$，$a_2=\text{down}$，$r_3=0$，$G=0$

第4步：$s_3=S(3,2)$，$a_3=\text{down}$，$r_4=-1$，$G=-1$

第5步：出界，停止

第2次学习形成的序列见图9.4-3，对这个序列中的每个状态都可用算式$Q_2=-1/4=-0.25$进行评估。

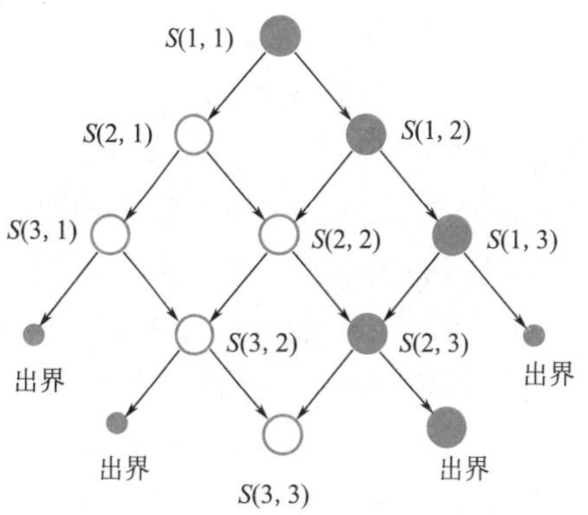

图9.4-2　蒙特卡洛方法第1次学习的序列

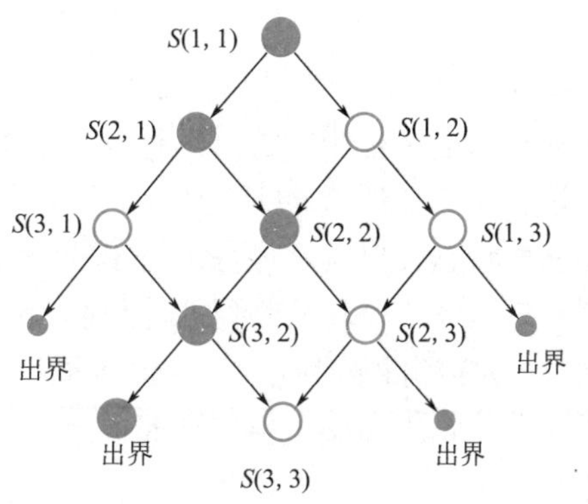

图9.4-3　蒙特卡洛方法第2次学习的序列

3. 第3次学习

第1步：$s_0=S(1,1)$，$a_0=\text{right}$，$r_1=0$，$G=0$

第2步：$s_1=S(1,2)$，$a_1=\text{down}$，$r_2=0$，$G=0$

第3步：$s_2=S(2,2)$，$a_2=\text{down}$，$r_3=0$，$G=0$

第 4 步：$s_3 = S(3, 2)$，$a_3 = \text{right}$，$r_4 = 5$，$G = 5$

第 5 步：$s_4 = S(3, 3)$，抵达终点，停止

第 3 次学习形成的序列见图 9.4-4，对这个序列中的每个状态都可用算式 $Q_3 = 5/5 = 1$ 进行评估。

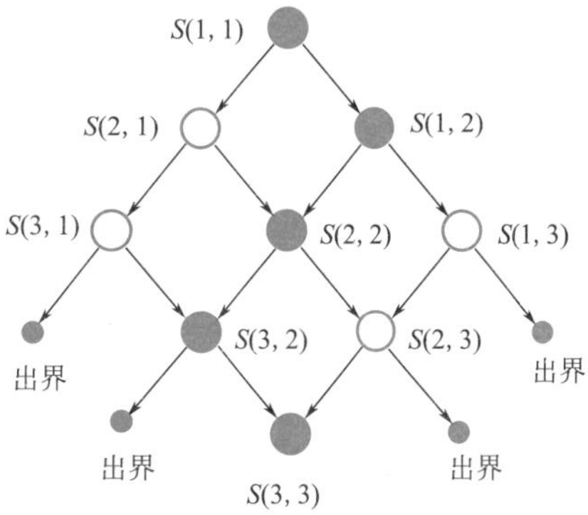

图 9.4-4　蒙特卡洛方法第 3 次学习的序列

采用蒙特卡洛方法时，可进行多次学习，即进行多次采样。对于上面的例子，完成采样后，对每个状态在所有序列中出现的次数进行统计，然后求每个状态的 Q 值平均值 $\sum_{j=1}^{n} Q_{s_j}/n$，其中 n 为某状态 s 在所有序列中出现的次数，j 代表某状态 s 第 j 次出现，s_j 代表某状态 s 第 j 次出现，Q_{s_j} 是状态 s_j 的 Q 值。由本例的蒙特卡洛方法可见，这种方法都是在完成所有采样后，对采样过程中出现的每种状态的值函数取平均值；而在任何一个采样过程中，都不进行过程中的值函数更新。

由上述的每次采样并求每个序列 Q 值的过程可见，在每个序列中，任何状态最终的 Q 值均相同，这样就导致在一个序列中，前面和后面不同状态的 Q 值相同，因此在一个序列中的 Q 值不合理。但经过很多次采样后，每个状态都会得到多个序列的信息，从而随着采样次数的增多而逐渐消除单次采样的偶然性；多次采样后并取每个序列的结果进行平均，可以让每个状态的值函数得到更全面的信息。以图 9.4-4 中的状态 $S(1, 2)$ 和 $S(3, 2)$ 为例，理论上 $S(3, 2)$ 的值函数应该高于 $S(1, 2)$，因为处于状态 $S(3, 2)$ 时更容易很快到达终点 $S(3, 3)$；但在此序列中 $S(1, 2)$ 和 $S(3, 2)$ 的值函数均为 $Q_3 = 5/5 = 1$，而这只是这一次学习的结果；随着学习次数的增多，最终 $S(3, 2)$ 的值函数平均值将逐渐高于 $S(1, 2)$。算法 9.4-1 为一种采用蒙特卡洛方法时的算法更新流程；需要注意的是，对于本节的应用实例，算法流程中第 6 行更新公式 $G \leftarrow \gamma G + R_{t+1}$ 中的 γ 取值为 1。算法 9.4-1 中是针对一次学习中单个状态最多出现一次的情况，属于一种首次访问型的蒙特卡洛方法；对于多次访问型蒙特卡洛方法，还需修改算法流程。

采用蒙特卡洛的算法更新流程　　　　**算法 9.4-1**

输入：	策略 π，学习次数 episode，学习率 γ
输出：	v_π
1.	对所有 $s \in \boldsymbol{S}$ 初始化 $V(s)$
2.	for $i \leftarrow 1$ to episode do
3.	初始化 G
4.	根据 π 生成序列：$S_0, A_0, R_1, S_1, A_1, R_2, \cdots, R_T$
5.	for $t \leftarrow 0$ to $T-1$ do
6.	$G \leftarrow \gamma G + R_{t+1}$
7.	end for
8.	$V(S_t) \leftarrow average(G)$

续表

9.	end for
10.	$V(S_t) \leftarrow average(V(S_t))$

9.4.2 动态规划方法应用

动态规划（Dynamic Programming，DP）是一类优化方法，这种方法需要对环境建立一个完备的模型。强化学习算法一般可分为有模型的强化学习和无模型的强化学习，两类的区别在于是否对环境中的状态及反馈奖励等进行建模。

采用动态规划的强化学习是有模型的强化学习，而采用蒙特卡洛和时序差分的强化学习则是无模型的强化学习。所谓对环境建模，一般是指由环境搭建者基于实际情况，对环境进行了抽象简化处理；这样的环境一般需满足几个条件：①智能体处于任何状态时，都能预测出其下一状态可以是哪几种状态；②智能体能够对任何可能的下一状态进行明确计算，得到下一状态所对应的即时反馈奖励 R；③理论上，智能体在开始状态时，就能够根据环境模型逐步计算出到所有终止状态所能够得到的累积回报 G。

而无模型的强化学习不会对环境进行建模，智能体是执行了一个动作并与环境进行了交互后，进入下一个状态，此时智能体只能收获一个即时奖励 R，而不能得到累积回报 G 的预测值，且即时奖励也在当前状态不能确定，进入下一状态才能确定；这与有模型的情况完全不同。即无模型的强化学习中，智能体直接根据和环境交互过程中产生的经验，即状态、动作及反馈奖励，来迭代算法，更新其策略，从而达到学习目的。采用蒙特卡洛和时序差分的方法，就是无模型的强化学习。例如在图 9.4-2～图 9.4-4 的蒙特卡洛方法中，智能体处于任意当前状态时，并不预测其下一状态可能是什么且能够得到多少奖励，而是随机做一个动作，然后跟环境进行交互后，进入下一个状态，并得到一个相应的反馈奖励；即智能体在当前状态并不预测其下一状态及对应奖励。

此处仍以图 9.4-1 的强化学习问题为例，说明动态规划在强化学习中的应用。采用动态规划进行强化学习时，只学习一次。因为是有模型的学习，则对于每个状态都已经设定了即时反馈奖励 R 和后续累积回报 G，R 一般是在环境建模中直接确定一个定值，而 G 一般是一个描述后续累积回报的量，可采用数学期望等形式。

1. 第 1 次状态转移

图 9.4-5 为采用动态规划的强化学习初始状态及其后续状态选择示意图。图 9.4-5（a）中，智能体处于初始状态 $S(1, 1)$，但智能体能够预测到其后续的状态包括 $S(2, 1)$ 和 $S(1, 2)$ 两种，见图 9.4-5（b）；且智能体能够预测到状态 $S(2, 1)$ 对应的未来回报（$R+G$）大于另外一种状态，因此选择进入状态 $S(2, 1)$，这就完成了第 1 次状态转移，见图 9.4-5（c）。

2. 第 2 次状态转移

智能体处于状态 $S(2, 1)$ 后，能够预测到其后续的状态包括 $S(3, 1)$ 和 $S(2, 2)$ 两种，见图 9.4-6（a）；且智能体能够预测到状态 $S(3, 1)$ 对应的未来回报大于另外一种状态，因此选择进入状态 $S(3, 1)$，这就完成了第 2 次状态转移，见图 9.4-6（b）。

3. 第 3 次状态转移

智能体处于状态 $S(3, 1)$ 后，能够预测到其后续的状态包括出界和 $S(3, 2)$ 两种，

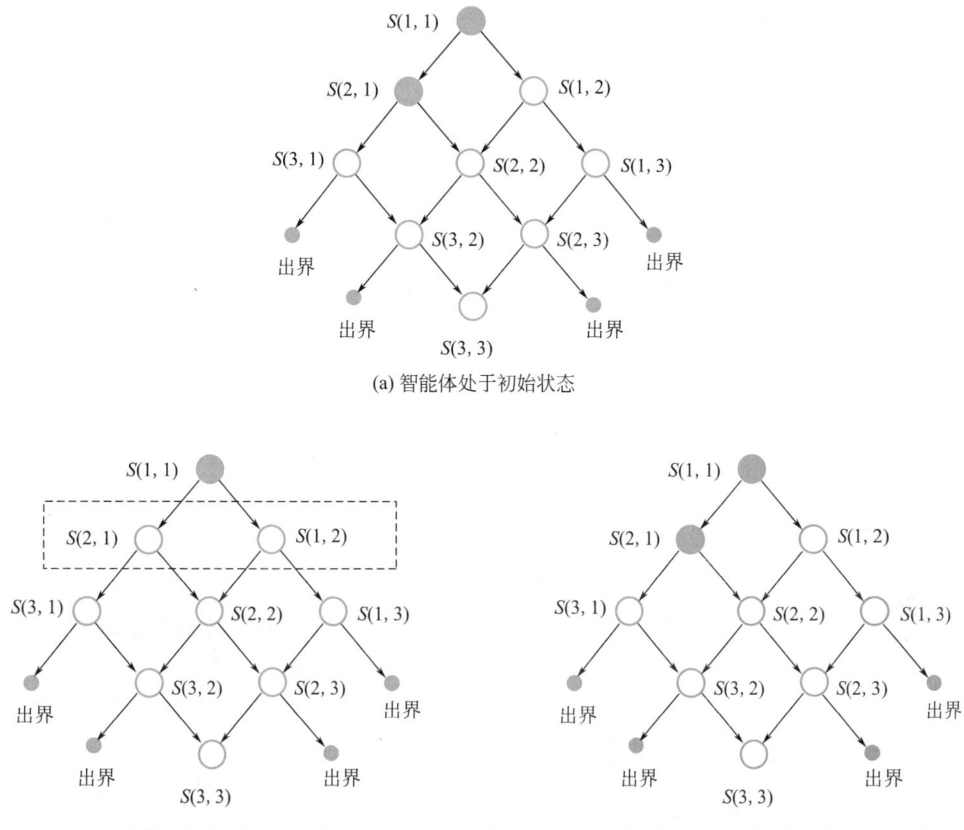

(a) 智能体处于初始状态

(b) 智能体预测后续状态奖励

(c) 智能体根据最大奖励选择进入下一状态

图 9.4-5　初始状态及后续状态选择

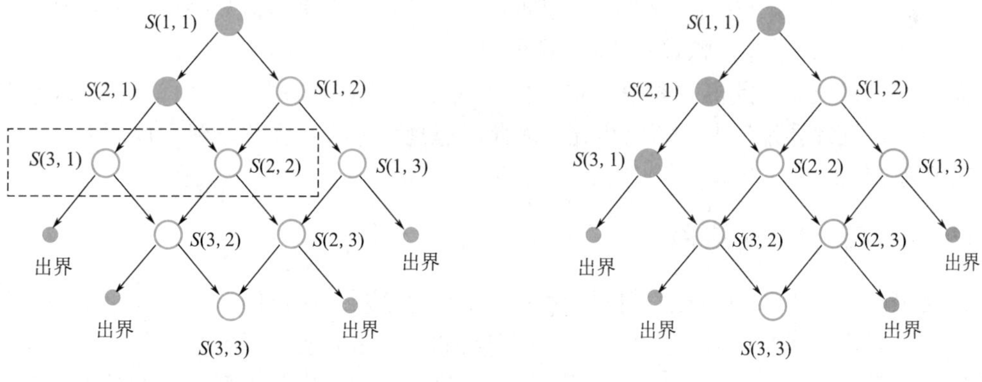

(a) 智能体预测后续状态奖励

(b) 智能体选择进入下一状态

图 9.4-6　智能体第 2 次状态转移示意图

见图 9.4-7（a）；且智能体能够预测到状态 S(3，3) 对应的未来回报大于另外一种状态，因此选择进入状态 S(3，3)，这就完成了第 3 次状态转移，见图 9.4-7（b）。

4. 第 4 次状态转移并到达终点

智能体处于状态 S(3，2) 后，能够预测到其后续的状态包括出界和 S(3，3) 两种，

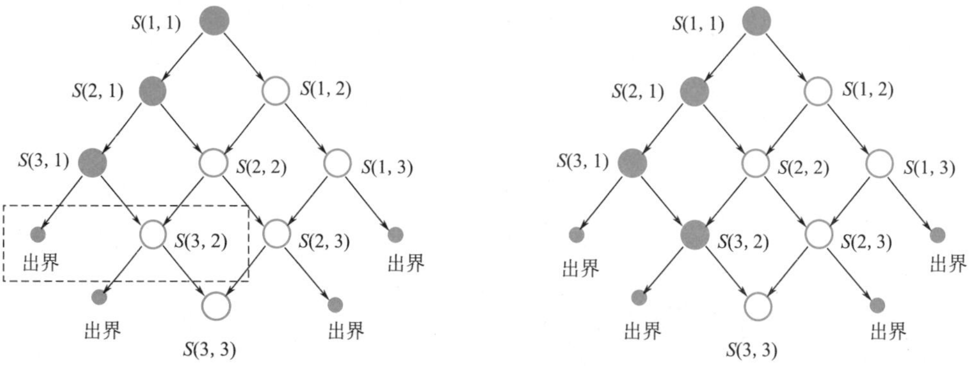

(a) 智能体预测后续状态奖励　　(b) 智能体选择进入下一状态

图 9.4-7　智能体第 3 次状态转移示意图

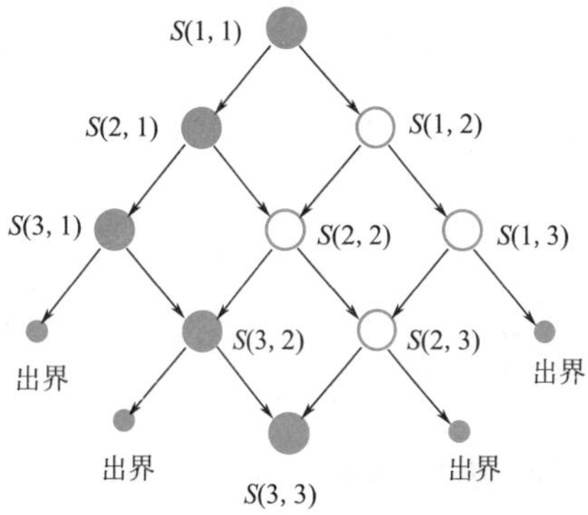

图 9.4-8　智能体第 4 次状态转移并到达终点

且智能体能够预测到状态 $S(3,\ 3)$ 就是终点，因此选择进入状态 $S(3,\ 3)$，这就完成了第 4 次状态转移，到达了终点，见图 9.4-8。

由上面实例可见，采用动态规划的强化学习并不进行多次采样，在确定一个初始状态后，每一次状态转移都是经过明确的计算，没有任何试错过程，也不进行多次学习。这与蒙特卡洛方法需要经过多次（或称多幕）学习的情况完全不同；采用动态规划的强化学习，只进行一次学习，得到一个状态序列。

动态规划方法的优点是不需要进行多次学习，且理论基础明确。但动态规划一般不适合特别复杂或状态工况很多的应用；例如在下围棋的案例中，如果要采用动态规划的强化学习算法，则需要对环境建模，但围棋对弈中的状态极多（多于宇宙中基本粒子的总量），环境建模可能性很小，且计算量过大，难以实施。因此动态规划方法在强化学习中应用时，一般还需结合其他方法。

9.4.3　时序差分方法应用

此处仍以图 9.4-1 的强化学习问题为例，说明时序差分在强化学习中的应用。采用时序差分进行强化学习时，需进行多次学习；但与蒙特卡洛方法不同的是，每次学习的过程并非独立，而是要不停地在上一次（幕）学习结果的基础上进行更新。每次学习，智能体从起点出发，到终止状态；终止状态包括完成 5 次状态转移、出界（未完成 5 次状态转移之前）、抵达终点（未完成 5 次状态转移之前，或恰好完成 5 次状态转移而抵达终点）三种。智能体在当前状态选择最优动作的概率为 p（动作选择策略）；学习中，折扣率为 γ，学习率为 α。在学习之前，将所有状态的 Q 值［式（9.3-4）］初始化为 0。Q 值采用表格进行记录。

通过 2 次学习进行更新：

1. 第 1 次学习

第 1 步：$s_0 = S(1, 1)$，$a_0 = \text{right}$，$r_1 = 0$，更新 $Q(1, 1, r)$

第 2 步：$s_1 = S(1, 2)$，$a_1 = \text{down}$，$r_2 = 0$，更新 $Q(1, 2, d)$

第 3 步：$s_2 = S(2, 2)$，$a_2 = \text{right}$，$r_3 = -2$，更新 $Q(2, 2, r)$

第 4 步：$s_3 = S(2, 3)$，$a_3 = \text{right}$，$r_4 = -1$，更新 $Q(2, 3, r)$

第 5 步：出界，停止

第 1 次学习的过程，见图 9.4-9。第 1 步是智能体在 $s_0 = S(1, 1)$ 状态根据策略选择动作 $a_0 = \text{right}$，然后智能体进入了状态 $s_1 = S(1, 2)$，且环境给了一个反馈奖励 $r_1 = 0$；此时根据环境奖励反馈和更新公式（9.3-4），更新状态 $S(1, 1)$ 对应的动作 right 的 Q 值 $Q(1, 1, r)$，见表 9.4-1；根据智能体可能进入的状态 s_1 及可能获得的奖励，然后再去更新上一个状态 s_0 对应的 Q 值，这就是时序差分的基本手段，可视为一种“反向更新”。第 2～5 步，实施规则与第 1 步相同，其中分别经过了状态 $S(2, 2)$、$S(2, 2)$、$S(2, 3)$，直至出界；过程中对状态 $S(2, 2)$、$S(2, 2)$、$S(2, 3)$ 相对应的 Q 值进行了更新，见表 9.4-1 中的灰色方格。注意，这里并没有进行真正的数值计算并更新表格中的 Q 值，而是用 $Q(1, 1, r)$ 这类符号代替，主要是说明更新的方法；在实际计算中，需要采用 SARSA 或 Q 学习进行数值计算并更新。

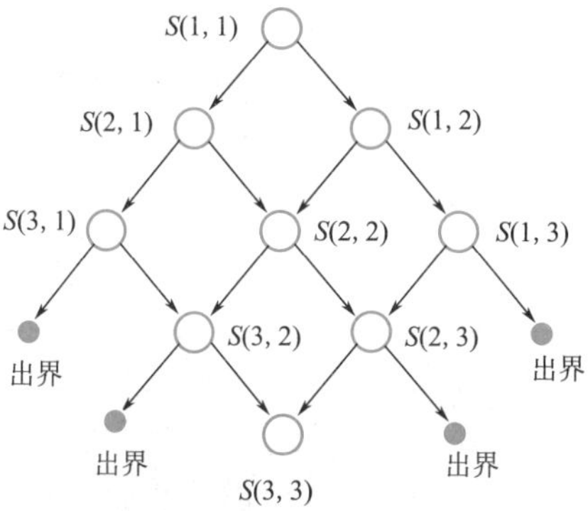

(a) 状态树状图

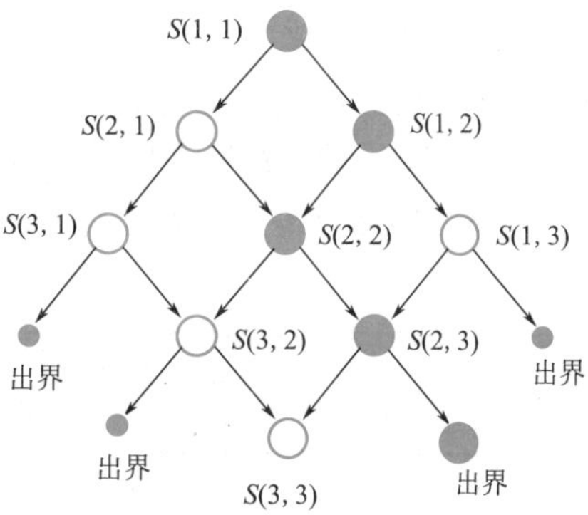

(b) 第一次学习的状态转移

图 9.4-9　智能体第 1 次学习的状态转移图

第 1 次学习后的 Q 值函数表　　**表 9.4-1**

状态	动作	
	right	down
S(1,1)	$Q(1,1,r)$	$Q(1,1,d)$
S(1,2)	$Q(1,2,r)$	$Q(1,2,d)$
S(1,3)	$Q(1,3,r)$	$Q(1,3,d)$
S(2,1)	$Q(2,1,r)$	$Q(2,1,d)$
S(2,2)	$Q(2,2,r)$	$Q(2,2,d)$
S(2,3)	$Q(2,3,r)$	$Q(2,3,d)$
S(3,1)	$Q(3,1,r)$	$Q(3,1,d)$

续表

状态	动作	
	right	down
$S(3,2)$	$Q(3,2,r)$	$Q(3,2,d)$
$S(3,3)$	$Q(3,3,r)$	$Q(3,3,d)$

2. 第 2 次学习

第 1 步：$s_0 = S\ (1,\ 1)$，a_0=down，$r_1=0$，更新 $Q\ (1,\ 1,\ d)$

第 2 步：$s_1 = S\ (2,\ 1)$，a_1=right，$r_2=0$，更新 $Q\ (2,\ 1,\ r)$

第 3 步：$s_2 = S\ (2,\ 2)$，a_2=down，$r_3=0$ 更新 $Q\ (2,\ 2,\ d)$

第 4 步：$s_3 = S\ (3,\ 2)$，a_3=right，$r_4=5$ 更新 $Q\ (3,\ 2,\ r)$

第 5 步：$s_4 = S\ (3,\ 3)$，抵达终点，停止

第 2 次学习的过程，见图 9.4-10，其更新后的 Q 值表格，见表 9.4-2。需要在注意的是，第 2 次学习过程中的更新，是在第 1 次学习后的 Q 值表格基础上进行更新，也就是在第 1 次学习的成果基础上进行更新，而非从初始值均为 0 的 Q 值表格基础上进行更新。时序差分方法中，每次学习都是在以前学习成果的基础上进行更新，每次的学习成果不独立；而蒙特卡洛方法中每次学习的成果独立，可见两种方法的更新方式完全不同。

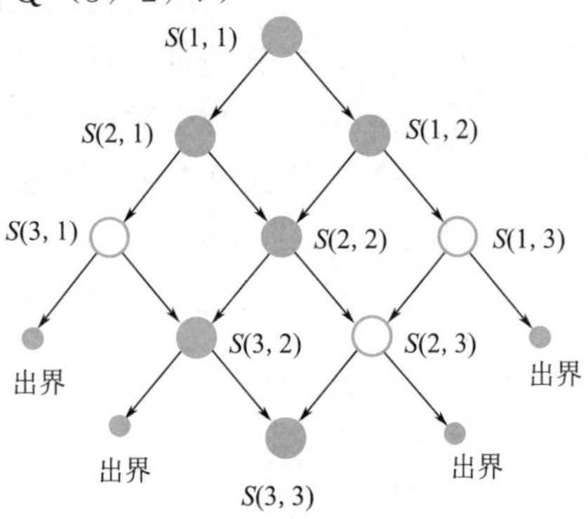

图 9.4-10　智能体第 2 次学习的状态转移图

第 2 次学习后的 Q 值函数表　　表 9.4-2

状态	动作	
	right	down
$S(1,1)$	$Q(1,1,r)$	$Q(1,1,d)$
$S(1,2)$	$Q(1,2,r)$	$Q(1,2,d)$
$S(1,3)$	$Q(1,3,r)$	$Q(1,3,d)$
$S(2,1)$	$Q(2,1,r)$	$Q(2,1,d)$
$S(2,2)$	$Q(2,2,r)$	$Q(2,2,d)$
$S(2,3)$	$Q(2,3,r)$	$Q(2,3,d)$
$S(3,1)$	$Q(3,1,r)$	$Q(3,1,d)$
$S(3,2)$	$Q(3,2,r)$	$Q(3,2,d)$
$S(3,3)$	$Q(3,3,r)$	$Q(3,3,d)$

本节的时序差分应用实例仅进行了 2 次学习，但解决实际问题时一般都需要进行很多次学习，甚至需要成千上万乃至上亿次的学习。完成学习后，就得到一个最优策略，也就是每当智能体处于一种状态时，都去查 Q 值函数表格，然后都选择当前状态下 Q 值最大的动作执行。

与蒙特卡洛方法相比，时序差分不需要完整采样，可以实现单步更新，效率高。与动

态规划法相比，时序差分无需完整的环境建模，可解决更广泛的问题。

9.5　深度强化学习

9.5.1　特征与深度学习

深度学习的概念源于神经网络的研究，直观上来说，神经网络的隐藏层越多，深度学习就“越深”，而深度学习的主要目的是让模型自己学习到好的特征（feature）表示，从而提高学习性能。

机器学习技术的核心是学习已知数据的规律，从而实现对未知数据的预测。然而，学习预测模型首先要将原始数据转换为特征数据，再将这些特征数据输入到预测模型中进行训练学习。传统机器学习的数据处理流程如图 9.5-1 所示。

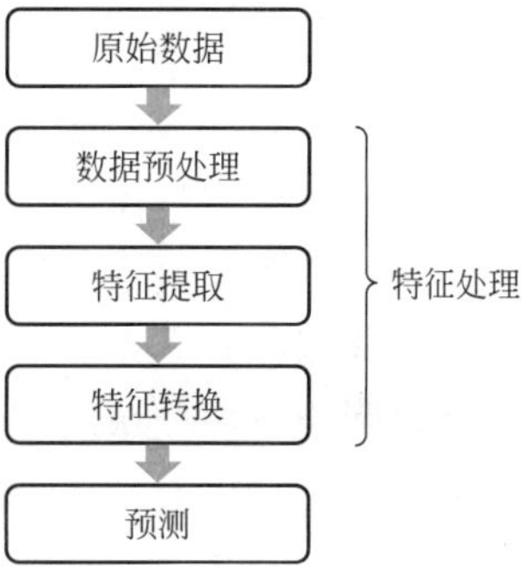

图 9.5-1　传统机器学习的数据处理流程

上述流程中，特征处理一般需要人工干预完成，利用专家的经验及领域知识来选取好的特征，特征处理对最终机器学习的准确性至关重要。

实际问题中，数据类型的多样性决定了特征的多样性。由于数学上的高度可解释性和应用的广泛性，我们重点关注可用向量表示的特征。下面列举两个不同向量空间内的特征：

图像特征：我们可以从图像中抽取一些特征（一幅图像可以定义为一个二元函数 $f(x, y)$，其中 x 和 y 是二维坐标，而在任何一对空间坐标（x，y）处的幅值 f 称为图像在该点处的强度或灰度）。如果图像大小为 $M \times N$，则特征向量可以表示为 $M \times N$ 维的向量，向量的每一个分量的值对应像素的灰度值。为了提高模型准确率，也会经常加入一个额外的特征，比如直方图、宽高比、纹理特征、边缘特征等。假设我们总共抽取了 D 个特征，这些特征可以表示为一个向量 $x \in R^D$。

文本特征：为了将文本特征转换为向量特征，一种简单的方法是使用向量空间模型（vector space model，VSM）。假设文本中的词来自于一个词表 V，大小为 | V |，则文本可以表示为一个 | V | 维的向量 $x \in R^{|V|}$。向量 x 中第 i 维的值表示词表中的第 i 个词是否在 x 中出现。如果出现，值为 1，否则为 0。特别的，只有一个单词的文本可表示为单位向量。

深度学习是机器学习的一个分支，其核心是特征学习，旨在通过分层网络获取分层次的特征信息，从而解决以往需要人工设计特征的难题。其中“深度”一词是指将获得的数据进行非线性特征转换从而获得高级语义特征的转换次数多，而深度学习是指让模型自主完成这种转换的机器学习方法。

在机器学习的众多研究方向中，表示学习关注如何自动找出表示数据的合适方式，以便更好地实现对数据规律的学习，而深度学习是具有多级表示的表示学习方法。在每一级数据表示（从原始数据开始），深度学习通过简单的传递函数将该层级的表示变换为更高层级的表示。因此，深度学习模型也可以看作由许多传递函数复合而成的复合函数。当这些复合的函数足够多时，深度学习模型就可以表示非常复杂的变换，学习更为抽象的数据特征表达。

由于深度学习基于多层神经网络，深度学习可以根据网络层数逐级表示越来越抽象的概念或模式。以图像为例，它的输入是一对原始像素值。而在深度学习模型中，图像可以逐级表示为特定位置和角度的边缘、由边缘组合得出的花纹、由多种花纹进一步汇合得到的特定部位的模式等。最终，模型能够较容易根据更高层级的表示完成给定的任务，如识别图像中的物体、人、动物等。

因此，深度学习的一个外在特点是端到端的学习（end-to-end learning）。也就是说，并不是将单独调试的部分拼凑起来组成一个系统，而是将整个系统组建好之后一起学习。举例来说，计算机视觉科学家们曾一度将特征抽取与机器学习模型分开处理，而当深度学习被应用到这个领域后，这些特征提取方法就被性能更强的自动优化的逐级过滤器替代，并与计算机视觉任务，如识别、检测等一起形成整体的学习算法。

深度强化学习是深度学习与强化学习相结合的学习算法，它集成了深度学习在数据特征上分层级的强大表示学习能力，以及强化学习的决策能力，从而能对传统强化学习无法取得较好效果的复杂问题进行求解。从 2013 年 DQN（深度 Q 学习网络）出现到目前为止，深度强化学习领域出现了大量的算法，并应用到了许多实际应用问题中。本章中，我们将对经典的深度 Q 学习网络进行介绍。

9.5.2 深度 Q 学习网络

从前面 Q 学习算法的介绍可以看出，Q 学习适用于状态和动作的集合有限、离散且状态和动作数量较少的问题。其中状态和动作的表示需要人工预先设计。然而，实际应用中的场景可能会很复杂，很难人工定义出离散的状态。此外，很多实际应用问题的输入数据是高维的，如图像和文本数据，强化算法要根据它们来选择一个动作执行以达到某一预期的目标。这些高维数据若直接作为状态输入，其状态数量将十分庞大，难以通过传统 Q 学习算法进行学习。

解决这个问题，一种思路是从高维数据中抽象出特征，作为状态，然后用强化学习建模，但这种做法很大程度上依赖于人工特征的设计。另外一个思路是使用函数来逼近值函数，其函数的输入是原始的状态数据，函数的输出则是值函数的值。在有监督学习中，我们常用神经网络来拟合分类或回归函数，同样，这里我们也可以用神经网络可来拟合强化学习中的值函数。这就是深度 Q 学习网络的基本思想。下面具体介绍深度 Q 学习网络。

为了在连续的状态和动作空间中计算动作值函数 $Q_{\pi}(s, a)$， 我们可以用一个函数 $Q_{\phi}(s, a)$ 来表示其近似计算，称为动作值函数近似（Value Function Approximation）：$Q_{\phi}(s, a) \approx Q_{\pi}(s, a)$。其中 s，a 分别是状态 s 和动作 a 的向量表示；函数 $Q_{\phi}(s, a)$ 通常是一个参数（用 ϕ 统称）化的函数，即深度神经网络。该网络即为深度 Q 学习网络（Q-network）。如果动作为有限离散的 M 个动作 a_1，…，a_M，我们可以让 Q 网络输出一个 M 维向量，其中第 m 维表示为 $Q_{\phi}(s, a_m)$， 对应值函数 $Q_{\pi}(s, a_m)$ 的近似值。这里我们需要学习一个参数 φ 来使得函数 $Q_{\phi}(s, a)$ 可以逼近其状态动作值函数 $Q_{\pi}(s, a)$。接下来采用时序差分学习方法，即使得 $Q_{\phi}(s, a)$ 逼近 $E_{s'a'}[r + \gamma Q_{\phi}(s', a')]$， 从而使得 $Q_{\phi}(s, a) \approx Q_{\pi}(s, a)$。因此，对应深度 Q 学习网络的损失函数可表示为：

$$L(s, a, a' \mid \phi) = (r + \gamma \max_{a'} Q(s', a') - Q_{\phi}(s, a))^2 \tag{9.5-1}$$

其中 s'，a' 是下一时刻的状态和动作的向量表示。深度神经网络的结构可根据问题及先验知识确定。此外，针对神经网络的训练样本，可以采取和 Q 学习类似的方法产生。即通过执行动作来生成样本。具体来说，给定一个状态，用当前的神经网络进行预测，得到所有动作的 Q 函数值，然后按照策略选择一个动作执行，得到下一个状态以及回报值，以此构造训练样本。

然而，这个训练过程存在两个问题：

(1) 目标不稳定，参数 ϕ 的学习依赖于参数 ϕ 本身；

(2) 样本之间有很强的相关性。

为了解决这两个问题，深度 Q 学习网络采取了两个措施：

(1) 目标网络冻结（Freezing Target Networks），即在一个时间段内固定目标中的参数，来稳定学习目标；

(2) 经验回放（Experience Replay），可以形象地理解为在回忆中学习，即构建一个经验池（Replay Buffer）来去除数据相关性。经验池是由智能体最近的经历组成的数据集。

训练时，随机从经验池中抽取样本来代替当前的样本用来进行训练，这样就打破了和相邻训练样本的相似性，避免模型陷入局部最优。经验回放在一定程度上类似于监督学习。先收集样本，然后在这些样本上进行训练。带经验回放的深度 Q 网络学习算法见算法 9.5-1。

带经验回放的深度 Q 网络学习算法 **算法 9.5-1**

输入：状态空间 **S**，动作空间 **A**，折扣率 γ，学习率 α，参数更新间隔 C；

输出：$Q_{\phi}(s,a)$

初始化经验池 D，容量为 N
随机初始化 Q 值函数权重 θ
随机初始化目标 Q 值函数权重 $\theta^{-} = \theta$
for $i \leftarrow 1$ to episode **do**
  初始化 $s_1 = \{x_1\}$，$\phi_1 = \phi(s_1)$
  for $t \leftarrow 1$ to T **do**
    在状态 s_t，根据策略选择动作 a_t
    执行动作 a_t，得到奖惩 r_t 及下一时刻的状态相关信息 x_{t+1}
    $s_{t+1} = s_t, a_t, x_{t+1}$，$\phi_{t+1} = \phi(s_{t+1})$
    将 $(\phi_t, a_t, r_t, \phi_{t+1})$ 放入 D 中
    从 D 中采样 $(\phi_j, a_j, r_j, \phi_{j+1})$
    若在 $j+1$ 步结束 episode，$y_j = r_j$；否则 $y_j = r_j + \gamma \max_{a'} \hat{Q}(\phi_{j+1}, a'; \theta^{-})$
    使用损失函数 $(y_j - Q(\phi_j, a_j; \theta))^2$ 做梯度下降更新学习
    每隔 C 步，$\hat{Q} = Q$
  end for
end for

一旦训练出了神经网络，便可以在任何状态下得到要执行的动作，从而完成相关的动作控制，这部分通过 Q 函数值和贪心策略来实现。在基于值函数的学习方法中，策略一般为确定性策略。策略的优化通常都依赖于值函数，比如贪心策略 $\pi(s)=\operatorname{argmax}_a Q(s,a)$ 依赖于 Q 值函数。如前面章节讨论，最优策略往往都需要遍历当前状态 s 下的所有动作，并找到最优的 $Q(s,a)$。当动作空间离散且数量庞大时，遍历求最优 $Q(s,a)$ 需要很高的时间复杂度。

9.6 Q 学习算法在结构设计中的应用

基于上述章节对强化学习算法的介绍，本节将具体介绍如何利用强化学习算法进行结构设计。此处以结构设计中的钢筋混凝土结构节点钢筋深化设计为例，介绍如何利用强化 Q 学习算法实现钢筋的自动避障与排布。

钢筋混凝土结构中钢筋的设计在建筑施工项目中极为重要。由于每个设计规范中存在大量复杂的钢筋排列准则，设计人员要使用计算机软件手动或部分自动化地避免所有冲突。为了实现钢筋的自动排列和弯曲来避免碰撞，我们针对无碰撞钢筋设计的碰撞检测和解决方案，将该问题建模为多智能体的路径规划问题，在复杂钢筋混凝土结构框架中，识别并避免钢筋空间冲突。每个智能体负责一根钢筋，并通过强化学习自动排布钢筋，最终的钢筋三维坐标信息则可通过收集智能体的轨迹获得。

算法具体实施中，我们将每一根钢筋看作智能体的移动轨迹，智能体的任务是顺利穿过梁柱节点区到达指定目标点。在排布钢筋过程中已生成的钢筋也标记为障碍。在这项任务中，动作包括上移、下移、前移、左移、右移。智能体的任务是在规定的时间内通过节点成功到达目的地，且不碰到任何障碍物（图 9.6-1）。

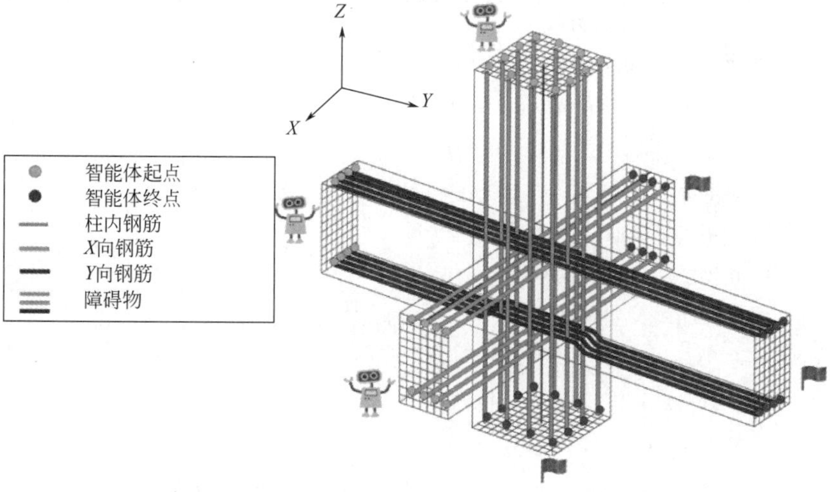

扫码看彩图

图 9.6-1　梁柱节点示意图

由问题定义我们可以看出，该任务是一个强化学习任务，每一个智能体都是一个独立的强化学习智能体，在其不同的状态下，需要预测相应的动作执行，实现钢筋排布，并避免与障碍物的碰撞。因此，智能体的结构由 3 个模块组成：状态、动作、奖励（图 9.6-2）。

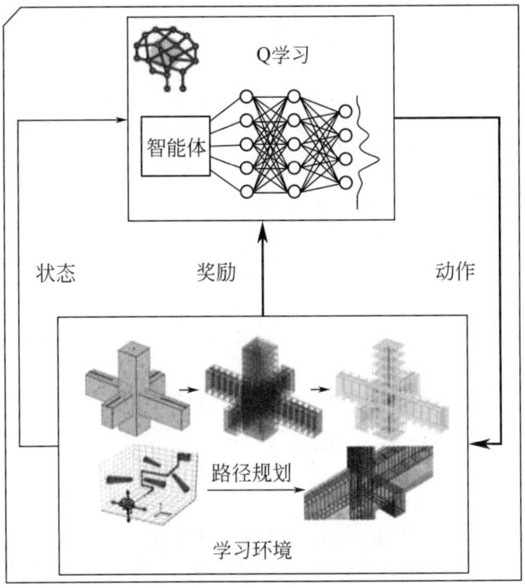

图 9.6-2　无碰撞设计方法框架

扫码看彩图

针对该问题，我们制定了具体的奖惩策略，见表 9.6-1。

Q 学习结构设定　　　　表 9.6-1

状态信息	{坐标,障碍信息,其他智能体信息,终点信息}	
动作集合	{上移,下移,前移,左移,右移}	
奖惩策略	无碰撞到达终点	+1.0
	距目标点距离减小	+0.4
	与其他智能体路径碰撞	−1.0
	与其他智能体碰撞	−1.0
	超时	−1.0
	转向	−0.5
	直径	0

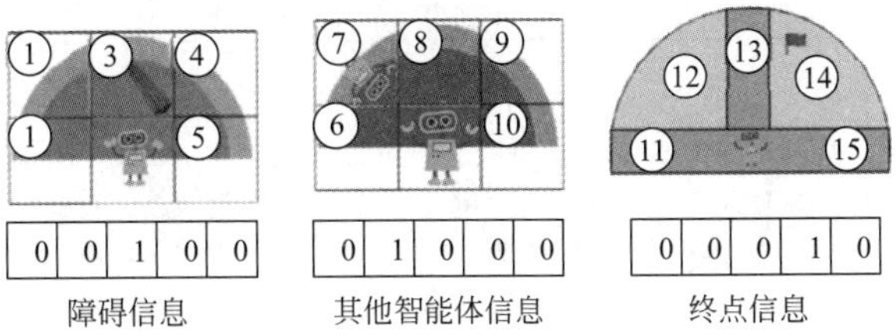

扫码看彩图

图 9.6-3　状态设定示意图

图 9.6-3 是智能体状态空间具体表示的一个例子，利用简单 01 编码实现了智能体的状态输入。在本节的智能钢筋排布示例中，*Q* 学习算法的参数设定总结见表 9.6-2。在 *Q* 学习算法中，我们采用 ε-greedy 策略，即以 1-ε 为概率执行贪婪策略选择执行动作。随着

学习次数的增加，ε 值逐渐减小，这样可以在刚学习时保持较大的可能性探索未知，在积累一定知识后专注于探索已知的较好的解。

Q 学习参数设定　　表 9.6-2

时序差分学习率 α	0.05
折减学习率 γ	0.7
初始 Q 值	0
初始 ε 值	0.6
ε 衰减率	0.006

设定好这些参数就可以开始计算。以一个智能体为例（此状态由坐标、终点方位、终点距离组成），计算过程见表 9.6-3；注意，表中 q_{s1} 表示具体 s_1 的 Q 值，若下一次更新时 s_1 不同，则此 q_{s1} 也不同。

钢筋智能避障计算步骤　　表 9.6-3

起点:[2,15,0],终点:[2,5,0]	
第 1 次学习:	s_1=[2,15,0,0,−10,0,10] random=0.6589935485442684>0.6 (随机数>ε,取最优动作;Q 值最大为 0,随机取 Q 值为 0 的动作) a_1=[0,0,1] r_2=−0.5(动作转弯) $q_{s1}=q_{s1}+\alpha(r_2+\gamma\max_a q'_{s2}-q_{s1})=0+0.05(-0.5+0.7*0-0)=-0.025$
	s_2=[2,15,1,0,−10,−1,10.04987562] random=0.4385124511278255<0.6(随机数<ε,随机选择动作) a_2=[1,0,0] r_3=−0.5(动作转弯) $q_{s2}=q_{s2}+\alpha(r_3+\gamma\max_a q'_{s3}-q_{s2})=0+0.05(-0.5+0.7*0-0)=-0.025$
	s_3=[3,15,1,−1,−10,−1,10.09950494] random=0.1025553655489612<0.6(随机数<ε,随机选择动作) a_3=[0,0,−1] r_4=−0.5 $q_{s3}=q_{s3}+\alpha(r_4+\gamma\max_a q'_{s4}-q_{s3})=0+0.05(-0.5+0.7*0-0)=-0.025$
……	……
第 50 次学习:	s_1=[2,15,0,0,−10,0,10] random=0.7843198098282312>0.3059999999999997 (随机数>ε，取最优动作；Q 值最大为 0.4361924222187683，取 Q 值为 0.4361924222187683 的动作) a_1=[0,−1,0] r_2=0.4(到终点距离减小) $q_{s1}=q_{s1}+\alpha(r_2+\gamma\max_a q'_{s2}-q_{s1})=0.4361924222187683+0.05(0.4+0.7*0.32365074288856416-0.4361924222187683)=0.44571057710892964$ (做完动作 a_1 后,观测到新状态,此状态最大 Q 值为 0.32365074288856416,代入更新公式)

续表

第 50 次学习：	s_2=[2,15,1,0,−10,−1,10.04987562] random=0.34494360222643505>0.3059999999999997 （随机数 > ε，取最优动作；Q 值最大为 0.32365074288856416，取 Q 值为 0.32365074288856416 的动作） a_2=[0,−1,0] r_3= 0.4(到终点距离减小) $q_{s2}=q_{s2}+\alpha\,(r_3+\gamma \max_a q'_{s3}-q_{s2})$=0.32365074288856416 + 0.05 (0.4 + 0.7 * 0.2352842803411388−0.32365074288856416)=0.3357031555560758 (做完动作 a_2 后，观测到新状态，此状态最大 Q 值为 0.2352842803411388，代入更新公式)
	s_3=[2,13,0,0,−8,0,8] random=0.040565586558057753 < 0.3059999999999997(随机数 < ε，随机选择动作) a_3=[0,−1,0] r_4= 0.4(到终点距离减小) $q_{s3}=q_{s3}+\alpha\,(r_4+\gamma \max_a q'_{s4}-q_{s3})$=0.2352842803411388 + 0.05 (0.4 + 0.7 * 0.16737127055464845−0.2352842803411388)=0.24937806079349456 (做完动作 a_3 后，观测到新状态，此状态最大 Q 值为 0.16737127055464845，代入更新公式)
……	……

如图 9.6-4 所示，在任务的初始阶段，鼓励智能体去探索新的可能性，尝试在不碰障碍物不超时的情况下到达目的地。因此，在第 10 次实验和第 100 次实验中，智能体的路径看上去很杂乱。在任务的后期，如第 500 次实验和第 1000 次实验中，智能体逐渐收敛到较优策略，为无碰撞钢筋设计找到了优化路径。智能体路径的收敛优化路径会在最后汇总生成无碰撞钢筋排布设计。

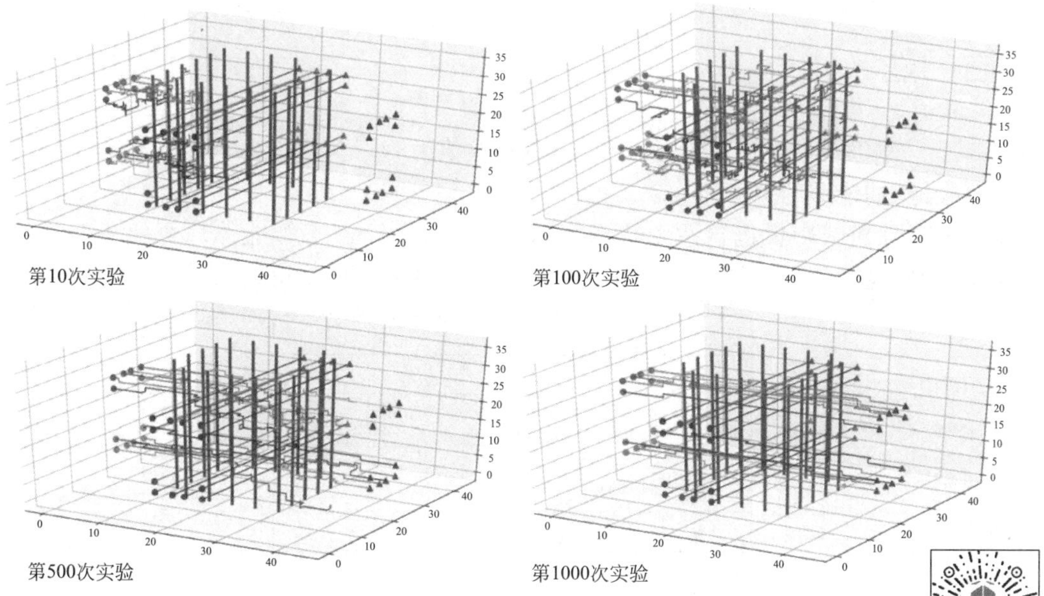

图 9.6-4　梁-柱节点的训练过程

扫码看彩图

使用 BIM（Building Information Modeling）进行智能钢筋排布模拟，部分计算结果展示见图 9.6-5。

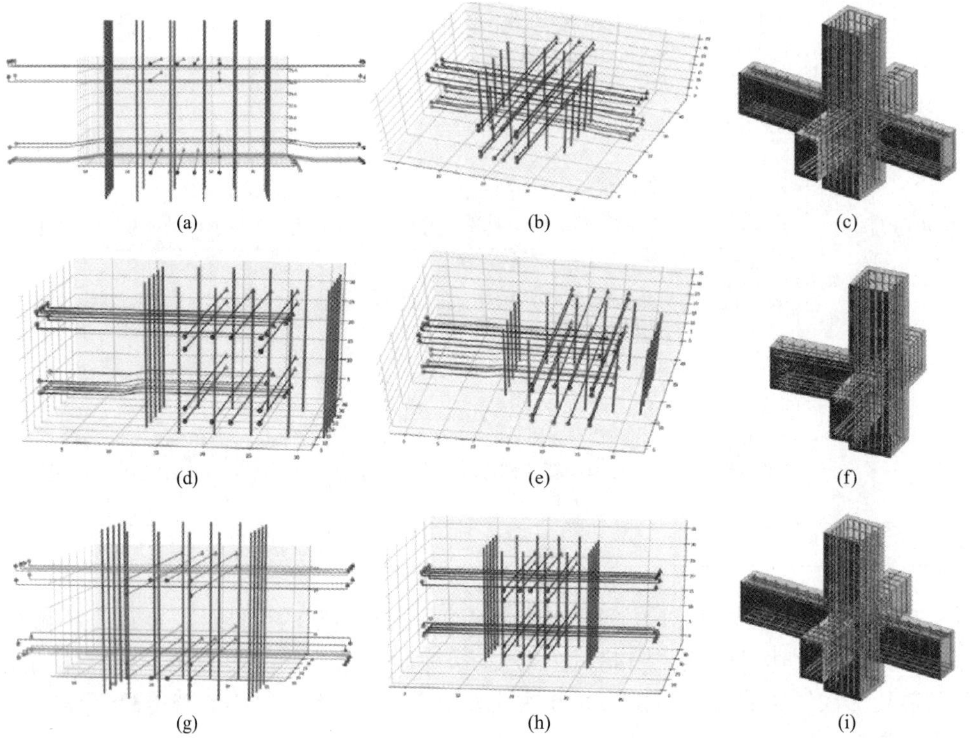

扫码看彩图

图 9.6-5　部分节点计算展示图

课后习题

1. 扔一颗骰子，若前 n 次扔出的点数的最大值为 j，记 $X_n=j$，试问 $X_n=j$ 是否为马尔可夫链？求转移概率矩阵。

2. 在某个游戏中仅包含两个状态 $\{A, B\}$，在每个状态智能体均可执行两个动作 $\{u, d\}$ 分别代表上下。假设智能体的动作选择服从某种策略，得到了下列序列：

t	s_t	a_t	s_{t+1}	r_t
0	A	d	B	2
1	B	d	B	−4
2	B	u	B	0
3	B	u	A	3
4	A	u	A	−1

（1）画出含奖励的马尔可夫状态转移链；

（2）设折扣率 $\gamma=0.5$，学习率 $\alpha=0.5$，Q 值初始化为 0，求第一个不为 0 的 $Q(A, d)$ 和 $Q(B, u)$。

3. 第9.6节中使用Q学习求解了钢筋节点区设计问题，请编程实现SARSA求解相同问题，并比较Q学习与SARSA的差异。初始化数据可参考下表：

环境范围：

x	13
y	13
z	18

柱内钢筋 xy 坐标为：{（2，2），（2，5），（2，8），（2，11），（5，2），（5，11），（8，2），（8，11），（11，2），（11，5），（11，8），（11，11）}。

梁内钢筋计算起终点为：

起点	终点
(6,0,2)	(6,12,2)
(7,0,2)	(7,12,2)
(6,0,4)	(6,12,4)
(7,0,4)	(7,12,4)
(6,0,16)	(6,12,16)
(7,0,16)	(7,12,16)
(6,0,14)	(6,12,14)
(7,0,14)	(7,12,14)
(0,6,2)	(12,6,2)
(0,7,2)	(12,7,2)
(0,6,4)	(12,6,4)
(0,7,4)	(12,7,4)
(0,6,15)	(12,6,15)
(0,7,15)	(12,7,15)
(0,6,13)	(12,6,13)
(0,7,13)	(12,7,13)

参考文献

[1] SUTTON R S，BARTO A G. 强化学习［M］. 俞凯，等，译. 北京：中国工信出版社，电子工业出版社，2020.

[2] 周志华. 机器学习［M］. 北京：清华大学出版社，2016.

[3] LIU J，LIU P，FENG L，et al. Towards automated clash resolution for reinforcement steel design in concrete frames via Q-learning and building information modeling［J/OL］. Automation in Construction，2020，112：103062.［2020-04］. https：//

www. sciencedirect. com/science/article/abs/pii/S0926580519304753.

[4] LIU J，LIU P，FENG L，et al. Automated Clash Resolution of Rebar Design in RC Joints using Multi-Agent Reinforcement Learning and BIM [C] //ISARC. Proceedings of the International Symposium on Automation and Robotics in Construction. IAARC Publications，2019，36：921-928.

[5] SUTTON RS，BARTO AG. Reinforcement learning：An introduction [M]. Cambridge：MIT Press，2018.

[6] HUANG K. Introduction to Various Reinforcement Learning Algorithms. Part I（Q-Learning，SARSA，DQN，DDPG） [EB/OL].（2018-01-12）[2021-07-26]. https：//towardsdatascience. com/introduction-to-various-reinforcement-learning-algorithms-i-q-learning-sarsa-dqn-ddpg-72a5e0cb6287.

[7] CS 188. Introduction to Artificial Intelligence [EB/OL].（2018-8）[2021-07-26]. https：//inst. eecs. berkeley. edu/~cs188/fa18/.

[8] WATKINS C. Learning from delayed rewards [J/OL]. 1989. [2021-07-06]. http：//www. cs. rhul. ac. uk/~chrisw/new_thesis. pdf.

[9] DURRETT R. Probability：theory and examples [M]. Cambridge university press，2019.

[10] DURRETT R，Durrett R. Essentials of stochastic processes [M]. New York：Springer，1999.

[11] MACGLASHAN J. What is the difference between model-based and model-free reinforcement learning? [EB/OL]. [2021-07-26]. https：//www. quora. com/What-is-the-difference-between-model-based-and-model-free-reinforcement-learning.

[12] 郭宪，方勇纯 . 深入浅出强化学习原理入门 [M]. 北京：电子工业出版社，2017.

[13] 岳锡鹏 . 神经网络与深度学习 [M]. 北京：机械工业出版社，2020.

[14] RAFAEL C，RICHARD E. Digital Image Processing，Third Edition [M]. 北京：电子工业出版社，2017.

[15] ZHANG A，LIPTON Z，LI M，et al. Dive Into Deep Learning [M]. 北京：人民邮电出版社，2019.

[16] MNIH V，KAVUKCUOGLU K，SILVER D，et al. Human-level control through deep reinforcement learning [J]. nature，2015，518（7540）：529-533.